Cognitive Psychology
Connecting Mind, Research, and Everyday Experience (Fifth Edition)

认知心理学
——心智、研究与生活

（原著第五版）

[美] E. 布鲁斯·戈尔茨坦（E. Bruce Goldstein）/ 著

张 明 等 / 译

中国轻工业出版社

图书在版编目（CIP）数据

认知心理学：心智、研究与生活／（美）E.布鲁斯·戈尔茨坦（E. Bruce Goldstein）著；张明等译. —北京：中国轻工业出版社，2020.12（2024.7重印）

ISBN 978-7-5184-3100-7

Ⅰ.①认… Ⅱ.①E… ②张… Ⅲ.①认知心理学－高等学校－教材 Ⅳ.①B842.1

中国版本图书馆CIP数据核字（2020）第145588号

版权声明

Cognitive Psychology: Connecting Mind, Research, and Everyday Experience, 5th Edition
E. Bruce Goldstein
张明 等 译

Copyright © 2019, 2015 Cengage Learning, Inc.

Original edition published by Cengage Learning. All Rights Reserved. 本书原版由圣智学习出版公司出版。版权所有，盗印必究。

China Light Industry Press is authorized by Cengage Learning to publish and distribute exclusively this simplified Chinese edition. This edition is authorized for sale in the People's Republic of China only (excluding Hong Kong, Macao SAR and Taiwan). Unauthorized export of this edition is a violation of the Copyright Act. No part of this publication may be reproduced or distributed by any means, or stored in a database or retrieval system, without the prior written permission of the publisher.

本书中文简体字翻译版由圣智学习出版公司授权中国轻工业出版社"万千心理"独家出版发行。此版本仅限在中华人民共和国境内（不包括中国香港、澳门特别行政区及中国台湾）销售。未经授权的本书出口将被视为违反版权法的行为。未经出版者预先书面许可，不得以任何方式复制或发行本书的任何部分。

ISBN: 978-7-5184-3100-7

本书封底贴有Cengage Learning防伪标签，无标签者不得销售。

责任编辑：孙蔚雯　　责任终审：杜文勇
策划编辑：孙蔚雯　　责任校对：刘志颖　　责任监印：吴维斌

出版发行：中国轻工业出版社（北京鲁谷东街5号，邮编：100040）
印　　刷：三河市鑫金马印装有限公司
经　　销：各地新华书店
版　　次：2024年7月第1版第5次印刷
开　　本：850×1092　1/16　印张：39.25　插图：18
字　　数：450千字
书　　号：ISBN 978-7-5184-3100-7　　定价：128.00元

读者热线：010-65181109
发行电话：010-85119832　　010-85119912
网　　址：http://www.chlip.com.cn　　http://www.wqedu.com
电子信箱：1012305542@qq.com

版权所有　侵权必究
如发现图书残缺请拨打读者热线联系调换
241433Y2C105ZYW

作者简介

E. 布鲁斯·戈尔茨坦（E. Bruce Goldstein） 美国匹兹堡大学心理学专业名誉教授，美国亚利桑那大学心理学专业副教授。他曾因课堂教学和教材编写等方面的工作成就获得匹兹堡大学校长颁发的杰出教学奖。在获得美国塔夫斯大学的化学工程学士学位后，戈尔茨坦发现自己更想攻读心理学，而不是工程学，于是开始在美国布朗大学学习并获得了视觉生理学方向的心理学博士学位。之后，他在美国哈佛大学生物学系作为博士后研究员继续从事视觉研究，随后来到匹兹堡大学任职并继续自己的研究。戈尔茨坦在专注于教学（感觉与知觉、认知心理学、艺术心理学及心理学导论等课程）和教科书编写之前，就在很多领域发表了多篇论文，包括视

网膜和大脑皮层的生理学研究、视觉注意研究以及图像知觉研究等。他的《感觉与知觉》（*Sensation and Perception*，2017）教材已出版了第十版，他主编了《布莱克韦尔感知觉手册》（*Blackwell Handbook of Perception*，2001）和两卷本的《世哲知觉百科全书》（*Sage Encyclopedia of Perception*，2010）。2016年，他的论文《什么是声音？》（*What Is Sound？*）获得了艾伦·阿尔达传播科学中心（Alan Alda Center for Communication Science）主办的"火焰挑战赛（The Flame Challenge）"冠军。

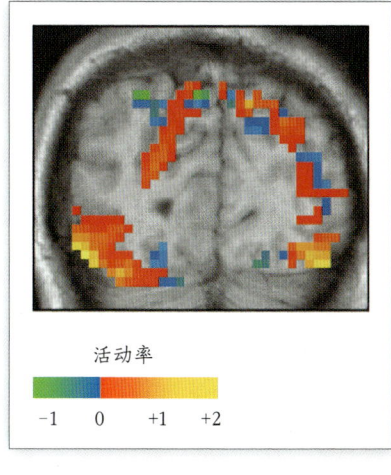

图1.12（彩） 使用 fMRI 来记录大脑活动。各种颜色表示大脑活动增强和减弱的位置。红色和黄色显示感知人脸图片导致的大脑活动的增强；蓝色和绿色显示大脑活动的减弱（更多细节可参见第2章）。

来源：Ishai, A., Ungerleider, L. G., Martin, A., & Haxby, J. V.（2000）. The Representation of Objects in the Human Occipital and Temporal Cortex. *Journal of Cognitive Neuroscience*, 12, 36-51.

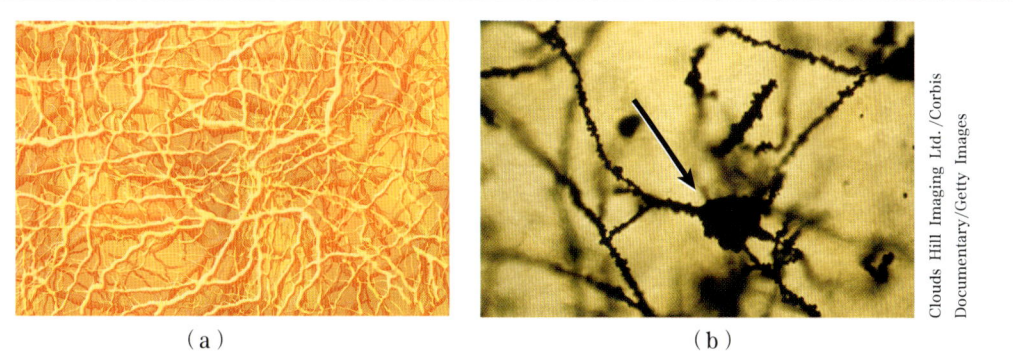

图2.2（彩）（a）神经网络理论提出信号可以在网络中按任意方向传递。（b）部分使用高尔基染色的脑区显示出了一些神经元的形状。箭头所指的是神经元的细胞体，纤细的线条是神经元的树突或者轴突（见图2.3）。

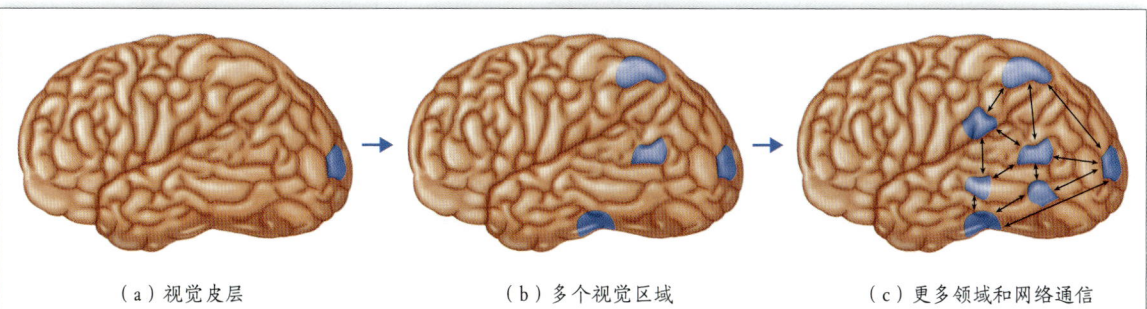

图2.8（彩）（a）关于神经表征和认知的早期研究主要从视觉皮层中的单个神经元进行记录，其中信号首先到达皮层。（b）研究人员深入探索大脑的其他区域，并发现视觉刺激会引起大脑皮层许多区域的激活。（c）近期的研究重点是探究这些分布区域是如何通过神经网络连接的，以及这些活动是如何在神经网络中进行传递的。请注意，除（a）中的视觉区域外，图中区域的位置并不表示实际区域的位置，仅为示意图。

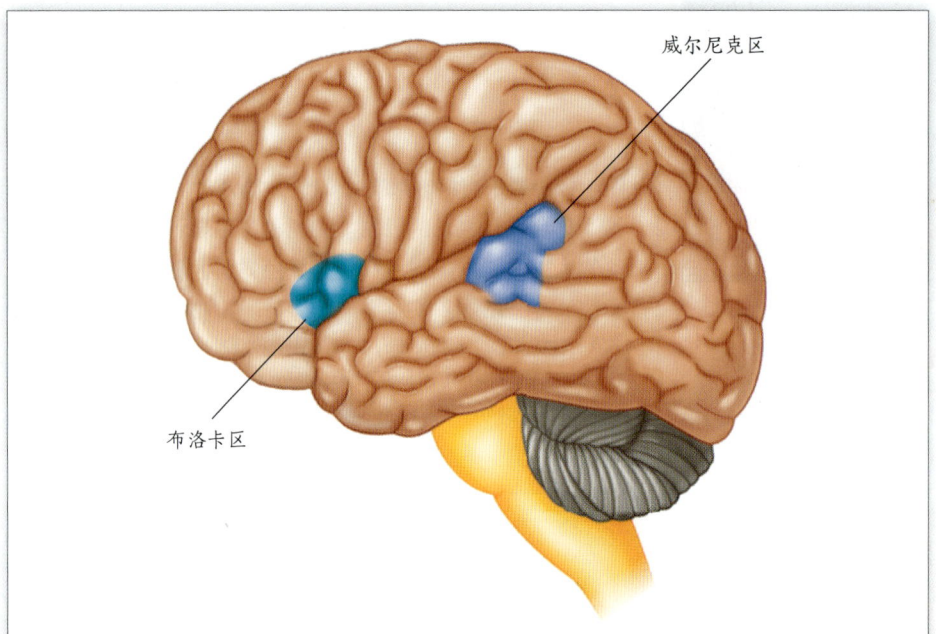

图 2.16（彩） 早期研究中确定了额叶中的布洛卡区和颞叶中的威尔尼克区，它们分别负责语言生成和理解。

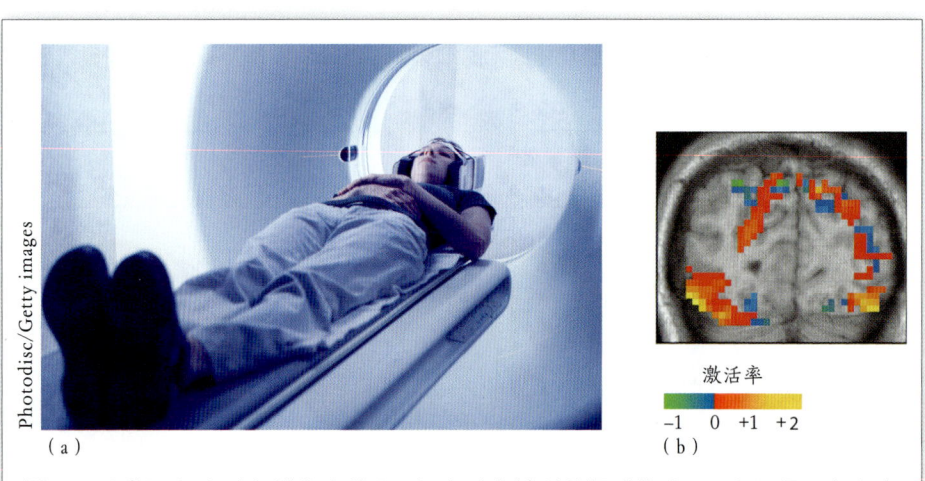

图 2.17（彩） （a）脑扫描仪中的人。（b）功能性磁共振成像（fMRI）记录。颜色表示大脑激活量增加和减少的位置。红色和黄色表示大脑激活增加；蓝色和绿色表示减少。

来源：Part b from Ishai et al., 2000.

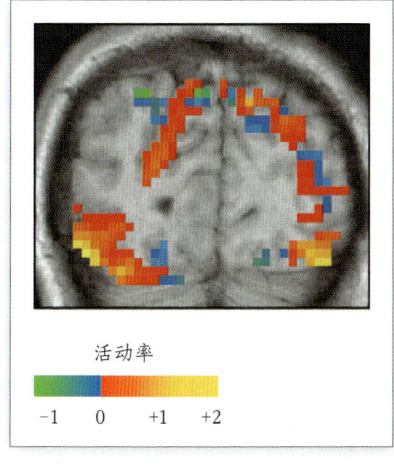

图 1.12（彩） 使用 fMRI 来记录大脑活动。各种颜色表示大脑活动增强和减弱的位置。红色和黄色显示感知人脸图片导致的大脑活动的增强；蓝色和绿色显示大脑活动的减弱（更多细节可参见第 2 章）。

来源：Ishai, A., Ungerleider, L. G., Martin, A., & Haxby, J. V.（2000）. The Representation of Objects in the Human Occipital and Temporal Cortex. *Journal of Cognitive Neuroscience*, 12, 36-51.

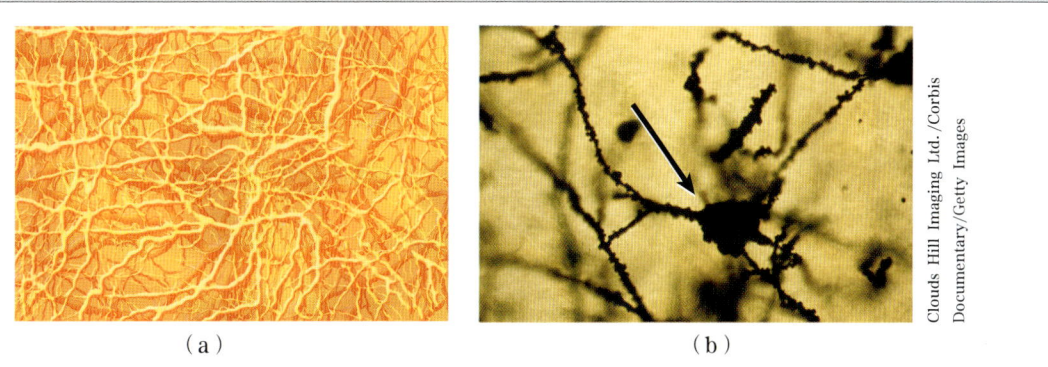

图 2.2（彩）（a）神经网络理论提出信号可以在网络中按任意方向传递。（b）部分使用高尔基染色的脑区显示出了一些神经元的形状。箭头所指的是神经元的细胞体，纤细的线条是神经元的树突或者轴突（见图 2.3）。

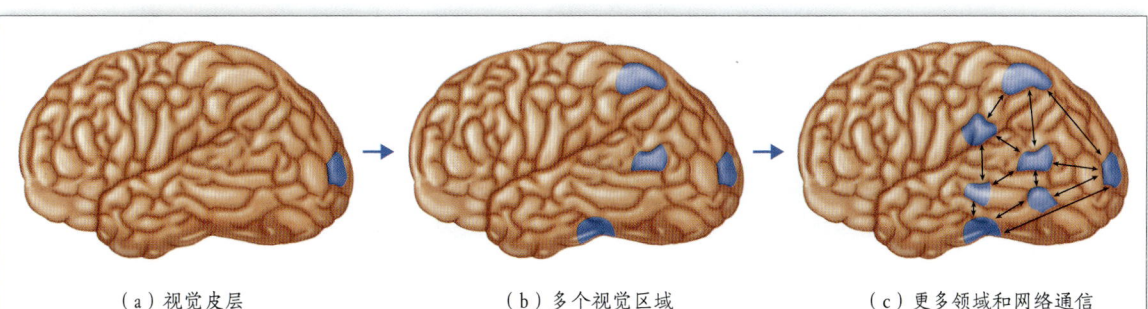

图 2.8（彩）（a）关于神经表征和认知的早期研究主要从视觉皮层中的单个神经元进行记录，其中信号首先到达皮层。（b）研究人员深入探索大脑的其他区域，并发现视觉刺激会引起大脑皮层许多区域的激活。（c）近期的研究重点是探究这些分布区域是如何通过神经网络连接的，以及这些活动是如何在神经网络中进行传递的。请注意，除（a）中的视觉区域外，图中区域的位置并不表示实际区域的位置，仅为示意图。

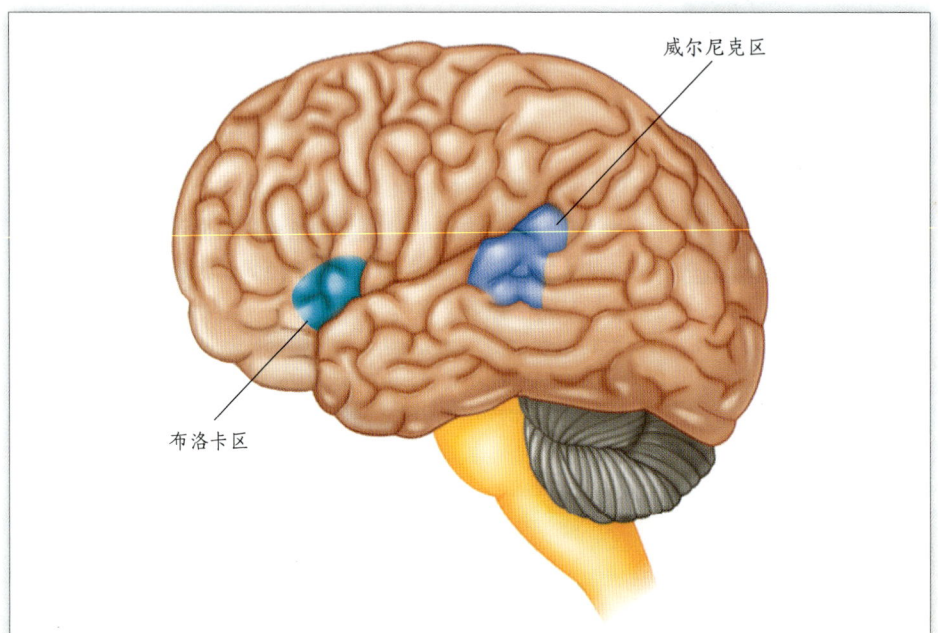

图 2.16（彩） 早期研究中确定了额叶中的布洛卡区和颞叶中的威尔尼克区，它们分别负责语言生成和理解。

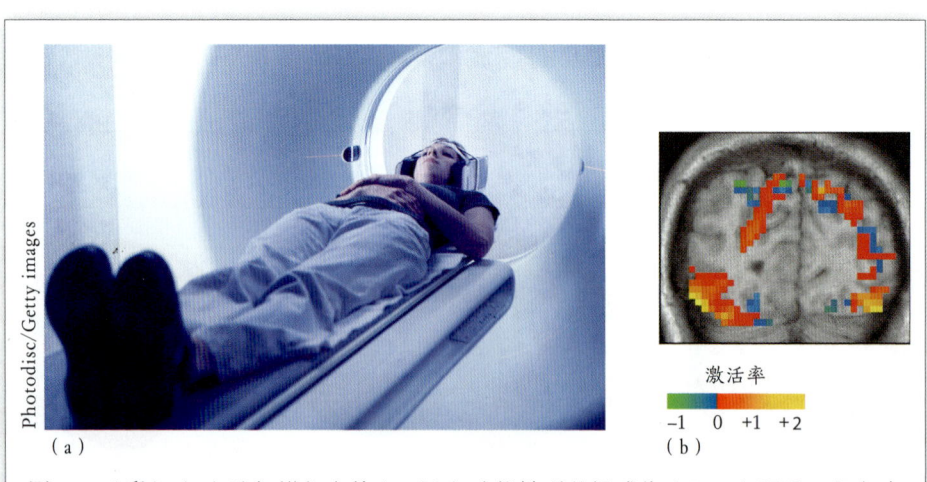

图 2.17（彩） (a) 脑扫描仪中的人。(b) 功能性磁共振成像（fMRI）记录。颜色表示大脑激活量增加和减少的位置。红色和黄色表示大脑激活增加；蓝色和绿色表示减少。

来源：Part b from Ishai et al., 2000.

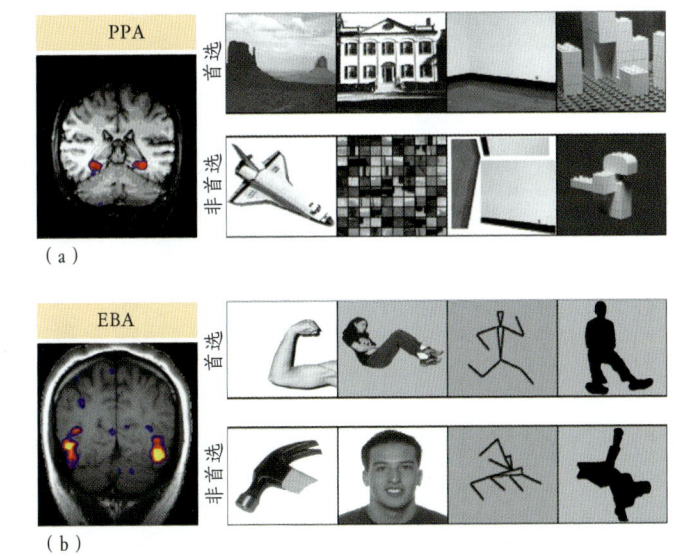

图2.18（彩）（a）旁海马空间区（PPA）被表示空间的图（上排）激活，但没有被其他刺激激活（下排）。(b) 纹外身体区（EBA）被身体部位的图（上排）激活，而没有被其他刺激激活（下排）。

来源：Chalupa & Werner, 2003.

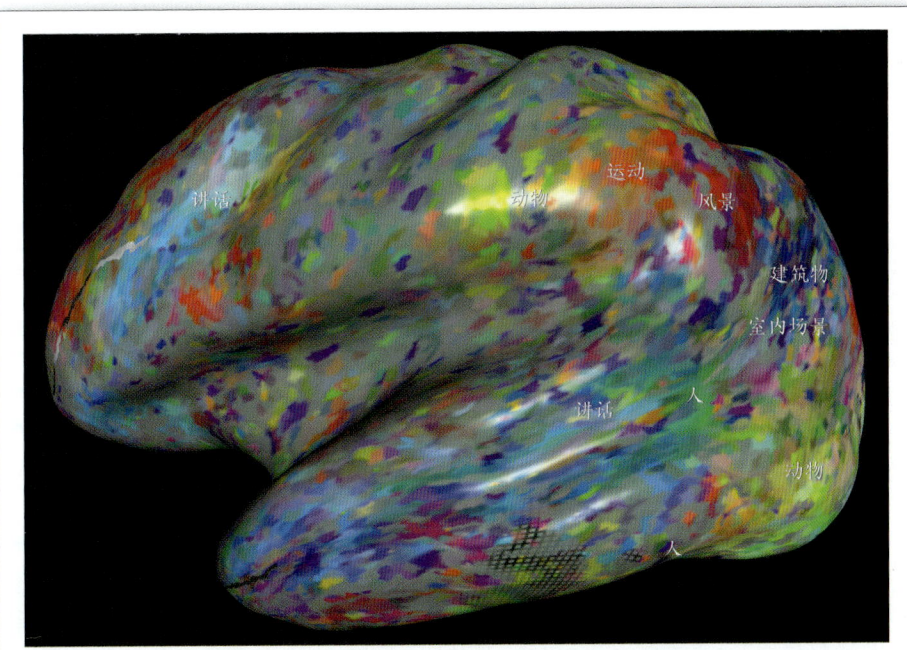

图2.20（彩） Huth等人（2012）的实验结果，显示了特定类别最有可能激活大脑的位置。

来源：Courtesy of Alex Huth.

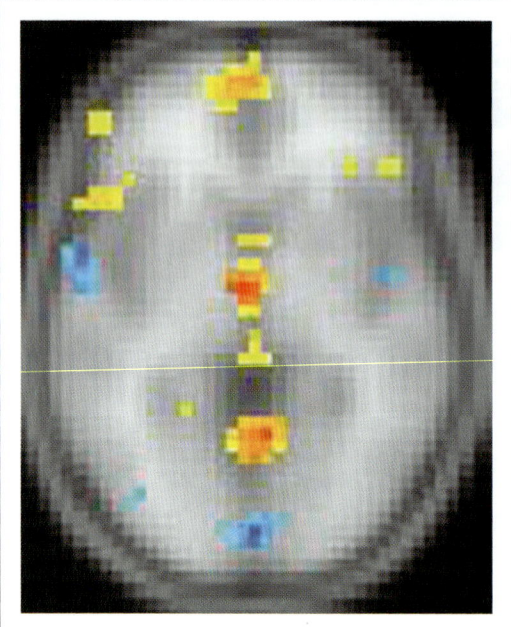

图2.22（彩） 情景记忆和语义记忆激活的脑区。黄色表示情景。蓝色表示语义。

来源：Levine et al.，2004.

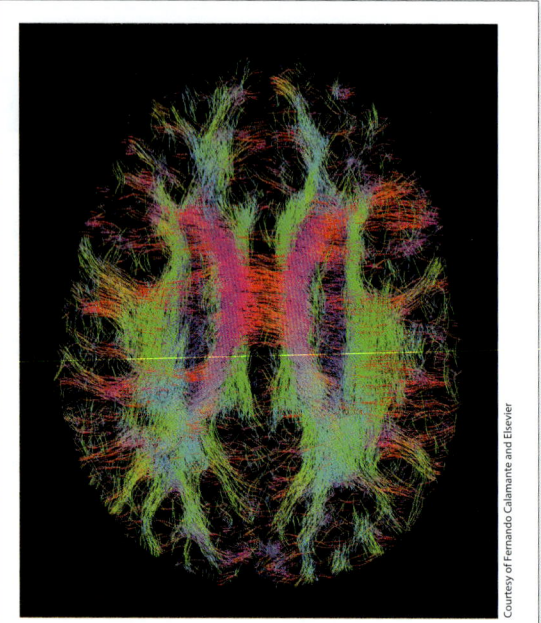

图2.24（彩） 连接组。通过追踪加权成像确定人脑中的神经束。

来源：Calamante et al.，2013.

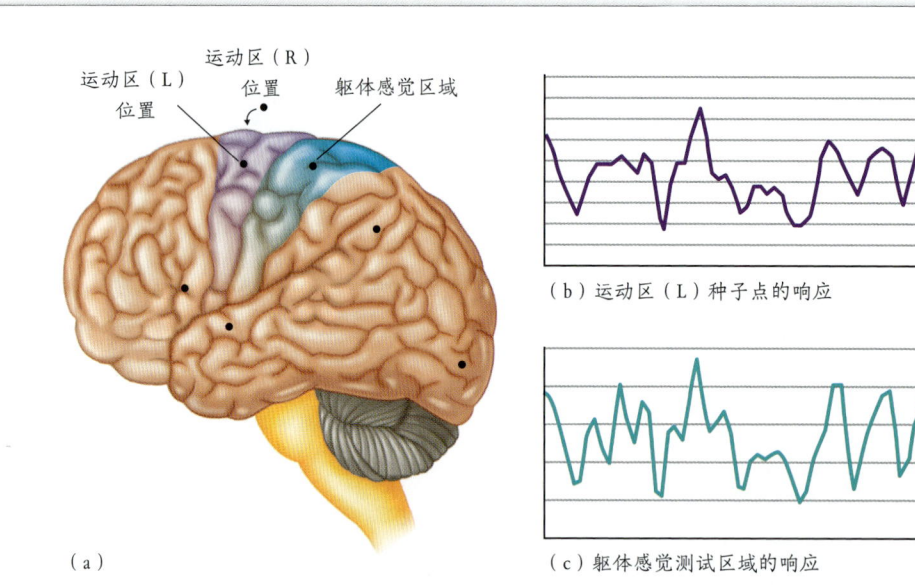

图2.25（彩） （a）在大脑左侧半球中显示的是，位于左侧运动皮层的种子点（L），以及一些由黑点标记的种子点。R区域位于大脑右侧的运动皮层，躯体感觉区域位于躯体感觉皮层。（b）L区域静息状态的fMRI响应。（c）躯体感觉区域静息态fMRI响应。（b）和（c）中响应的时长为4秒。

来源：Responses courtesy of Ying-Hui Chou.

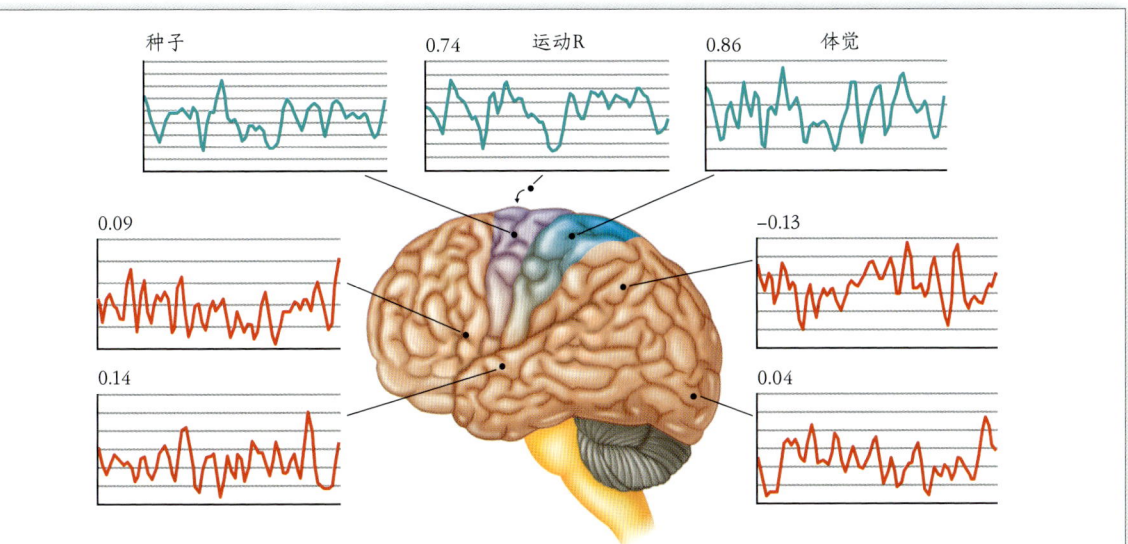

图 2.27（彩） 关于种子点（L）、测试区域（R）和躯体感觉区域，以及大脑中其他区域的五个测试区域。图中的数值表示种子点和每个测试区域的相关系数。其中，R 区域和躯体感觉区域均和种子点高度相关，表明它们与种子点功能连接性强。其他测试区域和种子点相关较弱，连接性较差。

来源：Responses courtesy of Ying-Hui Chou.

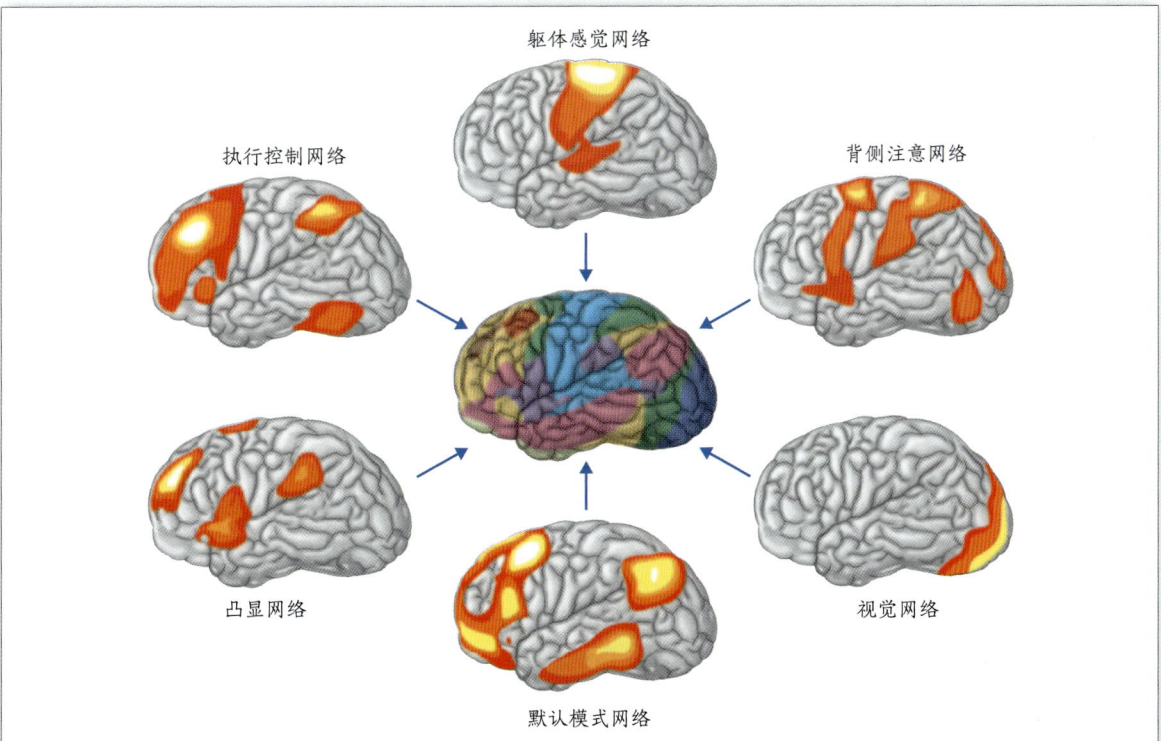

图 2.28（彩） 基于静息态 fMRI 发现的六个主要脑网络。除默认模式网络之外（休息时活动增强，做任务时活动减少），所有这些网络在进行任务时活动会增强，在休息时活动减少。这些网络的描述见表 2.1。

来源：Zabelina & Andrews-Hanna, 2016.

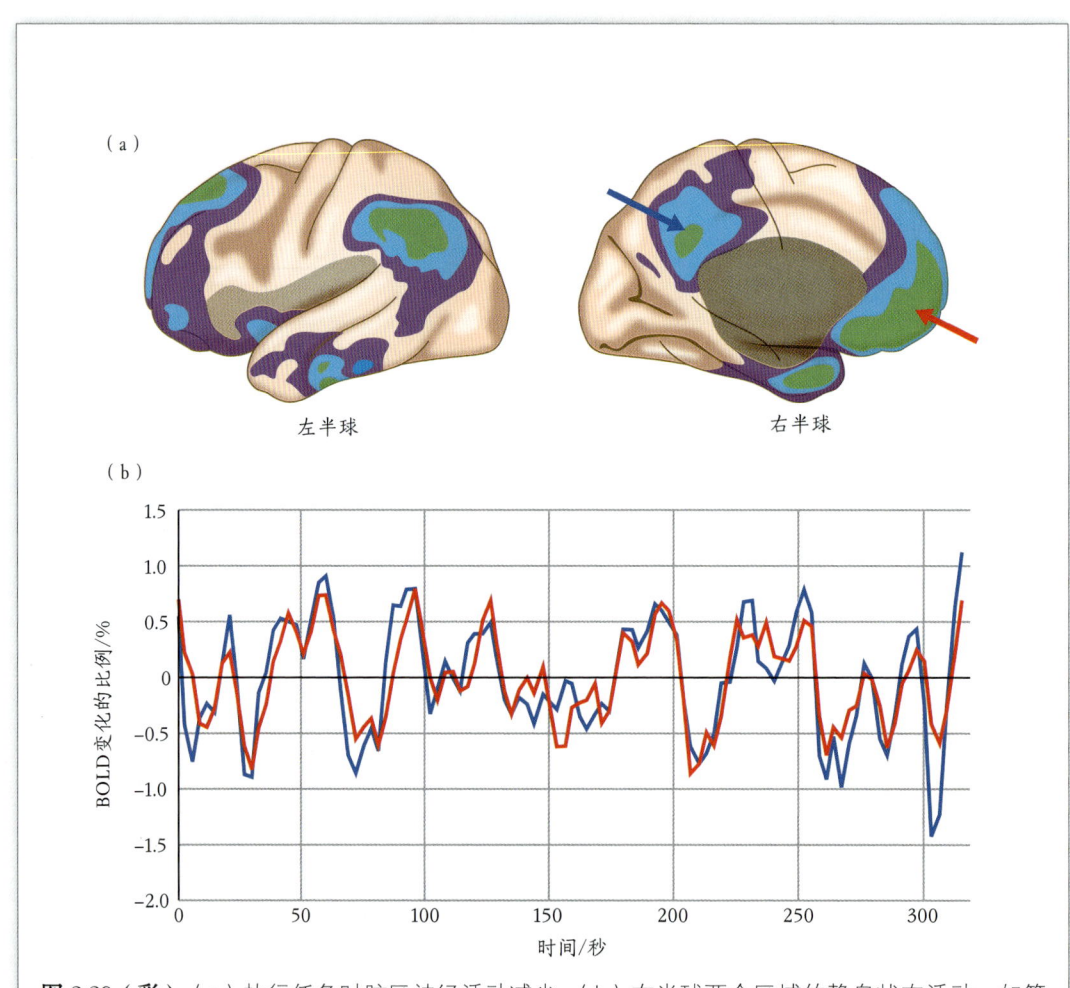

图 2.29（彩）（a）执行任务时脑区神经活动减少。(b) 右半球两个区域的静息状态活动，如箭头所示。静息态的活动是相互关联的，说明这些区域在功能上是相互联系的。所有这些脑区统称为默认模式网络。

来源：Raichle, 2015.

组织问题
如何定位不同脑区的认知功能？

方法：神经心理学——对脑损伤患者的行为研究

19世纪60年代：布洛卡和威尔尼克，该方法被沿用至今

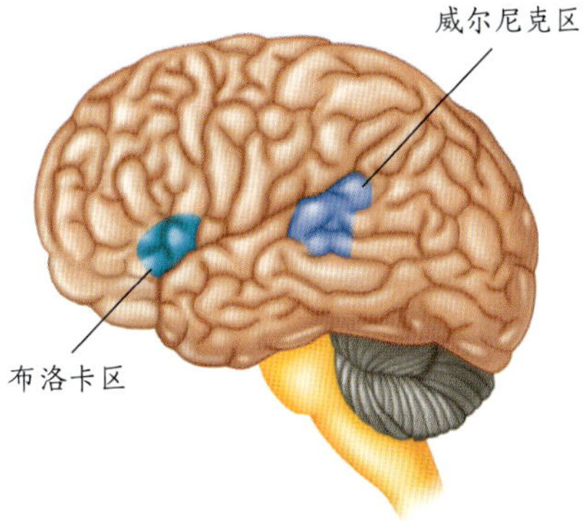

威尔尼克区
布洛卡区

方法：单个神经元记录——记录脑内不同区域

20世纪60年代以来：大脑中的特征觉察器

20世纪70年代以来：对复杂刺激反应的神经元

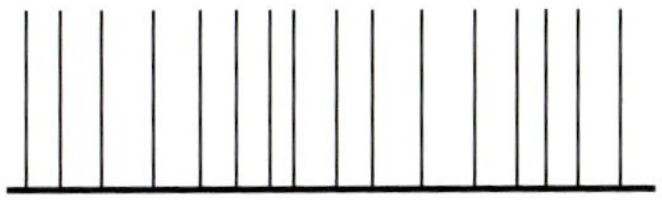

方法：脑成像

1976年：首次PET扫描
1990年：首次fMRI研究

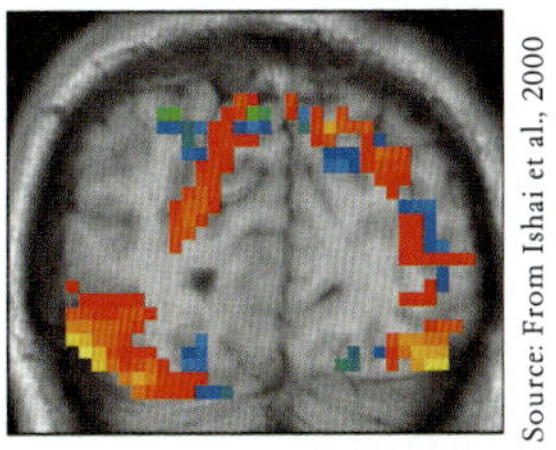

Source: From Ishai et al., 2000

图 2.31（彩） 关于如何定位大脑不同区域认知功能的研究技术。三种不同的方法：神经心理学（1860）；单个神经元记录（20世纪60年代以来）；脑成像技术（始于1976年的PET，随后fMRI诞生并成为主流）。

007

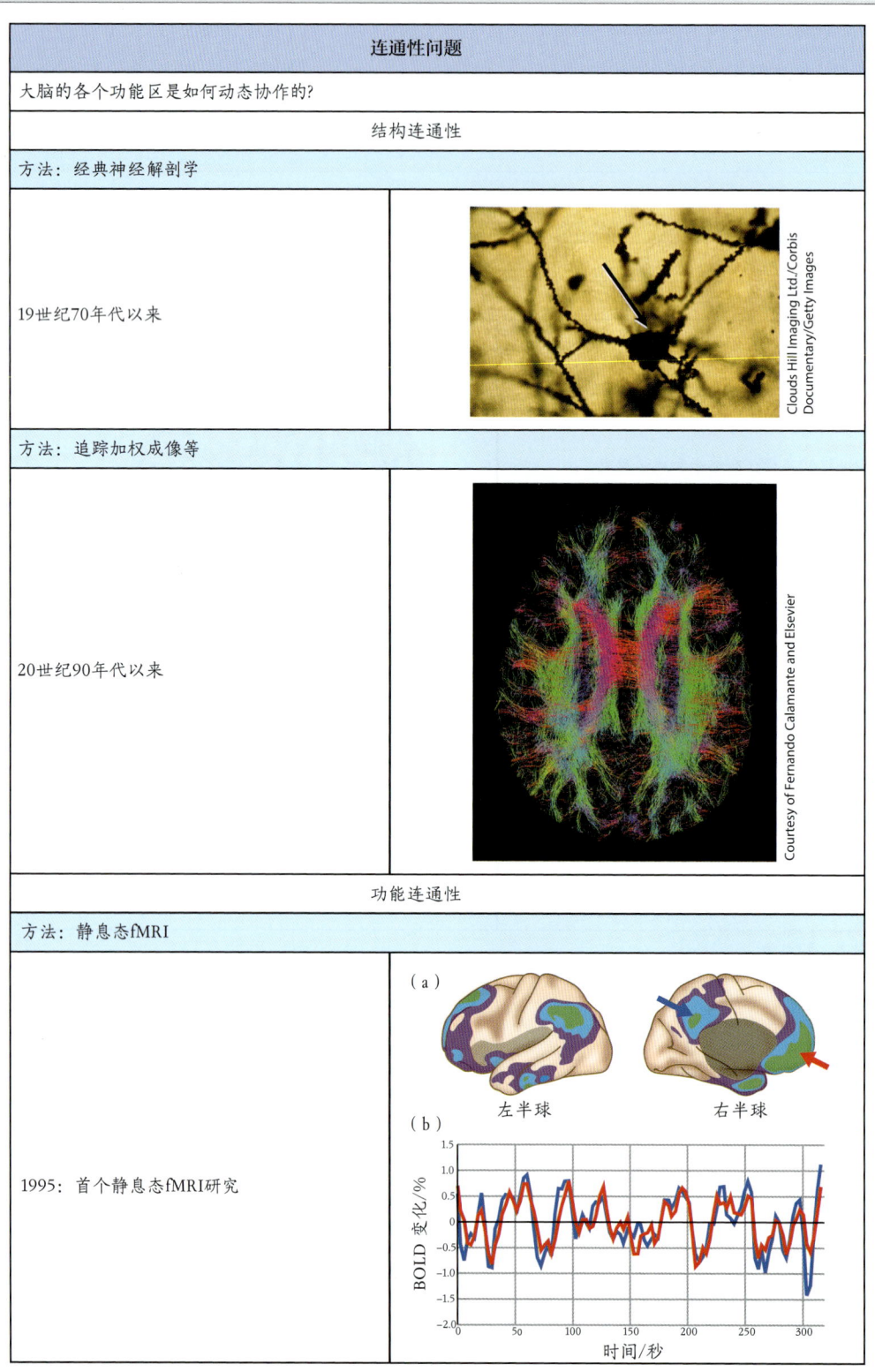

图 2.32（彩） 关于大脑的不同区域是如何连接和交流的研究技术。在 19 世纪，人们利用神经解剖学技术研究结构连接性，在 20 世纪 90 年代开始使用大脑成像技术进行研究。功能连接性研究始于 1995 年的静息态 fMRI 研究。

图 3.2（彩） 很容易看到图中左边有很多建筑，同时在正前方，有一个较低的建筑立在一幢较高的建筑前。也可以看出看台上方水平的黄色带子是在河对面。这些感知对于人类来说很容易，但是对于计算机视觉系统来说，就相当困难了。左边的字母表示"演示实验"专栏中提到的地点。

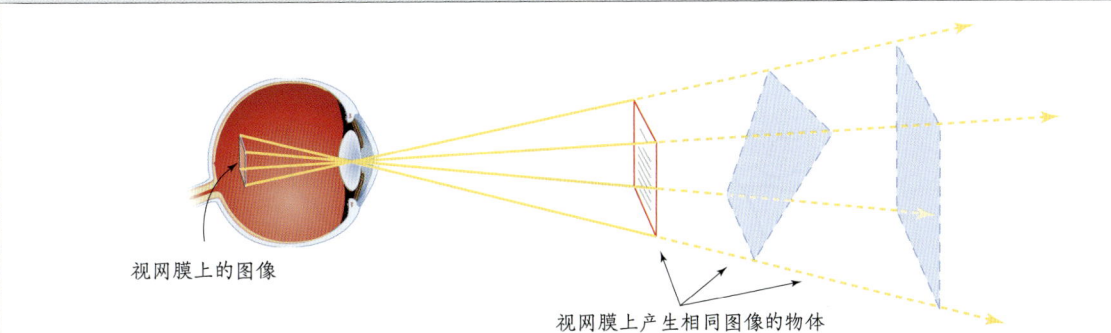

图 3.7（彩） 书（红色物体）在视网膜上形成的投影可以通过从书角延伸到眼底的射线（实线）来确定。逆投射问题的原理则可以通过从眼睛到书的延长射线（虚线）来说明。从图中可知，书在视网膜上形成的图像可以由无数的客体形成，例如图中倾斜的梯形和更大的矩形。这也就是为何视网膜上的图像是模棱两可的。

图 3.21（彩） 这张照片是由 Wilma Hurskainen 拍摄于白色的浪花与女人衣服上的白色区域形成一条线的那一刻。颜色的相似性导致了编组的形成，衣服上不同颜色的区域与场景中相同的颜色进行编组。在这里也请注意海水的边缘如何通过良好连续性产生编组来穿过图中女人的衣服。

来源：Courtesy of Wilma Hurskainen.

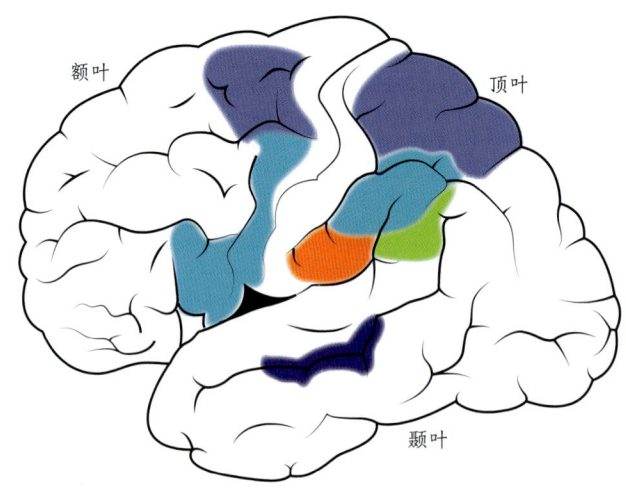

图 3.36（彩） 人类镜像神经元系统涉及的脑区。颜色表示该区域的加工动作类型。青蓝色表示朝向物体的动作；紫色表示触摸动作；橙色表示使用工具；绿色表示背离物体的动作；藏蓝色表示上肢动作。

来源：Cattaneo & Rizzolatti，2009.

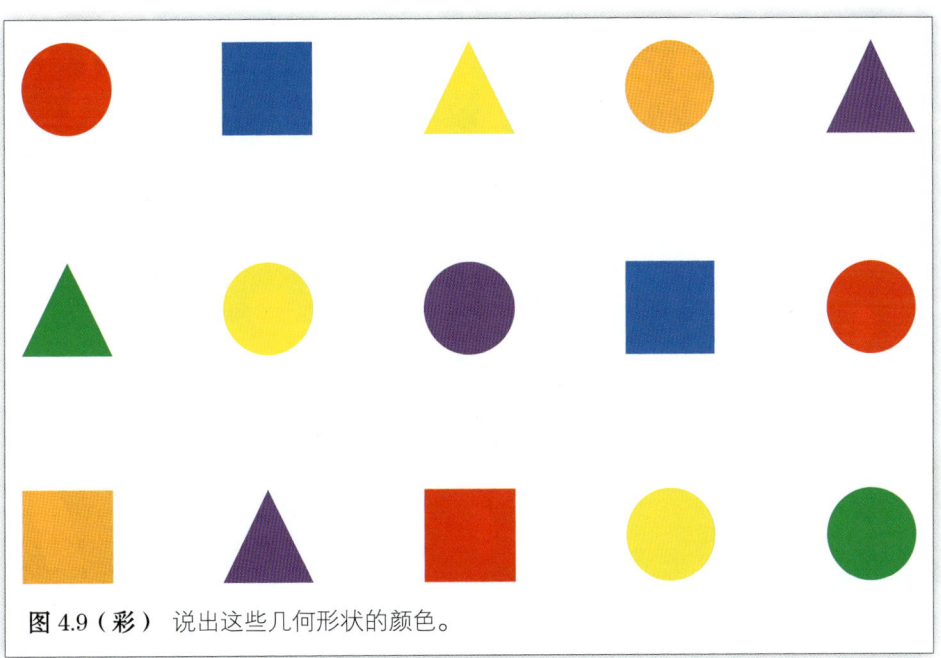

图 4.9（彩） 说出这些几何形状的颜色。

黄色	红色	蓝色	紫色	绿色
橙色	黄色	绿色	蓝色	红色
绿色	紫色	橙色	红色	蓝色

图 4.10（彩） 说出书写这些颜色词用的墨水的颜色。

图 4.11（彩） 在 1 分钟内你能在这幅图片中辨认出多少人？

图 4.12（彩） 被试在随意观看一幅图片时的眼动轨迹。黄点表示注视点，红线表示快速眼动。这个被试在观看图片时偏爱雕像区域，而忽视了水、岩石和建筑物区域。

图 4.13（彩） 红色 T 恤在视觉上的凸显是因为和周围相比，其色彩鲜明并与周围环境形成了对比。

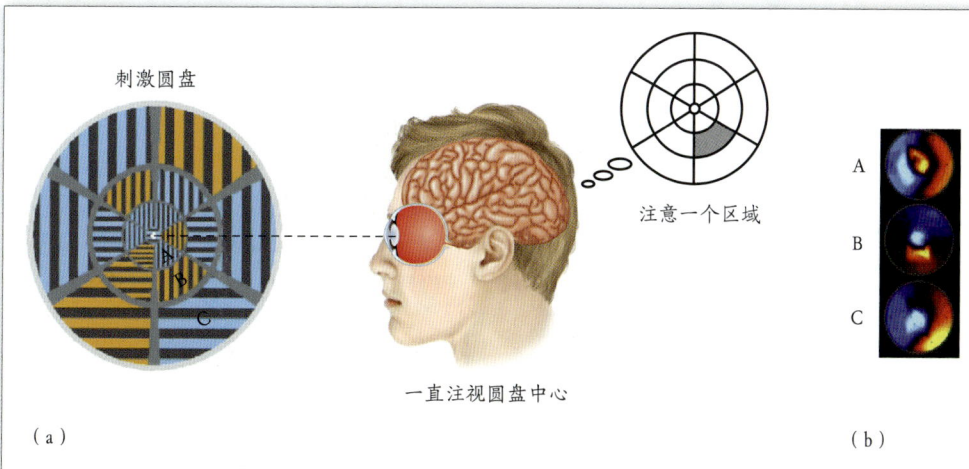

图 4.18（彩） （a）在 Datta 和 DeYoe 的实验中，被试保持眼睛注视刺激圆盘的中心，并将注意分配到圆盘中其他区域。（b）当被试注意刺激圆盘中的字母区域时激活的脑区，每个圆圈的中心对应大脑中与刺激中心对应的位置。黄色的"热点"是被注意激活最大的脑区。

来源：From R. Datta & E. A. DeYoe, I know where you are secretly attending! The topography of human visual attention revealed with fMRI, *Vision Research*, 49, 1037–1044, 2009.

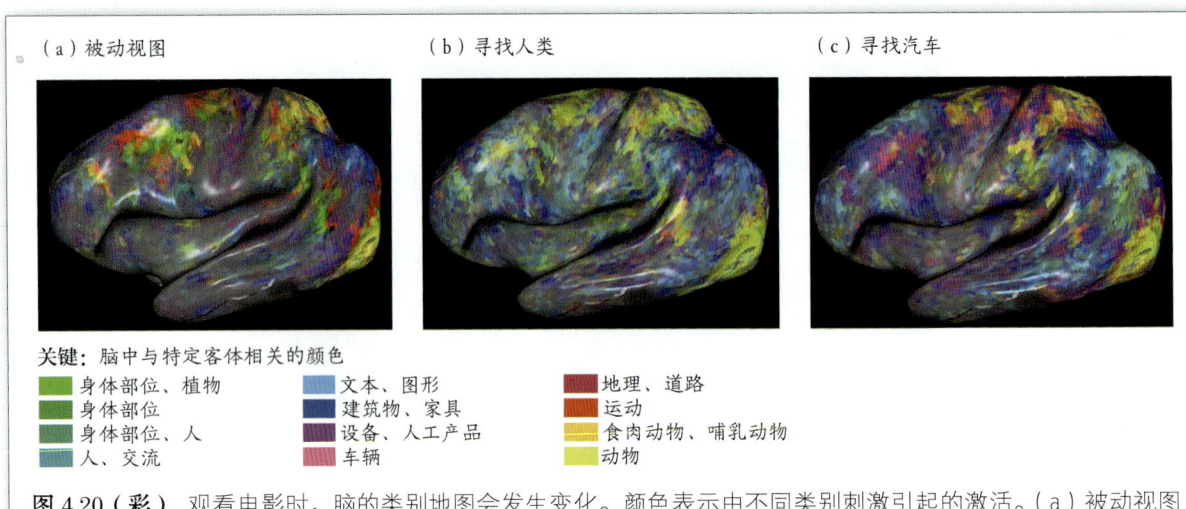

（a）被动视图　　　　（b）寻找人类　　　　（c）寻找汽车

关键：脑中与特定客体相关的颜色
- 身体部位、植物
- 身体部位
- 身体部位、人
- 人、交流
- 文本、图形
- 建筑物、家具
- 设备、人工产品
- 车辆
- 地理、道路
- 运动
- 食肉动物、哺乳动物
- 动物

图 4.20（彩） 观看电影时，脑的类别地图会发生变化。颜色表示由不同类别刺激引起的激活。（a）被动视图表示被试不搜索任何内容时的激活。（b）搜索"人"激活黄色和绿色，黄色和绿色表示与人有关的人和事。（c）搜寻"车辆"激活红色，红色代表车辆和与车辆有关的物品。

图 4.31（彩） 关联整合实验的刺激。详见正文。

来源：A. Treisman & H. Schmidt, Illusory conjunctions in the perception of objects, *Cognitive Psychology*, 14, 107–141, 1982.

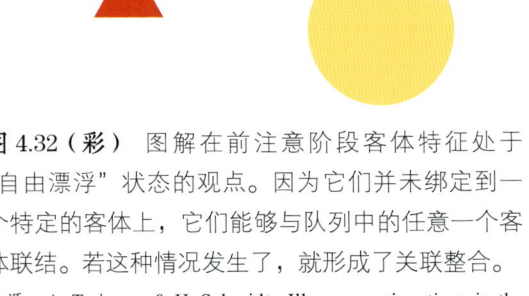

自由漂浮的特征

小的　三角形　红色　　　圆形　大的　黄色

图 4.32（彩） 图解在前注意阶段客体特征处于"自由漂浮"状态的观点。因为它们并未绑定到一个特定的客体上，它们能够与队列中的任意一个客体联结。若这种情况发生了，就形成了关联整合。

来源：A. Treisman & H. Schmidt, Illusory conjunctions in the perception of objects, *Cognitive Psychology*, 14, 107–141, 1982.

图 4.33（彩） 用于说明自上而下加工能否减少关联整合的刺激材料。

来源：A. Treisman & H. Schmidt, Illusory conjunctions in the perception of objects, *Cognitive Psychology*, 14, 107–141, 1982.

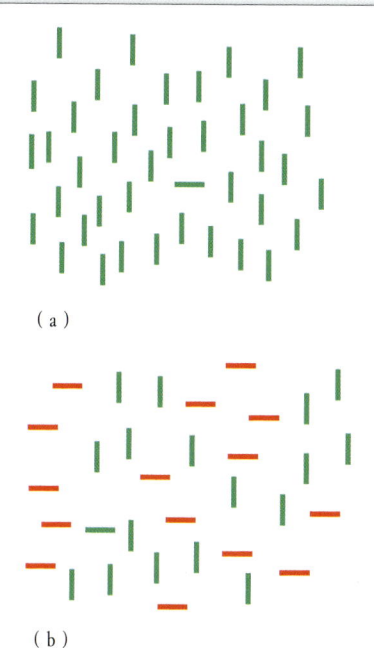

图 4.34（彩） 在（a）中寻找水平线，然后在（b）中寻找绿色水平线。哪个任务所用时间更长？

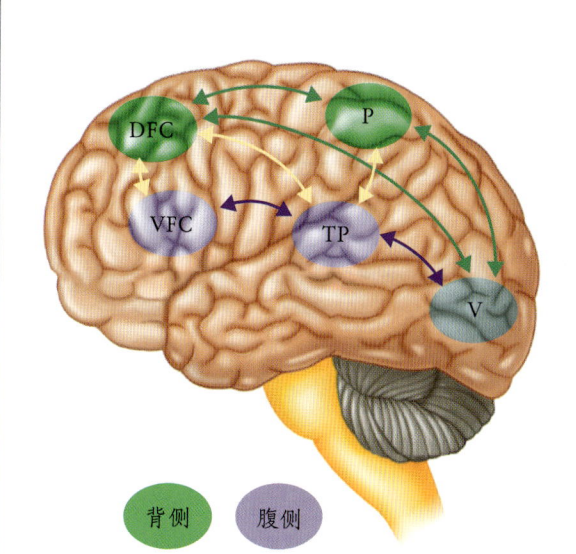

图 4.35（彩） 图为两种注意网络的结构。V= 视觉皮层。背侧注意网络：P= 顶叶皮层；DFC= 背侧额叶皮层。腹侧注意网络：TP= 顶颞叶交界处；VFC= 腹侧额叶皮层。

来源：Based on Vossel et al., 2014, Figure 1.

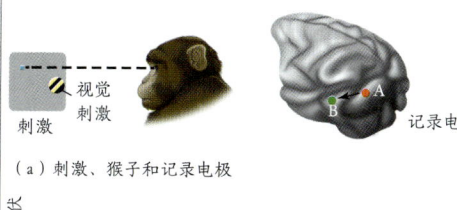

(a) 刺激、猴子和记录电极

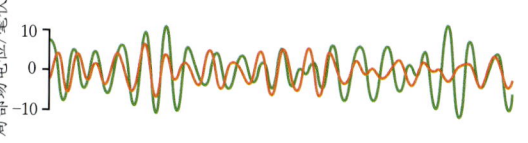

(b) 在对视觉刺激的非注意条件下，电极A和B的局部场电位反应不同步。

(c) 在视觉刺激的注意条件下，电极A和B的局部场电位反应同步。

图 4.36（彩） 在 Bosman 等人（2012）的实验中，(a) 猴子保持眼睛注视蓝色的点。局部场电位被大脑皮层上相连接的电极 A 和电极 B 所记录。(b) 在猴子对视觉刺激的非注意条件下，电极 A 和电极 B 上的局部场电位反应不同步。(c) 在猴子对视觉刺激的注意条件下，电极 A 和电极 B 上的局部场电位反应同步化。

来源：Figure courtesy of Pascal Fries and Conrado Bosman.

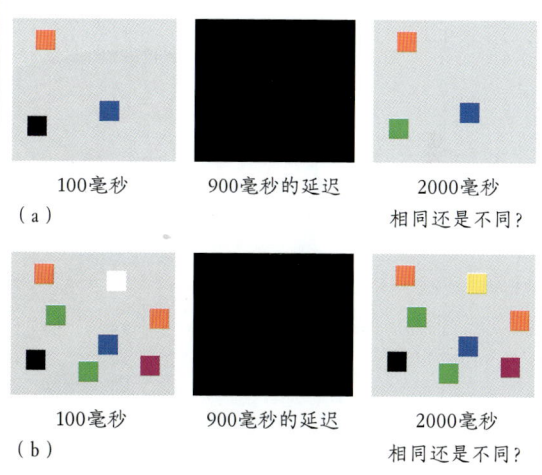

图 5.7（彩） (a) Luck 和 Vogel（1997）使用的刺激。被试看第一个显示屏，然后指明第二个显示屏是否与之相同。在这个例子中，在第二个显示屏中有一个色块的颜色改变了。(b) Luck 和 Vogel 的实验中展示了大量的刺激项目。

来源：Adapted from E. K. Vogel, A. W. McCollough, & M. G. Machizawa, Neural measures reveal individual differences in controlling access to working memory, *Nature*, 438, 500–503, 2005.

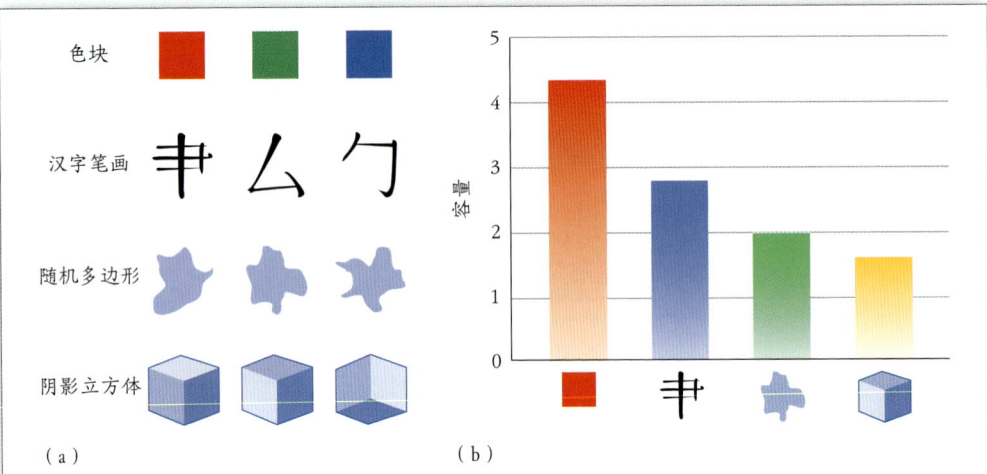

图 5.9（彩） （a）Alvarez 和 Cavanagh（2004）的变化探测实验中使用的一些刺激。刺激信息的数量从低信息量（彩色方块）到高信息量（立方体）。在正式实验中，在每一个设置中有 6 个不同的物体。（b）结果表示为可以被记忆的每一种刺激的平均客体数量。

来源：Adapted from G. A. Alvarez & P. Cavanagh, The capacity of visual short-term memory is set both by visual information load and by number of objects, *Psychological Science*, 15, 106–111, 2004.

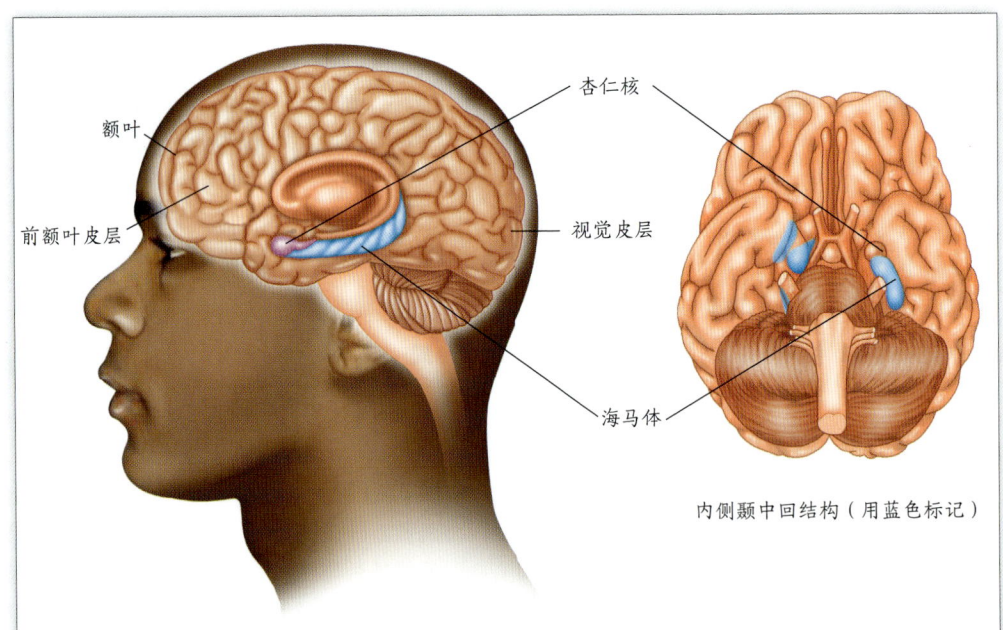

图 5.19（彩） 大脑横截面图显示了一些关于记忆的关键结构。关于工作记忆的讨论集中在前额叶皮层和视觉皮层。海马体、杏仁核和额叶皮质将在第 6 章和第 7 章中讨论。

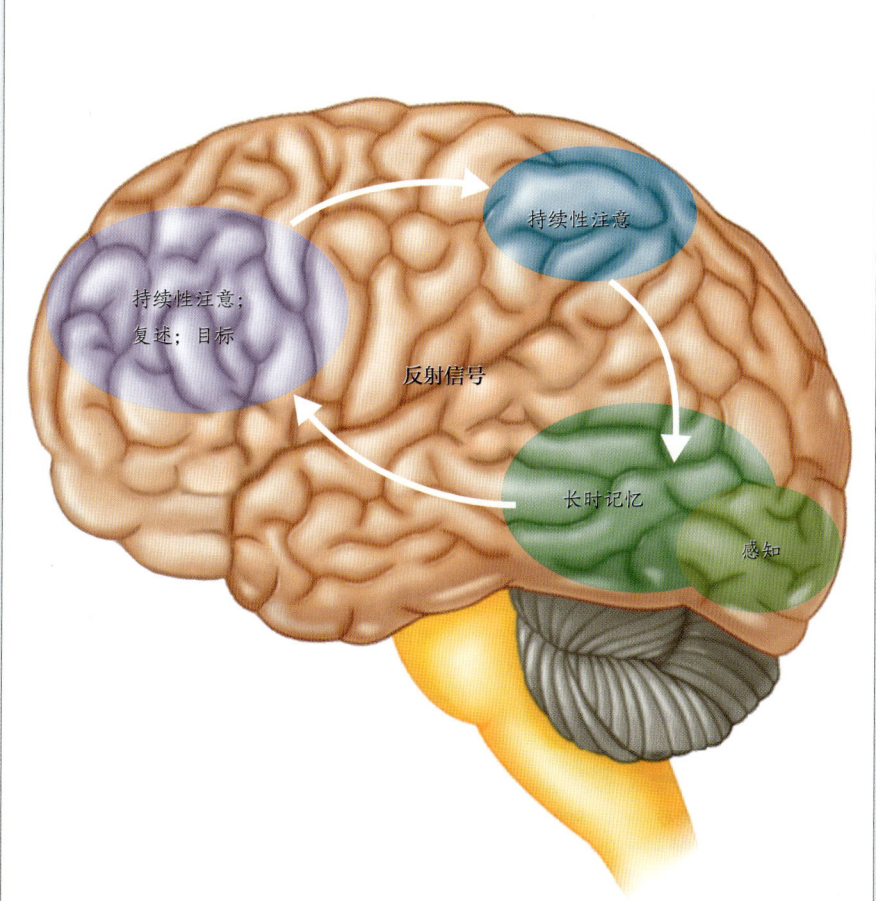

图 5.24（彩） 与工作记忆有关的部分大脑区域的地图。这是 Ericsson 等人（2015）提出的工作记忆结构的简化版本，不仅表明许多区域与工作记忆相关，还表明它们相互协作。

来源：Ericsson et al., Neurocognitive architecture of working memory, *Neuron* 88, 33–46. Figure 10d, page 35, 2015.

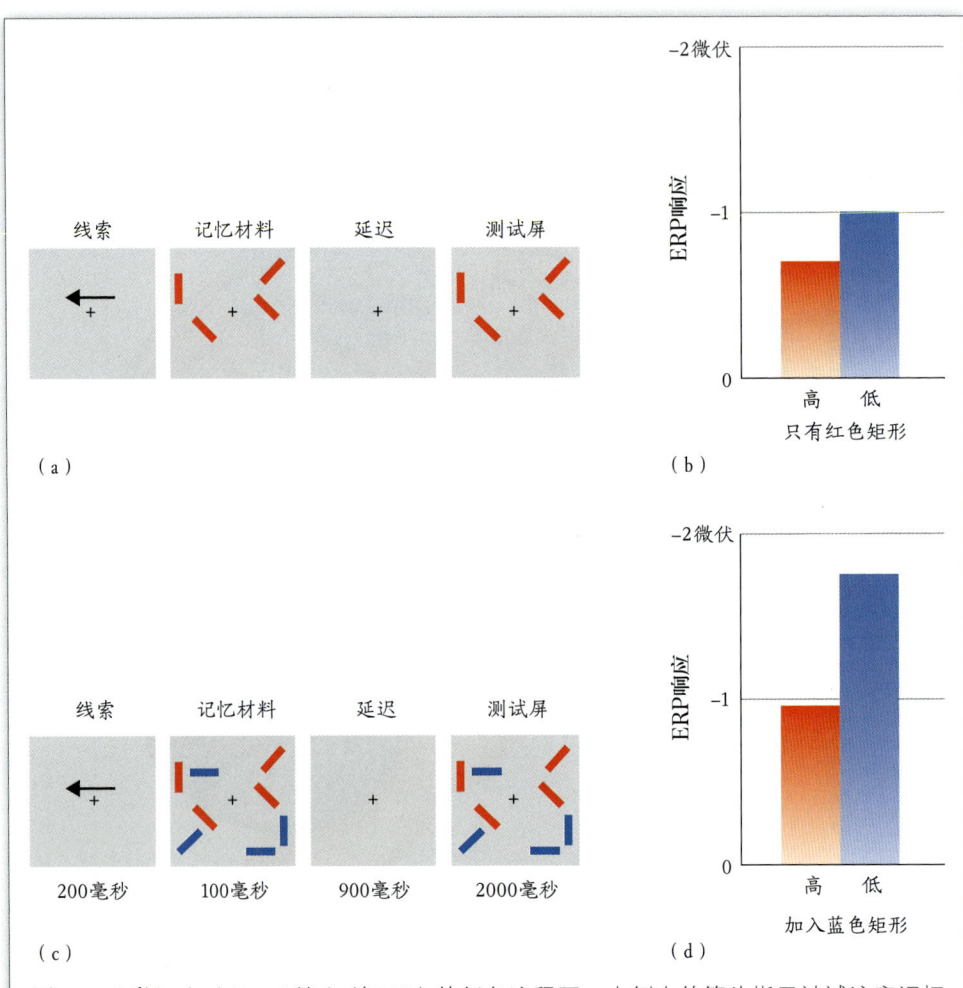

图 5.25（彩）（a）Vogel 等人（2005）的任务流程图。本例中的箭头指示被试注意记忆材料和测试矩阵的左侧。被试的任务是指出被注意一侧的红色矩形在两个矩阵中是否相同。(b) 低容量和高容量被试在（a）任务中的 ERP 响应。(c) 增加蓝色矩形是为了分散被试在红色矩形上的注意。(d) 任务（c）中的 ERP 响应。

来源：Based on E. K. Vogel, A. W. McCollough, & M. G. Machizawa, Neural measures reveal individual differences in controlling access to working memory, *Nature*, 438, 500–503, 2005.

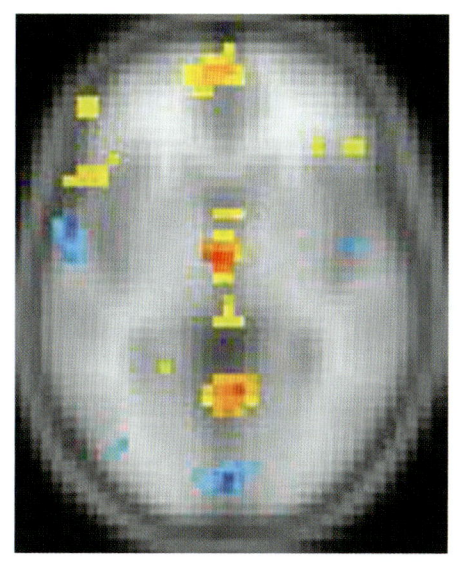

图6.9（彩） 大脑显示由情景记忆和语义记忆激活的区域。黄色区域代表与情景记忆相关的大脑区域；蓝色区域代表与语义记忆相关的区域。

来源：Levine et al., 2004.

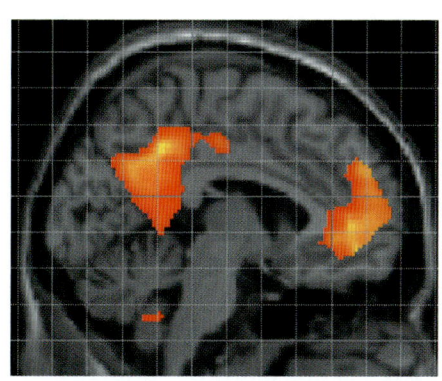

（a）过去事件　　　　　　　　（b）未来事件

图6.11（彩） 大脑激活由（a）思考过去的事件和（b）想象未来的事件引起。

来源：Addis et al., 2007.

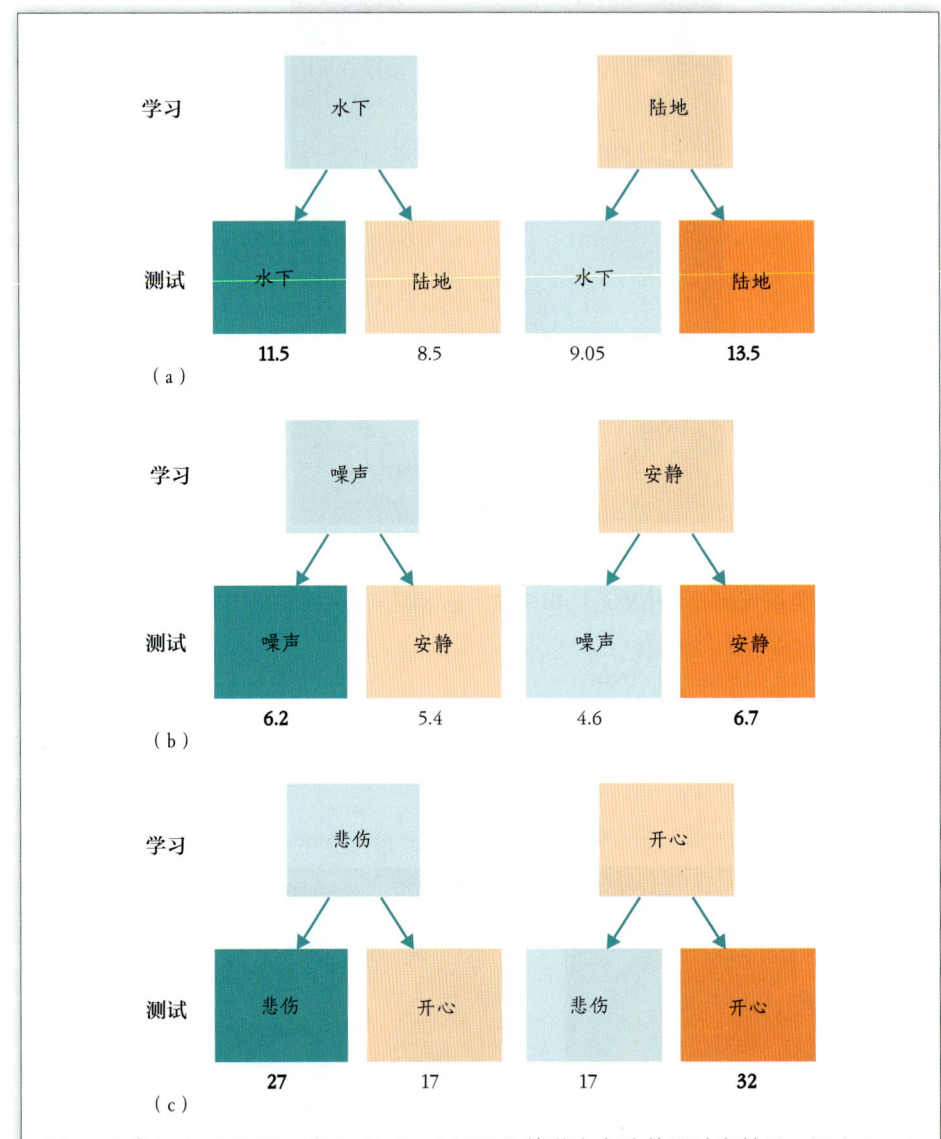

图 7.8（彩）（a）Goffen 和 Baddeley（1975）的潜水实验的设计和结果；（b）Grant 等人（1998）的"学习"实验；（c）Eich 和 Metcalfe（1989）的情绪实验。每个测试条件的结果由该条件下的数字直接表示。匹配的颜色（浅绿色和深绿色，浅橙色和深橙色）表示研究和测试条件是匹配的。

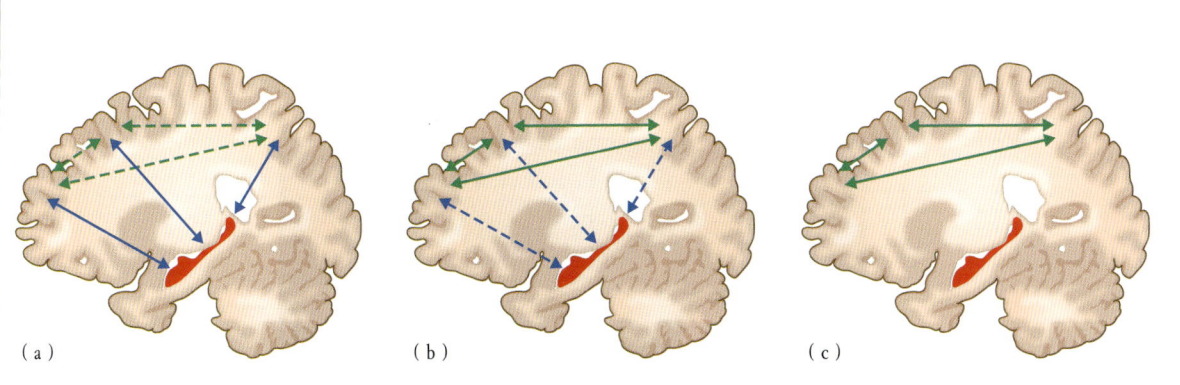

图 7.13（彩） 根据标准巩固模型，巩固过程中发生的事件的顺序。(a) 皮层和海马体之间的连接（蓝色）最初是强的，而皮层区域之间的连接是弱的（绿色虚线箭头）。海马体和大脑皮层之间的活动称为再激活。(b) 随着时间的推移，海马体和皮层之间的联系减弱（蓝色虚线箭头），皮层区域之间的联系增强（绿色实线箭头）。(c) 最后，只剩下皮层间的联系。

来源：Maguire, 2014.

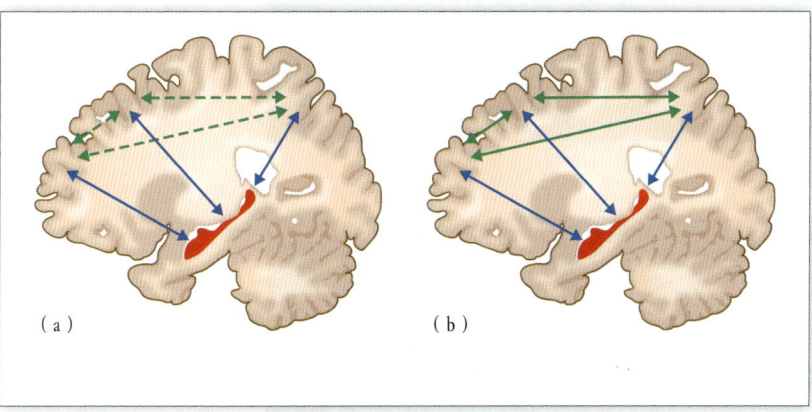

图 7.15（彩） 根据巩固的多重痕迹模型，在巩固期间发生的事件序列。(a) 与标准巩固模型一样，海马体和皮层之间的连接最初是强的（蓝色实线箭头），而皮层间的连接是弱的（绿色虚线箭头）。(b) 随着时间的推移，皮层间连接增强（绿色实线箭头），海马体与皮层间连接保持不变。

来源：Maguire, 2014.

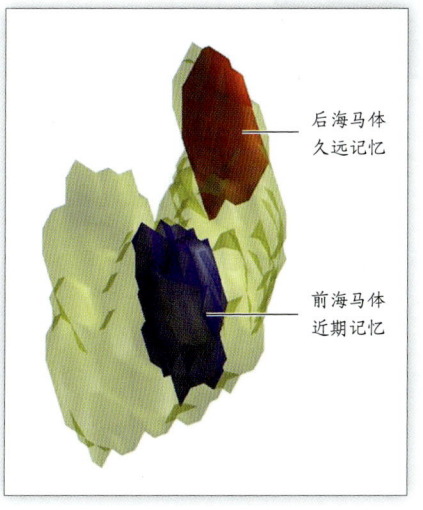

图 7.19（彩） Bonnici 等人（2012）利用 MVPA 对海马体进行三维表征，显示与近期自传体记忆（蓝色）和远端自传体记忆（红色）相关的体素位置。

来源：Bonnici et al., *Journal of Neuroscience* 32（47）16982–16991, Fig 4, page 16978, Lower left figure only, 2012.

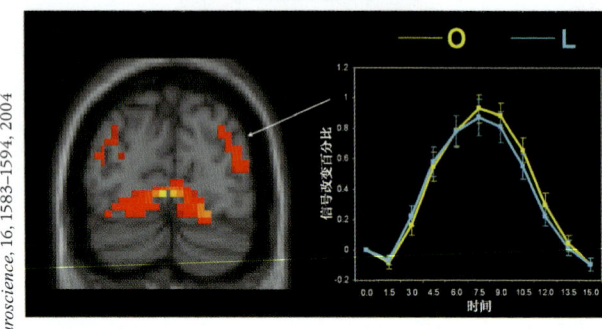

(a) 顶叶皮层

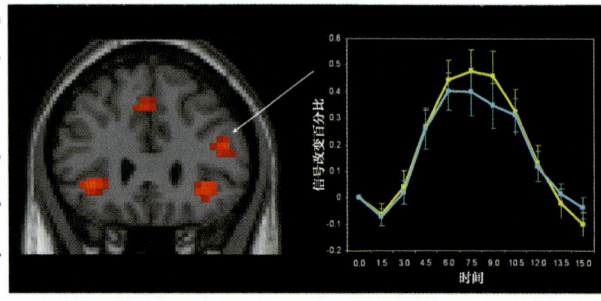

(b) 前额叶皮层

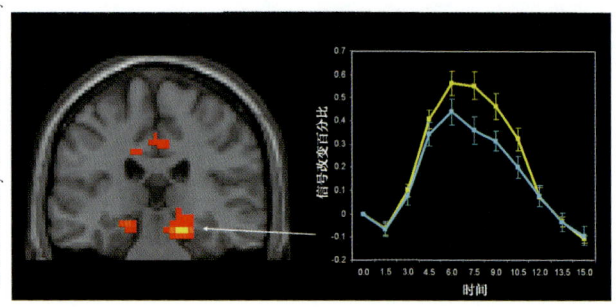

(c) 海马体

自我拍摄照片=更多的激活

图 8.2（彩）（a）在记忆测试中，由自我拍摄照片（O；黄色）和实验室照片（L；蓝色）引起的顶叶皮层 fMRI 反应时程和幅值。图右显示了自我拍摄照片和实验室照片引发了相同水平的激活。(b) 前额叶皮层和 (c) 海马体对自我拍摄照片的反应更大。

来源：Cabeza et al., 2004.

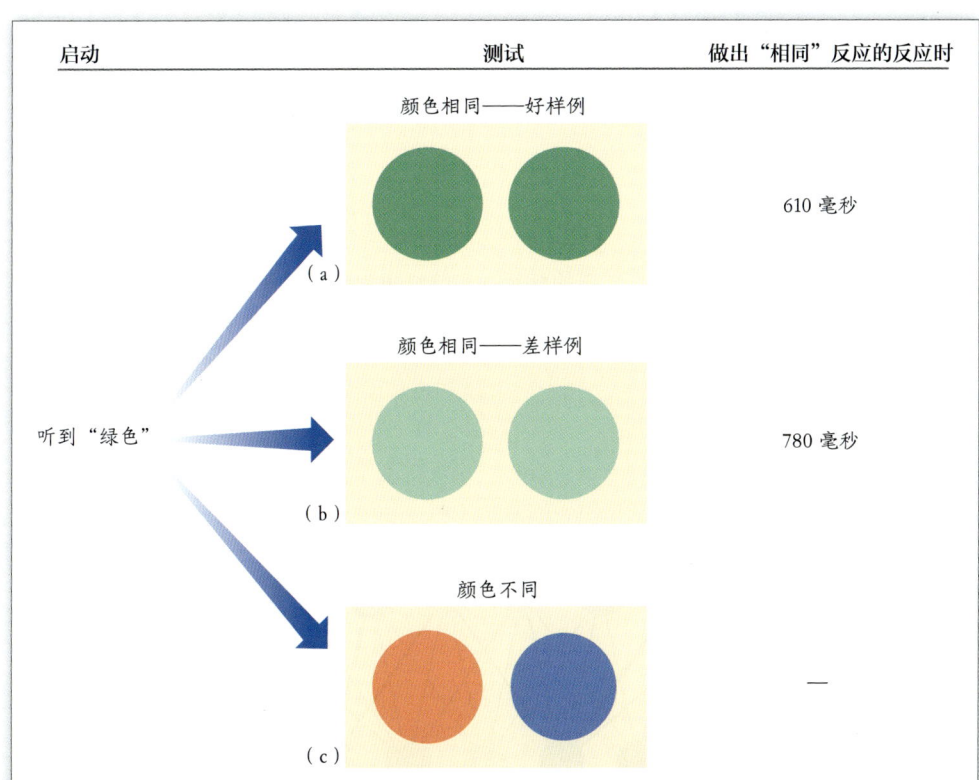

图 9.6（彩） Rosch（1975b）的启动实验程序。右侧列出了颜色相同条件下的反应时间。(a)被试心中的"绿色"原型与好样例的绿色匹配，但与(b)差样例的浅绿色不匹配；(c)呈现了颜色不同的情况。

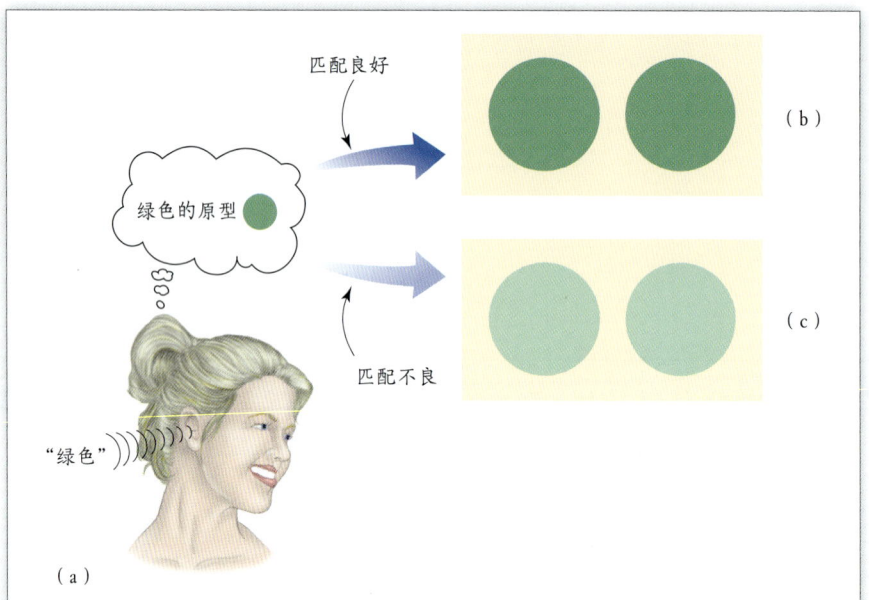

图 9.7（彩） Rosch 对实验结果的解释。实验结果发现：与非原型颜色相比，对原型颜色做出"相同"反应更快。

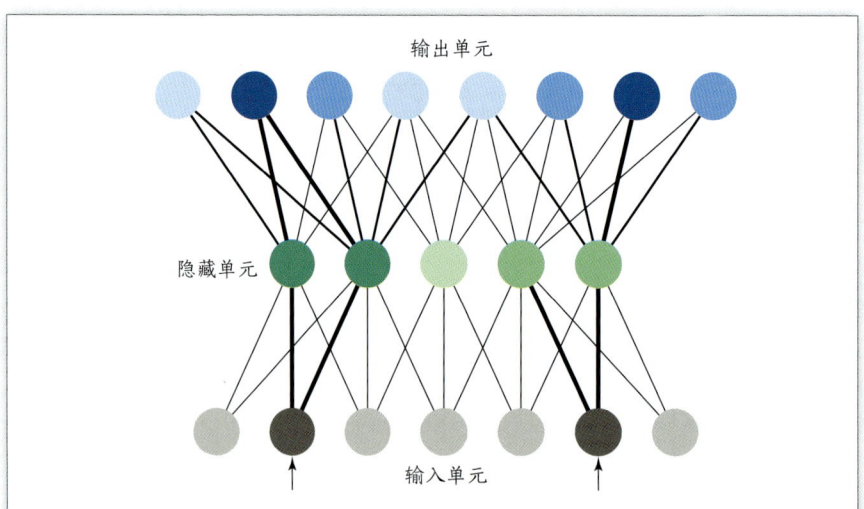

图 9.17（彩） 并行分布加工（PDP）网络呈现了输入单元、隐藏单元和输出单元。用箭头表示的输入刺激激活输入单元，信号在网络中传输，激活隐藏和输出单元。颜色深浅表示单元的激活程度，颜色越深、连线越粗表示激活越强。隐藏单元和输出单元的激活模式由输入单元的初始激活和联结权重决定，联结权重决定输入的激活能在多大程度上激活一个单元。图中未显示联结权重。

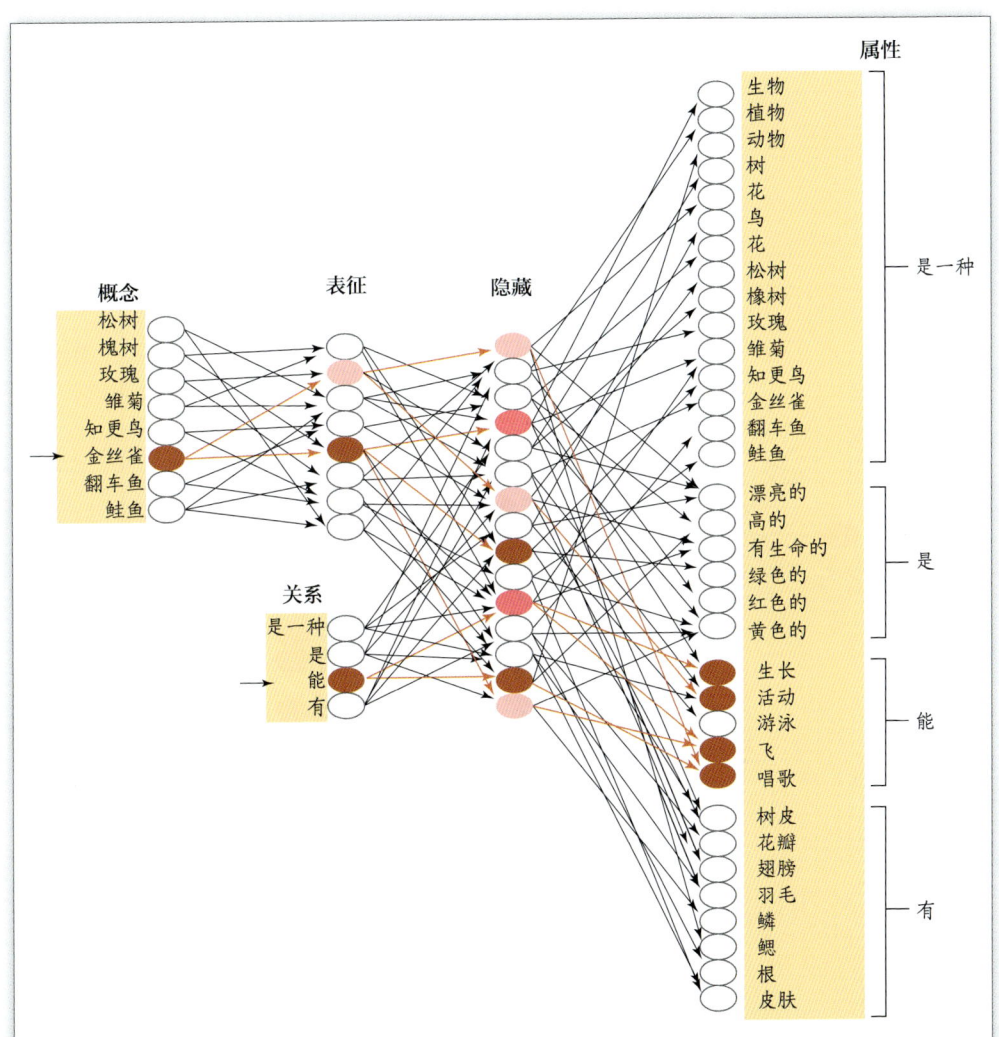

图 9.18（彩） 一个联结主义网络模型。一个项目单元（"金丝雀"）和一个关系单元（能）的激活会导致激活通过网络传播，最终激活与"金丝雀能"相关联的属性单元：生长、活动、飞和唱歌。颜色深度表示单元的激活程度，较深的颜色表示较强的激活。请注意，图示中"金丝雀"和"能"只激活了少数单元和连接。而在实际网络中，会激活更多的单元和连线。
来源：T. T. Rogers & J. L. McClelland, 2004.

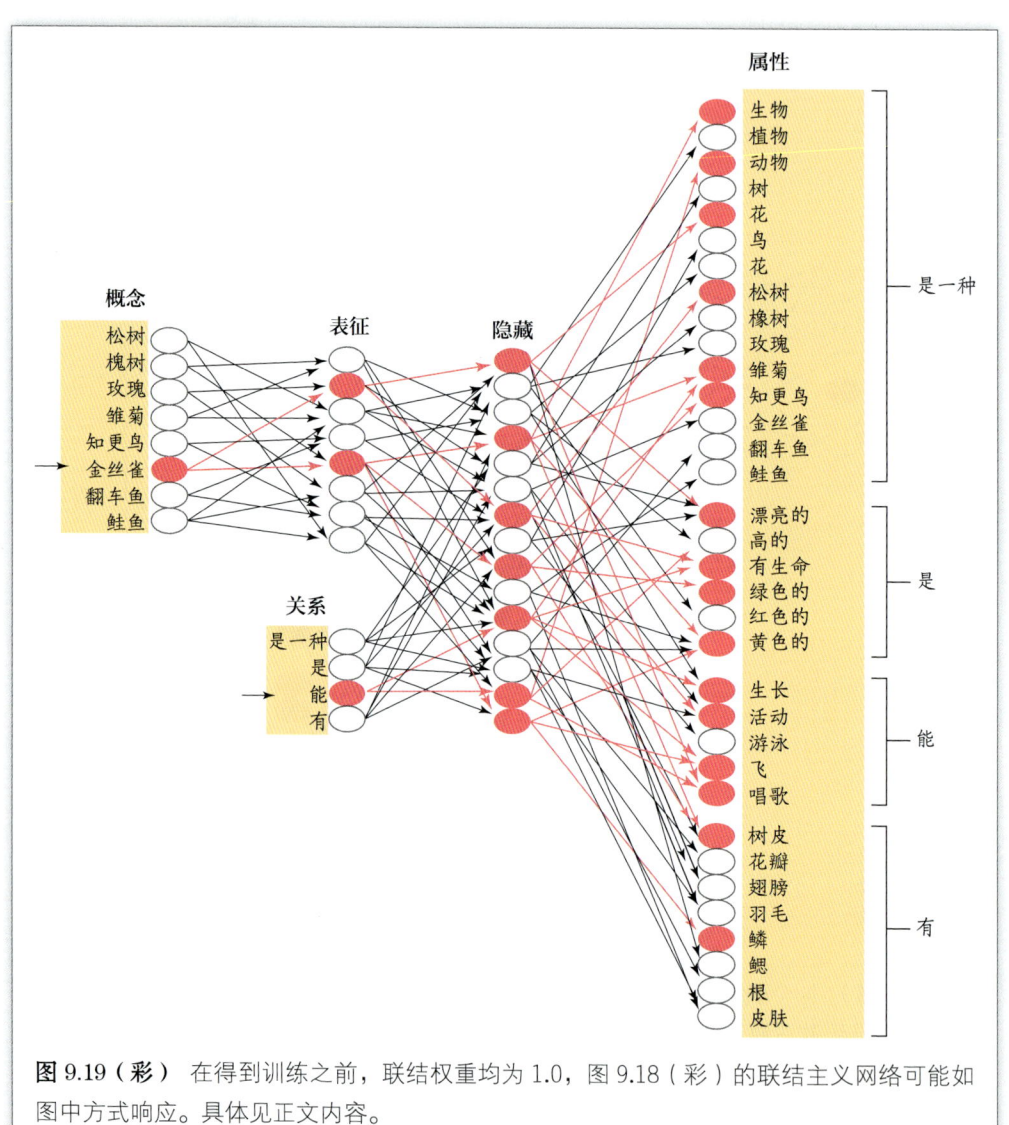

图 9.19（彩） 在得到训练之前，联结权重均为 1.0，图 9.18（彩）的联结主义网络可能如图中方式响应。具体见正文内容。

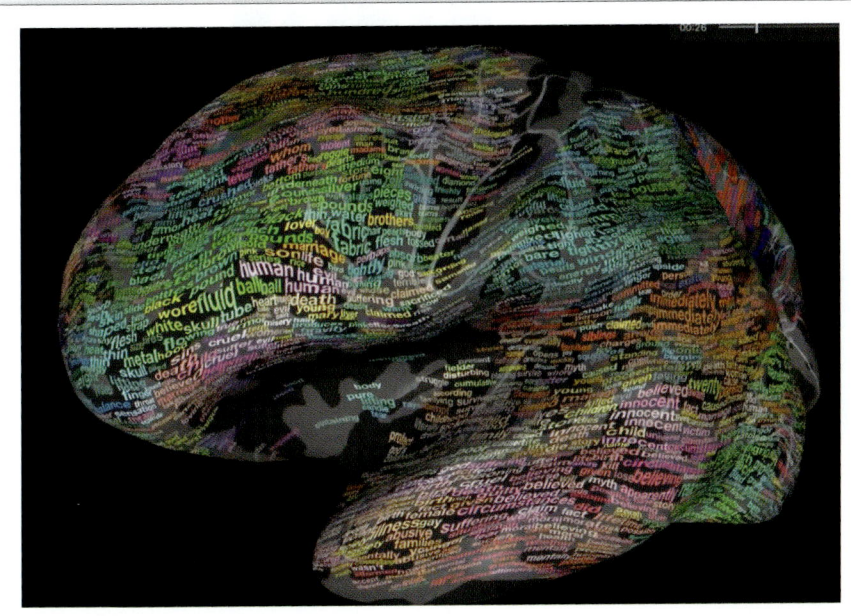

(a)

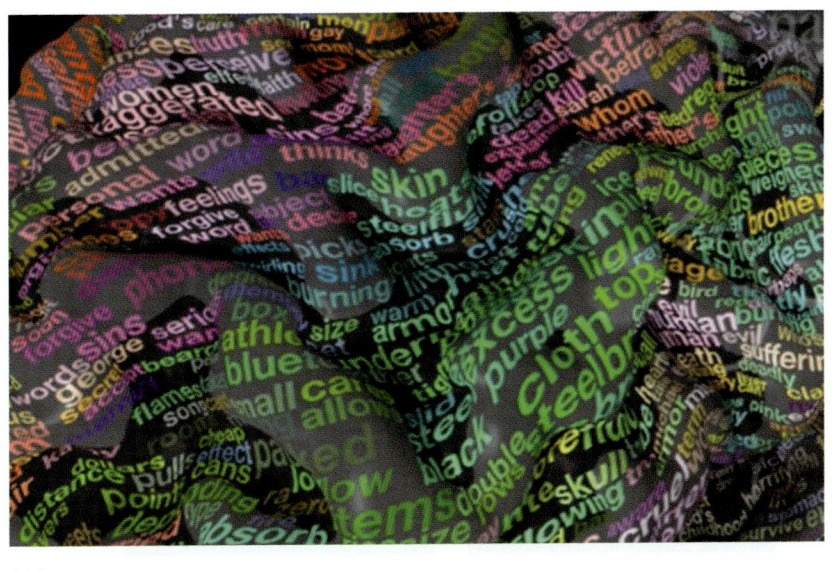

(b)

图 9.24（彩） Huth 等人（2016）的实验结果，被试在脑扫描仪中听故事。(a) 词语激活大脑皮层不同部位。(b) 皮层上的一个小区域的特写。值得注意的是，一个特定的区域通常对大量不同的词做出反应，如图 9.25 所示。

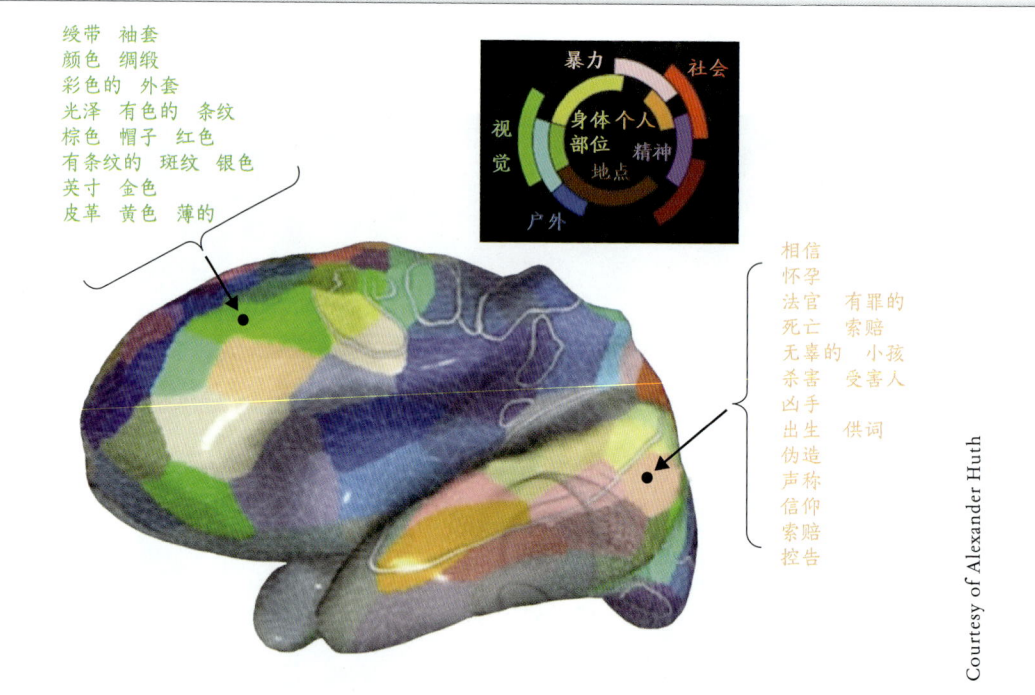

图 9.25（彩） Huth 等人（2016）的更多实验结果。皮层上的颜色表示不同类别的单词引起激活的位置，如右上角图例所示。粉色词激活对暴力相关词反应的体素。绿色词激活对视觉属性反应的体素。

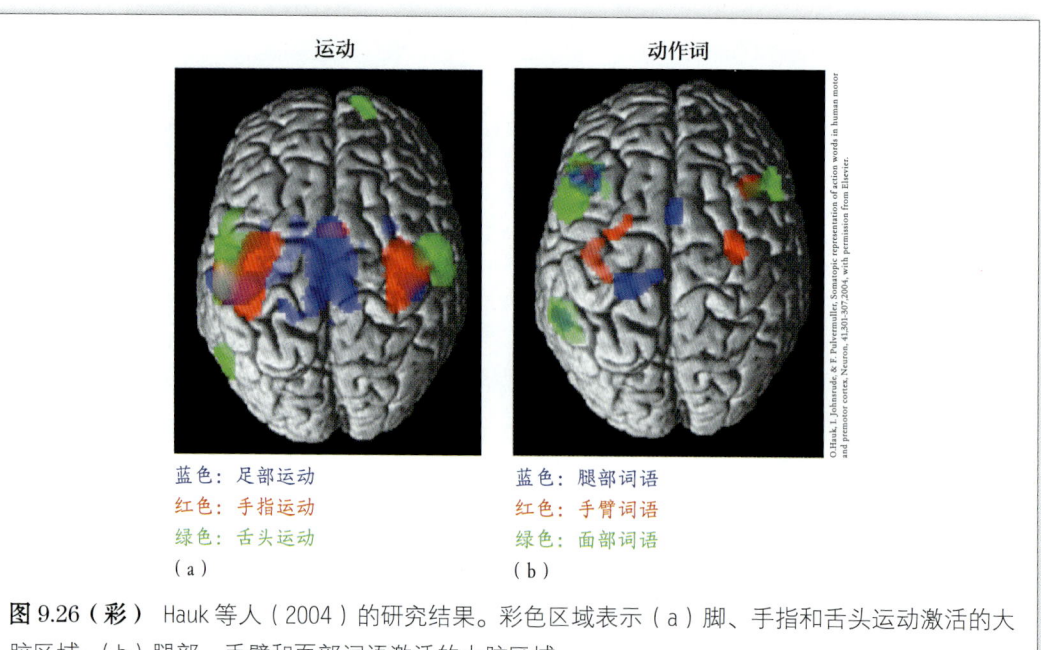

图 9.26（彩） Hauk 等人（2004）的研究结果。彩色区域表示（a）脚、手指和舌头运动激活的大脑区域；（b）腿部、手臂和面部词语激活的大脑区域。

来源：Hauk et al., 2004.

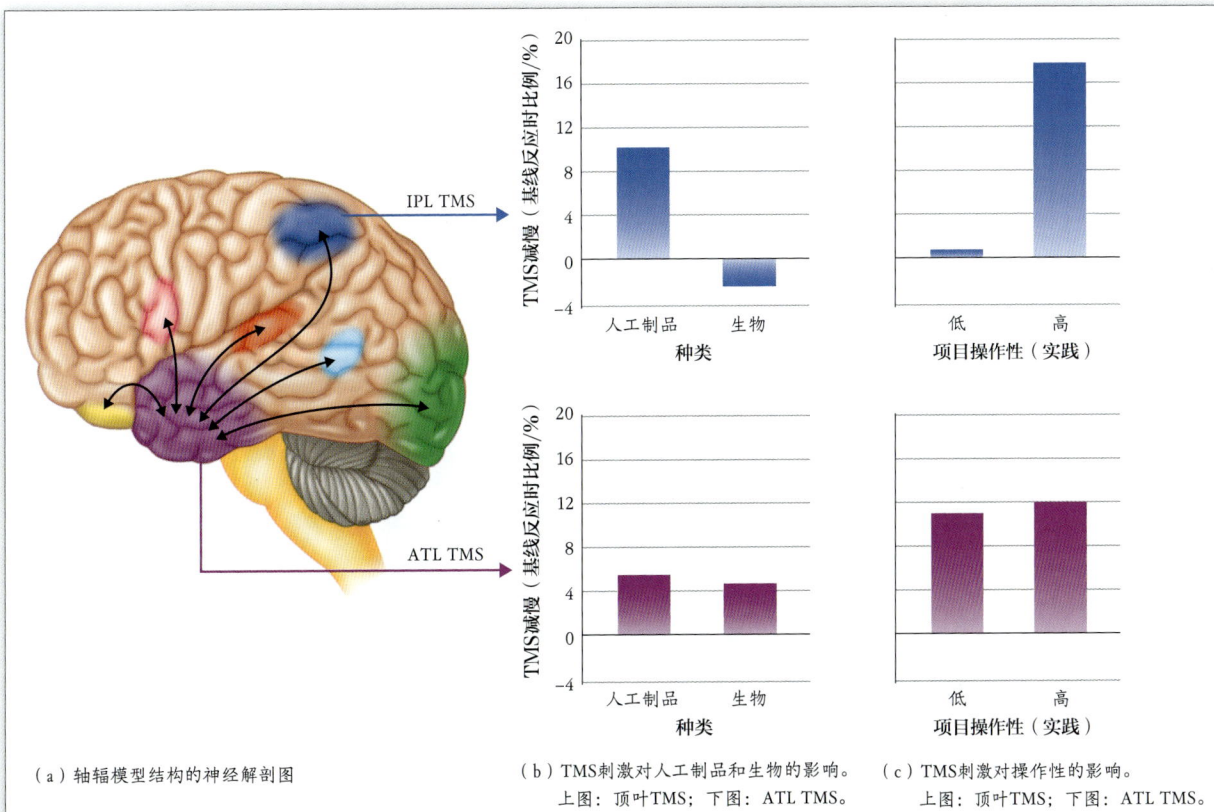

(a) 轴辐模型结构的神经解剖图
(b) TMS刺激对人工制品和生物的影响。
上图：顶叶TMS；下图：ATL TMS。
(c) TMS刺激对操作性的影响。
上图：顶叶TMS；下图：ATL TMS。

图9.27（彩） (a) 轴辐模型提出，大脑中专门用于不同功能的区域与前颞叶（紫色）相连，前颞叶整合了以下功能区域的信息：效价（黄色）；言语（粉红色）；听觉（红色）；实践操作（深蓝色）；功能（浅蓝色）；视觉（绿色）。深蓝色区域位于顶叶皮层。(b) TMS刺激对人工制品与生物的影响对比。上图：顶部刺激导致对人工制品比对生物的反应时更慢。下图：ATL刺激对两者的影响相同。(c) TMS刺激对高低操作性物体的影响。上图：顶部刺激导致对高操作性物体比对低操作性物体的反应时减慢。下图：ATL刺激对两者的影响相同。

来源：Adapted from Lambon Ralph et al., 2017. Supplementary Figure 5. Based on data from Pobric et al., 2013.

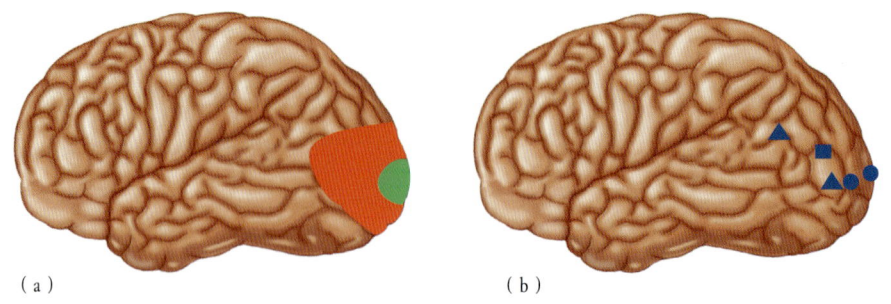

图 10.13（彩）（a）看到一个小的客体激活视觉皮层的后部区域（绿色），而看到一个大的客体会使激活向前部扩展（红色）；（b）Kosslyn 等人（1995）的实验结果，不同形状的标记表示表象引起的激活最强的位置：圆形（小尺寸表象引起的激活位置）、方形（中等尺寸表象引起的激活位置）、三角形（大尺寸表象引起的激活位置）。

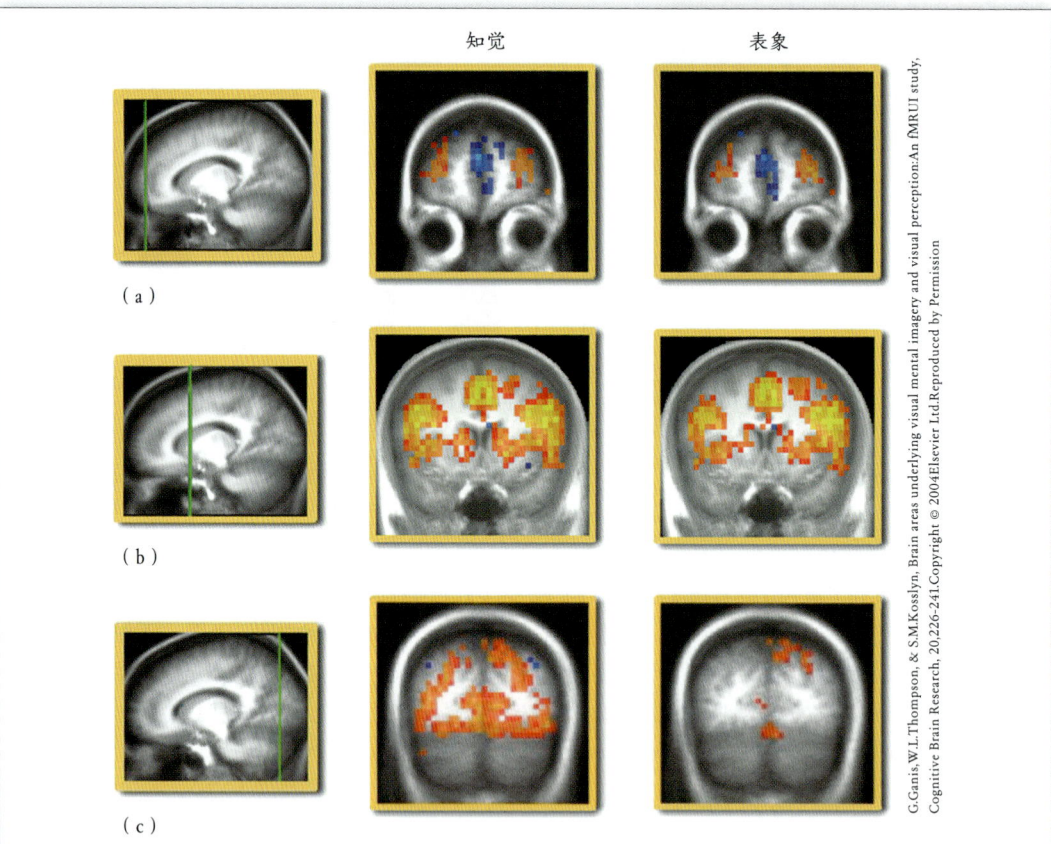

图 10.15（彩） Ganis 等人（2004）的脑成像实验结果。最左侧一列图中穿过人脑的竖线表示实验所记录的区域；标有"知觉"和"表象"的两列分别表示知觉加工和表象加工过程中的反应。（a）额叶区域的反应：知觉和表象导致了相似的激活；（b）偏后区域的反应：两种条件在这个区域的激活也基本相同；（c）大脑后部的反应，包括初级视觉区：在知觉条件下有更强的激活。

来源：Ganis, Thompson, & Kosslyn, 2004.

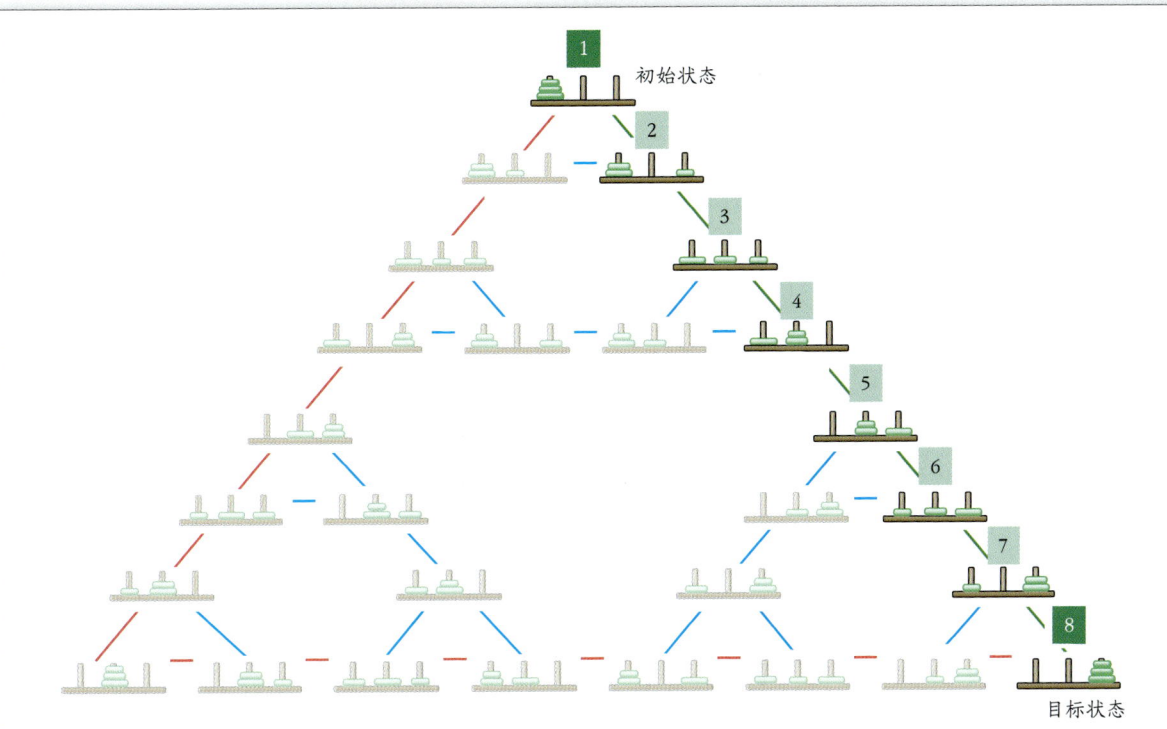

图 12.12（彩） 河内塔问题的问题空间。绿色线表示从初始状态（1）到目标状态（8）的最短的路径。红色线表示的是最长的路径。

来源：Based on Dunbar, 1998.

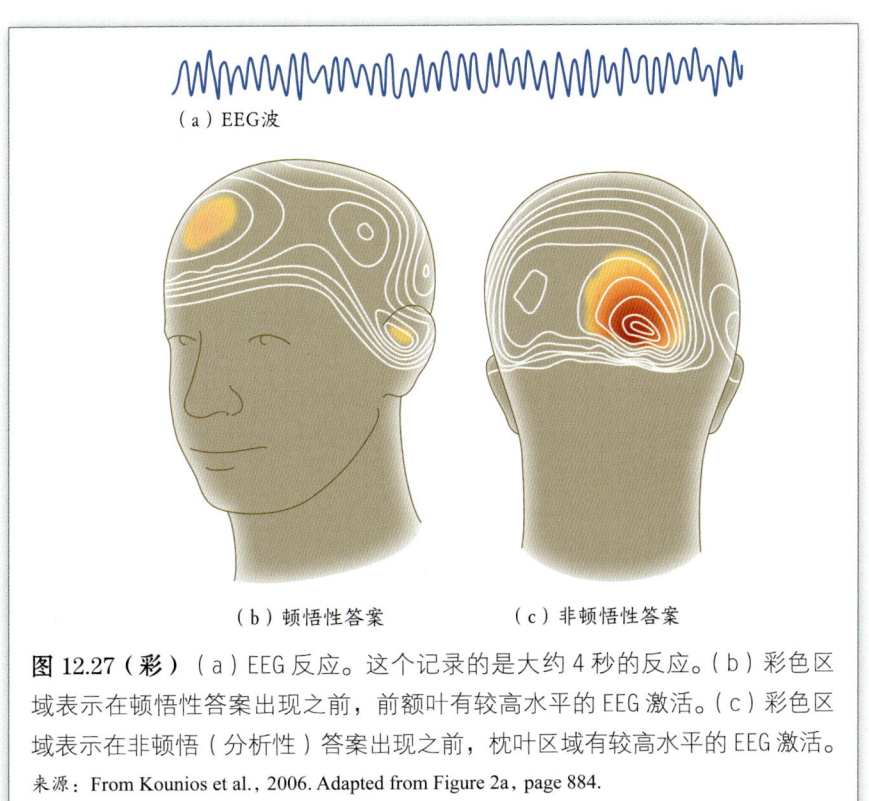

图 12.27（彩）（a）EEG 反应。这个记录的是大约 4 秒的反应。（b）彩色区域表示在顿悟性答案出现之前，前额叶有较高水平的 EEG 激活。（c）彩色区域表示在非顿悟（分析性）答案出现之前，枕叶区域有较高水平的 EEG 激活。

来源：From Kounios et al., 2006. Adapted from Figure 2a, page 884.

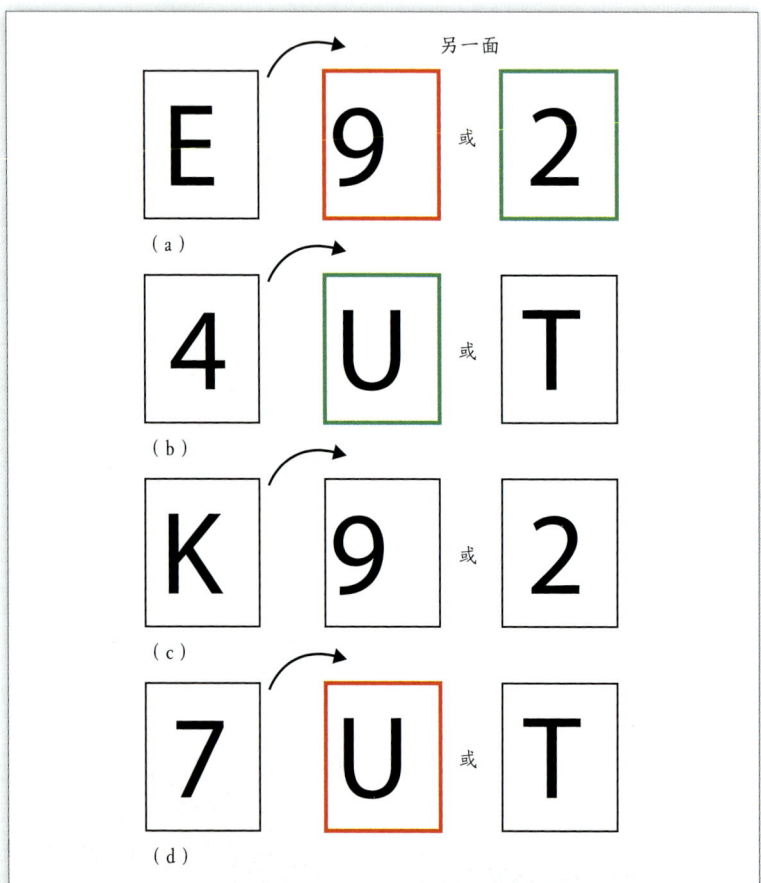

图 13.6（彩） 翻到图 13.5 中 Wason 四卡片问题中的卡片可能出现的结果。红色边框表示翻转卡片会证伪"如果卡片一侧是元音，则另一侧是偶数"这一规则。绿色边框表示翻转卡片会证实规则的情况。没有颜色表示结果与规则无关。运用证伪原则检验规则时，需要翻转卡片 E 和卡片 7。

译 者 序

对大多数心理学专业的学生而言，如果说社会心理学是一门妙趣横生的课程，相比之下，认知心理学大概就是一门"索然无味"的课程吧。在认知心理学的课堂上，我们可以见识海量的概念、理论和模型，领略认知心理学研究者缜密的思绪，围观研究者之间喋喋不休的争执。可是，在更多的时间里，我们深陷知识的泥潭：我们了解感知觉的每一处细枝末节、掌握了注意的各种模型，却说不清它们与自己的日常生活到底有什么关联。这时，认知心理学这门与我们每个人的生活都息息相关的课程竟沦为了乏味无趣的代名词。

美国匹兹堡大学心理学专业名誉教授 E. 布鲁斯·戈尔茨坦博士为渴望了解认知心理学的师生写了这本有趣的教科书——《认知心理学——心智、研究与生活》。在这本书中，关于知觉、注意、记忆等的认知心理学知识不再只是冷冰冰的概念，更不是被罗列摆放在一起的理论模型。戈尔茨坦博士试图赋予认知心理学以生命，通过实例和生动的语言让认知研究回归日常生活，让每一名传授者和学习者都明白有关心智的细节、学术研究的结果，以及它们与自己日常体验之间的联系。作为一名杰出的研究者和经验丰富的教师，戈尔茨坦博士巧妙地兼顾了知识的严谨性和趣味性：他精心择选新近的、经典的研究，并将它们以友好、容易亲近的形式展现给学生。曾有人说，每本教科书都是一条"道路"，学生借由教科书穿过不同道路到达目的地。如果这样的比喻是恰当的，那么我们认为这本《认知心理学——心智、研究与生活》就是一条令人流连忘返的道路，辛勤的戈尔茨坦博士在道路的两旁修设了美丽的景致和贴心的指示，引领我们到达目的地，并时时提示我们别忘了欣赏沿途的精彩。

本书第三版的中译本于2015年出版发行，面世后受到广大读者的好评，一些知名大学将其作为本科生或研究生认知心理学课程的教材。在第五版中译本翻译和校对的过程中，第三版中译本还获得了教育部第八届高等学校科学研究优秀成果奖（已公示），我想这些都是对我们以往工作的肯定和鼓励。现在，各位读者手中的中译本译自原书的第五版：在保持前几版风格和理念的同时，新版对所使用的示例材料和参考文献进行了全面更新，并为了提高结构的清晰度和改进教学方法，对一些章节进行了重写或重组；更重要的是，随着近年来相关领域研究的深入，一些新的主题和研究进展也被纳入新版（详见"写给教师的序言"）。作为从事认知心理学教学工作的教师，我们很庆幸能够找到这样一本与时俱进的高质量教科书，更为有机会将它介绍给更多的读者而感到欣喜，盼望读者可以通过阅读此书增进对认知心理学的认识、掌握认知心理学研究的前沿动向。

本书的第五版由我主持翻译，由张天阳统稿。参加翻译工作的译者有张天阳（第1章、第10章）、张明（第2章）、陈艾睿（第3章）、王爱君（第4章、第5章）、岳珍珠（第6章、第7章）、王若宇（第8章）、王佳莹（第9章、第13章）、吴岩（第11章）和鲁柯（第12章）；此外，祖光耀、史琳琳、桑汉斌、吴晓刚、刘小源、赵超越、宁波、王智楠、张帆、钱钦悦和张月娥在译稿的整理和审读校对过程中做了大量的工作。借此机会对参与书稿翻译和审校工作的各位老师、同学致以由衷的谢意，正是各位辛勤的劳动才使这本书第五版的中译本得以与读者见面。

尽管我和各位译者花费了很多的时间和精力来翻译此书，但译文中的疏误在所难免，还望读者诸君不吝指正。

张明

2020年初春于苏州尹山湖畔

写给教师的序言

一本认知心理学教材的演变

2002年，我决定开始写本书的第一版，现在呈现在大家面前的这本书就是从那时开始到现在不断努力的结晶。在对500多名教师的问卷调查及与同事的交流中，我了解到很多教师都在寻找这样一本教材——它不但涵盖认知心理学的研究领域，还易于被学生接受。在我讲授认知心理学课程的过程中，也发现学生们通常会认为认知心理学过于抽象化和理论化，缺乏与日常生活经验的联系。基于收集到的信息，我开始着手撰写以一种具体的方式来讲述认知心理学的研究内容的书，期望能使学生们了解实证研究、认知心理学理论与日常经验之间的关联。

为了达到这个目标，我付出了很多努力。本书每一章都以日常生活中的实例开头来展开论述，并在合适的地方介绍神经心理学的案例研究。为了给学生提供关于认知心理学的直接体验，我在书中设置了40多个"演示实验"专栏来介绍简单易做的小实验，提供了20余条可供尝试的小建议。

我会极力避免仅简单地展示实验结果，尽可能描述实验是如何设计的，以及被试在做什么，这样学生就可以了解如何获得结果。此外，大多数描述都有插图支持，如刺激的图片、实验设计图或结果图表。

学生还可以访问超过45个CogLab在线实验，并可以自己运行这些实验，然后可以将自己的数据与班级平均值以及文献中原始实验的结果进行比较。为了使学生感受到学习认知心理学的基本理论是一件既有趣又轻松的事情,本书从第一版(2005)开始就是综合了上述许多元素来设计的,我的目标是激起学生学习认知心理学的热情。

读者对本书第一版的接受程度令人满意,但我从多年的课堂教学和教材编写经验中体会到:总有一些论述是可以更加明晰的,总有新的教学技术是可以尝试的,总有新的研究及观点是值得介绍的。因此,我又开始着手准备撰写第二版(2008)。我从学生那里收集听课的反馈,得到了1500余条改进第一版的建议。此外,我还从以第一版为教材的教师那里收集了反馈。这些建议和反馈是第二版的起点。在准备第三版和第四版的时候也重复了这个过程,收集学生和教师的反馈。因此,除了更新科学内容之外,我还修改了许多学生和教师认为需要进一步说明的部分。

第五版保留的特色

上述特征都得到了教师和学生的认可和接受,所以在第五版中仍然保留了它们。一些有特色的教学法也在本版中延续下来,包括帮助学生回顾章节内容的"自我测验",以及要求学生在书本内容的基础上进行更多拓展的章末"思考题"部分。

第二版的"研究方法"专栏突出强调了认知心理学研究中采用的精巧的研究方法。有24种研究方法和正文中的内容相结合,介绍了脑成像、语义启动和出声思维法等研究方法。这不仅强调了方法的重要性,还使读者更容易理解正文中讲述的内容。

各章结尾的"思考"专栏描述了前沿研究、重要原则或应用研究,这部分涵盖的主题包括:技术决定了我们可以问什么问题(第2章);由气味和音乐决定的自传体记忆(第8章);思考的双重系统方法(第13章);等等。本章小结部分还提供了简明的章节大纲。

第五版的新内容

与本书的前几版一样，本版的特色是对材料进行了全面更新，并且为了提高清晰度和改进教学方法，对一些章节进行了重写或重组。本版更新的一个标志是收录了 96 个新的术语（黑体），这些术语也出现在总术语表中。下面这个清单突出显示了本版的新主题或经过更新的主题。斜体的条目是新的节标题。

第 1 章　认知心理学绪论
- *什么是意识？植物人的 fMRI 研究*
- *范式和范式转变*
- *认知心理学的演变*

第 2 章　认知神经科学
- *结构连接性*
- *功能连接性*
- *研究方法：静息态功能连接*
- *动态的认知*
- *默认模式网络*
- *技术决定研究问题*

第 3 章　知觉
- *思考　知识、推理和预测*

第 4 章　注意
- *研究方法：经验取样*
- *心智游移导致的注意分散*
- *控制眼球运动的预测*
- *注意网络*
- *有效连接性*

第 5 章　短时记忆和工作记忆
- *思考　为什么工作记忆越多越好？*

第 6 章　长时记忆：结构
- *情景记忆和语义记忆的联系*

- 来到未来（情景记忆和想象未来，更新）
- 程序性记忆与注意
- 程序性记忆与语义记忆之间的联系

第 7 章　长时记忆：编码、提取和巩固
- 海马体参与远端记忆的 fMRI 证据
- 思考　认知心理学中的替代解释

第 8 章　日常记忆和记忆错误
- 思考　音乐和气味唤起的自传体记忆

第 10 章　表象
- 思考　视觉表象的个体差异
- 对比客体表象和空间表象

第 11 章　语言
- 主要修改：删除了 25 条参考文献；新增参考文献 30 条；用 8 个新数据替换了 11 个数据；17 个新关键词
- 更新：花园路径句子；单词的多重含义；对话中的共同基础
- 音乐和语言

第 12 章　问题解决和创造性
- 开阔思路，"跳出思维定势"
- 研究方法：经颅直流电刺激
- 顿悟和分析性问题解决的大脑"准备"
- 与创造性有关的神经网络
- 思考　连线创造——有创造力的人做事的方式与众不同

第 13 章　判断、决策和推理
- NBA 选秀中的糟糕决策
- 评估虚假证据，并将其与假新闻联系起来
- 虚幻真实、逆反效应
- 更新：神经经济学

辅助资料支持您的教学[①]

教师辅助

- **在线讲师手册**：手册包括关键术语、详细的章节大纲、课程计划、讨论主题、学生活动、视频链接和扩展的测试库。
- **在线演示文稿**：这些方便的演示文稿概括了课堂演示文稿中主要文本的章节，可帮助您有效地抓住学生的注意，使您的讲座更具吸引力。经过更新的演示文稿反映了第五版的文本内容和组织结构。
- **圣智学习测验**：由 Cognero® 提供支持，是一个灵活的在线系统，允许您编写、编辑和管理测试库内容。您可以在一瞬间创建多个测试版本，并在课堂上从学习管理系统（Learn Management System，LMS）交付测试。

Coglab

Coglab Online 是一系列虚拟实验演示，旨在帮助学生通过互动参与认知实验来理解认知。采用 Coglab 的教师也可以访问 50 多个在线 Coglab 实验，这些实验可以自己运行，然后将其数据与班级平均值以及文献中原始实验的结果进行比较。要查看演示实验，请查询圣智出版社 Coglab 项目。

MindTap

MindTap®Psychology：MindTap®Cognitive Psychology（第 5 版），是一种数字学习解决方案，帮助教师吸引学生学习并将今天的学生转变为批判性思考者。通过动态化作业和个性化应用、实时课程分析以及可访问的阅读器，MindTap 能帮助您把呆板的人变成前沿的人，把冷漠的人变成参与的人，把死记硬背的人变成更高层次的思考者。作为一名使用 MindTap 的教师，您可以随手找到适

[①] 采用本书作为教材的教师可申请圣智出版社提供的教辅资料。如有需要，可通过以下方式咨询：1012305542@qq.com，010-65181109。——译者注

合您课程的内容和独特的工具集，所有这些工具都在一个界面中，旨在改进工作流程并在计划课程内容和课程结构时节省时间。创建和令课程个性化的控制权完全属于您，您可以关注最相关的材料，同时降低学生的成本。通过实时的学生跟踪，在课程中保持联系和了解情况，根据课程中的互动性分析，提供根据需要调整课程的机会。

MindTap 提供动画和体验演示。这些活动的目的是让学生有机会更全面、更积极地体验这些事物，从而使他们的体验超越简单地阅读实验描述、原理或现象。这是通过多种方式实现的。学生可以观察屏幕上展示的内容或以某种方式做出反应，例如参加一个小型实验。

写给学生的序言

在开始阅读本书之前,关于"人的心理是如何运作的",大家也许已经从读过的文章、其他媒体或个人经验中获得一些认识了。在本书中,可以从控制严密的科学研究中了解到,关于心理的已知和未知的内容。因此,如果之前认为存在一个暂时储存信息的"短时记忆"系统,那么你的知识就是对的;当我们读到与记忆相关的章节时,会了解到更多关于这个系统的内容,并了解到该系统与记忆的其他系统间相互作用的方式。如果之前获得的信息使我们认为有些人在婴儿早期就能准确记住发生在自己身上的事情,那么现在你会发现这种报告很可能是失真的。实际上,大家可能会惊讶地发现,由于记忆系统工作方式的一些基本特点,即使是似乎非常清晰生动的近期记忆也不一定是完全准确的。

对本书的学习不仅可以为你简单地在已有的心理学知识的基础上增添更准确的信息,还可以更加深入地理解这些知识。你将了解到在心理上发生的事情,要比人们意识到的多很多。人们会意识到看见物体、回忆过去事件或者思考如何解决一个问题等经历,但这些经历的背后都有看不见的无数庞大复杂的过程。阅读本书可以帮助大家了解一些心理现象的深层的"幕后"机制,正是这些机制使人们能够实现诸如知觉、记忆和思考等日常生活经历。

通过阅读本书,大家还会意识到认知心理学的研究结果与日常生活有很多实际的联系,在本书中经常能看到这些联系的例子。现在来关注一个特别重要的联系,即那些有助于我们更好地学习的认知心理学研究。关于这些内容的讨论将呈现在本书第7章,但大家也许等不及到后面的课程中再去学习了,那么让我们现在就来看一下这部分的内容。现在，请大家思考下面两条原则，这两条原则会帮助大家从本书中学到更多知识。

原则1：重要的是要明白自己知道什么

教授们常常听到学生们抱怨，"我来听课，看很多遍书，但还是考不好。"有时候，学生们还会说："考完试之后，我以为自己考得不错，但结果还是考得不好。"如果大家也有过这样的经历，也许问题在于我们并没有准确地意识到，自己关于这门课程知道什么，又不知道什么。如果自以为掌握了所学内容，但事实并非如此，我们就会停止学习或者以一种低效的方式学习。那么在考试时就会难以理解所学内容，难以准确地回忆所学知识。因此，进行自我检验很重要，我们可以通过回答教材中每章后面的自我测试题来考查自己对所学内容的掌握情况。

原则2：不要将容易和熟悉当作知道

有些学生可能在没有真正掌握所学内容时就认为自己已经掌握了这些知识，其中一个主要原因就是他们误将熟悉当作理解。具体的情况是这样的：阅读了一遍章节内容，读的时候可能还画了重点；然后又读了一遍，这一遍可能主要关注的是画了重点的内容；读完之后可能会觉得对章节的内容很熟悉了，因为记住了其中的内容；然后这种熟悉感使自己觉得："好，我知道这章的内容了。"问题在于，这种熟悉的感觉并不能完全等同于对所学内容的掌握，也可能无法帮我们在考试的时候正确作答。实际上，在做多项选择题时，熟悉感往往会帮倒忙，因为我们也许会选择一个看起来较为熟悉的选项，最终发现虽然自己阅读过与这一选项相关的内容，但它并不是这道题的最佳答案。

这就需要我们再次回到进行自我测验的方法上。认知心理学研究的一项发现就是，曾经试图回答一个问题的行为增加了在稍后测试中再遇到这个问题时能够正确回答的可能性。另一项相关研究发现，通过自我测试进行学习比反复阅读更有效。进行自我测试是有效的学习手段，因为在把信息储存到记忆中时，对信息进行整合加工比简单重复的效果好。因此，我们会发现，在重读章节内容或重点内容之前，进行自我测试是非常有效的学习方法。

无论选择哪种最适合自己的学习方法，都要记住一个有效的策略：在进一步学习之前，要充分休息（只是休息或者学点其他东西），然后进行自我测试。研究表明，分批次学习的记忆效果好于一次性学完的记忆效果。多次重复这一过程——自我测试、核对自己的答案是否正确、隔一段时间、再次自我测试……如此往复——比只是通过看书来熟悉所学内容有效得多。通过看书来熟悉所学内容难以让我们在考试中面对试卷时做出满意的回答。

　　我希望大家会发觉这本书既明晰又有趣，在读到某些内容时还会感到入迷甚至惊奇。我也希望大家对认知心理学的掌握不限于本书的内容，认知心理学具有无穷的乐趣，因为它研究的是一个最有魅力的课题——人类心理。因此，在这门课程结束之后，我希望大家还能继续兴致勃勃地关注认知心理学家的研究发现，以及我们尚未解开的心理之谜。我还希望大家在网络、电影、杂志或者其他媒体中遇到关于心理的信息时，可以进行批判性思考。

致　谢

写作这本书的时候,我从许多教师以及研究人员那里得到了很多帮助,他们对我的写作进行了反馈,并对于这一领域都有哪些新研究提出了建议。我十分感谢这些人的帮助。

一些专家受托阅读了本书第四版中的一个章节,并为我提供了更新第五版内容的建议。这些评论之所以特别有用,是因为这些建议结合了审稿人的专业知识以及他们在自己的课堂上展示教学材料的丰富经验。

第 4 章　　注意
　　　　　　Michael Hout
　　　　　　美国新墨西哥州立大学
第 5 章　　短时记忆和工作记忆
　　　　　　Brad Wyble　　　　　　Daryl Fougnie
　　　　　　美国宾夕法尼亚州立大学　　美国纽约大学
第 6 章　　长时记忆:结构
　　　　　　Megan Papesh
　　　　　　美国路易斯安那州立大学
第 7 章　　长时记忆:编码,提取和巩固
　　　　　　Andrew Yonelinas　　　Barbara Knowlton
　　　　　　美国加州大学,戴维斯分校　美国加州大学,洛杉矶分校

第 8 章　日常记忆和记忆错误
Jason Chan　　　　　　　Jennifer Talarico
美国艾奥瓦州立大学　　　美国拉斐特学院

第 9 章　概念知识
Brad Mahon　　　　　　 Jamie Reily
美国罗彻斯特大学　　　　美国天普大学

第 10 章　表象
Frank Tong
美国范德堡大学

第 11 章　语言
Bob Slevc　　　　　　　Adrian Staub
美国马里兰大学　　　　　美国马萨诸塞大学
Tessa Warren
美国匹兹堡大学

第 12 章　问题解决和创造性
Evangelia Chrysikou
美国堪萨斯大学

第 13 章　判断、决策和推理
Sandra Schneider
美国南佛罗里达大学

另外，以下审稿人有的阅读了本书的部分章节，帮助我检查相关章节在其专业领域的准确性，有的花费宝贵时间为我解答了诸多疑问。

Jessica Andrews-Hanna　　Ying-Hui Chou
美国亚利桑那大学　　　　　美国亚利桑那大学
Marc Coutanche　　　　　　Jack Gallant
美国匹兹堡大学　　　　　　美国加州大学，伯克利分校
Måns Holgersson　　　　　 Almut Hupbach
瑞典克里斯蒂安斯塔德大学　美国里海大学

Sweden Alexender Huth	Marcia Johnson
美国加州大学，伯克利分校	美国耶鲁大学
Matthew Johnson	Lo Tamborini
美国内布拉斯加大学，林肯分校	瑞典克里斯蒂安斯塔德大学
Timothy Verstynen	
美国卡耐基梅隆大学	

最后，我要感谢每一位为本书第五版捐赠的照片和研究记录作为插图的人。

Ying-Hui Chou	Jack Gallant
美国亚利桑那大学	美国加州大学，伯克利分校
Alex Huth	
美国加州大学，伯克利分校	

目 录

第 1 章　认知心理学绪论 / 001

认知心理学：研究心智的科学 …………… 004
　　什么是心智？ …………………………… 004
　　对心智的研究：认知心理学的早期探索 …… 005
摒弃对心智的研究 ………………………… 010
　　华生创立行为主义学派 ………………… 011
　　斯金纳的操作性条件反射 ……………… 012
　　为心智研究的复兴奠定基础 …………… 013
心智研究的复兴 …………………………… 015
　　范式和范式转变 ………………………… 015
　　数字计算机的诞生 ……………………… 016
　　人工智能与信息理论会议 ……………… 018
认知"革命"任重道远 …………………… 019
认知心理学的演变 ………………………… 021
　　Neisser 的《认知心理学》 …………… 021
　　探究高级心理过程 ……………………… 022
　　探究认知的生理学基础 ………………… 023
　　行为研究的新视角 ……………………… 024
思考　我们可以从本书中学到什么？ …… 025
自我测验 1.1 …………………………… 027
本章小结 …………………………………… 028
思考题 ……………………………………… 028
关键术语 …………………………………… 029

第 2 章　认知神经科学 / 031

层次分析 …………………………………… 032
神经元：基本原理 ………………………… 034
　　神经元的早期概念 ……………………… 034
　　神经元的信号传递 ……………………… 037
研究方法　神经元记录 …………………… 037
神经放电表征 ……………………………… 040
　　神经表征与认知：概述 ………………… 041
　　特征觉察器 ……………………………… 041

响应复杂刺激的神经元 …… 044	产生和理解语言 …… 056
感觉编码 …… 045	神经网络 …… 057
自我测验 2.1 …… 048	结构连接性 …… 057
定位表征 …… 049	功能连接性 …… 058
基于神经心理学的定位 …… 049	研究方法　静息态功能连接 …… 058
研究方法　双分离演示 …… 051	动态的认知 …… 060
基于神经元记录的定位 …… 051	默认模式网络 …… 061
基于脑成像的定位 …… 052	思考　技术决定研究问题 …… 062
研究方法　脑成像 …… 052	**自我测验 2.2** …… 064
分布式表征 …… 054	本章小结 …… 065
看面孔 …… 054	思考题 …… 066
记忆 …… 055	关键术语 …… 066

第 3 章　知觉 / 069

知觉的性质 …… 070	完形主义的知觉组织原则 …… 084
知觉的基本特征 …… 070	环境规律对知觉的影响 …… 087
人类对客体和场景的知觉 …… 072	演示实验　想象场景和客体 …… 090
演示实验　场景知觉中的难题 …… 072	贝叶斯推理 …… 091
计算机视觉系统对客体和场景的知觉 …… 073	比较四种方法 …… 093
为什么设计一个知觉机器如此困难？ …… 075	**自我测验 3.2** …… 094
感受器接收的刺激是模棱两可的 …… 076	神经元和关于环境的知识 …… 095
客体有可能被遮挡或模糊不清 …… 076	对水平朝向和垂直朝向响应的神经元 …… 095
客体从不同角度看是不同的 …… 077	基于经验的可塑性 …… 095
场景知觉含有高水平的信息加工 …… 078	知觉和运动：行为 …… 097
人类知觉的信息 …… 079	运动促进知觉 …… 097
客体知觉 …… 079	知觉和运动的相互作用 …… 098
言语知觉 …… 079	知觉和运动：生理 …… 099
自我测验 3.1 …… 082	What 通路和 Where 通路 …… 099
客体知觉的概念 …… 083	研究方法　脑毁损 …… 100
赫尔姆霍兹的无意识推理理论 …… 083	知觉通路和运动通路 …… 101

镜像神经元 ·········· 103
　思考　知识、推理和预测 ·········· 106
　自我测验 3.3 ·········· 107
本章小结 ·········· 108
思考题 ·········· 109
关键术语 ·········· 110

第 4 章　注意 / 113

信息加工过程中的注意 ·········· 116
　Broadbent 的注意过滤器模型 ·········· 116
　对 Broadbent 模型的修正：更多早期选择模型 ·········· 117
　晚期选择模型 ·········· 120
加工资源和知觉负载 ·········· 121
　演示实验　Stroop 效应 ·········· 123
自我测验 4.1 ·········· 123
通过场景浏览定位注意 ·········· 124
　通过眼动浏览场景 ·········· 124
　基于刺激凸显性的浏览 ·········· 125
　基于认知因素的浏览 ·········· 126
　基于任务需求的浏览 ·········· 127
注意的结果 ·········· 129
　注意促进对位置的反应 ·········· 129
　研究方法　预线索化 ·········· 130
　注意促进对客体的反应 ·········· 131
　注意影响知觉 ·········· 132
　注意影响生理反应 ·········· 132
自我测验 4.2 ·········· 134
注意分配：能否在同一时间注意到多个事件？ ·········· 135
　分配注意的能力可以通过练习获得：自动化加工 ·········· 135
　当任务变得更难时，分配注意会变得更加困难 ·········· 137
注意分散 ·········· 138
　驾车时因手机导致的注意分散 ·········· 138
　由网络导致的注意分散 ·········· 140
　研究方法　经验取样 ·········· 141
　心智游移导致的注意分散 ·········· 142
非注意的时候发生了什么？ ·········· 143
　非注意盲视 ·········· 144
　非注意性失聪 ·········· 146
　变化检测 ·········· 147
　演示实验　变化检测 ·········· 147
　我们每天体验到了什么？ ·········· 149
注意和体验完整的世界 ·········· 150
　特征整合理论 ·········· 151
　特征整合理论的证据 ·········· 152
　演示实验　联合搜索 ·········· 154
　思考　注意网络 ·········· 154
自我测验 4.3 ·········· 157
本章小结 ·········· 158
思考题 ·········· 159
关键术语 ·········· 160

第 5 章　短时记忆和工作记忆 / 163

多重记忆模型 …………………………………… 167
感觉记忆 ………………………………………… 168
　烟花轨迹和投影机快门 ……………………… 170
　Sperling 的实验：测量感觉记忆的容量和
　　持续时间 …………………………………… 171
短时记忆：储存 ………………………………… 174
　研究方法　回忆法 …………………………… 175
　短时记忆能够保持多长时间？ ……………… 175
　短时记忆中可以储存多少项目？ …………… 175
　演示实验　数字广度 ………………………… 176
　研究方法　变化检测 ………………………… 177
　演示实验　记忆字母 ………………………… 179
　短时记忆中可以储存多少信息？ …………… 180
　自我测验 5.1 ………………………………… 181
工作记忆：信息操纵 …………………………… 181
　演示实验　文本阅读和数字记忆 …………… 183
　语音回路 ……………………………………… 184
　演示实验　发音抑制 ………………………… 186
　视空画板 ……………………………………… 187
　演示实验　客体的比较 ……………………… 187
　演示实验　回忆视觉图形 …………………… 188
　演示实验　在心里保持一个空间刺激 ……… 189
　中央执行系统 ………………………………… 190
　一个增加的成分：情景缓冲器 ……………… 190
工作记忆和脑 …………………………………… 191
　前额叶皮层损伤的影响 ……………………… 191
　前额叶神经元保存信息 ……………………… 193
　工作记忆的神经动力学 ……………………… 195
思考　为什么工作记忆容量越高越好？ ……… 196
　研究方法　事件相关电位 …………………… 198
自我测验 5.2 …………………………………… 200
本章小结 ………………………………………… 201
思考题 …………………………………………… 202
关键术语 ………………………………………… 202

第 6 章　长时记忆：结构 / 205

比较短时记忆和长时记忆的加工过程 ………… 206
　系列位置曲线 ………………………………… 209
　短时记忆和长时记忆中的编码 ……………… 212
　研究方法　测量再认记忆 …………………… 215
　演示实验　读一段短文 ……………………… 215
　比较短时记忆和长时记忆中的编码 ………… 216
　在大脑中定位记忆 …………………………… 217
自我测验 6.1 …………………………………… 220
情景记忆和语义记忆 …………………………… 220
　区分情景记忆和语义记忆 …………………… 220
　情景记忆和语义记忆的联系 ………………… 223
　随着时间的流逝，情景记忆和语义记忆有何
　　改变？ ……………………………………… 225
　研究方法　记得 / 知道实验程序 …………… 226
　来到未来 ……………………………………… 227
自我测验 6.2 …………………………………… 230
程序性记忆、启动和条件反射 ………………… 231
　程序性记忆 …………………………………… 231

演示实验 镜画任务 …… 232		自我测验 6.3 …… 242	
启动 …… 235		本章小结 …… 243	
研究方法 在启动实验中排除外显记忆 …… 237		思考题 …… 244	
经典条件反射 …… 238		关键术语 …… 244	
思考 电影中的失忆 …… 239			

第7章 长时记忆：编码、提取和巩固 / 247

编码：将信息输入长时记忆 …… 249		提取线索 …… 263	
加工水平理论 …… 249		研究方法 线索性回忆 …… 264	
形成视觉图像 …… 251		匹配编码和提取的条件 …… 265	
将词和自身联系起来 …… 251		自我测验 7.2 …… 270	
生成信息 …… 252		巩固：建立记忆 …… 270	
组织信息 …… 252		突触巩固：经验导致突触改变 …… 272	
演示实验 记住一份词表 …… 253		系统巩固：海马体和大脑皮层 …… 273	
将单词与生存价值联系起来 …… 255		研究方法 多体素模式分析 …… 277	
提取练习 …… 256		巩固和睡眠：增强记忆 …… 279	
自我测验 7.1 …… 258		再巩固：记忆的动态属性 …… 281	
有效的学习 …… 258		再巩固：著名的大鼠实验 …… 281	
精细化 …… 259		人类被试记忆的再巩固 …… 284	
生成与测验 …… 259		再巩固研究的实际成果 …… 286	
组织 …… 260		思考 认知心理学中的替代解释 …… 287	
休息 …… 260		自我测验 7.3 …… 288	
避免"学习错觉" …… 260		本章小结 …… 289	
成为一个主动记笔记的人 …… 261		思考题 …… 290	
提取：从记忆中获取信息 …… 262		关键术语 …… 290	

第8章 日常记忆和记忆错误 / 293

回顾 …… 294		自传体记忆的多维性 …… 295	
自传体记忆：生活中发生的事件 …… 295		贯穿一生的记忆 …… 297	

对特殊事件的记忆 ············ 300
    记忆与情绪 ············ 301
    闪光灯记忆 ············ 302
    研究方法　重复回忆 ············ 304
自我测验 8.1 ············ 308
记忆的建构性 ············ 308
    源监控错误 ············ 309
    虚假真实效应 ············ 311
    现实生活中的知识如何影响记忆 ············ 312
    演示实验　阅读句子 ············ 313
    演示实验　记忆词表 ············ 316
    拥有"非凡"的记忆力是什么感觉？ ············ 317
自我测验 8.2 ············ 319
误导信息效应 ············ 319
    研究方法　呈现事件后误导信息 ············ 320
    创造有关早期生活事件的虚假记忆 ············ 322

    创造童年记忆 ············ 322
    错误记忆研究对法律的启示 ············ 325
目击者为何会在提供证词时犯错？ ············ 326
    目击者辨认错误 ············ 326
    与感知觉和注意有关的错误 ············ 327
    熟悉性导致的辨认错误 ············ 328
    暗示导致的错误 ············ 330
    采取什么样的措施能够改善目击者的证词呢？ ············ 332
    诱发虚假供述 ············ 334
思考　音乐和气味唤起的自传体记忆 ············ 336
    演示实验　阅读句子（续第 313 页） ············ 340
自我测验 8.3 ············ 340
本章小结 ············ 341
思考题 ············ 342
关键术语 ············ 343

第 9 章　概念知识 / 345

概念和类别的基本性质 ············ 349
我们如何对事物分类？ ············ 350
    为什么定义在分类过程中不起作用？ ············ 350
    原型：寻找平均案例 ············ 352
    演示实验　家族相似性 ············ 354
    研究方法　句子确认技术 ············ 354
    范例：想一想样例 ············ 356
    原型和范例，哪一种更好？ ············ 357
    是否存在心理上的类别的"基本"水平？ ············ 358
    Rosch 的理论：类别的基本水平有何特别之处？ ············ 358

    演示实验　列出共同特征 ············ 359
    演示实验　客体命名 ············ 360
    知识如何影响分类？ ············ 361
自我测验 9.1 ············ 362
类别的网络模型 ············ 362
类别之间关系的表征：语义网络 ············ 362
    语义网络简介：Collins 和 Quillian 的层级模型 ············ 363
    研究方法　词汇辨认任务 ············ 366
    对 Collins 和 Quillian 模型的批判 ············ 367
联结主义理论 ············ 368

什么是联结主义模型？ …… 368	具象化理论 …… 378
概念是如何在联结主义网络中表征的？ …… 369	对各种观点的小结 …… 380
自我测验 9.2 …… 373	**思考** 轴辐模型 …… 380
	研究方法 经颅磁刺激技术 …… 381
概念如何在大脑中表征 …… 373	**自我测验** 9.3 …… 382
关于概念如何在大脑中表征的四种观点 …… 374	本章小结 …… 383
感觉-功能假说 …… 374	思考题 …… 384
多因素理论 …… 375	关键术语 …… 384
语义分类理论 …… 377	

第 10 章　表象 / 387

心理学历史中的表象研究 …… 389	脑成像 …… 402
关于表象的早期观点 …… 389	多体素模式分析 …… 405
表象与认知革命 …… 390	经颅磁刺激 …… 407
研究方法 配对联想学习 …… 390	神经心理学的个案研究 …… 407
表象与知觉：它们享有相同的机制吗？ …… 391	从表象争论中所得到的结论 …… 411
Kosslyn 的心理扫描实验 …… 392	利用表象提高记忆 …… 412
研究方法/演示实验 心理扫描 …… 393	将所想象的图像放在不同的位置上 …… 412
关于表象的争论：表象是空间性的还是命题性的？ …… 394	**演示实验** 位置记忆法 …… 413
表象与知觉的比较 …… 396	将图像与文字联系起来 …… 413
自我测验 10.1 …… 400	**思考** 视觉表象的个体差异 …… 415
表象与脑 …… 400	**自我测验** 10.2 …… 419
人脑中的表象神经元 …… 400	本章小结 …… 420
研究方法 人脑中的单个神经元记录 …… 401	思考题 …… 420
	关键术语 …… 421

第 11 章　语言 / 423

什么是语言？ …… 425	语言交流需求的普遍性 …… 426
人类语言的创造性 …… 425	研究语言 …… 426

理解单词：一些复杂情况 ·············· 428
　　不是所有的单词都是生而平等的：词频
　　　差异 ································ 428
　　单词发音的可变化性 ················ 430
　　正常对话中的单词之间没有停顿 ···· 430
歧义词理解 ································ 432
　　多重语义通达 ························ 432
　　研究方法　词汇启动 ················ 432
　　语义使用频率对歧义词语义激活的影响 ··· 434
自我测验 11.1 ························ 437
理解句子 ·································· 438
　　句法解析：理解句子 ················ 438
　　句法解析中的花园路径模型 ········ 440
　　句法解析中基于约束的原则 ········ 441
　　预期，预期，预期…… ·············· 447
自我测验 11.2 ························ 449
理解文本和篇章 ·························· 449

推理 ······································ 450
情境模型 ·································· 452
对话 ······································ 456
　　已知-未知协定 ······················ 457
　　共同基础：将对话中的对方考虑进来 ··· 458
　　建立共同基础 ························ 458
　　句法协调 ······························ 460
　　研究方法　句法启动 ················ 461
思考　音乐和语言 ······················ 463
　　音乐和语言：相似性与差异性 ······ 464
　　音乐和语言中的预期 ················ 465
　　音乐和语言的大脑机制是否重叠？ ··· 467
自我测验 11.3 ························ 469
本章小结 ·································· 471
思考题 ···································· 472
关键术语 ·································· 473

第 12 章　问题解决和创造性 / 475

什么是问题？ ···························· 476
完形理论 ·································· 477
　　头脑中的问题表征 ·················· 477
　　顿悟 ·································· 478
　　演示实验　两个顿悟性问题 ········ 479
　　功能固着和心理定势 ················ 480
　　演示实验　蜡烛问题 ················ 481
信息加工理论 ···························· 485
　　Newell 和 Simon 的观点 ············ 485
　　演示实验　河内塔问题 ·············· 486
　　问题陈述的重要性 ·················· 490
　　演示实验　残缺棋盘格问题 ········ 490

研究方法　出声思维报告 ·············· 492
自我测验 12.1 ························ 494
应用类比解决问题 ······················ 494
　　类比迁移 ······························ 495
　　演示实验　Duncker 射线问题 ······ 495
　　类比编码 ······························ 498
　　现实世界中的类比 ·················· 499
　　研究方法　生动问题解决研究 ······ 500
专家如何解决问题 ······················ 500
　　专家和新手在问题解决上的差异 ··· 501
　　专家的优势仅限于其所在的领域 ··· 503
创造性问题解决 ·························· 504

什么是创造性？	504	思考　连线创造——有创造力的人做事的方式	
实践创造	505	与众不同	518
产生想法	507	白日梦	519
演示实验　创造客体	510	独处	520
创造性和大脑	512	正念	521
开阔思路，"跳出思维定势"	513	自我测验 12.2	524
研究方法　经颅直流电刺激	513	本章小结	525
顿悟和分析性问题解决的大脑"准备"	514	思考题	526
与创造性有关的神经网络	515	关键术语	526

第13章　判断、决策和推理 / 529

归纳推理：根据观察做出判断	531	演示实验　Wason 四卡片问题	555
可得性启发式	533	自我测验 13.2	558
演示实验　哪一个更常见？	533	决策：从备选项中做出选择	559
代表性启发式	535	决策的效用理论	559
演示实验　职业判断	536	情绪如何影响决策	563
演示实验　描述一个人	537	背景信息影响决策	565
演示实验　男婴和女婴的出生率	538	备选项的呈现方式影响决策	566
态度影响判断	539	演示实验　你该怎么办？	567
评估虚假证据	541	神经经济学：决策的神经基础	569
自我测验 13.1	544	思考　思维的双系统理论	572
演绎推理：三段论和逻辑	544	后记：唐德斯归来	574
直言三段论	545	自我测验 13.3	575
演绎推理的心理模型	548	本章小结	576
条件三段论	552	思考题	577
条件推理：Wason 四卡片问题	554	关键术语	578

总术语表 / 579

参考文献 / 601

　　这些悬浮在空中的漂亮雨伞，象征着我们将在本书中描述的多种认知过程：知觉（看到颜色和形状）、注意（观察此场景时眼球转动的位置）、记忆（看到雨伞可能会刺激记忆）、知识（知道雨伞的用途、知道雨伞通常不会悬浮在空中）和问题解决（这些雨伞为什么会悬浮在空中）。打开本书，你将读到许多有趣的故事，通过这些故事，你将了解心智和认知的奥秘。首先，让我们先来了解一下认知心理学的历史吧！

认知心理学绪论

第1章

认知心理学：研究心智的科学

什么是心智？

对心智的研究：认知心理学的早期探索

  唐德斯的开创性实验：做出决定需要多长时间？

  冯特的心理学实验室：构造主义和内省分析法

  艾宾浩斯的记忆实验：遗忘的时间进程

  威廉·詹姆斯：《心理学原理》

摒弃对心智的研究

华生创立行为主义学派

斯金纳的操作性条件反射

为心智研究的复兴奠定基础

心智研究的复兴

范式和范式转变

数字计算机的诞生

  计算机工作示意图

  心智运作示意图

人工智能与信息理论会议

认知"革命"任重道远

认知心理学的演变

Neisser 的《认知心理学》

探究高级心理过程

探究认知的生理学基础

行为研究的新视角

思考 我们可以从本书中学到什么？

➤ 自我测验 1.1

本章小结

思考题

关键术语

我们将思考的一些问题

▶ 认知心理学与我们的日常生活经历有怎样的联系？（第 004 页）

▶ 既然我们不能直接看到心智，那么如何才能研究心智的内在机制？（第 006 页）

▶ 什么是认知革命？（第 015 页）

自事故发生后的 16 年来，山姆（Sam）一直处于昏迷的"植物人"状态，躺在长期护理机构的病房中。据观察，山姆没表现出有意识或有沟通能力的迹象，我们似乎有理由断定"身体里的那个人已经不在了"。但事实果真如此吗？山姆没有活动或响应刺激的事实是否意味着他没有思想？他那似乎茫然地睁着的眼睛，是否有可能存在感知，而这些感知是否可能伴随着思想？

这些是 Lorina Naci 及其同事（2014，2015）提出的问题，将山姆置于脑部扫描仪中，测量整个大脑中电活动的增加和减少，并给山姆播放了希区柯克（Hitchcock）导演的《魂断枪声》(*Bang. You're Dead.*) 电视节目中的 8 分钟片段。片段中，一开始有一个 5 岁的男孩正在玩玩具枪，但随后，他在叔叔的行李箱里发现了一把真枪和一些子弹。男孩将一颗子弹装入枪中，拨转包含单颗子弹的枪腔，然后将真枪放进他的玩具枪套中。

当这名男孩在附近游荡，用枪指着不同的人时，气氛变得越来越紧张。男孩把枪指向了某个人！他扣动扳机！子弹没有射出，因为那颗子弹没有被推入发射室内。但诸如"枪会不会走火？"和"会有人被杀吗？"之类的想法一定会在观众的头脑中闪过。同时，观众也知道男孩的"游戏"随时都可能演变成悲剧（这也正是希区柯克被称为"悬疑大师"的原因）。在最后一幕，男孩回到家里，男孩的父亲意识到他正举着一把真枪，便向男孩猛扑过去。枪开火了！幸运的是，男孩击碎的是一面镜子，没有人受伤。男孩的父亲夺过枪，观众也跟着松了一口气。

当给脑部扫描仪中健康的被试播放这部电影时，所有被试的大脑活动同时加强和减弱，大脑活动的变化与电影情节密切相关。在影片中令人紧张的时刻——比如孩子装着子弹或用枪指着某个人的时候，大脑的活动最强。所以观众的大脑活动不仅对屏幕上的图像做出了反应，还受到图像和电影情节的驱动。更重要的是，要理解电影的情节，就有必要理解电影中没有特别提到的东西，比如"枪在上膛时是危险的""枪可以杀人"，以及"一个 5 岁的男孩可能不知道自己会在无意中杀人"等。

那么，山姆的大脑会对电影有怎样的反应呢？令人惊讶的是，他的反应和健康被试的反应是一样的：大脑活动在看到紧张情节的时刻加强，在危险并非一触即发的时候减弱。这表明，山姆不仅看到了画面，听到了原声，还对电影的情节做出了反应！因此，大脑活动表明，山姆是有意识的，即"这个人还在那里"。

尽管山姆从表面上看是没有思想意识的，但他实际上有心理活动。这给我们探索和理解心智带来了重要的启示：也许人类的心智并不是那么轻易可被观测到的。山姆是一个极端的例子，因为他不能活动或说话，但在本书的后续部分，我们将看到"正常"的大脑也存在着很多秘密。正如我们不能确切地知道山姆正在经历着什么一样，我们也不能确切地知道其他人正在经历着什么，即使这些人能够把他们的想法和观察到的事物告诉我们。

虽然人们可能意识到自己的想法和观察到的事物，但对自己大脑里发生的大部分事情是无意识的。这意味着当我们理解自己此刻正在阅读的内容时，头脑中有一些隐匿的过程是在意识之下运行的，这些过程使得我们对文本的理解成为可能。

在阅读本书的过程中，我们会看到科学研究揭示了心智运作的许多秘密。这并不是一件小事，因为大脑不仅将读懂文本和理解电影情节变为可能，还为我们是谁和我们所做的事情负责。大脑创造了思想、知觉、欲望、情感、记忆、语言和身体动作，它指导我们进行决策和解决问题。人们经常将大脑比作计算机，很多时候，我们的大脑在完成某项任务的表现上要比智能手机、笔记本电脑甚至是高性能超级计算机还好，更重要的是我们的心智有时还可以完成一些计算机无法想象的事情（假如计算机可以想象）：心智可以让人们意识到外部世界正在发生的事情、自己的身体正在发生的变化，以及自己是一个什么样的人。

本书将描述心智是什么、如何研究心智以及它是如何工作的。本章首先会详细介绍什么是心智，在这一过程中，我们会发现心智是多维度的——涉及多种功能和机制。接下来就让我们通过观察心智的多维属性以及回顾认知心理学研究的历史背景，来开启对本章的学习吧！

认知心理学：研究心智的科学

你可能已经注意到，我们反复用到心智这个词，但没有精确地界定它。其实，**心智**就像心理学中的一些概念（如智力或情绪）那样，可以从不同的角度来理解。

什么是心智？

探讨"什么是心智"的一种方法是思考我们在日常对话中是如何用到"mind（心智／心／头脑）"这个词的。例如：

1. "他能在心里回想起出事那天自己正在干什么。"（与记忆有关的心智）
2. "如果用心去做，我相信你一定能解决那道数学题。"（问题解决中的心智）
3. "我还没有下决心。"（用来做决策或考虑可能性的心智）
4. "他的身心都很健康。"或者"当他谈到自己遇见外星人的经历时，听起来好像得了失心疯。"（与正常功能有关的健康心智，或与功能障碍有关的异常心智）
5. "不动脑子是一件可怕的事。"（有价值的、须善用的心智）
6. "他头脑聪明。"（对于特别聪明或有创造力的人的描述）

从上面的这些句子中，我们或许可以了解什么是心智。前三句话分别强调了心智在记忆、问题解决和决策中的作用，因而适合于心智的如下定义：心智是产生和控制知觉、注意、记忆、情绪、语言、决策、思维和推理等的心理机能。这种定义反映了心智在决定我们的各种心理能力中的核心角色，而这些心理能力正是本书将要介绍的主题。

另一种定义方式则聚焦于心智是如何运作的：心智是形成客观世界的表征系统，促使人们在此系统内行动来实现目标。这种定义反映了心智在维持人体机能和生存中的重要作用，同时我们也可以借由这个定义初步了解心智是如何达成目标的。在接下来的章节中，还会再提到这种创建表征的观点。

上述两个有关心智的定义并不矛盾：第一个定义表明了**认知**的不同类型，

如知觉、注意、记忆等心理加工过程，皆为心智运作的结果；第二个定义则揭示了心智是如何运作的（它创造表征）及其功能（它促使我们行动并达成目标）。在个体达成目标的过程中，第一个定义中的各种认知过程都发挥重要作用。

例子中的后三句话强调了心智正常运作的重要性，以及心智的惊人能力。心智是有价值的，一些人的心智产物甚至是不同凡响的。但本书想要传达给读者的一个观点是：心智的"不可思议"并不仅仅体现在"非凡"的头脑中，哪怕只是完成最"平常"的事情（如识别一个人、进行一场对话或是决定下学期选哪门课），心智在其中所起的作用也足以令人惊叹。

认知心理学是对心理过程进行的研究，包括确定心智的特征和属性及其运作方式。接下来将探讨认知心理学从早期研究到当前研究的发展历程，并着重介绍认知心理学家们是如何开展有关心智的科学研究的。

对心智的研究：认知心理学的早期探索

在 19 世纪，一种主流的观点是"心智不能被研究"。原因之一是，人们认为心智不可能研究其自身；当然，除此之外，还有一些其他的原因，比如可能仅仅是因为心智的特性无法被测量。然而，仍有一些研究者否定了这样的普遍认识，并竭尽所能地试图研究心智。在这些先驱者中就包括荷兰生理学家唐德斯（Franciscus Donders）。早在 1868 年（即第一个科学心理学实验室建立的 11 年前），他就着手开展了如今可被称为"认知心理学实验"的首批实验研究（需要强调的是，虽然认知心理学这一术语直至 1967 年才问世，但我们认为这些早期实验都符合认知心理学实验的条件，故以之命名）。

唐德斯的开创性实验：做出决定需要多长时间？

唐德斯对个体做出一个决定需要花费多长时间的问题很感兴趣，他通过测量**反应时**——从刺激呈现到个体对它做出反应之间所花费的时间——来确定做出一个决定需要的时间。具体而言，唐德斯运用两种方法对反应时进行了测量：第一种测量方法是通过要求被试在看到灯亮时尽可能快地做出按键反应，所得到的反应时被称为**简单反应时**（图 1.1a）；第二种测量方法则使用两盏灯，要求被试在看到左侧灯亮起时按下左键（J 键）、看到右侧灯亮时按下右键（K 键），所得到的反应时被称为**选择反应时**（图 1.1b）。

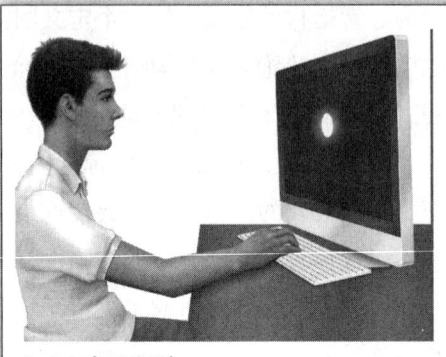

(a) 灯亮时按J键　　　　　　　　　(b) 左边灯亮按J键，右边灯亮按K键

图 1.1　唐德斯（Donders, 1968）反应时实验的现代版：（a）简单反应时任务；（b）选择反应时任务。在简单反应时任务中，灯亮时被试按J键；在选择反应时任务中，左边的灯亮时按J键，右边的灯亮时按K键。唐德斯实验的目的是确定被试在选择反应时任务中决定按哪个键所用的时间。

简单反应时任务的基本步骤如图1.2a所示：呈现的刺激（灯光）引起心理反应（察觉灯光），进而产生行为反应（按键），反应时（虚线）就是从刺激呈现到做出行为反应之间的时间。

但需要注意的是，唐德斯感兴趣的是一个人做出决定需要多长时间。选择反应时任务通过要求被试首先判断左灯或右灯是否亮起，然后再决定按下哪个按钮，这一过程中就增加了决策的过程。如图1.2b所示，心理反应不仅包括觉察灯光，还包括决定按哪个键的过程。由于在选择反应时任务中做出按哪个按键的决定需要额外的时间，唐德斯由此推论选择反应时要比简单反应时长。选择反应时和简单反应时之差就是做出按键决定所花费的时间。由于选择反应时比简单反应时长1/10秒，所以唐德斯推断做出决定的过程需要1/10秒。

唐德斯的实验意义重大，它不仅是首批认知心理学实验之一，而且揭示了心智研究非常重要的一点：心理反应（在本实验中指觉察到灯光和决定按哪个键）虽然不能直接测量，但是可以通过行为反应进行推测。通过图1.2的虚线，我们可以知道为什么是这样的。这些虚线说明，唐德斯所测量的反应时代表了刺激感觉和被试反应之间的关系。他没有直接测量心理反应，而是从反应时结果中推测心理过程所需要的时间。心理反应不能直接测量，但能通过可观察的行为进行推测。这种观点不仅得到了唐德斯实验的支持，也得到了其他所有认知心理学研究的支持。

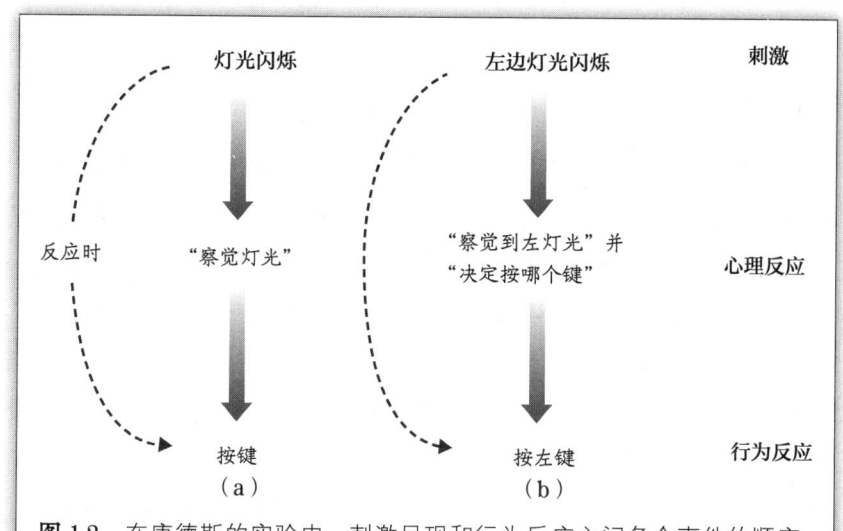

图 1.2 在唐德斯的实验中，刺激呈现和行为反应之间各个事件的顺序。虚线表示唐德斯所测量的反应时，即从刺激呈现到被试做出反应之间的时间。(a) 简单反应时任务；(b) 选择反应时任务。

冯特的心理学实验室：构造主义和内省分析法

1879 年，在唐德斯进行了反应时实验的 11 年后，威廉·冯特（Wilhelm Wundt）在德国莱比锡大学建立了世界上第一个科学心理学实验室。从 19 世纪末到 20 世纪初，冯特的**构造主义**在心理学界占据统治地位。依照构造主义的观点，我们所有的经验都是由基本的元素组成的，构造主义者把这些元素称为感觉。因此，就像化学发展出元素周期表一样，冯特也想创建一个"心智元素周期表"，把构成经验的所有基本感觉都囊括其中。

冯特认为，他可以通过使用内省分析法来实现对经验的各组成部分的科学描述。**内省分析**是一种技术，在其中，训练有素的被试描述他们对刺激做出反应的经验和思维过程。分析性内省需要大量训练，因为被试的目标是用基本的心理要素描述他们的经历。例如，在一个实验中，冯特要求被试描述他们听钢琴演奏五音和弦的经历，考察的问题之一就是被试能否听出组成和弦的每一个音符。正如在第 3 章讨论知觉时将看到的那样，构造主义并不是一种富有成效的方法，因此在 20 世纪初就衰落了。尽管如此，冯特通过致力于在对照条件下研究行为和心智，为心理学发展做出了重大贡献。此外，他还培养了一批博士，他们在德国的其他大学和美国的一些大学里建立了心理学系，对心理学的发展产生了极大的影响。

艾宾浩斯的记忆实验：遗忘的时间进程

与此同时，在距离莱比锡190公里的柏林大学，德国心理学家赫尔曼·艾宾浩斯（Hermann Ebbinghaus，1885/1913）正在使用另一种方法来测量心智的属性。艾宾浩斯的兴趣在于确定记忆和遗忘的本质——特别是随着时间的推移，学习到的信息遗忘的速度有多快。艾宾浩斯没有使用冯特的内省分析法，而是使用了一种定量方法来测量记忆。他以自己为被试，把含有13个无意义音节（比如DAX、QEH、LUH和ZIF）的词表以恒定的频率机械地重复记忆。使用这种无意义音节可以使他的记忆不受词义的影响。

艾宾浩斯测定了初始学习词表需要多长时间，然后间隔特定的时间（延迟），再测定重新学习词表需要的时长。因为在延迟期间发生了遗忘，艾宾浩斯在第一次试图记忆这份词表时犯了错误。但由于还记得一些初始学习过的词，所以艾宾浩斯重新学习这个词表的速度比第一次快。

艾宾浩斯使用**节省量**来测定在特定延迟之后的遗忘量，计算方法如下：节省量=（初学词表所用时间）-（延迟后重学词表所用时间）。因此，如果第一次学习词表花费了1000秒，延迟后重新学习词表花费了400秒，那么节省的时间将是1000-400 = 600（秒）。图1.3表示三种不同延迟后的原始学习和重新学

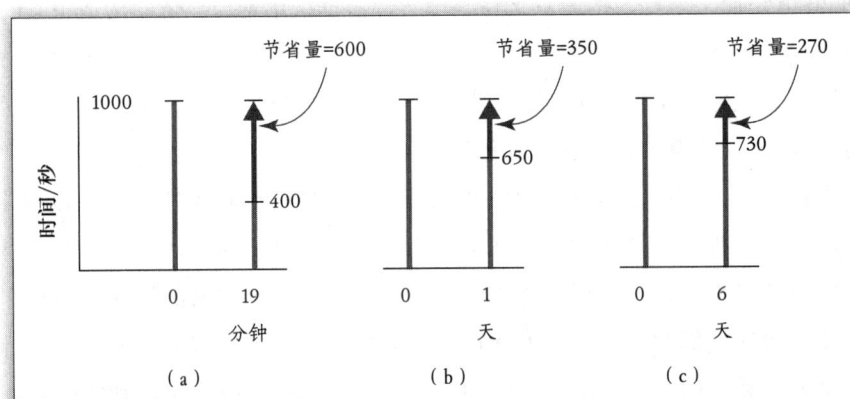

图1.3 计算艾宾浩斯实验中的节省量。在这个示例中，第一次用了1000秒学习无意义音节的词表，由标0的线表示。在延迟19分钟（a）、1天（b）或6天（c）时重新学习词表所需的时间，用0线右侧的线表示，细箭头线部分表示每次延迟的节省量。需要注意的是，节省量随延迟时间的增加而减少，节省量的减少为测量遗忘提供了衡量标准。

习，结果显示延迟时间越长，节省量越少。

艾宾浩斯认为，这种节省量的减少可以用来衡量遗忘，较小的节省量意味着更多的遗忘。因此，图1.4中节省的百分比与时间的关系图被称为**节省曲线**，表明记忆在初始学习后的前两天迅速下降，然后趋于平稳。节省曲线的重要意义在于，它表明记忆是可以被量化的，同时也可以用来描述心智的某种属性——保持信息的能力。值得注意的是，尽管艾宾浩斯的节省法与唐德斯测量反应时所使用的方法有所不同，但两者都是通过测量行为来确定心智的属性的。

威廉·詹姆斯：《心理学原理》

威廉·詹姆斯（William James）是美国早期的著名心理学家之一（尽管他不是冯特的学生），他第一个在哈佛大学教授心理学课程，并在其著作《心理学原理》（*Principles of Psychology*，1890）中对心智做了重要的阐述。

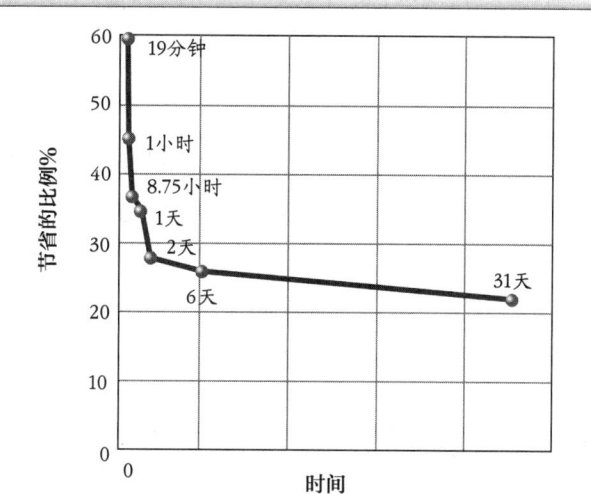

图1.4 艾宾浩斯节省（或遗忘）曲线。艾宾浩斯认为，节省的百分比是衡量记忆量的一个指标，所以他将此指标与最初学习和测试的时间间隔绘制成图。可以发现，节省量会随着学习—测试时间间隔的增加而减少，表明遗忘会在前两天内迅速发生，随后逐渐变缓。

来源：Based on data from Ebbinghaus，1885/1913.

詹姆斯对心智的阐述并不是建立在实验结果的基础上，而是依据他对自己心智运作过程的观察。詹姆斯最著名的论述之一是关于注意的本质的：

> 大量的事物……呈现在我的感觉系统内，这些事物并不能准确地进入自己的个体经验。为什么？因为我对这些事情并不感兴趣。我的经验是自己所能注意到的……每个人都知道注意是什么。注意是一种聚精会神的思维，这种思维是以清晰和生动的形式表现的，独立于一些同时出现的客体或一连串的思想……这就意味着我们必然会为了更加有效地处理一些事物而选择放弃另一些事物。

对于注意的观察涉及放弃某些事情，这种阐述在今天看来依然具有合理性，并且已经成为许多现代注意研究的主题，詹姆斯观察的准确性令人印象深刻。

同时，他的著作以其覆盖范围之广而闻名，在《心理学原理》这本书中，詹姆斯就提到了很多有关认知的观点，包括思维、意识、注意、记忆、知觉、想象和推理等。

冯特建立的第一个心理学实验室、唐德斯和艾宾浩斯的定量实验，以及詹姆斯富有洞察力的观察都为心智研究提供了良好的开端（表1.1）。但是，在20世纪初，心理学研究的焦点曾一度不在心智和心理过程上，所以有关心智的研究也减少了。使得心理学不再对心理过程进行研究的一个主要原因是研究者们对冯特的内省分析法的质疑。

表 1.1
认知心理学的先驱

人物	过程	结果与结论	贡献
唐德斯（1868）	简单反应时与选择反应时	选择反应时比简单反应时长 1/10 秒；因此，做一个决定需要 1/10 秒	第一个认知心理学实验
冯特（1879）	内省分析法	无可靠的结果	建立了第一个科学心理学实验室
艾宾浩斯（1885）	衡量遗忘的节省方法	在最初的学习之后的 1~2 天，遗忘发生得很快	对心理过程的定量测量
詹姆斯（1890）	没有实验；内省观察报告	对大范围体验的描述	第一本心理学教科书；他的一些观察结论至今依然有效

摒弃对心智的研究

早期的许多心理学系都沿袭了冯特实验室的传统，采用内省分析法来分析心理过程。然而，1904 年在美国芝加哥大学获得博士学位的约翰·华生（John Watson）改变了心智研究的重心。

华生创立行为主义学派

也许刚刚开始学习心理学的学生就知道华生创立**行为主义**学派的故事了，这里简要回顾这件事是因为它对认知心理学的发展起到了重要作用。

当华生还在芝加哥大学读研究生时，他就表现出了对内省分析法的质疑：（1）人与人之间结果的差异很大；（2）由于所得到的结果是用无形的内部心理过程来解释的，导致无法重复验证。针对内省分析法存在的缺陷，华生创立了一种新的派别，被称为行为主义。在华生的论文《行为主义者眼中的心理学》(Psychology As the Behaviorist Views It)中，他为行为主义提出了如下目标：

> "在行为主义者眼中，心理学是自然科学的一个分支，是客观的、讲究实验证据的，它的理论目标是对行为进行预测和控制。内省分析法并不是研究心理学的有效方法，因为使用这种方法所获得的数据依赖个体自己有意识地做出的解释，并没有科学价值……我们做的是对心理产生的行为进行研究，而不是研究被我们所抨击的意识。"
> (Watson, 1913, p.158, 176)

这段话有两个关键的观点：（1）华生拒绝把内省作为研究方法；（2）心理学的研究重点应该是可观察的行为而不是意识（包括不可观察的过程，如思维、情绪和推理）。换句话说，华生想把心理学局限于行为数据（如唐德斯的反应时），并拒绝超越这些数据得出关于无法观察到的心理事件的结论。同样也是在这篇文章中，华生还表示"心理学……不应该再研究被观察对象的心理状态"，他的目标就是用直接可观察的行为研究取代将心智作为主题的心理研究。随着行为主义在美国心理学界占据主导地位，心理学研究者们关注的问题从"行为可以推测心智的什么属性"转向"环境中的刺激与行为之间的关系是什么？"

华生最著名的实验是"小阿尔伯特（Little Albert）"实验：研究对象小阿尔伯特是一个9个月大的男婴，在这个实验中，每当小白鼠靠近小阿尔伯特时，华生及其助手罗莎莉·雷纳（Rosalie Rayner）（1920）就让他听到一个巨大的噪声。尽管小阿尔伯特最初是喜欢小白鼠的，但经过小白鼠和噪声的数次成对出现，小阿尔伯特一看到小白鼠就会迅速爬走。

华生的这个实验想法与**经典条件反射**有密切的联系——当一个刺激（如向小阿尔伯特呈现的噪声）与另一个中性刺激（如小白鼠）成对出现时，会导致个体对中性刺激的反应发生变化。华生的实验灵感来自伊万·巴甫洛夫（Ivan Pavlov）的研究。巴甫洛夫在 19 世纪 90 年代开始用狗对经典条件反射进行了研究。在实验中（图 1.5），巴甫洛夫将食物（能使狗分泌唾液）与铃声（最初的中性刺激）配对呈现，结果导致狗仅听到铃声时也会分泌唾液（Pavlov，1927）。

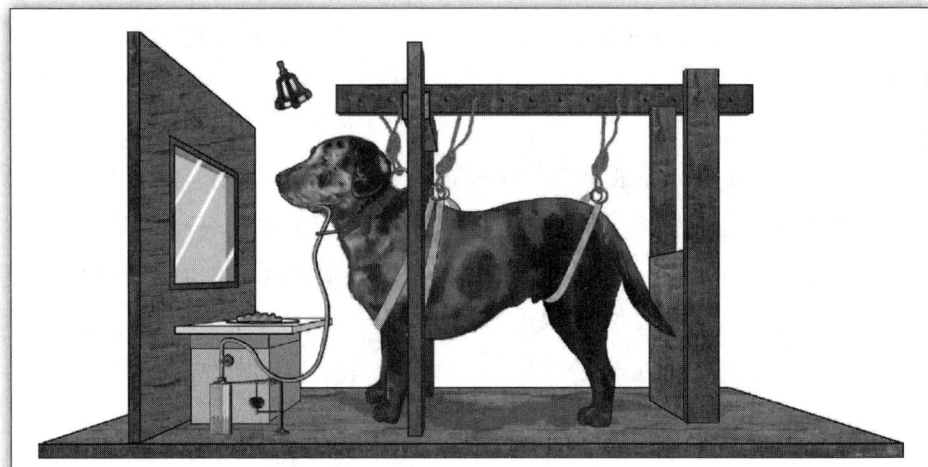

图 1.5　在巴甫洛夫的经典实验中，他向狗呈现食物时配以铃声。最初只有向狗呈现食物时才能引起狗分泌唾液，经过数次的配对呈现，到最后，只呈现铃声也能引起狗分泌唾液。这一配对学习的原理后来被称为经典条件反射，是华生的"小阿尔伯特实验"的基础。

华生利用经典条件反射说明，不涉及心智也可以分析行为。在他看来，小阿尔伯特大脑中（或者是巴甫洛夫的狗的大脑中）发生的生理或心理的变化都不重要，他只关注当一个刺激与另一个刺激成对出现时，会如何影响个体的行为。

斯金纳的操作性条件反射

在行为主义统治美国心理学界的中期，B. F. 斯金纳（B. F. Skinner）在 1931 年获得哈佛大学博士学位，他为研究刺激与反应之间的关系提供了另一种工具，这使得行为主义在后来的几十年中继续主导着心理学研究。斯金纳在以往研究的基础上引入了**操作性条件反射**的概念，这种条件反射主要关注行为是如何受到积极强化物（如食物或社会认可）或消极强化物（如电击或社会排斥）影响的。例如，斯金纳曾使用食物作为强化物让大鼠连续地按压杠杆或是提高它们按压杠杆的频率。与华生类似，斯金纳并不关心心智内部究竟发生了什么变化，只关心刺激和反应之间存在怎样的关系（Skinner，1938）。

通过研究刺激和反应之间的关系来理解行为的观点影响了美国整整一代心理学家，并在20世纪40年代到60年代的美国心理学界占据主导地位。心理学家们把经典条件反射和操作性条件反射应用到诸如课堂教学、对心理障碍病人的治疗和用动物测试药物的效果等实践中。图1.6的时间轴向我们展示了最开始的心智研究和后续的行为主义是如何发展的。现在，让我们超越这个时间轴，前往20世纪50年代，那时在心理学界发生的一次巨变最终导致行为主义的衰退和心智研究的复兴。

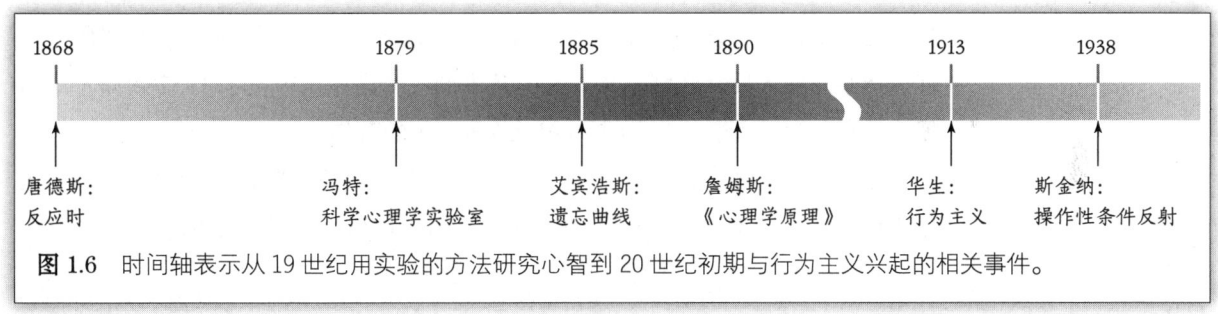

图1.6 时间轴表示从19世纪用实验的方法研究心智到20世纪初期与行为主义兴起的相关事件。

为心智研究的复兴奠定基础

尽管行为主义主导美国学术界几十年，但仍有一些研究者没有严格遵循行为主义的研究思路，爱德华·蔡斯·托尔曼（Edward Chace Tolman）就是其中一员。托尔曼在1918—1954年任教于美国加州大学伯克利分校，他称自己是一个行为主义者，因为他的研究兴趣是度量行为。但事实上，托尔曼就是早期的认知心理学家，因为他的研究是通过行为来推测心理过程。

托尔曼（Tolman，1938）在一个实验中将大鼠放入迷宫中（如图1.7所示）。最初，大鼠在每个通道上跑来跑去探索迷宫（图1.7a）。经过一段时间的探索后，大鼠被放置到 A 点，食物放置在 B 点，大鼠很快就学会了在交叉路口向右转以得到食物。显而易见，这正是行为主义者预测的结果，因为大鼠向右转可以获得食物（图 1.7b）。然而，托尔曼随后又将大鼠放在了 C 点（并采取预防措施确保大鼠不能根据气味定位食物），接下来发生了一些有趣的现象：在交叉路口处，大鼠向左转到达了放有食物的 B 点（图 1.7c）。托尔曼在对结果进行解释时认为，大鼠在初期探索迷宫时形成了**认知地图**，即对迷宫整体布局的概念（Tolman, 1948）。因此，即使大鼠最初学会的是向右转，但若将它放在 C 点，它也可以借助认知地图在交叉路口处向左转以到达放有食物的 B 点。托尔曼使用"认知"这样的词，并认为除了刺激反应关系之外，大鼠的内在心智可能也发生了变化，这样的观点使托尔曼被置于主流行为主义的大门之外。

当时，有很多心理学家了解到了托尔曼的实验结果，但是在 20 世纪 40 年代的美国心理学界，由于行为主义反对以思维或大脑地图等内部心理过程为研究对象，所以使用"认知"这个术语违反了行为主义的观点，很难被研究者接受。托尔曼提出"认知地图"这个概念后又过了十余年，心理学的心智研究才有了新的进展。具有讽刺意味的是，其中的一个进展竟得益于 1957 年斯金纳出版的一本名为《言语行为》(*Verbal Behavior*) 的著作。

在这本著作中，斯金纳认为儿童是通过操作性条件反射来学习语言的。依照这种观点，儿童之所以对他们听到的对话进行模仿或重复正确的对话，都是

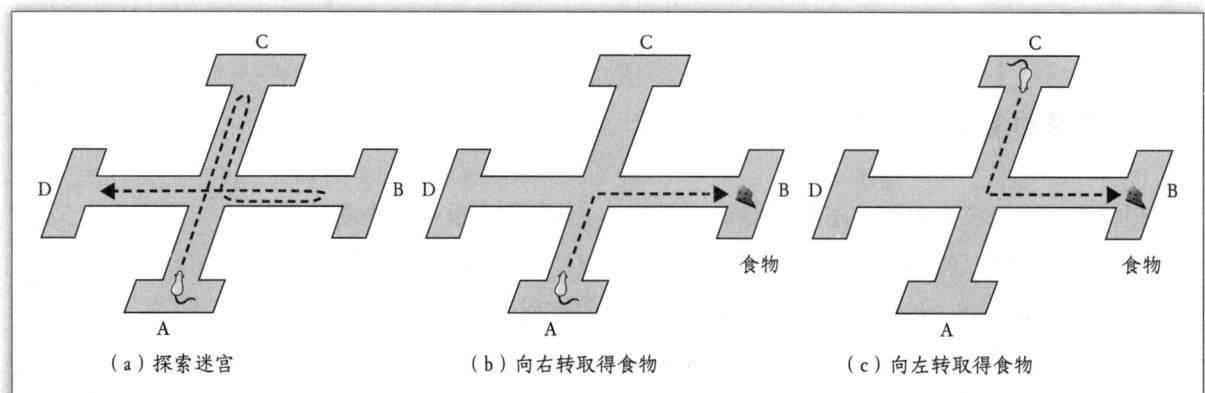

（a）探索迷宫　　　　　　（b）向右转取得食物　　　　　（c）向左转取得食物

图 1.7　托尔曼所使用的迷宫。(a) 大鼠最初探索迷宫；(b) 当起始点在 A 点时，大鼠学会了向右转取得 B 点的食物；(c) 当起始点在 C 点时，大鼠向左转取得 B 点的食物。在本实验中，实验者已设法避免使大鼠通过诸如嗅觉等线索找到放置食物的地点。

因为受到了奖赏。但是，在这本书出版之后的第二年（1959 年），来自美国麻省理工学院的语言学家诺姆·乔姆斯基（Noam Chomsky）措辞严厉地对斯金纳的这本书发表了评论。乔姆斯基指出，儿童说的很多话从来都没有得到家长的奖励（如"妈妈，我恨你"），而且在正常的语言发展过程中，即使错误语法从未得到强化，他们仍然会经历一个使用错误语法的阶段（如将"The boy hit the ball"说成"The boy hitted the ball"）。

在乔姆斯基看来，语言的发展并非由模仿和强化所决定的，而是取决于天生就有的生物指令，这种生物指令不受文化影响。乔姆斯基主张，言语是心智构建过程中的产物。这种观点与言语由强化所致的观点相对立。他的这一观点使得心理学家开始重新考虑语言以及其他复杂行为（如问题解决和推理）是否能用操作性条件反射来解释。同时，他们也开始认识到，要理解复杂的认知行为，不仅要对可直接观察的行为进行测量，还要思考行为背后的心智是如何运作的。

心智研究的复兴

20 世纪 50 年代的 10 年通常被认为是**认知革命**的开端——心理学的研究主题开始从行为主义的刺激—反应联结转向对于人类心智的理解。乔姆斯基对斯金纳的《言语行为》一书的批判只是发生在那个时期的众多事件中的一件，这标志着人们已经从仅仅关注行为转向研究心智运作模式了。但是，在我们讲述开启认知革命的事件之前，先要考虑一个问题：什么是革命——尤其是科学革命？对此问题的回答之一或许可以在哲学家托马斯·库恩（Thomas Kuhn）的《科学革命的结构》（*The Structure of Scientific Revolutions*，1962）一书中找到。

范式和范式转变

库恩将**科学革命**定义为一种范式向另一种范式的转变，**范式**在特定的时间主导科学的思想体系（Dyson，2012）。因此，科学革命涉及**范式转变**。

20 世纪初，随着相对论和量子理论的引入，物理学发生了一次转变，这就是科学范式转变的一个例子。在 20 世纪前，由艾萨克·牛顿（Isaac Newton，

1642—1727）创立的经典物理学在描述物理受力情况（牛顿运动定律）和电场性质（描述电磁学的麦克斯韦定律）上取得了巨大进展。然而，经典物理原理并没有充分描述亚原子现象以及时间和运动间的关系。比如，经典物理学认为，时间的流逝是一个恒定的常数，对每个人来说都是一样的。但在1905年，一位来自瑞士伯尔尼专利局的年轻职员阿尔伯特·爱因斯坦（Albert Einstein）发表了相对论，该理论提出空间和时间的测量受到观察者运动的影响。即当运动速度接近光速时，时钟的运行速度会变慢。爱因斯坦还提出了质量和能量的等式，如他著名的方程 $E = mc^2$（能量等于质量乘以光速的平方）所示。爱因斯坦的相对论和新引入的量子理论解释了亚原子粒子的行为，标志着现代物理学的开端。

正如从经典物理学到现代物理学的范式转变提供了一种看待物理世界的新方法，从行为主义到认知主义的范式转变提供了一种看待行为的新方式。在行为主义主导时期，行为被认为是其本身的结论。心理学主要通过实验来研究奖惩对行为方式的影响，一些有价值的发现成果都来自这项研究，其中就包括目前仍在使用的心理治疗中的行为疗法（behavioral therapies）。但是，行为主义范式不允许考虑心智在创造行为中的作用，因此在20世纪50年代，新的认知范式开始出现。我们不能像爱因斯坦（Einstein，1905）提出相对论那样，通过发表一篇论文来标志这一新范式的开始。但是我们可以注意到一系列事件，这些事件共同形成了一种新的心理学研究方法，其中之一就是引进的新技术，为描述心智运作提供了一种新方法。这一新技术就是数字计算机。

数字计算机的诞生

第一台数字计算机诞生于20世纪40年代后期，是一个占据了一整栋建筑的庞然大物。随后，国际商业机器公司（International Business Machines，简称IBM）在1954年制造出了适合大众使用的计算机，尽管相比第一台计算机，它们已经小了不少，但与我们现在所使用的笔记本电脑相比还是非常巨大的。这些大家伙被放在大学的实验室中，用来分析数据，而对于心理学研究者来说更重要的意义在于，它们提示我们可以用一种全新的方式考虑心智。

计算机工作示意图

20世纪50年代，数字计算机引起心理学家关注的特点之一是，它能够分不同阶段地对信息进行加工（如图1.8a所示）：首先，输入处理器接收信息，并将这些信息储存在储存器中；然后，在运算器对信息进行加工后输出结果。正是受到这种分阶段加工方式的启发，一些心理学家提出可以用**信息加工观**来研究心智，即在研究认知时追踪心理运作的顺序。根据信息加工观，可以将心智过程也看作分多个阶段发生。这种观点促使心理学研究者提出新的问题，并使用新的方式来解决这些问题。首先受到这种考虑心智的新观点影响的是有关注意的研究，这些研究探讨了当同时呈现很多信息时，个体是如何将注意集中在其中一些特定的信息上的。

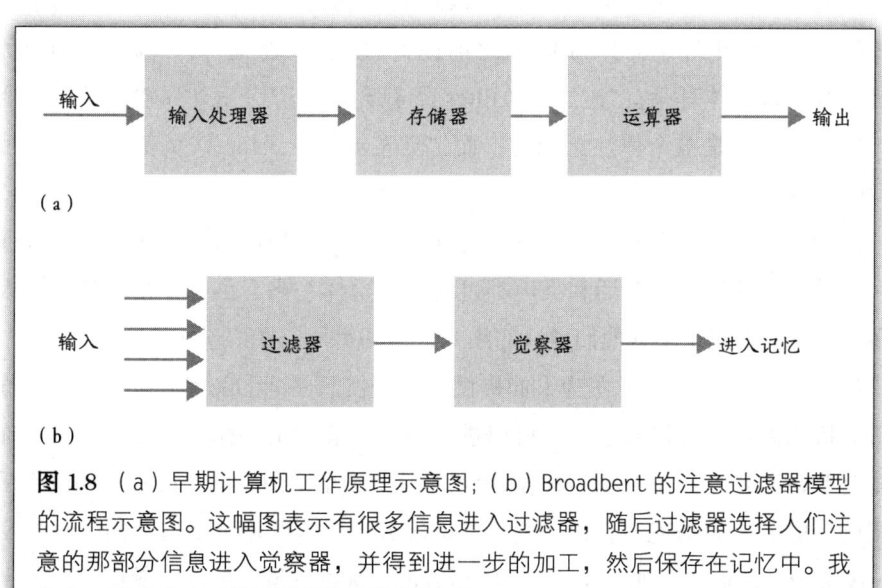

图1.8 （a）早期计算机工作原理示意图；（b）Broadbent的注意过滤器模型的流程示意图。这幅图表示有很多信息进入过滤器，随后过滤器选择人们注意的那部分信息进入觉察器，并得到进一步的加工，然后保存在记忆中。我们会在第4章中对此图进行更详细的阐述。

心智运作示意图

从20世纪50年代开始，一些心理学家开始致力于研究个体是如何处理由外界输入的信息的。他们感兴趣的一个问题是，当有很多声音信息同时呈现时（比如在嘈杂的聚会上），个体是否能将注意集中在某一个声音信息上（比如你正在与某一位参加聚会的来宾交谈）？在英国心理学家Colin Cherry（1953）的一个实验中，研究者向被试同时呈现两条信息，其中一条信息呈现在左耳，另一条呈现在右耳，要求被试注意其中一条信息（即追随信息），而忽略另一条信息（即非追随信息）。例如，被试可能会被告知要注意"苏珊开着新车在路上行驶时……"的左耳信息，与此同时接收但不注意右耳的"认知心理学，是研究心理过程的学科……"。

实验结果表明（第4章会更详细地介绍这个实验结果），人们能够将注意集中在一只耳朵上，并且很少意识到呈现在非追随耳中的信息。在这一结果的基础上，英国的另一位心理学家Donald Broadbent（1958）设计了第一个展示心智运作方式的流程示意图（如图1.8b所示），这个流程示意图告诉我们，当个体注意环境中的某个刺激时，他的心智发生了什么变化。这个模型第一次认识到心智是按照一定的顺序、分阶段地对信息进行加工的，所以受到了关注（第4章会做更详细的介绍）。就之前提到的注意实验而言，"输入（input）"就是声音传入个体耳朵；"过滤器（filter）"只允许一部分由外界输入的声音通过，这部分声音是被个体注意到的；而"觉察器（detector）"负责记录通过过滤器的信息。

例如，在嘈杂的聚会上，你正与朋友聊天，过滤器可以让你朋友的声音通过，同时又将其他人的对话和噪声都过滤掉。这样一来，尽管你很清楚其他人也在聊天，但你意识不到他们说话的细节，不知道他们在谈论什么。

Broadbent的流程示意图为人们提供了一种按照序列的加工阶段对心智运作进行分析的方法，并提出了一个可以进一步被实验验证的模型。在本书中，你可能会看到很多与Broadbent的这幅示意图类似的示意图，因为展示这种流程示意图已经成为人们描述心智运作过程的标准方法。但并不是只有英国心理学家Cherry和Broadbent发现了研究心智的新方法，大约在同一时间，美国的研究者组织了两次会议，以计算机为线索将心智比作一个信息处理器。

人工智能与信息理论会议

20世纪50年代初，美国达特茅斯学院数学系的年轻教授John McCarthy产生了一个想法：能否通过程序让计算机模仿人类的心智活动？为了回答这个问题，在1956年夏天，他在达特茅斯学院组织了一次会议，讨论如何才能通过程序让计算机执行智能行为。会议名称叫作"夏季人工智能研究计划（Summer

Research Project on Artificial Intelligence)",这也是第一次用到**人工智能**这一术语,McCarthy 所下的定义为:"让计算机模拟人类的智能行为,即为人工智能"(McCarthy et al., 1955)。

来自不同领域(如心理学、数学、计算机科学、语言学和信息论等)的研究者参加了这次历时 10 周的会议。但是,两位最重要的研究者差点没能出席这次会议(Boden, 2006),他们是美国卡耐基理工学院的 Herb Simon 和 Alan Newell。那个时候,他们正忙着制作 McCarthy 提到的人工智能机器,他们尝试着编制了一套计算机程序,使其能够像人类一样有逻辑地解决问题。在那之前,这项能力一直是人类的专利。

Simon 和 Newell 成功地编制了程序,他们将其称为"逻辑理论家",并在会议上及时做了展示。逻辑理论家程序能够证明很多数学定理(这些数学定理所涉及的逻辑原理很复杂,故在此不做详细描述),是一套具有革命性意义的程序。尽管和现在的人工智能程序相比可能有些简单,但逻辑理论家是真正意义上的"会思考的机器":因为它所进行的不仅仅是简单的数字加工,而是使用类似人类的推理过程来解决问题。

达特茅斯会议后不久,同年 9 月,又举行了一个关键的会议——麻省理工学院信息理论研讨会(Massachusetts Institute of Technology Symposium on Information Theory)。这次会议为 Newell 和 Simon 提供了另一个展示逻辑理论家程序的机会,与会者还听了哈佛大学心理学家 George Miller 的一篇刚刚发表的论文《神奇的数字 7±2》(The Magical Number Seven Plus or Minus Two, 1956)。在论文中,Miller 提出:人类处理信息的能力是有限的——大约 7 个组块(如电话号码的长度)。

当然,就像本书第 5 章所介绍的那样,我们也可以利用一些方法提高自身的加工信息能力(比如在 7 位数的电话号码中增加一个区号对我们而言不存在困难)。无论如何,Miller 提出的关于我们接收或记忆的信息量有限的观点是十分重要的。有读者可能会注意到,Miller 的这个观点与 Broadbent 提出的过滤器模型相似,它们大约是在同一时期被提出来的。

认知"革命"任重道远

之前提到的 Cherry 的实验、Broadbent 的过滤器模型,以及在 1956 年召开的两次会议标志着心理学开始从行为主义转向对于心智的研究。这一转变被称为认知革命,但是"革命"这一术语无法确切地体现从行为向认知的转变的发展之快。1956年与会的那些科学家不会想到自己所参加的会议在多少年之后会成为一个重要的历史事件——标志着人们开始用一种崭新的思维方式来考虑心智问题;与会的科学家更不会想到未来有一天,科学历史学者会将1956年视为"认知科学的诞生年"(Bechtel et al., 1998; Miller, 2003; Neisser, 1988)。实际上,在这两次会议结束后的好多年里,心理学史方面的教科书并没有提及有关认知的方法(Misiak & Sexton, 1966),一直到1967年,Ulrich Neisser出版了一本名为《认知心理学》(*Cognitive Psychology*)的教科书,情况才发生了改变(Neisser, 1967)。图1.9展示了认知心理学形成和建立过程中的一些重要事件。

Neisser的这本教科书首次使用认知心理学这一术语,强调利用信息加工的方法研究心智。从某种程度上讲,它可以说是你现在阅读的这本书的始祖。和往常一样,每一次变革都会产生解决问题的新方法,认知心理学也不例外。自1956年会议和1967年《认知心理学》一书出版以来,心理学研究者进行了很多实验,提出了很多新的理论,发展了很多新的技术。因此,认知心理学和使用信息加工的方法研究心智逐渐在心理学界占据了主导优势。

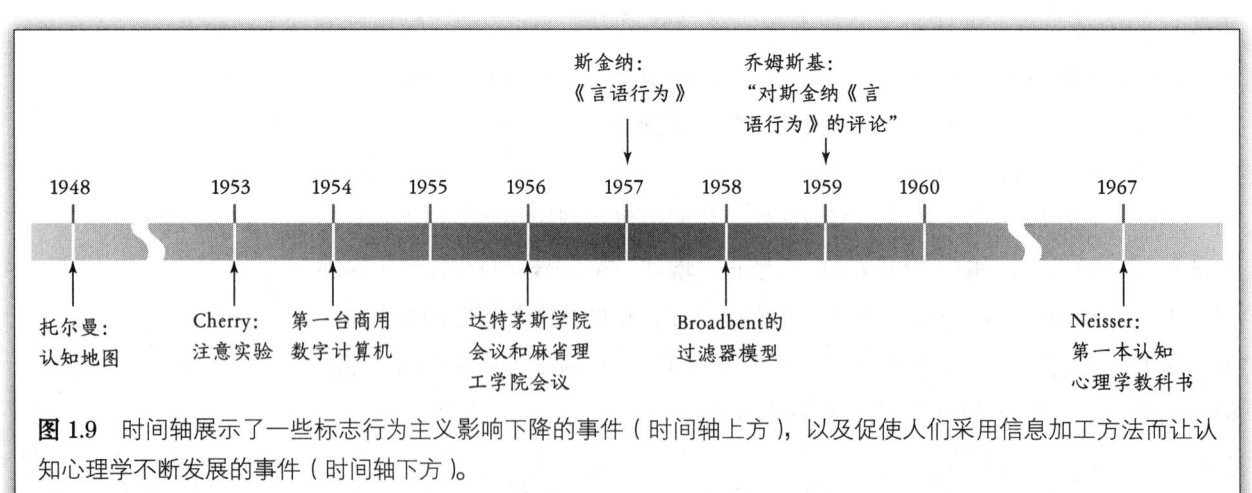

图1.9 时间轴展示了一些标志行为主义影响下降的事件(时间轴上方),以及促使人们采用信息加工方法而让认知心理学不断发展的事件(时间轴下方)。

认知心理学的演变

我们一直将 20 世纪 50 年代和 60 年代之间发生的一切称为认知革命。值得注意的是，尽管这场革命使研究心智开始能够被人们接受，但是认知心理学领域的发展是在此之后的几十年里逐步演进的。如果想要理解认知心理学是如何从 20 世纪 50 年代和 60 年代发展到如今这番模样的，一个好的办法是回头阅读 Neisser（1967）的教科书。

Neisser 的《认知心理学》

我们可以通过阅读 Neisser（1967）所写的第一本认知心理学教科书来了解认知心理学在 20 世纪 60 年代的发展。正如 Neisser 在第 1 章所述，这本书的目的是"对当前的研究进展做一个有价值的、前沿性的综述"（p.9）。考虑到这一目的，这本书的内容对于我们了解认知心理学在 20 世纪 60 年代的情况具有重要的参考价值。

Neisser 的《认知心理学》中的大部分内容是关于视觉和听觉的。书中描述了信息是如何被视觉接收并在短时间内保存为记忆的，以及人们是如何搜索视觉信息并使用视觉信息理解简单模式的。其中大多数的讨论都是关于信息的获取方式，以及头脑保存信息的时间长度的（例如，听到一串数字后，人们的记忆时间有多长）。一直到这本书的第 279 页（全书共 305 页），Neisser 才考虑到"更高级的心理过程"，比如思维、问题解决和长时记忆。之所以会这样，是因为在 1967 年前后，人们对高级心理过程的了解还非常有限。

这本教科书的另一个问题是几乎完全没有生理学的内容，虽然 Neisser 提到，"我不怀疑人类的行为和意识完全取决于大脑的活动及相关加工过程"（p.5），但 Neisser 也表示他只是对心智的运作方式感兴趣，而非其背后的生理机制。

有趣的是，上面提到的这两个问题正是当今认知心理学的核心课题：高级心理过程以及心理过程的生理学基础。

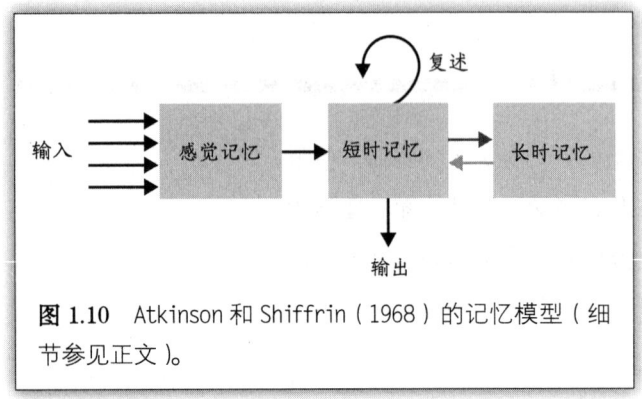

图 1.10 Atkinson 和 Shiffrin（1968）的记忆模型（细节参见正文）。

探究高级心理过程

在 Neisser 的书出版的 1 年后，Richard Atkinson 和 Richard Shiffrin 于 1968 年提出了一种记忆模型，标志着研究者向探索更高级的心理过程前进了一大步。如图 1.10 所示，这一模型将记忆系统中的信息流描绘为历经三个阶段的过程：感觉记忆将输入的信息保持不到 1 秒，然后将大部分信息传递给容量有限且只有几秒保持时间的短时记忆（例如，从你试图记住地址开始，到你将它写下来）。曲线箭头表示复述的过程，发生在我们反复记忆一些事情以免忘记的时候，比如记忆电话号码。中灰色箭头表示短时记忆中的一些信息能够传输到长时记忆中，这是一个可以长时间保存信息的大容量系统（例如，对上周末所做的事情的记忆，或对各州首府名称的记忆）。浅灰色箭头表示当我们记起某些储存于长时记忆的信息时，实际上涉及将信息转回短时记忆的过程。

通过区分记忆过程的不同组成成分，这一模型为单独研究每个部分开辟了道路。一旦研究者发现了更多有关这一模型的细节，他们就能够将模型中的成分拆分成更小的单元，然后进行更为深入的研究。例如，早期著名的记忆研究者 Endel Tulving（1972，1985）提出，长时记忆可分为三个部分（图 1.11）：情景记忆是对生活中发生的事情的记忆（比如你在上周末做的事情），语义记忆是对事实的记忆（比如一个国家的首都），程序性记忆是对身体动作的记忆（比如骑自行车或弹钢琴）。将长时记忆划分为不同的类型，并给记忆模型添加更具体的信息，这为进一步研究这些组成部分如何运作提供了基础。正如我们将在本书后续章节中看到的那样，对高级心理过程的研究已经扩展到了记忆之外的领域。我们会看到研究者通常如何将认知过程细分为更小的单元，以便更详细地描述这些过程运作的方式。

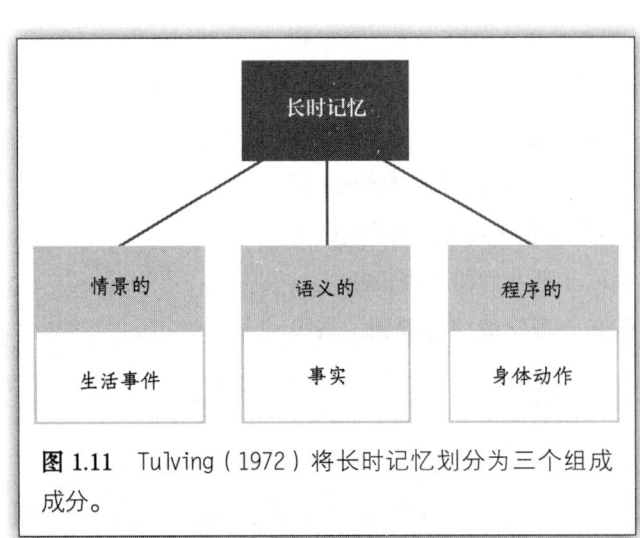

图 1.11 Tulving（1972）将长时记忆划分为三个组成成分。

探究认知的生理学基础

在研究者通过行为学实验来理解记忆和其他认知功能的同时,其他类型的研究也在不断发展。我们在第 2 章就将看到,生理学研究从 19 世纪初就已经取得了进展,相关研究揭示了神经系统作为"幕后英雄"在创造心智的过程中所起的作用。

两种生理学技术主导了早期关于心智的生理学研究:自 19 世纪初,**神经心理学**通过对脑损伤患者的行为的研究,帮助人们理解大脑不同部位的功能。**电生理学**则通过测量神经系统的电反应,使人们了解单个神经元的活动情况,大多数电生理学研究是对动物进行的。正如我们将在第 2 章看到的,神经心理学和电生理学研究使我们可以更深入地理解心智的生理学基础。

但最重要的生理学进展也许是在 Neisser 的教科书出版的 10 年后才出现的,那时**脑成像**技术才开始被运用在相关研究中。1976 年,研究者开始使用一种被称为正电子发射断层扫描(positron emission tomography,简称 PET)的技术,它使人们可以观察大脑的哪些区域在认知活动中被激活(Hoffman et al.,1976;Ter-Pogossian et al.,1975)。这项技术的一个缺点是设备价格昂贵,且需要将放射性示踪剂注射到人的血液中。因此,PET 后来被功能性磁共振成像(functional magnetic resonance imaging,简称 fMRI)取代,而后者不需要使用放射性示踪剂,并且具有更高的分辨率(Ogawa et al.,1990)。图 1.12(彩)显示了一个 fMRI 实验的结果。

fMRI 技术的兴起将我们重新带回对"革命"的讨论。托马斯·库恩关于范式转变的观点是基于这样一种认识:科学革命涉及人们对某一主题的思考方式的转变,从行为范式到认知范式的转变就是一个很好的例子。但除了思维方式的转变,还有一种转变,即人们在如何开展科学研究上的转变(Dyson,2012;Galison,1997)。这一转变往往取决于新技术的发展,而 fMRI 的兴起和发展正带来了这种转变。《神经影像》(*Neuroimage*)杂志创刊于 1992 年(Toga,1992),这本期刊主要报道神经影像学方面的研究工作。其后不久,《人类大脑成像》(*Human Brain Mapping*)杂志也在 1993 年创刊。此后,在各类学术期刊上发表的 fMRI 论文数量稳步增加。截至 2015 年,据估计,约有 40 000 篇 fMRI 论文发表(Eklund et al.,2016)。

由于 fMRI 研究也存在局限性,因此还有其他的扫描技术被开发出来。但是毋庸置疑，20世纪90年代初开始的fMRI技术的应用导致了认知心理学的革命，第2章会让我们更多地了解大脑是如何运作的。

行为研究的新视角

那么从1967年Neisser的认知心理学"进展报告"问世以来，认知心理学是如何发展的呢？前面已经提到，当前的认知心理学涉及对更复杂的心智运作流程、更高级的心理过程的研究，以及大量的生理学研究。

除了对在1967年所知甚少的高级心理过程和生理学基础进行了更多的研究之外，研究者还开始将研究成果带出实验室。大多数早期的研究都是在实验室里进行的，就像唐德斯的反应时实验那样——被试坐在实验室中，看着闪烁的刺激物。但显而易见，要完全理解心智，还必须研究一个人在环境中运动、做出行为时会发生什么。因此，现代认知心理学有了越来越多基于"真实世界"情境的研究。

研究者还认识到，人类不是只会接收和储存信息的"白板"，因此研究者开始通过实验来证明知识对认知的重要性。如图1.13所示，Stephen Palmer（1975）曾用它来说明我们对环境的了解是如何影响我们的知觉的。Palmer首先向观察者展示了一个场景（比如左边的厨房场景），然后快速呈现右边的一张目标图片。随后，Palmer要求观察者对目标图片的物体进行辨认，结果发现，当目标图片中的物体是面包片（经常出现在厨房场景中的物体）时，观察者的判断正确率高达80%；但当目标图片中的物体是邮箱或鼓（不会经常出现在厨房场景中的物体）时，观察者的判断正确率只有40%。显然，观察者会利用他们对厨房里可能出现的物体的知识来帮助他们感知快速呈现的面包图片。当然，知识不仅会影响知觉，还可以对我们大部分的认知过程产生影响，在接下来的每一章中，我们都可以找到有关知识对于认知的重要作用的证据。

在阅读这本书的过程中，我们将会遇到各种各样的观点和方法，我们将看到生理学研究如何从另一个角度帮助人们理解心智；认知心理学研究者如何在实验室环境和现实世界中探究心智问题；以及一个人的知识如何在特定情境中对认知加工起关键作用。

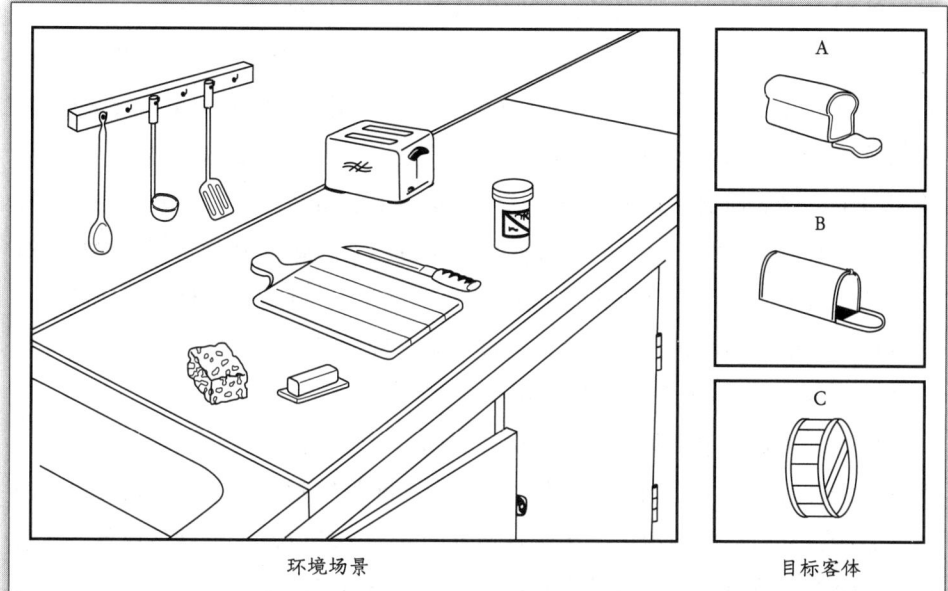

图 1.13 Palmer（1975）实验中所使用的刺激。先呈现左边的场景，然后右边的目标客体之一会快速闪现。实验中的被试能更准确地辨认面包，这说明被试关于厨房中常见物品的知识对他们的判断产生了影响。

⊙ 思　考

我们可以从本书中学到什么？

　　祝贺各位读者！我想现在你已经了解了以下几件事：首先，研究者们在19世纪初是如何开始进行认知心理学实验的；其次，有关心智的研究在20世纪中叶受到了怎样的压制和摒弃；最后，有关心智的研究在20世纪50年代是如何重新登上历史舞台的，以及当今的心理学研究者是如何通过行为学和生理学方法研究心智的。本书第1章的目的之一就是向你介绍认知心理学的一些背景知识，我想这个目标现在已经达成了。

　　本章的另一个目标是帮助你学到更多的课本之外的知识。认知心理学研究的是人的心智，如果你继续阅读这本书（尤其是介绍记忆的那一章），你会意识到，认知心理学的一些发现可以帮助你从这本书或是课堂中有更多的收获。如果你想知道如何才能将认知心理学应用到你的日常学习中，可以翻阅本书第 7 章的"有效的学习"一节（第 258-262 页）。你现在就可以去浏览这部分内容，尽管你可能还不太熟悉某些术语，但那都不重要，因为通过浏览这部分内容，你可以了解该如何更有效地学习，这才是最重要的事情。不过，如果你能掌握以下两个术语就更好了：一个是编码（encoding）——发生在你对记忆材料进行学习的过程中；另一个是检索（retrieval）——发生在你对记忆材料进行回忆的过程中。所谓技巧就是在学习过程中按照某一种方式对材料进行编码，这可以使你更容易在之后的检索中找到这些材料。

此外，了解这本书每一章的结构也有助于你的阅读：我们把对一个特定主题的讨论分解成对一系列小故事的讨论，每个小故事都以对某种观点或现象的描述开始，之后我们会给出关于这种现象的演示实验以及支持这种现象的实验证据。每个小故事之间可能也有联系，比如在介绍了利用行为学方法对记忆巩固进行研究之后，下一个故事是如何通过生理学方法对记忆巩固进行研究。要记住，书中讲述的这些认知心理学故事有助于你记忆所学过的内容。与大量独立分散、毫无联系的知识点相比，把这些知识点整合进一个故事里更容易记忆与掌握。所以，在阅读这本书的过程中，一定要记住你的主要工作是理解每一个故事，每个故事之后都有一些实验证据的支持。这样来阅读可以帮助你更好地组织书中的知识点，并且更容易记住它们。

最后，还有一件需要强调的事情：正如某一个主题是由彼此相连的小故事组成的，整个认知心理学也可以是由许多彼此联系的主题组成的，尽管这些主题可能分散在不同的章节。知觉、注意、记忆以及其他认知过程都发生在相同的神经系统中，也因此享有许多相同的属性。随着你对这本书的阅读和理解的深入，你会发现很多认知过程都具有共同的特点，它们都是"认知"这个"大故事"的一部分。

自我测验 1.1

1. 本章一开始的山姆的故事有什么意义？
2. 定义心智的两种方式是什么？
3. 19世纪尚未出现认知心理学，为何我们还把唐德斯和艾宾浩斯称为认知心理学家？请描述唐德斯的反应时实验和艾宾浩斯的记忆实验，并说明它们的基本原理。唐德斯和艾宾浩斯的实验有什么共同点？
4. 谁创建了第一个科学心理学实验室？描述这一实验室使用的内省分析法。
5. 威廉·詹姆斯用什么方法研究心智？
6. 阐述行为主义是如何兴起的，特别是华生和斯金纳对行为主义的兴起产生了怎样的影响。行为主义对心智的研究产生了怎样的影响？
7. 托尔曼是如何背离严格的行为主义的？
8. 乔姆斯基对斯金纳的《言语行为》做了什么评论，这对行为主义有什么影响？
9. 根据托马斯·库恩的观点，什么是科学革命？认知革命与20世纪初物理学的革命有什么相似之处？
10. 描述导致"认知革命"的事件。确定你能理解数字计算机和信息加工观在将心理学推向心智研究的过程中所起的作用。
11. 根据 Neisser（1967）的书，那时认知心理学的发展状况如何？
12. 什么是神经心理学、电生理学和脑成像？
13. 随着认知心理学的发展，对行为研究有哪些新观点？
14. 为了帮助你在阅读这本书之后有更大的收获，作者给出了哪两条建议？

本章小结

1. 认知心理学是心理学的一个分支，它用科学的方法研究心智。

2. 心智构建并控制着个体的心理能力（如知觉、注意和记忆等），同时心智还能构建个体对世界的表征。

3. 唐德斯（简单反应时和选择反应时）和艾宾浩斯（无意义音节的遗忘曲线）的研究是早期心智研究的经典范例。

4. 心智的运作不能被直接观察，需要我们对可测量的指标（如行为或生理学反应等）进行推测，这是认知心理学最基本的原则之一。

5. 冯特于1879年创建了第一个科学心理学实验室，其研究大多与心智有关。构造主义是他主要的理论取向，内省分析法是他收集数据的主要方法。

6. 美国心理学家威廉·詹姆斯通过观察自己的行为，撰写了教科书《心理学原理》。

7. 在20世纪的前10年，约翰·华生在经典条件反射的基础上建立了行为主义，这在一定程度上是对构造主义和内省分析法的反对。行为主义的核心信条是心理学应研究可观察的行为，而不是那些看不见的心理过程。

8. 从20世纪三四十年代开始，B. F. 斯金纳对操作性条件反射的研究确保了行为主义在心理学界的统治地位，这一状态一直持续到20世纪50年代。

9. 托尔曼称自己是行为主义者，但其研究认知的过程背离了行为主义的主流。

10. 认知革命涉及一种范式（即科学家如何思考"心智"问题的）的转变。

11. 20世纪50年代发生了很多事件导致了行为主义的衰退和心智研究的复兴，这些事件被称为认知革命。具体如下：（1）乔姆斯基对斯金纳的《言语行为》一书的批判；（2）数字计算机的诞生，以及提出将心智加工比拟成计算机分阶段加工的观点；（3）Cherry的注意实验和Broadbent的流程示意图展示了注意的加工过程；（4）在达特茅斯学院召开跨学科会议和在麻省理工学院召开信息理论研讨会。

12. 正如Neisser的《认知心理学》（1967）中所指的，虽然人们开始逐渐接受对于心智的研究，但是当时对于心智的理解还十分有限。在Neisser的这本教科书出版之后的几十年中，认知心理学发生了巨大变化：（1）发展出更为复杂的模型；（2）注重认知的生理学基础；（3）关注真实世界中的认知；（4）关注知识在认知活动中所起的作用。

13. 以下两件事可能会帮助读者更好地学习这本书中的材料：一是阅读第7章的学习建议，这些建议都是建立在有关记忆的研究之上的；二是记住这本书是由很多小故事组成的一个大故事，每个基本观点或原则之后都有相关的实验证据支持。

思考题

1. 根据你的了解，你认为认知心理学研究的热点是什么？提示：你可以寻找类似下面这两个故事来参考："科学家们竞相寻找治愈记忆遗忘的方法""被告说他不记得发生了什么事情"。

2. 心智决定了人们的思想和行动，在本章的一开始，我们列举了一些在日常用语中用到"心/头脑"这个词的例子。现在就请你想一想，在日常生活中还会在哪些地方用到"心智"这个词？它们与我们即将学习的认知心理学（可以参考本书的目录）有怎样的关系？
3. 心智的运作可以分为多个阶段的观点是信息加工观的核心原则，它是20世纪50年代的认知革命的产物。想一想，如何利用信息加工观的术语描述唐德斯的反应时实验？
4. 唐德斯将个体的简单反应时与选择反应时相比较，进而推测被试做出按键选择所花费的时间。但是，个体在进行其他类型的决策时花费了多长时间呢？设计一个实验，确定个体进行一项更复杂的决策时所需要的时间，然后将你设计的这个实验与图1.2联系起来。

关键术语

操作性条件反射（operant conditioning, p.013）
电生理学（electrophysiology, p.023）
反应时（reaction time, p.005）
范式（paradigm, p.015）
范式转变（paradigm shift, p.015）
构造主义（structuralism, p.007）
简单反应时（simple reaction time, p.005）
节省量（savings, p.008）
节省曲线（savings curve, p.009）
经典条件反射（classical conditioning, p.012）
科学革命（scientific revolution, p.015）
脑成像（brain imaging, p.023）

内省分析（analytic introspection, p.007）
人工智能（artificial intelligence, p.019）
认知（cognition, p.004）
认知地图（cognitive map, p.014）
认知革命（cognitive revolution, p.015）
认知心理学（cognitive psychology, p.005）
神经心理学（neuropsychology, p.023）
心智（mind, p.004）
信息加工观（information-processing approach, p.017）
行为主义（behaviorism, p.011）
选择反应时（choice reaction time, p.005）

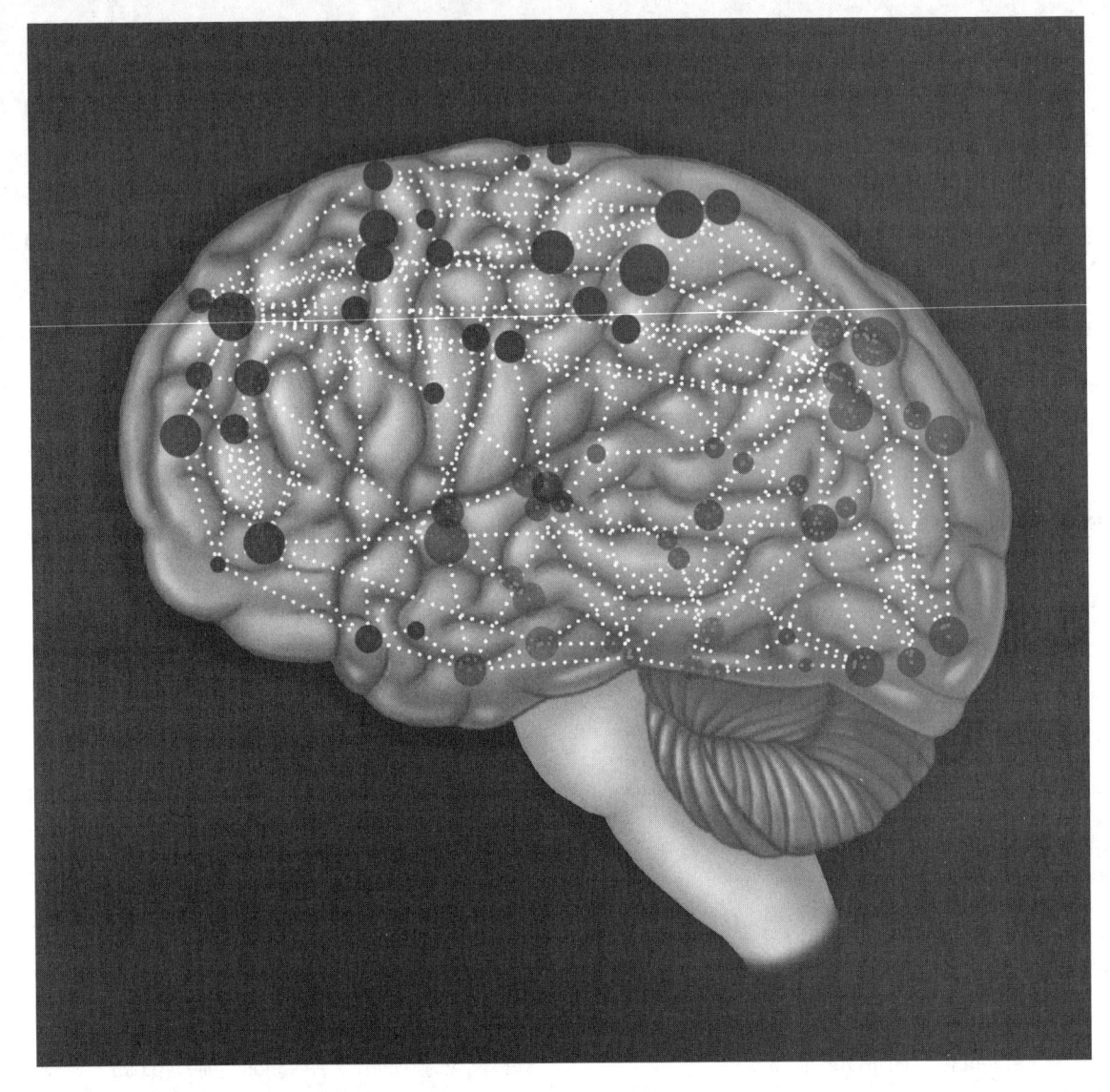

要完全理解认知，我们需要理解大脑。正如你将在本章中看到的，研究者已经在从单个神经元到连接整个大脑区域的复杂网络层次上对大脑进行了研究。这幅图以简化的形式呈现了大脑中不同部位之间相互联系的复杂性。这些相互联系既由神经元产生的物理连接决定，也由大脑在特定时间执行的特定功能决定。因此，大脑不仅极其复杂，而且它的功能是变化的、动态的，与其所产生的认知的动态性一致。

认知神经科学

第2章

层次分析

神经元：基本原理

神经元的早期概念

神经元的信号传递

> 研究方法　神经元记录

神经放电表征

神经表征与认知：概述

特征觉察器

响应复杂刺激的神经元

感觉编码

> 自我测验 2.1

定位表征

基于神经心理学的定位

> 研究方法　双分离演示

基于神经元记录的定位

基于脑成像的定位

> 研究方法　脑成像

看图片

看电影

分布式表征

看面孔

记忆

产生和理解语言

神经网络

结构连接性

功能连接性

> 研究方法　静息态功能连接

动态的认知

默认模式网络

思考　技术决定研究问题

> 自我测验 2.2

本章小结
思考题
关键术语

我们将思考的一些问题

▶ 什么是认知神经科学？为什么它是必要的？（第032页）

▶ 信息是如何在神经系统中从一个地方传递到另一个地方的？（第035页）

▶ 环境中的事物（如面孔和地点）如何在大脑中表征出来？（第054页）

▶ 什么是神经网络？它在认知活动中起到什么作用？（第057页）

正如第1章中所讨论的，对心智的研究像坐过山车，从19世纪唐德斯和艾宾浩斯的早期研究开始就一直没有间断过。但20世纪初华生的行为主义和20世纪30年代斯金纳的操作性条件反射理论使其偏离了轨道。最后，在20世纪50年代至60年代，一些头脑清醒的人认为，回归对大脑的研究以及开始进行受数字计算机启发的关于信息处理模型的实验，是很重要的。

但就在这场认知革命开始的时候，另一件事正在发生，它将对我们理解心智产生巨大的影响。在20世纪50年代，一些涉及记录单个神经元的神经冲动的研究论文开始发表。正如我们将看到的，关于神经反应和认知之间关系的研究早在20世纪50年代就开始了，但是技术的进步导致了生理学研究的快速发展，而生理学研究几乎是在认知革命发生的同时开始的。

本章将以**认知神经科学**的故事为主线，来探讨认知的生理基础。首先讨论"层次分析"的概念，这是研究心理生理学的基本原理，然后回顾19世纪和20世纪初的早期研究，这些研究为20世纪50年代开始的惊人发现奠定了基础。

层次分析

层次分析是指一个主题可以以多种方式进行研究，每种方法都从某个维度为我们理解主题做出了贡献。为了理解这意味着什么，让我们思考一下认知心理学领域之外的一个话题：汽车。

解决这个问题的出发点可能是开一辆车去试驾。我们可以确定它的加速度、刹车、转向角和油耗。当测量了汽车的"性能"后，就会对这辆汽车有很多了解。但要了解更多的信息，可以考虑另一个层次的分析：引擎盖下发生了什么？这将涉及与汽车性能有关的机制：发动机、制动和转向系统。例如，可以将汽车描述为由一个四缸250马力的内部发动机提供动力，并具有独立悬架和盘式制动器的物体。

但是，我们可以从另一个层次的分析来更深入地了解汽车的运行情况，以了解汽车的发动机是如何工作的。一种方法是观察气缸内部的运作情况。这时，我们会看到当蒸发的气体进入气缸并被火花塞点燃时，会发生爆炸，将气缸向下推，并将动力传递到曲轴，然后再传递到车轮。显然，从汽车驾驶的不同层次来考察汽车，描述发动机，观察气缸内发生的事情，比简单地测量汽车的性能提供了更多的关于汽车的信息。

将这种层次分析的概念应用到认知中，将测量行为比作测量汽车性能，并将测量行为背后的生理过程比作观察引擎盖下的运作情况。就像我们可以在不同的层次研究汽车引擎盖下发生的事情一样，我们可以研究认知的生理学基础，从整个大脑到大脑内部的结构，再到在这些结构中产生电信号的化学物质。

例如，吉尔在公园里和玛丽交谈的情景（图2.1a），几天后他经过公园，还记得玛丽穿着什么衣服以及当时他们在谈论什么（图2.1b）。这描述了个体的某次经历，后来成为个体对此次经历的记忆。

但是在生理层面上发生了什么呢？在最初的经验中，吉尔在和玛丽谈话时能感觉到她，而化学过程发生在吉尔的眼睛和耳朵里，在神经元中产生电信号（我们将很快描述）；某个大脑结构被激活，然后多个大脑结构被激活，所有这些都导致吉尔感知到了玛丽和他们谈话时的内容（图2.1a）。

与此同时，在吉尔和玛丽的谈话中以及谈话结束后，其他事情也在发生。吉尔与玛丽交谈时产生的电信号会触发化学和生物电过程，从而将吉尔的经验储存在大脑中。吉尔几天后经过公园时，另一系列生理事件被触发，从而检索到先前储存的信息，从而使他能够记起与玛丽的对话（图2.1b）。

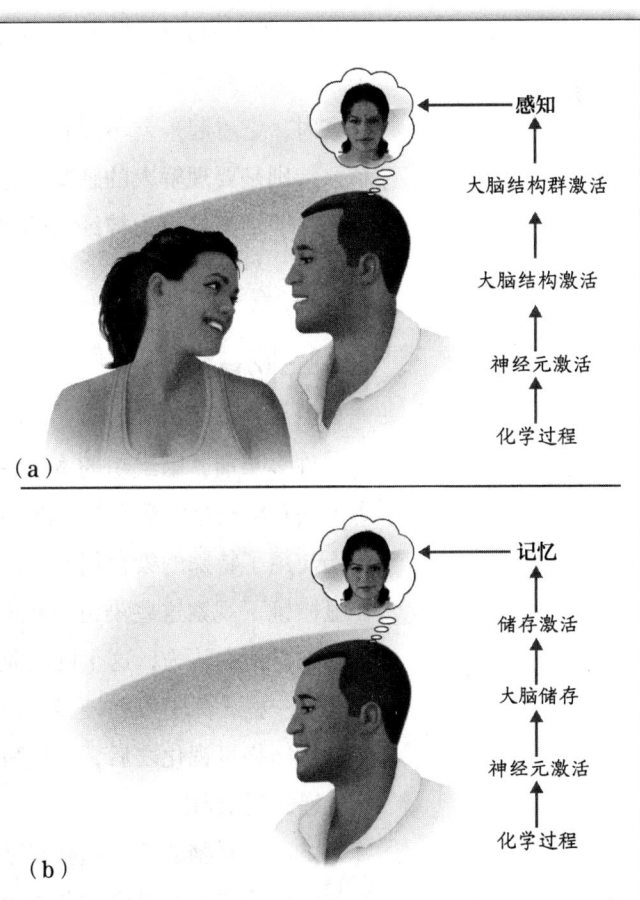

图2.1 生理水平的分析。(a) 当吉尔和玛丽说话时，他觉察到玛丽和周围的环境。吉尔的感知所涉及的生理过程可以描述为从化学反应到单个神经元，再到大脑结构，最后到大脑结构群。(b) 后来，吉尔回忆起他与玛丽的会面。与记忆有关的生理过程也可以用不同层次的分析来描述。

我们已经用了很长的篇幅来说明层次分析，但这是一个重要的问题。要完全理解任何现象，无论是汽车如何运行，还是人们如何记忆过去的经验，都需要从不同的层次进行分析研究。本书将介绍行为和生理两个层面的认知研究。我们将从神经系统的基本组成单位——神经元——开始介绍生理学。

神经元：基本原理

1.6千克的大脑结构怎么可能成为心智的所在地？它毕竟只是一个静态的组织，不像心脏那样可以跳动，也不像肺那样能够扩张和收缩，而且当你用肉眼观察时，它看起来差不多就是一团固体。事实证明，为了解脑和心智之间的关系，特别是要理解人的感知、记忆和思维的一切的生理基础，有必要观察大脑内部，即观察被称为**神经元**的最小单位，它能创造和传递人们的体验和所感知的信息。

神经元的早期概念

许多年前，脑组织的本质一直是一个谜。用肉眼直接地观察脑的内部，根本无法看出它是由数十亿个微小单元组成的。直到19世纪，解剖学家在大脑组织上使用了特殊的染色剂，这增加了大脑内不同类型组织之间的对比。当他们在显微镜下观察这些染色组织时，看到一个后来被称为**神经网**［图2.2a（彩）］的结构。他们认为，这个网络是连续的，就像高速公路的一条道路与另一条道路相连一样，只不过在神经网络中没有停止标志或交通信号灯。通过这种方式使神经网络可视化之后，人们发现神经网提供了一个可以使信号在网络中不间断传递的复杂通路。

之所以将脑的微观结构描述成一个连续不断的、互相连通的网络，是由于当时的染色技术和显微镜并不能观察到微小的结构间隙，也正是因为看不到这些间隙，所以神经网就好像是连续不断的。然而，到了19世纪70年代，意大利解剖学家Camillo Golgi（1843—1926）发明了一种染色技术，这种技术是将一薄片脑组织浸泡在硝酸盐溶液中。通过这种染色技术，人们就可以得到如图2.2b（彩）那样的图片：其中只有不到1%的细胞被染色，因此这些被染色的细胞得以从组织的其余部分中突显出来（如果所有的细胞都被染色，那么将一个细胞与另一个细胞区分开就非常困难了，因为这时所有的细胞都密密麻麻地包裹在一起），并且这些细胞被染色染得十分彻底，这样研究者就可以观察它们的结构了。

同时，西班牙生理学家 Ramón y Cajal（1852—1934）利用两项技术来研究神经网的性质。首先，他利用 Golgi 染色法，只对一片脑组织的一些细胞进行染色；其次，他采用新生动物的大脑来研究脑组织，因为新生动物脑中的细胞密度比成年动物小。基于新生脑的这种特性，结合染色神经元低于 1% 的 Golgi 染色技术，使得 Cajal 能够清楚地看到神经网不是连续的，而是由连接在一起的独立的单元组成的（Kandel，2006）。Cajal 发现，被称为神经元的单个单元是脑的基本组成单位，这是**神经元学说**的核心。神经元学说的主要观点是神经系统由单个神经元传递信号，并且这些神经元之间并不像神经网理论认为的那样"连续不断"。

图 2.3a 显示了神经元的基本结构。**细胞体**是神经元的代谢中心，它负责维持细胞的存活。**树突**是从细胞体分支出来的结构，其功能是接收来自其他神经元的信号。**轴突**（又称**神经纤维**）的功能通常是把信号传递给其他神经元。图 2.3b 显示了一个神经元受体，在本例中，它接收来自环境压力的刺激。因此，神经元有一个接收端和一个发送端，其作用正如 Cajal 所示，是传输信号。

此外，Cajal 也得出了有关神经元的其他结论：（1）神经元轴突末端与另一个神经元的树突或细胞体之间有一个小间隙，被称为**突触**（图 2.4）；（2）神经元不与其他神经元随意连接，只与特定神经元形成连接，这形成了一组相互连接的神经网络，它们一起形成**神经回路**；（3）除了大脑中的神经元，还有一些神经元是从外部环境中获取信息的，比如皮肤、眼睛和耳朵等位置的神经元，这些神经元可以称为**感受器**（如图 2.3b 所示），它们与大脑中的神经元相似，也具有细胞体和轴突，它们还具有特异性的感受器接收来自外部环境中的信息。

Cajal 的关于"单个神经元彼此之间通过特异性的连接形成神经回路"的观点，对于理解神经系统如何运作具有极其重大的意义。以上介绍的这些由 Cajal 提出的概念（例如，单个神经元、突触和神经回路等），至今依然是解释大脑如何进行认知加工的基本原理。Cajal 凭借这些发现获得了 1906 年的诺贝尔奖，并被认为是"使得利用细胞探究人类心智成为可能的科学家"（Kandel，2006，p.61）。

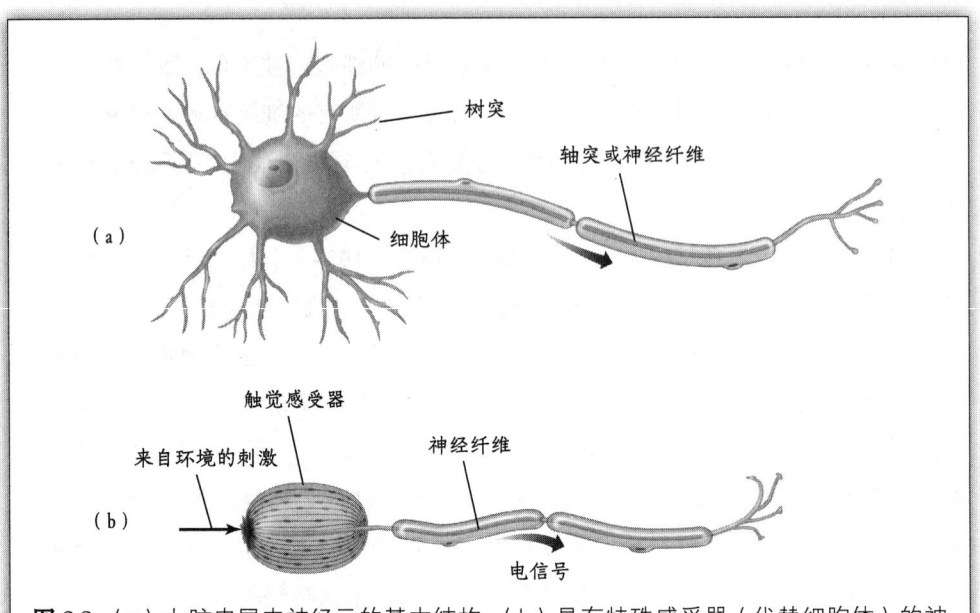

图 2.3 （a）大脑皮层中神经元的基本结构；（b）具有特殊感受器（代替细胞体）的神经元，这个感受器会对皮肤压力做出反应。

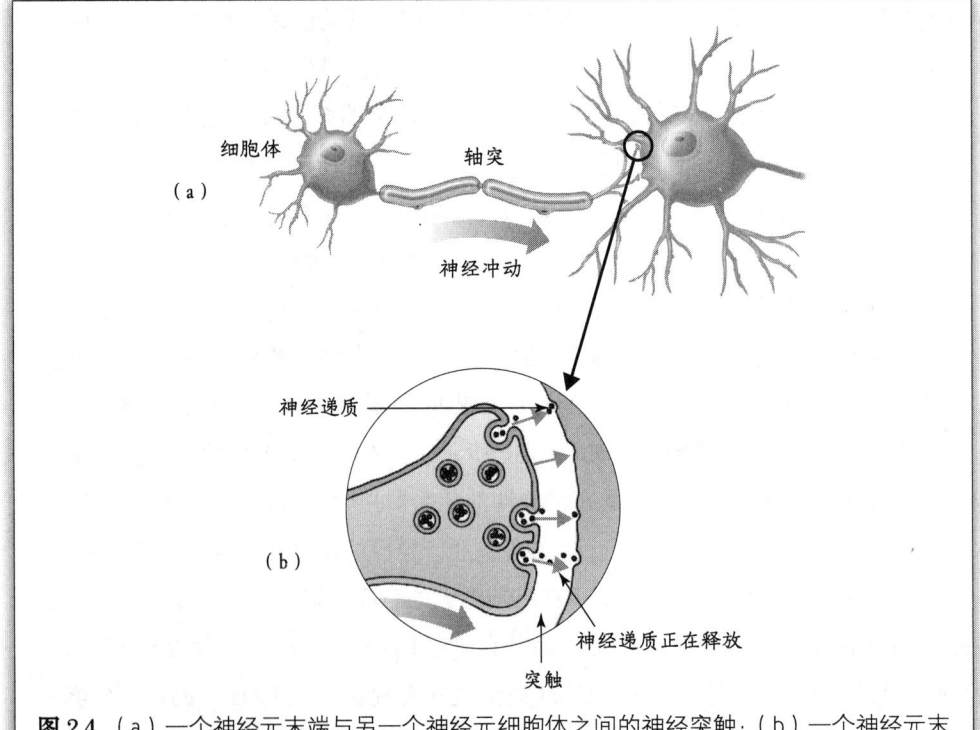

图 2.4 （a）一个神经元末端与另一个神经元细胞体之间的神经突触；（b）一个神经元末端与另一个神经元细胞体之间的突触间隙特写，此时前一个神经元正在释放神经递质。

神经元的信号传递

Cajal 成功地描述了单个神经元的结构，以及它们是如何与其他神经元相互联系的，他还认为这些神经元能够传递信号。然而，若想确定这些信号的属性，必须等到电子放大器发展到能够观察由神经元产生的极小的电信号之时。20世纪 20 年代，Edgar Adrian 开始记录单个感觉神经元的电信号，他也凭借这一成就获得了 1932 年的诺贝尔奖（Adrian，1928，1932）。

研究方法　神经元记录

Adrian 利用**微电极**记录了单个神经元的电信号。微电极是一个微型的中空玻璃管，里面充满了可以在电极尖端提取电信号并将之传导到记录装置的导电盐溶液。现今的生理学家一般会使用金属微电极。

图 2.5 显示了用于记录单个神经元的典型设置。有两个电极：一个**记录电极**，其记录尖端在神经元内[*]；一个**参考电极**，位于一定距离之外，因此不受电信号的影响。记录电极和参考电极之间的电位差被输入计算机，并显示在计算机屏幕上。

当轴突或神经纤维处于静息状态时，仪表会记录两个电极之间的电位差，如图 2.5a 右侧所示的 –70 毫伏（毫伏 = 1/1000 伏）。只要神经元中没有信号，这个值就保持不变，称为**静息电位**。换句话说，神经元内部的负电荷比外部的负电荷多 70 毫伏，并且只要神经元处于静息状态，这种电位差就会继续存在。

图 2.5b 显示了当神经元的受体受到刺激时，**神经冲动**沿着轴突传递的情况。当脉冲通过记录电极时，轴突内部的电荷与外部的电荷相比上升到 140 毫伏。当脉冲继续通过电极时，纤维内的电荷反向运动，并开始再次变为负（图 2.5c），直到回到静息电位（图 2.5d）。这种称为**动作电位**的脉冲持续大约 1 毫秒（1/1000 秒）。

---

[*] 在实践中，大多数的记录是用电极的尖端来完成的，电极的尖端就在神经元的外面，因为在技术上很难把电极插入神经元，尤其是当它很小的时候。然而，如果电极头离神经元足够近，电极就能接收神经元产生的信号。

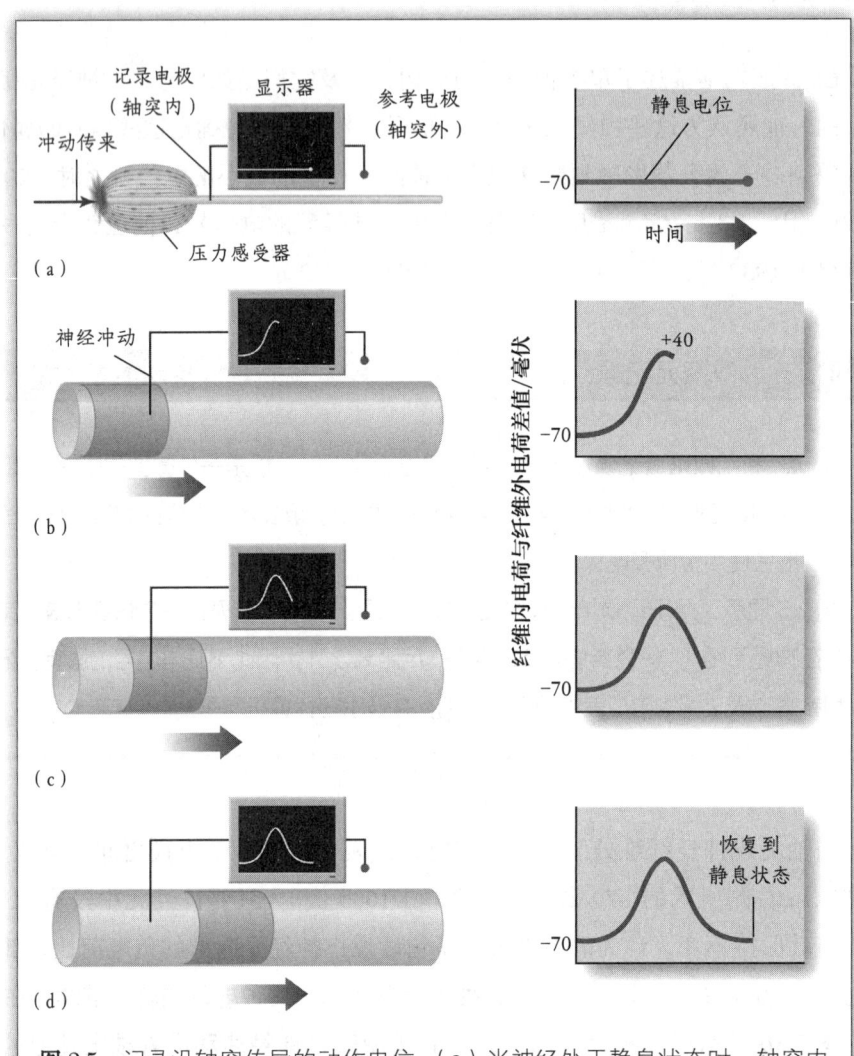

图 2.5 记录沿轴突传导的动作电位。(a) 当神经处于静息状态时，轴突内外之间有一种叫作静息电位（−70 毫伏）的电位差。记录电子和参考电子之间的电位差被输入计算机显示器，右侧显示该电位差。(b) 当神经冲动通过电极时，靠近电极的纤维内部变得更正了。(c) 当神经冲动经过电极时，纤维中的电荷就变得更负了。(d) 最终，神经元恢复静息状态。

图 2.6a 显示了压缩时间尺度上的动作电位。每条垂直线代表一个动作电位，而这一系列的线表示许多动作电位通过电极。图 2.6b 与图 2.5 相似，显示了一个扩展时间尺度上的动作电位，神经系统中还有其他的电信号，但我们之所以会关注动作电位，是因为它是神经系统中信息传递的关键机制。

除了记录单个神经元的动作电位，Adrian 还发现每个沿着轴突传导的动作电位其幅度不会发生改变，这一特性使得动作电位在进行远距离的信号传导时表现得很完美，因为一旦动作电位从轴突的一端开始传导，信号就将一直保持同样的幅度直至轴突的另一端。

与此同时，也有一些研究者发现，当信号传至轴突末端时，会释放一种称为**神经递质**的化学物质，这种物质使信号在传递时可以通过突触间隙；否则，一个神经元轴突末端与另一个神经元的树突或细胞体之间的信号传递将被突触间隙阻断（见图 2.4b）。

尽管这些关于神经元的属性以及神经元间信号传递的研究都非常重要（很多研究者都是凭借这些发现获得诺贝尔奖的），但是我们的主要兴趣并不在于轴突是如何传递信号的，而是理解这些信号如何促成了个体的心理活动。到目前为止，我们所描述的信号传递更像是互联网中的电信号传递，却没有说明这些信号是如何转变为人类可以理解的文字或图片的。Adrian 敏锐地意识到，仅仅对神经信号进行简单描述是远远不够的，因此他又开展了一系列实验，探讨神经信号与环境中的刺激以及与个体经验的关系。

Adrian 研究了神经放电和感官体验之间的关系，通过测量，探讨当对皮肤施加更大的压力时，来自皮肤感受器的神经元放电是如何变化的。他发现，动作电位的波形和波幅在增加压力时保持不变，但神经放电的速度（即每秒通过轴突的动作电位的数量）增加了（图 2.7）。根据这个结果，Adrian 描述了神经放电和体验之间的联系。他在《感觉的基础》(*The Basis of Sensation*, 1928) 一书中描述了这种联系：如果神经冲动"紧密地聚集在一起，感觉就很强烈；如果它们被长时间分隔开，感觉就相应地很微弱"(p.7)。

Adrian 认为，电信号代表了刺激的强度，因此产

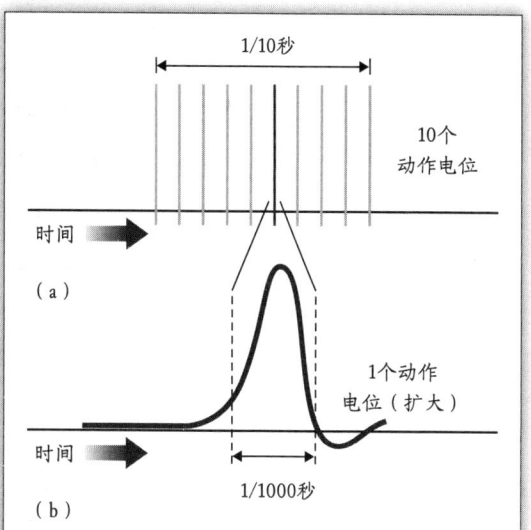

图 2.6 （a）在时间刻度上显示的一系列动作电位，每个动作电位显示为一条垂直线。（b）改变时间尺度揭示了其中一个动作电位的形状。

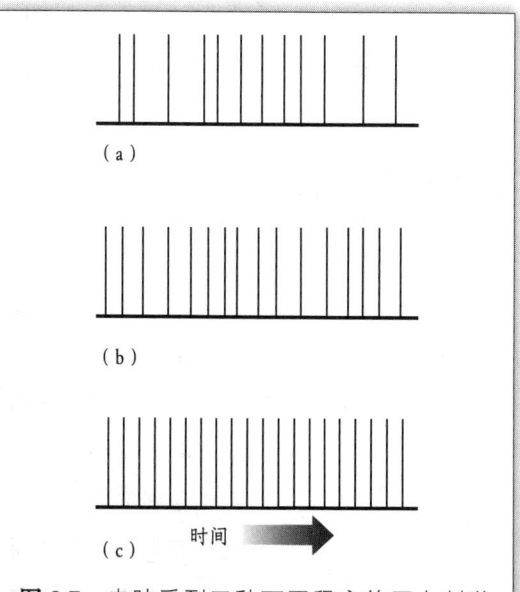

图 2.7 皮肤受到三种不同程度的压力刺激时，同一轴突的动作电位变化：（a）弱；（b）中；（c）强。增加刺激强度会提高神经放电频率。

生"拥挤"电信号的压力比产生长间隔信号的压力大。后来的视觉实验证明了相似的结果。呈现高强度光会产生高频率的神经放电,并且光看起来很亮;呈现低强度光会产生较低频率的神经放电,而光看起来更暗。因此,神经放电的速率与刺激的强度有关,而刺激的强度又与体验的强度有关,例如感觉皮肤上的压力或体验光线的亮度。

Adrian 的观点是"体验的强度与神经放电的速度有关",那么在神经放电中,体验的性质是如何表现的?对于感官而言,其性质是指与各种感觉相关的不同体验,例如觉察光线的视觉、觉察声音的听觉、觉察气味的嗅觉等;此外,我们也可以考察某一特定感觉的性质,例如视觉(颜色、运动、物体的形状或人的面部特征)。

要想回答"动作电位如何使个体产生不同性质的体验"这个问题,一种方法是证明每种性质的体验的动作电位都可能是不同的。然而,Adrian 排除了这种可能,他发现所有动作电位的波幅和波形基本相同。如果所有的神经冲动都基本相同,即无论是由于看到消防车所引起的神经冲动,还是由于回想起上周做过些什么所引起的神经冲动,都一样。那么,这些神经冲动又是如何表征不同性质的体验的呢?对这个问题的简短回答是:不同性质的刺激、不同的体验等激活了大脑中不同的神经元和区域。下一节将从第 1 章中介绍的表征概念开始,对这个问题进行详细回答。

神经放电表征

第 1 章将心智定义为形成客观世界的表征系统,它促使人们采取行动以实现目标(第 004 页)。这个定义中的关键词是表征,因为它意味着人们所经历的一切都是某种体验的表征结果。以神经科学术语来表达,**神经表征原理**指出一个人所经历的一切都基于人的神经系统的表征。Adrian 在关于神经脉冲如何代表刺激强度的开创性研究中,将神经元的高强度放电与感受到更大压力联系起来,标志着神经表征研究的开始。现在介绍 20 世纪 60 年代关于大脑中单个神经元记录的早期研究。

神经表征与认知：概述

早在 20 世纪 60 年代，研究者就开始专注于记录初级视觉接收区域的单个神经元，这一视觉接收区域位于由眼睛传达的信号首次到达大脑皮层的地方 [图 2.8a（彩）]。在实验中涉及一些问题，是什么让这个神经元产生活动的？视觉在早期研究中占主导地位，不仅仅因为刺激可以通过在屏幕上呈现光亮或昏暗的模式轻松控制，还因为研究者对视觉已经有了一些基本的了解。

但随着研究的深入，研究者开始记录初级视觉区域以外区域的神经元，并发现了两个重要的现象：（1）在视觉系统中，许多较高层次的神经元会被复杂的刺激所激发，如几何图案和面部；（2）一种特定的刺激会引发分布在大脑皮层的许多区域的神经放电 [图 2.8b（彩）]。事实也证明了，视觉不仅仅在初级视觉接收区域产生，在其他许多区域也会产生。后来研究不仅仅局限于视觉领域，在其他认知方面也发现了类似的结果。例如研究发现，记忆不是由单一的"记忆区域"决定的，而是有许多区域共同参与了记忆的生成和提取过程。简而言之，大脑的大部分区域都参与了认知加工。

随着研究的深入，人们可以逐渐清晰地认识并理解神经表征，它实质上存在于整个脑网络中，越来越多的研究者开始尝试探索不同脑区之间的联系。根据神经信号可以在相互关联的脑区中传递信号这一想法形成了如今我们对脑的定义，大脑是一个可以用"神经网络"来描述的庞大系统 [图 2.8c（彩）]。下面详细介绍神经特征觉察器。

特征觉察器

关于"神经冲动如何表征不同的特质？"这一问题，一个可能的答案是有些神经元只对特定刺激产生反应。早期，Hartline（1940）和 Kuffler（1953）的研究发现了特征觉察器存在的证据，David Hubel 和 Thorsten Wiesel 率先提出神经元会对特定特征反应，并为特征觉察器的研究做出了卓越贡献，他们也凭借在这个领域的突出贡献于 1981 年获得了诺贝尔奖。

在 20 世纪 60 年代，Hubel 和 Wiesel 进行了一系列实验，他们给猫呈现视觉刺激（如图 2.9a 所示），对猫的大脑皮层中神经元产生的信号进行了监测，并确定各个神经元的活动都是由哪些刺激导致的。例如图 2.9b 展示了一些会引起

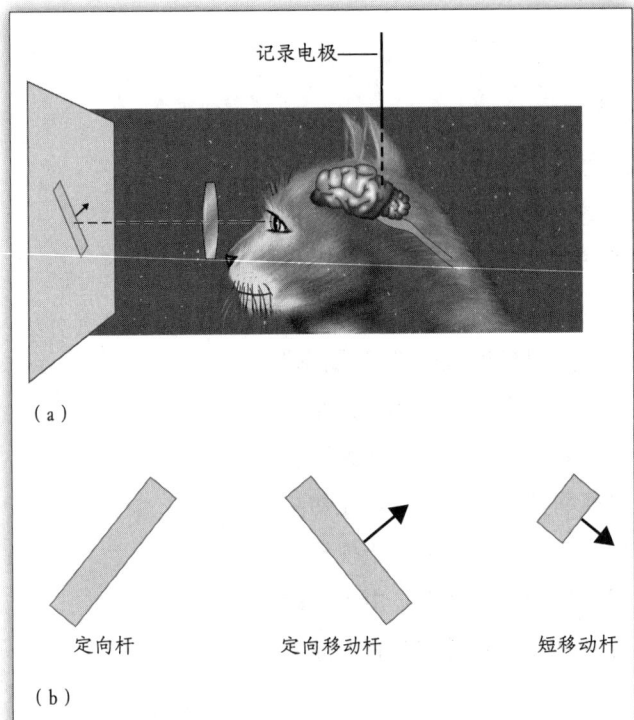

图 2.9 （a）一项实验中对被麻醉的猫的大脑皮层中神经元产生的信号进行了监测，记录信号的同时，让猫观看屏幕上呈现的刺激。控制猫和屏幕的距离确保屏幕上的图像可以投射到猫的视网膜上，图中并未显示记录的电极。（b）引起猫视觉皮层神经元兴奋的几种刺激。

视觉感受区神经元及其附近的神经元放电的刺激（Hubel，1982；Hubel & Wiesel，1959，1961，1965）。他们将对特定类型的刺激（如方向、运动和长度）有响应的神经元称为**特征觉察器**。

许多实验都支持特征觉察器与感知相关这一观点。其中有一个实验观察到大脑的结构会随着经验而改变，并把这种现象称为**基于经验的可塑性**。例如，当一只小猫出生时，它的视觉皮层就包含对特定方向做出反应的特征觉察器（参见图 2.9）。通常，小猫的视觉皮层包含对所有方向都做出反应的神经元，这些方向从水平到倾斜再到垂直，当小猫长成成猫时，它对方向响应的神经元就会在特定刺激出现时被激活。

但如果小猫只在垂直环境中成长会发生什么？Colin Blakemore 和 Graham Cooper 在 1970 年通过控制小猫成长的空间环境来探究这一问题，在控制后的空间环境中，猫只能在墙壁上看到垂直的黑白条纹（图 2.10a）。小猫在这种垂直环境中长大后，它会拍打一根移动的垂直木棍，但忽略水平木棍。通过监测小猫大脑皮层中神经元信号的活动，发现视觉皮层已经被重塑，它包含了主要对垂直方向做出反应的神经元，而没有对水平方向做出反应的神经元（图 2.10b）。同样，在只有水平方向的环境中长大的小猫，其视觉皮层中也只包含主要对水平方向做出反应的神经元（图 2.10c）。因此在成长过程中，小猫的大脑已经朝着对所处环境最有益的方向进行了重塑。

Blakemore 和 Cooper 的实验为基于经验的可塑性提供了早期证据。他们的研究结果还提供了一个关于神经表征的重要证据：当小猫的大脑皮层主要包含对垂直方向反应的神经元时，它只能感知垂直方向，而在控制水平方向条件下的实验组中也有类似的结果。研究结果支持这样一个观点，感知是由对特定刺激（该情况下指方向）做出反应的神经元决定的。

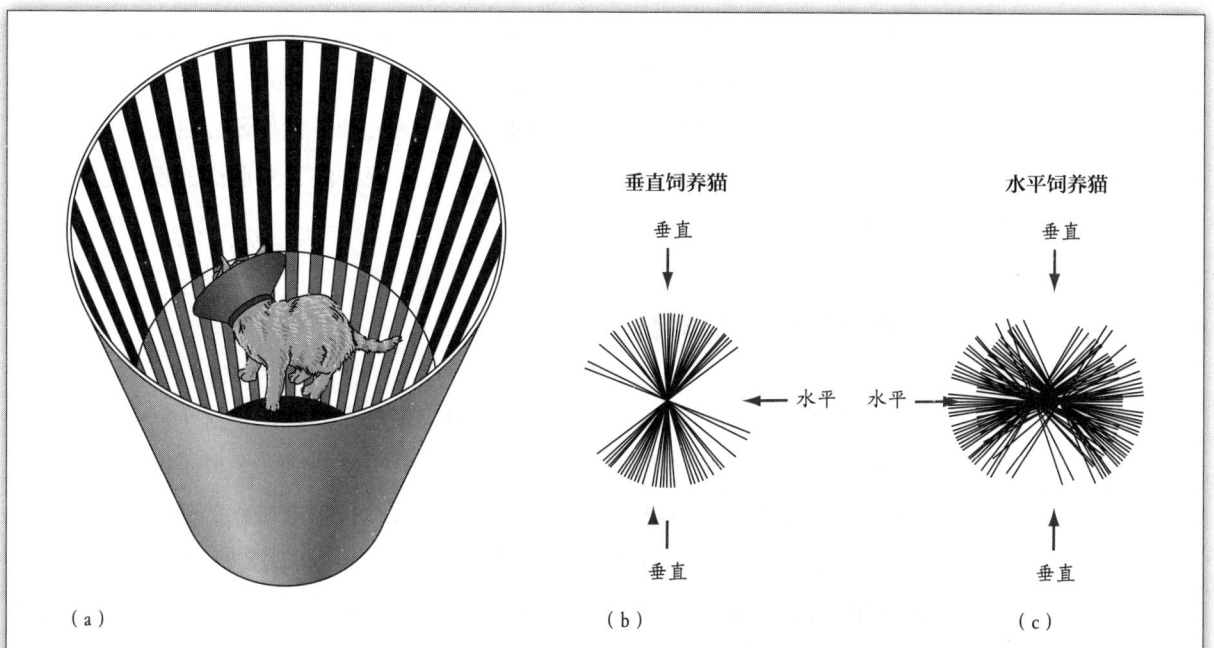

图 2.10 （a）Blakemore 和 Cooper（1970）的选择性饲养实验中使用的条纹管。（b）在垂直条纹环境下饲养的猫，朝向最多可引起 72 个细胞放电。（c）在水平条纹环境下饲养的猫，朝向最多可引起 52 个细胞放电。

众所周知，由于视觉系统中的神经元会对特定类型的刺激做出反应，于是引出这样一个问题：当人们看一棵树时，大量神经元会对树的不同特征做出反应。有些神经元会对竖直的树干做出反应，有些对不同朝向的树枝做出反应，还有一些会对大量复杂特征的组合做出反应。树由许多特征觉察器相互组合进行表征，类似于通过组合积木（如乐高积木）来构建客体。但重要的是要认识到视觉皮层加工只是视觉加工的早期阶段，视觉还要依赖从视觉皮层发送到大脑其他区域的信号。

图 2.11 呈现了人类大脑**视觉皮层**的区域位置，以及与视觉相关的其他区域，我们之后会对这些区域进行讨论。视觉区域是构成

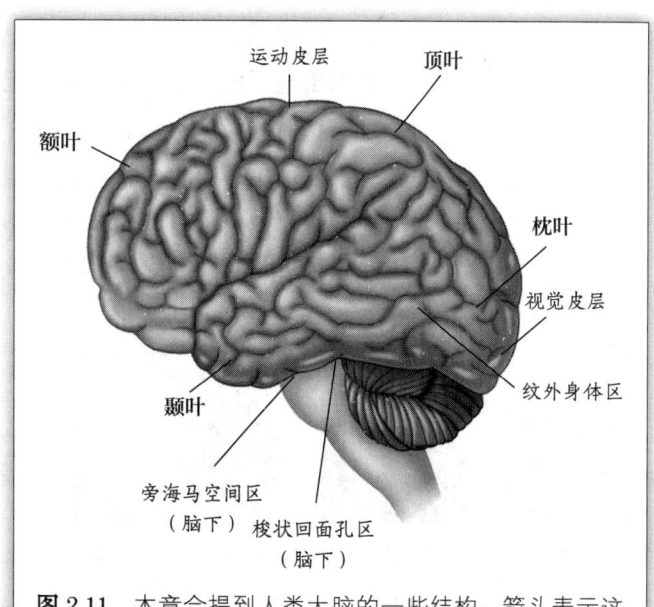

图 2.11 本章会提到人类大脑的一些结构。箭头表示这些区域的位置，每一个位置都能延伸到大脑皮层的一个区域。

大脑皮层网络的一大部分，约占30%（Felleman & Van Essen，1991），其中一些视觉区域可以直接从视觉皮层接收信号，另一些从一系列相互连接的神经元或视觉皮层下方区域接收信号。在Hubel和Wiesel的开创性研究之后，其他研究者开始对更高水平的视觉通路进行探索，并发现神经元对刺激的反应远比对定向线条的反应复杂。

响应复杂刺激的神经元

复杂刺激是如何通过大脑神经元的响应来进行表征的？这个问题的答案在Charles Gross的实验中得到了解答。在实验中，他们记录了猴子**颞叶**的单个神经元信号（图2.11），实验持续3~4天，需要研究者有较高的耐力。在这些实验中，研究者向被麻醉的猴子呈现了各种类型的刺激，该实验结果在1969年和1972年发表的文章中有详细介绍（Gross et al.，1969，1972）。类似于图2.9a通过投影在屏幕上呈现明或暗的线条、正方形和圆形。

在一项实验中，研究者发现颞叶中的神经元会对复杂的刺激做出反应，几天后，他们发现一个神经元对任何标准的刺激都没有反应，比如有朝向的线条、圆圈或正方形。直到其中一名实验者指着房间里的某样东西时，在屏幕上投射出他手的影子，这个神经元才出现了激活。当这种手部阴影引起了神经元产生短时间放电，实验人员就开始用各种各样的刺激来测试神经元，包括猴子手部的剪纸。研究经过大量的测试，最终确定该神经元对手指指向朝上的手部形状反应最佳（图2.12中最右边的刺激）（Rocha-Miranda，2011；也见Gross，2002）。在增加刺激类型之后还发现了一些对面孔反应最优的神经元。后来，研

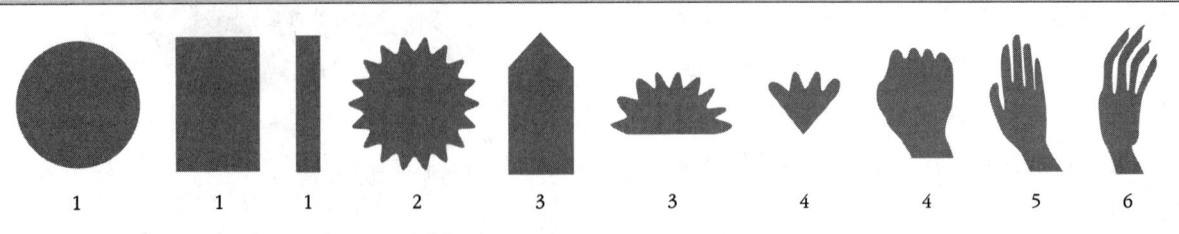

图2.12 Gross等人（1972）使用的一些形状刺激来探究猴子大脑皮层颞叶神经元的反应，这些形状的排列顺序依据的是它们激发的神经元水平，从没有（1）到很少（2和3）到最大（6）。
来源：Based on Gross et al.，1972.

究者进一步探索，发现了一些只对面孔做出反应而对其他类型刺激没有反应的神经元（Perrett et al., 1982; Rolls, 1981）（图 2.13）。

回顾一下目前得到的结果，视觉皮层的神经元对简单刺激有反应，比如有朝向的线条，颞叶的神经元对复杂的几何刺激有反应，而颞叶另一个区域的神经元对面孔有反应。整个过程是这样的：首先，简单的刺激引起视觉皮层中的神经元放电，并通过轴突传送到更高水平的视觉系统中；传送来的许多神经元信号在视觉系统中相互结合，引起对复杂刺激响应的神经元（如几何物体）激活；然后这些信号传送到更高级的脑区，进而激活了对更加复杂的刺激（如面孔）响应的神经元。这种由较低脑区传送信号到较高脑区的过程被称为**分层加工**。

分层加工能否解决神经表征问题？是否可以理解为视觉系统的较高区域包含了专门对特定客体做出反应的神经元，

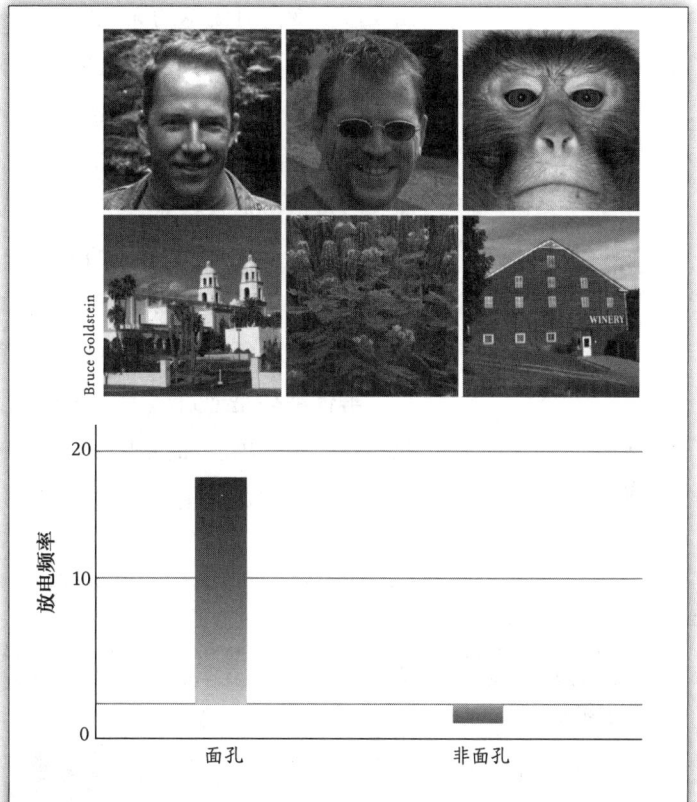

图 2.13 猴子的颞叶皮层中的神经元对面孔刺激有反应，但对非面孔刺激没有反应。
来源：Based on E. T. Rolls & M. J. Tovee, 1995.

因此客体可以由特定神经元放电进行表征？然而，我们所看到的可能并非如此，因为神经表征很可能涉及许多神经元一起进行工作。

感觉编码

感觉神经表征这一问题被称为感觉编码问题，其中**感觉编码**是指神经元如何表征环境的各种特征。一个客体可以引起神经元激活并且该神经元只对这种客体做出反应的现象被定义为**特异性编码**。如图 2.14a 所示，图中呈现了许多神经元如何对三种不同的面孔做出反应。神经元 4 会专门对比尔的面孔做出反应，神经元 9 会专门对玛丽的面孔做出反应，神经元 6 则会专门对拉斐尔的面孔做出反应。专门对比尔的面孔做出反应的神经元可称为"比尔神经元",它并不会对玛丽或拉斐尔做出反应。除此之外,其他面孔或物体类型不会激活这个神经元,它只对比尔的面孔做出反应。

尽管特异性编码的概念很简单,但可能是不太正确的。即使有些神经元对面孔有反应,但这些神经元通常对许多不同的面孔都有反应(不只是比尔的面孔)。世界上存在很多不同的面孔和其他客体(以及颜色、味道、气味和声音),以至没有一个单独的神经元专门针对每一个物体做出反应。可以采用在表征客体时需要涉及多个神经元的观点代替特异性编码。

群体编码是通过激活大量神经元的模式来表征特定对象的(图2.14b)。因此,对比尔、玛丽和拉斐尔的面孔进行表征时,神经元群有不同的模式。因为神经元可以创建大量不同的模式,所以群体编码的一个优点是可以表征大量刺

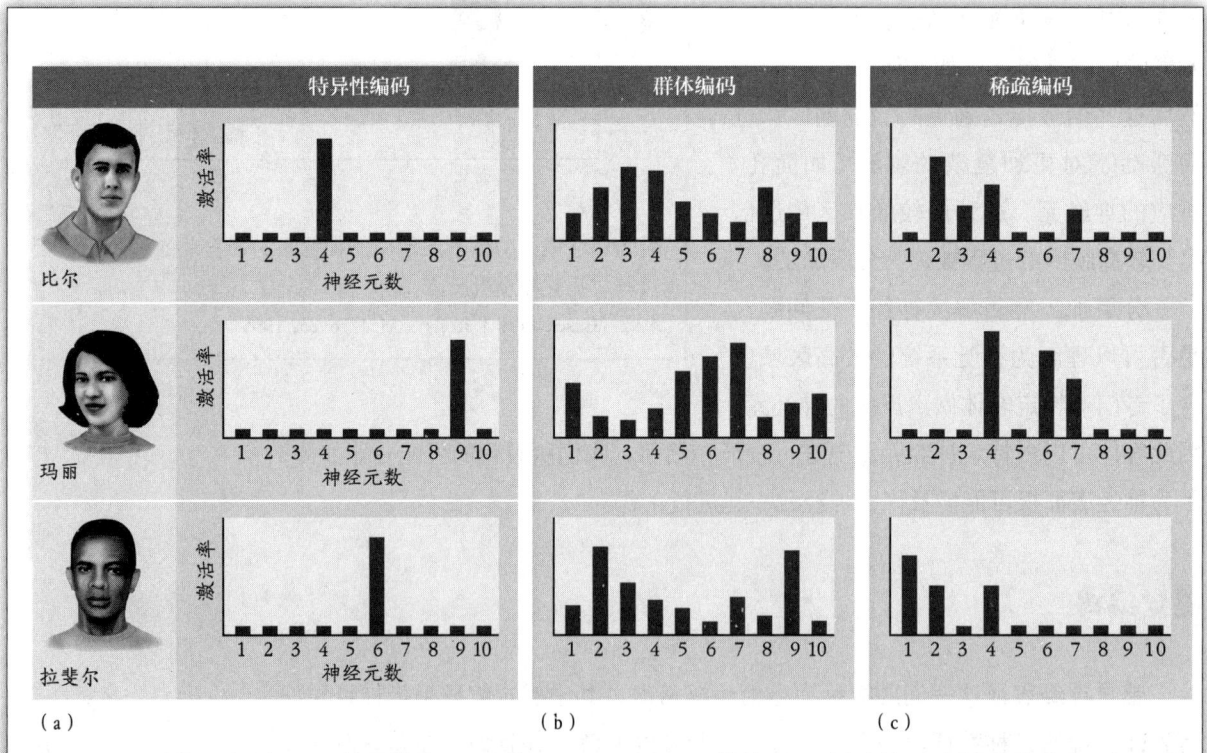

图 2.14 三种编码类型:(a)特异性编码,图中呈现了10个不同的神经元对左侧每一张面孔的反应,每一张面孔都会导致一个不同的神经元放电;(b)群体编码,人脸的特征是由大量神经元的放电模式来进行表征的;(c)稀疏编码:人脸的特征是由一小群神经元的放电模式来进行表征的。

激，这种编码模式在感官和其他认知功能方面得到了很好的验证，但是对于某些不需要大量神经元参与的功能来说是没必要的。

稀疏编码产生于特定的客体，在这种情况下，只有一小群神经元放电就可以进行表征，而与此同时，其他大多数神经元未激活。如图2.14c所示，稀疏编码是通过激活几个神经元（神经元2、3、4和7）来表征比尔的面孔的。玛丽的面孔则会被一些不同的神经元（神经元4、6和7）放电模式所表征，但有些神经元可能与表征比尔面孔的神经元重叠。而拉斐尔的面孔激活的是另外一些神经元（神经元1、2和4）。一个特定的神经元可以对不止一个刺激做出反应，例如神经元4对所有三种面孔都有反应，但对玛丽的面孔反应最强烈。

近年来，在癫痫脑手术中，在对患者的颞叶记录中探测对特定刺激产生反应的神经元。神经细胞的刺激和记录是脑外科手术前和手术中常见的程序，它可以确定一个人大脑的结构。图2.15呈现了一个神经元对演员史蒂夫·卡瑞尔

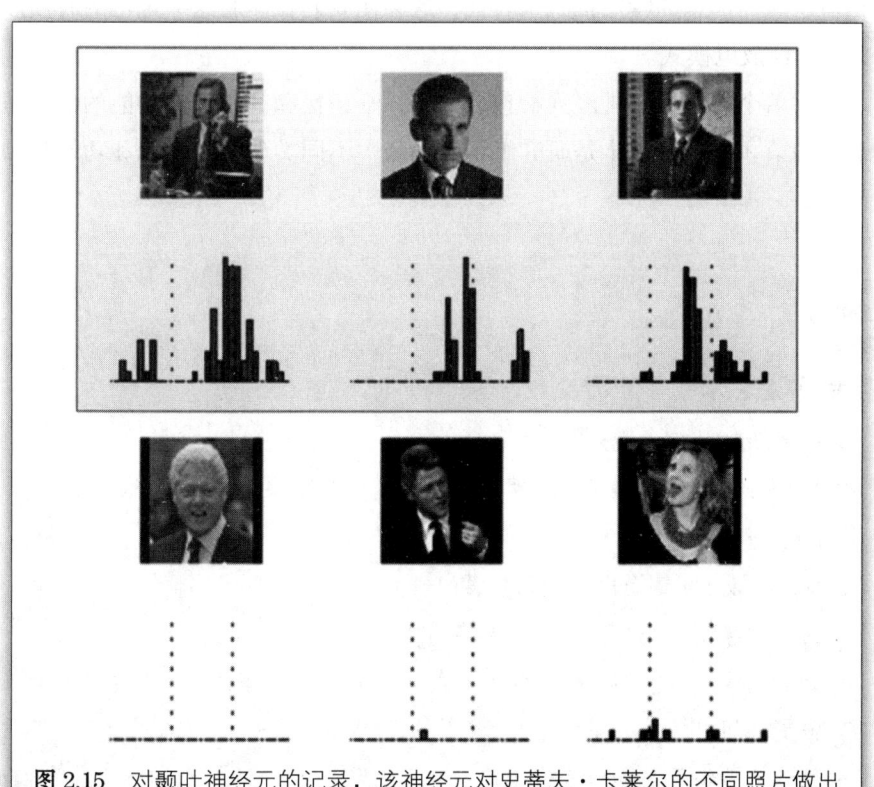

图2.15 对颞叶神经元的记录，该神经元对史蒂夫·卡莱尔的不同照片做出了反应（上行），但对其他知名人物的照片没有反应（下行）。
来源：Quiroga et al., 2008.

（Steve Carell）的照片做出反应，而对其他的面孔没有做出反应（Quiroga et al.，2007）。然而发现这一神经元的研究者指出，他们只有30分钟的时间来记录这些神经元，如果有更多的时间，可能会发现其他面孔也导致了这个神经元的激活。考虑到不止一种刺激可以激活这些特殊的神经元，Quiroga和同事（Quiroga et al.，2008）认为这种神经元可能是稀疏编码。

还有其他证据表明：用于表征视觉系统中的客体、听觉系统中的声音和嗅觉系统中的气味的编码可能涉及相对少量神经元的活动模式，正如稀疏编码模式（Olshausen & Field 2004）。

记忆也由神经元放电来表征，但是知觉表征和记忆表征是有区别的。与知觉经验相关的神经元放电和当前呈现的刺激有关，而与记忆经验相关的神经放电和过去在大脑中储存的信息相关。尽管我们还不能准确地了解记忆信息储存的形式，但是群体编码和稀疏编码的基本原理很有可能也适用于记忆：特定的记忆通过储存信息的特定模式被表征，这会使我们在体验这些记忆的时候产生特定的神经放电模式。

探讨单个神经元和神经元群包含的感知、记忆和其他认知功能的信息是理解表征的第一步。下一步是研究组织：大脑中不同类型的神经元和功能是如何组织的。

自我测验 2.1

1. 描述层次分析的概念。
2. 早期研究者是如何用神经网来描述大脑的？单个神经元的概念与神经网的概念有何不同？
3. 描述引发 Cajal 提出神经元学说的研究。
4. 描述神经元的结构、突触和神经回路。
5. 如何记录神经元的动作电位？这些信号是什么样子的？动作电位和刺激强度之间有什么关系？
6. 关于"神经元是如何表征不同的知觉的"这一问题，得到了怎么样的回答？从对单个神经元记录的研究和感觉编码的研究的角度进行思考？
7. 记忆的神经表征与知觉的神经表征有何不同和相似之处？

定位表征

功能定位是大脑组织的基本原理之一,即特定的功能对应大脑特定的区域。**大脑皮层**是一种厚约 3 毫米的皮层组织,它覆盖全脑并且负责大部分的认知功能(Fischl & Dale, 2000)。从图 2.11 中可以看到,大脑皮层上布满褶皱。其他功能由位于大脑皮层下区域负责。功能定位的早期证据来自**神经心理学**中关于脑损伤患者的行为研究。

基于神经心理学的定位

19 世纪早期时,研究者们普遍认为大脑功能具有**皮层均势**的特征,即大脑是一个不可分割的整体,而不是不同的功能对应特定的区域(Flourens, 1824; Pearce, 2009)。但保罗·布洛卡(Paul Broca)在 1861 年发表了一项对因脑卒中导致大脑血液供应中断从而导致脑损伤患者的研究,该研究发现,脑卒中对患者额叶的**布洛卡区**造成了损害[图 2.16(彩)]。

其中的某位患者由于只会说"tan"这一个词而被称作 Tan。其他同样额叶受损的患者可能会说得稍微多一些,但是他们讲话时语速慢并且很吃力,常常把句子结构说得乱七八糟。下面是某位患者试图描述他是在泡热水澡时发生脑卒中的例子:

> Alright…Uh… stroke and un…I…huh tawanna guy…H…h…hot tub and…And the…Two days when uh…Hos…uh…Huh hospital and uh…amet…am…ambulance.[①](Dick et al., 2001, p. 760)

这位患者由于布洛卡区受损,在讲话时表现出缓慢、吃力、句子不合语法等问题,被诊断为**布洛卡失语症**。这说明大脑某一特定区域的损伤会导致特定的行为缺陷,这一发现有力地驳斥了均势理论并支持了功能定位理论。

---

① 大概说的是:"好吧……中风……我……热水浴缸……和……两天……医院……救护车。"——译者注

布洛卡在 1861 年发表了他对额叶受损患者的研究。18 年之后，卡尔·威尔尼克（Carl Wernicke，1879）发现，一些颞叶的某个区域受损的患者讲话流畅、语法正确，但往往语无伦次、不合逻辑。这个区域后来被称为**威尔尼克区**。下面是某位**威尔尼克失语症**患者讲话内容的例子：

> 它只是突然有了一个 feffort 和所有的 feffort 去了。它甚至踩了我的喇叭。他们把它们从地球上带走了。他们让我最喜欢的 1/9 被切断，现在我已经被我的婚姻终止的条款所限制，现在是永远。（Dick et al., 2001, p. 761）

威尔尼克失语症患者不仅会讲出无意义的话语，而且无法理解别人所说的话。他们主要的问题是不能将词语与其含义匹配起来，并且不符合语法规则（Traxler, 2012）。布洛卡和威尔尼克的研究表明，语言的产生和理解对应大脑中的不同区域。但是现代研究表明，将大脑区域严格划分成不同的区域来对应不同的语言功能其实是过度单纯化的表现。尽管如此，布洛卡和威尔尼克在 19 世纪的发现为后来证实功能定位论的研究奠定了一定的基础。

对战时脑损伤患者的研究进一步证明了功能定位论。**枕叶**是视觉皮层所在之处（图 2.11），而以 1904—1905 年日俄战争中的日本士兵和第一次世界大战中的盟军士兵为研究对象，发现大脑枕叶受损的患者会伴随失明，这说明受损的枕叶区域与盲人的视觉空间失明的方位存在联系（Glickstein & Whitteridge, 1987；Holmes & Lister, 1916；Lanska, 2009）。例如，枕叶左半部分受损会导致视觉空间的右上侧出现盲区。

如前所述，大脑的其他区域也与特定的功能有关。听觉皮层位于颞叶上部，负责接收来自耳朵的信号。躯体感觉皮层位于**顶叶**，接收来自皮肤的信号，与感知触摸、压力和疼痛相关。**额叶**接收来自所有感觉器官的信号，负责协调各个感官并调控更高级的认知功能，如思考和问题解决。**面孔失认症**也是一种由脑损伤对视觉功能造成影响的病症，患者由于右下颞叶受损而表现出无法识别人脸的症状。面孔失认症患者可以分辨对象是否为人脸，但认不出是谁的脸，即使是他们熟悉的人，如朋友和家人。有时候，面孔失认症患者在看到镜子中的自己时，也会想这个陌生人是谁（Burton et al., 1991；Hecaen & Angelergues, 1962；Parkin, 1996）。

前面提到过神经心理学研究的目标之一是确定大脑的特定区域是否专门为特定的认知功能服务。尽管通过面孔失认症的个案可以得出这样的结论：颞叶下部受损的脑区可能负责识别人脸，但是现代研究者认识到，只有对一定数量的不同脑区受损的患者进行研究，才能对特定脑区的功能得出更明确的结论，进而证明双分离。

研究方法　双分离演示

双分离指的是大脑某个区域受到损伤后 A 功能受损而 B 功能完好，但另一个脑区损伤表现出 B 功能受损而 A 功能完好。为了证明双分离的存在，就必须找到满足上述条件的两名脑损伤患者。

研究者找到了一名不能识别人脸（功能 A）但能识别物体（功能 B）的脑损伤患者，以及一名不能识别物体（功能 B）但能识别面孔（功能 A）的脑损伤患者，证明了面孔识别和物体识别存在双分离（McNeal & Warrington，1993；Moscovitch et al.，1997）。通过证明双分离能得出这样的结论：功能 A 和功能 B 受不同机制的调控，它们彼此独立运作。

上述神经心理学的研究结果表明，人脸识别是由颞叶的某个区域来完成的，而识别其他类型的物体是由颞叶的另一个区域来完成的，因此人脸识别功能与识别其他类型物体的神经机制是不同的。神经心理学研究同样发现了负责感知运动、记忆、思维和语言的脑区，这一部分将在本书的后面介绍。

基于神经元记录的定位

另一个证明功能定位的方法是记录单个神经元。这类研究大多通过记录动物的单个神经元来证明功能定位。例如曹颖等人（Tsao et al.，2006）发现，猴子颞叶下部一小块区域内 97% 的神经元对人脸图片有反应，对其他物体的图片没有反应。事实证明，猴子的这个"面部区域"与人类面孔失认症对应的脑区相近。对相关**脑成像**技术的研究也证实了人类对面孔的感知与大脑的某个特定区域有关（见第 1 章，第 023 页），这为进一步确定人类大脑的哪些特定区域对应不同的认知功能提供了支持。

基于脑成像的定位

前面第 1 章提到过，技术进步所带来的研究方式的转变可以称为一场科学革命。基于此，研究者分别在 1976 年和 1990 年将 PET 和 fMRI 引入科学研究，这标志着脑成像革命的开始。对大脑的扫描技术，尤其是 fMRI 技术，在探索认知功能的生理基础部分发挥了重要作用。

正如你将在本书看到的，大脑扫描，尤其是 fMRI，在理解认知的生理基础上发挥了重要作用。这里将讨论 fMRI 研究告诉了我们哪些关于大脑功能定位的信息。我们首先介绍 fMRI 的基本原理。

有许多脑成像实验为功能定位提供了证据，例如，有研究确定了当人们观察不同物体的图片时，分别有哪些脑区被激活了。

研究方法　脑成像

功能性磁共振成像（fMRI）的原理是，神经活动会导致大脑吸入更多的氧气，而氧气会与血液中的血红蛋白分子相结合。氧气的增多会提升血红蛋白的磁性，所以当给大脑外部施加磁场时，这些含氧量更高的血红蛋白分子对磁场的反应更强，从而导致 fMRI 信号增强。

fMRI 实验的设备如图 2.17a（彩）所示，人的头部固定在扫描仪当中。在完成一项认知任务例如感知图像时，会发生对大脑的激活。这种激活会被记录在体素中，**体素**是大脑某个部位上一个 2 或 3 立方毫米的立方体区域。体素并不是大脑结构，它只是 fMRI 扫描仪所生成的小的分析单元。体素类似于组成数码照片或计算机屏幕图像的正方形像素，但由于大脑是三维的，所以体素是小立方体，而不是小正方形。图 2.17b（彩）为 fMRI 扫描的结果。图中用颜色表示与认知活动相关的大脑区域的激活，不同的颜色表示不同强度的大脑活动。

这些彩色的区域反映了一个人在执行任务或没有在执行任务时脑内的活动。但需要强调的是，这些彩色区域不会在大脑扫描过程中出现。首先要通过复杂的统计程序记录**任务态 fMRI**，即与特定的任务相关联的大脑活动的变化；然后将每个体素的运算结果，即激活模式，通过颜色表现出来，如图 2.17b（彩）所示。

看 图 片

前面已经介绍了神经心理学研究和单个神经元记录如何确定了与人脸识别相关联的大脑区域。通过让人们在脑部扫描的过程中观察人脸图片，也可以确定"人脸区域"。这个位于颞叶下方梭状回的区域被称作**梭状回面孔区（FFA）**（Kanwisher et al., 1997），与面孔失认症患者大脑中受损的部分一致（图2.11）。

研究者通过fMRI实验进一步证明了大脑的功能定位。这些实验表明，在观察室内和室外场景的图片时，**旁海马空间区（PPA）**被激活［如图2.18a（彩）；Aguirre et al., 1998；Epstein et al., 1999］。显然，关于空间布局的信息与这个脑区密切相关，因为在观察空房间和装修好的房间的图片时，这个区域的激活会增强（Kanwisher, 2003）。另外，在观察有关身体或身体某一部分的图片（不包括人脸）时，**纹外身体区（EBA）**会激活［如图2.18b（彩）；Downing et al., 2001］。

看 电 影

在日常生活中所看到的场景中通常包含了许多物体，有些还是移动的物体。因此，Alex Huth等人（2012）在进行fMRI实验时将一些类似于真实生活环境的电影片段作为实验材料，让被试在脑部扫描仪中观看了2小时的电影片段。为了分析这些被试大脑中的体素如何对电影中不同物体和动作进行反应，Huth创建了一个包含1705个物体和动作类别的列表，列出每个电影场景中都出现了哪些类别。

图2.19列举了四个场景以及其中包含的类别（标签）。首先记录有哪些体素对场景有所反应，然后通过综合统计程序对结果进行分析，最后确定各个体素分别对哪种刺激有所反应。例如，某一体素对街道、建筑物、道路、室内和车辆的反应最强。

图2.20（彩）列举了各种类型的刺激所引起大脑体素反应的位置，相似的物体和动作位置相近。人类和动物之所以各自对应两个区域，是因为两个区域分别对应与人类或动物相关的不同特征。例如，大脑底部标记"人"的区域（实际上是在大脑下端）对应梭状回面孔区（图2.11），它能对面孔的各个部分产生反应。大脑稍上部标记"人"的区域能对面部表情产生反应，标记"讲话"的区域对应布洛卡区和威尔尼克区。

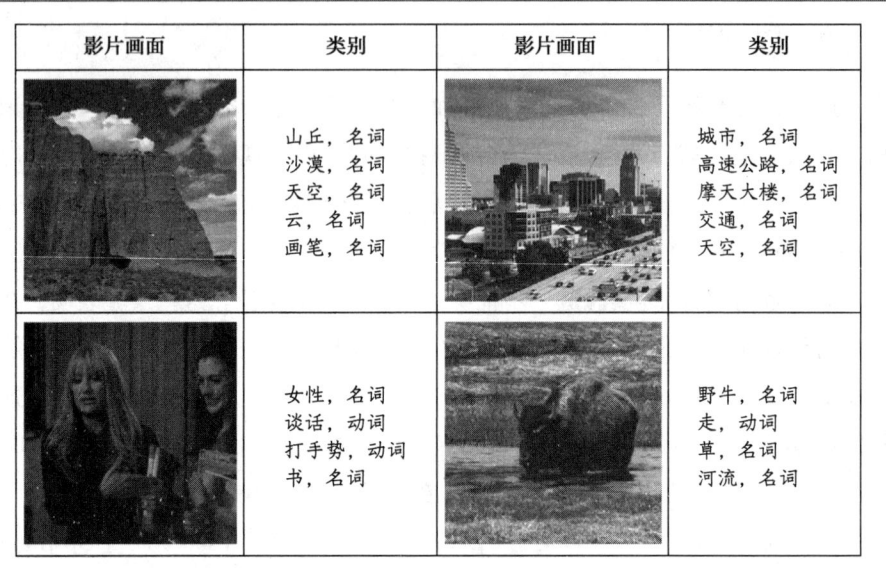

图 2.19 在 Huth 等人（2012）的实验中，被试观看的电影中的四幅画面。右边的词语表示画面中出现的类别。
来源：Huth et al., 2012.

图 2.20（彩）中的研究结果实际上是一个有趣的悖论。一方面证实了早期的研究，即大脑的特定区域负责感知特定类型的刺激，如面孔、位置和身体。另一方面展示了一张覆盖大部分大脑皮层的地图。所以，尽管有大量的证据证明了大脑的功能定位，但依然需要把大脑看作一个整体，来理解认知功能的生理基础。

分布式表征

图 2.20（彩）中在大脑上标记了两个"人"对应的位置。不同的大脑区域会对不同的人类特征产生反应说明了认知的核心原则：大多数经验都是**多维**的。也就是说，简单的经验也是由不同的特质组合而成的，例如，观察一张面孔。

看 面 孔

观察一张面孔会引发大脑对面孔的多种反应。除了首先将物体识别为面孔

（这是一张面孔），还会对面孔包含的以下方面做出反应：（1）情感方面（"她在笑，所以她可能很开心""看着他的脸让我很开心"）；（2）面孔在看向什么（"她正在看着我"）；（3）面部器官如何运动（"通过观察他嘴唇的运动，我可以更好地理解他讲话的内容"）；（4）面孔的美感（"他有一张英俊的脸"）；（5）是否熟悉（"我在别处见过她"）。这些对面孔的多维表征体现在分布于整个大脑皮层上的神经反应中（图2.21）。

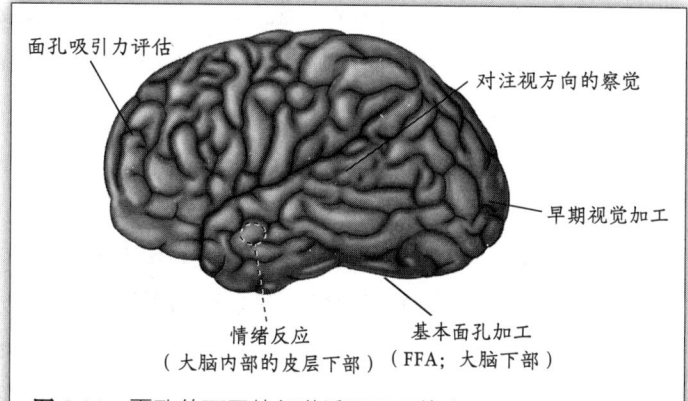

图2.21　面孔的不同特征激活了不同的脑区。
来源：Adapted from Ishai, 2008; based on data from Calder et al., 2007; Gobbini & Haxby, 2007; Grill-Spector et al., 2004; Haxby et al., 2000; Ishai et al., 2004.

观察一张面孔时会激活大脑的多个区域，这被称为**分布式表征**。在整个认知过程，无论是观察物体时的知觉，还是记忆、思考等过程，会激活大脑中许多对应的区域，这些区域有时甚至相隔很远。下面举两个分布式神经表征的例子。

记　忆

记忆是复杂的。短时记忆的持续时间很短，只能持续10~15秒，除非一遍遍地复述记忆内容，如试图记住一个忘记储存在手机里的电话号码而反复重复。长时记忆的持续时间相对较长，比如对上周甚至几年前做过的事情的记忆。第5章将会讲到，有证据表明，短时记忆和长时记忆是由大脑的不同区域负责的（Curtis & D'Esposito，2003；Harrison & Tong，2009）。

记忆还包含另外两种分类。情景记忆是对生活中发生的事件的记忆，比如回忆昨天做了什么。语义记忆是对事实的记忆，比如知道加利福尼亚州的首府是萨克拉门托。图2.22（彩）为大脑扫描的实验结果，表明情景记忆和语义记忆对应大脑的不同区域（Levine et al.，2004）。

第5章到第7章将会讲到，大脑的某些区域在形成新的记忆和提取原有记忆方面发挥着重要作用，但也有证据表明，记忆过程激活了全脑。记忆可以是关于视觉的（回想经常去的地方）、听觉的（学会一首喜欢的歌）或者嗅觉的（由气味引起对某个熟悉的地方的回忆）。记忆通常有情绪成分，有积极的也有消极的

（想到自己想念的人）。大部分的记忆都是这些成分的组合，不同成分激活大脑的不同区域。因此，记忆过程如同在整个大脑中演奏了一曲神经活动的交响乐。

产生和理解语言

前面讲述与语言相关的脑区时提到，布洛卡区负责产生语言，威尔尼克区负责理解语言，这两个区域的发现支持了功能定位理论。但在讲述这部分时还应该补充一点内容：威尔尼克区除了提出大脑中有专门的区域负责语言理解，同时提出了语言应该不只是对应某个单独的区域，还应该包括同其他对应语言功能区域所连接成的整体（Ross，2010）。

由于处在大脑功能定位理论发展热潮时期，威尔尼克的这一观点被忽略和搁置了，直到20世纪，他提出的连接理论才广为人知。其他研究者也提出，语言的生理学基础涉及的不仅仅是两个独立的、局部的语言区域（Geshwind，1964；Ross，2010）。

现代的研究表明，对布洛卡区和威尔尼克区以外区域的损害也会引发语言产生和理解方面的问题（Ross，2010）。也有证据表明，布洛卡区与非语言功能存在关联（Federencko et al.，2012），句子语法的加工涉及整个语言系统（Blank et al.，2016）。这说明语言加工的方式其实更为复杂。

图2.23标识了语言通路的现代研究结果。语言系统被整合成两条路径：一组（灰色）负责处理声音、产生语音和说出词语；另一组（黑色）负责理解词语。两条途径都涉及对句子的理解（Gierhan，2013）。这张图其实是"进行中"的研究结果，因为关于语言在大脑中如何加工还有很多需要了解的。然而，毫无疑问的是对语言的加工分布在多个区域。

记忆、语言以及面孔知觉的共同点是都涉及对不同脑区的激活，有证据表明这些脑区之间有直接的神经连接，或者是共同作为连接结构中的一部分。这将引出理解认知神

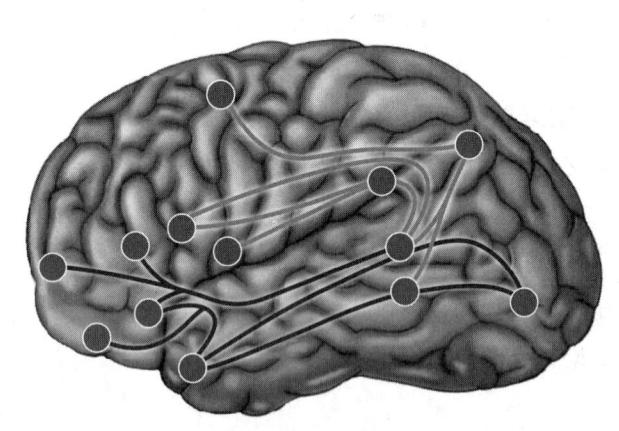

图2.23 语言加工的通路。本图基于大量研究的结果。每条通路都与特定的功能相关联，白色所示的通路处理声音、产生语音和说出词语，黑色所示的通路负责理解和概括词语。两条通路都与理解句子有关。
来源：Gierhan，2013.

经生理学的重要的新思路，即神经网络。

神经网络

神经网络是大脑中互相连接、相互交流的区域（Bassett & Sporns，2017）。神经网络的概念是对信息分布式加工的发展，例如，如果某一特定类型的认知涉及多个脑区，那么这些区域可能存在联系。

在介绍神经网络的特征时，主要包含四个原则：

1. 一些复杂的结构通路构成了网络，它们负责大脑内信息的传递。
2. 在结构通路中，不同的通路有不同的功能。
3. 神经网络是一个动态网络，反映了大脑认知的灵活性。
4. 大脑处于静息状态时，即使没有认知活动，大脑的某些部分也处于活跃状态。

下面开始从结构层面描述神经网络。

结构连接性

结构连接性是由连接大脑不同区域的神经轴突创建的大脑"接线图"。早期的研究者利用神经解剖学技术来描述这些连接，例如，将脑组织切片染色来标记轴突，在显微镜下即可观察到它们的神经通路。但最近，新技术的出现可以绘制更广泛的大脑连接图谱。

追踪加权成像（TWI）是一种用来检测水分子如何沿着神经纤维扩散的技术。图2.24（彩）展示了该技术测定的神经束（Calamante，2013）。此类新兴技术的发展可以更精确地描述大脑各区域之间的连接（Bressler & Menon，2010；Sporns，2015）。

用这些新兴技术获得的大脑通路图可以绘制成**连接组**，用来展示"构成人脑的要素和连接网络的结构图"（Sporns et al.，2005）或大脑神经元"接线图"（Baronchelli et al.，2013）。

由于脑区之间的联系依赖连接，绘制大脑的接线图是理解大脑不同区域如何连接的重要一步。大脑的结构连接被比喻为"指纹",由于每个人的指纹都不一样,所以大脑的连接决定了我们是谁(Finn et al., 2015; Seung, 2012; Yeh et al., 2016)。如果要完全理解大脑的结构网络如何影响人类的认知,有必要确定连接组的神经元群如何形成与特定认知类型相关的功能连接。

功能连接性

绘制大城市的交通网络。城市道路有千千万万条,有些人在道路上开车去城外的购物中心购物,有些人在道路上开车去中央商务区上班。正如城市的不同道路可以实现不同的功能,大脑神经网络参与执行认知或运动任务的区域也不同。

如何确定神经网络的哪些部分涉及不同的功能呢?测量**功能连接性**是可行的办法之一,它由两个脑区神经活动的相互关联程度决定。如果两个脑区的反应是相互关联的,它们在功能上就具有连接性。

一种确定两个脑区反应是否相关的方法是**静息态 fMRI**——测量个体在清醒、闭眼、放松状态下的脑功能成像(即不执行认知任务)。Bharat Biswal 及其同事(Biswal et al., 1995)发明了测量**静息态功能连接**的方法。

研究方法　静息态功能连接

静息态功能连接的测量方法如下:

1. 使用任务态 fMRI 来确定与执行特定任务相关的脑区。例如,手指运动激活的 fMRI 信号对应图 2.25a(彩)中的运动区(L 点)。该位置被称为**种子点**。

2. 测量种子点的静息态 fMRI。在图 2.25b(彩)中,基于种子点的静息态 fMRI 被称为**时间序列响应**,反映了响应如何随时间变化的过程。

3. **测试区域**,基于种子点以外的位置。在图 2.25c(彩)中,躯体感觉区域的响应位于大脑的躯体感觉皮层。

4. 计算种子点和测试区域之间的相关。这种相关的计算基于复杂的数学模型,用来比较水平时间轴上大量的种子点和测试区域的响应关系。图 2.26a 表示种子点响应和躯体感觉点的响应,两者的对应关系有很强的相关,即功能连接性强。图 2.26b 表示种子点响应和其他位置的响应,两者响应的低匹配关系导致了较弱的相关,表明功能连接性较弱或无连接性。

种子点（黑色）响应和躯体感觉　　　种子点（黑色）响应和测
区域（灰色）响应　　　　　　　　　试点（灰色）的响应
相关系数=0.86　　　　　　　　　**相关系数=0.04**

图 2.26　种子点响应（黑色）和测试区域响应（灰色）的叠加。(a) 躯体感觉区域的响应与种子点响应高度相关（相关系数＝0.86）。(b) 其他测试区域的响应和种子点响应相关程度低（相关系数＝0.04）。

来源：Responses courtesy of Ying-Hui Chou.

图 2.27（彩）表示种子点和其他测试区域的时间序列响应，以及它们之间的相关。测试区域——躯体感觉区域和运动区域（R）——和种子点响应具有高度相关，与种子点之间展现出较好的功能连接性。这表明，这些结构是功能网络的一部分。而其他测试区域表现出了较弱的相关，不属于该网络。

静息态 fMRI 功能连接已经成为研究大脑功能连接的主流方法之一。图 2.28（彩）展示了基于该方法发现的许多不同的功能网络。表 2.1 摘录了这些网络的功能。

表 2.1
基于静息态 fMRI 发现的六种常见的功能网络

网络	功能
视觉网络	视觉；视知觉
躯体－运动网络	运动和触觉
背侧注意网络	注意视觉刺激和空间位置
执行控制网络	涉及工作记忆的高级认知任务（见第 5 章）和在任务中引导注意
凸显网络	关注环境中与生存相关的事件
默认模式网络	心智游移、与个人生活事件相关的认知活动、社会功能和检测内部情绪状态

来源：From Barch, 2013; Bressler & Menon, 2010; Raichle, 2011; Zabelina & Andrews-Hanna, 2016. 此外，还有一些与听觉、记忆和语言相关的网络。

还有其他探索功能连接性的方法。例如，测量种子点和测试区域的任务态fMRI，对两者的响应进行相关分析。需要注意的是，两个脑区具有功能连接性并不意味着它们可以直接通过神经通路进行信息交换。例如，两个脑区具有高度相关是因为它们都接收来自另一脑区的信息输入。功能连接性和结构连接性可能存在相关，但不是一个概念，若脑区间表现出较强的结构连接性，往往功能连接性水平也较高（Poldrack et al., 2015; van den Heuvel & Pol, 2010）。

图 2.28（彩）中大脑的结构图由多个不同的功能区组成，不同的认知活动激活了不同的神经元群。但要真正理解认知过程发生了什么，不能局限于对不同功能区的理解，需要理解认知的动态加工过程。

动态的认知

大脑结构图和城市交通网络的类比可以用来揭示认知的动态加工过程。想象一下，你登上一架直升飞机，在城市上空飞行，这样你就可以观察一天中不同时段的道路状况。你在城市上方盘旋，发现交通网络服务于不同功能时，道路状况也会发生变化。在早高峰时，它的功能是让人们去公司工作，郊区大量的人流通过高速公路涌入城市。在下班高峰时，由于人们要回家，所以与早晨相比，郊区街道的人流迅速增多。在白天，购物区的人流量会增加；在特殊赛事前后，比如周末足球比赛，进出体育场的道路将会非常拥堵。

这个例子说明，城市的道路状况会随不同的条件发生变化。而大脑功能网络内部和外部的神经活动也会随条件的不同而发生变化。例如，当一个人看着桌上的一杯咖啡时，会发生什么呢？当个体知觉到杯子的不同属性时，视觉功能网络会产生相应的神经活动。把注意放到杯子上时，注意网络也会被激活，当伸手拿起杯子喝咖啡时，运动网络就会被激活。因此，即使是像喝咖啡这样简单的日常体验，也需要在许多不同的功能网络之间快速切换和共享信息（van den Heuvel & Pol, 2010）。

除了脑网络之间的快速切换，连接性也会发生缓慢的变化。例如，随着白天记忆的积累和晚上记忆的增强，记忆网络的功能连接性从早上到晚上发生了变化（Shannon et al., 2013）。在吃东西或喝咖啡时，连接性也会发生变化。当禁食一天的人恢复饮食时，一些网络得到了加强，而另一些网络被削弱（Poldrack et al., 2015; 另见 McMenamin et al., 2014 关于焦虑对脑网络的影响）。

这些研究表明，功能网络并不是静态的，而是包含网络内外不断变化的神经活动（Mattar et al., 2015）。

本章描述的许多关于网络和连接性的概念都基于最近的研究，这些研究在逻辑上遵循了分布式表征的概念。如果功能是由大脑中许多不同区域的结构来表征的，那么它们之间就有可能相互联系。在过去20年探索脑网络如何工作时，科学家们惊奇地发现，某一网络只在非任务条件下会被激活。该网络被称为默认模式网络。

默认模式网络

默认模式网络（DMN）是一种结构网络，如图2.28（彩）底部所示，当个体不执行特定任务时会被激活。Gordon Shulman及其合作者（Shulman et al., 1997）在一些fMRI研究中发现：某些脑区在执行任务的时候，神经活动会受到抑制；而任务停止时，神经活动会增强。但以往的研究表明，参与任务时，脑区神经活动会得到增强；停止任务时，活动会减少。

基于以上发现，Marcus Raichle及其合作者（Raichle et al., 2001）发表了名为"大脑功能的默认模式（A Default Mode of Brain Function）"的文章提出，在执行任务时，神经活动减少的脑区代表了大脑功能的一种"默认模式"。也就是说，大脑功能的某种模式是在休息时发生的。

为了更好地揭示该网络，研究者使用静息态功能连接方法发现，额叶和顶叶在执行任务时神经活动减少[图2.29a（彩）]，且与静息态活动相关[图2.29b（彩）]（Greicius et al., 2003）。这些脑区属于功能网络，被命名为默认模式网络[DMN，如图2.28（彩）所示]。

研究者对于DMN的功能进行了大量研究。其中一项结果发现，当个体走神时，DMN会被激活（Killingsworth & Gilbert, 2010; Smallwood & Schooler, 2015）。你可能经历过如下场景：前一分钟你还在高速公路上开车，密切关注着你的周围；但之后，你甚至没有意识到，你的思想在游荡，想着你以后要做什么，或者如何处理一些麻烦事。这中间发生了什么？你的大脑从与驾驶相关的任务网络切换到了DMN。事实上，在开车或执行其他一些任务时，心智游移可能并不是一件好事。大量研究表明，当需要集中注意力时，心智游移会降低任务的表现（Lerner, 2015; Moneyham & Schooler, 2013; Smallwood, 2011）。

DMN 是大脑最大的网络之一，在大脑休息时，它占据了大脑活动的很大一部分。除了心智游移时 DMN 会被激活，它还应具有其他功能。在接下来的一些章节中，我们会列举一些关于注意、记忆和创造力过程中涉及 DMN 的研究。

思　考

技术决定研究问题

本章讨论了很多问题，从早期神经心理学研究大脑损伤如何影响语言，到单个神经元如何对视觉刺激做出反应，再到相互连接的神经网络中的动态活动如何表征多维认知。

当回顾所提到的研究方法时，我们可以发现，研究者提出的研究问题依赖现有的技术。例如，在《表征的问题》(The Representation Question)一书中："神经元激活是如何表征认知的？"（图 2.30）。这个问题起源于 1928 年发明的单个神经元记录技术。但直到 20 世纪 50 年代后，更先进的电极和放大器的研制才使对大脑中单个神经元的记录成为可能。一旦这成为可能，研究者的研究问题就能从"神经元如何对闪光做出反应？"转移到"神经元如何对复杂的形状做出反应？"。

为了进一步确定神经元是否会对不同种类的视觉刺激产生额外的效应，研究者会对大脑视觉皮层以外区域的神经元进行记录。对大脑其他区域（如颞叶）的研究发现，大脑多达一半的区域会被视觉刺激激活（Van Essen, 2004）。后续研究表明，其他的认知功能，如听觉、疼痛、记忆和语言，也可以激活大脑的许多区域。

刺激可以激活大脑中的大片脑区，让人联想到《组织的问题》(The Organization Question)一书所言："如何定位不同脑区的认知功能？"［图 2.31（彩）］。布洛卡和威尔尼克在 19 世纪率先对脑损伤病人进行了研究；20 世纪六七十年代，研究者开始使用单个神经元记录技术研究动物。尽管使用这些技术让我们对大脑组织有了大量了解，但随着脑扫描技术的引入，对人类大脑组织的研究才正式开始——1976 年首次采用 PET 技术，随后采用 fMRI 技术，这

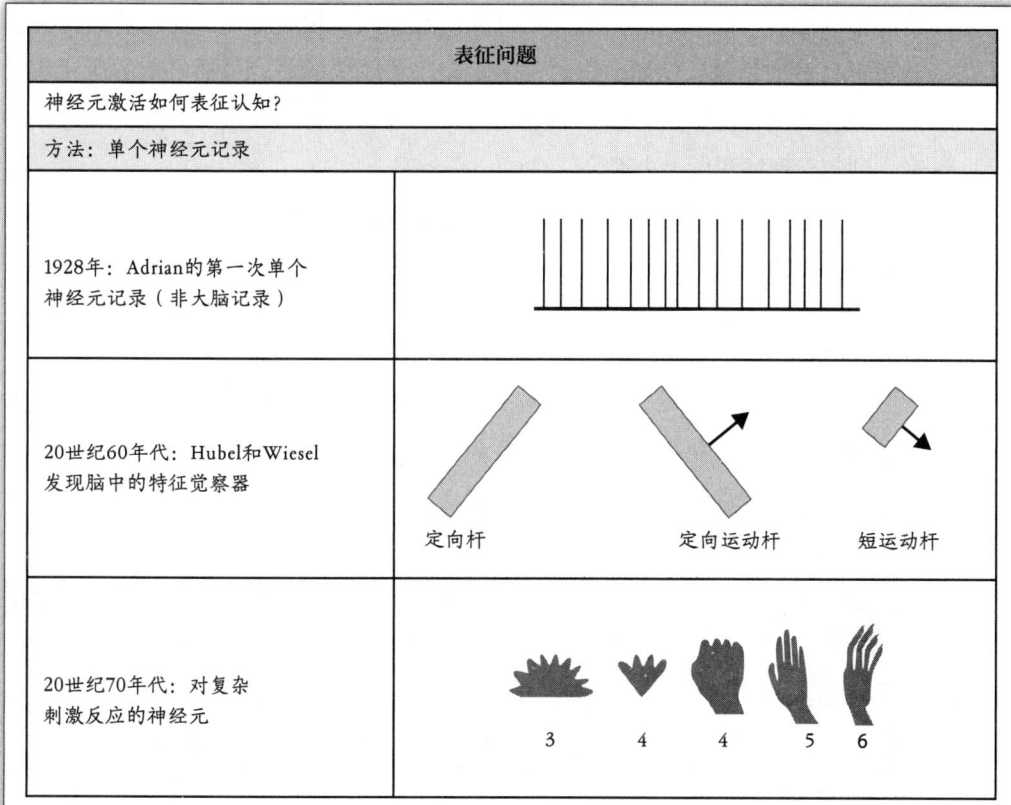

图 2.30 关于神经元活动如何表征认知的研究技术。技术的进步使在大脑中记录神经元如何对复杂刺激做出反应成为可能。

使得绘制人类大脑活动图谱成为可能。

但仅知道哪些脑区被激活对研究者来说还是不全面。研究者还需要知道大脑的各个功能区是如何动态协作的,正如《交流的问题》(The Communication Question)一书所言:"大脑的不同区域是如何连接的,又是如何交流的?"[图 2.32(彩)]。对神经元回路的猜想可以追溯到 19 世纪早期的解剖学实验,比如单个神经元记录,是在动物身上进行的。而随着脑成像技术和其他技术的发展,研究大脑结构连接性(大脑"接线图")和功能连接性(大脑"枢纽图")成为可能。

本章涉及的这些研究表明,技术不仅决定了我们可以了解大脑具备哪些功能,还决定了我们可以研究的行为类型。早期的研究主要涉及一些简单的行为——知觉闪光、线条朝向或几何形状的能力。后来,当研究者把更复杂的客体作为刺激时，比如人脸，也只是以闪现地形式呈现给被试。而当前的研究能选用更自然的刺激，例如电影的部分片段。更重要的是，虽然早期的研究主要集中在视觉刺激上，但目前的研究已经扩展到认知行为，从回忆过去和想象未来，到句子理解和做出决策等。

但是，在我们被科技的奇迹冲昏头脑之前，我们不要忘记这样一个事实：尽管知道神经元如何工作、大脑结构的精准定位以及神经元在网络中如何交流，但心理学家并不是对研究生理学本身感兴趣。他们感兴趣的是厘清生理机制与经验、思想和行为之间的关系。

因此，这本书采用的方法基于这样一种观点，即解释认知的最好方法是将行为实验和生理实验结合起来。当你阅读这本书时，在很多研究实例中，研究者都会把行为实验和生理实验的结果放一起来解释丰富的心理活动。

自我测验 2.2

1. 什么是功能定位？定位是如何在神经心理学和神经元记录中被证实的？确保你理解了双分离原则。
2. 阐述功能性磁共振成像的基本原理。
3. 阐述功能定位的脑成像原理。描述关于看静态图片和电影片段的心理学实验，两个实验分别包含哪些功能定位？
4. 什么是分布式表征？分布式表征怎样与经验的多维性质相关？大脑如何通过对面孔、记忆和语言的反应进行分布式加工？
5. 神经网络是什么？
6. 什么是结构连接性？如何测量？
7. 什么是功能连接性？如何测量？哪些网络是通过该方法确定的？
8. 如何理解大脑网络是动态加工的？
9. 默认模式网络是什么？它与其他网络的区别在哪里？
10. 阐述技术进步与认知生理研究的联系。

本章小结

1. 认知神经科学研究认知的生理基础,采用层次分析的方法来研究心智,包括行为水平和生理水平的研究。
2. Cajal的研究放弃了神经网络理论,转而支持神经元学说,神经元学说认为,神经元的单个细胞在神经系统中传递信号。
3. 用微电极可以记录神经元发出的信号。Adrian首次记录了单个神经元发出的信号。他断定,当动作电位沿轴突传递时,其大小保持不变,而刺激强度的增加会加快神经放电的速度。
4. 神经表征原理指出,一个人所经历的一切都不是基于与刺激的直接接触,而是基于其神经系统中的表征。
5. 神经元表征可以用特征觉察器、对复杂刺激做出反应的神经元,以及神经元如何参与特异性编码、群体编码和稀疏编码来解释。
6. 感知功能定位的观点认为,每一种感觉都存在一个独立的主要接收区域,这种观点得到了大脑损伤对感知的影响(如面孔失认症)、对单个神经元的记录以及脑成像实验的结果的支持。
7. 脑成像通过测量大脑中的血流量来测量大脑的激活。fMRI被广泛用于确定大脑在执行认知功能的过程中的激活。脑成像实验测量了人们对静止图片的反应,以确定人类大脑中对面孔、地点和身体反应最佳的脑区,以及对电影的反应,从而绘制一幅大脑地图,显示出激活大脑不同区域的各种刺激。
8. 分布式加工的观点认为,大脑中的许多区域具有特定的加工功能。激活许多脑区的一个原因是经验的多维性。这可以通过观察人脸、记忆以及产生和理解语言的多维性来说明。
9. 神经网络是一组从结构上和功能上相互联系的神经元或结构。
10. 结构连接定义了大脑的神经高速公路系统。利用追踪加权成像对其进行了测量。
11. 当不同脑区具有相关的反应时,就会发生功能连接。测量静息态fMRI已经成为测量功能连接的一种方法,但功能连接也可以通过任务态fMRI来测量。
12. 已经使用静息态fMRI确定了许多不同的功能网络,例如视觉、听觉、凸显性、执行功能和运动网络。
13. 对网络的全面描述包括网络活动的动态侧面。
14. 默认模式网络与其他网络不同,因为当一个人从事一项任务时,它的活动会减少,但当大脑处于休息状态时,它的活动会增加。默认模式网络的功能仍在研究中,但有人认为它可能在一些认知过程中发挥重要作用,我们将在本书后面讨论。
15. 理解认知生理学的进展取决于技术的进步。这是通过考虑技术和回答三个基本问题之间的联系来证明的:表征问题、组织问题和沟通问题。

思考题

1. 一些认知心理学家将大脑称为思维计算机。哪些方面是计算机擅长而大脑不擅长的?你认为大脑和计算机在复杂性方面有什么不同?大脑与计算机相比有什么优势?
2. 人们通常会直接感受到他们所处的环境,特别是涉及诸如视觉、听觉或表面纹理等感官体验时。然而,我们对神经系统如何运作的了解表明情况并非如此。为什么生理学家会说人所有的经历都是间接的?
3. 采用 fMRI 扫描仪测量大脑活动时,人的头部进入磁共振扫描仪扫描,而且身体不能动,机器的运转噪声也很大。脑扫描仪的这些特征会如何限制研究的行为类型?
4. 有人认为,我们永远无法完全理解大脑是如何运作的,因为这涉及用大脑来研究大脑。你怎么看这种观点?

关键术语

布洛卡区(Broca's area, p.049)
布洛卡失语症(Broca's aphasia, p.049)
参考电极(reference electrode, p.037)
测试区域(test location, p.058)
层次分析(levels of analysis, p.032)
大脑皮层(cerebral cortex, p.049)
顶叶(parietal lobe, p.050)
动作电位(action potential, p.037)
多维(multidimensional, p.054)
额叶(frontal lobe, p.050)
分布式表征(distributed representation, p.055)
分层加工(hierarchical processing, p.045)
感觉编码(sensory code, p.045)
感受器(receptors, p.035)
功能定位(localization of function, p.049)
功能连接性(functional connectivity, p.058)
功能性磁共振成像(functional magnetic resonance imaging, fMRI, p.052)
基于经验的可塑性(experience-dependent plasticity, p.042)
记录电极(recording electrode, p.037)
结构连接性(structural connectivity, p.057)
静息电位(resting potential, p.037)
静息态 fMRI(resting-state fMRI, p.058)
静息态功能连接(resting-state functional connectivity, p.058)
连接组(connectome, p.057)
面孔失认症(prosopagnosia, p.050)
默认模式网络(default mode network, DMN, p.061)
脑成像(brain imaging, p.051)
颞叶(temporal lobe, p.044)
旁海马空间(parahippocampal place area, PPA, p.053)
皮层均势(cortical equipotentiality, p.049)
群体编码(population coding, p.046)
认知神经科学(cognitive neuroscience, p.032)
任务态 fMRI(task-related fMRI, p.052)

神经表征原理（principle of neural representation, p.040）

神经冲动（nerve impulse, p.037）

神经递质（neurotransmitter, p.039）

神经回路（neural circuits, p.035）

神经网（nerve net, p.034）

神经网络（neural networks, p.057）

神经纤维（nerve fibers, p.035）

神经心理学（neuropsychology, p.049）

神经元（neurons, p.034）

神经元学说（neuron doctrine, p.035）

时间序列响应（time-series response, p.058）

视觉皮层（visual cortex, p.043）

树突（dendrites, p.035）

双分离（double dissociation, p.051）

梭状回面孔区（fusiform face area, FFA, p.053）

特异性编码（specificity coding, p.045）

特征觉察器（feature detectors, p.042）

体素（voxels, p.052）

突触（synapse, p.035）

威尔尼克区（Wernicke's area, p.050）

威尔尼克失语症（Wernicke's aphasia, p.050）

微电极（microelectrodes, p.037）

纹外身体区（extrastriate body area, EBA, p.053）

稀疏编码（sparse coding, p.047）

细胞体（cell body, p.035）

枕叶（occipital lobe, p.050）

种子点（seed location, p.058）

轴突（axons, p.035）

追踪加权成像（track-weighted imaging, TWI, p.057）

不必意识到复杂的知觉过程，你可能就很容易知觉出图中是一个楼梯。在这个过程中，你分辨出楼梯的扶手和落在墙上的扶手影子，意识到扶手的竖栏杆一半处于暗处，一半处于明处（它们并非颜色不同），以及图中左侧的"客体"很可能是一扇门的一部分。也许你需要稍微长的时间判断墙上投射的影子并非你看到的这个楼梯的影子，而是它上层楼梯的影子。尽管知觉通常很容易，但是它具有复杂的、通常未被意识到的过程，这就是本章的一个主题。

知觉

第3章

知觉的性质
知觉的基本特征
人类对客体和场景的知觉
> ▶ 演示实验　场景知觉中的难题

计算机视觉系统对客体和场景的知觉

为什么设计一个知觉机器如此困难？
感受器接收的刺激是模棱两可的
客体有可能被遮挡或模糊不清
客体从不同角度看是不同的
场景知觉含有高水平的信息加工

人类知觉的信息
客体知觉
言语知觉
▶ 自我测验 3.1

客体知觉的概念
赫尔姆霍兹的无意识推理理论
完形主义的知觉组织原则
　　良好连续性
　　简单性
　　相似性
环境规律对知觉的影响
　　物理规律
　　语义规则
> ▶ 演示实验　想象场景和客体

贝叶斯推理
比较四种方法
▶ 自我测验 3.2

神经元和关于环境的知识
对水平朝向和垂直朝向响应的神经元
基于经验的可塑性

知觉和运动：行为
运动促进知觉
知觉和运动的相互作用

知觉和运动：生理
What 通路和 Where 通路
> ▶ 研究方法　脑毁损

知觉通路和运动通路
镜像神经元

思考　知识、推理和预测
▶ 自我测验 3.3

本章小结
思考题
关键术语

我们将思考的一些问题

➤ 为什么不同的人对相同的刺激会有不同的知觉体验？（第 80 页）

➤ 有关环境特征的知识是如何影响我们的知觉的？（第 87 页）

➤ 为了更好地应对环境中可能出现的事物，我们的大脑都产生了哪些变化？（第 95 页）

➤ 知觉和运动有何关系？（第 97 页）

当太阳从海平面升起时，克里斯特尔沿着海滩开始晨跑。她喜欢这个时候的海滩，因为此时不仅凉爽，还有薄雾从海滩上升起时的那种神秘感。她看向远处，发现距离她大约 90 米处的海滩上有样昨天没有的东西。她心想，"多有意思的一块浮木"，在薄雾和昏暗的光线中能见度很低（图 3.1a）。当她慢慢地靠近这个物体时，她开始怀疑自己最初的知觉。正当她还在思索那个物体是不是浮木时，她意识到那其实是一把旧遮阳伞（图 3.1b），这把遮阳伞昨天还放在救生员看台的下面。意识到真相之后，她不由得对刚才发生的一切感到惊奇，"浮木居然就在我眼前变成了遮阳伞！"

沿着海滩继续跑步，她发现了一条盘着的绳子，似乎是被丢弃了的（图 3.1c）。她停下来，抓住绳子的一端，一边抖动，一边查看。正如她所预料的那样，绳子是完好的。但她没有多做停留，因为她打算到沙滩尽头一家名为海滩咖啡馆的咖啡屋见一位朋友。稍后，她坐在咖啡屋里，把自己错将遮阳伞看成浮木的事情告诉了她的朋友。

知觉的性质

我们将通过刺激感觉器官而产生的体验称为**知觉**。为了理解知觉体验形成的过程，让我们回想一下克里斯特尔在沙滩的经历。

知觉的基本特征

克里斯特尔的经历说明了有关知觉的多个问题：首先，她看到"浮木"变成遮阳伞的经历说明知觉会随着信息的增加而发生改变（克里斯特尔越接近遮阳伞，视野越清晰）；同时，知觉也涉及与推理和问题解决类似的过程（在一定程度上，克里斯特尔对客体的识别基于她昨天见过遮阳伞的记忆）。音乐剧《超人正传》中的一句台词也是一个非常好的例子："是小鸟。是飞机。是超

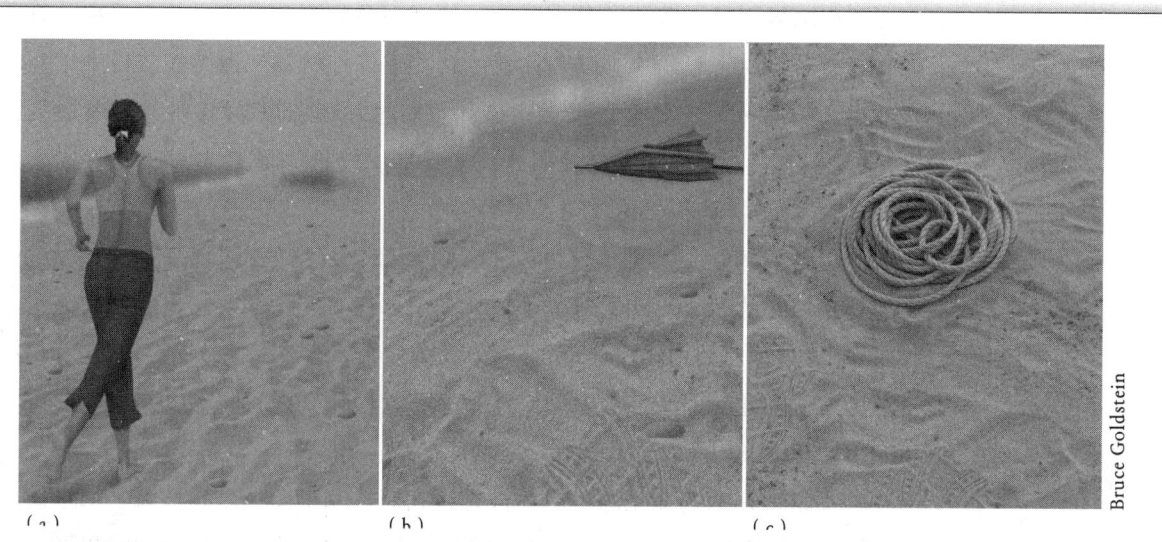

图3.1 （a）起初，克里斯特尔以为自己所看到的海滩远处的物体是一大块浮木。（b）最终，她意识到那其实是一把遮阳伞。（c）在沿着海滩晨跑的途中，她发现了一条绳子。

人！"一开始，我们可能会将远处飞来的物体当成一只小鸟；当"它"飞近一些时，我们又觉得那是一架飞机；当他飞到我们近前，我们看清了，原来是超人来了。克里斯特尔猜测绳子是完好连续的，这个例子体现了知觉组织法则对知觉的作用（当客体重叠时，下面的客体通常连着上面的客体），这种知觉组织法则可能基于个体过去的经验。

克里斯特尔的经历还说明，对事物的知觉需要一个过程：她需要花费一定的时间才能意识到自己本以为是浮木的东西其实是一把遮阳伞。也就是说，她的知觉很可能涉及一个"推理"的过程。尽管在大多数情况下，知觉发生得非常迅速、毫不费力，就像是不假思索的，但通过本章的学习，我们将了解到，知觉其实远非不假思索的，它涉及许多复杂的、不可见的加工过程。这些过程与推理类似，尽管其发生速度远远比克里斯特尔意识到"浮木"其实是遮阳伞的速度快得多。

最后，克里斯特尔的经历还解释了知觉与动作是如何同时发生的。她在跑步的同时感知到周围的事物。随后，她很容易地拿起了一杯咖啡，这个简单的动作涉及对一系列加工过程的协调，其中包括：看到咖啡杯，确定它的位置，伸手去拿它，以及抓住杯子的手柄。克里斯特尔的这些经历在日常生活的知觉过程中随处可见。我们总是在运动，甚至当我们坐在电视机前看电视、电影或者体育节目时，眼睛也会随着注意的转移不停地转动，以感知节目中正在发生的事。我们每天还要重复很多次诸如"端起一杯咖啡""接听一个电话"或者"拿起一本书"这样的动作。因此，知觉不仅仅是"看"或"听"，它在人们组织行为以应对环境方面起着主要作用。

更重要的是，知觉不仅可以将环境图像化，帮助我们在环境中采取行动，它还是认知的核心。知觉对于记忆、知识习得、问题解决、与他人交流，甚至是认出你在上周遇见的人、完成一次认知心理学的考试等过程都是必不可少的。思考这些问题时，我们会发现知觉是所有其他认知过程（本书其他章节将会介绍）的基础。

本章旨在阐明知觉的机制。首先，我们从克里斯特尔在沙滩、咖啡馆的经历转向对城市的景象的知觉：从匹兹堡国家银行公园的上层看台眺望匹兹堡。

人类对客体和场景的知觉

罗杰坐在匹兹堡国家银行公园（匹兹堡海盗队的主场）的上层看台，眺望整个城市［图 3.2（彩）］。在左侧，他看到十几栋彼此很容易区分的建筑。在正前方，他看到了一前一后、一大一小的两栋建筑，不难分辨它们是两栋相互独立的建筑。向河的方向看去，他在右侧露天座位区域的上方看到了一个水平方向上的黄色带子。显然，这并不是棒球场的一部分，而是位于河的对岸。

罗杰的所有知觉对他而言都是自然而然发生的，并不需要付出任何努力。但当我们仔细观察时，这些场景开始让我们伤脑筋。下面的演示实验指出了其中的一些。

演示实验　场景知觉中的难题

下面的问题涉及图 3.2 中被标记出来的区域。请回答每一个问题并说明原因：
- A 处的暗区是什么？
- B 面和 C 面是朝着相同的方向，还是不同的方向？
- B 和 C 位于相同还是不同的建筑上？
- D 建筑是在 A 建筑的后面吗？

虽然回答这些问题很容易，但说出其中的原因可能有些困难。例如，你是如何知道 A 处的暗区是阴影的？它也可能是浅色建筑物前面的一栋深色建筑。或者你判断 D 建筑在 A 建筑后的依据是什么？D 也有可能与 A 紧紧相邻。我们可以思考这个场景中类似的问题，正如后面内容将会讲到的，一个特定形状的图案可以由众多客体形成。

演示实验所要表达的一个信息是，我们需要"超越"场景在视网膜（位于眼睛后部、包含视觉感受器）上形成的亮度图案来确定场景中的客体是什么。想一想，即便是最强大的计算机也难以完成对于人类而言很容易的知觉任务，就不难理解这一"超越"过程的重要性了。

计算机视觉系统对客体和场景的知觉

让计算机进行感知，一直是人类的梦想，这一梦想可以追溯到早期的科幻小说和电影。电影可以编造故事，所以在《星际大战》(Star Wars)中就上演了机器人 R2-D2 和 C3PO 在沙漠星球塔图因上交谈的一幕。这两个机器人既可以在星际间驾驶飞船航行，也可以识别沿途中的物体。

但是设计出能够知觉环境、识别客体和场景的计算机视觉系统比创作《星际大战》这部电影复杂得多。在 20 世纪 50 年代，当研究人员开始使用数字计算机时，认为可能只需要 10 年就可以设计出一种能与人类视觉系统相匹敌的计算机视觉系统。但是早期的系统很原始，即使只是识别简单的独立客体，也需要几分钟进行计算，但儿童仅需要几秒就可以叫出这个客体的名字。研究者们意识到，知觉客体和场景的计算机系统仍然是科幻小说的题材罢了。

直到 1987 年，才有第一本专门研究计算机视觉的杂志《国际计算机视觉》(International Journal of Computer Vision)创刊。第一期文章的主题有：如何解释曲面客体的线条（Malik，1987）；如何通过场景中的连续动作判断场景的三维布局（Bolles et al.，1987）等。这个杂志上的文章致力于使用复杂的数学公式解决人类很容易完成的知觉问题。

把镜头快速向前移至 2004 年 3 月 13 日，13 个机器人车辆在加利福尼亚州的莫哈韦沙漠参加美国国防高级计划局（Defense Advanced Projects Agency）的大挑战。任务是在仅使用全球定位系统确定路线和通过计算机视觉来躲避障碍物的条件下，从起点行驶 240 公里至拉斯维加斯。最终，卡耐基梅隆大学设计的机器人取得了最好成绩,但它仅行驶了 11.7 公里就被堵住了。

但在随后的 10 年,通过数以千计的研究者的努力,投入了几百万美元的研究经费,无人驾驶汽车已不再是新奇的东西了。当我撰写这部分书稿时,一些无人驾驶优步汽车正在匹兹堡、旧金山以及其他城市穿梭(图 3.3)。

上述例子是想说明尽管计算机视觉系统取得了傲人的成绩,但是制造出无人驾驶汽车还是很困难的。而且,虽然制造出了如此傲人的无人驾驶汽车,但是计算机视觉系统在进行客体命名时仍然会犯错误。例如,图 3.4 中显示了三个被计算机当成网球的客体。

在计算机视觉的其他领域,已经开发了可以解析真实场景的程序。例如,

图 3.3 旧金山街道上的无人驾驶车辆。

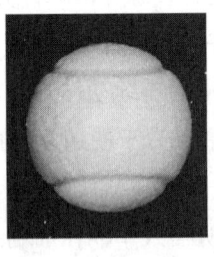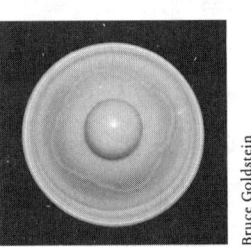

图 3.4 即便是客体再认成绩很好的计算机视觉程序也会犯一些错误,比如无法分辨具有相似形状的物体。在这个例子中,镜头盖和茶壶的顶端被错误地识别为"网球"。

来源:Simonyan et al.,2012.

计算机可以准确地识别与图 3.5 类似的场景为"跑道上的一架大型飞机"。但是，仍然存在问题，类似图 3.6 的场景被识别为"一个拿着棒球棒的小男孩"（Fei-Fei，2015）。计算机存在的问题是它没有像人类一样从出生就收集外部世界信息的巨大"仓库"。如果计算机从来没有看过牙刷，它会把牙刷当作其他形状相似的东西。尽管计算机对于机场图片的识别是正确的，但是它无法识别这是正在展出的飞机图片，也许是在航空展览上。也无法识别这是乘客，还是参观航空展览的观众。因此，虽然从 20 世纪 50 年代首次尝试设计计算机视觉系统到今天，我们已经取得了很大的进步，但是到目前为止，人类依然比计算机的感知能力强。在下一节，我们将思考计算机难以感知的原因。

图 3.5 计算机视觉系统很容易将这张图片识别为与其相似的场景——"一辆大型飞机在跑道上停泊"。

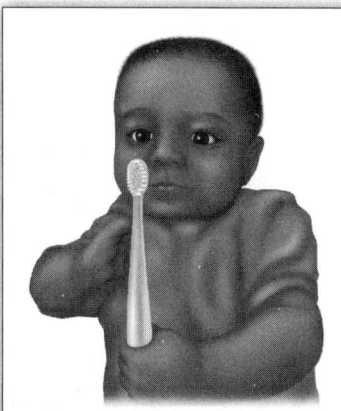

图 3.6 计算机视觉系统很容易将这张图片识别为与其相似的场景——"一个小男孩举着棒球棒"。

为什么设计一个知觉机器如此困难？

现在讨论设计一个知觉机器所面临的一些难题。这些问题对计算机而言十分困难，但对人类而言十分简单。

感受器接收的刺激是模棱两可的

当你看一本书的某一页时,该页的边缘在视网膜上的投影图像是模糊的。这个说法听起来可能有些奇怪,因为:(1)页面的形状是矩形的似乎是一件很明显的事情;(2)一旦我们知道书页的形状和它到眼睛的距离,那么确定其在视网膜上的图像就是一个简单的几何问题而已。这一点如图3.7(彩)所示,可以通过画一条从页面的红色边角延伸到眼底的辅助"射线"来解决。

然而,知觉系统关心的并不是确定物体投射在视网膜上的图像。视网膜上的图像仅仅是知觉的开始,知觉的任务是要确定形成这一图像的外部客体。确定视网膜上的特定图像所对应的外部客体的任务被称为**逆投射问题**,因为该过程中的射线是从视网膜图像处向眼睛深处延伸的。当这样做时,如图3.7(彩)中的延长线所示,我们会看到矩形页面投射到视网膜上的图像也有可能是由其他客体形成的,可能是一个倾斜的梯形,或者一个更大的矩形,或者位于不同位置的无数的其他图形。当我们理解了视网膜上的特定图像可以由环境中众多客体形成时,也就很容易明白为什么我们说视网膜上的图像是模糊的了。人类视觉系统很容易就解决了逆投射问题,但是这对于计算机视觉系统来说非常具有挑战性。

客体有可能被遮挡或模糊不清

有时候,物体会被遮挡或模糊不清。比如,在继续阅读之前,试着在图3.8中找到铅笔和眼镜。尽管你可能需要花一点时间搜索,但人们仍可以找到位于画面前端的铅笔和位于计算机后面的眼镜,即使只能看到这些物体的一小部分。人们也可以很容易地找到书、剪刀和纸,即使它们被其他物体遮住了一部分。

当一个客体掩盖了另一个客体的一部分时,就会出现隐藏客体的问题。这种情况在我们所处的环境中经常发生,人们很容易意识到被覆盖的客体仍然存在,并且能够使用他们对环境的知识来判断可能出现的情况。

人类也能识别不是特别清晰的物体,例如图3.9中的面孔。试试看,你能认出几个人,答案在本章最后一页。这些图像十分模糊,不过人们仍可以识别其中的大多数面孔,而计算机在这项任务上的表现很不好(Sinha,2002)。

图 3.8 作者杂乱的书桌的一部分。你能找到被遮住的铅笔（容易）和作者的眼镜（困难）吗？

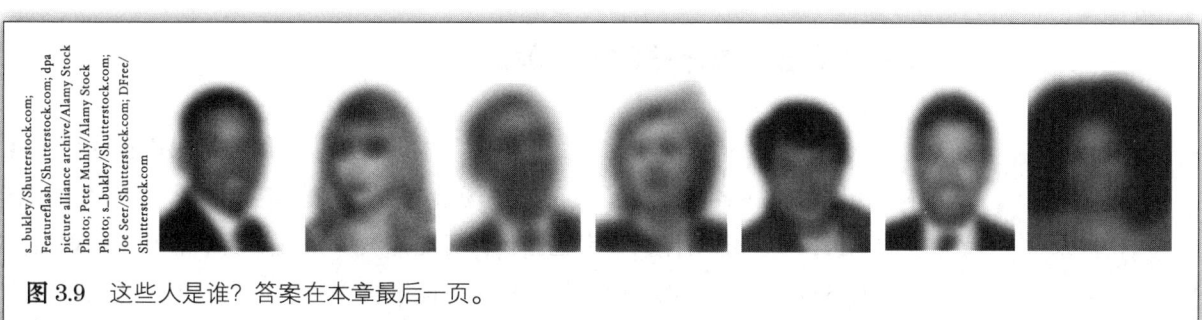

图 3.9 这些人是谁？答案在本章最后一页。
来源：Sinha, 2002.

客体从不同角度看是不同的

知觉机器面临的另一个问题是人们通常会从不同的角度观察物体，这就意味着物体的图像会随着观察角度的变化而改变，如图 3.10 所示。因此，人们能将图 3.10 中不同角度的椅子照片知觉为同一把椅子。人们即使从不同的角度观察，也能识别这个物体的能力被称为**视角不变性**。而计算机视觉系统需要复杂的计算过程才可以实现视角不变性，这些计算过程是为了匹配不同视角上的物体的各个点（Vedaldi，Ling，& Soatto，2010）。

图 3.10　将从上面三个视角下看到的椅子识别为同一把椅子是视角不变性的一个例子。

场景知觉含有高水平的信息加工

从客体知觉到场景知觉，复杂程度又增加了。不仅因为场景内包含多个客体，还因为这些客体提供了关于这个场景的信息，这需要推理。想一想图 3.5 中的飞机图片。依据什么确定这些飞机可能是展示在航空展中的？一种理由是右侧的飞机是一架旧式军用飞机，极有可能不再使用了。我们也知道图片中的人不是等候登机的乘客，因为他们正在草地上散步，而且没有拿行李。人类很容易提取这些线索，而计算机需要复杂的程序。

知觉机器遇到的难题说明了知觉过程远比它看起来的复杂。因此，在描述感知时，我们的任务是解释知觉过程，关注人类如何感知。首先，思考一下人类感知系统使用的两类信息：（1）感受器接收来自环境的刺激；（2）观察者在知觉过程中的知识经验和期望。

人类知觉的信息

知觉基于来自环境的信息。想一下视网膜图像的形成,这个视网膜图像产生的电信号从视网膜传至大脑的视觉感受区。从眼到脑这一系列过程就是**自下而上加工**,因为它始于这个系统的"底层"或开端,即当环境刺激感受器时。

但是知觉不仅包含激活感受器和自下而上加工,还包括信息。知觉需要个体对环境的知识经验以及对知觉情境的期望。例如,还记得第1章的实验吗?该实验表明,当厨房场景中快速闪过的物体与场景相吻合时,人们能够更准确地识别该物体(图 1.13)。人类关于环境的知识是**自上而下加工**的基础,这一过程始于脑,即知觉系统的"顶端"。因此,人们可以快速识别客体和场景,而且可以推理客体和场景背后的故事。接下来,思考另外两种自上而下加工的例子:客体知觉和言语知觉。

客体知觉

如图 3.11 所示,被称为"模糊团块的多重属性"就是自上而下加工的一个例子。即使这些团块相同,但是人们基于它们的朝向及其所处的场景,可以识别出不同的客体(Oliva & Torralba,2007)。在图 3.11b 中我们把团块知觉为桌子上的物体,在图 3.11c 中是弯腰人的鞋,在图 3.11d 中是汽车和正在穿越街道的人。基于不同场景下对各类客体的知识经验,人们把团块知觉为不同的客体。因此,人类的知觉胜过机器视觉的部分原因是人类具有自上而下的知识经验。

言语知觉

一个自上而下的加工过程影响言语知觉

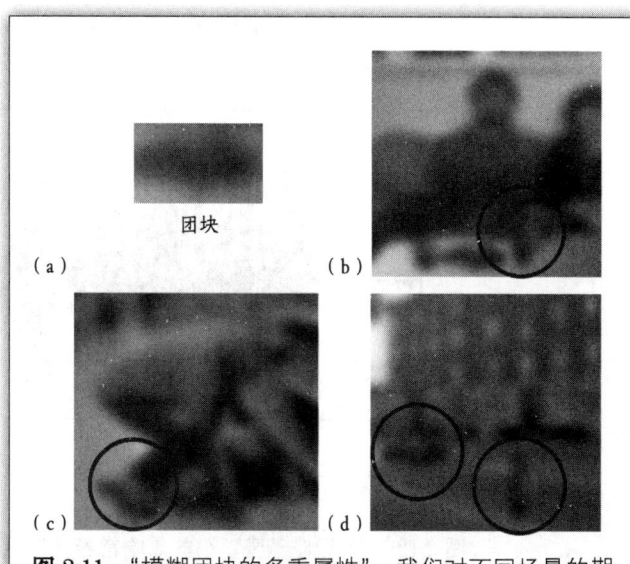

图 3.11 "模糊团块的多重属性"。我们对不同场景的期望会影响我们对圆圈内"团块"身份的解释。
来源:Adapted from A. Oliva & A. Torralba, 2007.

的例子是我坐在餐厅里听邻桌的人讲西班牙语。不幸的是，因为我听不懂西班牙语，所以对我来说，除了偶尔的停顿以及像"Gracias（谢谢）"这样熟悉的常用语，这段对话听起来就像是一串完整的声音序列。这说明，语音的物理信号通常是连续的，即使中间有间断，也不一定发生在单词之间。如图 3.12，通过比较句子中的每个单词的起始位置与声音信号的波形，就可以看到这个现象。

分析对话中的一个词什么时候结束、下一个词什么时候开始的能力被称为**语音切分**。一个只熟悉英语的听者和另外一个熟悉西班牙语的听者接收相同的声音刺激也会有不同的体验，这意味着每一个听者已有的语言经验（或缺乏的语言经验）会影响他的言语知觉，连续的声音信号进入耳朵并向大脑语言区域发送信号（自下而上的加工）；如果听者懂这种语言，他们的语言经验就会帮助他们感知（识别）单词（自上而下的加工）。

知道单词的词义可以帮助切分语流，听者也可以利用其他信息来实现切分。人们学习一种语言时，学到的不仅仅是单词的意思。人们甚至没有意识到自己正在学习**转换概率**，它是指一个单词内某个语音跟随另一个语音的可能性，例如，"pretty baby（漂亮宝贝）"这个词。在英语中，pre 和 ty 很有可能出现在同一个单词中（pre-tty），但 ty 和 ba 不太可能出现在同一个单词中（pretty baby）。

每种语言对于不同的声音都有转换概率，学习转换概率和语言其他特征的

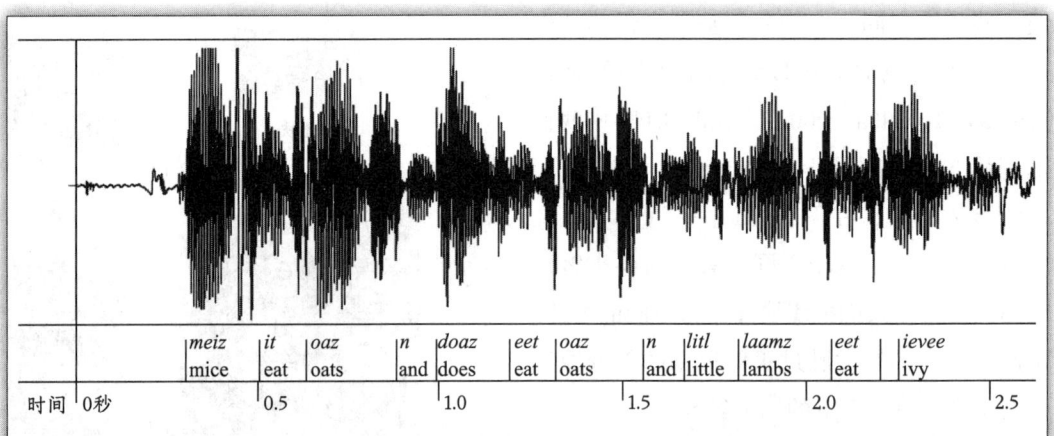

图3.12 "老鼠吃燕麦，小羊羔吃常春藤"这句话的声能。录音下面的单词表示说话者是如何发音的。单词旁边的竖线表示每个单词的起始位置。注意，从录音中很难或不可能分辨一个单词在哪里结束，下一个单词在哪里开始。

来源：Speech signal courtesy of Peter Howell.

过程称为**统计学习**。研究表明，8个月大的婴儿就具备统计学习的能力。

Jennifer Saffran 及其同事（Saffran et al., 1996）进行了一项早期实验，该实验对婴儿的统计学习进行了模拟，他们的实验设计如图 3.13a。在实验的学习阶段，婴儿会听到 bidaku、padoti、golabu、tupiro 等四个无意义"单词"，这些词随机组合形成 2 分钟不间断的声音。一个由这些单词组合而成的字符串的例子是"bidaku**padoti**golabu**tupiro**padoti**bidaku**……"在这个序列中，每隔一个单词都用黑体字打印，以帮助其挑选单词。然而，当婴儿听到这些声音序列时，所有的单词的语调模式相同，单词之间没有标识一个单词在哪里结束、下一个单词在哪里开始的停顿。

单词内两个音节之间的转换概率总是 1.0。例如，在 bidaku 这个词中，当 /bi/ 出现时，/da/ 总是在它之后。同样的，当 /da/ 出现时，/ku/ 总是在它之后。换句话说，这三个音节总是以固定的顺序出现，形成了 bidaku 这个单词。

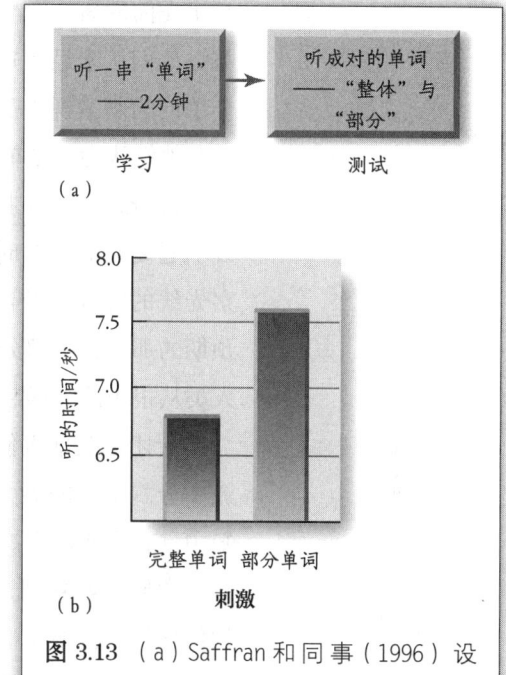

图 3.13 （a）Saffran 和同事（1996）设计的实验，婴儿听一串连续的无意义音节，然后测试他们认为哪些声音是一起的。（b）结果表明，婴儿听"部分词"刺激的时间更长。

一个单词的结束音节到另一个单词的开始音节之间的转换概率只有 0.33。例如，bidaku 的最后一个音节 /ku/ 后接着 padoti 的第一个音节 /pa/ 的概率为 33%，音节 /ku/ 之后是 tupiro 的第一个音节 /tu/ 的概率是 33%，之后是 golabu 的第一个音节 /go/ 的概率也是 33%。

如果 Saffran 实验中的婴儿对转换概率敏感，他们会将 bidaku 或 padoti 等刺激视为单词，因为这些单词中的三个音节之间的转换概率为 1.0。相比之下，像 tibida（padoti 的最后一个音节加上 bidaku 的前两个音节）这样的刺激不会被视为单词，因为转换的可能性小得多。

为了确定婴儿是否真的把 bidaku 和 padoti 这样的刺激物当作单词来感知，研究人员对婴儿进行了两组三音节刺激物的测试。其中一些刺激物是以前出现过的"词"，比如 padoti。这些是"完整单词"。其他的刺激是由一个单词的结尾和另一个单词的开头构成的，比如 tibida。这些是"部分单词"。

研究者预期，与完整单词相比，婴儿会更长时间地听部分单词。这个预期基于先前的研究，婴儿往往会对因为重复而变得熟悉的刺激失去兴趣，更多地关注他们从未经历过的新奇刺激。因此，如果婴儿在 2 分钟的学习过程中将整个单词的刺激视为反复出现的单词，那么他们对这些熟悉的刺激的注意就会少于对他们认为不是单词的更新颖的部分单词刺激的注意。

Saffran 通过在扬声器附近的闪烁灯光来测量婴儿听每个声音的时间。当光线引起婴儿的注意时，声音就开始了，直到婴儿看向别处。因此，婴儿通过观察光线的时间来控制他们听到每个声音的时间。如图 3.13b 显示，婴儿确实如预期的那样，听部分单词刺激的时间更长。从这些结果中可以得出这样的结论：人类从很小的时候起就具有使用转换概率将语流切分成单词的能力。

上述是关于人们对物体的感知以及语音统计信息如何影响人们在连续语音流中分割单词的能力的示例。这说明，关于场景的知识以及自上而下加工在感知中具有重要作用。

我们已经看到，感知依赖两种类型的信息：自下而上（基于环境刺激受体的信息）和自上而下（基于知识的信息）。不同的人对感知系统如何使用这些信息有不同的理解。现在介绍感知物体的四种主要方法，这将带我们踏上一段从 19 世纪开始到现代的物体感知概念的旅程。

自我测验 3.1

1. 克里斯特尔沿着沙滩跑步的过程体现了知觉的哪些特性？列出至少三种不同的知觉特征。为何知觉的重要性不仅限于客体识别？
2. 基于"演示实验：场景知觉中的难题"专栏中的"知觉难题"和计算机视觉，举例说明知觉不仅仅是感受器接收的或明或暗的刺激。
3. 回顾本章内容，在 20 世纪 50 年代，计算机视觉的能力如何？设计计算机视觉系统有多难？
4. 阐述设计知觉机器很难的四个理由。
5. 什么是自下而上加工？什么是自上而下加工？试用下面两个例子解释为什么知觉不仅包括自下而上加工：（1）模糊团块的多重属性；（2）对语句中的单词进行知觉。
6. 描述一下 Saffran 关于 8 个月大的婴儿对转换概率敏感的实验。

客体知觉的概念

关于人们如何使用信息的早期理论是由 19 世纪的物理学家兼生理学家赫尔曼·冯·赫尔姆霍兹（Hermann von Helmholtz，1821—1894）提出的（Hermann von Helmholtz，1866/1911）。

赫尔姆霍兹的无意识推理理论

赫尔姆霍兹作为物理学家对很多领域都有重要贡献，如热力学、神经生理学、视知觉和美学。他还发明了检眼镜，直至今天，眼科医生还在用它来观察眼内的血管。

赫尔姆霍茨对知觉研究领域的一个贡献是他认识到视网膜上的图像是模糊的。我们知道，视网膜的模糊性意味着视网膜上特定的刺激图案可以由环境中的众多不同的客体形成［如图 3.7（彩）］。例如，图 3.14a 中的刺激图案代表什么？对于大多数人来说，这种图案会如图 3.14b 所示，知觉为灰色矩形位于黑色矩形之前。但正如图 3.14c 所示，这实际上也有可能是灰色矩形及其后面或右面的黑色六边图形引起的。

赫尔姆霍兹的问题是：知觉系统如何"确定"视网膜上的这一图案是由重叠的矩形所形成的。他的答案是**似然原则**，也就是我们会倾向于将所接收的刺

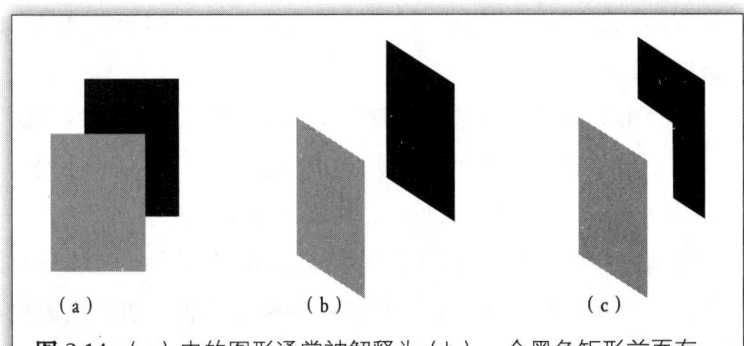

图 3.14 （a）中的图形通常被解释为（b）一个黑色矩形前面有一个灰色的矩形。然而，它也可以是（c）一个灰色矩形和一个位于适当位置的黑色六边图形。

激图案知觉为最有可能形成该刺激图案的客体。根据赫尔姆霍兹的观点，这种最有可能判断的发生，是通过一个**无意识推理**的过程来实现的，在这个过程中，知觉是我们对环境做出无意识的假设或推论的结果。因此，我们推断图 3.14a 很可能是一个矩形覆盖在另一个矩形上，因为我们有过类似的经验。

赫尔姆霍兹对知觉过程的描述类似于问题解决所涉及的过程。对于知觉而言，问题就是确定特定的刺激图案是由什么样的客体引起的，对该问题的解决则是通过"知觉系统利用已有的关于环境的知识来推断这一客体可能是什么"这一过程来实现。

赫尔姆霍兹理论的一个重要特征是，这种知觉过程最有可能导致视网膜图像快速且无意识地产生。这种无意识推理通常基于似然原则，导致知觉看起来是"即时的"，但实际上，这是快速加工的结果。因此，人们毫不费力就可以解决图 3.2 中的知觉谜题，根据赫尔姆霍兹的观点，这种能力是无意识加工过程的结果（见 Rock，1983，这个想法的更新近版本）。

完形主义的知觉组织原则

大概在赫尔姆霍兹提出无意识推理理论的 30 年后，**完形心理学家**提出了另一种理论。与赫尔姆霍兹的理论的目的相同，完形心理学（也称格式塔心理学）旨在解释我们是如何感知客体的，但是解决问题的方法不同。

完形心理学一部分源于威廉·冯特的构造主义（见第 007 页）。第 1 章介绍了冯特认为人们的整体感知经验是通过将基本的感觉元素组合形成的。根据这个观点，我们对图 3.15 中面孔的知觉就是对图中多个点的感觉相加。

完形心理学家不接受知觉是由很多感觉叠加而成的看法，他们之所以不接受这个观点，一个原因是心理学家马科斯·韦特海默（Max Wertheimer）在 1911 年的一次度假中在德国坐火车的经历（Boring，1942）。在路过法兰克福站台下车休息时，他从站台上卖玩具的小贩处买了一个玩具频闪仪。频闪仪是一种机械装置，通过快速地交替呈现两个略有不同的图片来产生运动错觉。这使得韦特海默有些怀疑构造主义的观点（经验由感觉形成）是否能解释频闪仪形成的运动错觉。

图 3.16 阐述了由频闪产生运动错觉的原理。这种错觉被称为**似动**，

图 3.15 根据结构特征，这些感觉（由图中的点表示）合在一起被知觉为面孔。

因为虽然知觉到了运动，但其实刺激并没有真正移动。产生似动的刺激有三个成分：（1）第一次闪光的出现和消失（图3.16a）；（2）持续不到1秒的黑屏（图3.16b）；（3）第二次闪光的出现和消失（图3.16c）。因此，物理上是先后呈现了两张闪光的图片，在这两张图片之间的是一段黑屏时间。但我们没有看到黑屏，因为知觉系统为这段黑暗间隔增加了一点东西，即闪光从第一次闪烁所在位置移动到了第二次闪烁所在位置的知觉（图3.16d）。现代生活中的另一个似动的例子是电子信号屏，常用来呈现一些动态广告或者新闻标题和电影。这些屏幕中的运动知觉非常强烈，以至很难想象它们是由固定间歇的闪烁灯光所组成的（如滚动新闻条），或者由一帧又一帧的静止图像所组成的（如电影）。

韦特海默从似动现象中得出了两个结论。第一个结论是似动不能由感觉所解释。因为在两次闪光间的黑暗期间什么也没有。他的第二个结论成为完形心理学的一条基本原理：整体不等于部分之和，因为知觉系统创造了事实上并不存在的运动知觉。这一观点，即"整体不等于部分之和"，推动完形心理学家提出了**知觉组织原则**来解释元素组合形成较大客体的过程。例如，在图3.17中，一部分暗区被知觉为斑点狗，而另外一部分被知觉为背景中的阴影。接下来，介绍一些知觉组织的原则，首先回顾一下克里斯特尔在沙滩上奔跑的例子。

（a）一次闪光

（b）黑暗

（c）第二次闪光

（d）闪光—黑暗—闪光

图3.16 形成似动的条件。（a）先出现一次闪光，接着是（b）一个短暂的黑暗时期，然后是（c）另一个不同位置的闪光。由此形成知觉是从左到右移动的光（d）。尽管实际上两个闪光间并无其他刺激，只有黑屏，我们仍可以看见光从第一个位置移动到了第二个位置。

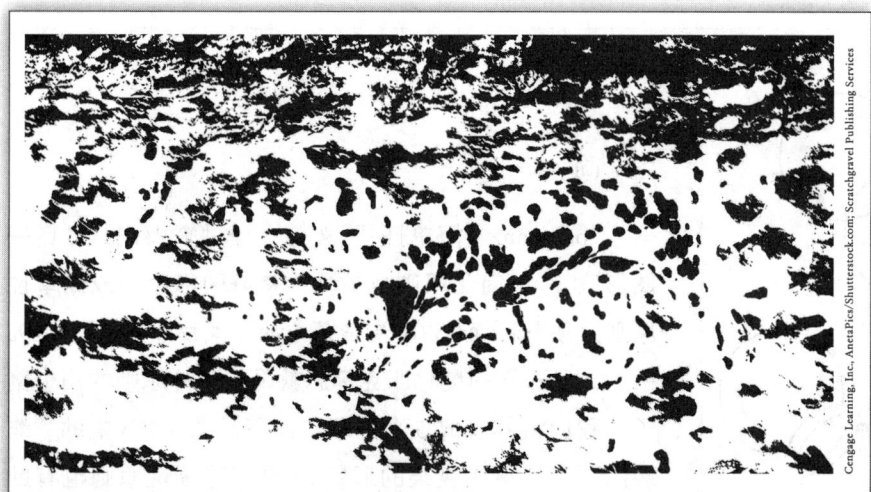

图3.17 一些黑色和白色的斑点被知觉组织为了斑点狗。参见本章最后一页的斑点狗的轮廓。

良好连续性

良好连续性原则是指：如果点被连起来时能形成一条直的或者平滑的曲线，则这些点会被视为一个整体（线），并且这些线会倾向于以最平滑的方式为人们所感知。同样，物体之间相互叠加则会被知觉为连续的整体。因此，当克里斯特尔看到图 3.1c 中的绳子时，她抓住绳子的一端抖动，并没有因为绳子是一个连续的整体而感到惊讶（图 3.18），原因是虽然绳子的许多部分是互相重叠的，但她并没有将其感知为多个独立的部件，而是将它知觉为一个整体（同样的道理，想想你的鞋带）。

图 3.18 （a）海滩上的绳子。（b）良好的连续性使我们把图片感知为一根完整连续的绳子。

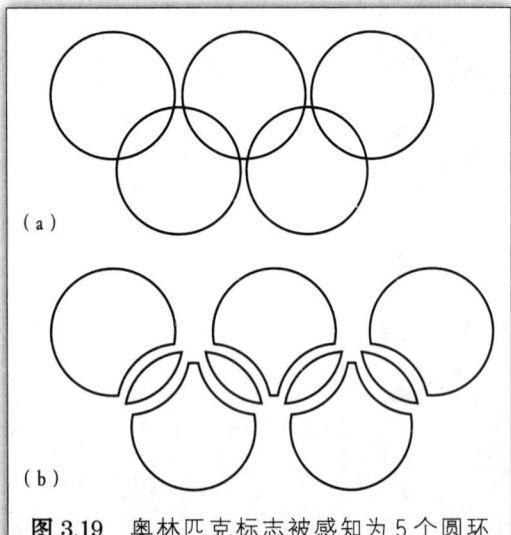

图 3.19 奥林匹克标志被感知为 5 个圆环（a），而不是像（b）中那样的 9 个图形。

简 单 性

"pragnanz（简单性）"从德文译过来大概是"良好图形"。所以简化原则也被称为**良好图形原则**或**简单性原则**：每个刺激都以尽可能简单的方式被知觉。图 3.19a 中为人所熟知的奥林匹克标志就是简单性原则的一个例子。我们将其看成 5 个圆环，而不是图 3.19b 中的"炸裂图"一样更为复杂的形状。（良好连续性原则也有助于感知五个圆环。你知道这是为什么吗？）

相 似 性

大多数人会将图 3.20a 中的点知觉为横向或纵向排列的点，或两种方式的组合，但当我们如图 3.20b 所示改变一些列中的点的颜色后，大部分人就会将其感知为纵向排列的圆点。这一知觉过程阐明了**相似性原则**：相似的事物更容易被知觉编组在一起。图 3.21（彩）呈现了相似性原则的一个典型例子。编组也有可能因形状、大小或方向的相似性而产生。

早期的完形心理学家（Helson，1933）以及当代心理学家（Palmer，1992；Palmer & Rock，1994）还提出了很多其他的知觉组织原则，这些原则的核心就是知觉不仅仅是视网膜上明暗的组织。完形心理学家认为，知觉是由特定的知觉组织原则决定的。

但是这些知觉组织原则源于何处？韦特海默（Wertheimer，1912）将这些原则概括为"内在法则"，这意味着这些原则内置在系统中。这与完形心理学家认为"虽然人的经验影响知觉，但与知觉组织原则相比，经验的作用是次要的"这一观点一致（也见 Koffka，1935）。但赫尔姆霍兹的似然原则和关于客体知觉的现代研究方法都不认为经验在知觉中只起次要作用。似然原则认为，我们关于环境的知识使我们确定了视网膜上形成的组织最有可能是什么；而关于客体知觉的现代研究认为，人们关于环境的知识经验是知觉过程的核心成分。

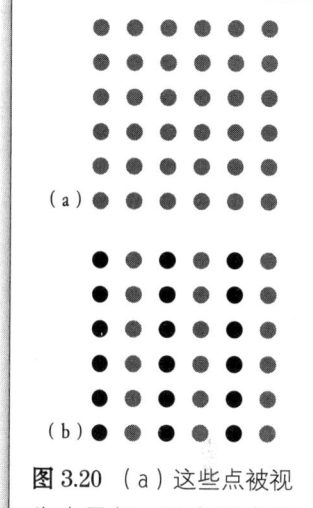

图 3.20 （a）这些点被视为水平行、垂直列或正方形。（b）这些点被视为垂直列。

环境规律对知觉的影响

现代知觉心理学家把经验考虑在内的原因是注意到了环境的某些特征经常发挥作用。例如，蓝色通常与蓝天相关，风景通常是绿色、光滑的，垂直线和水平线与建筑有关。这些经常出现的特征被称为**环境规律**。它包括两种类型的规律：物理规律和语义规律。

物理规律

物理规律是指在环境中有规律地出现的物理特性。例如，在环境中，垂直和水平朝向多于倾斜的朝向（与地面成一定角度）。这一点既存在于人造环境中（例如，建筑物包含许多水平线和垂直线），也存在于自然环境中（树木和植物都更倾向于垂直或水平而不是倾斜）（Coppola et al.，1998）（图3.22）。因此，人们更容易感知水平和垂直方向而非倾斜方向，这就是**倾斜效应**（Appelle，1972；Campbell et al.，1966；Orban et al.，1984）。物理规律的另一个例子是，当一个物体部分覆盖了另一个物体时，被覆盖物体的轮廓能"从另一侧冒出来"，比如图3.18中的绳子。

图3.23a则呈现了另一个物理规律的例子。图3.23a是人们在沙滩上行走时产生的凹痕。但是当我们把这张图片上下颠倒过来时（如图3.23b），沙子上的

图3.22　在这两个自然场景中，水平和垂直朝向比倾斜朝向更加常见。尽管这两个场景是特意挑选出来的具有很大垂直比例的场景，但在随机选择的自然场景照片中，水平和垂直朝向也比倾斜朝向多。这一规律也体现在人造的建筑和物体中。

凹痕看起来就变成了圆形的沙丘。在这两种情况下，不同的知觉结果可以通过**上方光线假设**来解释：我们通常会假设光来自上方，因为环境中的光（包括太阳光和人造光）通常都来自上方（Kleffner & Ramachandran，1992）。图 3.23c 呈现了来自上方的光如何照亮左侧的凹痕，从而在左侧形成阴影。图 3.23d 则显示了相同的光如何照亮凸痕，从而在右侧留下阴影。人们对光照物体的知觉会同时受到它们如何被遮蔽以及光来自上方这已存在于大脑中的假设的影响。

人类觉察、识别物体和场景的能力远比基于计算机的机器人强的一个原因是，人类的知觉系统更适合对环境中的物理特性做出反应，例如物体的朝向和光的方向。这种适应已超越了物理特性，比如"模糊团块的多重属性"的例子

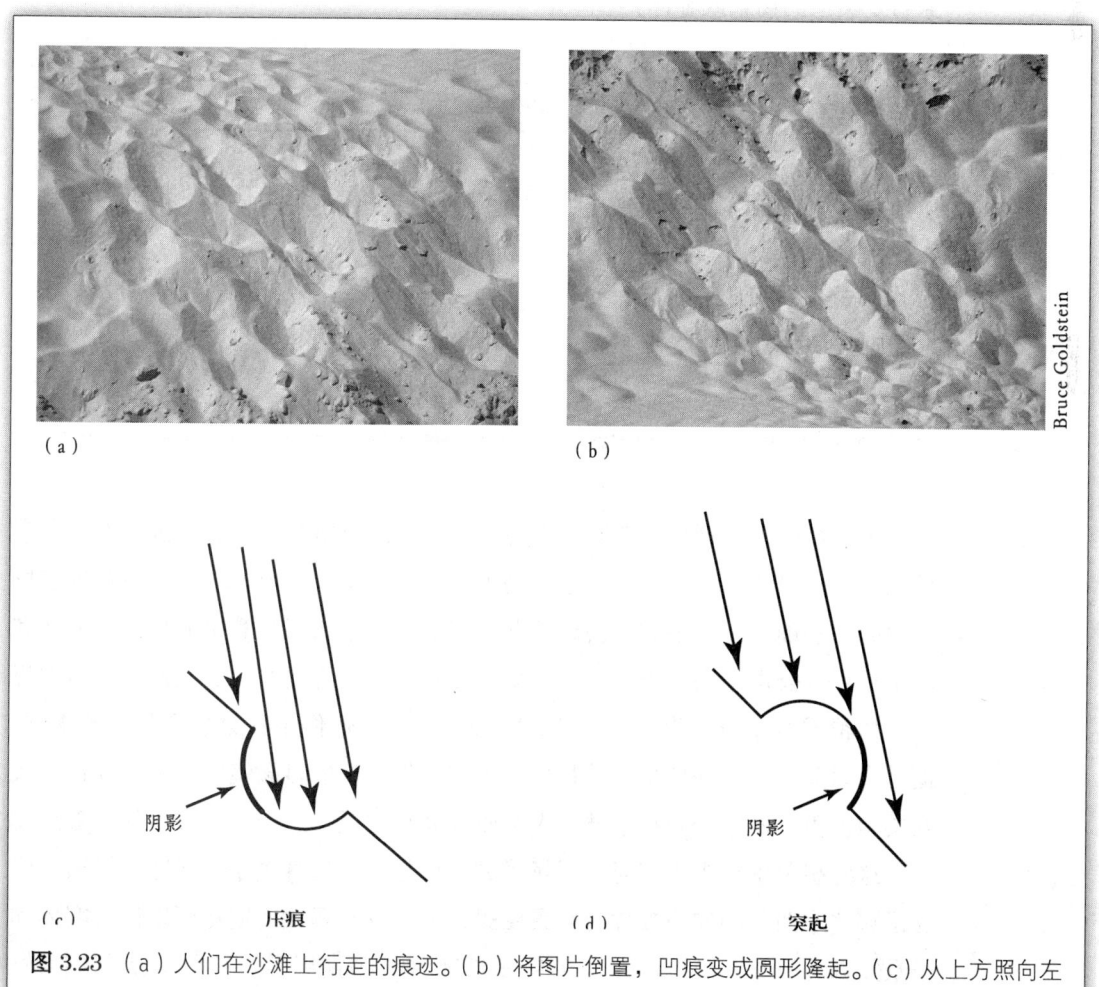

图 3.23 （a）人们在沙滩上行走的痕迹。（b）将图片倒置，凹痕变成圆形隆起。（c）从上方照向左侧压痕的光，是如何在左侧产生阴影的。（d）相同的光照亮凸起，从而在右侧形成了阴影。

（见第 079 页）之所以出现，是因为我们已经知道什么类型的客体通常会出现在什么特定类型的场景中。

语义规则

在语言中，语义是指词或句子的含义。应用于场景觉察中，语义是指场景的含义。这个含义通常与场景中所发生的事情相关，例如，在厨房里准备食材、烹饪或者就餐；在机场候机、买票、检查行李和过安检。**语义规则**是指与不同场景中的常见活动相关联的特征。

证明人们意识到语义规则的一种方式是像下面的演示实验那样要求他们想象特定类型的场景或客体。

演示实验　想象场景和客体

在此演示实验中，你的任务很简单：闭上双眼，然后想象以下场景和客体：
1. 办公室
2. 百货公司的服装区
3. 显微镜
4. 狮子

大多数生活在现代社会的人在想象办公室或百货公司的服装区时都不会有什么问题。但这并不是重点，这个例子的重点在于，想象的内容会涉及这些场景中的一些细节。大多数人会想象办公室中有一个放置计算机的桌子、书架和椅子。百货公司中则可能包括衣服架、更衣室，也许还有一台收银机。当你想象显微镜或狮子时，你会想到什么？许多人报告他们不只会想到单一的物体，而是会想象位于某种情景中的物体。也许，你会想象显微镜摆放在实验台上或在实验室里，而狮子则在森林、大草原或动物园里。这个演示实验的关键点在于，这些想象中包含人们对不同场景的知识经验。这种关于"给定场景通常包含了哪些东西"的知识被称为**场景图式**，关于场景图式的期望可以促进客体和场景知觉。例如，在 Palmer（1975）的实验中，他使用了如图 1.13 所示的刺激，Palmer 首先呈现了一个如图中左边所示的场景（即厨房），然后快速闪现右侧目

标图片中的一个。当 Palmer 要求观察者识别目标图片中的客体时，发现人们对面包（与厨房场景吻合）的识别速度快于对邮箱（与厨房场景不吻合）的识别速度。同样，你有关"机场"的场景图式对于你解释图 3.5 中的情况有何帮助？

人们利用环境中的规则来帮助自己进行感知，但通常不会意识到正在使用的具体信息，这就类似于我们使用语言时所发生的事情。虽然我们可能并不知道语言中的转换概率，但是会使用这种规则感知语句中的单词。同样，尽管我们可能没有考虑视觉场景中的规律性，但会使用它们来帮助感知场景中的场景和客体。

贝叶斯推理

上述两个观点——（1）赫尔姆霍兹的观点：通过推断最可能的情况来解决视网膜图像的模糊性问题；（2）环境中的规律性提供了解决模糊性问题的信息的观点——是贝叶斯推理客体知觉的起点（Geisler，2008，2011；Kersten et al.，2004；Yuille & Kersten，2006）。

贝叶斯推理以托马斯·贝叶斯（Thomas Bayes，1701—1761）命名，他提出对结果概率的估计取决于两个因素：（1）**先验概率**，或简单的**先验**，它是我们对结果概率的初始估计；（2）现有证据与结果的一致程度，也就是结果的**似然性**。

为了说明贝叶斯推理，让我们先看看图 3.24a，它呈现了玛丽对三种健康问题的先验，她相信人有可能发生感冒或胃灼热，但有肺部疾病的可能性不太大。由于有了这些先验（以及其他众多与健康相关事项的信念），当玛丽注意到朋友查尔斯有严重的咳嗽时，她猜测有三种可能的原因：感冒、胃灼热或肺部疾病。进一步探究可能的原因时，她做了一些研究，发现咳嗽常常与感冒或肺部疾病相关，但与胃灼热无关（图 3.24b）。这个额外的信息也就是似然性，与玛丽的先验相结合后，就得出了查尔斯可能患了感冒的结论（图 3.24c）（Tenenbaum et al.，2011）。在实践中，贝叶斯推理涉及一种数学处理方法，即用先验乘以似然性来确定结果出现的概率。因此，在进行贝叶斯推理的过程中，人们从先验开始，然后使用额外的证据来更新先验并得出结论（Körding & Wolpert，2006）。

现在让我们回到图 3.7（彩）中的逆投射问题上，将贝叶斯推理应用于客体知觉。别忘了，逆投射问题的发生是因为有大量客体可以与视网膜上的特定图

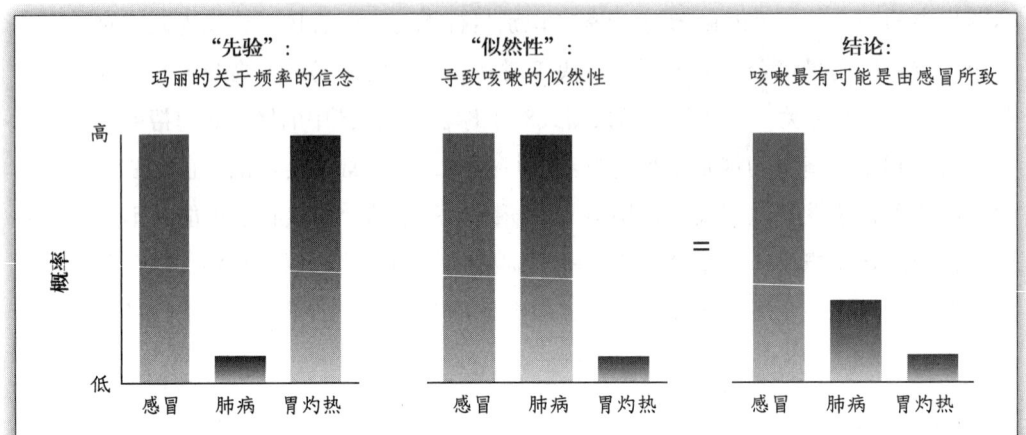

图 3.24 本图利用了假定概率来说明贝叶斯推理的原理。(a) 玛丽信念中感冒、肺部疾病和胃灼热的相对频率。这些信念是她的先验信念。(b) 进一步的数据表明，咳嗽与感冒和肺部疾病有关，但与胃灼热无关。这些数据是似然性。(c) 将先验和似然性结合起来得出了查尔斯的咳嗽可能源于感冒的结论。

像相关联。因此，该问题实际上就是如何确定视网膜上特定的图像是由外部世界的哪一个客体产生的。幸运的是，我们不必仅仅依赖视网膜图像，因为在绝大多数的知觉场景中，我们还拥有基于过去经验的先验概率。

"书是矩形的"是头脑中的一种先验。因此，人们看着放在桌子上的一本书时，最初的想法是这本书的形状很可能是矩形的。书是矩形的似然性则由一些额外证据来提供，如书在视网膜上形成的图像、与书的距离以及看书的角度等。如果这些额外证据与关于书是矩形的先验一致，则这本书是矩形的似然性就很高，"矩形"的知觉也就得到了加强。"书是矩形的"结论还可以进一步通过改变视角和距离来验证。注意，你并非一定会意识到这个测试的过程，因为这个过程是自动且快速的。该过程的重点在于，虽然知觉书的形状的起点仍然是视网膜上的图像，但拥有的先验知识减少了能形成该视网膜图像的可能形状。

贝叶斯推理重申了赫尔姆霍兹的观点，即人们所知觉到的是从概率上讲最有可能形成所知觉对象的事物。要确定这些概率并不总是很容易的，尤其是当知觉情况复杂时。然而，因为贝叶斯推理提供了一个确切的方法来确定"什么有可能在那里"，所以研究者们开始使用它来开发计算机视觉系统。这些系统可以应用关于环境的知识来更准确地将作用在传感器上的刺激模式识别出来（也见 Goldreich & Tong，2013，关于贝叶斯推理如何应用于触觉知觉的例子）。

比较四种方法

前面介绍了关于客体知觉的四种概念（赫尔姆霍兹的无意识推理、完形主义知觉组织原则、环境规律以及贝叶斯推理），下面问一个问题：哪一个不同于其他三个？你有了答案后，可以对照本页底部的正确答案。*

赫尔姆霍兹的方法、环境规律以及贝叶斯推理均认为，人们会通过过去的经验获得关于环境的信息，然后作用于知觉，确定客体是什么。因此，自上而下加工是这些方法的核心。

与此不同的是，完形心理学家强调组织的规则是内置的。他们相信，虽然知觉可能会受到经验的影响，但内置原则可以覆盖经验的作用，因此他们认为自下而上加工是知觉的核心。完形心理学家韦特海默（Wertheimer，1912）提供了以下例子来说明知觉原则如何覆盖经验：大多数人认为图 3.25a 为

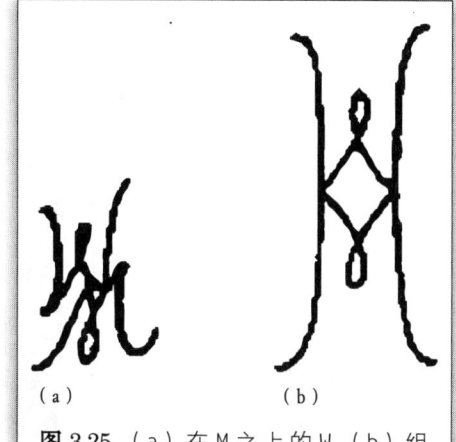

图 3.25 （a）在 M 之上的 W。（b）组合后就形成了一个新的模式，覆盖了有意义的字母。

来源：From M. Wertheimer, 1912.

"W"位于"M"的上方，这在很大程度上是基于过去的经验。然而，当把字母如图 3.25b 所示进行排列时，大多数人看到的是两条竖线及它们之间的图案。这种由良好连续性原则产生的竖线成为主导性知觉，覆盖了过去对 W 和 M 的经验所产生的效应。

尽管完形心理学家根据前面的一些论据说明了不强调经验作用的原因，但是现代心理学家已经指出了组织原则会受经验影响。例如，良好连续性是由关于环境的经验决定的。思考图 3.26 中的场景，由于过往观察到的物体部分被遮挡的经验，我们知道了当两个可见部分（如男人的腿）有相同的颜色且"排成一列"时，它们属于同一个客体且在遮挡物后连续存在。因此，思考完形组织原则的一个角度就是，完形组织原则描述了视觉系统基本的操作特性，这些特性至少部分受到经验的影响。下一节介绍来自生理学的证据，对某些刺激的重复体验会塑造神经元的响应方式。

---

* 答案：完形知觉组织原则。

图 3.26 环境中经常发生的情况：一些客体（男人的腿）被另一些客体（灰色木板）部分遮挡。在这个例子中，男人的腿仍然在一条线上，因为木板上下是相同的颜色，所以腿非常有可能隐藏在木板后面。

自我测验 3.2

1. 描述赫尔姆霍兹的无意识推理理论。什么是似然原则？
2. 描述完形主义的知觉研究方法，重点是知觉组织原则。根据完形心理学家的观点，这些原则源于哪里？
3. 环境规律是什么？它们如何影响知觉？区分物理规律和语义规律。什么是场景图式？
4. 贝叶斯推理是如何解释"感冒"的例子和逆投射问题的？
5. 完形的方法和其他三者的区别在哪里？现代心理学家如何解释经验和知觉组织原则的关系？

神经元和关于环境的知识

现在继续探讨"经验可以塑造神经元的响应方式"这个观点。首先探讨相对于倾斜朝向,动物和人类视觉皮层有更多的神经元对水平和垂直朝向响应。

对水平朝向和垂直朝向响应的神经元

当我们讨论环境中的物理规律时,曾提到水平和垂直方向是环境中常有的特征(图3.22)。行为实验的结果表明,与其他不常见的方向相比,人们对这两种方向特征更为敏感(倾斜效应,见第088页)。这并不是巧合,在记录猴子和雪貂视觉皮层中的单个神经元活动时,研究者发现对垂直和水平方向敏感的神经元比对其他方向(如倾斜)敏感的神经元多(Coppola et al., 1998;DeValois et al., 1992)。对于人类的脑成像实验也证明了这一点(Furmanski & Engel, 2000)。

为什么有更多的神经元对垂直和水平方向敏感呢?一个可能的原因基于**自然选择理论**,即有助于动物生存的基因会被复制,并遗传给后代,从而提高后代的生存能力。如果一个人的视觉系统包含对环境中重要事物反应灵敏的神经元(例如,在森林中经常出现的垂直或者水平方向),那么比起没有这种神经元的人,他更有可能存活下来,并且把这种基因遗传下去。视觉系统在进化的过程中得到了塑造,发展出对环境中常出现的事物更敏感的神经元。

感知功能是由进化塑造的,这一点毋庸置疑。有许多实验证据表明,学习可以通过第2章(第042页)中介绍的一种被称为基于经验的可塑性的机制来塑造神经元的反应特性。

基于经验的可塑性

第2章介绍了Blakemore和Cooper(1970)的实验,他们发现,在有垂直或者水平方向刺激的环境里饲养猫,导致猫的大脑皮层神经元对水平或者垂直朝向的刺激优先响应。通过经验塑造神经元的响应被称为基于经验的可塑性,为经验可以塑造神经系统提供了依据。

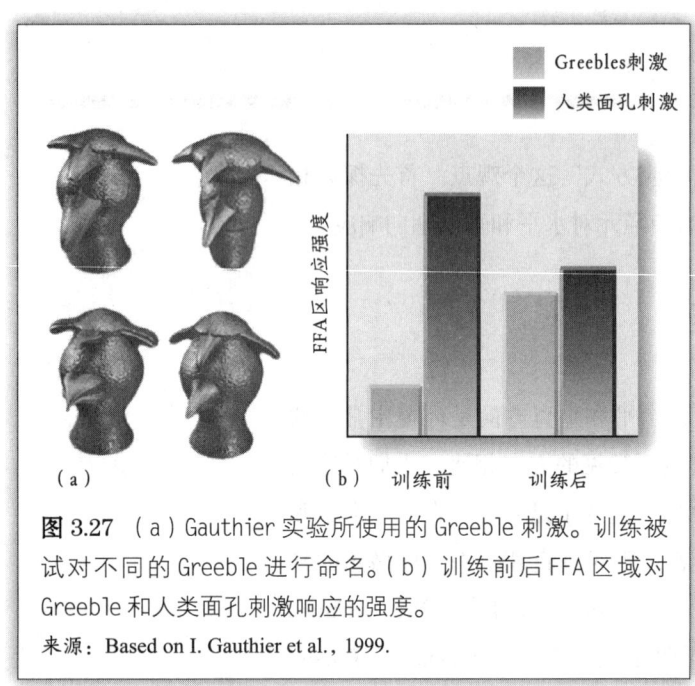

图 3.27 （a）Gauthier 实验所使用的 Greeble 刺激。训练被试对不同的 Greeble 进行命名。（b）训练前后 FFA 区域对 Greeble 和人类面孔刺激响应的强度。
来源：Based on I. Gauthier et al., 1999.

研究者利用 fMRI 技术（见"研究方法：脑成像"专栏，第 052 页）发现，基于经验的可塑性同样适用于人类。最开始，研究者们发现颞叶中有一个被称为梭状回面孔区（FFA）的区域，这个区域中包含了大量对人类面孔非常敏感的神经元（见第 2 章，第 053 页）。Isabel Gauthier 及其同事（Gauthier et al., 1999）分别测试了 FFA 对人类面孔和 Greeble 刺激（图 3.27a）的激活水平，以考察该区域对人类面孔的反应是不是由基于经验的可塑性造成的。Greeble 刺激是一些由计算机生成的"物种"，它们的基本结构相同，但各个组成部分的形状不同（就像人类面孔一样，基本结构相同，但五官形状因人而异）。图 3.27b 中左侧的条形图表明，"Greeble 新手"（几乎没有见过 Greeble 的人）的 FFA 对人类面孔比对 Greeble 更敏感。

随后，Gauthier 让被试参加了一个为期 4 天的"Greeble 识别"训练项目。这项训练通过让被试对每个 Greeble 进行命名，使他们成为"Greeble 专家"。图 3.27b 显示，经过训练，被试的 FFA 对 Greeble 的反应就像对人类面孔的反应一样好。很显然，FFA 包含的神经元不仅对人类面孔产生了反应，也会对其他复杂的客体产生反应。神经元对哪种客体响应最强，取决于个体本身关于这种客体的经验。事实上，Gauthier 也测试了一些汽车和鸟类专家，结果发现，他们的 FFA 中的神经元不仅能够对人类面孔产生响应，也能够对汽车（对汽车专家而言）和鸟类（对鸟类的专家而言）产生响应（Gauthier et al., 2000）。就像猫生长在垂直环境中会导致对垂直方向响应的神经元数量增加一样，训练人类识别 Greeble 刺激、车辆和小鸟会导致 FFA 区域对这些客体的响应更强。这些结果说明，FFA 对人类面孔有很强的响应是因为我们有一生的人类面孔感知经验。

猫和人类的基于经验的可塑性研究表明，大脑功能是可以调整以适应特定环境的。因此，持续接触环境中常见的事物会使神经元发生改变，以对这些刺激做出灵敏的响应。从这个角度来说，神经元可以反映有关环境特征的知识经验的说法是合理的。

我们花了很长时间才把知觉看作对感受器的自动响应，把知觉看作自上而下加工（从感受器到大脑）和自下而上加工（与情境有关的环境知识或者期望）共同作用的结果。

基于我们对于知觉的介绍，你会如何回答"知觉的目的是什么"这个问题呢？一种可能的答案是，知觉的目的是当人们看见场景中的客体或者知觉语句中的词语时，形成了人们关于环境中正在发生的事情的意识。但是，这个答案显然远不足以回答"为什么具有感知场景和词语的能力很重要"这个问题。

答案就是知觉让人们可以和环境进行交互，这是知觉的一个重要目的。这里的关键词是交互，意味着执行动作。捡起东西、穿过校园以及与别人交流时，我们都在执行动作。这样的交互对于我们完成想要完成的事件以及生存都至关重要。本章最后将从行为和生理方面介绍知觉和运动的联系。

知觉和运动：行为

到目前为止，我们探讨的知觉都可以称为"坐在椅子上"学习知觉，因为我们介绍的大多数例子都可以发生在一个人静止地坐在椅子上对某些刺激进行观察的时候。就好像你在阅读这本书时的情形，你阅读书中的文字、看书中的图片、尝试完成演示实验，所有这些都是坐着就可以完成的。现在，让我们进一步探讨运动对感知的促进作用，以及运动与知觉之间的交互作用。

运动促进知觉

尽管与安静地坐在某处相比，运动增加了知觉的复杂性，但运动同时也能帮助我们更准确地感知环境中的客体。因为通过运动，我们可以从多个角度观察客体，而不是局限于某一个视角。例如，图3.28中的"马"从某个角度看就是一匹普通的金属雕像马（图3.28a），但是如果你绕着它走一圈，就会发现这匹马似乎并不像第一眼看见时那么正常（图3.28b和图3.28c）。也就是说，从不同角度观察客体会带给我们更多的信息，从而使知觉更加准确。特别是在观察某种不寻常的客体时，如上面这个例子中变形的马。

图 3.28 观察马的三种角度。绕着客体走一走才能看出它真正的形状。

知觉和运动的相互作用

我们之所以要探讨运动的作用,不仅仅是因为它可以提供额外的信息来帮助我们感知客体,更重要的是,对刺激的感知过程与个体针对该刺激采取的行动始终是互相协作的。例如,克里斯特尔跑步后去咖啡馆休息,当她伸手去拿咖啡杯时(图3.29),她首先要从花和桌子上的其他客体中识别咖啡杯(图3.29a)。一旦知觉到了咖啡杯,她就会伸手去拿。在这个过程中,她会考虑杯

(a)感知杯子　　　　　　　(b)伸手去拿杯子　　　　　　　(c)拿起杯子

图 3.29 端起一杯咖啡:(a)感知并识别杯子;(b)伸手去拿杯子;(c)拿起杯子。这个动作涉及知觉和运动的协作。它们分别对应脑内两条独立的神经通路,详见正文。

子在桌子上的位置（图 3.29b）。当她避开花瓶用手指去抓杯子时，对杯子手柄的知觉会影响她的动作（图 3.29c）；随后，她会根据对杯子中含有多少咖啡的知觉估算杯子的重量，并用适当的力度拿起杯子。这个简单的动作需要她持续地感知杯子所处的位置，以及自己的手（和手指）与杯子之间的相对位置，同时调整手的动作以准确地拿起杯子而不让咖啡洒出来（Goodale，2010）。所有这一切都只是为了伸手拿一杯咖啡！多么令人惊讶的一系列过程，它们似乎是自动发生的，看起来毫不费力。但是，与知觉的其他方面一样，这种看似简单的过程也是通过非常复杂的内部机制实现的。接下来将介绍这些机制背后的生理基础。

知觉和运动：生理

心理学家早已认识到感知客体和与客体的互动之间存在紧密的联系，但直到 20 世纪 80 年代，生理学家才将这种联系的细节问题研究清楚。研究发现，人脑中存在两条加工通路：一条与知觉客体是什么相关，另一条与定位客体以及对客体施加动作相关。这项生理学研究涉及两个方法：（1）脑毁损，即切除动物大脑的某些部分，研究这种损伤的后果；（2）神经心理学方法，即研究脑损伤病人的行为，在第 2 章中介绍了这种方法（见第 049 页）。这两种方法都表明，对动物和人类脑损伤的研究可以揭示正常（完整）大脑运作的基本原理。

What 通路和 Where 通路

在一项经典的实验中，Leslie Ungerleider 和 Mortimer Mishkin 在 1982 年切除了猴子大脑的某些部分，以研究这种损伤对猴子的客体识别和客体定位能力的影响。这一切除部分大脑的研究采用了一种被称为**脑毁损**的技术。

研究方法　脑毁损

使用脑毁损进行实验的目的是确定特定脑区的功能。要想使用这种方法，首先需要通过行为学手段测试动物的某种能力。大多旨在研究知觉的毁损实验都是使用猴子来完成的，因为它们具有与人类相似的视觉系统，并且研究者可以通过训练测试猴子的感知能力（比如视觉敏锐度、颜色视觉、深度知觉和客体知觉等）。

完成对动物某种能力的测试后，就可以通过外科手术或向特定脑区注射化学药物的方法毁损（切除或破坏）动物的某一特定脑区。最理想的情况是：一个脑区切除了，而其他脑区完好无损。毁损脑区后，再对猴子进行行为测试，以确定哪些知觉能力依然存在，哪些知觉能力受到了影响。

Ungerleider 和 Mishkin 对猴子进行了两种知觉测试：（1）客体辨别任务；（2）地标辨别任务。在**客体辨别任务**中，他们先给猴子呈现一个客体（如长方体），随后，让猴子完成一项二选一的选择任务。如图 3.30a 所示，任务中的猴子可以看到一个目标客体（长方体）和一个其他的刺激（如三棱柱）。如果猴子推开了目标客体，就会得到食物（藏在目标客体下面的食槽中）作为奖赏。图 3.30b 显示了**地标辨别任务**，圆柱体就是地标，它标识装着食物的食槽，如果猴子移开靠近圆柱的那个食槽的盖子，就能得到食物。

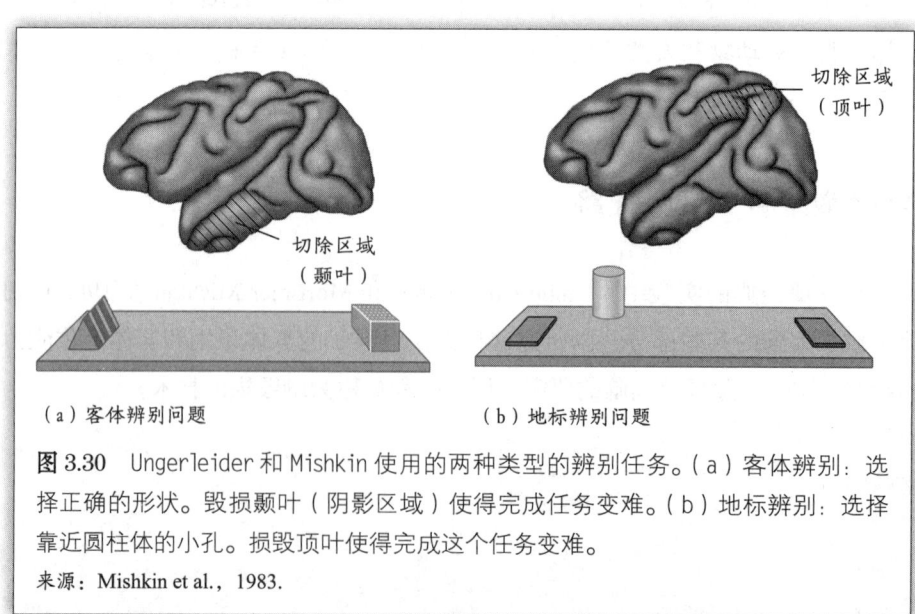

(a) 客体辨别问题　　　　　　　　(b) 地标辨别问题

图 3.30 Ungerleider 和 Mishkin 使用的两种类型的辨别任务。(a) 客体辨别：选择正确的形状。毁损颞叶（阴影区域）使得完成任务变难。(b) 地标辨别：选择靠近圆柱体的小孔。损毁顶叶使得完成这个任务变难。
来源：Mishkin et al., 1983.

在脑毁损实验中，一些猴子的部分颞叶被切除了。随后的行为测试发现，部分颞叶被切除的猴子在客体辨别任务中遇到了困难。这一结果说明，通往颞叶的通路与客体辨别有关。因此，Ungerleider 和 Mishkin 将从纹状皮层①到颞叶的通路称为 what 通路（图 3.31）。

另一些猴子的顶叶被切除，导致它们在完成地标辨别任务时出现困难。这一结果说明，通向顶叶的通路负责客体定位。因此，Ungerleider 和 Mishkin 把从纹状皮层到顶叶的通路称为 where 通路（图 3.31）。

What 通路也称为**腹侧通路**，因为颞叶位于脑的腹侧；where 通路也称为**背侧通路**，因为顶叶位于脑的背侧。背侧是指器官的后部或者上部；所以，鲨鱼或海豚的背鳍是指背上伸出水面的那个鳍。图 3.32 呈现了对于直立行走的动物（如人类）来说，脑的背侧是指脑的上部。（想象一个人有一个背鳍从他的头顶伸出！）腹侧与背侧相反，所以它是指大脑靠下的部位。

我们可以借助上面提到的这两条通路再次思考伸手去拿起一杯咖啡的例子：what 通路负责对咖啡杯的初步知觉，而 where 通路负责确定它的位置，这对于我们要伸手去拿咖啡杯是很重要的信息。下一部分将探讨另外一种研究知觉和运动的生理学方法。对脑损伤病人的行为研究将进一步揭示当个体伸手去拿一个物体时，大脑中都发生了什么。

知觉通路和运动通路

David Milner 和 Melvyn Goodale 于 1995 年采用神经心理学方法（研究脑损伤病人的行为）证明了两条通路的存在：一条通路涉及颞叶，一条通路涉及顶叶。D.F. 是一名颞叶受损的女病人，34 岁，受损原因

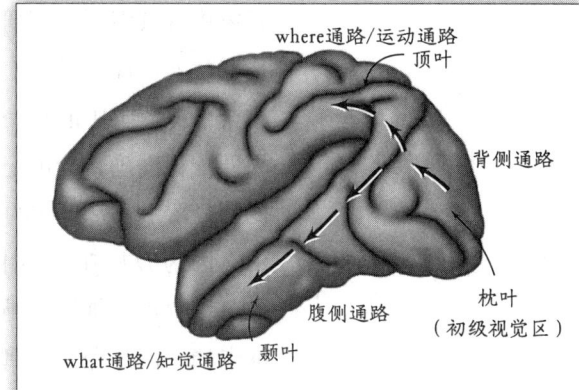

图 3.31 猴子大脑皮层，展示了从枕叶到颞叶的 what 通路或称知觉通路，以及从枕叶到顶叶的 where 通路或称运动通路。
来源：Mishkin et al., 1983。

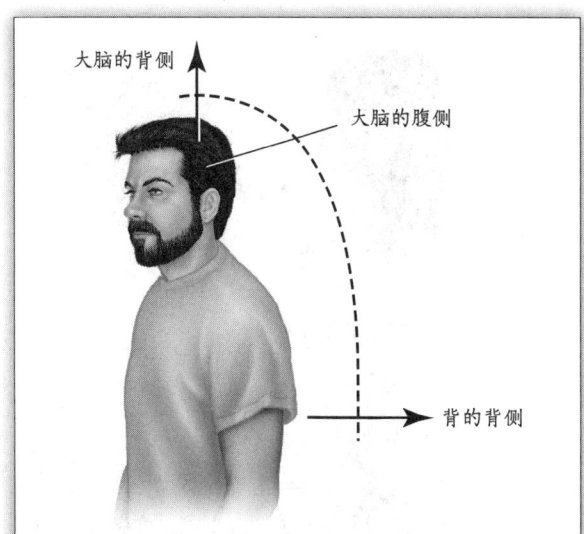

图 3.32 背侧是指器官的后部。在直立行走的动物中，如人类，背侧是指身体后部和头顶部，如图中的箭头和弯曲的虚线。腹侧与背侧相反。

---
① 即初级视皮层（V_1B），位于枕叶。——译者注

是家中煤气泄漏。当研究者要求她用手中的卡片匹配卡槽的方向时,她的脑损伤症状就显现出来了(图3.33a)。如图3.33b左边的圆所示,她不能顺利地完成这个任务。圆中的每一条线都表示D.F.是如何调整卡片方向的。在实验中,如果匹配很准确,会被记录为一条垂直线,而D.F.的反应线是广泛分散的。右边的圆显示了正常被试的表现,他们的反应非常准确。

因为D.F.在旋转卡片使之与卡槽的方向相匹配时遇到了困难,所以似乎也可以合理地推测,她将卡片放入卡槽时也会遇到困难,因为这需要将卡片对准卡槽。但是令人感到意外的是,D.F.能像"投递信件"一样将卡片放入卡槽中(图3.34a),投递任务的结果如图3.34b所示。尽管D.F.(原地隔着一段距离)调整卡片时不能使之与卡槽的方向相匹配,但只要她开始把卡片送向卡槽,她就可以旋转卡片使其对准卡槽。也就是说,虽然D.F.在静态的方向匹配任

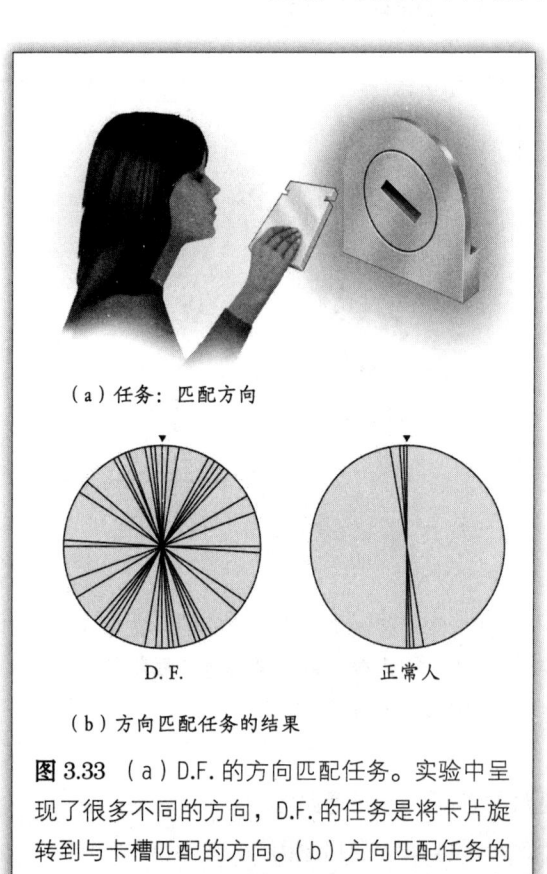

图3.33 (a) D.F.的方向匹配任务。实验中呈现了很多不同的方向,D.F.的任务是将卡片旋转到与卡槽匹配的方向。(b) 方向匹配任务的结果。垂直的线条表示正确的匹配方向。
来源:Based on A. D. Milner & M. A. Goodale, 1995.

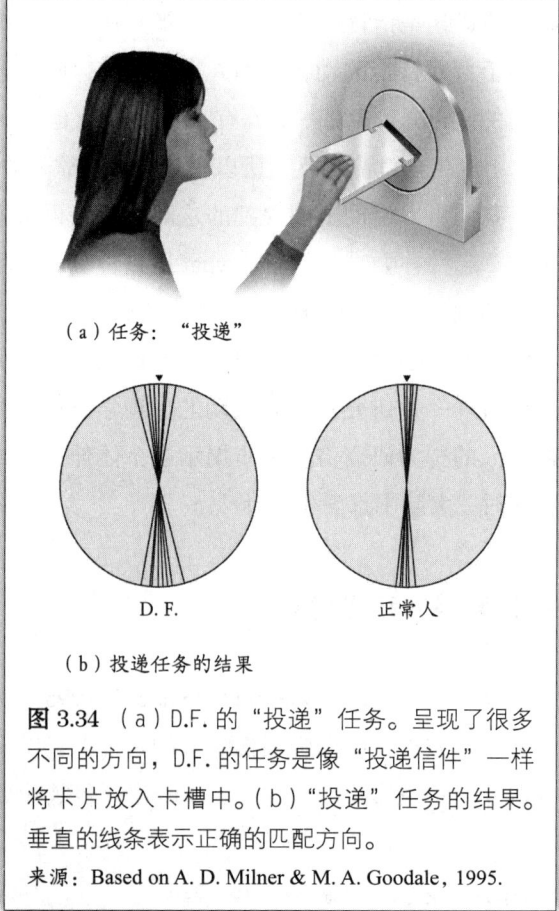

图3.34 (a) D.F.的"投递"任务。呈现了很多不同的方向,D.F.的任务是像"投递信件"一样将卡片放入卡槽中。(b) "投递"任务的结果。垂直的线条表示正确的匹配方向。
来源:Based on A. D. Milner & M. A. Goodale, 1995.

务中表现得不好，但是一旦任务中加入运动过程，她就能顺利完成（Murphy, Racicot, & Goodale, 1996）。Milner 和 Goodale 在解释 D.F. 的行为时指出：判断方向的机制不同于视觉与运动的协调机制。

基于这些结果，Milner 和 Goodale 提出，从视觉皮层到颞叶（D.F. 大脑受损的部位）的通路是**知觉通路**；而从视觉皮层到顶叶（D.F. 大脑完好的部分）的通路则是**运动通路**（也称 how 通路，因为它与人如何采取行动有关）。知觉通路对应在猴子实验中介绍的 what 通路，运动通路对应 where 通路。这两类提法——what 通路和 where 通路，或者知觉通路和运动通路——都有研究者使用。无论采用哪种术语，研究都说明知觉和运动在大脑中分别对应两个分离的通路。

我们已经了解到知觉和运动涉及两种独立的机制，在描述"拿起一杯咖啡"这个动作时，我们可以使用一些生理学的术语（图 3.20）。例如，拿起一杯咖啡的第一步是从桌子上的花瓶和橙汁中识别装有咖啡的杯子（知觉通路或者 what 通路）。一旦杯子被感知到，我们就会伸手去拿它（运动通路或者 where 通路），在这个过程中，我们需要考虑杯子在桌子的什么位置。当我们避开花瓶和橙汁并碰触装有咖啡的杯子，我们就会用手指去抓住它（运动通路），同时对咖啡杯手柄的知觉（知觉通路）也会影响用手指去抓住手柄的过程。最后，我们会根据杯子中咖啡的多少来估计它的重量（知觉通路），并用适当的力度拿起杯子（运动通路）。

因此，即便是拿起一杯咖啡这样简单的小动作也涉及一系列大脑区域的活动，这些脑区互相协调以产生知觉和行为。不同脑区之间的协调作用也发生在听觉过程中。当你听见某人叫你并转头去看他是谁时，这个过程激活了听觉系统中两个独立的通路：一条通路使你听到并识别声音（听觉的 what 通路），另一条通路则帮助你确定声音的来源（听觉的 where 通路）（Lomber & Malhotra, 2008）。

比起仅仅是"坐在椅子上"研究知觉，上面提到的这些关于知觉、确定位置及执行动作的不同通路的生理学研究拓展了我们对于知觉这一概念的认识。另一个将视知觉扩展到"看"之外的生理学发现源于镜像神经元的发现。

镜像神经元

1992 年，G. di Pelligrino 及其同事考察了猴子在做出一个动作（如拿起食

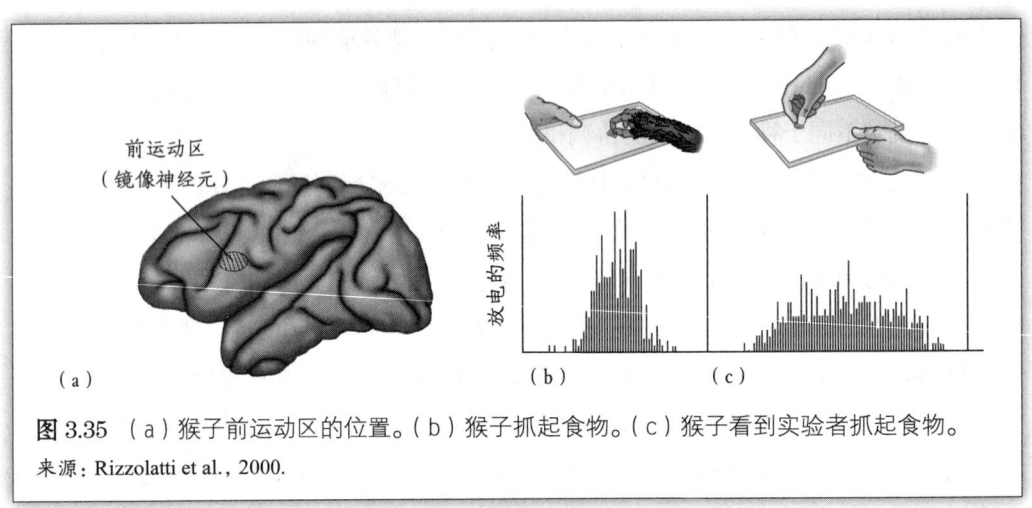

图 3.35 （a）猴子前运动区的位置。（b）猴子抓起食物。（c）猴子看到实验者抓起食物。
来源：Rizzolatti et al., 2000.

物）时，前运动皮层（图3.35a）的神经元是如何放电的。图3.35b显示了猴子从事特定活动时神经元的放电模式，结果与预期一致。然而令人感到意外的是，他们发现猴子前运动皮层的神经元不仅会在猴子拿起食物时兴奋，当猴子看到实验者拿起食物时也会兴奋（图3.35c），并且这两种动作引起了相同的神经元的兴奋。

这一观测结果引发了众多后续实验，最终发现了**镜像神经元**。在猴子观察到他人（通常是实验者）抓起食物或者猴子自己抓起食物时，其镜像神经元都会产生反应（Gallese et al., 1996; Rizzolatti et al., 2006; Rizzolatti & Sinigaglia, 2016）。它们之所以被称为镜像神经元，是因为猴子看到实验者抓起食物时的神经元反应与猴子自己抓起食物时的神经元反应相似。大多数镜像神经元只对一种特定的动作做出反应，如抓住或放置一个物体。你可能认为猴子是因为期待得到食物才兴奋的，但实际上，这种反应几乎不会受到客体种类的影响。当实验者拿起的客体不是食物时，猴子对其动作的观察也会激活镜像神经元。

现在，你可能会好奇，镜像神经元是否同样存在于人类的大脑中。毕竟，到目前为止，我们只谈到了猴子的大脑。一些以人类为被试的实验的确发现人类大脑中同样存在镜像神经元。例如，一些研究者采用电极记录癫痫患者的大脑活动，以判断他们的癫痫病症产生于大脑的哪个部分。他们发现了类似猴子大脑中的镜像神经元（Mukamel et al., 2010）。这一结果也得到了后续的在正常被试群体中展开的fMRI研究结果的支持。这些fMRI研究发现，这些神经元广泛分布在大脑的神经网络中［图3.36（彩）］，研究者将这一神经网络称为**镜像神经元系统**

(Caspers et al., 2010; Cattaneo & Rizzolatti, 2009; Molenberghs et al., 2012)。

这些镜像神经元有什么作用？一种假设是，镜像神经元参与动作背后的目的或意图。为更好地理解这一点，请回顾咖啡馆中克里斯特尔的那个例子。她伸手去拿咖啡杯可能出于很多种理由：如果我们注意到她的杯子是空的，可能会猜想她是不是要去续杯；若我们知道她从来不续杯，也许会猜想她是不是要将杯子放入回收箱。因此，同一个动作背后可能会有多种截然不同的意图。

不同的意图对镜像神经元会有怎样的影响呢？Mario Iacoboni 及其同事（Iacoboni et al., 2005）的研究为此提供了一些证据。他们记录了被试在观看三个电影短片时的大脑激活情况，虽然内容都是伸手拿杯子，但场景不同。短片 1 展示了从一个整洁的桌面拿一满杯咖啡的动作；短片 2 展示了同样的动作，但是桌面凌乱，食物都被吃过了，茶也被喝光了；短片 3 仅展示了手拿着杯子。Iacoboni 假设，观看短片 1 的观察者会认为影片中的人拿起杯子是为了喝咖啡，观看短片 2 的观察者会认为这个人拿起咖啡杯是为了去清洗，观看短片 3 的观察者无法推测特定的意图。

Iacoboni 将观看前两种意图短片所激活的大脑活动和非意图短片激活的脑活动进行对比后发现，观看意图短片比观看非意图短片在具有镜像神经元特征的大脑区域诱发了更大的激活。在非意图条件下，该区的活动最少，清洁咖啡杯条件次之，在喝咖啡的意图条件下最高。基于在两种意图条件下大脑的活动更强，Iacoboni 认为，镜像神经元区域参与了理解影片中动作背后的意图这一过程。他解释说，若镜像神经元仅是对拿起杯子有反应，那么无论杯子周围是否有其他物体，大脑都应该给出同样的反应。Iacoboni 认为，镜像神经元为动作的"原因"进行编码，并对不同的意图做出反应（也见 Fogassi 等人于 2005 年在猴子身上开展的类似实验）。

如果镜像神经元真的可以对意图做出反应，那么它们是怎么办到的呢？一种可能是，这些神经元的反应是由可预期的、在特定背景中发生的一系列动作所决定的（Fogassi et al., 2005; Gallese, 2007）。例如，如果人们拿起一个杯子的意图是喝水，则下一个预期的动作就是将杯子靠近嘴唇，然后喝口咖啡或茶。然而，如果意图是清洗杯子，则下一步动作应该是将杯子放到水槽中。根据这种看法，对不同意图进行反应的镜像神经元，是对正在发生的行为以及鉴于当前背景最有可能紧随其后的一系列行为做出反应。该后续动作是在当前背景下最有可能会出现的动作。

当这样思考的时候，镜像神经元就和知觉有了共同点。还记得赫尔姆霍兹的似然原则吗？人们倾向于将所接收的刺激模式知觉为最有可能形成该刺激模式的客体。以镜像神经元为例，神经元的响应可能基于某一情境中最有可能发生的一系列动作。在这两个例子中，无论是知觉还是镜像神经元，都取决于人们对于情境的认识。

镜像神经元的功能是研究者争论的焦点之一。一些研究者认为，镜像神经元在推理意图中扮演着重要角色（Caggiano et al., 2011; Gazzola et al., 2007; Kilner, 2011; Rizzolatti & Sinigaglia, 2016），另一些人提出质疑（Cook et al., 2014; Hickock, 2009）。但是不管人类镜像神经元的功能是什么，知觉都不仅提供了执行动作的信息，还有另一个作用——推理他人为什么这么做。

思　考

知识、推理和预测

"大脑本质上是预测机器，最近有人对此提出了争议。"（Clark, 2013）

在本章中出现了两个术语：知识和推理。知识是赫尔姆霍兹潜意识推理理论的基础，也是似然原则的基础，推理依赖知识。例如，我们看到了基于知识的推理如何帮助处理模糊的视网膜图像，以及关于转换概率的知识如何帮助我们进行词语切分。知识和基于知识的推理是自上而下加工的基础（第079页）。

另一种思考知识和推理的角度是基于预测。毕竟，当我们说某个视网膜图像是由一本书引起的时［图3.7（彩）］，我们是在预测那里可能有什么。比如，呈现在橱柜上的短暂投影可能是一片面包（图1.13），我们是在基于可能位于厨房柜台上的东西进行预测。不断地对外面的事物进行预测，这是"大脑本质上是预测机器"这一论断的基础（Clark, 2013）。

大小重量错觉提供了预测不仅仅是知觉的证据：给一个人呈现两个相似的客体，比如两个立方体，它们重量相同但大小不同。当把它们放在一起时，较大的立方体看起来更轻。一种可能性是人们预测更大的物体比更小的物体重，因为同一种类的物体更大的更重。因此，我们预测更大的更轻很奇怪。就像知觉由预测引导，动作也与知觉相关。

事实证明，预测是整个认知过程的核心。下面是在后续章节中会看到的预测功能。

> 第 4 章（注意）——预测引导人们浏览场景。
> 第 7 章（记忆）——人们对未来的预测能力基于对过去事件的记忆能力。
> 第 11 章（语言）——正如在本章看到的，预测不仅帮助我们感知语音中的单个单词，还帮助我们理解句意、对话和故事。
> 第 13 章（思考）——人们有时会使用启发式的"经验法则"来做出预测，帮助他们做出决定或确定问题的解决方案。

尽管预测的概念并不是什么新鲜事，由赫尔姆霍兹在 19 世纪提出，但它现在是许多不同的认知领域所讨论的一个重要话题。

自我测验 3.3

1. 什么是倾斜效应？为什么这个效应受到进化和经验的影响？
2. 举出一个日常知觉的例子来说明知觉与运动的相互作用。
3. 描述 Ungerleider 和 Mishkin 的实验，说明他们是如何利用脑毁损技术证明皮层中存在 what 通路和 where 通路的？
4. Milner 和 Goodale 对病人 D.F. 的测试是如何证明存在负责方向匹配和负责视觉运动的两条通路的？描述知觉通路和运动通路。这些通路与 Ungerleider 和 Mishkin 提出的 what 通路和 where 通路有怎样的对应关系？
5. 描述知觉通路和运动通路在某个动作中是如何发挥作用的，例如拿起一杯咖啡。
6. 什么是镜像神经元？关于镜像神经元与知觉和运动有联系，研究者有何观点？
7. 知识、推理和预测有何关联？

本章小结

1. 克里斯特尔在沙滩上跑步和喝咖啡的例子说明：（1）知觉可以根据新的信息发生改变；（2）知觉是一个过程；（3）知觉和运动相互联系。

2. 我们可能很容易描述一个城市场景中各个部分的关系，但是将推理过程说清楚充满挑战。这说明知觉不仅仅是对场景中的明暗部分进行加工。

3. 给计算机编程以识别物体的实验说明使计算机达到人类的知觉水平是非常困难的。计算机所面临的困难有：（1）如逆投射问题所证明的，感受器上的刺激是模糊的；（2）场景中的物体可以被隐藏或模糊不清；（3）物体从不同角度看是不同的；（4）场景中包含高水平信息。

4. 知觉始于自下而上加工，这一过程涉及感受器。来自感受器的信号会使皮层中的神经元对特定刺激产生响应。知觉也包括自上而下的加工，这一过程与大脑内储存的知识有关。

5. 自上而下加工的例子是"模糊团块的多重属性"和关于语言的知识有助于语音切分。Saffran 的实验表明，8 个月大的婴儿对语言的转换概率很敏感。

6. 知觉依赖知识经验是由赫尔姆霍兹的无意识推理理论提出的。

7. 关于知觉，完形心理学家提出了一些知觉组织原则，这些原则基于刺激在环境中通常如何出现。

8. 环境规律是指环境中经常出现的特征。在知觉过程中，我们既会考虑物理规律的影响，也会考虑语义规则的影响。

9. 贝叶斯推理是一种确定"什么有可能在那里"的数学程序，它考虑了个体关于知觉结果的先验，以及基于其他证据的关于结果的似然性。

10. 研究客体知觉的四个方法是无意识推理、完形主义知觉组织原则、环境规律以及贝叶斯推理。完形心理学相较于其他方法更多依赖自下而上的加工。当代心理学家认为，完形主义知觉组织原则与过去经验有关。

11. 大脑运作的基本原理之一是它包含对环境中的常见事物十分敏感的神经元。

12. 基于经验的可塑性是一种能产生对环境中的特定事物进行响应的神经元的机制。在实验中，测量人们学习 Greeble 刺激时大脑的活动，结果支持了上述观点。在第 2 章，小猫喂养于有垂直或水平刺激的环境中的实验也说明了这一点。

13. 知觉和运动是相互联系的。观察者与客体的互动能提供更多关于客体的信息，并且在知觉客体（如一个杯子）和对客体采取行动（如拿起一个杯子）之间存在一个持续的协调过程。

14. 对猴子的脑毁损研究和对脑损伤病人的神经心理学研究揭示，皮层中存在两条加工通路：一条从枕叶到颞叶，负责知觉客体；另一条从枕叶到顶叶，负责控制与客体的交互。这两条通路互相协作以调节知觉和运动过程。

15. 镜像神经元既在个体采取行动时产生反应，也在看到他人做出同样的动作时产生反应。研究者认为，镜像神经元的一种功能是提供关于他人行为背后的目的或意图方面的信息。

16. 期望——与知识和推理密切相关——是一种包括知觉、注意、言语理解、对未来的预测和思维的心理机制。

思考题

1. 描述这样一种情况：开始时，你以为自己听到或看到了什么，但是随后意识到你最初的知觉是错误的（例如，在能见度很低的情况下错误地感知了一个物体；听错了歌词）。在"先产生错误的知觉，随后又意识到事实"的过程中，自下而上加工和自上而下加工都起到了怎样的作用？

2. 请看图 3.37，这是一个巨人正要伸手去抓一匹马，还是一个正常人正要伸手拿起一个小的塑料马，或是其他什么情况？基于这张图片在视网膜上的投影，以及其他需要考虑的因素，解释为什么图片上的事物看上去既不会是一只巨人的大手，也不会是一匹小马。你的答案与自上而下的加工有什么关系？

3. 在介绍基于经验的可塑性时，我们提到神经元可以反映有关环境特征的知识。这可以有效证实神经元的响应体现自上而下加工这种观点吗？为什么可以或者为什么不可以？

4. 在观察外部世界时，尝试避免使用自上而下加工（假设它不存在）。例如，在没有自上而下加工的辅助时，我们会把餐馆洗手间中"员工必须洗手"的标牌理解为我们应该等服务员来给我们洗手！你会发现，做这样的尝试是非常困难的。因为自上而下加工在我们的生活中十分普遍，以至我们通常会把它视为理所当然的。

图 3.37 这是一个巨人用手去抓一匹马吗？

关键术语

贝叶斯推理（Bayesian inference, p.091）
背侧通路（dorsal pathway, p.101）
场景图式（scene schema, p.090）
大小重量错觉（size-weight illusion, p.106）
地标辨别任务（landmark discrimination problem, p.100）
腹侧通路（ventral pathway, p.101）
环境规律（regularities in the environment, p.087）
简单性原则（principle of simplicity, p.086）
简化原则（law of pragnanz, p.086）
镜像神经元（mirror neuron, p.104）
镜像神经元系统（mirror neuron system, p.104）
客体辨别任务（object discrimination problem, p.100）
良好连续性原则（principle of good continuation, p.086）
良好图形原则（principle of good figure, p.086）
脑毁损（brain ablation/lesion, p.099）
逆投射问题（inverse projection problem, p.076）
倾斜效应（oblique effect, p.088）
上方光线假设（light-from-above assumption, p.089）
似动（apparent movement, p.084）
似然性（likelihood, p.091）

似然原则（likelihood principle, p.083）
视角不变性（viewpoint invariance, p.078）
统计学习（statistical learning, p.081）
完形心理学家（Gestalt psychologists, p.084）
无意识推理（unconscious inference, p.084）
物理规律（physical regularities, p.087）
先验（prior, p.091）
先验概率（prior probability, p.091）
相似性原则（principle of similarity, p.087）
语义规则（semantic regularities, p.090）
语音切分（speech segmentation, p.080）
运动通路（action pathway, p.103）
知觉（perception, p.070）
知觉通路（perception pathway, p.103）
知觉组织原则（principles of perceptual organization, p.085）
转换概率（transitional probabilities, p.080）
自然选择理论（theory of natural selection, p.095）
自上而下加工（top-down processing, p.079）
自下而上加工（bottom-up processing, p.079）
what 通路（*what* pathway, p.101）
where 通路（*where* pathway, p.101）

图 3.9 的答案

按照从左到右的顺序，这些人分别是：威尔·史密斯（Will Smith）、泰勒·斯威夫特（Taylor Swift）、巴拉克·奥巴马（Barack Obama）、希拉里·克林顿（Hillary Clinton）、成龙、本·阿弗莱克（Ben Affleck）和奥普拉·温弗里（Oprah Winfrey）。

Cengage Learning, Inc., AnetaPics/Shutterstock.com; Scratchgravel Publishing Services

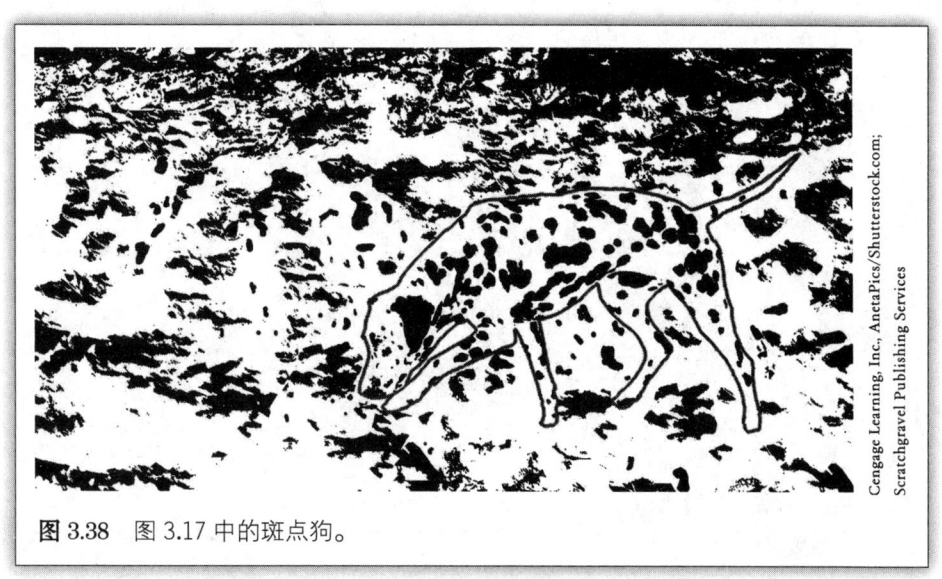

图 3.38 图 3.17 中的斑点狗。

巴塞罗那的一个雨天，一个摄影师从高处的窗户鸟瞰，抓拍到了街上三个行人的雨伞。当大家看着这幅图片的时候，最先注意的可能是雨伞或者是白色的人行横道。但是如果把这个场景当作正在发生的事情进行仔细观察，运动的特性可能会影响我们的注意。我们可能会注意到雨伞的移动方向，或者可能因为其中一把伞的颜色、方向或运动速度来追踪它的运动轨迹。与此同时，人行道上的白色物品是什么呢？好奇心可能驱使我们更加靠近地看这件物品。在日常生活中，当我们睁开眼睛看到许多场景时，注意是决定我们的体验以及我们能从体验中获得什么的主要过程之一。

注 意

第4章

信息加工过程中的注意
Broadbent 的注意过滤器模型
对 Broadbent 模型的修订：更多早期选择模型
晚期选择模型

加工资源和知觉负载
➤ 演示实验　Stroop 效应
➤ 自我测验 4.1

通过场景浏览定位注意
通过眼动浏览场景
基于刺激凸显性的浏览
基于认知因素的浏览
基于任务需求的浏览

注意的结果
注意促进对位置的反应
➤ 研究方法　预线索化
注意促进对客体的反应
注意影响知觉
注意影响生理反应
　　基于位置的注意增强大脑特定区域的活动
　　注意改变大脑皮层的客体表征
➤ 自我测验 4.2

注意分配：能否在同一时间注意到多个事件？
分配注意的能力可以通过练习获得：自动化加工
当任务变得更难时，分配注意会变得更加困难

注意分散
驾车时因手机导致的注意分散
由网络导致的注意分散
➤ 研究方法　经验取样
心智游移导致的注意分散

非注意的时候发生了什么？
非注意盲视
非注意性失聪
变化检测
➤ 演示实验　变化检测
我们每天体验到了什么？

注意和体验完整的世界
特征整合理论
特征整合理论的证据
　　关联整合
　　视觉搜索
➤ 演示实验　联合搜索

思考　注意网络
➤ 自我测验 4.3

本章小结
思考题
关键术语

我们将思考的一些问题

▶ 是否会出现这样的情况：即使同时发生了多件事情，但我们只注意到了其中一件事情？（第114页）

▶ 我们在什么情况下能同时注意多件事情？（第135页）

▶ 针对打电话对驾驶过程造成的影响，注意的研究告诉了我们什么？（第138页）

▶ 我们有时会注意不到生活环境中经常出现的事情，这是真的吗？（第143页）

在图书馆里，邻桌的一些人开始聊天的时候，罗杰正在尝试着做数学作业。他对于人们在图书馆里大声说话感到非常生气，但因为专注于解答数学问题，这些人的谈话并没有分散他的注意（图4.1a）。然而过了一会儿，当罗杰在休息间隙玩简单的手机游戏时，他发现邻桌的谈话令他分心了（图4.1b）。罗杰觉得，"有趣，我在做数学作业时，别人的谈话并没有干扰我。"

罗杰试图不抵触邻桌的交谈，他开始有意识地一边偷听谈话内容，一边玩手机（图4.1c）。但是正当罗杰开始理解那对情侣谈论的内容时，一声巨响吸引了他的注意，图书馆里传来了一阵骚动。原来是一辆运书的推车翻倒了，书也掉落了一地。他注意到有一个人看起来很惊慌失措，而其他人正在收拾这些书，罗杰认真地观察着每一个人，心里想这些人自己一个也不认识（图4.1d）。

罗杰的经历描述了**注意捕获**和**视觉浏览**的不同特性——注意集中于特定刺激和特定方位的能力。他集中注意在数学作业上并且忽略其他人谈话就是一个典型的**选择性注意**的例子，即专注于一件事而忽略其他事。图书馆里其他人的谈话干扰了罗杰玩手机游戏是**注意分散**的例子，即对一个刺激的加工干扰了对另一个刺激的加工。在玩游戏的同时，罗杰还在注意听别人的谈话是**分配性注意**的例子，即同时可以注意多个事物。罗杰偷听他人谈话时被一辆翻倒的推车打断了是**注意捕获**的例子，即注意的突然转移，通常是由巨大的噪声、强光或者突然的运动引起的。最后，罗杰辨认房间里的人，从一张脸看向另一张脸是**视觉浏览**的例子，即视线从一个位置或客体转移到另一个位置或客体。

记住，这些注意的不同特性让我们回到在第1章介绍过的威廉·詹姆斯（William James，1890）对注意的定义。

大量的事物……呈现在我的感觉系统内，这些事物并不能准确地进入我自己的个体经验。为什么？因为我对这些事情并不感兴趣。我的经验是我所能注意到的……每个人都知

图 4.1 罗杰的注意历程。(a) 选择性注意：不受别人谈话的影响写数学作业。(b) 注意分散：玩游戏受到别人谈话的干扰。(c) 分配性注意：一边玩游戏，一边听别人谈话。(d) 注意捕获和视觉浏览：注意被噪声吸引，观察整个场景，了解正在发生的事情。

道注意是什么。注意是聚精会神的一种思维，这种思维是以清晰和生动的形式所表现的，独立于一些同时出现的客体或一连串思想……这就意味着我们必会为了更加有效地处理一些事物而选择放弃另一些事物。

尽管这个定义被认为是经典的并且抓住了注意的本质特性——为了有效地

处理一些事而忽略其他事——但我们现在可以发现，它没有捕捉到与注意相关的多样化现象。事实证明，注意不是单一特性的加工过程，而是具有许多不同特性的加工过程，并且这些加工过程可以采用不同的方法进行研究。

因此，本章的各节介绍了注意的不同方面。我们将从注意研究的历史开始介绍，因为早期对注意的研究帮助我们建立了认知的信息加工论，在当时成了认知心理学这个新领域的中心议题。

信息加工过程中的注意

近现代关于注意的研究始于 20 世纪 50 年代由 Broadbent 提出的注意过滤器模型。

Broadbent 的注意过滤器模型

在第 1 章（第 017 页）描述 Broadbent 的**注意过滤器模型**时，是为了解释 Cherry（1953）的实验结果。Cherry 研究选择性注意所用到的技术称为**双耳分听**。在双耳分听实验中，分别给被试的两只耳朵呈现不同的信息，要求被试注意其中一只耳朵传入的信息（注意通道），并在听到信息的时候大声地复述出来。重复所听见的信息的程序叫**追随**（图 4.2）。

Cherry 发现，被试能够较为容易地追随注意耳里的信息；并且被试能够说出非注意耳中的声音是男性的还是女性的，但是报告不出信息的内容。其他的双耳分听实验已经证实，被试意识不到呈现在非追随耳中的大部分信息。例如，Neville Moray（1959）发现，被试觉察不到在非追随耳内重复了 35 次的单词。这种聚焦一种刺激同时过滤掉其他刺激的能力称为**鸡尾酒会效应**，因为在嘈杂的酒会上，尽管同时有很多人在交谈，但是我们仍然能够聚焦于其中的一个人说了什么内容。

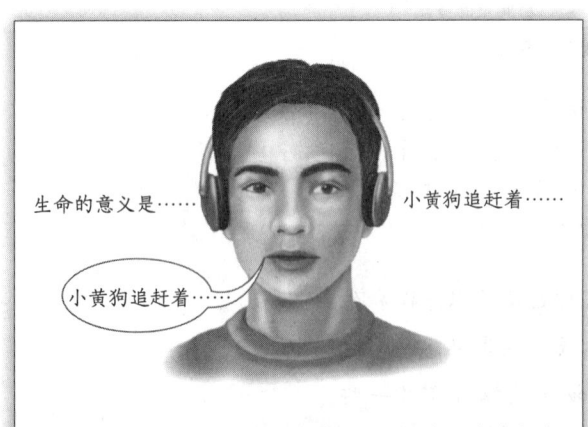

图 4.2 在追随程序中，包含双耳分听，被试大声地重复他所听到的单词，这样可以确保其能够将注意聚焦在需要注意的信息上。

基于这些结果，Broadbent（1958）提出了一种注意模型去解释注意是如何聚焦一种信息，以及为什么能忽略其他信息。这个模型为认知心理学引进了流程图（见第 017 页），认为信息的加工需要经历以下阶段（图 4.3）：

- **感觉记忆**仅能够短暂地保存所有的输入信息，然后便会将这些信息转移到下一个加工阶段。第 5 章将详尽地讨论感觉记忆。
- **过滤器**根据刺激的物理特性，如讲话者的音调、音高、语速以及口音来识别注意到的信息，同时仅让注意到的信息进入下一个阶段的探测器中。其他信息都将被过滤掉。
- **探测器**加工的信息决定着信息能否得到进一步加工，例如，对信息的意义进行加工。因为过滤器仅能让那些重要的和被注意到的信息通过，而筛选后的信息都能进入探测器。
- **短时记忆**接收探测器输出的信息。它能够将信息保存 10 ~ 15 秒，然后便将信息转移至长时记忆。长时记忆中的信息能够永久地保存下来。第 5 章至第 8 章将对短时记忆和长时记忆进行介绍。

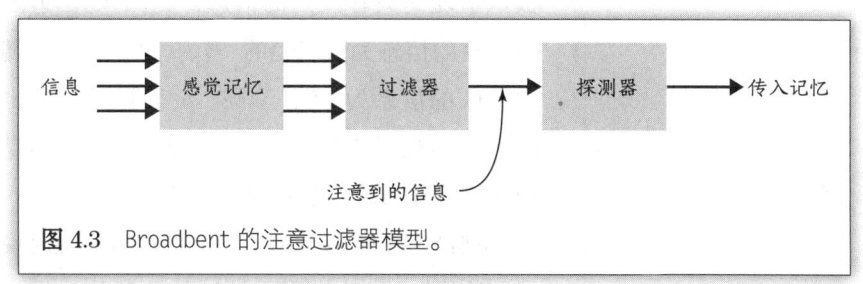

图 4.3 Broadbent 的注意过滤器模型。

Broadbent 的模型也被称为**早期选择模型**，因为过滤器是在信息加工流的起始阶段过滤掉非注意信息的。

对 Broadbent 模型的修正：更多早期选择模型

Broadbent 的选择性注意模型的优势在于为选择性注意提供了可验证的假设，值得进行更多的研究。其中一个假设为，非注意通道内的所有信息都被过滤掉了，即意识不到非注意耳内的信息。为了验证这个假设，Moray（1959）做了一个双耳分听的实验。实验要求被试追随呈现在一只耳朵内的声音而忽略呈现在另一只耳朵内的声音。但是当 Moray 在被试的另一只耳朵内（非注意耳）呈现被试的名字时，大约有 1/3 的被试能够听到（见 Wood & Cowan，1995）。

尽管 Broadbent 的理论认为，过滤器仅会根据信息的物理属性来决定允许一种信息通过，但是 Moray 的被试意识到了自己的名字。显然，被试的名字并没有被过滤掉，最重要的是，它足以得到分析加工并被识别出意义。我们可能也存在与 Moray 的实验相似的体验，就好比我们在一间嘈杂的房间内与某人谈话时，突然听到其他人提到我们的名字。

Moray 之后的其他实验也表明，呈现在非追随耳内的信息是能够得到加工而被试意识到了其意义的。例如，牛津大学的本科生 J. A. Gray 和 A. I. Wedderburn 于 1960 年做了下面这个实验，也被称为"亲爱的珍妮姑妈（Dear Aunt Jane）"实验。他们在 Cherry 的双耳分听实验的基础上要求被试追随一只耳朵内的信息，见图 4.4。追随耳内接收的信息为"亲爱的、7、姑妈"，非追随耳内接收的信息为"9、珍妮、6"。被试报告出来的内容却是"亲爱的、珍妮、姑妈"，而不是呈现在追随耳内的"亲爱的、7、姑妈"。

被试将注意转换到了非追随注意通道时说出了"珍妮"，这就说明了被试的注意从一只耳朵转向了另一只耳朵，然后又转了回来。这种现象的产生原因是被试考虑到了单词的语义。（一个自上而下加工的例子！见第 079 页。）

基于诸如此类的研究结果，Anne Treisman（1964）修订了 Broadbent 的理论。Treisman 提出，选择性注意发生在两个阶段，并且用**衰减器**替换了 Broadbent 的过滤器（图 4.5）。衰减器从以下方面对传入的信息进行分析：（1）物理特性——高音或低音、快速或缓慢；（2）语言——信息如

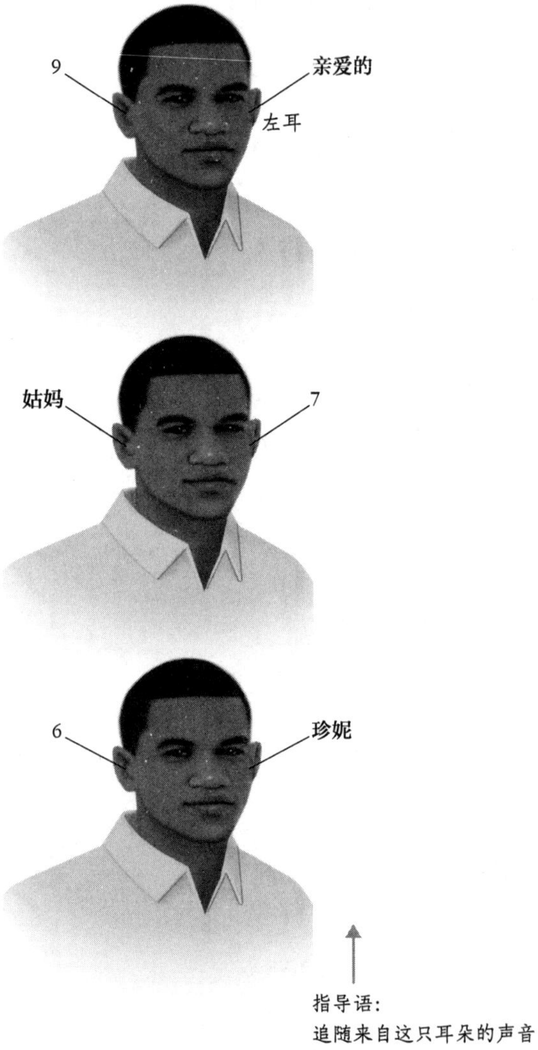

图 4.4 在 Gray 和 Wedderburn（1960）的"亲爱的珍妮姑妈"实验中，被试要追随呈现在左耳中的信息。但是结果发现，被试报告听到了"亲爱的珍妮姑妈"这样的信息。也就是说，这条信息先出现在左耳，然后跳到右耳，之后又返回左耳。

何组织成音节或者单词;(3)意义——单词的序列如何组成了有意义的短语。需要注意的是,衰减器代表了一种加工过程,而不是由特定的脑结构负责。

类似 Broadbent 的观点,在 Treisman 的**注意衰减模型**中,语言和意义也可以用来分离信息。Treisman 认为,对信息意义的分析只有在必要的时候才会进行。例如,如果有

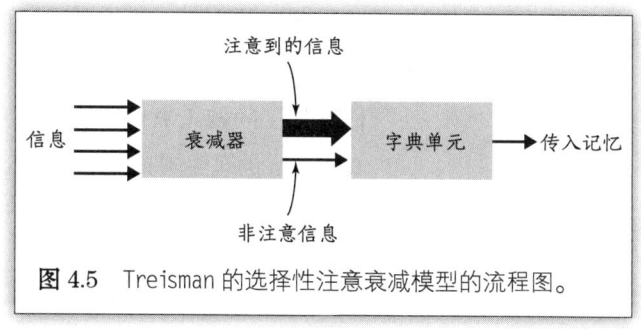

图 4.5　Treisman 的选择性注意衰减模型的流程图。

两种声音,一种为男性的声音,另一种为女性的声音,那么从物理水平上进行分析足以从高频的女性声音中区分低频的男性声音。然而,如果信息相似,就可能需要根据意义来区分两种信息。

根据 Treisman 的模型,一旦追随耳和非追随耳内的信息都得到了辨别,那么所有的信息都能够通过衰减器。但是追随耳内的信息能被完全接收,而非追随耳内的信息虽然能通过衰减器,却被减弱了,即比追随耳内的信息弱。正因为非追随耳内的一部分信息也能够通过衰减器,所以 Treisman 的模型也被称作"有漏洞的过滤器"模型。

Treisman 的模型最后的输出结果由模型的第二阶段决定,这一阶段的信息通过**字典单元**而得到进一步分析。字典单元包含很多储存的单词,每个单词都存在一个激活阈限(图 4.6)。阈限是指能够被完全激活时的最小信号强度。因此,如果一个单词的阈限较低,那么即使它在呈现的过程中较为微弱或者被其他单词遮挡,也可以被检测到。

根据 Treisman 的理论,有的单词是经常出现的或者是特别重要的,比如被试的名字,因此有着较低的阈限。所以,即使在非追随耳中呈现微弱的信号,仍然能够激活这个词,即能在房间的另一头听见远处有人谈论自己的名字。不经常出现的或者对被试来说不重要的信息有着较高的阈限,所以只有在追随耳中呈现较强的信号,才能激活这些单词。因此,根据 Treisman 的理论,追随耳中的信息以及非追随耳内部分微弱的信息都能够通过衰减器。

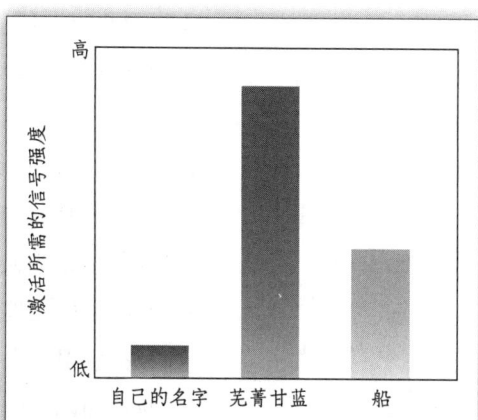

图 4.6　Treisman 模型中的字典单元包括单词,每个单词都有一个激活阈限。这个图展示了三个单词的阈限。"自己的名字"有着较低的阈限,所以较为容易被激活。单词"芜菁甘蓝"和"船"的阈限较高,因为它们不常用或者对于被试来说并不是那么重要。

到目前为止，我们所介绍的研究之所以重要，不仅是因为它们解释了一些重要的注意现象，也因为它们很好地说明了如何将一个认知现象概念化为一个信息加工问题（来自环境的信息流将经过不同的认知加工阶段）。Broadbent 和 Treisman 的理论有时也被称作选择性注意的早期选择理论，因为他们认为，过滤器就是在早期阶段对信息流进行操作的。其他一些模型认为，注意的选择发生在晚期阶段。

晚期选择模型

基于对一些实验结果的思考，一些理论提出，选择信息的过程发生在信息加工的较晚阶段，这种选择主要基于信息的意义。例如，Donald MacKay（1973）的一项实验研究给被试呈现模棱两可的句子，例如，"They were throwing stones at the bank（他们向河岸/银行投掷石块）"。（在这个例子中，"bank"可能指河岸，也可能指金融机构。）对于这句话存在不同的理解角度。实验中的模棱两可的句子呈现在追随耳中，而在非追随耳中呈现与其中一种条件匹配且具有指向性的单词。例如，当在被试追随耳呈现"They were throwing stones at the bank"时，便在非追随耳中呈现单词"河岸"或者"金钱"。

在被试听完一系列模棱两可的句子后，给被试呈现一些成对的句子，例如："They threw stones toward the side of the river yesterday（昨天，他们朝河边投掷石头）"和"They threw stones at the savings and loan association yesterday（昨天，他们朝储蓄贷款协会投掷石头）"。当要求被试指出以上哪个句子的意思与之前听到的句子最为接近时，MacKay 发现，具有指向性的单词会影响被试的选择。例如，如果指向性单词是"金钱"，被试更加容易选择第二个句子。即使被试报告并没有意识到之前呈现在非追随耳内的指向性单词，仍然会发生这种情况。

MacKay 认为，非追随耳内单词（"金钱"）的意义会影响被试的判断，因此对这个单词的加工达到了意义水平。类似这样的结果使得 MacKay 以及其他一些研究者提出了注意的**晚期选择模型**。这种模型认为，大部分输入信息在被选择得到进一步加工之前都会进行意义加工（Deutsch & Deutsch，1963；Norman，1968）。

关于选择性注意的研究围绕着选择性注意何时发生（早期或者晚期）以及何种类型的信息能够用来进行筛选（物理属性或意义）而展开。但随着对选择性注意的深入研究，研究者们意识到，"早期和晚期"之争并没有一个绝对的答案。早期选择理论在一些情况下能够得到证实，而晚期选择理论能够在另一些条件下得到证实。早期或晚期选择取决于被试的任务以及呈现的刺激类型。因此，研究者转而开始关注影响选择性注意的因素。

回想一下罗杰在图书馆的经历。在他做数学作业的时候能够忽略邻桌人的交谈，但是在玩简单的手机游戏时能够注意到邻桌人交谈的内容。选择性地注意到一种任务的能力既依赖分心物，也依赖 Nilli Lavie（2010）的研究中提到的任务的本质，即加工资源与知觉负载。

加工资源和知觉负载

当人们试图把注意集中在一件任务上时是如何忽略那些令人分心的刺激的？Lavie 通过两个因素来回答这个问题：（1）**加工资源**，指人们能够加工的信息量，并对其加工传入信息的容量进行限制；（2）**知觉负载**，与任务的难度有关。有些任务，特别是简单的、熟练的任务，知觉负载较低，这些**低负载任务**只消耗人一小部分加工资源。困难且可能并不熟练的任务则是**高负载任务**，需要人更多的加工资源。

Sophie Forster 和 Lavie（2008）研究了加工资源和知觉负载对干扰的影响。如图 4.7a 所示。被试的任务是：当识别一个目标（X 或 N）时，尽快做出反应，即被试看到 X 时按下一个键，看到 N 时按下另一个键。此任务较为简单，如 4.7a 中左图所示，目标仅被一种字母包围，比如图中的这些小写字母 o。然而，如右图所示，当目标被不同的字母包围时，任务就会变得更加困难。两种实验的差异体现在反应时上，即困难任务比简单任务的反应时长。然而，当一个与任务无关的刺激（如图 4.7b 中所示的不相关的卡通人物）在屏幕下方闪动时，影响反应速度并导致反应速度较慢的是简单任务而非困难任务。

Lavie 根据**注意的负载理论**解释了图 4.7b 所示的结果：如图 4.8 所示，圆圈表示人的认知加工资源，阴影表示任务所消耗的部分资源。图 4.8a 表示对于低负载任务，仍然有剩余的认知加工资源。这意味着可以利用剩余的资源加工与任务无关的刺激（如卡通人物），即使被试被告知不要注意与任务无关的刺激，刺激也会被加工并减慢反应速度。

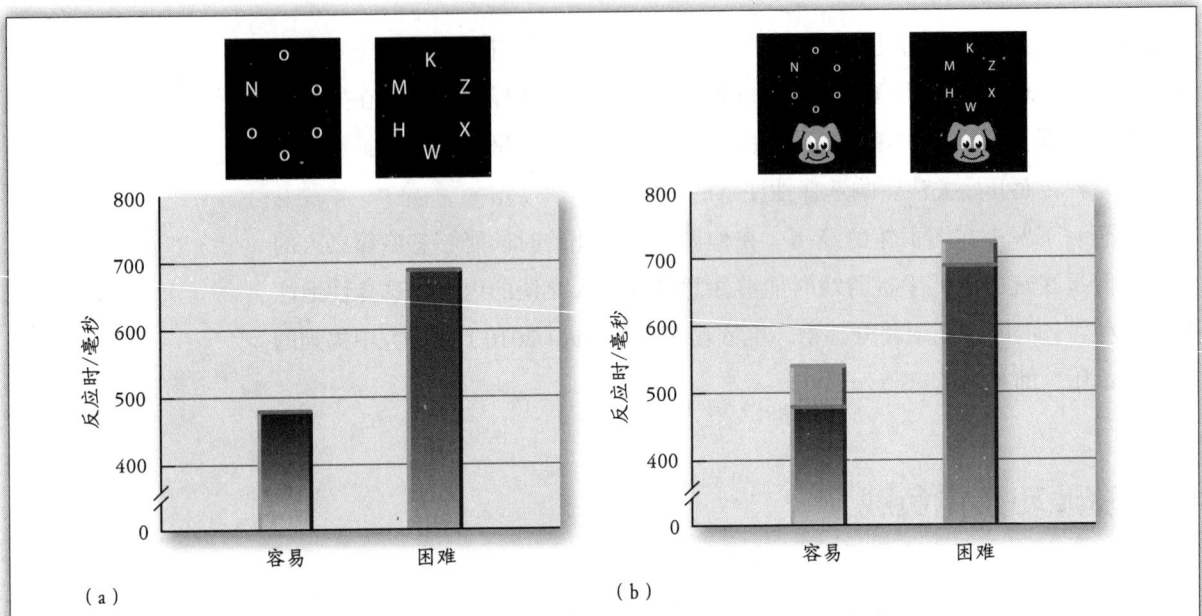

图 4.7 Forster 和 Lavie（2008）的实验任务，尽快报告屏幕上出现的目标是 X 还是 N。（a）执行简单任务（左图）或较难任务（右图）的反应时，左图中的目标被几个小写的 o 包围，右图中的目标被几个不相同的字母包围，对简单任务的反应快于较难任务。（b）分心任务的加入增加了简单任务的反应时，但对较难任务产生的影响很小。图中浅灰色的延伸部分代表反应时增加的时长。

来　源：Adapted from S. Forster & N. Lavie, Failures to ignore entirely irrelevant distractors: The role of load, *Journal of Experimental Psychology: Applied*, 14, 73–83, 2008.

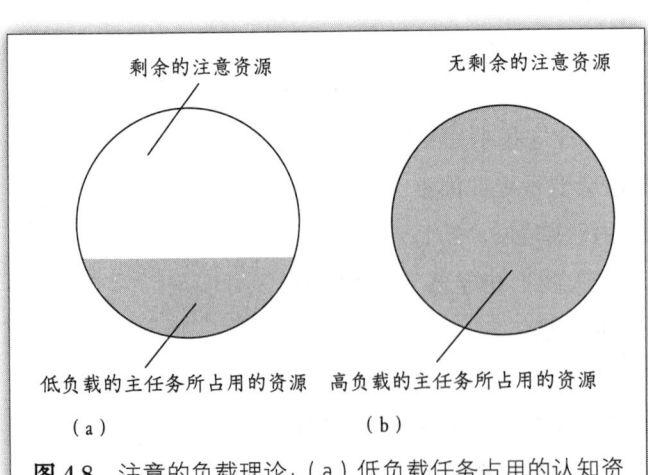

图 4.8 注意的负载理论：（a）低负载任务占用的认知资源少，余下的部分能够加工本无须注意的、与任务无关的刺激。（b）高负载任务占用了全部认知资源，并没有多余的认知资源用于加工与任务无关的刺激。

图 4.8b 显示了一个人全部的认知加工资源都被用于高负载任务的情况，例如，实验中的困难任务。当这种情况发生时，没有剩余资源加工其他的刺激，因此无关刺激不能被加工，它们对被试在任务中的表现几乎没有影响。因此，如果你正在执行一项困难的且高负载的任务，没有剩余的认知加工资源，你就不太可能分心（罗杰专注于数学难题时也证实了这一理论）。然而，如果你正在执行一项简单且低负载的任务，那么剩下的认知加工资源就可以用来加工与任务无关的刺激（罗杰在玩简单的手机游戏时分心也

证实了这一理论)。

忽略无关刺激的能力不仅取决于任务的负载，还取决于无关刺激的强度。例如，当罗杰专心做数学难题的时候，可以忽略图书馆里的谈话声，但是火灾警报器发出的巨大声响可能会引起他的注意。下面的演示实验中描述的Stroop效应提供了一个无关刺激难以忽略的例子。

演示实验 Stroop效应

请看图4.9（彩）。实验任务是快速地判断每种几何图形的颜色。例如，从左上方开始，你会依次说出"红、蓝……"。为你自己（或者你的朋友）计时，并且确定报告所有几何图形的颜色需要多长时间。然后在图4.10（彩）中做相同的任务，需要记住的是，这时的实验任务是判断这些字的墨水颜色，而不是说出字义。

如果你发现相对于判断几何图形的颜色，判断字的颜色更加困难，就说明出现了Stroop效应，这种现象最开始是由J. R. Stroop（1935）描述的。这种效应的发生是因为对单词的命名引起了反应竞争（类似于在侧干扰相容任务中的不一致条件），因此对目标的反应（即说出写字的墨水是什么颜色的）会变慢。在Stroop效应中，与任务无关的刺激强而有力，因为读单词的过程经过大量练习，这一过程变得非常自动化，想不读出字义其实很困难（Stroop，1935）。

我们目前所描述的是注意的早期加工模型和Lavie的负载理论，这两种理论可以帮助我们将注意指向一张特定的图像或者一种特定的任务。但是，我们每天所经历的事情需要我们具有将注意从一个位置转向另一个位置的能力，即需要通过转动眼睛或是不需要转动眼睛来转移注意。接下来将讨论这部分内容。

自我测验 4.1

1. 举例说明下列情境：选择性注意、注意分散、分配性注意、注意捕获和视觉浏览。

2. 双耳分听程序如何确定人们在只关注追随耳内信息的任务上做得多好，以及非追随耳内的多少信息能够被意识到？什么是鸡尾酒会效应？它能证明什么？
3. 描述 Broadbent 的选择性注意模型。为什么它被称作早期选择模型？
4. Moray 的实验（非追随耳内的信息）以及 Gray 和 Wedderburn 的实验（"亲爱的珍妮姑妈"）的结果分别是什么？为什么用 Broadbent 的过滤器模型很难解释这些结果？
5. 描述 Treisman 的衰减理论。首先说明她为什么提出这个理论，然后说明她对 Broadbent 的模型的修订是如何解释 Broadbent 的模型无法解释的那些结果的。
6. 描述 MacKay 的"bank"实验。为什么他的实验结果支持晚期选择理论？
7. 描述 Forster 和 Lavie 关于加工资源和认知负载如何影响注意分散的实验。什么是注意的负载理论？
8. 什么是 Stroop 效应？它如何诠释无关刺激对注意的影响？

通过场景浏览定位注意

根据威廉·詹姆斯的观点，注意包含了"为了更加有效地处理一些事物而选择放弃另一些事物"。想想这在日常生活中意味着什么。生活中有很多东西都是注意的潜在对象，但是当注意到一些事物的同时，我们会忽略另外一些事物。那么，我们是如何做到这一点的，以及注意是如何影响我们的经历的？我们需要思考如何通过转动眼睛去看一个又一个地方来转移注意。

通过眼动浏览场景

看看在图 4.11（彩）中你在 1 分钟内可以识别多少人，开始！
当我们完成这项任务时，可能会意识到，为了识别人数，我们不得不浏览整个场景，依次检查每张人脸。因此，视觉浏览的过程是十分必要的，因为只有当我们直接注视它时，才会看到一些细节。

另一种能验证"我们必须直接注视才能看到想看的东西的细节"的方法是，看这行最末端的字，不移动眼睛，看你能向左读多少个字。如果不作弊（不要往左边看！），我们会发现虽然能读到自己正在看的字，但只能往左多读几个字。

这两项任务都说明了中央视野和外周视野的区别。中央视野就是我们所注视的区域。外周视野是所注视区域的外周。由于视网膜的构造方式不同，中央视野中的物体落在中央凹区域，这个区域对于视觉细节的感知能力强于外周，外周则是对视觉场景中剩余部分的感知。因此，当浏览图 4.11（彩）中的场景时，需要将中央凹对准一张又一张面孔。浏览过程中短暂地停留在一张面孔上的某个位置上就代表我们的**注视点**。注视点能够将注意聚焦在一个特定的人或者事物上，以便更好地识别。当将眼睛移到下一张面孔上时，我们需要完成一个**扫视眼跳**的过程，即从一个注视点到下一个注视点的快速移动过程。

当我们有意识地搜寻目标，比如尽可能快地辨认人的时候，我们并不会对自己的眼睛一直在动而感到惊讶。但即使我们只是随意地看着某物或某场景而没有具体的搜寻目标，眼睛也会平均每秒发生 3 次眼动。图 4.12（彩）展示了这种快速浏览的方式。图 4.12（彩）是一个人在观看喷泉的时候，由快速眼动（线）形成的一组注视点（点）。通过转动眼睛将注意从一个位置转移到另一个位置的方式称为**外显注意**，因为通过观察眼睛转动的朝向便能观测到注意转移的过程。

现在要思考两个可以决定人们如何通过转动眼睛来转移注意的因素：自下而上的因素，主要基于刺激的物理特征；自上而下的因素，主要基于认知因素，例如被试对特定刺激的场景和过去经历的认知。

基于刺激凸显性的浏览

注意会受到**刺激凸显性**的影响，即刺激的物理特性，如颜色、对比度或运动。通过刺激凸显性来吸引注意是一个自下而上的加工过程，因为这个过程完全依赖刺激的明暗、颜色和对比度的模式（Ptak，2012）。例如，寻找图 4.11（彩）中金发的人的任务涉及自下而上的加工，因为这个加工过程涉及颜色这种刺激的物理属性,而不考虑图像的意义(Parkhurst et al., 2002)。要确定显著性如何影响场景浏览的方式,通常需要分析场景中每个位置的颜色、方向和强度等特征,然后结合这些值来创建场景的**凸显性地图**(Itti & Koch, 2000; Parkhurst et al., 2002; Torralba et al., 2006)。例如,图4.13(彩)中穿红色衣服的人在凸显性方面会得高分,不仅是因为颜色的亮度,还因为红色与更大的白色区域形成对比,而更大的白色区域由于颜色的均匀性而具有较低的凸显性。

在实验中,当观看图片时,被试的眼睛会被追踪。实验发现,最初的几次注视更有可能集中在高凸显性区域。但在最初的几次注视之后,浏览开始受到自上而下或认知过程的影响,这种过程依赖被试过去观察环境的经验所形成的目标和期望(Parkhurst et al., 2002)。

基于认知因素的浏览

通过监测被试在看图4.12(彩)中的场景时的眼球运动,可以证明所注视的区域不仅是由刺激凸显性决定的。例如,被试并没有注视明亮澄蓝的水,即使它的亮度、颜色和位置接近前面的场景而使其较为凸显。被试也忽略了岩石和柱子以及其他一些凸显的建筑物的特征。相反,被试把注意集中在喷泉及其附近等令其更为感兴趣的区域,比如雕像。然而,值得注意的是,在这里介绍的仅是这个被试注视了这些雕像,并不意味着每个被试都会跟他一样。正如人与人之间有很大的差异,人们浏览场景的方式也存在差异(Castelhano & Henderson, 2008; Noton & Stark, 1971)。因此,另一个对建筑物感兴趣的被试可能会较少注视雕像,而更多地注视建筑物的窗户和柱子等区域。

因为场景浏览会受到个人对场景偏好的影响,因此这个例子清晰地阐释了自上而下的加工方式对于注意的影响。当场景浏览受到**场景图式**的影响时,自上而下的加工也会发挥作用,即被试对典型场景中包含的内容的了解程度也有影响(参见环境的规律性,第087页)。例如,当Melissa Võ和John Henderson在2009年给被试呈现了类似图4.14的图片时,被试对于图4.14a中出现的打印机的注视时间长于图4.14b中的平底锅,这是因为打印机是不太可能出现在厨房中的。事实上,人们对某件事物注视的时间更长是因为它似乎不应该出现在该场景中,也就意味着注意通常受到个体对"一个场景中经常出现什么"这样的先验知识的影响。

图 4.14 Võ 和 Henderson（2009）在研究中用的刺激。相对于（a）中的平底锅，被试对（b）中打印机的注视时间更长。图中白色矩形框里面的物体即平底锅和打印机（实验中并不给被试呈现这种矩形框）。

来源：M.L.-H.Võ, & J. M. Henderson, Does gravitymatter? Effects of semantic and syntactic inconsistencies on the allocation of attention during scene perception, *Journal of Vision*, 9, 3:24, 1–15, Figure 1.

有关基于环境经验的认知因素如何影响视觉浏览的另一个例子是由 Hiroyuki Shinoda 及其团队（2001）进行的实验。在实验中，研究者测量了被试的注视点，并且测试了被试在驾驶模拟器中驾车行驶在由计算机生成的驾驶环境中探测交通标志的能力。研究者发现，相对于马路的中央，被试更容易在十字路口的位置探测到停止信号，并且有 45% 的被试的注视点位于接近十字路口的位置。在这个例子中，被试使用了环境中的规律性知识（停止信号通常位于拐角处）来判断在何时以及何地去发现停止信号。

基于任务需求的浏览

最后一节的例子表明，对环境中各种特征的了解可以影响人们如何集中注意。然而，被试在一个计算机模拟的环境中开车的例子与其他例子不同。不同之处在于，被试不是看着静止场景的图片，而是与环境产生了互动。在这种情况下，人们在做事情的过程中需要将注意从一个地方转移到另一个地方，并且这种注意转移发生在当人们在环境中移动的时候，正如开车的例子，以及人们在执行一些特定任务的时候。

由于随着任务的展开，许多任务需要注意不同的地方，因此人们注视特定位置的时间可以由任务中涉及的动作序列来决定。例如，思考图 4.15 中的眼球运动模式。图片展示的是一个人做花生酱三明治时所监测到的眼动模式。三明治的制作过程始于一片面包被从袋子（A）里拿出放到到盘子（B）上。这个过程伴随着眼睛从袋子到盘子的移动。然后被试的注视点落在花生酱罐子上，因为要打开罐子盖，所以注视点随后注视到罐子的顶部（C）。接着，注意转移到刀上，因为接下来将要使用刀来舀起花生酱，涂在面包上（Land & Hayhoe, 2001）。

　　检测这些眼动模式的关键发现在于，眼动主要是由实验任务所决定的。被试很少看向无关任务的客体以及位置，他们的眼动和注视点与完成任务涉及的动作息息相关。进一步说，眼动通常先于动作行为几分之一秒，类似于一个人首先需要将注意聚焦在花生酱罐上，然后才会伸手触碰罐子，进而打开罐子。这就是一个"恰巧"策略的例子，即眼动刚好发生在我们需要它们提供信息之

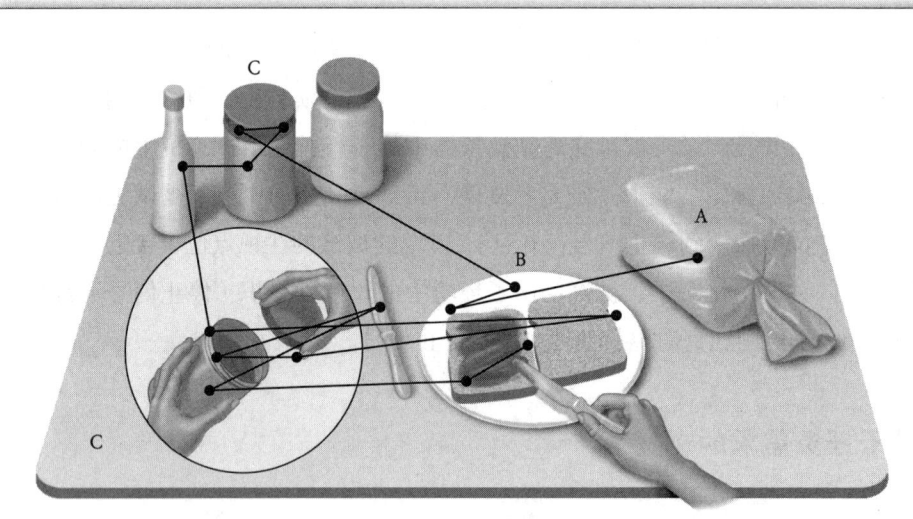

图 4.15　制作花生酱三明治的动作顺序。第一步是将面包从袋子里拿出来。
来源：Adapted from M. F. Land, N. Mennie, & J. Rusted, The roles of vision and eye movements in the control of activities of daily living, *Perception*, 28, 11, 1311–1328. Copyright © 1999 by Pion Ltd, London. Reproduced by permission.

前（Hayhoe & Ballard，2005；Tatler et al.，2011）。

我们所描述的基于认知因素和任务需求的视觉浏览的例子有一个共同点：都提供了证据表明视觉浏览受到人们的预测影响（Henderson，2017）。视觉浏览可以预测一个人在做花生酱和果冻三明治时下一步会做什么；视觉浏览可以预测停车标志最有可能位于十字路口；当一个人的预测与实际场景相违背时，比如厨房里突然出现了一台打印机，就会暂停浏览，以便更久地观察这个出乎意料地出现在此位置的物体。

注意的结果

我们能得到什么呢？根据上一节所描述的与眼球运动相关的外显注意，我们可以这样回答这个问题：通过转动眼睛来转移注意，可以让我们更清楚地看到感兴趣的地方。这是非常重要的，因为外显注意能够把我们感兴趣的事物放在视觉场景的最前面和最中间的位置，这样它们就很容易被看到。

但是一些研究人员并不是通过监测影响眼球运动的因素来研究注意的，他们思考的是当我们转移注意但眼球不动时会发生什么。在保持眼睛不动的情况下转移注意被称为**内隐注意**。因为在这个过程中，通过对被试眼球运动的监测是看不出注意转移的，因此这种类型的注意转移是用"大脑"进行注意转移的，即当我们已经将注意转移到另一边的时候仍然直视着前方。

一些研究人员研究内隐注意的原因之一是这种方法可以不受眼球运动干扰地研究大脑活动。现在来思考一下关于内隐注意的研究，它展示了"大脑"中注意的转移如何影响我们对位置和客体的反应速度，以及我们如何感知客体。

注意促进对位置的反应

在一系列经典研究中，Michael Posner 及其同事（1978）考察了注意特定的位置是否会增强个体对呈现在这个位置上刺激的反应能力。为了回答这一问题，Posner 采用了一种称为**预线索化**的范式。

研究方法　预线索化

预线索化实验主要是为了考察呈现的线索是否能够预示探测刺激出现的位置，从而促进对探测刺激的加工。如图 4.16 所示，Posner 及其同事（1978）在实验中要求被试始终注视中央的 + 号位置。因此其考察的是内隐注意。

首先，被试将会看见一个箭头，这个箭头提示着目标刺激可能会出现在哪一侧。在图 4.16a 中，线索提示被试应该将注意更多地集中在右侧（在这个过程中，被试一直注视 +）。被试的任务是，当目标方块出现后，尽快地进行按键反应（右图）。图 4.16a 中所展示的试次为有效试次，因为方块出现的一侧就是线索箭头所指示的一侧。在 80% 的试次中，箭头所指示的位置即是目标出现的位置。然而，还有 20% 的试次，箭头线索指示被试靶子会在这一侧呈现，但实际上呈现在另外一侧，如图 4.16b。对实验中的无效试次来说，无论是线索化还是非线索化，被试的任务都是一样的，即尽可能地快速判断目标方块出现的位置。

图 4.16c 所示的是实验结果，表明被试对有效试次的反应明显快于无效试次。Posner 将这种结果解释为，在注意定位的位置上，对信息的加工更加有效。

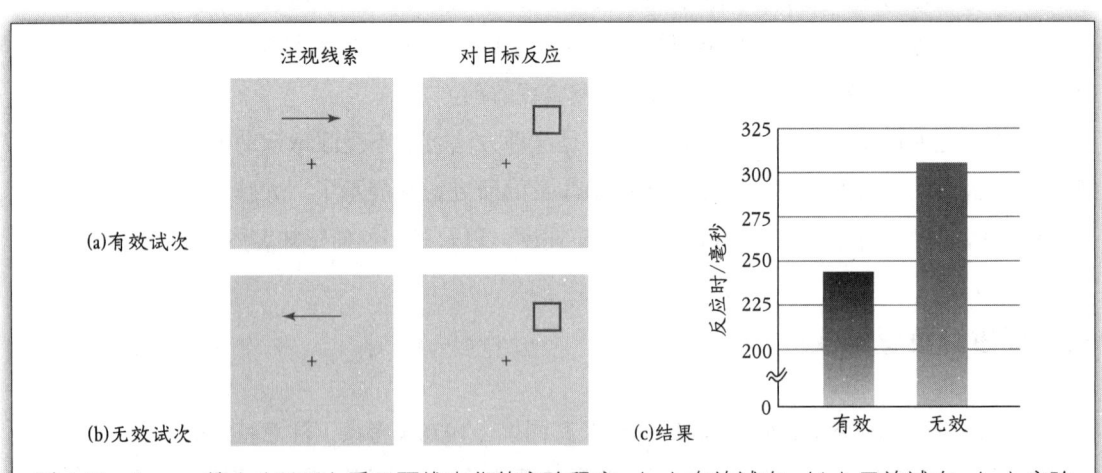

图 4.16　Posner 等人（1978）采用预线索化的实验程序。(a) 有效试次；(b) 无效试次；(c) 实验结果。有效试次的平均反应时是 245 毫秒，无效试次的平均反应时是 305 毫秒。

来源：M. I. Posner, M. J. Nissen, & W. C. Ogden, *Modes of perceiving and processing information*. Copyright © 1978 by Taylor &Francis Group LLC–Books.

另外一些与此类似的结果支持了这样一个观点，即注意就像聚光灯或者变焦镜，当注意趋向特定的位置时，那个位置上的信息就得到了更充分地加工（Marino & Scholl，2005）。

注意促进对客体的反应

除了注意特定的空间位置，我们也可以注意环境中的特定客体。在人群中寻找一个熟人时，会将全部注意集中在这个人身上。我们会看到跳蚤市场上摆满商品的桌子，而自己的注意也会在不同的客体间来回切换。下面可以通过一个实验来证明：（1）注意能够加速我们对客体的反应；（2）当注意定位到客体的某一部位时，这种注意带来的增强效应会扩散到这个客体的其他部分。

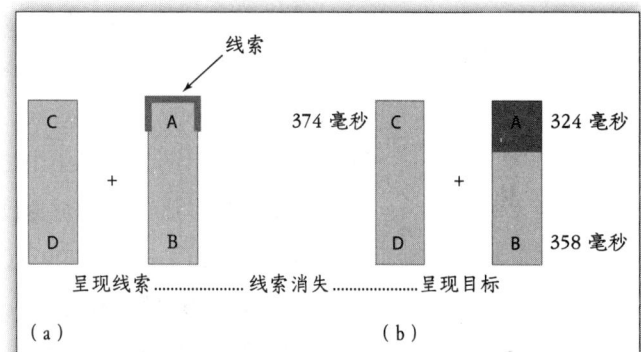

图 4.17 Egly 及其同事（1994）的实验。(a) 线索呈现在某个位置，然后消失。(b) 目标将呈现在 A、B、C、D 四个位置中的一个。被试的任务是当目标出现在任何位置上均需要按键。数字代表当线索呈现在 A 点时，被试对 A、B、C 三个点出现的目标的反应时。

例如，图 4.17 所绘制的实验程序图（Egly et al.，1994）。当要求被试将眼睛始终保持在中央 + 号上时，矩形的一端会快速地变亮（图 4.17a）。这就是一个线索，它能够预示目标——一个深色的方块——可能出现的位置（图 4.17b）。在这个例子中，线索预测目标可能出现在 A 点，即右侧矩形的上方。（字母只用来描述位置，在实验中并不会出现。）

被试的任务是：无论靶子出现在哪里，只要出现就立即按键。数字代表的是当线索出现在 A 点时，被试分别对三种位置情况下的靶子进行按键反应的平均反应时，以毫秒为单位。很显然，当靶子出现在线索化的位置 A 点时，被试的反应最快。但有趣的是，被试对 B 点（358 毫秒）靶子的反应速度快于 C 点（374 毫秒）。为什么会出现这种情况呢？当然不是因为 B 点比 C 点更靠近 A 点（事实上 B 点和 C 点到 A 点的距离相同），而是因为 B 点位于被试所注意的客体内部。当注意线索化位置的 A 点时，对 A 点产生的作用最大，但这种作用会扩散到 A 所在的整个客体，进而对 B 点也产生了一定作用，加速被试对 B 点的反应。这种客体内部增强效应的扩散导致的加速反应被称为**相同客体优势**

(Marino & Scholl，2005；更多关于注意如何扩散到整个客体的演示见 Driver & Baylis，1989，1998；Katzner et al.，2009；Lavie & Driver，1996；Malcolm & Shomstein，2015）。

注意影响知觉

回到本章开始提到威廉·詹姆斯对注意物体的描述"是聚精会神的一种思维，这种思维是以清晰和生动的形式所表现的"。清晰和生动表明了注意一个物体需要清晰且生动的形象，也就是说，注意可以影响知觉。在詹姆斯提出注意的定义之后的 100 多年中，许多实验研究表明，相比未被注意的物体，被注意的物体显得更大且知觉速度更快，并且更丰富多彩以及具有更高的对比度（Anton-Erxleben et al.，2009；Carrasco et al.，2004；Fuller & Carrasco，2006；Turatto et al.，2007）。因此，注意不仅使我们对位置或者客体的反应更快，也可以影响我们如何知觉客体（Carrasco，2011）。

注意影响生理反应

注意对大脑有许多不同的影响。一种影响是增强了表征注意过位置的脑区的活动。

基于位置的注意增强大脑特定区域的活动

当人们保持眼睛不动的同时将注意转移到不同的位置时会发生什么？Ritobrato Datta 和 Edgar DeYoe 在 2009 年［如图 4.18a（彩）］利用 fMRI 技术考察了被试将眼睛保持在中央注视点时，将注意转移到图中所示的不同位置时的大脑活动。

图 4.18b（彩）中圆圈的颜色表明图 4.18a（彩）中被试将注意转移到字母标记的位置时激活的脑区。其中，黄色的"热点"是最大激活区所在的位置，激活的区域远离中心，并且随着注意远离中心的距离拉大，激活也将变得更大。通过收集观看刺激时所有位置的脑激活数据，Datta 和 DeYoe 创造出了"注意地图"，该地图表明，将注意转移到空间特定位置是如何激活特定位置的脑区的。

使这项实验更有意思的是，在测定特定被试的注意地图之后，让该被试将注意转移到实验者不知道的"秘密"位置。根据黄色"热点"的位置，主试能够以 100% 的正确率找到被试正在注意的"秘密"位置。

注意改变大脑皮层的客体表征

Datta 和 DeYoe 的"热点"实验充分地展示了对特定位置的注意如何导致大脑皮层中某个区域的活动增强。但是,当人们在真实的自然环境中寻找某些东西时,人们如何将注意定位到众多不同的地方?为了回答这一问题,Tolga Cukur 及其同事(2013)考察了注意如何影响不同类型的客体表征方式。

Cukur 实验的出发点是第 2 章中描述的 Huth 等人(2012)研究的脑图[见图 2.20(彩)]。Huth 的脑图说明了不同类别的客体和动作是如何通过分布在大脑的大部分区域的活动来表征的。Huth 通过让被试在磁共振扫描仪中观看电影来确定这张脑图,并使用 fMRI 来考察屏幕呈现不同事情时的大脑活动(见图 2.19)。

Cukur 做了和 Huth 同样的事情(他们在同一个实验室工作并一起写了两篇论文),但是 Cukur 并不是让被试被动地看电影,而是给了他们一项搜索"人"或"车"的任务(一组搜索"人",一组搜索"车")。而第三组被试像 Huth 的实验一样,被动地观看了电影。图 4.19 显示了在两种不同搜索条件下,大脑中的单个体素(到第 052 页查看体素的含义)对不同类型的刺激产生的响应。当被试在电影中搜索"人"时,体素对"人"的响应较强,对"动物"响应稍弱一些,而对"建筑物"和"车辆"几乎没有任何响应。但是,当被试正在搜索"车辆"时,体素的响应会发生变化。表现为体素对"车辆"响应较强,对"建筑物"略有响应,但对"人"或"动物"没有响应。

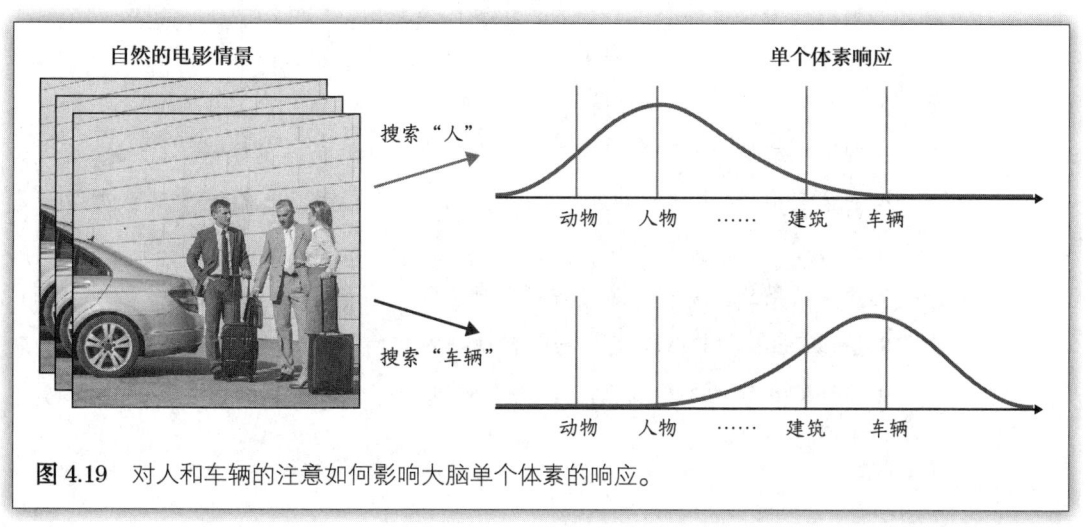

图 4.19 对人和车辆的注意如何影响大脑单个体素的响应。

通过分析来自大脑中成千上万个体素的数据，Cukur 创建了图 4.20（彩）所示的全脑图。不同颜色表示体素对不同类别物体的响应。图中显示，"搜索人"的大脑和"搜索车辆"的大脑之间最明显的区别发生在大脑的顶部。在"搜索人"的条件下，有更多的黄色和绿色区域，这代表与人有关的人或事物，例如，身体部位、动物、群体和说话等。然而，在"搜索车辆"的条件下，颜色更多地变为红色区域，红色代表与车辆有关的车辆或事物，例如运动、道路和设备。

这些脑图的一个重要特征是，寻找特定类别客体时会根据类别以及与该类别相关的其他内容进行调整。因此，被试搜索"人"也会影响对群体和服装的反应。Cukur 将此效应称为**注意变形**——脑中的类别地图发生变化，因此更多空间被分配给正在搜索的类别刺激，并且即使电影中没有出现要搜索的类别刺激，这种效应也会出现。例如，当一个人寻找车辆时，他的大脑会"变形"或"调整"，以使大脑中更大的区域对车辆和与车辆相关的事物做出最佳响应。此外，当车辆、道路或运动出现在场景中时，大脑会发生很强的响应。而其他的事物（目前不是被试正在寻找的）会引起大脑较小的响应。

自我测验 4.2

1. 中央视觉和外周视觉有什么差别？这种差别与外显注意、注视和眼动有什么关系？
2. 刺激凸显性是什么？它与注意有什么关系？
3. 举例说明为何注意由认知因素决定？场景图式的作用是什么？
4. 描述花生酱实验。结果表明任务需求和注意有什么关系？
5. 内隐注意是什么？请描述 Posner 使用的预线索化范式的程序。Posner 的实验结果表明注意对信息加工有什么影响？
6. 描述 Egly 的预提示实验。相同物体的优势是什么？Egly 的实验是如何证明的？
7. 注意结果的三种行为测量方式是什么？
8. 描述 Datta 和 DeYoe 的实验如何说明对空间位置的注意会影响脑活动。
9. 描述 Cukur 的实验是如何说明注意可以改变大脑皮层对客体的表征方式的。

注意分配：能否在同一时间注意到多个事件？

到目前为止，我们对注意的理解都在强调注意是聚焦在单一任务上的一种机制。然而有时，即便我们尽力关注一件事情，仍可以从非注意任务中获取部分信息，就像在 Forster 和 Lavie 的实验中和 Stroop 任务中低负载条件的结果。但是，如果你想同时着手做几件事，把注意分配到不同的任务上，会出现什么情况？我们能将注意同时分配到几个任务上吗？如果我们同时听两段对话，我们会发现这很难，很可能给出否定的答案。尽管如此，在很多情况下，我们还是可以将注意分配到两种或多种任务中的。例如，罗杰能够一边玩手机游戏，一边倾听周围人的对话。人们也可以同时驾车、聊天、听音乐以及思考在接下来的一天该做点什么（尽管在困难的驾驶条件下可能无法完成）。正如我们所看到的，分配注意的能力取决于很多因素，包括练习以及任务的难度。

分配注意的能力可以通过练习获得：自动化加工

Walter Schneider 和 Richard Shiffrin 在 1997 年的实验涉及分配性注意，因为实验需要被试同时执行两种任务：(1) 将目标刺激保存在记忆中；(2) 将注意分配到一系列的分心物上，并且判断目标刺激是否呈现在分心物中。图 4.21 介绍了实验程序。在图 4.21a 中给被试呈现一个记忆集，包括由 1～4 个字符组成的目标刺激。在记忆集后快速呈现 20 幅测试图片，每幅图片中都包含分心物（图 4.21b）。在一半试次中，这 20 幅图片中有一幅包含了记忆集中出现的目标刺激。在每个试次中都要更新记忆集，所以目标在试次间是不断变化的，同时还要不断更新紧跟其后的探测序列。在本例中，记忆集中的目标只有一个，每一个探测序列都有 3 个刺激，目标刺激数字 3 出现在其中一个探测序列中。

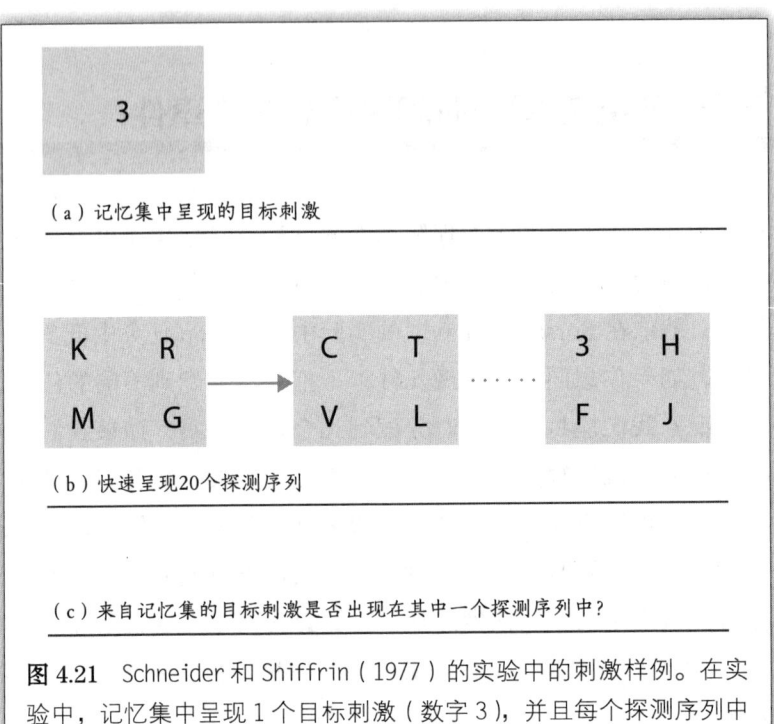

图 4.21 Schneider 和 Shiffrin（1977）的实验中的刺激样例。在实验中，记忆集中呈现 1 个目标刺激（数字 3），并且每个探测序列中都有 4 个刺激。在本例子中，目标刺激出现在最后一个探测序列里。
来　源：R. M. Shiffrin & W. Schneider, Controlled and automatic human information processing: Perceptual learning, automatic attending, and a general theory, *Psychological review*, 84, 127–190, 1977.

　　实验开始时，被试的准确率只有 55%，但是当其完成了 900 个试次的练习之后就能达到 90% 的准确率（图 4.22）。被试自我报告称，在起初的 600 个试次中，他们需要不停重复每个记忆集中的目标刺激来记住它们（尽管目标总是数字或者字母，但是事实上，目标与分心物在试次之间是不断变化的）。然而，在完成了约 600 个试次之后，任务就变得相对自动化了：每个序列出现之后，被试不需要有意识思考就能够做出判断，即使呈现的目标多达 4 个，他们仍可以完成。

　　这意味着什么？根据 Schneider 和 Shiffrin 的观点，练习使得被试能够对注意进行分配，因此可以同时加工目标刺激与探测序列。更进一步地说，多次练习导致了自动化加工，这种**自动化加工**是指：（1）非刻意（在没有刻意而为之的情况下自动发生）；（2）耗费较少的认知资源。

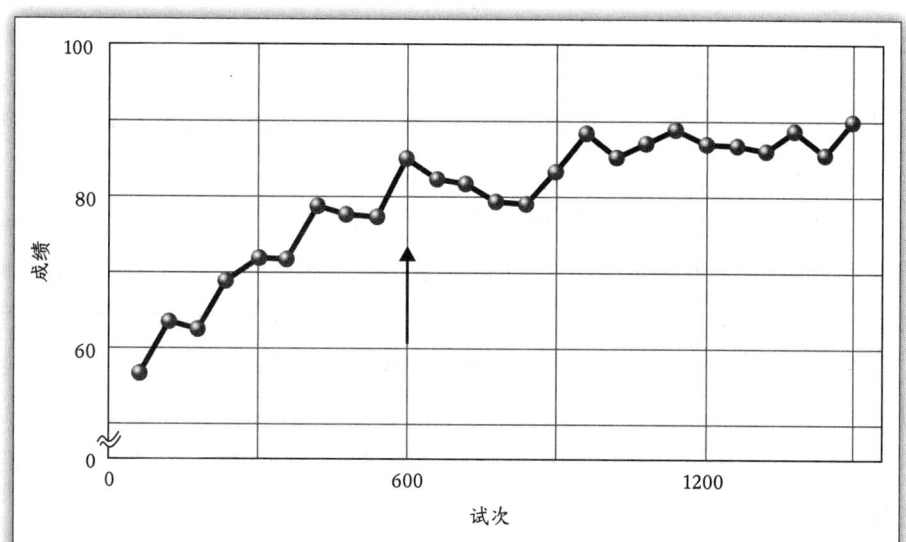

图 4.22 在 Schneider 和 Shiffrin（1997）的实验中，被试通过不断练习，准确率不断提高。箭头指明了被试报告任务变得较为自动化的那个试次点。这个实验结果来自记忆集中有 4 个目标刺激并且在每个序列中有两个刺激的实验程序。

在现实生活中，人们的很多经历都存在自动化加工的过程。因为经过多年重复，好多事情都已经驾轻就熟。例如，我们曾经是不是不记得自己在离开家时是否锁了门，然后便返回去检查，发现门其实锁好了？随手锁门这件事情对于大多数人来说已经成为一种不需要注意的自动化反应。另一个自动化加工的例子（有时还挺吓人）是，我们驾车去某个地方，但到达目的地时，记不起来自己是如何到这里的了。在一些情况下，我们是因为其他一些事情"陷入了沉思"状态，然而驾驶这项技能已经变得非常自动化了，甚至无须意志努力就能够正常行驶（至少直到出现了某种交通"状况"，比如路面施工或者一辆车子突然插到我们前面）。此外，我们无须注意便能完成一些动作，比如打字或发短信。我们可以在打字的同时关注自己的手指，看看这会对打字的效果有何影响。钢琴家曾报告，如果他们在弹奏的时候把注意放在自己的手指上，演奏效果就会受到影响。

当任务变得更难时，分配注意会变得更加困难

Schneider 和 Shiffrin 的实验表明，注意分配可能发生在练习得较为熟练的

任务中。然而，在其他实验中，研究者发现，如果任务难度增加（通过使用字母作为目标或者干扰物，并通过改变每个试次的目标和干扰物，使一个试次的目标成为另一个试次的干扰者），即使进行练习，也无法形成自动化加工（也见Schneider & Chein，2003）。

驾驶过程就是任务变得太难时分配注意变得困难的例子。如果是熟悉的道路并且交通畅通，我们可能会发现同时驾驶和交谈很容易。但是如果交通流量增加，比如，看到一个闪光的"前方施工"的标志而且道路突然变得泥泞，我们可能就不得不停止谈话或关闭收音机，这样就可以将所有的认知资源用于驾驶过程。由于驾驶在社会中的重要性以及人们在驾驶过程中用手机交谈和发短信的现象，研究人员已经开始研究在从事驾驶和其他分心活动的过程中导致的注意分配的后果。

注意分散

环境中充满容易分散注意的事物——这些事物让我们的注意从正在做的事情上移开。过去几十年来广泛流行的干扰源是手机、平板电脑和计算机，这种分心导致的最危险的后果之一就是在驾驶过程中发生的。

驾车时因手机导致的注意分散

驾驶行为中有这样一个悖论：在很多情况下，我们非常擅长"自动驾驶"，就像我们在交通畅通时沿着直行公路行驶一样。然而，在一些情况下，如前所述，当交通流量增加或突然出现危险时，驾驶就会变得非常有挑战性。在后一种情况下，导致的驾驶过程中注意不集中的分心就特别危险。

由于倦意或者在驾车的过程中涉及其他任务而没有集中注意会导致一些灾难性的后果。一项对100辆汽车在自然驾驶情况下进行的研究证实了驾驶过程中注意不集中所带来的严重后果（Dingus et al., 2006）。这项研究利用车内的录像机记录了驾驶过程中司机的行为以及前后车窗外的情形。这些录像记录了发生在超过321万公里的驾驶中的82起交通事故以及771起险些发生的事故。在80%的交通事故以及67%的险些发生的交通事故中，在事发3秒前，司机的注意都不集中。一个男人时不时地朝下看，然后又朝右看，并且在走走停停的驾驶状态下整理文件，以致撞上了一辆运动型多功能车。一个女人在她撞到前面那辆车之前将她的头埋在仪表盘前吃汉堡。最分心的活动就是在驾驶的过程中按手机或者其他类似设备上的按钮。在险些发生的事故中，有超过22%都涉及这种类型的分心情况，并且现在来看，这一数字可能更高，因为在这项研究之后，手机的使用也出现了增长。

在一项关于打电话对驾驶行为影响的实验室研究中，David Strayer 和 William Johnston 在 2001 年要求被试完成一项模拟驾驶任务，被试在红灯出现时需要迅速踩刹车。边驾驶边打电话导致被试错过红灯的概率是不打电话时的 2 倍之多（图 4.23a），并且会使被试对从红灯出现到踩刹车的反应时变慢（图 4.23b）。也许这个实验最重要的发现是被试在实验中无论是使用手持电话还是免提电话，反应时都会延长。

在这个实验以及其他一些电话致使分心驾驶的实验结果基础上，Strayer 和 Johnston 认为，打电话会占用用于驾车的认知资源（见 Haigney & Westerman，2001；Lamble et al., 1999；Spence & Read, 2003；Violanti, 1998）。值得注意的是，驾驶过程中使用电话引起的问题与认知资源的使用之间存在关联性。这种问题的关键并非使用一只手不能驾驶车辆，而是因为这样做会使得用于驾驶

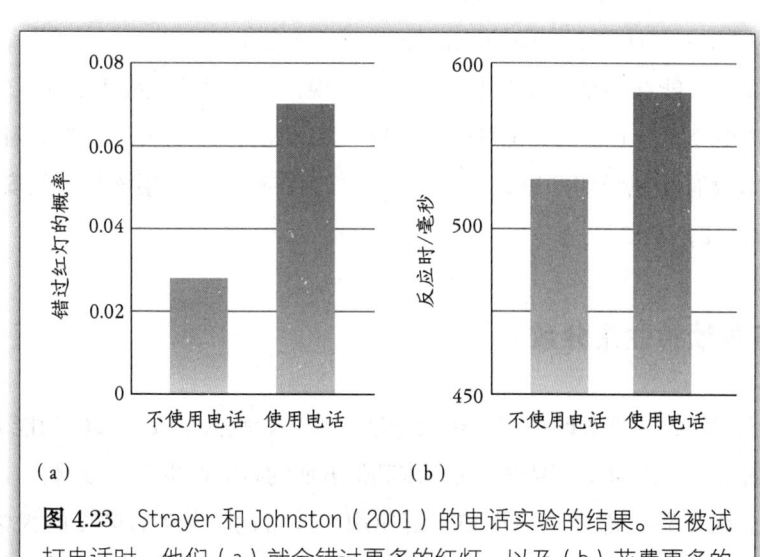

图 4.23　Strayer 和 Johnston（2001）的电话实验的结果。当被试打电话时，他们（a）就会错过更多的红灯，以及（b）花费更多的时间才反应过来踩刹车。

的认知资源变少，从而不能专心驾驶。

即使研究清楚地表明驾驶过程中用手机通话很危险，但许多人认为这并不会发生在自己身上。例如，我的一个学生在课堂作业中写道："我不相信自己在驾车行驶的过程中会受到电话交谈的影响……我在手机开始流行起来以后学会了开车。因此，在学开车前就有手机了，所以在学习驾驶的同时，我也学会了一边在电话中进行交谈，一边驾驶。"这可能就是为什么有 27% 的成年人即使面对证明这样做很危险的铁证，还是报告自己有时会在驾驶时发短信（Seiler, 2015；Wiederhold, 2016）。例如，弗吉尼亚理工大学交通研究所（Virginia Tech Transportation Institute）的一项研究发现，驾驶时发送短信的卡车司机比不发短信的卡车司机发生车祸或差点发生车祸的可能性高 23 倍（Olson et al., 2009）。由于这些结果表明发短信比用手机交谈更危险，所以美国大多数州都有法律禁止在开车时发短信。

这里主要表达的内容是，任何分散注意的事物都会影响驾驶行为。手机并不是汽车中唯一引人注意的设备。新车型会配备小屏幕，可以显示手机上的相同应用程序。一些语音激活的应用程序使司机能够在驾车的过程中预订电影场次或晚餐，发送和接收文本或电子邮件，并可以在 Facebook① 上发布信息。福特汽车公司将他们的系统称为"信息娱乐系统"。但最近美国汽车协会交通安全基金会（AAA Foundation for Traffic Safety）的一项研究——"测量汽车中的认知干扰（Measuring Cognitive Distraction in the Automobile）"——表明，过多的信息和娱乐可能并不是一件好事。该研究发现，与手动或免提手机相比，语音激活系统更令人分心，因此也可能更危险。该研究得出的结论是："仅仅因为一项新技术没有使视线离开道路，不能确保车辆在行驶时使用该技术是安全的"（Strayer et al., 2013）。

由网络导致的注意分散

毫无疑问，在驾驶时使用手机会分散注意，影响人们安全驾驶的能力。而且总体而言，手机和互联网也会对许多其他方面的行为产生负面影响。

许多调查研究都表明手机和网络使用率非常高。例如，92% 的大学生报

---

① 中文译为脸书网或者脸谱网，是美国的一个社交网络服务网站。——译者注

告他们曾在课堂上发送短信、浏览网页、发送图片或浏览社交网站（Tindall & Bohlander，2012）。在学生们同意的情况下，研究者们检查了大学生们的手机账单。Judith Gold 及其同事（2015）的研究发现，大学生们平均每天发送 58 条短信息，而 Rosen 及其同事（2013）的研究表明，在 15 分钟的研究时间中，学生们在放下任务伸懒腰、访问网站、发短信和看 Facebook 前，只有少于 6 分钟的时间处在工作状态。

另一种确定人们日常行为持续时间的方法是经验取样。

研究方法　经验取样

采用**经验取样**的方法可以考察"人们每天花费多少时间在某一特定行为上"。一种方式是利用手机应用程序在一天之内不定时地向人们发送短信询问问题。例如，如果想确定网络使用频率，问题可能是"你是否在上网？"。研究者也可以插入其他问题，例如，"你正在进行何种线上活动？"，并提供例如"看社交网络""发邮件""浏览网页"这样的选项。Moreno 及其同事（2012）的研究每日不定时地向学生们发送六次短信，有 28% 的短信被收到时，学生报告自己正使用手机或上网。

你多长时间查看一次手机？你是否经常查看手机？行为主义者斯金纳（Skinner，1938）命名了一种学习形式，即**操作性条件反射**，对这样的行为提出了一种解释。在操作性条件反射中，由出现在行为后的奖励（称作强化）来控制行为。其中的一个基本原则是，行为出现后立即去强化它，这是确定某一行为将会持续的最好方式。当查看手机中是否有信息并发现没有信息的时候，我们会相信下次的某个时间点一定会有新信息。当信息出现时，我们立即得到了强化，增强了自己随后会看手机的行为。Ephemera 公司的营销团队捕捉到了一些人对于手机的依赖——"在一个没有手机的漫长周末后，你明白了手机是生活中真正重要的东西。"（见 Bosker，2016，有关人们如何设置手机来让我们一直不停地点击更多的信息。）

注意经常从一个活动转换到另一个活动的状态被描述为"持续性局部注意"（Rose，2010），而这正是问题所在，因为正如我们在驾驶过程中看到的，在任务中分心会削弱行为表现。因此，发送更多短信的人的行为效果更差（Barks et al.，2011；Kuznekoff et al.，2015；Kuznekoff & Titsworth，2013；Lister-Landman et al.，2015）。在极端的案例中，一些人对网络成瘾，当消极使用网络影响了一个人生活的很多方面（如社交、学业、情绪和家庭）时就被界定为网络成瘾（Shek et al.，2016）。

有什么解决方案吗？根据 Steven Pinker（2010）所言，计算机和网络仍将持续存在，"解决方案不是对科技表达不满，而是像我们对待生活中的其他诱惑一样增强自控。"虽然这听起来像一个好建议，但一些诱惑有时过于强大、难以抵抗。举一个例子，对于一些人来说，巧克力极具诱惑；另一些人则放不下他们的手机。就算我们能抵制住巧克力和手机的诱惑，仍然有其他的干扰难以抵抗——我们一走神，就会分心。

心智游移导致的注意分散

让我们回头看本章开篇描写的坐在图书馆思考如何解出一些数学问题的罗杰。尽管能忽略旁边说话的人，但他突然意识到自己的思绪慢慢远离了数学题，转去思考了一会儿要做的事情。女朋友过生日该送什么礼物是一个问题，然后……但等一下！数学题怎么了？罗杰的思绪被**心智游移**——来自内心的想法——打断，这也被称为白日梦（Singer，1975；Smallwood & Schoolr，2015）(图 4.24)。

心智游移非常普遍地存在于日常生活中。Matthew Killingsworth 和 Daniel Gilbert 在 2010 年使用经验取样法在一天中以随机间隔的方式与人们联络并问其"你正在做什么？"。结果发现，人们在 47% 的时间里出现了心智游移，并且这种心智游移出现于人们参与各种各样的活动时（表 4.1）。因此，心智游移非常普遍，并且正如其他研究所表明的那样，它足以干扰正在进行的任务（Mooneyham & Schooler，2013）。其中一个例子是发生在阅读时的心智游移，你突然意识到你不知道刚刚读了些什么，因为你正在想别的事情。

图 4.24 根据 Killingsworth 和 Gilberts（2010）的研究，人们清醒时，有一半的时间在心智游移。罗杰应该专注于做数学题，但他的思维似乎转移到了其他的话题上。
来源：Killingsworth and Gilberts, 2010.

这种现象被称为无心阅读或走神阅读，这也正是心智游移降低行为表现的一个实例（Smallwood，2011）。

表 4.1
当心智游移出现时，人们进行的活动（按频次排列）

从左上角开始，最常见的活动排在最前面：

工作	吃饭	锻炼
对话/谈话	阅读	走路
使用计算机	购物、外出办事	听音乐
通勤、旅行	做家务	做爱
看电视	美容/自我护理	听广播
放松	照顾孩子	祈祷、冥想
休息/睡觉	玩	

来源：From Killingsworth & Gilbert, 2010.

心智游移的另一个特点是它通常与大脑的默认模式网络（DMN）相联系。当人们不进行任何活动时，DMN 就会被激活，来自第 2 章（第 061 页）。这看上去反驳了之前心智游移出现于做数学题或阅读时的例子。但一旦一个人的思绪开始徘徊，他就不能集中注意于任务。如果我们需要保持专注，心智游移就是一个大问题。然而，正如我们将在书中看见的那样，当我们回忆、思考问题的解决和激发创造性思维时，心智游移也有许多好处。例如，它可以帮助我们规划未来和增强创造力。

非注意的时候发生了什么？

从迄今为止的讨论中应该清楚的一点是，注意是一种宝贵但有限的资源。我们可以加工日常生活中的一部分事情而不是所有的事情；注意分配是可行的，但是注意分配的过程相对困难；生活中有一些事件能够分散我们的注意，使我们无法关注应该关注的事情。（请随意地在这里休息一下，检查手机上的信息，但不要分心太久，因为我们的故事远没有结束。）

有很多方法可以证明我们的注意能力存在限制，比如可以通过观察当我们没有在正确的时间注意正确的地方时会发生什么来证明。如果关注场景中的某些事物，我们会不可避免地错过其他事物。艾奥瓦州一个游泳池发生的悲惨事故就说明了这一点，Lyndsey Lanagan-Leitzel 及其同事对其描述如下（2015）。

> 2010 年 7 月 14 日，大约 175 名十几岁的男孩在艾奥瓦州佩拉的当地游泳池游泳，这项活动是在中央学院举行的运动员训练营的一部分。到了该坐上公共汽车返回住处时，人们发现有两名男孩失踪了。经过 15 分钟的搜索，人们终于发现两名男孩（分别是 14 岁和 15 岁）在游泳池底一动不动。医生尝试了多种方法进行抢救，但都失败了。
> （Belz, 2010）

这起溺水事件中特别令人惊讶的地方是，虽然至少有 10 名救生员和 20 名营地顾问监视着游泳运动员，但没有人发现两个孩子出现了溺水的情况。根据 Lanagan-Leitzel 的说法，尽管在配有救生员的游泳池中致命的溺水事件很少发生，但有理由说明，我们的注意能力有限，这可能解释了为什么此次溺水事件会发生。

想想救生员的任务。救生员们基本上是在执行一项视觉浏览任务，他们的工作是在许多同时发生的干扰事件（男孩在池中嬉戏）中发现罕见的事件（有人溺水）。通常来讲，人们在没溺水的情况下很少出现水花过度溅起的现象，而且溺水的人通常不会大声呼救，因为他们将精力和注意都集中在呼吸上。这种情况的发生还有其他原因：有时，我们很难发现一个人在拥挤的游泳池中溺水。这个信息说明，我们可能会非常认真地注意某件事，但仍然会错过一些事情。一个被称为非注意盲视的例子就说明了即使事物清晰可见，我们也会错过它们。

非注意盲视

非注意盲视通常发生在被试没有直接将注意定位到实验刺激上时，即使这个刺激物是清晰明显的，被试也觉察不到它（Mack & Rock, 1998）。例如，Cartwright-Finch 和 Lavie 在 2007 年要求被试观看图 4.25 所示的十字交叉刺激。十字会在实验中呈现 5 个试次，被试的任务是在十字快速闪现后指出是水平的线更长还是垂直的线更长。快速闪现的呈现方式加上十字的两条线在长度上只有略微的不同，以及每个试次都会随机变换长度，都给实验任务增加了难度。

在第 6 个试次呈现的同时，在屏幕上呈现了一个小正方形（图 4.25b），第 6 个试次一旦呈现完毕，会立即问被试屏幕上是否出现了在之前没有见过的东西。在 20 个被试中，只有 2 人报告看到了正方形。换句话说，大部分被试都"没有看到"小正方形，即使它是紧挨着十字呈现的。

非注意盲视的演示实验证实了快速呈现的几何探测刺激会导致非注意盲视。但 Daniel Simons 和 Christopher Chabris 在 1999 年通过让被试观看两支三人团队的短影片的实验来说明注意会影响动态知觉。影片中有一队身着白衣并且在传递一只篮球，另一队身着黑衣进行防守，像在篮球比赛中一样举手阻止传球（图 4.26）。因为被试需要看清篮球在白衣队员手中传递了几次，所以这个任务需要被试将注意都集中在白衣队伍上。在大约 45 秒时，会发生两种情况之一：一个打着伞的女人或是一个身穿大猩猩服饰的人横穿这个场景，该情况持续了 5 秒。

在看完这个片段之后，研究者询问被试是否看到了不寻常的事情，或者除了这 6 个人外，是否看见了别的东西。接近一半的被试（46%）报告不出看见了撑伞的女人或大猩猩。这个实验证实，当被试集中注意于一件事情的时候，就注意不到另外一件事情，即使这件事情就发生在被试眼前（也见 Goldstein & Fink, 1981；Neisser & Becklen, 1975）。

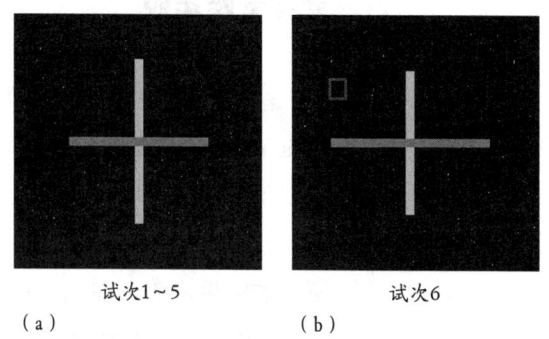

图 4.25 非注意盲视实验。(a) 十字呈现 5 个试次，十字的两条线在长度上略有不同，被试的任务是指出哪条线（水平还是垂直）更长。(b) 在第 6 个试次中，被试的任务相同，但会在十字旁边同时呈现一个小的正方形，第 6 个试次后要求被试说出这一次呈现的刺激是否与之前存在差异。

来源：Adapted from N. Lavie, Attention, distraction, and cognitive control under load, *Current Directions in Psychological* Science, 19, 143–148, 2010.

图 4.26 Simons 和 Chabris（1999）的实验中用到的影片画面，一个人穿着黑猩猩服饰从篮球比赛中穿过。

来源：D. J. Simons & C. F. Chabris, Gorillas in our midst:Sustained inattentional blindness for dynamic events, *Perception*, 28, 1059–1074, 1999. Pion Limited, London. Figure provided by Daniel Simons.

非注意性失聪

注意不集中会导致我们错过视觉刺激的现象也可以扩展到听觉刺激上。Dana Raveh 和 Lavie（2015）让被试完成视觉搜索任务，其中**视觉搜索**涉及对视觉场景的浏览，以找到特定对象。实验要么呈现一个简单的视觉搜索任务，如图 4.27a 中的任务；要么呈现一个困难的任务，如图 4.27b 中的任务。图 4.27c 所示的结果表明，在完成困难的视觉搜索任务时，更难检测到声音。在这种情况下，专注于一项困难的视觉任务会导致听力受损，这是一个**非注意性失聪**的例子。

这一结果很有意义，因为它表明注意不集中的效应可能发生在视觉和听觉上，也因为它表明了 Lavie 的注意的负载理论（见第 121 页）如何应用于解释注意不集中的现象。Raveh 和 Lavie 的研究表明，完成高负载的任务会增加错过其他刺激的可能性。回顾视觉注意盲视的例子可以看到，检测到线条长度的微小差异（见图 4.25）或计算篮球传球次数（图 4.26）的任务确实涉及高度集中注意，因此被试错过了小方块或大猩猩就不足为奇了。

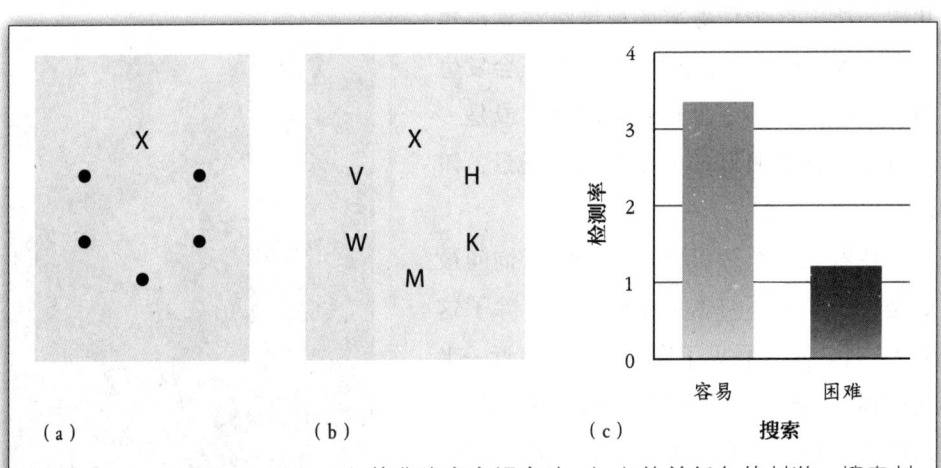

图 4.27 Raveh 和 Lavie（2015）的非注意盲视实验。（a）简单任务的刺激。搜索刺激 X。（b）困难任务的刺激。（c）结果显示了简单和困难任务中的声音检测率。在简单的搜索任务中的高检测率意味着声音更容易被检测到。
来源：Based on Raveh and Lavie, 2015.

变化检测

探索在缺少注意的情况下，知觉过程会受到怎样影响的研究范式被称为**变化检测**。在实验中，研究者会先呈现一张图片，接着呈现另一张略有差异的图片，让被试报告这两幅图片之间的差异。为了帮助大家更好地理解这项研究，请尝试下面的演示实验。

演示实验　变化检测

读完指导语后观察图 4.28 几秒，然后翻页观察图 4.29，看看是否能说出两幅图之间的不同。开始吧。

图 4.28　变化检测实验的刺激。

图 4.29 变化检测实验的刺激。

你能够看出第二幅图与第一幅图的不同之处吗？即使明确地知道要看向哪里，报告其中的变化之处仍稍有困难。（注意看图片中临近左下方的标记，再试一次。）Ronald Rensink 及其同事（1997）做了一个类似的实验，在实验中给被试呈现一幅图片，然后呈现一幅黑屏，接着呈现一幅相同的图片，但是其中会缺少一个项目，然后再呈现黑屏……图片就这样循环播放，直到被试发现两幅图片之间的差异。Rensink 发现，图片需要反复呈现多次，被试才能发现两张图片的不同之处。很难发现场景变化的现象就被称作**变化盲视**（Rensink，2002）。

变化盲视的发生率令人难以想象。例如，在一项研究中（Grimes，1996），有 100% 的被试没有察觉到建筑物的高度上升了 1/4，92% 的被试没有察觉到鸟群的数量减少了 1/3，58% 的被试没有察觉到泳衣的款式由粉红色变成了绿色，50% 的被试没有注意到两个牛仔互换了头，25% 的被试没有注意到迪士尼乐园中灰姑娘的城堡旋转了 180 度！

如果你认为这个结果很难让人信服，可以回想一下自己在看电影时对场景中的变化的觉察能力。变化盲视在一些大众电影中也较为常见，其中的一些场景会保持相同，也可能发生不同的变化。你是否记得在电影《绿野仙踪》（*Wizard of Oz*，1939）中多萝西（Judy Garland 饰）的头发长度多次改变，从短变长又变短？你是否惊讶于电影《风月俏佳人》（*Pretty Woman*，1990）中薇薇安（Julia Roberts 饰）的早餐突然从羊角面包变成了可丽饼？你是否困惑于电影《哈利波特与魔法石》（*Harry Potter and the Sorcerer's Stone*，2001）中哈利（Daniel Radcliff 饰）在大厅谈话时的座位突然改变？这些时常发生在电影中的变化被称为**连续性错误**，我们可以在互联网上搜索到更多这样的例子（搜索"电影中的穿帮镜头"）。

变化盲视为何会发生？因为当我们观看静态图片中的一处场景或者电影中正在进行的动作时，我们的注意通常并不能直接定位到出现变化的位置。

我们每天体验到了什么？

在我们所描述的所有实验中，非注意盲视实验的分心任务能够使被试不去注意探测刺激；在非注意性失聪实验中，被试注意视觉任务会导致听觉任务成绩受损；变化盲视，给被试呈现一系列有着细微变化的图片，这些变化并不能为被试所感知。这些实验都说明，注意对于知觉来说很重要。这对我们理解日常的知觉体验具有一定启示意义：通常来说，日常生活的环境中存在许多刺激，但是在同一时间点上，我们仅仅能注意到一小部分刺激。这就意味着环境中的某些刺激常会被我们遗漏。

在认为知觉系统由于无法检测环境中的大部分刺激而显得具有无可救药的缺陷之前，思考一下我们（和其他动物）在进化过程中以某种方式幸存下来这样的事实，就能够明显体会到我们的知觉系统其实已经做了必要工作来加工我们在日常生活中的大部分感知需求。事实上，有人认为，感知系统只关注环境的一小部分是其最具适应性的特征之一，通过只关注一些重要的内容，我们的感知系统正在优化利用有限的加工资源。

同样，当我们专注于当前重要的事物时，我们的感知系统也有一个对运动或强烈刺激做出反应的警告系统，它使我们能够迅速将注意转移到可能发出危险信号的事物上。例如，一头猛扑过来的动物、与我们相撞的行人、明亮的闪光或巨大的噪声。一旦注意转移，就可以评估新的注意中心所发生的事情，并决定是否需要采取相应的行动。

同样重要的是要认识到，我们不需要知道周围发生的事情的所有细节。例如，当我们走在拥挤的人行道上，我们需要知道其他人在哪里，这样可以避免与他人碰撞。但我们不需要知道街道上是否有一个人戴着眼镜，或另一个人是否穿了蓝色衬衫。我们也不需要不断地检查周围发生的事情的细节，因为根据过去的经验，城市街道、乡村道路或者校园的场景图式让我们可以"填补"周围的细节，而不必事无巨细地关注（见第 3 章，第 087 页）。

上述内容表明，即使我们只能接收一小部分信息，感知系统在一般情况下也能很好地适应生存所需。但是，在我们一边集中注意马路一侧的警告信号，一边用熟练的图式进行边开车边发短信这样的分散注意的行为之前，请记住，驾驶、发短信和打电话是人类感知系统进化过程中未曾适应的新行为。因此，尽管感知系统可能是自适应的，但现代社会的发展往往把我们置于感知系统应付不来的情况下。正如我们在前面看到的，这样的情况可能会导致轻微或严重的交通事故。

注意和体验完整的世界

之前已经了解到，注意是知觉过程中的一个重要的决定性因素。注意让我们觉察到事物，并且提升了知觉能力和反应速度。下面介绍一个在日常生活中不易被觉察的注意功能，这个功能就是**捆绑**。捆绑的过程主要是通过对可见的特性，如颜色、形状、运动、位置等进行整合，从而对客体产生全面知觉。

思考一下我们每天所经历的事情，就可以看到捆绑的重要性：我们坐在公园的长凳上，欣赏秋天树叶的颜色，突然有一个红色的球滚过我们的视野，紧接着一个小孩追着球跑。当球滚过去时，许多类型的细胞会在我们的大脑中开始放电。大脑中负责形状的颞叶皮层细胞开始放电，负责运动的脑区的细胞开始放电，其他负责颜色和深度的脑区的细胞也开始放电。但是，即使球的形状、运动、深度、颜色引起了大脑皮层不同区域的放电，但我们在观察球的时候，并不是分开觉察球的不同特征的，而是体验到了由球的各种特征捆绑而成的整体特征：滚动的红球。客体的各种特征如何被捆绑到一起的问题被称为**捆绑问题**，最早出现在 Anne Treisman（1986，1988，1999）提出的特征整合理论中。

特征整合理论

根据**特征整合理论**（FIT）的观点，客体加工过程的第一步为**前注意阶段**（见图 4.30 所示的流程图中的第一个方框）。前注意阶段正如其名，发生在我们将注意指向客体之前。由于没有注意的参与，研究者认为这个阶段是自动化的、潜意识的并且毫不费力的。此时，客体的特征会在大脑的不同区域被独立分析，并且不与特定客体产生联系。例如，在前注意阶段，被试的视觉系统在观察滚动的红球时会对客体的红色（颜色）、圆形（形状）和滚动（运动状态）这三个特征分别进行加工。这些独立的特征会在第二阶段整合，该阶段被称为**集中注意阶段**。当被试将注意集中在眼前的客体上时，前注意阶段加工过的各种独立的特征会在此时联结起来，因此意识到这是一个向右滚动的红球。

在这个两阶段的加工过程中，视觉特征可以被看作"视觉字母表"的一部分。在加工过程一开始时，对每种视觉特征的知觉是相互独立的，就好像在拼字游戏开始之前，每个字母都是一个独立的单元。然而，就像字母最终拼接成了单词，所有独立的特征最后也会结合成对整个客体的知觉。

客体会被自动地分解为一些特征的观点似乎违背我们的经验，因为当我们看到一个客体的时候，所见的就是一个完整的客体，并不是一个已经被分解为不同特征的客体。我们意识不到特征分析加工过程的原因是其发生在知觉过程的早期阶段，在意识到客体之前。因此，当我们看见这本书的时候，能够意识到它是长方形的，但我们意识不到在看见长方形的形状之前，知觉系统已经将这本书分解为单独的特征，比如一些不同朝向的线段。

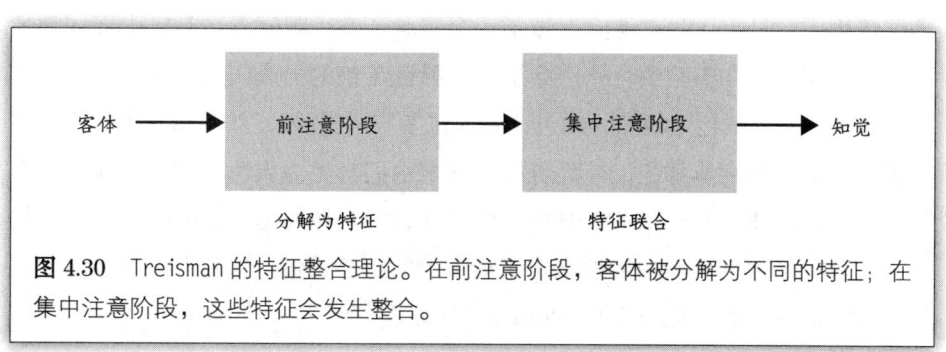

图 4.30 Treisman 的特征整合理论。在前注意阶段，客体被分解为不同的特征；在集中注意阶段，这些特征会发生整合。

特征整合理论的证据

为证明一些客体可分解为不同的特征，Treisman 和 Hilary Schmidt 在 1982 年做了一个独创性的实验来表明在早期的知觉加工阶段，特征是相互独立存在的。

关联整合

在 Treisman 和 Schmidt 的实验里所呈现的矩阵中包含四个客体，这四个客体的两侧有两个黑色数字作为侧抑制项目［图 4.31（彩）］。这四个客体会在显示器上快速地闪现，停留时间为 200 毫秒，接着会出现一个由随机点组成的掩蔽屏，掩蔽屏的作用是消除刺激消失后残留的知觉后像。被试的任务是首先报告黑色的数字，然后报告在四个位置上出现的客体的形状分别是什么。因此，被试需要将注意分配到两种任务中：辨别数字和辨别形状。通过分散被试的注意，Treisman 和 Schmidt 减少了将注意聚焦在形状上的能力。

那么被试报告他们看到了什么呢？有趣的是，在约 1/5 的试次中，被试看到的是由两种刺激物的特征整合起来的客体。例如，在呈现了图 4.31（彩）的阵列中的刺激后，被试会报告他们看到了一个小的红色圆形和一个小的绿色三角形，但图 4.31（彩）中的小三角形是红色的，小的圆形才是绿色的。不同刺激的特征之间的结合被称作**关联整合**。即使刺激在形状和大小上存在很大的差异，这种关联整合依然存在。例如，一个小的蓝色圆形和一个大的绿色方形能够被看成一个大的蓝色方形和一个小的绿色圆形。

尽管关联整合通常都是在实验室实验中得到证实的，但是也会发生在其他一些情境中。最近，我在课堂上做了一个实验证实了观察者在有目击证词的情况下也会犯错。在实验中，一个穿了一件绿色 T 恤的男人闯进教室，拿走了放在桌子上的黄色钱包（当然，钱包的主人也参与了实验），然后离开了教室。这件事情发生的速度非常快，并且班级里的学生们都大为震惊。学生的任务是作为目击者，描述"罪行"发生时都发生了什么。有趣的是，其中的一个学生报告，一名穿着黄色 T 恤的男性拿走了桌子上的绿色钱包。这两个客体之间颜色的互换就是关联整合的例子（Treisman，2005）。

根据 Treisman 的理论，关联整合的产生是因为在知觉加工的初始阶段，客体的各个特征是独立存在的。一些特征，比如"红色""弯曲度"或者"倾斜的线段"，在早期的加工阶段并没有与一个特定的客体产生关联。Treisman（1986）的观点就是这些特征处于"自由漂浮"阶段，如图4.32（彩）所示，如果有多个客体，各个特征会错误地组合在一起，特别是在实验室条件下，刺激短暂地闪现之后跟随一个掩蔽屏，让视觉后像无法发挥作用。

当我在班上描述这一过程时，一些学生并不相信。其中一个学生说道："我认为当一个人看一个客体的时候，不能够将其分解为不同的部分，他们只是看到了自己所看到的。"为了使这个学生信服（还有其他一些学生在课程开始之前并不相信认知过程会包括我们意识不到的快速加工过程），我描述了一个案例，这个案例是一个名叫R.M.的病人，他因顶叶受损而患有**巴林特综合征**。巴林特综合征的关键特征是不能将注意集中在单独的客体上。

根据特征整合理论，缺少聚焦性注意会使得R.M.难以将客体的特征正确地整合起来。当给R.M.呈现两个不同颜色的不同字母时，比如红色的T和蓝色的O，他在23%的试次中报告了关联整合，如"蓝色的T"；即使这些字母呈现的时间长达10秒，他也会出错（Friedman-Hill et al., 1995; Robertson et al., 1997）。R.M.的例子说明，大脑的损伤能够揭示在大脑功能正常的情况下并不明显体现出来的快速加工过程。

特征整合大多涉及自下而上的加工，因为这种观点并未涉及背景知识。然而，在一些情况下也会涉及自上而下的加工。例如，Treisman和Schmidt（1982）使用图4.33（彩）所示的刺激作为关联整合实验的刺激，在要求被试识别客体时，很容易产生关联整合；比如，有的时候，橙色的三角形会被知觉为黑色的。然而，如果告知被试给他们呈现的是一根胡萝卜、一个湖泊和一个轮胎的时候，关联整合现象便可能消失，并且被试更容易将三角形的"胡萝卜"知觉为橙色的。在这种情况下，被试关于"客体通常有着怎样的颜色"的背景知识会影响他们能否正确地将这些特征整合。在日常经验中，我们能够知觉一些熟悉的客体，自上而下的加工会结合特征整合分析来帮助我们准确地感知事物。

视觉搜索

另外一种方法是通过特定类型的视觉搜索任务来研究注意在捆绑过程中的作用，该方法叫作**联合搜索**。

演示实验 联合搜索

要介绍联合搜索,首先要先了解视觉搜索的另外一种形式——**特征搜索**。在往下阅读之前,先找到图 4.34a(彩)中的平行线,这也是一个特征搜索的过程,因为此时对目标的搜寻是在寻找"水平线"这一特征时进行的。现在,再从图 4.34b(彩)中找到绿色的水平线,这是联合搜索的过程,因为此时对目标的搜寻是在找寻"水平线"和"绿色"这两个特征的结合体时进行的,这时不能只聚焦水平线,因为图中有很多红色水平线;也不能只聚焦于绿色,因为图中有很多绿色垂直线,必须寻找水平线与绿色的结合体。

联合搜索之所以有助于研究捆绑,是因为为了将注意集中于某个特定位置,需要浏览周围场景。研究者们对巴林特综合征患者 R.M. 进行了研究,为的是证明在联合搜索时必须将注意集中在一个指定位置的观点。结果发现,他在进行联合搜索时并不能找到目标(Robertson et al., 1997)。这个结果符合预期,因为 R.M. 在集中注意方面存在缺陷。但 R.M. 在进行特征搜索时是可以找到目标的,如完成图 4.34a(彩)中的任务,因为此时并不需要将注意集中在指定位置。视觉浏览实验,无论是 R.M. 病人还是正常被试,均提供证据支持了注意是一种必要的成分,这种成分可以使得一些不同的特征整合为完整的知觉(Wolfe, 2012)。

➲ 思　考

注意网络

从前文可以看出,注意是如何增强某个脑区的活动的(见第 132 页),以及是如何扩大响应的脑区来检测特定类型客体的(见第 133 页)。

但是,我们还需要采取进一步措施去全面了解注意和大脑之间的关系。我们想知道大脑是如何让注意工作的。为了做到这一点,我们认为传输信号的神经网络经过许多脑区,第 2 章介绍过(见第 057 页)。

神经成像研究表明,注意的神经网络与不同的功能之间存在相关。比如,如何通过浏览一个场景来引导注意（见第 125 页）。可以看出，注意是由刺激凸显性（物理属性刺激）和更高级的自上而下的加工决定的，比如场景图式（当特定物体出现在场景中时）或任务要求（比如，制作一份花生酱或者果冻三明治）。另外，涉及刺激凸显性和自上而下加工的脑成像实验结果表明，大脑中存在两种注意网络：**腹侧注意网络**（负责基于刺激凸显性的注意）和**背侧注意网络**（负责基于自上而下加工的注意）[如图 4.35（彩）所示]。

识别不同的注意网络的功能是理解大脑如何控制注意的一大进步。但是研究者们并没止步于此，而是进一步着眼于这些网络如何实现动态的信息流动。还记得第 2 章中乘坐直升飞机观察到的城市道路网的交通流量吗？它就像是一个神经网络（见第 060 页）。我们注意到城市的交通流量会随着交通状况的变化而变化，比如，当周末有大型足球比赛时，涌向体育馆的交通流量会增加。同理，注意系统中流量的变化也会随着注意是受刺激凸显性控制，还是受自上而下因素控制而发生变化。当注意受刺激凸显性控制时，注意资源更多地流向腹侧网络；当注意受自上而下因素控制时，注意资源更多地流向背侧网络。

但是，如果想进一步了解注意的动态性，还需要对注意进行深入研究。当被试执行不同的任务时，注意活动的路线并不只是从一条路线转移到另一条路线。它们也改变了注意网络间不同区域内的有效连接性。**有效连接性**指的是注意活动沿着特定的路径行动的难易程度。

继续以前文中的道路网为例来阐明有效连接性。我们注意到，当周末有大型足球比赛时，驶向体育馆的交通流量会增加。当这样的情况发生时，城市交通管理人员有时会在赛前开辟更多驶向体育馆的路线，并在赛后开辟更多的离开体育馆的路线。换言之，城市基础道路系统保持不变，但是在某些方向上，交通流变得更顺畅，当然这取决于实际情况。

同理，让注意网络中不同结构之间的有效连接性随着情况的变化而变化——我们的大脑就是这样管理注意的。那么，这种有效连接性是如何改变的呢？有研究者提出了一种机制——**同步化**。在这里，我们用 Conrado Bosman 及其同事（2012）的实验进行说明，他们在实验中记录了猴子大脑皮层中的**局部场电位**（local field potential，简称 LEP）。局部场电位是指将小的圆形电极置于大脑表面，记录该电极附近数千个神经元活动的电信号。局部场电位的反应被大脑上的电极 A 记录，电极 A 是视觉刺激传出信号的地方。而且，大脑上的电极 B 也会记录局部场电位的信号，电极 B 与电极 A 相连接，有利于接收来自电极 A 的信号［图 4.36a（彩）］。

Bosman 发现，因为电极 A 的信号会传送给电极 B，所以电极 A 和电极 B 都会记录视觉刺激发出的局部场电位反应。另外，他发现，当视觉刺激处于非注意刺激条件下时，电极 A 和电极 B 所记录的信号反应不同步［图 4.36b（彩）］。但是，当视觉刺激处于注意条件下时，电极 A 和电极 B 接收的信号反应变得同步了［图 4.36c（彩）］。有研究者提出假设，认为这样的同步化会使两个区域之间的信息交流更加有效（见 Bosman et al.，2012；Buschman & Kastner，2015）。

除了腹侧注意网络和背侧注意网络，有研究者提出了另一种注意网络——**注意执行网络**。这种网络结构非常复杂，并且可能涉及两种独立的网络（Petersen & Posner，2012）。本文暂不列举所涉的网络结构，先来看看注意执行网络系统的功能。

注意执行系统负责执行功能。**执行功能**包括一系列涉及注意控制和加工冲突反应的能力。Stroop 测验（见第 123 页）就是一个例子，任务要求被试关注字的颜色，忽略字义所代表的颜色。但是，这种执行功能可以延伸到现实生活中，在任何时候，不同的行动方案之间可能存在冲突。

认知控制、**抑制控制**和**意志力**都是处理日常生活中的冲突所需要的因素。想象这么一个画面：我们正在面对一个诱惑，一个让人难以抗拒的诱惑。当我们这么想的时候，我们的注意执行系统就在加工这种情况。英国朋克摇滚乐队碰撞乐队（The Clash）有一首歌叫《我应该走还是留》（*Should I Stay or Should I Go*），正如歌名所言，决定和诱惑都只是我们生活中的一部分。我们将会在 5 章看到注意、认知控制和工作记忆（记忆的一种）之间的关系。

• • •

前两章介绍的内容是关于环境中相互作用的事物的。我们知觉到的东西包括可以看见的物体、可以听到的声音、可以品尝的味道，或是可以感受到的触碰，我们有时也会比别人多注意到一些事物。知觉和注意使我们有了了解环境并在环境中产生相应行为的能力。但这种能力需要我们超越直接经验，需要大脑储存往事，以便记住它们。记忆加工实现了这一功能，它不仅协助我们生存，还决定了我们的身份特征。可见，记忆非常重要。接下来，我们将会花四章的篇幅讨论记忆加工。而且，你将会看到，在对知觉和注意的讨论中引入了许多内容：表征方式、从经验中获取知识的重要性、推理和预测的方式、想法和行为之间的交互作用，这些内容都是理解记忆的核心。

自我测验 4.3

1. 描述 Schneider 和 Shiffrin 关于自动化加工的演示实验。有没有自动化加工的现实例子？在什么情况下自动化加工无法实现？
2. 通过测试边用手机通话边开车的实验，我们可以得出什么样的结论？
3. 除了开车，还有哪些证据可以证明手机能够影响我们在情境中的表现？
4. 如何用操作性条件反射理论解释为什么有些人会频繁地查看自己的手机？
5. 什么是心智游移？它如何影响将注意集中在任务上的能力？大脑网络的哪些区域与心智游移有关联？
6. 具体描述以下注意影响知觉的证据：非注意盲视实验；"篮球传球"实验；变化检测实验。
7. 什么是非注意性失聪？文中描述的非注意性失聪实验能够告诉我们负载理论与注意不集中的影响之间有什么样的关系？
8. 为什么可以说我们不需要了解发生在身边的事情的所有细节？
9. 什么是捆绑效应？为什么它是必要的？什么是捆绑问题？
10. 描述 Treisman 的特征整合理论。这个理论如何解释我们对于客体的知觉方式？注意涉及这个理论的哪个阶段？在哪些点上涉及？
11. 什么是关联整合？这是怎么说明特征分析的？关联整合实验是如何证明注意在特征分析中的作用的？关于巴林特综合征患者的实验是怎样支持特征整合理论的？
12. 什么是特征搜索？什么是同时搜索？哪一种搜索方式对于巴林特综合征患者是困难的？这告诉了我们注意在特征整合中的什么作用？
13. 描述不同类型的注意网络是如何控制注意的。确认你是否理解背侧注意网络、腹侧注意网络、注意执行网络以及有效连接性和同步化的原则。

本章小结

1. 选择性注意是一种在将注意集中于某一信息的同时忽略其他信息的能力,选择性注意可以通过双耳分听的实验程序得到证实。

2. 研究者提出了许多模型来解释选择性注意的过程。Broadbent 的过滤器模型认为,注意到的信息是在信息分析过程的早期阶段就从输入的信息流中筛选出来的。Treisman 的模型认为,存在一个较晚的筛选机制,并且采用词典单元来解释为何非注意信息有时能通过过滤器。晚期选择模型认为,在明确了信息的意义时,选择才得以发生。

3. Lavie 认为,我们忽略干扰刺激的能力可以通过加工资源和知觉负载来解释。注意的负载理论认为:注意分散不太可能出现在高负载任务中,因为人们往往没有能力分心去加工潜在的干扰刺激。

4. Stroop 效应证实了一个强有力的与任务无关的刺激,比如单词的意义,能够导致一种反应,这种反应与被试的任务之间存在竞争,从而能够捕获注意。

5. 外显注意通过眼睛的转动来转移注意。它受自下而上因素(比如刺激的凸显性)和自上而下因素(比如场景图式和任务需求)的影响,这些因素都会影响眼动定位到场景中的某一位置。

6. 内隐注意的转移不需要眼球的转动。即便是没有眼动,视觉注意也可以指向场景中的不同位置。预线索化实验已经证明了内隐注意的作用,也表明当我们对一个位置进行内隐注意时,我们的大脑对这个位置的加工能力会增强。

7. Egly 的实验表明,人们往往对预线索化位置上出现的客体的反应速度更快,这种效应还会延伸到整个客体上,这种现象被称为相同客体优势。

8. 许多实验表明,与未注意的客体相比,我们往往认为受到注意的客体更大、更快、更高而且颜色更丰富。

9. 我们对某个位置的内隐注意会使大脑中对应该位置区域的神经活动增加。

10. 对特定类别的客体(如人或车)的关注会增加大脑中用于被关注类别的区域的反应。这种现象被称为注意变形。

11. 注意分散容易出现在简单任务和频繁练习的困难的任务中。在这两种情况下可能会出现自动化加工,但是对于非常困难的任务来说,这是不可能发生的。

12. 司机注意不集中是造成交通事故的主要原因之一。有证据表明,驾驶时使用手机会增加交通事故的发生率,并且损害驾驶任务的执行。开免提和声控终端,与手拿电话一样,会使驾驶者分心。

13. 现在越来越多的人在使用手机和互联网。采用操作性条件反射理论可以揭示为什么人们会频繁地查看手机。

14. 手机和互联网所引起的注意分散问题已经表现出了低龄化趋势。在极端情况下,手机和互联网的使用对一个人生活的许多方面都会造成负面影响。

15. 心智游移是一种非常普遍的现象,它往往会干扰一些需要集中注意才能进行的任务。有研究证明,心智游移与默认模式网络的活动有关。

16. 关于非注意盲视实验的证据表明,如果没有注意,我们可能无法感知视野中清晰可见的事物。

17. 当对高负载视觉搜索任务的注意损害听觉加工能力

时，会发生非注意性失聪。

18. 变化盲视（指观察者不能探测物体或情景中发生的变化的现象）是非注意影响知觉的另一个例子。

19. 非注意盲视、非注意失聪和变化盲视现象表明：尽管我们不能注意到正在发生的所有事物，但我们的知觉系统能够较好地适应生存环境。我们可以通过运动来知觉潜在的危险，知觉系统通过将注意聚焦在所关注的事物上，可以使有限的认知资源得到最优化利用。

20. 整合是将客体特征组合起来以创建完整客体的知觉过程。特征整合理论通过提出两个加工阶段——前注意阶段和集中注意阶段——来解释整合是如何发生的。该理论的基本思想是：客体可以被看作一些特征的结合，注意就像"黏合剂"一样使一些特征整合为一个单一的客体。许多关联整合实验、视觉搜索实验和神经心理学的实验都支持特征整合理论的观点。

21. 许多大脑神经网络都参与控制注意。比如，腹侧注意网络控制基于凸显性的注意。背侧注意网络控制基于自上而下加工的注意。执行网络控制涉及加工冲突反应的注意。而同步化机制有助于实现大脑网络中不同区域之间的有效连接性。

思考题

1. 从下面的列表中选取两个项目，并且确定同时做这两件事情的困难程度。有些事情在同时做的时候较为困难是因为物理条件的限制，例如，边攀岩边跳舞就是非常困难的任务。有些事情同时做的时候较为困难是因为认知资源的限制。对于你选择的每一对活动，确定为什么同时完成它们是容易的或者困难的。将认知负载的观点考虑进去。

    | 驾车 | 打电话 |
    | 为了消遣而读书 | 放风筝 |
    | 做数学题 | 在树林中散步 |
    | 与朋友交谈 | 听故事 |
    | 思考未来 | 写课后论文 |
    | 攀岩 | 跳舞 |

2. 招募一名被试参加一个简短的"观察练习"。用纸盖住一幅图片（选择的这幅图片应该包含一些客体和细节），并且告诉被试他将看到一幅图片，他的任务是报告所看到的任何事物。然后短暂地呈现图片（少于1秒），并且让被试写下或者告诉你他所看到的事物。然后重复这一过程，延长呈现图片的时间到几秒，让被试能够将他的注意定位到图片中的不同部分。大概试三次，甚至可以给被试更多的时间来观察这幅图片。从被试的反应来看，关于注意如何决定人们在环境中意识到了什么，你能得出什么结论？

3. 艺术类的书籍经常声称可以通过安排好一幅图中的元素，来控制人们在一幅图画中能看到什么以及看图中事物的顺序。关于这种观点，视觉注意方面的研究结果会说些什么？

4. 在环境中执行行为动作时所投入的注意与浏览一幅图画的细节时所投入的注意（就像前面的"观察练习"）有何不同？

5. 假如你坐在体育馆里观看一场足球比赛，赛场上、看台上以及边线处都有事情在上演。你所看到的哪件事物涉及对客体的注意，哪件事物涉及对位置的注意？

6. 当橄榄球的四分卫后退传球时，进攻线联合起来进行防守，所以四分卫有大量的时间观察前场发生了什么，并将球抛给了一个无人防守的接球手。在后半场比赛中，两个重达 140 千克的前锋前来阻挡四分卫。在四分卫与两名前锋进行抢夺的过程中，他忽略了前场无人防守的接球手，反而将球传给了另一个差点被拦截的接球手。上述两种情形与任务负载对选择性注意产生的影响有何关联？

7. 越来越多的证据表明，在驾车的时候打电话（甚至开免提）会增加发生交通事故的概率，所以法律是不是应该规定在驾车的时候打电话是违法的？如果这样的事情发生了，你的反应会如何？为什么？

关键术语

巴林特综合征（Balint's syndrome, p.153）
背侧注意网络（dorsal attention network, p.155）
变化检测（change detection, p.147）
变化盲视（change blindness, p.148）
操作性条件反射（operant conditioning, p.141）
场景图式（scene schemas, p.126）
刺激凸显性（stimulus salience, p.125）
低负载任务（low-load task, p.121）
非注意盲视（inattentional blindness, p.144）
非注意性失聪（inattentional deafness, p.146）
分配性注意（divided attention, p.114）
腹侧注意网络（ventral attention network, p.155）
高负载任务（high-load task, p.121）
关联整合（illusory conjunctions, p.152）
过滤器（filter, p.117）
鸡尾酒会效应（cocktail party effect, p.116）
集中注意阶段（focused attention stage, p.151）
加工资源（processing capacity, p.121）
经验取样（experience sampling, p.141）
捆绑（binding, p.150）
捆绑问题（binding problem, p.150）

连续性错误（continuity error, p.149）
联合搜索（conjunction search, p.153）
内隐注意（covert attention, p.129）
前注意阶段（preattentive stage, p.151）
认知控制（cognitive control, p.156）
扫视眼跳（saccadic eye movement, p.125）
视觉浏览（visual scanning, p.114）
视觉搜索（visual search, p.146）
衰减器（attenuator, p.118）
双耳分听（dichotic listening, p.116）
探测器（detector, p.117）
特征搜索（feature search, p.154）
特征整合理论（feature integration theory, FIT, p.151）
同步化（synchronizations, p.155）
凸显性地图（saliency map, p.126）
外显注意（overt attention, p.125）
晚期选择模型（late selection model, p.120）
相同客体优势（same-object advantage, p.131）
心智游移（mind wandering, p.142）
选择性注意（selective attention, p.114）
抑制控制（inhibitory control, p.156）

意志力（willpower，p.156）
有效连接性（effective connectivity，p.155）
预线索化（precueing，p.129）
早期选择模型（early selection model，p.117）
知觉负载（perceptual load，p.121）
执行功能（executive functions，p.156）
注视点（fixation，p.125）
注意（attention，p.114）
注意变形（attentional warping，p.134）
注意捕获（attentional capture，p.114）

注意执行网络（executive attention network，p.156）
注意分散（distraction，p.114）
注意的负载理论（load theory of attention，p.121）
注意过滤器模型（filter model of attention，p.116）
注意衰减模型（attenuation model of attention，p.119）
追随（shadowing，p.116）
自动化加工（automatic processing，p.136）
字典单元（dictionary unit，p.119）
Stroop 效应（Stroop effect，p.123）

　　橄榄球和记忆有什么关系？就像我们所做的一切都依靠记忆，橄榄球也不例外。记忆包括把信息短期地保存在脑子里（短时记忆或工作记忆），也包括长时间地保存信息（长时记忆）。对于一个橄榄球运动员来说，一个关键任务就是使用长时记忆来记住战术手册中所有的战术类型。当在团战中需要用到某个战术时，运动员们需要在储存于长时记忆中的所有战术类型中检索该战术。这个战术，以及表示球何时被抢断的罚码数，会被储存在短时记忆中，随着战术的施展，每个球员都会扮演不同的角色——拦截、执行传球路线以及进行一次切换。每个角色再加上所涉及的具体技能，都是经过充分练习的"橄榄球智慧"的一部分，这一切发生时似乎并没有涉及其中隐藏的记忆过程。

短时记忆和工作记忆

第 5 章

多重记忆模型

感觉记忆

烟花轨迹和投影机快门

Sperling 的实验：测量感觉记忆的容量和持续时间

短时记忆：储存

> 研究方法　回忆法

短时记忆能够保持多长时间？

短时记忆中可以储存多少项目？

　　数字广度

> 演示实验　数字广度

　　变化检测

> 研究方法　变化检测

　　组块

> 演示实验　记忆字母

短时记忆中可以储存多少信息？

> 自我测验 5.1

工作记忆：信息操纵

> 演示实验　文本阅读和数字记忆

语音回路

　　语音相似性效应

　　词长效应

　　发音抑制

> 演示实验　发音抑制

视空画板

> 演示实验　客体的比较

> 演示实验　回忆视觉图形

> 演示实验　在心里保持一个空间刺激

中央执行系统

一个增加的成分：情景缓冲器

工作记忆和脑

前额叶皮层损伤的影响

前额叶神经元保存信息

工作记忆的神经动力学

思考　为什么工作记忆容量越高越好？

> 研究方法　事件相关电位

> 自我测验 5.2

本章小结
思考题
关键术语

我们将思考的一些问题

➤ 为什么我们可以暂时地记住一个电话号码，但等拨完电话后就立刻忘记了？（第175页）

➤ 记忆是如何参与诸如解数学题这类的认知活动的？（第182页）

➤ 是否可以使用同一个记忆系统记忆视觉刺激和听觉刺激？（第184页）

关于记忆有很多可以写的——拥有好记忆的好处、遗忘的坏处或者失去记忆——以至或许没有必要通过阅读认知心理学的教材来理解记忆是什么。但正如你在接下来的四章中将要看到的，"记忆"不仅仅指一种特性。记忆和注意一样，是以多种形式呈现的。本章和下一章的目的是介绍记忆的不同类型，描述每种类型的属性及其相关机制。让我们先看看记忆的两种定义。

➤ **记忆**是指原始信息不再存在之后，保存、检索和使用有关刺激、图像、事件、想法和技能的信息加工过程。

➤ 记忆在任何时候都是活跃的，过去的经验会影响你现在或将来的思维或行为方式（Joordens，2011）。

从这些定义中可以清楚地看出，记忆与过去有关，也可以与现在有关，甚至与未来有关。但是，虽然这些定义是正确的，但我们仍然需要思考"过去"影响"现在"的不同方式，才能真正理解什么是记忆。当我们这样做的时候，我们会发现有很多不同种类的记忆。在这里先对英国诗人伊丽莎白·巴雷特·勃朗宁（Elizabeth Barrett Browning）表示歉意，借着她给丈夫写的诗作的开篇"我如何爱你，让我数一数方式"，让我们来思考一位名为克里斯汀的女子所描述的生活事件，这个事件说明了一个类似的问题："我怎么记得你，让我数一数方式"（见图5.1）。

> 我对你的第一次记忆是短暂而生动的。那天是7月4号，每个人都仰望天空看烟花。但是我所看到的是你的脸——你的脸一瞬间被烟花照亮，然后是一片黑暗。但即使在黑暗中，有那么一刻，我的脑海中也能浮现你的脸。

当某些东西短暂呈现时，比如被烟花照亮的脸，随后知觉系统会在黑暗中持续一小会儿。这种短暂留存的图像被称为感觉记忆，它是人们能够感知胶片电影图像的原因之一。

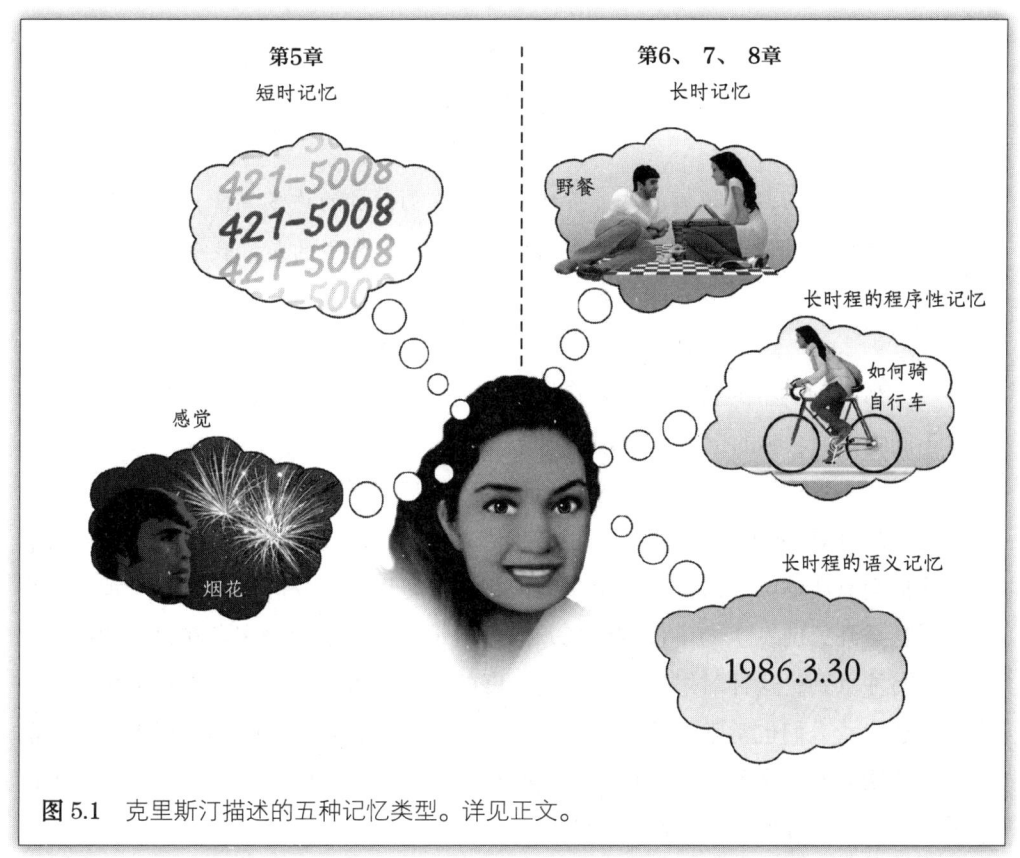

图 5.1 克里斯汀描述的五种记忆类型。详见正文。

幸运的是,之后我有一个"偶遇"你的想法,这样我们就可以交换电话了。但我没有带手机,也没有任何东西可以用来书写,所以我不得不一遍又一遍地重复你的号码,直到我把它写下来。

如果我们不像克里斯汀那样一遍又一遍地重复,那么信息只会在我们的记忆中停留很短的时间(10~15秒),而这就是短时记忆或工作记忆。

其余的经历都是过去发生的,我对我们所经历的一切有无数的记忆。我尤其记得那个秋高气爽的日子,当时我们骑自行车去森林里野餐。

长时记忆负责长时间地储存信息——可以是几分钟,也可能是一生。对过去经历的长时记忆，比如野餐，都是情景记忆。骑自行车或做任何涉及肌肉协调之事的能力是一种叫作程序性记忆的长时记忆。

然而，我必须承认，虽然我记得我们做过的许多事情，但我很难回忆起我们住的第一套公寓的地址，不过，幸运的是，我确实记得你的生日。

另一种类型的长时记忆是语义记忆——对事实的记忆，如对地址、生日或不同物体的名称的记忆（"那是辆自行车"）。

在本章中，我们将描述感觉记忆和短时记忆，在第6章的前半部分比较短时记忆和长时记忆，在第6章的剩余部分以及第7章和第8章描述长时记忆。我们会有所体会，人们经常错误地使用"短时记忆"一词来指对几分钟、几小时甚至几天前发生的事件的记忆，但短时记忆实际上短得多。在第6章中，我们将注意到，这种对短时记忆时间长度的误解可以反映在电影中对记忆丧失的描述中。人们也常常低估短时记忆的重要性。当我要求我的学生列出记忆的前十大用处时，大部分用处都属于长时记忆。该清单上的四大类项目包括：考试材料、日常行程、名字和地点指示。

你的清单可能不一样，但短时记忆中的项目很少出现在清单中，特别是由于互联网和手机的出现，反复重复电话号码来记住它们变得没有那么必要了。那么，感觉记忆和短时记忆的作用是什么呢？

当我们去看电影的时候，感觉记忆很重要（稍后会有更多介绍），但是讨论感觉记忆主要是为了演示一个巧妙的程序，这个程序可以计算我们能够立即接收多少信息，以及这些信息在半秒后还能保持多少。

当我们描述短时记忆的特点时，短时记忆的作用就会凸显。先请你回答这个问题：你现在知道什么？你正在读的一些关于记忆的材料是什么？周围的环境怎么样？周围环境中的噪声情况如何？不管答案是什么，你都在描述短时记忆中的事情。每个时刻所知或所想的每一件事都在短时记忆中。30秒后，"旧"的短时记忆可能已经消退，新的记忆将会取而代之。长时记忆中的待办事项清单可能很重要，但在完成清单上的每一件事时，你需要不断地使用短时记忆。正如在本章中所看到的，短时记忆的持续时间可能很短，却极其重要。

我们先要通过描述早期具有很大影响力的记忆模型来开始对感觉记忆和短时记忆进行描述，这种模型被称为多重记忆模型，它认为感觉记忆和短时记忆是记忆过程的开始。

多重记忆模型

回顾一下 Broadbent（1958）的注意过滤器模型，它通过引入信息加工取向的方式来更好地理解认知过程的流程（第1章，第017页；第4章，第117页）。在 Broadbent 提出注意流程图的10年后，Richard Atkinson 和 Richard Shiffrin 于1968年提出了如图 5.2 所示的记忆流程图，这被称为**多重记忆模型**。该模型提出三种记忆类型。

1. 感觉记忆是最开始的阶段，可以包含所有信息，持续几秒或几分之一秒。
2. 短时记忆包含 5~7 个项目，持续 15~20 秒。本章将会介绍短时记忆的特征。
3. 长时记忆包含大量信息，可以维持几年甚至几十年。这一部分内容将在第 6 章至第 8 章中做详细介绍。

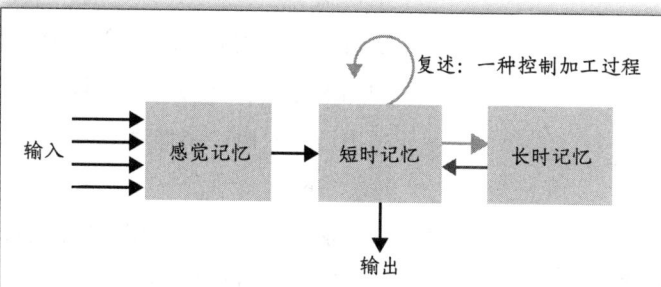

图 5.2 Atkinson 和 Shiffrin（1968）提出的多重记忆模型的流程图，详细描述见正文。该模型之所以被称为多重记忆模型，是因为它包含了许多在 19 世纪 60 年代提出的记忆模型的特征。

上面列出的每种记忆类型都由模型中的一个框表示，称为模型的**结构特征**。正如我们将看到的，这张图中的短时记忆框和长时记忆框由后来的研究者扩展了，他们修改了模型来区分不同类型的短时记忆和长时记忆。但是现在，我们仅以这个简单的多重记忆模型作为出发点，因为这个模型能够说明不同类型的记忆是如何运行的，以及相互之间是如何产生交互作用的。

Atkinson 和 Shiffrin 还提出了**控制加工**过程，这是一种和结构特征有关的动态加工过程，它可以由个体控制，并且在不同任务中的表现不同。**复述**就是控制加工过程中的一种，它是指一遍又一遍地重复某个刺激信息。比如，不断重复一个在电话本或网上找到的电话号码，以使其保留在大脑中。复述过程由图 5.2 中的浅灰色箭头表示。其他类型的控制加工还有：（1）将电话号码同历史上某个熟悉的日期联系起来以辅助记忆的策略；（2）可以帮助你将注意集中在十分有趣或重要的事件上的注意策略。

为了说明结构特征和控制加工是如何运作的，我们来看一看当蕾切尔在网上寻找比萨饼店的电话号码时都发生了什么（图 5.3）。当她第一次看计算机屏幕时，眼前所有的信息都将被感觉记忆登记（图 5.3a）。蕾切尔通过选择性注意这一控制加工过程将注意集中在比萨饼店的电话号码上，使其进入短时记忆（图 5.3b）。之后她使用复述这一控制加工过程将号码维持在短时记忆中（图 5.3c）。

蕾切尔知道她稍后还会用到该号码，所以她不仅将电话记在本子上，还记在脑子里。她记忆数字的过程（也涉及控制加工，将在第 6 章讨论）是将数字转移到长时记忆，并储存在长时记忆里（图 5.3d）。在长时记忆中储存数字的加工过程被称为编码过程。几天后，当蕾切尔想再次定购比萨饼时，就能回忆出这个号码。将储存在长时记忆系统中的特定信息回忆出来的过程称为提取（图 5.3e）。

从上述例子中可以清晰地看出，记忆中的各个组成部分并不是单独起作用的。因此，电话号码首先储存在蕾切尔的短时记忆中，但是因为短时记忆中的信息容易遗忘（比如，你忘记电话号码了），因此蕾切尔需要将电话号码转入长时记忆（图 5.3d 中的浅灰色箭头），因为她稍后需要用到这个电话号码，所以电话号码需要在长时记忆中保留。当她稍后回忆起这个电话号码时，就会将其从长时记忆提取到短时记忆（图 5.3e 中的浅灰色箭头）。于是，蕾切尔就能知道电话号码是什么。接下来将会逐一介绍这个模型中的各个组成部分，首先是感觉记忆。

感觉记忆

感觉记忆是指短时间内对感觉刺激效果的保持。可以通过以下两个日常的例子来说明这种对视觉刺激效果的短暂保持：烟花轨迹和看电影。

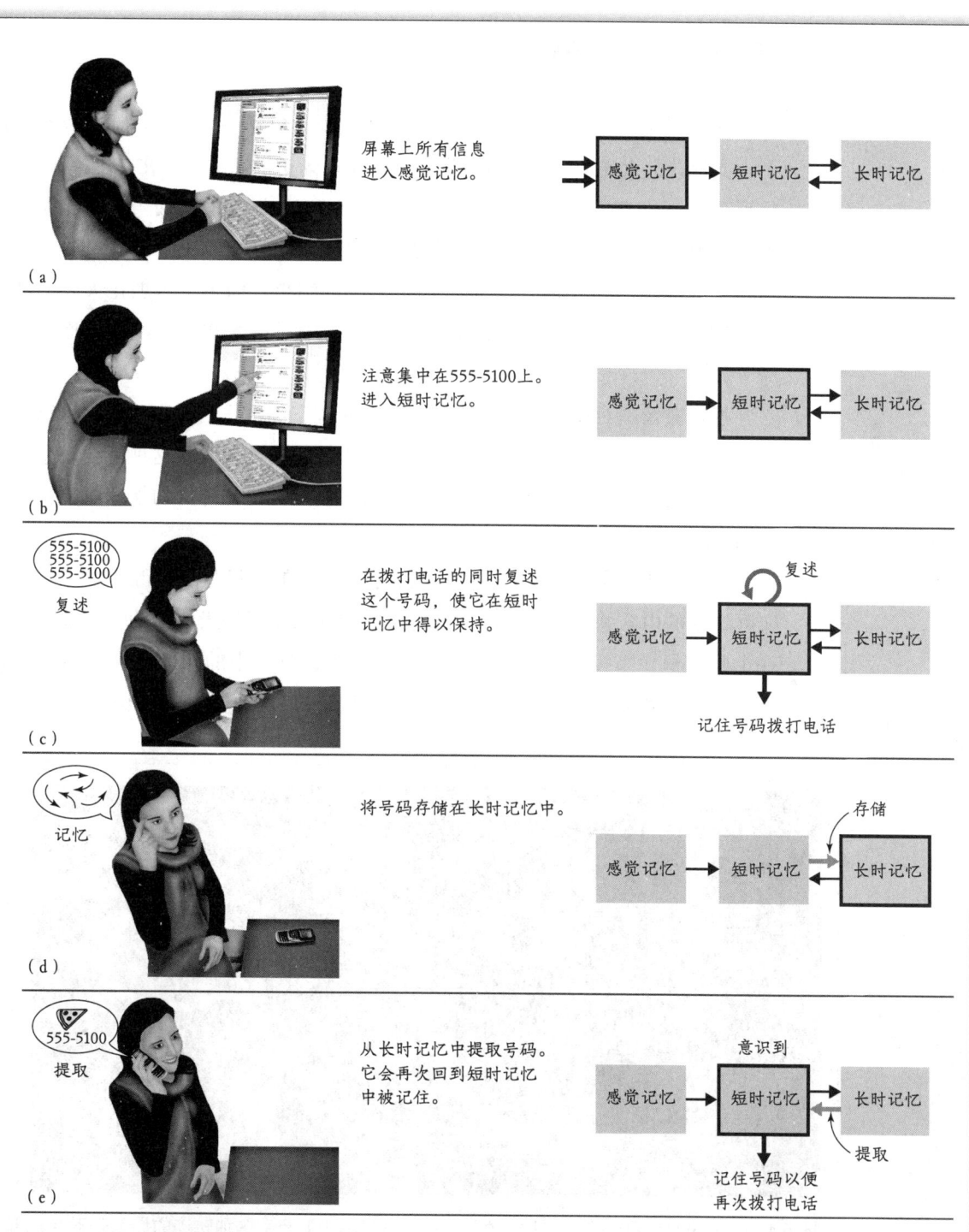

图 5.3 当蕾切尔查找电话号码时（a 和 b），其记忆系统各个部分的工作情况。（c）给比萨饼店打电话；（d）记住号码。（e）几天后，从长时记忆中提取号码以便再次拨打电话。在多重记忆模型中，用黑色外框标记的部分代表蕾切尔采取每一步行动时所激活的特定加工过程。

烟花轨迹和投影机快门

假设这是 7 月 4 号（美国国庆日）的夜晚，户外一片漆黑。你用火柴点燃了一支烟花，火光从烟花顶端的发热点开始逐渐扩散。你开始在空中挥舞烟花，然后看到了烟花的轨迹——一个光圈（图 5.4a）。尽管从表面上看，这个"光圈"是因为我们在空中挥舞发光的烟花而形成的，但实际上，这个"光圈"并不是实际存在的。"光圈"是你的大脑加工的结果，即由于对烟花火光的知觉会短暂持续几分之一秒（图 5.4b）。这种在脑中对火光知觉的保持被称为视觉滞留。

视觉滞留是对视觉刺激的持续感知，即使它不再呈现在眼前。这种感知只持续不到 1 秒。所以在日常生活中，当物体长时间存在时，这种持续性感知并不明显。然而，短暂刺激的视觉滞留效果很明显，比如挥舞的烟花或电影中快速闪过的图片。

当你在电影院里看电影时，虽然动作画面在银幕上衔接得非常流畅，但实际投影的内容并不是这样的。首先，电影在放映时，投影机的镜头前放置了一个胶片框，当投影机的快门打开和关闭时，胶片中的图像就会投射到银幕上。当快门关闭时，电影进入下一帧，在这个过程中，银幕是全黑的。当下一

图 5.4 （a）快速挥舞一个光源时产生"光的轨迹"。（b）产生这种轨迹的原因是对光的知觉可以在大脑中短暂地维持。

帧到达镜头前时,快门再次打开和关闭,将图像投到银幕上。这个过程以每秒 24 次的速度被不断重复。所以实际上在 1 秒内有 24 张静止的画面依次投到了银幕上,每张画面间均插有短暂的黑屏(表 5.1)。(一些电影制片人现在开始尝试更高的帧速率,如彼得·杰克逊的《霍比特人:意外之旅》(*The Hobbit: An Unexpected Journey*,2012),每秒 48 帧;李安的《比利·林恩的中场战事》(*Billy Lynn's Long Halftime Walk*,2016),每秒 120 帧。我们在看电影时察觉不到图像间的黑屏,这是因为视觉滞留保持了前一帧的图像,进而填补了间隔的黑屏。

表 5.1
电影中的视觉滞留 *

发生了什么?	银幕上发生了什么?	你知觉到了什么?
胶片 1 被投放	图像 1	图像 1
快门关闭,移至下一张胶片	黑屏	图像 1(视觉滞留)
快门开启,胶片 2 被投放	图像 2	图像 2

* 此处的电影顺序是传统投影电影的播放顺序。新数字电影技术基于储存在光盘上的信息。

Sperling 的实验:测量感觉记忆的容量和持续时间

视觉滞留效应将烟花的运动轨迹加入对烟花的移动知觉中,还填补了电影中两胶片间的黑屏。虽然上述原理在心理学发展早期已被人知晓(Boring, 1942),但 Sperling(1960)感兴趣的问题是,人们可以从短暂呈现的刺激中接收多少信息。为了考察这一问题,他设计了一个非常有名的实验。在实验中,他首先让屏幕上闪现一个字母序列(图 5.5a),持续时间为 50 毫秒,然后要求被试尽可能多地报告所呈现的字母。Sperling(1960)所采用的这种方法叫作**全部报告法**,是指被试要尽可能多地报告整个字母矩阵中的字母,这个字母矩阵含有 12 个字母。在这个任务中,被试的平均成绩是可以报告 12 个字母中的 4.5 个。

Sperling 可以据此推断,因为字母呈现的时间很短,所以被试平均只能看到 12 个字母中的 4.5 个。但是,一些被试报告说他们可以看到所有字母,但由于知觉印象在报告过程中消失得特别快,当报告了 4~5 个字母后,他们就再也无法看到或回忆出其他字母了。

Sperling 推断,如果被试不能报告 12 个字母的矩阵是因为产生了遗忘,那么只让被试报告一行 4 个字母时,效果是否会更好?为了验证这一种解释,Sperling 发明了**部分报告法**。在实验中,让被试观看之前提到的 12 个字母的矩阵,时间为 50 毫秒。不同于消失后直接要求被试全部报告,在部分报告法中,当字母一闪而过后,会立即出现一个纯音,提示被试报告特定行的字母。高音代表第一行,中音代表中间一行,低音代表最后一行(图 5.5b)。

由于声音是在字母消失之后呈现的,所以被试注意的是字母在头脑中存留的痕迹,而非实际的字母材料。当被试依照声音线索的提示注意特定行的字母时,他们平均能够报告 4 个字母中的 3.3 个(82%)。由于无论需要报告哪一行,被试均可以报告 82% 的字母,因此 Sperling 推断,12 个字母的矩阵呈现完时,被试平均可以看到 82% 的字母,但由于一旦开始报告,记忆痕迹就迅速消退,以至无法将记下的字母都报告出来。

之后,Sperling 又另外设计了一个实验来探讨记忆痕迹消退的时间进程。实验采用**延迟部分报告法**,即在字母消失后间隔一段时间再呈现提示音(图 5.5c)。延迟部分报告的实验结果说明,当字母消失后延迟 1 秒再呈现提示音时,就单行字母而言,被试平均仅能够报告比 1 个字母稍多一点的内容。实验结果如图 5.6 所示,这个结果显示了被试能报告的字母的比例随延迟时间变化的趋势。当字母消失后立即呈现提示音时,被试能够知觉到绝大部分的字母,这就是感觉记忆。随后,感觉记忆开始消退。

Sperling 据此认为,感觉记忆能够登记视觉器官接收的全部或绝大部分信息,但这些信息在 1 秒内就**消退**了。这种对视觉刺激短暂的感觉记忆被称为**图像记忆**或**视觉图像**,这与 Atkinson 和 Shiffrin 的多重记忆模型中的感觉记忆阶段相对应。另外还有一些使用听觉刺激的研究发现,声音也可以在头脑中保持。对声音的保持叫作**声像记忆**,可以在初始刺激消失后维持数秒(Darwin et al., 1972)。声像记忆的一个例子是,你听到某人说了什么,但你一开始没理解并脱口而问:"什么?"但实际上,在那个人重复出刚才所说的内容之前,你已经在脑海中"听清楚"了。如果这曾发生在你身上,你就经历了声像记忆。下一节将会介绍多重记忆模型中的第二个阶段——短时记忆。短时记忆保持信息的时间也很短,但比感觉记忆长得多。

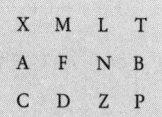

(a) 全部报告法   结果：平均报告了12个字母中的4.5个

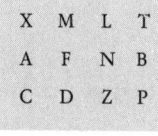  

(b) 部分报告法
    声音立刻呈现   结果：平均报告了4个字母中的3.3个

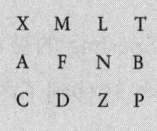 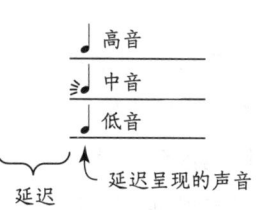 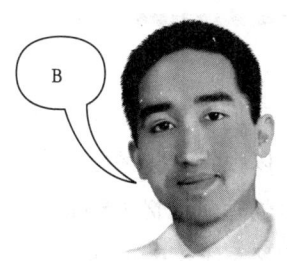

(c) 部分报告法
    声音延迟呈现   结果：在1秒延迟后平均报告了4个字母中的1个

图 5.5 Sperling（1960）的三个实验的程序。(a) 全部报告法：一次给被试呈现 12 个字母，时间为 50 毫秒，要求被试尽可能多地报告其中的字母。(b) 部分报告法：和之前一致，一次给被试呈现 12 个字母，时间为 50 毫秒，但当字母消失后，立即播放某一音调的纯音，提示被试仅报告某一行的字母。(c) 延迟部分报告法：在字母消失后，有一个短暂的延迟，然后再播放提示音。其他程序与 (b) 一致。

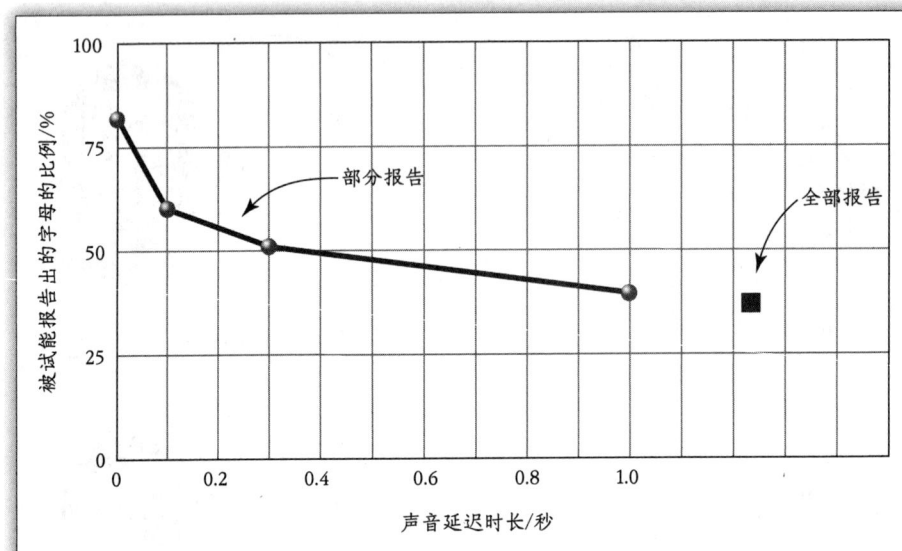

图 5.6 Sperling（1960）的部分报告法的实验结果。记忆成绩的下降是由于图像记忆（在记忆的多重记忆模型中被称为感觉记忆）的快速消退。

短时记忆：储存

我们在前面一节看到，尽管感觉记忆会迅速消失，但是 Sperling 的被试仍然可以报告一些字母。这些字母是刺激材料的一部分，并且已经转移到了图 5.2 所示的**短时记忆**（STM）中。短时记忆是指在一段较短的时间内储存少量信息的记忆系统（Baddeley et al.，2009）。无论你现在在想什么，无论你从刚才的阅读中记住了什么，这些内容都在短时记忆当中。你还会看到，其中的大部分信息终会消失，只有一少部分信息能够进入更为持久的长时记忆。

由于短时记忆的持续时间很短，所以与长时记忆相比，它的重要性很容易被低估。但正如我们将看到的，短时记忆在日常生活中非常重要。在任何一个时刻，我们的所思所想都涉及短时记忆，因为短时记忆是当前信息加工过程的窗口（参见图 5.3e，蕾切尔通过将比萨饼店的号码从长时记忆转移到短时记忆中而记起了该号码）。下面将会介绍一些短时记忆的早期研究。这些研究主要探讨了以下两个问题：（1）短时记忆的持续时间；（2）短时记忆的容量。为了解答这两个问题，实验者们采用回忆法对记忆进行了很多研究。

研究方法　回忆法

本章涉及的大部分实验都采用了**回忆法**。在实验中，首先给被试呈现一些刺激，一段时间后，再要求其尽可能多地回忆这些刺激。记忆成绩可以用回忆百分比来测量（例如，学习由 10 个单词组成的词表，如果回忆出 3 个，成绩就是 30%）。通过分析被试回忆出的具体内容，还可以探究信息被回忆的方式。例如，给被试呈现一张包含多种水果和多类汽车的词表，通过分析回忆过程，可以看出在回忆单词时，被试是否对水果词和汽车词进行了分组。回忆法也被用来考察个体对生活事件（如高中毕业）或所学知识（如内布拉斯加州的首府）的记忆。

短时记忆能够保持多长时间？

人们对短时记忆的一个主要误解是认为短时记忆的持续时间相当长。人们常常将在几天或几周前记住的事情称为短时记忆。然而，由认知心理学家提出的短时记忆只能持续 15～20 秒甚至更短。英国的 John Brown（1958）和美国的 Lloyd Peterson 和 Margaret Peterson（1959）使用回忆法来确定短时记忆的保持时间并证明了这一点。Lloyd Peterson 和 Margaret Peterson 向被试呈现了三个字母，例如 FZL 或 BHM，字母后面跟着一个数字，如 403。要求被试从这个数字开始进行连续减 3 的任务。这样做是为了防止被试不断复述字母。在 3～18 秒的间隔时间后，被试要求回忆这三个字母。当被试只用了 3 秒连续减 3 时，他们能够正确地回忆起三个字母组中 80% 的内容，但是在被试进行了 18 秒的运算时，只能正确回忆起字母组中 12% 的内容。这样的结果得出的结论是：短时记忆的有效保持时间（如用连续减 3 这种任务防止被试进行复述）为 15～20 秒或者更短（Zhang & Luck，2009）。

短时记忆中可以储存多少项目？

短时记忆不仅持续时间有限，其能够容纳的信息量也是有限的。稍后我们将会看到，短时记忆的容量是 4～9 个。

数字广度

测量短时记忆容量的一种方法是测量**数字广度**，即个体最多可以记住的数字数目。你可以通过下面的演示实验来测试自己的数字广度。

演示实验　数字广度

准备一个索引卡或一张纸，遮住下列数字。将卡片下移，露出第一串数字，读出数字后再将其盖上，接着以正确的顺序默写出这行数字。然后将卡片移至下一串数字，重复刚才的步骤，直到你出错。你能正确重复的最长数字串的数字个数就是你的数字广度。

2 1 4 9
3 9 6 7 8
6 4 9 7 8 4
7 3 8 2 0 1 5
8 4 2 6 4 1 3 2
4 8 2 3 9 2 8 0 7
5 8 5 2 9 8 4 6 3 7

如果你成功地记住了最长的一串数字，你的数字广度就是 10 甚至更大。

根据对数字广度的测量，短时记忆的平均容量是 5~9 个——和电话号码的长度差不多。短时记忆可容纳 5~9 个项目是由第 1 章中（见第 019 页）提到的 George Miller 在他那篇著名的研究论文"神奇的数字 7±2（The Magical Number Seven, Plus or Minus Two）"（Miller，1956）中提出的。

变化检测

对短时记忆容量的测量已经将下限下调至 4（Cowan，2001）。这一结论是根据 Steven Luck 和 Edward Vogel（1997）的实验结果得出的，他们用来测量短时记忆容量的方法被称为**变化检测**。

研究方法　变化检测

在第 147 页的"变化检测"演示实验后，我们描述了具体的实验内容，在实验中会有两张关于同一场景的图片依次闪现，被试的任务是确定第一张和第二张图片之间发生了哪些变化。从这些实验中得出的结论是人们通常会忽略同一场景中的变化。

在变化检测中，使用更简单的刺激可以确定人们能从短暂闪现的刺激中保留多少信息。一个变化检测的例子如图 5.7（彩）所示，图中显示了与 Luck 和 Vogel 的实验中所使用的刺激相类似的刺激。在边显示屏的刺激闪烁了 100 毫秒，随后有 900 毫秒的黑屏，然后在右边出现新的刺激。被试的任务是指明第二次出现的刺激是否和第一次相同。（请注意，其中一个方块的颜色在第二屏中发生了变化。）如果项目数在短时记忆的容量范围内［图 5.7a（彩）］，则此任务很容易完成；但当项目数大于短时记忆的容量时，则此任务将会变得很难完成［图 5.7b（彩）］。

Luck 和 Vogel 的实验结果如图 5.8 所示，当一列刺激中包括 1~3 个色块时，被试表现得很好，可以毫不费力地做出正确的判断。但当刺激序列中包括 4 个或以上的色块时，记忆成绩就开始下滑了。Luck 和 Vogel 由此推断，短时记忆可以容纳 4 个左右的项目。另外一些采用言语材料的研究也得到了一致的结论（Cowan，2001）。

无论是 4 个，还是 5~9 个，短时记忆的容量都十分有限。如果我们保持信息的能力这么有限，那么在某些情况下又是怎样记住很多信息的呢（比如由单词组成的句子）？ Miller 在他那篇著名的论文中还提出了组块的概念，对上述问题给出了解答。

组　　块

Miller（1956）提出**组块**（chunking，动词）这一概念，用于描述将若干小单位（如字母）组合成较大的有意义的单位（如短语，甚至是句子、段落或篇章等更大的单位）的过程。例如，试着记住下面这些词语：猴子、孩子、疯狂地、动物园、跳、城市、浣熊、年轻的。这个词表中的词语可以划分为多少个

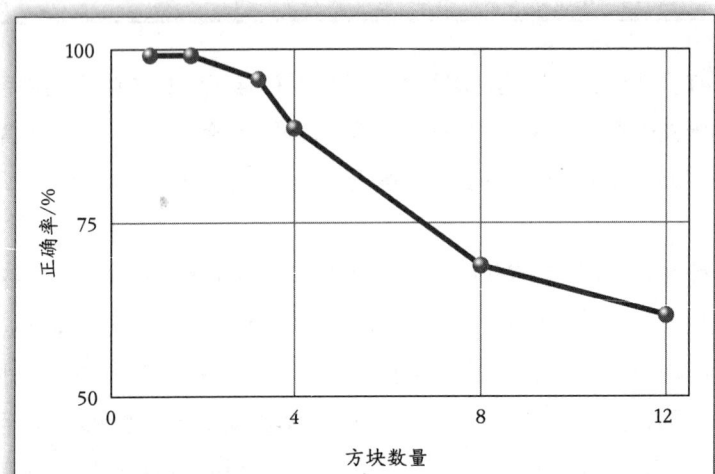

图 5.8　Luck 和 Vogel（1997）的实验结果表明，当刺激序列中包含 4 个色块时，记忆成绩立即下降了。
来源：Adapted from E. K. Vogel, A. W. McCollough, & M. G. Machizawa, Neural measures reveal individual differences in controlling access to working memory, *Nature*, 438, 500–503, 2005.

组块单元？虽然词表中共含 8 个词语，但如果将其重新分组，可以得到下面的 4 个短语：浣熊猴子、疯狂地跳、年轻的孩子、城市动物园；还可以更进一步地将这些短语组成句子：浣熊和猴子在城市动物园中为年轻的孩子疯狂地跳着。

组块（chunk，名词）被定义为多个联系紧密的单元组合，这些单元与其他组块的构成单元的联系十分微弱（Cowan，2001；Gober et al.，2001）。在上述例子中，浣熊与猴子的联系十分紧密，但与其他词语之间的联系不强，比如孩子或城市。

可见，基于意义的组块增强了在短时记忆中储存信息的能力。一般而言，人可以记住 5~8 个不相关的词语。但是如果将词语排列成有意义的句子以增强词语间的联系，还能将记忆广度扩大到 20 个词语，甚至更多（Butterworht et al.，1990）。下面是对一系列字母进行组块加工的演示实验。

演示实验　记忆字母

以每秒 1 个的速度读出下面的字母串，之后将其盖住，再以正确的顺序尽可能多地写出这些字母：

B C I F N C C A S I C B

你是怎么做的？这个任务并不简单，因为它一共包括 12 个单独的字母，比平均字母广度（5~9 个）大得多。

现在试着按顺序记忆以下字母：

C I A F B I N B C C B S

和前一次相比，这次的记忆效果如何？

虽然第二个字母表中包括的字母与第一个字母表完全相同，但当你发现它包含了 4 个常见组织的名字时（CIA、FBI、NBC 和 CBS），记忆起来就十分容易了。因此你可以创建 4 个组块，每一个都具有意义，所以很容易记住。

K. Anders Ericsson 及其同事（1980）证实了组块的作用。研究发现，利用组块的方法，记忆能力处于平均水平的大学生可以记住大量信息。实验要求一位名为 S.F. 的被试重复其所听到的一组随机数字。虽然 S.F. 的记忆容量处于平均水平（7 个），但经过大量练习（用时 1 小时，练习了 230 个试次），他最多可以正确重复包含 79 个数字的序列。他是怎样做到的呢？其实，他采用了组块的方式将数字组成较大的单元，以形成有意义的序列。S.F. 曾是一名跑步健将，所以一些序列是跑步用时。例如，3492 代表 3 分 49 秒 2，接近 1600 米的世界纪录；他也可以用其他方式来创造意义，例如，893 代表 89.3，一个老人的年龄。这些事例体现了短时记忆和长时记忆的交互作用，因为 S.F. 曾经是一名跑步运动员，其某些组块的建立基于长时记忆中关于跑步时间的信息。

组块使容量有限的短时记忆可以加工日常事务中所包含的大量信息，如将多个笔画组合成你现在看到的汉字，或者把某个熟悉的电话号码的前三位当成一个单位来记忆，又或者将一段很长的谈话按主旨分成几部分。

短时记忆中可以储存多少信息？

如上节所述，短时记忆的容量可以用项目数量来指代，这一观点已经引起了大量研究。但一些研究者认为，与其用"项目数量"，不如用"信息量"来描述记忆的容量。当提到视觉对象时，信息被定义为储存在记忆中的对象的视觉特征或细节（Alvarez & Cavanagh，2004）。

可以通过想象计算机闪存驱动器上储存图片的过程，来理解信息很重要这一想法背后的原因：可以储存的图片数量取决于驱动器的大小和图片的大小。同一个闪存只能储存较少的包含更多细节的大图片，因为它们占用的内存空间更大。

带着这个想法，George Alvarez 和 Patrick Cavanagh（2004）利用 Luck 和 Vogel 的变化检测过程做了一个实验。但是他们使用了比彩色方块更加复杂的刺激材料，如图 5.9a（彩）所示。例如，最复杂的刺激是阴影立方体，首先给被试呈现一个包含许多不同立方体的显示屏，空白间隔紧随其后，接下来呈现一个与之相同或不同的立方体，要求被试对前后两者是否相同做出判断。

结果如图 5.9b（彩）所示，被试做出正确判断的能力取决于刺激的复杂性。被试对色块的记忆容量为 4.4，而对立方体的记忆容量仅为 1.6。基于这一结果，George Alvarez 和 Patrick Cavanagh 得出结论，图像中的信息量越大，能够保存在视觉短时记忆中的图像数量越少。

短时记忆的容量是否应该以"项目数量"（Awh et al.，2007；Fukuda et al.，2010；Luck & Vogel，1997）或"详细信息的数量"（Alvaraz & Cavanagh，2004；Bays & Husain，2008；Brady et al.，2011）来衡量？这两种观点分别有实验支持，也就是说，研究者之间的讨论仍在继续。但是人们一致认为，无论是项目还是信息，短时记忆中能够储存的信息是有限的。

到目前为止，对短时记忆的讨论主要集中在两个特性上：信息在短时记忆中可以保存多长时间以及短时记忆可以保存多少信息。我们可以把短时记忆比作漏桶一样的容器，它可以在有限的时间内容纳一定量的水。但是随着对短时记忆研究的深入，人们发现，多重记忆模型中给出的短时记忆的概念过于狭隘，导致很多研究结果无法解释。问题在于，在多重记忆模型中，短时记忆主要被描述为一种短期的储存机制。但正如我们接下来将看到的，短时记忆的功能不仅是储存。信息不仅仅储存在于短时记忆中，它还可以在诸如计算、学习和推理等心理过程中被操纵。

自我测验 5.1

1. 本章从克里斯汀对五种类型记忆的描述开始。这五种类型的记忆分别是什么？哪些持续时间很短？哪些持续时间长？为什么短时记忆很重要？
2. 描述 Atkinson 和 Shiffrin 的多重记忆模型，包括其组成结构（那些由箭头连接的方框）和控制加工的两方面。然后描述在你决定打电话订比萨饼却记不起来电话号码时，模型中各个部分的参与情况。
3. 描述感觉记忆以及 Sperling 的实验。思考实验是如何通过对字母的快速呈现来测量感觉记忆的容量和持续时间的。
4. Lloyd Peterson 和 Margaret Peterson 是如何测量短时记忆的持续时间的？短时记忆的大致持续时间是多久？
5. 什么是数字广度？如何说明短时记忆的容量？
6. 描述 Luck 和 Vogel 的变化检测实验。根据实验结果，短时记忆的容量是多少？
7. 什么是组块？它说明了什么？
8. 关于如何测量短时记忆的容量，正文中提出了哪两个建议？描述 Alvarez 和 Cavanagh 的实验及其结论。

工作记忆：信息操纵

Baddeley 和 Hitch（1974）在一篇论文中介绍了**工作记忆**，它被定义为"用于临时储存和处理复杂任务（*如理解、学习和推理*）的容量有限的系统"。这个定义中的楷体部分使工作记忆不同于旧的多重记忆模型中的短时记忆。

短时记忆主要是在短时间内储存信息（例如，记住一个电话号码），而工作记忆是在复杂的认知过程中（例如，在阅读一段文字时记住数字）对信息进行操纵。通过几个例子，我们可以理解工作记忆与信息加工有关的观点。首先，让我们听听蕾切尔和比萨饼店店员的对话：

蕾切尔：我想要预订一张带西兰花和蘑菇的大号比萨饼。

店　员：对不起，我们的蘑菇卖完了。可以用菠菜代替吗？

为了理解店员的回复，蕾切尔需要在听店员讲第二句话（"可以用菠菜代替吗"）的同时记住第一句话（"我们的蘑菇卖完了"），并将两句话联系起来。如果她仅仅记住了"可以用菠菜代替吗"，会不清楚菠菜代替的是西兰花还是蘑菇。在这个例子中，蕾切尔的短时记忆不仅会参与信息的储存，还会参与当下正在进行的信息加工过程（执行过程），如理解对话。

对一些简单的数学问题的解答同样涉及执行过程，如在脑海里计算 43 乘以 6。请稍做停顿并试着完成这道题，同时注意觉察你的脑海里都做了什么。

解决该问题的一种方法的步骤如下：

视觉化：43×6

乘法运算 $3 \times 6 = 18$。

保持个位数 8 的同时，将十位数 1 进位到 4 的位置。

乘法运算 $6 \times 4 = 24$。

将 1 添加到 24 的个位上。

挨着 8，写上 25。

结果为 258。

显而易见，这样的计算过程既包含了储存过程（将 8 储存在记忆中；记住下一步的乘法运算涉及 6 和 4），也包含了执行过程（将 1 进位；执行 6×4 的乘法运算）。如果仅有储存，问题将不可能得到解决。当然，这道运算题也存在一些其他的解法，但是无论采用怎样的方法都会涉及在记忆中储存信息和加工信息这两种过程。

事实上，短时记忆和多重记忆模型并没有探讨随着时间的推移而开展的动态加工过程。这使得 Baddeley 和 Hitch 提出用工作记忆来代替短时记忆，以更好地表示短时记忆的加工过程。当前的研究者在提到短时记忆加工过程时，经常同时使用"短时记忆"和"工作记忆"两个概念。但需要明白的一点是，不论它叫什么，这个加工过程的功能都不仅仅是储存。

回到 Baddeley 的模型，他注意到一件事：在某些条件下，可以同时执行两个任务，如下面的演示实验所示。

演示实验　文本阅读和数字记忆

在记住数字 7、1、4 和 9 的同时阅读以下段落：

Baddeley 推测，如果短时记忆的容量有限，大概与电话号码的长度相近，那么当储存容量被填满时，个体将难以完成那些依赖短时记忆的任务。但他发现，被试在记住一串较短的数字的同时，还能执行另一项任务，如进行阅读，甚至解决一个简单的字符问题。被试是怎样完成这项任务的？先前让你记住的数字是什么？刚读过的这段文字的主旨是什么？

根据多重记忆模型，个体应该仅能完成其中一项任务，该任务会占用整个短时记忆。但是 Baddeley 的实验（涉及与上述演示实验类似的任务）发现，被试能够在记住数字的同时进行阅读。

什么样的模型才能同时顾及：（1）认知能力的动态过程（比如，语言理解和解数学题）；（2）人们能够同时执行两项任务的事实？Baddeley 认为，短时记忆的加工过程一定是动态的，并包含了若干独立运行的成分。他提出了短时记忆中应包含以下三种成分：语音回路、视空画板和中央执行系统（图 5.10）。

语音回路包含两个子成分：（1）**语音储存器**，该成分容量有限，并且只能够将信息保持几秒；（2）**发音复述加工**，语音储存器中的信息通过复述得以保持。语音回路能够储存言语信息和听觉信息。因此，当你试图记忆电话号码或一个人的名字，或者理解认知心理学教授在谈论什么时，都需要使用语音回路。

视空画板能够保存视觉信息和空间信息。当你在心里构建一幅图画、完成一个类似拼图的任务或在校园周围找路时，需要使用视空画板。如图 5.10 所示，你会发现语音回路和视空画板都依附中央执行系统。

工作记忆中的主要工作都是在**中央执行系统**中进行的。中央执行系统可以将信息从长时记忆

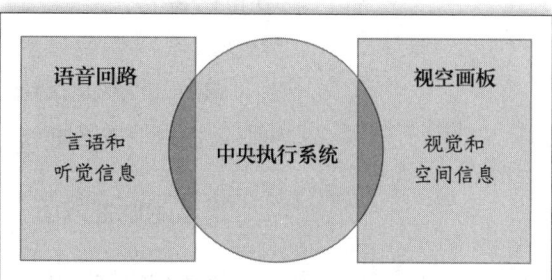

Baddeley 的工作记忆模型

图 5.10　图解 Baddeley 和 Hitch 的工作记忆模型的三种主要成分（Baddeley & Hitch, 1974; Baddeley, 2000）：语音回路、视空画板和中央执行系统。

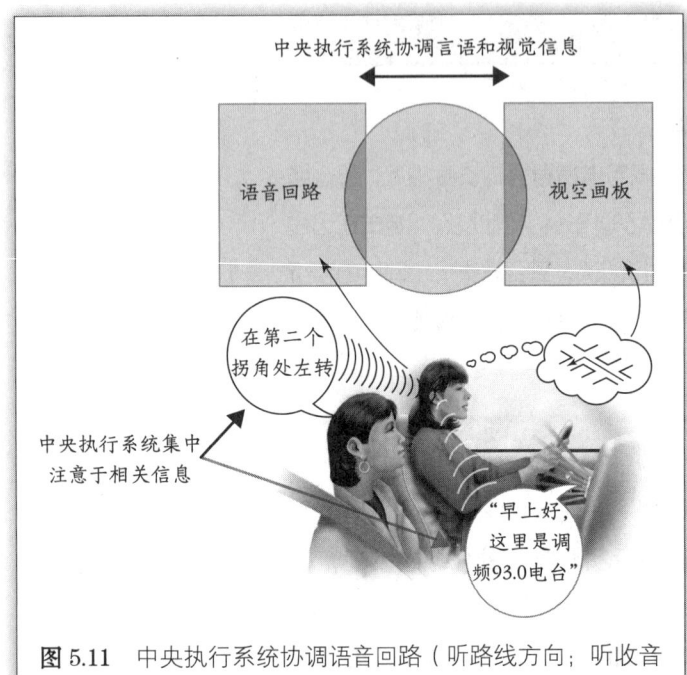

图 5.11 中央执行系统协调语音回路（听路线方向；听收音机）和视空画板（视觉化线路）的加工过程。中央执行系统还会帮助个体忽视来自收音机的信息，使注意集中在听取方向的任务上。

中提取出来，同时通过将注意集中于一种任务的特定部分，并决定如何在不同任务间分配注意来协调语音回路和视空画板的活动。因此，可以将中央执行系统看成工作记忆系统中的"交通警察"。

为了更好地理解"交通警察"的功能，你可以设想你正开车行驶在一个陌生的城市中，车里的收音机正在广播新闻，而你的朋友坐在副驾驶的位置上告诉你去饭店的路。语音回路接收言语形式的方向信息，视空画板会帮助你表象去饭店的地图，与此同时，中央执行系统负责协调和整合这两类信息（图 5.11）。此外，中央执行系统还能够帮助你忽视收音机里的信息，使你将注意集中在去饭店的路上。

下面将介绍一系列的现象来说明语音回路如何处理言语信息，视空画板如何处理视觉和空间信息，中央执行系统如何通过注意协调两者之间的关系。

语音回路

以下三种现象支持了这种专门用于加工言语刺激的系统：语音相似性效应、词长效应以及发音抑制。

语音相似性效应

语音相似性效应是一种由发音相似的字母或者单词造成的混淆。在早期的一项证实了这一效应的研究中，R. Conrad（1964）在屏幕上呈现了一系列目标字母，并要求被试按照字母出现的顺序写下这些字母。结果发现，当被试犯错误时，他们很可能把目标字母误认为另一个听起来像目标的字母。例如，"F"最常被误认为"S"或"X"，这两个字母听起来类似于"F"，但"F"不太可能与"E"这样看起来像目标的字母混淆。因此,即使被试看到了字母,他们所犯的错误也是基于字母的声音。

这一结果与我们对于电话号码进行记忆的体验相似。尽管我们与它们的接触经常是视觉上的,但我们通常会通过不断重复的声音来记住它们,而不是通过在计算机屏幕上看到数字的样子来记住它们(也见 Wickelgren,1965)。Conrad 的结果将被描述为语音相似性效应的一个证明,当单词在语音回路的语音储存器部分被加工时,就会发生这种现象。

词长效应

词长效应指当人记忆一列词表时,其对于短词的记忆效果好于长词。有关词长效应的研究可以预测:相对于词表 2,对词表 1 的回忆效果将更好。

词表 1:beast, bronze, wife, golf, inn, limp, dirt, star

词表 2:alcohol, property, amplifier, officer, gallery, mosquito, orchestra, bricklayer

虽然每个词表都包含 8 个单词,但是根据词长效应,第二个词表更难记忆,因为词表 2 中的单词较长。而在回忆过程中发音和重复以及生成这些单词需要更多的时间(Baddeley et al.,1984)。(然而,请注意,一些研究者提出,词长效应在某些条件下不会发生;Jalbert et al.,2011;Lovatt et al.,2000,2002)。

在另一项关于言语记忆的研究中,Baddeley 及其同事(1975)发现,人们能够记住的项目数量与其在 1.5~2.0 秒内能够读出的项目数量一致(也见 Schweickert & Boruff,1986)。请试着在 2 秒内大声地快速数数。根据 Baddeley 的观点,你能说出的数字的数量应该和你的数字广度一致。

发音抑制

研究语音回路操作过程的一种方法是探讨当该操作被打断时将发生什么。研究发现,重复某个无关语音,比如"the,the,the……",会阻碍个体对记忆项目的复述(Baddeley,2000b;Baddeley et al.,1984;Murray,1968)。

这种对无关语音的重复会导致一种现象,即**发音抑制**。发音抑制会影响记忆任务的表现,因为外部言语会干扰复述。我们将通过下面这个演示实验——基于 Baddeley 及其同事(1984)的实验——来介绍发音抑制效应。

演示实验　发音抑制

任务 1：阅读下面词表中的单词，然后转向一边，尽可能多地回忆这些单词。

dishwasher, hummingbird, engineering, hospital, homelessness, reasoning

任务 2：阅读下面词表中的单词，同时大声地重复"the，the，the……"，然后转向一边，尽可能多地回忆这些单词。

automobile, apartment, basketball, mathematics, gymnasium, Catholicism

发音抑制会使对第二个词表的记忆变得困难，因为对"the，the，the……"的复述使负责保存视觉和听觉信息的语音回路超载。

Baddeley 及其同事（1984）发现，重复"the，the，the……"不仅会降低被试记忆词表的能力，还能够消除词长效应（图 5.12a）。根据词长效应，相对于长词词表，单音节词应该更容易被记忆，因为短单词在语音回路中有更多的复述空间。而重复"the，the，the……"在干扰复述的同时也消除了短单词的优势。因此，短单词和长单词都没能保存在语音储存器中（图 5.12b）。

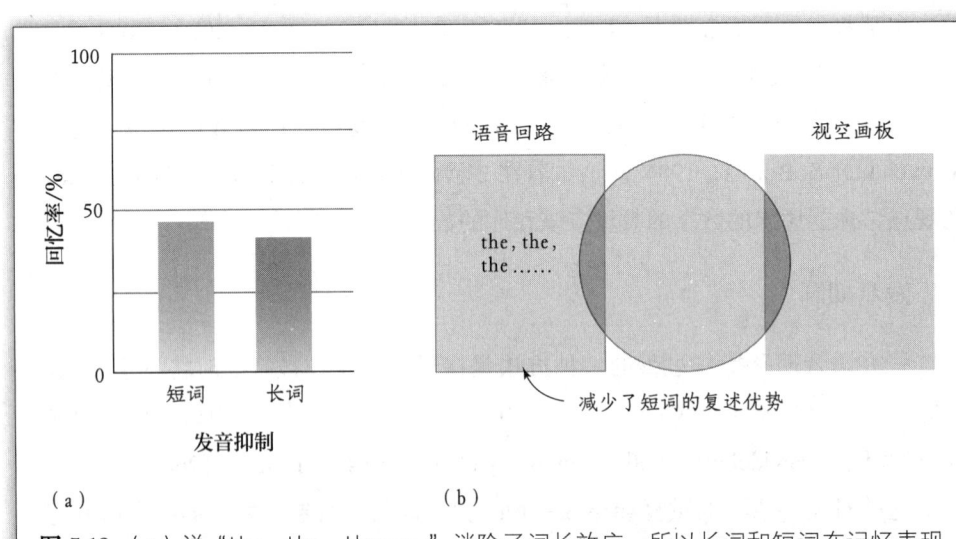

图 5.12　(a) 说"the，the，the……"消除了词长效应，所以长词和短词在记忆表现上几乎不存在差异（Baddeley et al., 1984）。(b) 说"the，the，the……"影响了语音回路中对短词的复述，从而导致了这种效应。

视空画板

视觉表象处理的是视觉和空间信息，因此涉及视觉表象的加工——当实质性的物理视觉刺激消失后，人脑中形成视觉图像的过程。接下来的演示实验介绍了一项关于视觉表象的早期研究（Shepard & Metzler, 1971）。

演示实验　客体的比较

请看图5.13a中的两幅图片，并且尽快判断它们是同一客体的不同角度（相同），还是两个不同的客体（不同）。同时，请对图5.13b中的两个客体做出同样的判断。

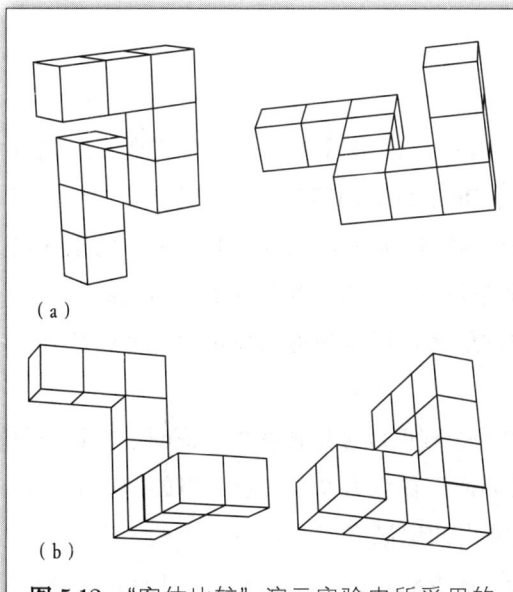

图5.13　"客体比较"演示实验中所采用的刺激。详见正文。

来源：Based on R. N. Shepard & J. Metzler, Mental rotation of three-dimensional objects, *Science*, 171, Figures 1a & b, 701–703, 1971.

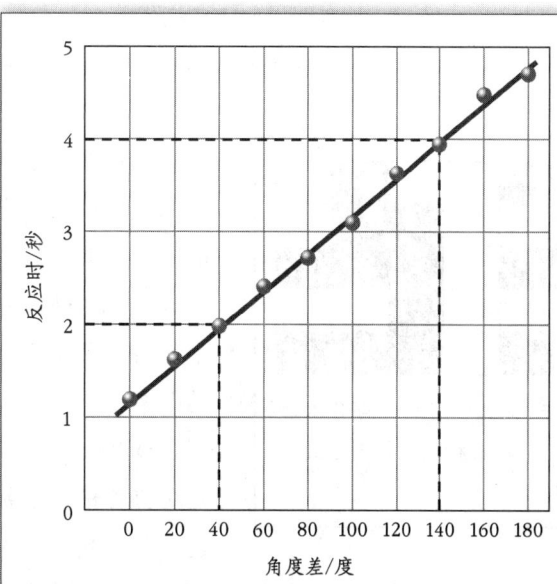

图5.14　Shepard 和 Metzler（1971）的心理旋转实验的结果。

来源：Based on R. N. Shepard & J. Metzler, Mental rotation of three-dimensional objects, *Science*, 171, Figures 1a & b, 701–703, 1971.

Shepard 和 Metzler 测量了被试判断这一对客体是否相同的反应时。在两个客体相同的情况下，他们得到了如图 5.14 所示的结果。从这个函数中能够看出，当两个图形的偏转角度相差 40° 时（图 5.13a），被试需要花费 2 秒来判断它们的形状是否相同；而当它们的偏转角度相差 140° 时（图 5.13b），被试需要花费 4 秒进行判断。由于偏转角度差异越大，反应时越长，Shepard 和 Metzler 推断被试是通过在脑海里对其中一个物体进行旋转来完成任务的，这种现象被称为**心理旋转**。心理旋转是在视空画板中进行操纵的一个例子，因为它涉及在空间维度上进行视觉旋转。

另一个使用视觉表象的演示实验是 Sergio Della Sala 和同事（1999）进行的一个实验。该实验会给被试呈现一个类似下面的演示实验中的任务。

演示实验　回忆视觉图形

注视图 5.15 中的图形 3 秒，然后翻到本书后面的图 5.17，将其中特定的方框涂黑以重现图 5.15 中的图案。

图 5.15　视觉回忆测试所用的测试图。注视 3 秒后请翻至后面的图 5.17。

在这个演示实验中，由于这个图形难以用听觉编码，因此对它的重现依赖视觉记忆。Della Sala 的实验向被试呈现了大小不同的矩阵图案。其中，最小的矩阵包括 2×2 个方格，最大的矩阵包括 5×6 个方格。在每个矩阵中，均有一半数量的方格被涂黑。结果发现，平均而言，被试最多可以正确地重现包含 9 个黑色方格的图案。

Della Sala 的实验中的矩阵可以被记住的事实证明了视觉表象是可操作的。但被试是如何记住含有 9 个黑色方格的图案的呢？这一数字超过了 Miller 提出的记忆广度（5~9 个）的上限，并远远超过了 Luck 和 Vogel 所估算的 4 个（图 5.8）。这个问题的一个可能的答案是，单个方块可以组合成组块模式——一种可以增加记忆方块数量的组块形式。

就像对语音回路的操纵会被干扰（发音抑制，见第 186 页）打断一样，视空画板也存在这样的情况。Lee Brooks（1968）通过一些实验证实了干扰对视空画板操作过程的影响。接下来的演示实验便是 Brooks 做的实验中的一个。

演示实验　在心里保持一个空间刺激

这个实验涉及对图 5.16 中的 F 进行视觉表征，F 有两个拐角，"外拐角"和"内拐角"，图 5.16 中已标识。

任务 1：遮住图 5.16，然后在心里想象 F 的样子，并以其左上角为起点（由"O"标记的位置），按顺时针方向沿着 F 的外周轮廓移动（不要看图形）。如果遇到外拐角，则在表 5.2 中标注"外"；如果是内拐角，则标注"内"。每判定一次就下移一行，并在表 5.2 中标注每个新拐角。

任务 2：再次视觉化 F。但是这次不同的是，当你在心里按顺时针方向沿着 F 的外周轮廓移动时，如果遇到外拐角，就口头报告"外"；如果遇到内拐角，就报告"内"。

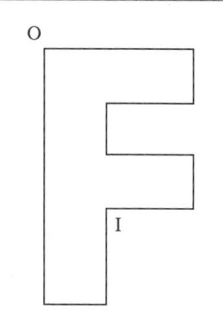

图 5.16 "在头脑中保存空间刺激"实验中刺激"F"的外角（O）和内角（I）。阅读正文中的指导语，然后盖住 F。

来源：From Brooks, 1968.

标注"外"或"内"与报告"外"或"内"，哪一个更容易？大部分人感到标注任务更难。因为维持字母表象和标注任务都是视空任务，这便使视空画板超载了。而口头报告"外"或"内"是一种发音任务，这种任务是由语音回路来处理的，所以出声报告不会干扰对 F 的视觉化过程。

表 5.2

用于演示实验

拐角	方向	
1	外	内
2	外	内
3	外	内
4	外	内
5	外	内
6	外	内
7	外	内
8	外	内
9	外	内
10	外	内

中央执行系统

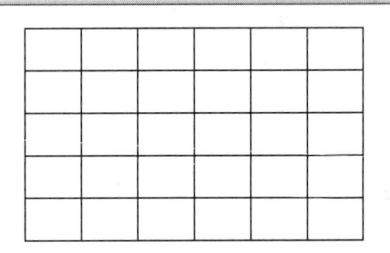

图 5.17 视觉回忆测试的答案矩阵。将你在图 5.15 中看到的黑色区域涂黑。

中央执行系统是使工作记忆"工作"的成分，因为它是工作记忆系统的控制中心。它的使命不是储存信息，而是协调语音回路和视空画板的信息加工过程（Baddeley，1996）。

Baddeley 将中央执行系统描述成一个注意控制器。它决定了注意如何聚焦在某个特定的任务上，如何在两种任务之间分配，以及如何在不同任务之间进行转换。因此，中央执行系统与第 4 章（见第 156 页）提到的注意执行相关，并且在某些情境中至关重要，比如当一个人试图边开车边打电话时。在这个例子中，中央执行系统需要控制语音回路的加工过程（电话交谈；理解对话内容）和视空画板的加工过程（视觉化路标和街道布局；汽车导航）。

评估脑损伤病人的行为是研究中央执行系统的一种方式。我们将在稍后看到额叶在工作记忆中扮演着重要角色。因此，额叶损伤的病人在注意控制上存在问题就不足为奇了。额叶损伤病人的典型行为之一是**持续症**，即不断重复相同的行为，即使这种行为不能达到预期目标。

设想一个可以通过遵循特定规则而轻松解决的问题（如"挑出红色的物体"）。只要规则始终保持不变，额叶损伤病人就可能每次都反应正确。然而，当规则转换时（如"现在挑出蓝色的物体"），即便给予他们反馈，告诉他们反应不正确，这类病人依然会遵循旧规则。这种行为持续的现象体现了中央执行系统在注意控制能力上的损伤。

一个增加的成分：情景缓冲器

Baddeley 的三成分模型能够解释一些实验结果，如语音相似性效应、词长效应、发音抑制、心理旋转以及干扰是如何影响视空画板操作的。然而研究表明，还有一些发现是该模型不能解释的。其中一个例子是，工作记忆的容量比仅仅基于语音回路或者视空画板预期的还要多。例如，人们能够记住一个包含 15～20 个单词的长句子。这与组块和长时记忆相关。前者将有意义的单元组合在一起，后者涉及理解句子中单词的意义以及通过语法规则将组成句子的各部分联系起来。

这些观点并不新奇。人们早已知道，工作记忆的容量能够以组块的形式扩大，并且工作记忆和长时记忆之间的信息能够互换。但 Baddeley 还是认为有必要提出一个额外的工作记忆成分专门负责上述能力。这个新的成分被 Baddeley 称为**情景缓冲器**，新的工作记忆模型如图 5.18 所示。情景缓冲器能够储存信息（因此能够提供额外的容量），并且与长时记忆相连（使工作记忆与长时记忆之间的信息交换成为可能）。值得注意的是，该模型还显示，语音回路和视空画板也与长时记忆相连。

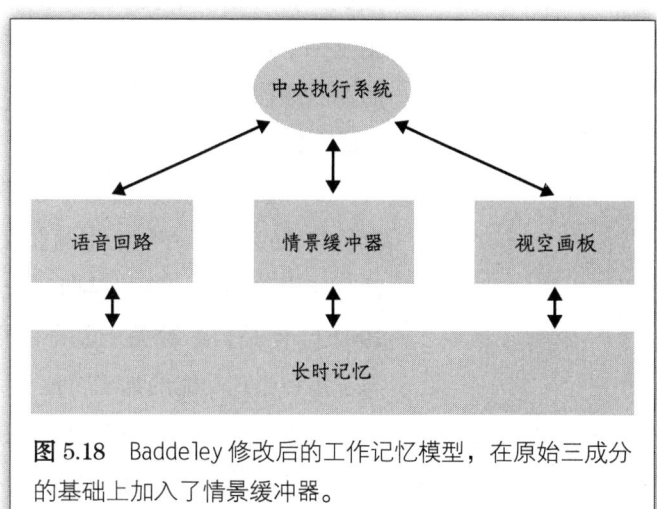

图 5.18　Baddeley 修改后的工作记忆模型，在原始三成分的基础上加入了情景缓冲器。

　　情景缓冲器的提出是 Baddeley 模型的一次进化，激发了此后 40 多年中对工作记忆的研究。如果情景缓冲器准确的功能看起来还有些模棱两可，那是因为对它的探究还"处于进展中"。就连 Baddeley（Baddeley et al., 2009）也认为，"情景缓冲器的概念仍然处在发展的早期阶段"（p.57）。情景缓冲器的重要意义是其体现了一种增加的储存容量，以及与长时记忆互通的方式。

工作记忆和脑

　　工作记忆与脑的研究历史一直由一种大脑结构主导：前额叶皮层［见图 5.19（彩）］，首先我们将描述工作记忆与前额叶皮层之间的这种联系，然后思考将工作记忆的"大脑图谱"扩展到包括许多其他脑区的研究中。

前额叶皮层损伤的影响

　　前额叶皮层损伤导致行为改变的经典例子是菲尼亚斯·盖奇（Phineas Gage）和夯实棒（图 5.20a）。这发生在 1848 年 9 月 13 日佛蒙特州的一条铁轨上，当时盖奇正在指挥铁路建设项目中一组工作人员爆破岩石。不幸的是，当他试图把一根1米长、3厘米宽的铁制夯实棒塞进一个装满了火药的洞口时，犯了一个致命的错误，一个小火花点燃了火药，巨大的推力使得夯实棒从盖奇的左脸颊插入他的头颅，穿破了头顶（图5.20b），导致他的前额叶受损（Ratiu et al., 2004）。

令人惊奇的是，盖奇活了下来，但当时的报道指出，由于这场事故，盖奇性格大变，从一个正直的公民变成了一个冲动、控制力差、计划能力差和社交能力差的人。这些早期对盖奇行为的描述的准确性有待商榷（Macmillan, 2002）。但是，不管关于盖奇的报道准确与否，都引发了一种猜想，即额叶参与了多种心理功能的加工，比如人格以及执行计划的能力。

尽管盖奇发生的意外和奇迹般的恢复引起了人们对额叶的关注，但是我们目前对额叶的认识是从现代神经心理学的案例研究、控制性行为方式和神经生理学实验中推导出来的。我们发现，额叶受损会导致注意控制问题，而注意控

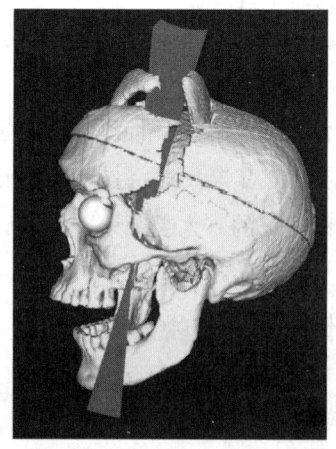

图5.20 （a）盖奇与夯实棒的合照；（b）图解夯实棒如何穿破盖奇的头颅。

制是中央执行系统的重要功能。

早期关于额叶与记忆的动物研究是以猴子为被试，使用**延迟反应任务**进行的。该任务要求猴子在一段延迟时间内将一些信息保持在工作记忆中（Goldman-Rakic，1990，1992）。图 5.21 展示了这项任务的设置。猴子会看到两个食器，其中一个装着食物作为奖励。然后实验者将两个食器盖住，同时在猴子面前放一个屏幕遮住其视线；延迟一段时间后，再把屏幕升起来。当屏幕升起时，为了得到奖励，猴子必须记住哪个碗里有食物并打开碗上的遮盖物以获得食物。猴子可以通过训练完成这项任务。然而，如果它们的前额叶被移除了，它们的任务成绩就会降到随机水平，即它们正确选出装有食物的碗的概率只有 50%。

这一结果支持了这样一种观点，即前额叶皮层对于在短时间内保存信息的重要性。事实上，有人提出，可以将小婴儿的记忆行为描述为"眼不见，心不见"（当婴儿能看到的物体被隐藏在视线之外时，婴儿的行为就表现出好像该物体不再存在一样）的一个原因是，他们的前额皮层和前额叶皮层直到 8 个月才充分发育（Goldman-Rakic，1992）。

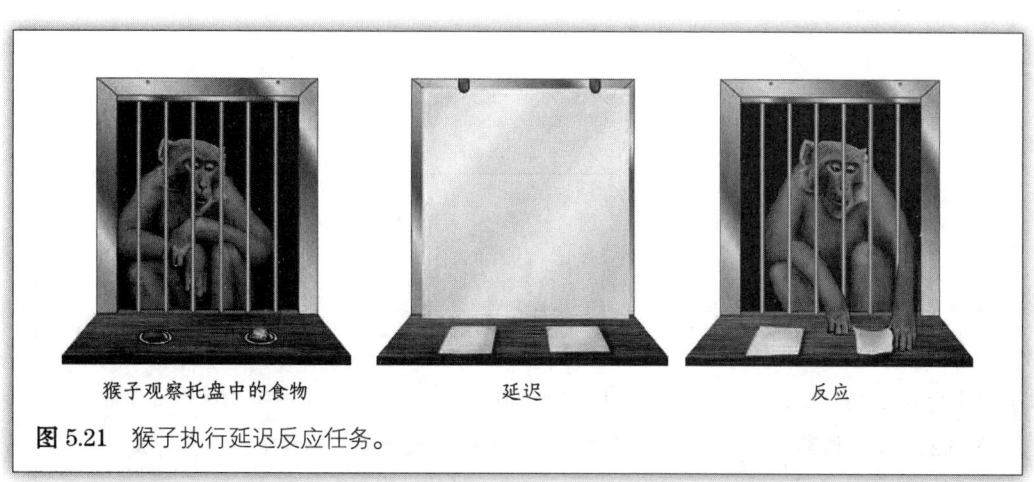

猴子观察托盘中的食物　　　　延迟　　　　反应

图 5.21　猴子执行延迟反应任务。

前额叶神经元保存信息

记忆的一个重要特征是它涉及延迟或等待。事件发生后，会有一个延迟，这对工作记忆来说很短暂；如果记忆成功了，这个人就会记住发生了什么。研究者已经发现了在事件结束后保存有关事件信息的生理机制。

Shintaro Funahashi 及其同事（1989）记录了猴子在完成延迟反应任务时前额叶皮层中的一些神经元活动。在这项任务中，主试首先要求猴子直视注视点 X，同时在屏幕中的某个位置闪现一个方块（图 5.22a）。在图中，方块出现在左上角（在其他试次中，方块会出现在屏幕上的任意位置）。该过程会在神经元中引起一个较小的反应。

方块消失后会有几秒的延迟。图 5.22b 中的神经元放电记录显示了延迟阶段的神经元的放电活动。这种放电记录展示了由猴子对方块位置的工作记忆引发的神经活动。延迟之后，注视点 X 消失。对猴子来说，这是一个信号，提示它将视线移到方块闪过的位置上（图 5.22c）。行为证据显示，猴子能够完成该任务，即表明它们确实可以记住方框的位置。

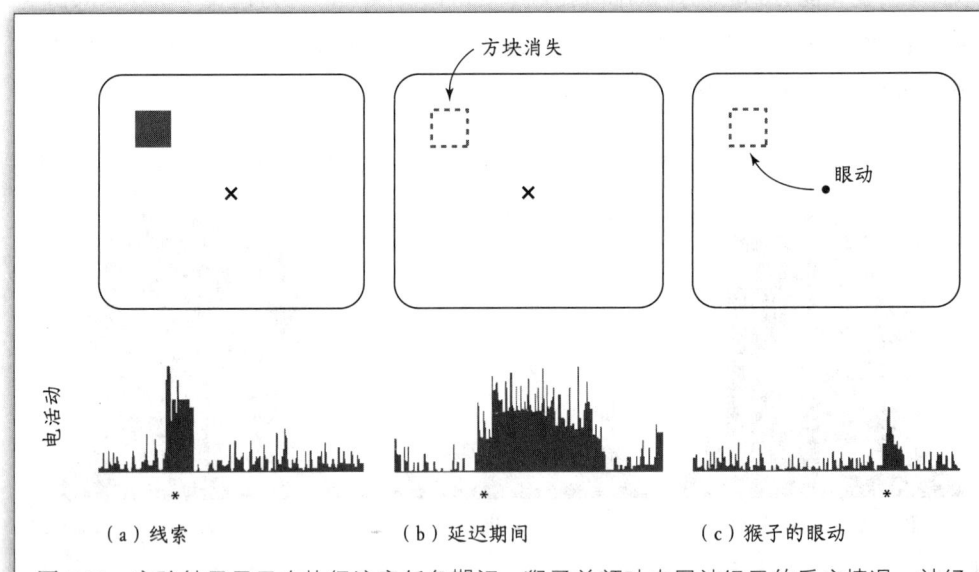

图 5.22 实验结果显示在执行注意任务期间，猴子前额叶皮层神经元的反应情况。神经反应用星号（*）来表示。(a) 特定位置上线索方块的闪现引起了神经元的反应。(b) 方块消失，但是在延迟阶段，神经元仍持续反应。(c) 注视点 × 消失，并且猴子通过将视线移动到方块之前出现的位置来证实它对方块位置有记忆。

来源：Adapted from S. Funahashi, C. J. Bruce, & P. S. Goldman-Rakic, Mnemonic coding of visual space in the primate dorsolateral prefrontal cortex, *Journal of Neurophysiology*, 6, 331–349, 1989.

该实验最重要的结果是，Shintaro Funahashi 发现：(1) 某些神经元仅当方块在特定位置上闪过时才有反应；(2) 这些神经元在延迟阶段仍继续进行着反应。例如，一些神经元仅在方块出现在右上角时及其随后的延迟阶段中出现反应；另一些神经元仅在方块出现在屏幕中的其他位置上时及其随后的延迟阶段中出现反应。特定神经元的放电表明，客体出现在某个特定的位置上，并且只要这些神经元持续放电，这些关于客体位置的信息就能被保持（也见 Funahashi，2006）。

工作记忆的神经动力学

如图 5.22b 所示，只要神经元在一段时间内持续活动，信息就可以被保存在工作记忆中，这一观点与在神经系统中神经放电传输信息的观点相吻合。但一些研究者提出，信息也可以在延迟期间由不涉及连续放电的机制储存。

Mark Stokes（2015）提出的一个想法是，信息可以通过神经网络中的暂时变化来储存，如图 5.23 所示。图 5.23a 展示了神经元的活动状态，在这种状态下，要记住的信息会导致一些神经元短暂地放电，这些神经元以黑圆点来表示。这种放电不会继续，但会导致如图 5.23b 所示的突触状态，在这种状态下，神经元之间的一些连接（由较深的线表示）得到加强。这些连接性的变化被 Stokes 称为**活动—静默工作记忆**，只持续几秒，但这对于工作记忆来说已经足够长了。最后，当需要提取记忆时，记忆由网络中的放电模式体现，如图 5.23c 中的黑圆点所示。

因此，在 Stokes 的模型中，信息不是通过持续的神经放电而是通过网络中神经元连接的短暂改变而保存在记忆中的。其他研究者也提出了在工作记忆中保存信息的其他方法，这些方法不需要持续的神经放电（Lundquist et al., 2016; Murray et al., 2017）。这些模型基于实验和计算，然而这些实验和计算太复杂，无法在这里描述，都是推测性的。但是，通过改变神经网络中的连接将信息储存在神经系统中的想法是当前关于记忆的神经机制研究的"热门"话题之一（Kaldy & Sigala, 2017）。

另一个关于工作记忆的当前观点是，工作记忆涉及的生理过程不只存在于前额叶皮层中。不难理解为什么工作记忆除了额叶还涉及大脑的其他区域。回想一下图 5.11 中开车的女人，她正利用她的中央执行系统将注意从一件事转

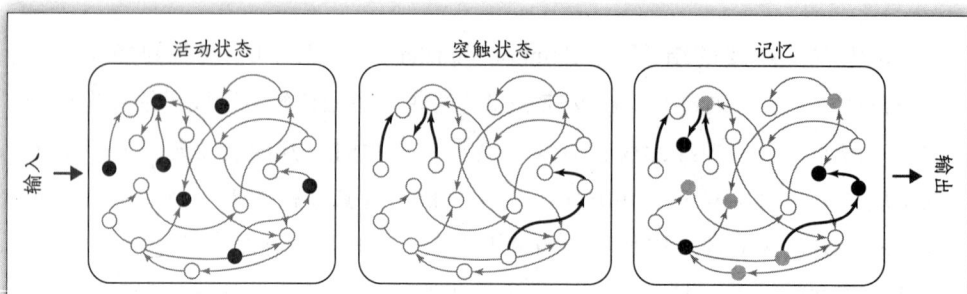

图 5.23　Stokes（2015）提出通过改变神经网络的连接性将信息储存在工作记忆中。（a）活动状态表明被输入刺激所激活的网络中的一些神经元（黑圆点）。（b）突触状态，表明了网络中神经元之间的连接增强（黑色线）。（c）与记忆相关的活动。
来源：Stokes, M. G, 'Activity-silent' working memory in prefrontal cortex: a dynamic coding framework. Trends in Cognitive Sciences, 19（7），394–405. Figure 2a, top, p. 397, 2015.

移到另一件事上，这件事涉及视觉能力，如对道路布局的想象，以及她倾听同伴指示时的语言能力。因此，工作记忆涉及大脑许多区域之间的相互作用。这种相互作用可以通过图 5.24（彩）中大脑区域之间的相互作用来表示，图 5.24（彩）描述了一个基于大量实验研究的脑网络（Curtis & Espinoto, 2003; Ericssonet al., 2015; Lee & Baker, 2016; Riley & Constantinidis, 2016）。我们在第 2 章（见第 054 页）中介绍了一个分布式表征的例子，即大脑的许多区域都与工作记忆有关。

➲ 思　考

为什么工作记忆容量越高越好？

不同人的工作记忆是一样的吗？这个问题的答案是：人们的工作记忆能力存在个体差异。这并不令人惊讶，毕竟，人们的身体能力各不相同，人们普遍认为有些人就是比其他人有更好的记忆力。但是，研究者对工作记忆中个体差异的兴趣不仅是简单地证明差异的存在，而且证明了工作记忆中的差异如何影响认知功能和行为。

Meredyth Daneman 和 Patricia Carpenter（1980）对工作记忆能力的个体差异进行了早期研究。他们通过开发工作记忆能力测试，确定了个体差异与阅读理解之间的关系。他们开发的**阅读广度测验**要求被试阅读一系列含有 13～16 个单词的句子，如：

（1）When at last his eyes opened, there was no glimmer of strength, no shade of angle.（当他的眼睛终于睁开时，没有一丝光亮，也没有一丝阴影。）

（2）The taxi turned up Michigan Avenue where they had a clear view of the lake.（出租车驶上密歇根大道，他们可以清楚地看到湖面。）

在阅读时，被试只粗略地看了每一个句子，然后下一句话就会出现。在阅读完最后一句话后，被试要按照每句话出现的顺序记住每句话的最后一个单词。被试的**阅读广度**是他们能够阅读的句子数量，并且能够正确地记住的各句的最后一个单词的数量。

被试的阅读广度从 2 到 5 不等，阅读广度的大小与被试在一些阅读理解任务上的表现以及 SAT 言语部分的分数高度相关。Daneman 和 Carpenter 得出结论，认为工作记忆能力是个体阅读理解差异的重要来源。其他研究表明，较高的工作记忆能力与较好的学业成绩（Best & Miller，2010；Best et al.，2011）、较高的高中毕业率（Fitzpatrick et al.，2015）、较好的情绪控制力（Schmeichel et al.，2008）以及更大的创造力（De Drue et al.，2012）有关。

但是，是什么导致了工作记忆能力的差异呢？Edmund Vogel 及其同事（2005）专注于工作记忆的一个组成部分——中央执行器，研究中央执行器对注意的控制。首先根据工作记忆测试的表现将被试分成两组。高容量组的被试能够在工作记忆中保存许多项目；低容量组的被试在工作记忆中保存的项目相对较少。

研究者使用变化检测程序对被试进行测试（见本章的"研究方法：变化检测"专栏，第 177 页）。图 5.25a（彩）显示了实验流程：（1）被试首先看到一个线索提示，指示他们的注意是指向左侧的红色矩形还是后面显示的右侧的红色矩形；（2）然后将看到一个记忆材料，呈现时长为 1/10 秒；（3）接着是一个简短的空白屏幕；（4）然后呈现一个测试序列。被试的任务是指出测试序列中提示的红色矩形与记忆材料中的矩形是否具有相同或不同的方向。当被试做出这一判断时，采用事件相关电位技术就可以将大脑对此过程的反应测量出来，这可以表明在执行任务时，工作记忆的容量被占用了多少。

研究方法　事件相关电位

如图 5.26a 所示，**事件相关电位（ERP）**由放置在人头皮上的小圆盘电极进行记录。每个电极从同时放电的神经元群中接收信号。图 5.26b 是在 Vogel 的实验中，一个被试做判断时所记录的 ERP 响应。这个 ERP 响应在其他实验中已经被证明与工作记忆的记忆项目数量有关，所以 ERP 响应的大小表示占用记忆容量的高低。

图 5.26　(a) 一个佩戴记录 ERP 电极帽的被试。(b) 当被试注视刺激时，记录到的 ERP。

来源：Courtesy Natasha Tokowicz

图 5.25b（彩）中显示的是只有红色矩形时的高、低工作记忆容量组的 ERP 大小。但这并不是一个特别有趣的结果，因为两个组的 ERP 大小几乎相同。但是 Vogel 进行了另一种条件的实验，他额外添加了一些蓝色矩形，如图 5.25c（彩）所示。这些矩形与被试的任务无关，它们的目的是分散被试的注意。如果中央执行系统的功能在起作用，那么这些额外的矩形应该不会产生任何影响，因为人们的注意仍集中在红色矩形上。但从图 5.25d（彩）的结果中可以看出，增加蓝色条形图会导致高工作记忆容量组的 ERP 响应增大，而低工作记忆容量组的 ERP 响应呈现更大程度的增加。

添加蓝色矩形对高工作记忆容量组的反应只有很小的影响，这一现象表明，被试在忽略无关干扰刺激方面非常高效，因此无关的蓝色刺激不会占用工作记忆中的太多空间。因为注意分配是中央执行系统的功能之一，这意味着这些被试的中央执行系统运作良好。

添加这两个蓝色矩形对低工作记忆容量组的反应有较大程度影响的现象表明，被试无法忽略这些无关的蓝色刺激，所以蓝色的条形图占据了工作记忆的容量。这些被试的中央执行系统没有高工作记忆容量组被试的中央执行系统高效。Vogel 及其同事从这些结果中得出结论：有些人的中央执行系统的功能比其他人的中央执行系统更善于注意的分配。

其他实验进一步探究为何高工作记忆容量组被试表现得

更好，是因为他们更善于"接收"重要的刺激，还是因为更善于"排除"无关的干扰刺激？这些实验得出的结论是，高工作记忆容量组被试更善于"排除"干扰（Gaspar et al., 2016）。

我们在第 4 章（第 156 页）中介绍过，忽略分心刺激这个加工过程表明工作记忆和认知控制之间存在重要的关联。认知控制被描述为一组功能，它允许人们调节自己的行为和注意资源，并抵制冲动的诱惑（Fitzpatrick et al., 2015；Garon et al., 2008）。认知控制能力差的人更容易分心，更容易让这些分心刺激干扰正在进行的行为。对认知控制能力差的人的另一种解释是他们很难抵制诱惑。毫无疑问，认知控制的个体差异与工作记忆的个体差异密切相关（Friedman et al., 2011；Hofmann et al., 2012；Kotabe & Hofmann, 2015）。

回顾本章的开始部分，可以发现我们已经在 Atkinson 和 Shiffrin（1968）的多重记忆模型的基础上取得了很大进展。这个模型的巧妙之处在于，它将记忆过程划分为具有不同性质的不同阶段，使得研究者将注意集中在探索每个阶段是如何工作的。自从多重记忆模型被引入，研究者已经展开了大量的行为实验（导致提出了更多的记忆阶段，如图 5.18 的 Baddeley 模型所示）和生理学实验（涉及短暂的记忆在神经系统中是如何储存的）。

对于接下来要讲的内容来说，本章只是"热身"。第 6 章将会继续介绍记忆模型中的记忆阶段，并且着重描述了对多重记忆模型中长时记忆的研究。我们会看到这些研究是如何区分不同类型的长时记忆的。第 7 章将会介绍将信息输入和输出长时记忆的一些机制，最后回到长时记忆的生理学研究上，探讨神经元如何储存从保持几分钟到保持一生的信息。

自我测验 5.2

1. 描述导致 Baddeley 开始考虑修订多重记忆模型的两个研究。
2. 短时记忆和工作记忆之间存在什么差异？
3. 描述 Baddeley 的工作记忆三成分模型。
4. 描述语音相似性效应、词长效应以及发音抑制效应。就语音回路而言，这些效应各表明了什么？
5. 描述视空画板、Shepard 和 Metzler 的心理旋转任务、Della Sala 的视觉图形任务以及 Brooks 的 "F" 任务。就视空画板而言，这些任务各表明了什么？
6. 什么是中央执行系统？由于额叶损伤导致执行功能缺失时会发生什么？
7. 什么是情景缓冲器？它为什么被提出，它的功能是什么？
8. 盖奇的例子与额叶皮层之间有什么关联？
9. 工作记忆的生理学基础已经通过使用以下方法得以研究：（a）猴子前额叶皮层的损伤如何影响记忆；（b）记录猴子的神经元反应。这些研究结果告诉了我们工作记忆和大脑之间存在什么样的关系？
10. Stokes 的工作记忆模型与认为在呈现刺激和记忆之间的延迟阶段存在连续的神经活动这样的理论之间有什么差异？
11. 描述 Daneman 和 Carpenter 是如何发现工作记忆能力与阅读理解能力和 SAT 言语部分成绩之间的联系的。
12. 描述 Vogel 关于测量高与低工作记忆容量组被试在完成变化检测任务时的事件相关电位实验。实验结果表明这两组被试的中央执行系统中是如何分配注意的？
13. 高工作记忆容量被试表现得更好，究竟是因为他们能够更好地"接收"相关刺激，还是因为能更好地"排除"干扰刺激？
14. 什么是自我控制，为什么我们认为它与工作记忆有关？

本章小结

1. 记忆是一种在原始信息消失后，对刺激、图像、时间、观点以及技巧进行保持、提取和使用的过程。记忆分为五种类型，分别为：感觉记忆、短时记忆、情景记忆、语义记忆和程序性记忆。

2. Atkinson 和 Shiffrin 的记忆多重记忆模型包含三种结构性特征——感觉记忆、短时记忆和长时记忆。该模型的另一个特征是包含了诸如复述和注意策略这样的控制加工。

3. Sperling 使用了全部报告法和部分报告法来判定视觉感觉记忆的容量和持续时间。视觉感觉记忆（图像记忆）的持续时间少于1秒，听觉感觉记忆（声像记忆）能持续2~4秒。

4. 短时记忆是探究所遇事物的窗口。John Brown、Lloyd Peterson 和 Margaret Peterson 认为短时记忆的持续时间为15~20秒。

5. 数字广度是测量短时记忆容量的一种方法。根据 Miller 的经典文章中提出的"7±2"理论，短时记忆的容量是5~9个项目。更多近期的研究表明，短时记忆的容量为4个项目。短时记忆中保持的信息总量可以通过组块得到扩展——将一些小的单元合并为一个大的、更有意义的单元。跑步运动员 S.F. 的记忆表现就是组块的一个例子。

6. 有研究者认为，应该用信息数量这个指标来衡量短时记忆的容量，而不是仅仅根据项目数量。Alvarez 和 Cavanagh 两人的实验论证了这个观点，他们利用简单材料和复杂材料所得出的实验结果支持了这一观点。

7. Baddeley 修订了多重记忆模型中的短时记忆成分，这样的做法是为了处理一些单一短时加工过程所不能解释的结果。在新模型中，工作记忆代替了短时记忆。

8. 工作记忆是一个在复杂任务中储存和加工信息的容量有限的系统。它包含三个成分：用来保持听觉和言语信息的语音回路；用来保持视觉和空间信息的视空画板；用来协调语音回路和视空画板中的信息的中央执行系统。

9. 下面的效应能够根据语音回路的操作过程来解释：（1）语音相似性效应；（2）词长效应；（3）发音抑制。

10. Shepard 和 Metzler 的心理旋转实验证实了视觉表象，它是视空画板的一种功能。Brooks 的"F"实验表明了：如果一个任务涉及视空画板，而另一个任务涉及语音回路，那么这两个任务可以同时进行；如果工作记忆的一个成分被用来同时处理两种任务，那么任务表现就会下降。

11. 中央执行系统整合了语音回路和视空画板的信息，因此可以被当作一个注意控制器。额叶损伤的病人在控制注意上存在困难，持续症现象证实了这一点。

12. Baddeley 对工作记忆模型进行了更新，增加了一个新的成分——情景缓冲器。它有助于工作记忆与长时记忆建立连接，并且它有较大的容量。相比于语音回路和视空画板，它储存信息的时间更长一些。

13. 盖奇的意外事故表明了前额叶皮层的一些功能对于人类注意的影响。

14. 有赖于工作记忆的行为会受到前额叶皮层损伤的干扰。这在以猴子为被试的延迟反应任务测试中得到了证实。

15. 前额叶的一些神经元会对呈现的刺激进行放电，并且在刺激保持过程中会持续放电。
16. 目前关于工作记忆的生理学研究表明：信息可以以神经连接性的方式储存；工作记忆与许多脑区有关。
17. Daneman 和 Carpenter 提出了一种测试工作记忆容量的方法——阅读广度测验。阅读广度测验可以确定个体间工作记忆容量的差异，而且研究发现，工作记忆容量高的人往往阅读理解能力更好并且 SAT 分数更高。其他一些研究也证实并扩展了他们的发现。
18. Vogel 等人利用 ERP 证实了中央执行系统在有高和低工作记忆容量的被试之间操作方式的差异，并得出结论：注意分配具有个体差异。而且，一些实验研究表明，与工作记忆容量低的人相比，工作记忆容量高的人往往更容易排除外界刺激的干扰因素。
19. 工作记忆容量与抵制诱惑这类认知控制之间存在相关。

思考题

1. 以图 5.3 中蕾切尔预定比萨饼的经历为例，依照多重记忆模型在不同阶段的激活模式来分析如下问题：(1) 在课堂上听讲、记笔记或者为考试再次复习你的笔记；(2) 观看詹姆斯·邦德系列电影中的一个场景，邦德逮捕了一名前一晚刚与其共度良宵的女敌人。
2. 亚当测试了一名有脑损伤的女性，他发现自己难以解释实验结果。当听完单词后立即测试时，这位女病人无法记住词表中的任何单词；但是当延迟一段时间后再进行测试时，她的记忆成绩变好了。更有趣的是，当由她自己来阅读词表中的单词时，立即测试的成绩也很好，此时延迟就显得不是非常必要了。你能用多重记忆模型来解释这些结果吗？用工作记忆模型呢？你能想出一个比这两个模型更好的新模型来解释这样的结果吗？

关键术语

变化检测（change detection, p.176）
部分报告法（partial report method, p.172）
持续症（perseveration, p.190）
词长效应（word length effect, p.185）
短时记忆（short-term memory, STM, p.174）
多重记忆模型（modal model of memory, p.167）
发音复述加工（articulatory rehearsal process, p.183）
发音抑制（articulatory suppression, p.185）
复述（rehearsal, p.167）
感觉记忆（sensory memory, p.168）
工作记忆（working memory, p.181）
回忆法（recall, p.175）
活动—静默工作记忆（activity-silent working memory, p.195）

记忆（memory, p.164）
结构特征（structural features, p.167）
控制加工（control processes, p.167）
情景缓冲器（episodic buffer, p.191）
全部报告法（whole report method, p.171）
声像记忆（echoic memory, p.172）
事件相关电位（event-related potential, ERP, p.198）
视觉表象（visual imagery, p.187）
视觉图像（visual icon, p.172）
视觉滞留（persistence of vision, p.170）
视空画板（visuospatial sketch pad, p.183）
数字广度（digit span, p.176）
图像记忆（iconic memory, p.172）

（记忆）消退（decay, p.172）
心理旋转（mental rotation, p.188）
延迟部分报告法（delayed partial report method, p.172）
延迟反应任务（delayed-response task, p.193）
语音储存器（phonological store, p.183）
语音回路（phonological loop, p.183）
语音相似性效应（phonological similarity effect, p.184）
阅读广度（reading span, p.197）
阅读广度测验（reading span test, p.197）
中央执行系统（central executive, p.183）
组块（chunk, p.178）
组块（chunking, p.177）

我们的记忆记录了很多事情。本章区分了情景记忆和语义记忆。情景记忆是指允许我们"重现"那些已经发生在我们生活中的，存留在我们头脑中的事件的记忆。语义记忆是指那些不依赖特定事件的、关于事实的记忆。图片中的这些女士在多年后可能依旧能够"重现"当年那些自拍的经历以及当时聚会的种种场景，这就是所谓的情景记忆。她们可能会忘了自己的自拍照和那天具体发生的事，但她们很可能依然会记得彼此，以及每个人的性格特点，而这叫作语义记忆。我们将会在本章看到情景记忆和语义记忆是如何相互补充以及相互作用的，从而为我们创造出丰富多彩的生活。

长时记忆：结构

比较短时记忆和长时记忆的加工过程
系列位置曲线
短时记忆和长时记忆中的编码
 短时记忆和长时记忆中的视觉编码
 短时记忆和长时记忆中的听觉编码
 短时记忆中的语义编码：Wickens 实验
 长时记忆中的语义编码：Sachs 实验
 ➤ 研究方法　测量再认记忆
 ➤ 演示实验　读一段短文
比较短时记忆和长时记忆中的编码
在大脑中定位记忆
 神经心理学研究
 脑成像
➤ 自我测验 6.1

情景记忆和语义记忆
区分情景记忆和语义记忆
 经历上的不同
 神经心理学证据
 脑成像的证据
情景记忆和语义记忆的联系
 知识影响经验
 自传体记忆包括语义记忆和情景记忆成分
随着时间的流逝，情景记忆和语义记忆有何改变？
 ➤ 研究方法　记得/知道实验程序

来到未来
➤ 自我测验 6.2

程序性记忆、启动和条件反射
程序性记忆
 程序性记忆的内隐本质
 ➤ 演示实验　镜画任务
 程序性记忆与注意
 程序性记忆与语义记忆之间的联系
启动
 ➤ 研究方法　在启动实验中排除外显记忆
经典条件反射

思考　电影中的失忆
➤ 自我测验 6.3

本章小结
思考题
关键术语

我们将思考的一些问题

▶ 脑损伤如何影响我们对过去经历的记忆，以及根据当前经历形成新记忆的能力？（第217页）

▶ 与个人经历相关的记忆（如你去年夏天做了什么）和与客观事实相关的记忆（如你祖国的首都在哪里）有什么不同？（第220页）

▶ 日常经历中不同种类的记忆如何相互作用？（第223页、第234页）

▶ 大众电影是如何描述失忆的？（第239页）

从第5章中可以得知，克里斯汀的记忆发生了改变。这些记忆有短暂而生动的（一个短暂闪现的面孔、一个快速消退的电话号码），也有长期保持的（一次难忘的野餐、某人的生日以及如何骑自行车）（见表5.1）。本章的主题就是"区别与联系"。

区别指的是我们将区分不同类型的记忆。我们曾在第5章将克里斯汀的记忆分为短时记忆和长时记忆时介绍过这一概念，本章会进一步将长时记忆分为情景记忆（对于过去特定经历的记忆）、语义记忆（对于事实的记忆），以及程序性记忆（对于如何做出特定动作的记忆）。

区分不同类型的记忆是很有用的，因为这将记忆分为了更小的、更容易研究的成分。但是这种区分一定基于各部分的实际差异。因此，我们的目标之一就是找到这些不同成分基于不同机制的证据。我们将通过下列实验结果考察这一问题：（1）行为实验；（2）脑损伤对记忆影响的神经心理学研究；（3）脑成像研究。相互作用则意味着这样一个事实，即不同类型的记忆可以相互作用，并且可以共享机制。接下来从重新考虑短时记忆开始说起。

比较短时记忆和长时记忆的加工过程

长时记忆（LTM）是一种负责长时间储存信息的系统。我们可以将长时记忆视为对过去事件和已学知识的存档。长时记忆最令人着迷的地方是，它可以从几分钟之前一直延伸到遥远的过去（我们刚有记忆时）。

图6.1描述了一个刚进教室坐下的学生可能回忆起的在过去不同时间点发生的事情，即这名学生的长时记忆的时间轴。他最初的回忆——他刚坐下时——属于短时记忆或工作记忆，因为它们发生在刚刚过去的30秒之内。但在那之前的所有事情——从5分钟前他走向教室时的记忆，到10年前他上小学三年级时的记忆——都是长时记忆的一部分。

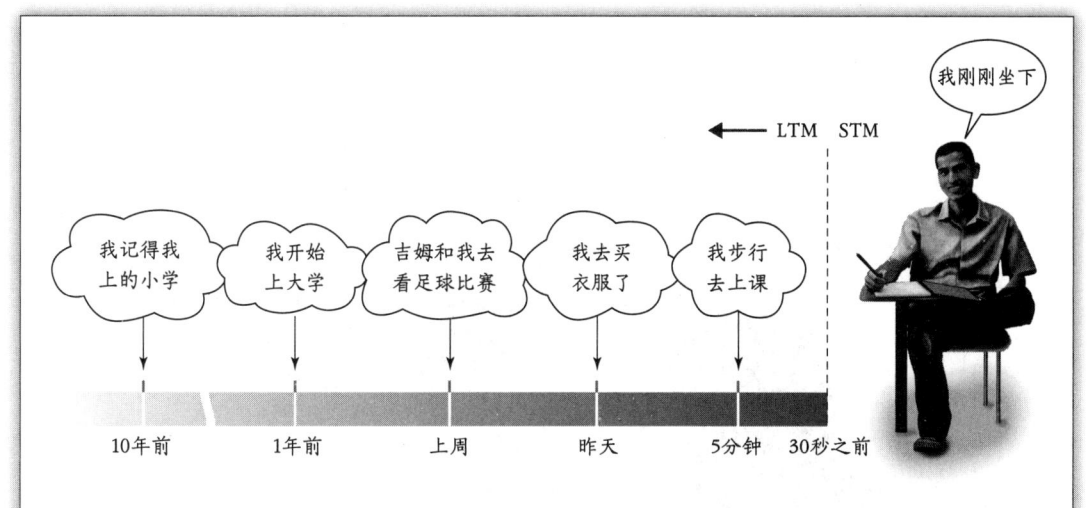

图 6.1 长时记忆的时间轴可以从大约 30 秒前一直延伸到你最早有记忆的时刻。因此，这名学生所有的记忆，除了"我刚刚坐下"以及他正在复述的内容，都属于长时记忆。

我们通过比较处于线两边的长时记忆和短时记忆来开始讨论，它们之间有什么相似之处，又有什么区别呢？

我们将首先回溯有关短时记忆的内容，并以此为起点比较长时记忆和短时记忆或工作记忆的异同。大多数对短时记忆的研究都强调其储存功能——它能储存多少信息，以及能够保持多长时间。这些研究导致了工作记忆这一概念的产生。工作记忆强调动态的加工过程，这些可以用来解释复杂的认知加工（如语言理解、问题解决和进行决策）。

长时记忆也存在相似的情况。尽管保存过去的信息是长时记忆的重要特性，但我们同样需要了解这些信息是如何被使用的。为此，我们可以关注长时记忆运作过程中的动态方面，包括它如何与工作记忆相互作用，进而产生我们当前正在体验的经历。

例如，设想当辛迪对托尼说"昨晚，吉姆和我去看了詹姆斯·邦德系列的新电影"时都发生了什么？（图6.2）托尼的工作记忆一方面要记住这条信息的每一个字，另一方面要从长时记忆中提取这些字的意义，来帮助他理解这句话中每个单词的含义。

托尼的长时记忆储存了大量的关于电影、詹姆斯·邦德以及辛迪的信息。尽管托尼或许不会有意识地想其中的每一条信息（毕竟他需要注意辛迪随后要

图 6.2 托尼的工作记忆负责处理当下的信息;他的长时记忆储存了与当下情境有关的知识,二者协同工作以加工处理辛迪告诉他的事情。

说的事情),这些信息却始终储存在他的长时记忆中,帮助他理解听到的内容和解释它们的意义。因此,长时记忆不仅提供了一个存档以供我们回忆过去的事情,而且为我们提供了大量的背景信息,以供我们在使用工作记忆与外界交流时查询。

现在发生的事情与过去信息的相互作用(如我们在托尼和辛迪的对话中所讨论的)是基于短时记忆或工作记忆与长时记忆的差异而产生的。自20世纪60年代起,大量实验开始探究短时记忆和长时记忆过程之间的区别。在介绍这些实验时,对于早期使用短时记忆这一术语的实验,我们将沿用"短时记忆"来命名短时过程;对于近年来关注于工作记忆的实验,我们采用"工作记忆"这一术语来命名短时过程。一个经典实验来自 B. B. Murdock, Jr. (1962),他通过一个被称作系列位置曲线的函数,考察了短时记忆和长时记忆之间的区别。

系列位置曲线

通过给被试依次呈现一系列词语,可以绘制出**系列位置曲线**。在最后一个词语呈现后,被试可以以任意顺序写下他记得的所有词语。系列位置曲线如图 6.3 所示,曲线显示了被试回忆的对应于词表中不同位置的每一个词语回忆的百分比,表明被试对词表中开始部分和结尾部分的单词的回忆好于对中间部分的单词的回忆(Murdoch,1962)。

在结果中,被试更有可能回忆起呈现在开始部分的词语的现象叫作**首因效应**。首因效应可能源于被试有更多的时间来复述这些单词,并将其转入长时记忆。根据这一解释,被试在第一个单词出现后就立即开始了复述;由于其他单词还未出现,所以第一个单词得到了 100% 的注意。而当第二个单词出现后,注意就被分散到两个单词上了(以此类推);随着更多的单词出现,对后续单词的复述也越来越少。

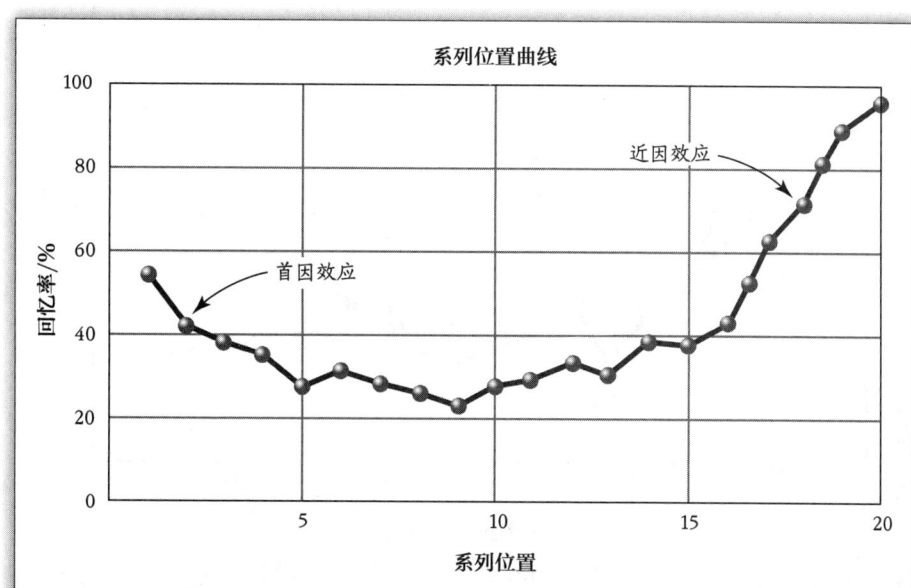

图 6.3 系列位置曲线(Murdoch,1962)。注意:词表中位于起始位置(首因效应)和末尾位置(近因效应)的单词的记忆效果更好。

来源:B. B. Murdoch, Jr., "The Serial Position Effect in Free Recall", *Journal of Experimental Psychology*, 64, 482-488.

Dewey Rundus（1971）检验了上述观点，即首因效应是由于被试有更多的时间来复述较早呈现的单词。Rundus 制作了一个有 20 个单词的序列，以 5 秒一个单词的速度呈现给被试，在最后一个单词呈现后，要求被试写下他们所能回忆起的所有单词，由此得到了一条系列位置曲线，图 6.4 中的黑色实线显示了与图 6.3 中 Murdock 的曲线相同的首因效应。但 Rundus 还在他的实验中加入了一个新的变化，他要求被试在学习词表时，在两两单词间的 5 秒间隔内大声复述单词，被试并没有被告知要重复哪个单词——他们只需要在 5 秒的间隔内持续重复单词，图 6.4 中的灰色虚线表示每个单词被重复的次数。这条虚线与系列位置曲线的前半部分极为相似。这表明，词表前端的单词得到了更多的复述，之后被回忆出来的概率也更大。这个结果支持了首因效应的产生是因为起始位置单词有更多的复述时间这一观点。

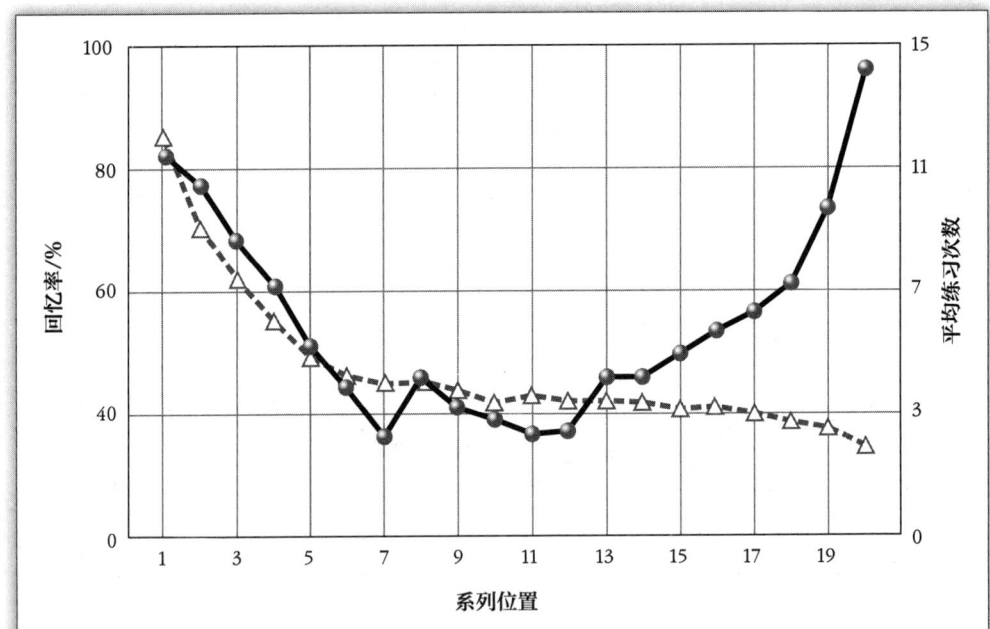

图 6.4　Rundus（1971）的实验结果。黑色实线代表正常的系列位置曲线。灰色虚线表示被试复述（大声说出来）每个单词的次数。注意复述曲线与系列位置曲线的前半部分有极大的相似性。

来源：D. Rundus, Analysis of rehearsal processes in free recall, *Journal of Experimental Psychology*, 89, 63–77, Figure 1, p. 66, 1971.

系列中处于末尾的刺激所表现出的记忆优势被称为**近因效应**。对近因效应的一种解释是，最近呈现的单词仍然处于短时记忆中，因此更容易被记住。为了验证这个观点，Murry Glanzer 和 Anita Cunitz（1966）首先用惯常的办法得到了一条系列位置曲线（图 6.5 中黑色实线曲线），然后在另一个实验中，当系列中最后一个单词呈现后，他们让被试先倒数 30 秒，之后再测量被试对单词的记忆。倒数过程阻碍了复述，并且有足够的时间使信息从短时记忆中消退。实验结果与预期一致（如图 6.5 中灰色虚线所示）：由计数导致的延迟消除了近因效应。Glanzer 和 Cunitz 因此得出结论：近因效应是由于最近呈现的项目储存在短时记忆中导致的。表 6.1 总结了图 6.3、图 6.4 和图 6.5 所示的系列位置结果。

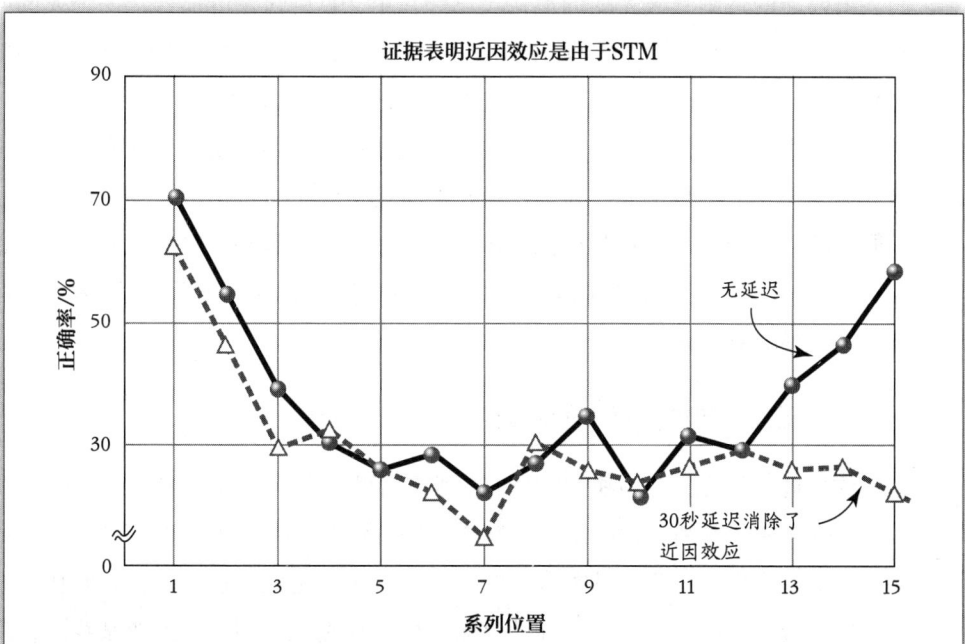

图 6.5 Glanzer 和 Cunitz（1966）的实验结果。当刺激呈现后立即进行记忆测试时，系列位置曲线呈现了正常的近因效应（黑色实线）；但当延迟 30 秒之后再进行记忆测试时，近因效应就消失了（灰色虚线）。

来源：M. Glanzer & A. R. Cunitz, Two Storage Mechanisms in Free Recall, *Journal of Verbal Learning and Verbal Behavior*, 5, Figures 1&2, 351-360, Copyright © 1966 Elsevier Ltd. Republished with permission.

表 6.1
系列位置实验

图	实验程序	结果
图 6.3	被试在听到单词表后立即开始回忆	首因效应和近因效应
图 6.4	单词依次呈现，被试在两两单词间的 5 秒间隔内大声复述单词	在词表开始部分的单词重复的次数更多，所以这些单词更容易进入长时记忆
图 6.5	被试在延迟 30 秒之后再进行回忆	近因效应由于延迟而被消除了

短时记忆和长时记忆中的编码

我们也可以通过短时记忆和长时记忆这两个系统的信息编码方式来区别它们。**编码**指的是刺激被表征的形式。正如在第 2 章中讨论的那样，一个人的面孔可以被一系列神经元激活的特定模式所表征（见第 045 页）。通过神经元的放电来决定刺激如何表现的编码方式，是一种生理学取向的编码方式。

在本章中，我们将通过探寻刺激或经验如何在我们头脑中表征来使用心理取向的编码方式进行论述。为了比较在短时记忆和长时记忆中信息表征方式的不同，我们分别描述了长时记忆与短时记忆中的视觉编码（以视觉图像的方式在头脑中编码）、听觉编码（以声音的形式在头脑中编码）以及语义编码（以词语意义在头脑中编码）。

短时记忆和长时记忆中的视觉编码

你可能已经在第 5 章中的"回忆视觉图形"的演示实验专栏（第 5 章，见第 188 页）使用过视觉编码了，在其中，你需要记住图 5.15 中的视觉图形。如果你在头脑中通过视觉化的方式将它们表征并最终记住，这一过程就叫作短时记忆中的视觉编码。同时，当你从过去经验中视觉化地回忆某人或某物时，你也会使用长时记忆的视觉编码，例如，如果你此时正在回忆小学五年级的老师的面容，你所使用的也是视觉编码。

短时记忆和长时记忆中的听觉编码

短时记忆的听觉编码可以通过 Conrad 关于语音相似性效应的例子进行阐

释（见第184页），这种效应指的是被试常常将目标字母误认为另一个与目标字母发音相似的字母（例如，混淆了"F"和"S"，两者看起来不像，但听起来挺像）。与之相对应，当你在头脑中"播放"某一首歌曲的时候，长时记忆的听觉编码便发生了。

短时记忆中的语义编码：Wickens实验

Delos Wickens及其同事（1976）的一个实验为短时记忆的语义编码提供了例证。图6.6显示了实验设计，在每一个试次中给被试分别呈现两组词，一组与水果相关（"水果组"），另一组与职业相关（"职业组"）。每组被试听三个单词（例如，水果组听到香蕉、桃子和苹果），倒数15秒后要求被试尝试回忆这三个单词。被试总共做4个试次，每个试次中的单词都不同。由于被试在听到这些词后很快就开始回忆了，所以他们使用的是短时记忆。

这个实验的基本思想是通过在一系列试次中呈现同一类别的单词而创造出**前摄抑制**——当以前学习到的信息干扰到学习新的信息时，记忆成绩出现下降。以水果组为例，试次1中呈现了香蕉、桃子和苹果，试次2中呈现了李子、杏子和青柠。前摄抑制通过每个试次中被试任务成绩的下滑来说明，结果如图6.7a中黑色数据点所示。

图6.7b所示的职业组的结果提供了一种证据，证明这种对水果组的干扰可以归因于单词的含义（所有单词都是水果）。对于职业组，试次1的表现很好，而试次2和试次3的表现都很差，因为所有的单词都是职业名称。但是在试次4中，水果词被再次呈现。由于这些词是不同类别的，由先前呈现的职业词所积累起来的前摄抑制不复存在了，所以在试次4的结果中，被试的成绩出现了提升。这种成绩的提升被称作**自前摄抑制释放**。

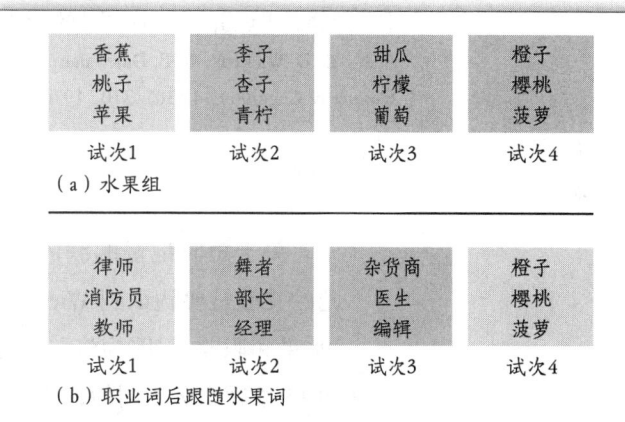

图6.6 Wickens等人（1976）实验中的刺激。（a）在每个试次中，水果组的被试被告知三种水果的名称。每次刺激呈现后，被试倒数15秒，然后回忆水果的名字。（b）在试次1、试次2和试次3中，向职业组的被试呈现三种职业名称，在试次4中向职业组的被试呈现三种水果的名称。他们依然倒数15秒，然后回忆每个试次中的单词。

来源：Based on D. D. Wickens, R. E. Dalezman, & F. T. Eggemeier, Multiple encoding of word Attributes in memory, *Memory & Cognition*, 4, 307–310, 1976.

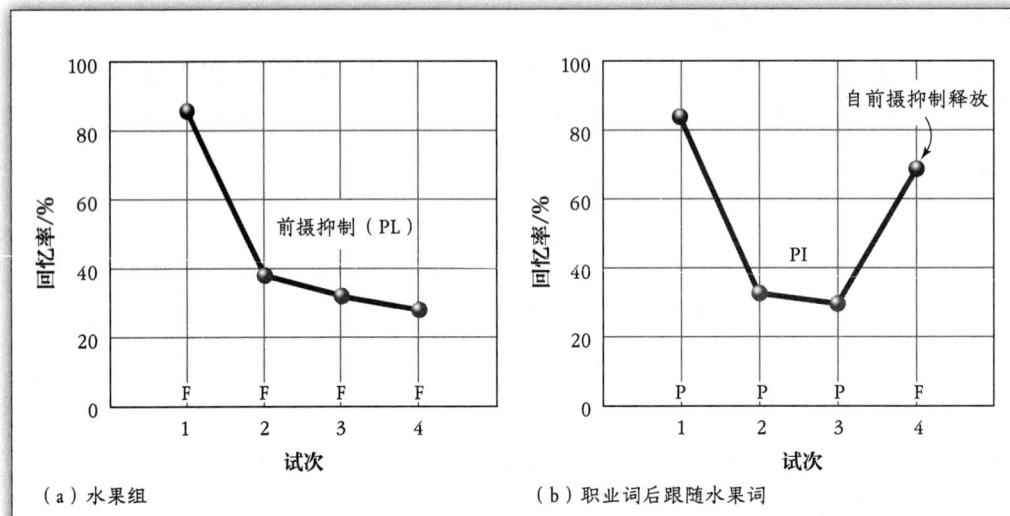

图 6.7 Wickens 等人（1976）关于前摄抑制的实验结果：（a）水果组在试次 2、试次 3 和试次 4 中出现的回忆成绩的下降至少部分是由于前摄抑制引起的（如图中圆点所示）。(b) 职业组在试次 2 和试次 3 中也出现了类似的成绩下降，但在试次 4 中成绩提高，表明水果词而非职业词的出现引起了自前摄抑制释放。

来源：D. D. Wickens, R. E. Dalezman, & F. T. Eggemeier, Multiple encoding of word Attributes in memory, *Memory & Cognition*, 4, 307–310, 1976.

关于短时记忆的编码，自前摄抑制释放告诉了我们什么呢？回答这个问题的关键是要认识到 Wickens 的实验中发生的自前摄抑制释放取决于单词类别（水果和职业）。因为将单词分类涉及单词的含义，并且由于被试是在听到单词的 15 秒后回忆单词的，所以这种自前摄抑制释放代表了短时记忆中语义编码的效果。

长时记忆中的语义编码：Sachs 实验

Jacqueline Sachs（1967）的一项研究证明长时记忆中存在语义编码。Sachs 让被试听一段文章的录音，然后测量他们的再认记忆，以确定他们是记住了文章中句子的准确措辞，还是仅仅记住了文章的大意。

研究方法　测量再认记忆

再认记忆是对先前遇到的刺激的识别。测量再认记忆的过程是在学习阶段呈现一个刺激物，然后再和其他没有呈现过的刺激物一起呈现。例如，在学习阶段，可能会出现包含单词"house（房子）"的一系列单词。之后，在测试阶段，包括 house 和一些没有出现过的单词，比如"table（桌子）"和"money（钱）"。被试的任务是若测试阶段的词是之前呈现过的（例如 house）就回答"是"，而当测试阶段的词是之前没有呈现过的（例如 table 和 money）就回答"否"。注意本方法与回忆测试之间的区别（见第5章"研究方法：回忆法"专栏，第 175 页）。在回忆任务中，被试必须回忆出目标词。一个回忆测试的例子是填空题。与之对应的再认测验的例子是选择题，即在这种测试中，被试需要在几个备选项中选择正确的答案。接下来的演示实验阐明了 Sachs 如何将再认任务应用到对长时记忆编码的研究中。

演示实验　读一段短文

阅读下面的短文：

关于望远镜有一段有趣的故事。在荷兰，有一个叫利伯希的眼镜制造商。一天，他的孩子在玩透镜时发现，当两个镜片相距 30 厘米左右时，透过它们看到的物体显得非常近。利伯希随后开始尝试制作望远镜。他的"小望远镜"引起了许多关注。他写了一封关于望远镜的信给意大利科学家伽利略。伽利略立刻认识到了这个发明的重要性，并且自己着手制造了一个望远镜。

现在盖住这段文字，判断下面的句子哪些与文中的原句相同，哪些被改动过了。

1. 他写了一封关于望远镜的信给意大利科学家伽利略。
2. 伽利略，意大利科学家，给他写了一封关于望远镜的信。
3. 一封关于望远镜的信被送给了意大利科学家伽利略。
4. 他给意大利科学家伽利略写了一封关于望远镜的信。

你选了哪个句子？句子 1 是正确的答案，因为只有这一句和原文一致。Sachs 的实验被试所面对的问题更困难，因为他们所听的短文长度是本文的

2~3倍，这意味着有更多的材料需要记忆，在听到这个句子和要求回忆之间也有更长的延迟。Sachs的实验中的很多被试可以正确识别句子1是和原文一致的，并且知道句子2被改变了。然而，即使句子3和句子4中的用词不同，依然有不少被试认为它们和原文匹配。这些被试显然记得句子的意思，但不记得确切的措辞。许多实验都证实了这样一个发现：具体的词语被遗忘了，但是一般意义可以被记住很长一段时间。这种意义方面的描述是长时记忆中存在语义编码的一个例子。

比较短时记忆和长时记忆中的编码

我们已经看到信息可以在短时记忆和长时记忆中分别以视觉（视觉编码）、听觉（听觉编码）和意义（语义编码）进行表征（详见表6.2）。在特定情境中编码的方式主要取决于任务。例如，在一个需要记住刚刚听到的电话号码的任务中，一种保持这些数字的方法就是一遍一遍地重复——听觉编码的一个例证。你不太可能通过视觉图像或电话号码的意义来记住它，由于很多短时记忆任务的特性，听觉编码是短时记忆中最主要的编码方式。

表 6.2

短时记忆和长时记忆编码的例子

编码	短时记忆	长时记忆
视觉	在脑中复现一个刚刚看过的视觉图形（Della Sala et al., 1999.）	视觉化华盛顿特区的林肯纪念堂，就像你去年夏天看到的那样
听觉	在头脑中重复刚刚听过的字母的发音（Conrad, 1964）	一遍又一遍地在心中重复一首你以前听过很多遍的歌
语义	根据一个词的意义来将其在短时记忆任务中进行分类（Wickens et al., 1976）	回想一下你上周读的一部小说的大概情节（Sachs 实验）

现在让我们思考另一个例子，你上周读了一个冒险故事并正在努力回忆它，你不太可能记住原话是怎么说的，你更有可能记住的是书中的故事。记住故事中发生了什么就是语义编码，它通常发生在长时记忆中。如果你在回忆故事的时候脑海中浮现出你在阅读故事时想象的一些场景（如果书里有插图，可能是看到的），这就是长时记忆中视觉编码的一个例证。通常来讲，长时记忆任务中

最常见的编码形式便是语义编码。

在大脑中定位记忆

在第 5 章的末尾处，我们了解到前额叶皮层和其他大脑区域参与了工作记忆［见图 5.19（彩）］。本部分的目的是介绍一些比较了短时记忆和长时记忆在脑内表征的位置的研究。不少研究表明，短时记忆和长时记忆在脑内既是分离的，也是部分重叠的。二者分离的最强证据源于神经心理学研究。

神经心理学研究

1953 年，Henry Molaison（被称为病人 H.M.，他于 2008 年去世，享年 82 岁）接受了一项旨在消除严重癫痫发作的手术实验。在手术中，H.M. 大脑中双侧**海马体**被移除了［图 5.19（彩）］。这确实成功地减少了他癫痫发作的次数，却意外地使他失去了形成新的长时记忆的能力（Corkin，2002；Scoville & Milner，1957）。

H.M. 的短时记忆保持完整，所以他可以记住刚刚发生的事情，但是他不能把这些信息转换成长时记忆。无法形成长时记忆的能力缺陷带来的一个结果就是尽管心理学家 Brenda Milner 在几十年的时间里对他进行了多次测试，但每次她来到 H.M. 的房间时，H.M. 总是表现得好像是第一次见到她。H.M. 的案例虽然对他个人来说是悲剧，却使人们理解了海马体在形成新的长时记忆中的作用。此外，他的短时记忆完好无损的事实表明，短时记忆和长时记忆是由不同的大脑区域负责的［另一个例子见 Suddendorf et al.，2009；Wearing 等人（2005）研究中的个案表明海马体损伤导致形成长时记忆的能力丧失］。

也有一些人的问题与 H.M. 相反，即他们有正常的长时记忆，但短时记忆很糟糕。一个例子来自一名叫作 K.F. 的病人，他在一次摩托车事故中损伤了顶叶。K.F. 糟糕的短时记忆可以反映在他数字广度的缩减上，数字广度指的是他能记住的数字的数量（见第 176 页；Shallice & Warrington，1970）。数字广度一般都是 5~9 个数字，但 K.F. 的数字广度只有 2。此外，与短时记忆相关的系列位置曲线的近因效应也降低了。尽管 K.F. 的短时记忆严重受损，但他的长时记忆保持正常，这从他可以形成和回忆生活中新的事件的能力上就可以看出。

这些病例的特别之处在于 H.M. 有完整的短时记忆但不能形成新的长时记

忆，而 K.F. 刚好相反（有完整的长时记忆，但是短时记忆受损）。这两个特殊的病例说明了短时记忆和长时记忆之间存在双重分离（见"研究方法：双分离演示"专栏，第 051 页）（表 6.3）。这一证据支持短时记忆和长时记忆是由不同的机制引起的观点，并且这些机制可以独立工作。

表 6.3
短时记忆和长时记忆的双分离

病人	短时记忆	长时记忆
H.M.	完好	受损
K.F.	受损	完好

神经心理学的证据和测量系列位置曲线等行为实验结果的结合，以及短时记忆和长时记忆分别以不同形态表征的多重记忆模型的提出，都支持了短时记忆和长时记忆互相分离的观点。然而，最近的一些脑成像实验表明，这种分离并不那么简单。

脑 成 像

Charan Ranganath 和 Mark D' Esposito（2001）想知道，对于形成新的长时记忆至关重要的海马体是否会在短时间内保持信息的过程中起作用。图 6.8a 显示了被试在接受大脑扫描的同时呈现的刺激序列。一个样本的面孔刺激呈现 1 秒，然后是 7 秒的延迟，然后出现一个测试面孔，被试的任务是判断它是否与样本面孔相匹配。被试接受两种条件的实验。在"新异面孔"条件下，所有的面孔对被试而言都是第一次见到。在"熟悉面孔"条件下，面孔都是他们在实验前所看过的。

结果如图 6.8b 所示，当被试在 7 秒的延迟时间内在记忆中保持新面孔时，海马体的活动会增加，但对于熟悉的面孔，激活只会略有变化。基于这个结果，Ranganath 和 D' Esposito 得出结论：海马体参与了在短时间的延迟中维持新的记忆信息的过程。这一结果与许多其他的实验结果共同表明，海马体和其他曾经被认为只与长时记忆有关的内侧颞叶结构在短时记忆中也起到了一定的作用（Cashdollar et al., 2009; Jonides et al., 2008; Nichols et al., 2006; Ranganath & Blumenfeld, 2005; Rose et al., 2012）。

考虑到这些新的结果，许多研究人员得出结论，尽管有很好的证据表明短时记忆和长时记忆是分离的，但也有证据表明这些功能并非像以前认为的那样分离，特别是对于涉及新异刺激的任务。现在，我们将注意力转移到只考虑长时记忆上，我们将首先关注情景和语义的长时记忆。

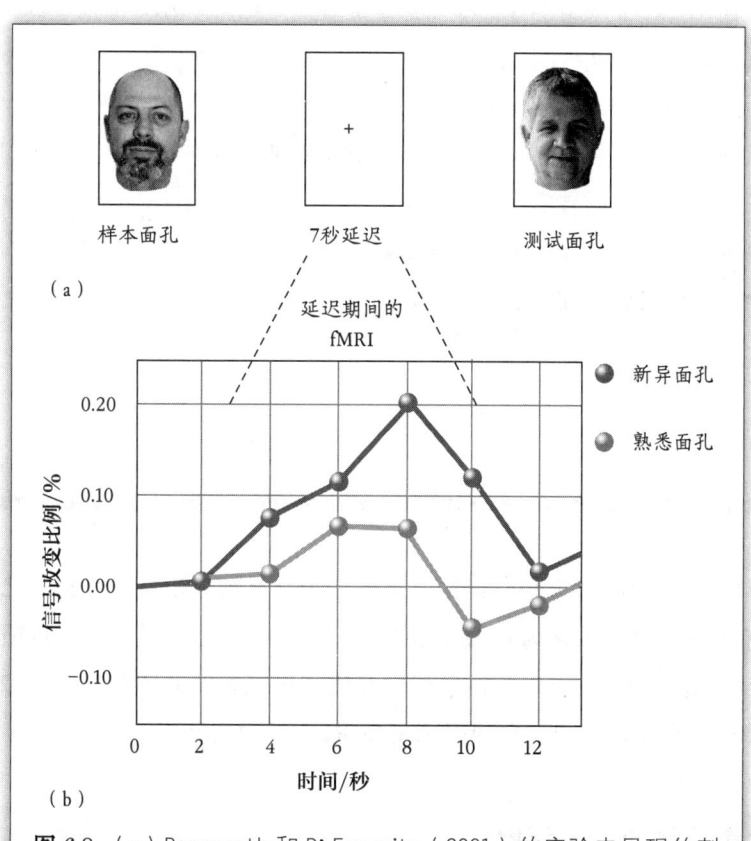

图 6.8 （a）Ranganath 和 D'Esposito（2001）的实验中呈现的刺激。（b）对于新面孔，海马体的 fMRI 反应在延迟期间会增加，但对于人们以前见过的面孔，海马体的 fMRI 反应只是略有增加。

来源：Based on C. Ranganath & M. D'Esposito, Medial temporal lobe activity associated with active maintenance of novel information, *Neuron*, 31, 865–873, 2001.

>
>
> **自我测验 6.1**
>
> 1. 描述如何通过测量系列位置曲线来确定短时记忆和长时记忆之间的差异。
> 2. 短时记忆和长时记忆的视觉、听觉和语义编码示例有哪些?
> 3. 描述 Wickens 实验和 Sachs 实验如何为短时记忆和长时记忆中的语义编码提供证据。基于短时记忆和长时记忆的编码方式,我们可以得出哪些关于它们相似和不同的结论?
> 4. 从涉及 H.M. 和 K.F. 的神经心理学研究中可以得到哪些关于短时记忆和长时记忆分离的启示?
> 5. 最近的一些实验,比如 Ranganath 和 D'Esposito 的实验,表明短时记忆和长时记忆在大脑机制上的分离是什么样子的?

情景记忆和语义记忆

我们现在暂时不考虑短时记忆,来考虑为什么情景记忆(经验记忆)和语义记忆(事实记忆)被认为是两种不同类型的记忆。通过考虑下列事项可以帮助我们回答这一问题:(1)与情景记忆和语义记忆相关的体验类型;(2)脑损伤如何影响每种记忆;(3)每种记忆在 fMRI 中的激活反应。

区分情景记忆和语义记忆

当我们说情景记忆是对事件的记忆,语义记忆是对事实的记忆时,我们是根据所记信息的种类来对这两种记忆进行区分的。首次提出情景记忆和语义记忆处理不同类型的信息这一观点的研究者 Endel Tulving(1985)认为,情景记忆和语义记忆还可以根据其相关经历的种类来区分(也见 Gardiner,2001;Wheeler et al.,1997)。

经历上的不同

根据 Tulving 的观点，与情景记忆相关的体验的典型特征是涉及**心理时间旅行**——回到过去以重新建立和过往事件的联系。例如，我可以在心里回到 20 年前，回想自己曾在加利福尼亚州海滩附近的一座山上登顶，看着太平洋在脚下延伸至远方。我记得我坐在车里，看着大海，对身边的妻子说"喔！"我还记得我当时的一些情绪，以及其他一些细节，比如我当时在车里，阳光洒在海面上，以及我们下山时对景色的期待。总之，当我想起这件事的时候，我觉得自己好像重新体验了一遍。Tulving 将这种心理时间旅行（情景记忆）描述为"自知的（self-knowing）"或"可回忆的（remembering）"。

与情景记忆的心理时间旅行特性相比，语义记忆伴随的体验则涉及关于这个世界的知识的获取。这些知识并不一定与关于个人经历的记忆相关。它可以是某种事实、词语、数字以及概念。当我们经历语义记忆时，我们并没有回到过去的某个特定的情境中，而是在接触一些我们熟悉并且了解的事实。例如，我知道许多关于太平洋的事实——它的地理位置；它很大；如果从旧金山的西面出海，最终会到达日本——但我并不能准确地记得我是在什么时候学到这些知识的。我所知道的关于太平洋的大量事情都是语义记忆。Tulving 将语义记忆所带来的体验描述为"知道的（knowing）"，因为"知道"并不涉及心理时间旅行。

神经心理学证据

正如神经心理学的证据被用来区分短时记忆和长时记忆一样，它也被用来区分情景记忆和语义记忆。我们首先来看 K.C. 这个案例。K.C. 在 30 岁时骑摩托车在高速公路的出口坡道发生了事故，致使他的海马体及其周围结构严重受损（Rosenbaum et al., 2005）。这一损伤使 K.C. 丧失了情景记忆——他不能在头脑中重现过去的情境，但他的确知道某件事情发生过（这与语义记忆有关）。他知道他的哥哥两年前去世了，却想不起他曾经历的与哥哥的去世有关的事件，例如，他是如何得知哥哥去世这件事的，以及他在葬礼上经历了什么。KC 还记得一些客观事实，例如，厨房餐具在哪儿，以及在保龄球的规则中"全中"和"补中"的区别。因此，虽然 KC 失去了情景记忆，但他的语义记忆在很大程度上是完好的（也见 Palombo et al., 2015，更多没有情景记忆但有良好语义记忆的病人的病史）。

另一个脑损伤的患者 L.P. 则出现了与 K.C. 完全相反的体验。该患者是一名意大利妇女，她在 44 岁那年得了脑炎，此前她的健康状况正常（DeRenzi et al., 1987）。开始时，她的症状是头痛和发烧，随后是持续了 5 天的幻觉。她在医院待了 6 周后回到家中，发现很难认出熟悉的人；购物时也遇到了困难，因为她记不住购物清单上单词的意思或者商品在商店中的位置；她也无法认出各种名人或者回忆起一些简单的事实，例如，贝多芬是谁或意大利参加了第二次世界大战等。所有这些都涉及语义记忆。

尽管她的语义记忆严重受损，但她还是能够记得生活中的各种事件。她能记得她在一天中都干了什么以及数周或数月前发生的事情。因此，虽然她失去了语义记忆，但是她仍然能够形成新的情景记忆。表 6.4 总结了上述两个案例。这两个案例结合在一起，证明了情景记忆和语义记忆之间存在双分离，进而支持了对这两类信息的记忆具有不同机制的观点。

表 6.4
语义记忆和情景记忆的双分离

病人	语义记忆	情景记忆
K.C.	完好	受损
L.P.	受损	完好

尽管表 6.4 所显示的双分离支持了语义记忆和情景记忆有不同机制，但对脑损伤病人的研究结果的解释总是存在问题，因为不同病人脑损伤的程度不同。另外，不同研究对病人进行测试的方法也不相同。因此，很有必要用其他类型的证据来佐证神经心理学的研究结果。脑成像实验的结果提供了这种证据支持。（更多关于情景记忆和语义记忆的神经心理学研究参见 Squire & Zola Morgan，1998 以及 Tulving & Markowitsch，1998）

脑成像的证据

Brian Levine 及其同事（2004）做了这样一个脑成像的实验，实验要求被试用录音磁带"记"日记，内容是他们的日常经历（如"昨晚我们上了萨尔萨舞蹈课……大家在跳各种风格的萨尔萨舞……"），以及他们语义知识中的客观事实（"到 1947 年为止，有 5000 名日裔加拿大人生活在多伦多"）。当被试随后在 fMRI 扫描仪中听这些录音磁带时，有关日常事件的记录引发了详细的、情景性的自传体记忆（人们回忆起自己的经历），而其他记录只让人想起了语义事实。

图6.9（彩）显示了大脑的一个横截面。黄色的区域代表与情景记忆相关的脑区，蓝色区域代表与语义的、事实性知识（个人的和非个人的）相关的脑区。这些结果和其他一些结果显示，尽管情景记忆和语义记忆激活的脑区之间有重叠，但二者之间还是有很大差异的（Cabeza & Nyberg，2000；Duzel et al.，1999；Nyberg et al.，1996）。

虽然我们可以区分情景记忆和语义记忆，但这并不意味着它们是完全分开的。与本章"区别与联系"的主题相符的是，我们将看到这两个系统之间还是有大量联系的。

情景记忆和语义记忆的联系

在现实生活中，情景记忆和语义记忆常常交织在一起。这里有两个例子：（1）知识（语义）如何影响经验（情景性）；（2）自传体记忆的组成。

知识影响经验

我们常常在经历一些今后会被回忆起来的事情的时候带入很多预先的知识。例如，我最近和一个英国朋友去看棒球比赛，他从没看过棒球比赛，所以他的知识仅限于一个基本规则，那就是比赛的重点是击球、跑垒和直接得分。当我们坐在一起看比赛的时候，我很快意识到我知道很多我认为理所当然的关于比赛的事情。在比赛的某一时刻，当一名球员来到一垒位置并且此时他已经被罚出场一次了的时候，我能预见一个滚地球可能导致他被双杀。然后，当击球手把一个滚地球打到三垒手的时候，我立刻看向二垒，此时三垒手把球扔出去，然后我又会看向一垒，此时二垒手又会继续把球扔出去。与此同时，我的英国朋友的反应却是"刚才发生了什么？"。显然，我对比赛的了解影响了我对比赛的关注和体验。我们的知识（语义记忆）会引导我们的体验，而这又会反过来影响随后的情景记忆。

自传体记忆包括语义记忆和情景记忆成分

情景记忆和语义记忆之间的联系也发生在我们考虑**自传体记忆**时——对我们生活中特定经历的记忆，这种记忆包括情景性和语义性成分。例如，想想下面的自传体记忆:"昨天早上我在 Le Buzz 咖啡店见了吉尔和玛丽。我们坐在最喜欢的靠窗的那张桌子旁,早晨咖啡馆最忙碌的时候,这张桌子通常已经坐了人。"

注意,这个描述包含情景性成分(昨天见到吉尔和玛丽是特定的经历)和语义成分(Le Buzz 是一家咖啡店;靠窗的桌子是我们最喜欢的一张;那张桌子早上很抢手,这些都是事实)。以上所描述的语义成分称为**个人语义记忆**。因为它们是与个人经历相关的事实(Renoult et al., 2012)。表 6.5 总结了情景记忆、语义记忆和自传体记忆的特征。

表 6.5
长时记忆的类型

类型	定义	例证
情景记忆	具体的个人经历的记忆,包括穿越回到过去的心理时间旅行,以获得一种重新体验的感觉。	我记得昨天早上去 Le Buzz 喝咖啡,和吉尔和玛丽聊起了他们的自行车之旅。
语义记忆	对于事实的记忆。	从 Le Buzz 来的那条路上有一家星巴克。
自传体记忆	人们对自己生活经历的记忆。这些记忆既有情景成分(重现特定事件),也有语义成分(与这些事件相关的事实)。这些自传体记忆的语义成分就是个人语义记忆。	昨天早上我在 Le Buzz 咖啡店见了吉尔和玛丽。我们坐在最喜欢的靠窗的那张桌子旁,早晨咖啡馆最忙碌的时候,这张桌子通常已经坐了人。

情景记忆和语义记忆之间的另一个联系在 Robyn Westmacott 和 Morris Moscovitch(2003)的实验中得到了证明。在实验中,他们证明,人们对公众人物(如演员、歌手和政治家)的了解既包括语义成分,也包括情景成分。如果你知道奥普拉·温弗瑞(Oprah Winfrey)的一些事实,并且知道她主持了一档电视节目,那么你的这些知识将主要与语义记忆有关。但如果你还记得看过她的一些电视节目,或者如果你曾作为观众出现在她节目的演播室里,那么你对奥普拉·温弗瑞的记忆中将会有一些情景成分。

Westmacott 和 Moscovitch 将涉及个人事件的语义记忆称为具有自传意义的语义记忆,在测试人们记住公众人物名字的能力时,他们发现回忆那些具有较高自传意义的人的名字时,人们表现得更好。因此,与仅仅因为他是一个名人而知道这位歌手相比,如果你参加过一位流行歌手的演唱会(情景信息),你更有可能记住他的名字(语义信息)。

这意味着与情景记忆相关的经验可以帮助你获得语义记忆。有趣的是，当 Westmacott 及其同事（2003）在失去情景记忆的脑损伤患者身上做同样的实验时，那些具有自传意义的名字没有增强记忆。因此，当情景记忆出现时，对事实的语义记忆（比如一个人的名字）就会增强。但当情景记忆缺失时，个人相关事实所创造的记忆优势就会消失，这是情景记忆和语义记忆相互关联的另一个例子。

当我们思考长时记忆随着时间的推移会发生什么变化时，情景记忆和语义记忆之间的联系就变得更加有趣了。请记住，短时记忆只持续大约 15 秒（除非信息是通过复述保存在那里的），因此我们回忆在 1 小时、1 天或 1 年前记住的事情都来自长时记忆。但是正如我们目前已知的，并非所有的长时记忆都有相同权重。我们更可能记住昨天发生的事情的细节，而不是 1 年前发生的事情。我们也可能忘记昨天发生的事情，但仍然记得 1 年前发生的事情！

随着时间的流逝，情景记忆和语义记忆有何改变？

一种用来确定随着时间的流逝记忆会发生什么变化的程序就是呈现刺激物，过一段时间后，要求被试回忆刺激物。正如在系列位置曲线实验（见第 209 页）或再认实验中，被试被要求从他们读过的段落中再认一个句子（见第 215 页）那样。这些实验的典型结果是被试遗忘了一些刺激，而且遗忘量随着时间间隔的延长而增加。但当我们更详细地考虑遗忘的过程时，我们会发现遗忘并不总是一个"全或无"的过程。例如，考虑以下情况：一个朋友周一在咖啡馆里把你介绍给罗杰，你简单地和他聊了几句。然后在本周晚些时候，你看到罗杰在街对面。这时，你看到罗杰的可能反应有：

那个人看起来很面熟。他叫什么名字？我在哪里见过他？
那是罗杰。我在哪里见过他？
那是罗杰，我周一在咖啡店遇见过他。我记得当时正和他聊足球。

很明显，有不同程度的遗忘和记忆。前两个例子说明了熟悉性——这个人看起来很熟悉，你可能还记得他的名字，但你不记得任何有关那个人的具体经历的细节。最后一个例子说明了回忆——记住与这个人相关的具体经历。熟悉性与语义记忆有关，因为它与获得知识的环境无关。回忆与情景记忆相关联，因为它包含在获得知识时发生的细节,以及对过去经历的事件的意识。这两种记忆方式都是通过**记得/知道实验程序**来衡量的。

研究方法　记得/知道实验程序

在记得/知道实验程序中,研究者会给被试呈现一些之前遇到过的刺激,然后被试做出不同反应:(1)如果刺激是熟悉的并且被试记得最初是在什么环境下遇到这些刺激的,叫记得(remember);(2)如果刺激看起来很熟悉,但他们不记得之前经历过,就叫知道(know);(3)如果他们完全不记得刺激,就叫作不知道(don't know)。这个程序已经被用于实验室实验,要求被试记住一系列刺激,同时它也被用来测量人们对过去的真实事件的记忆。这个实验程序很重要,因为它区分了记忆的情景成分(由记忆反应表示)和语义成分(由知道反应表示)。

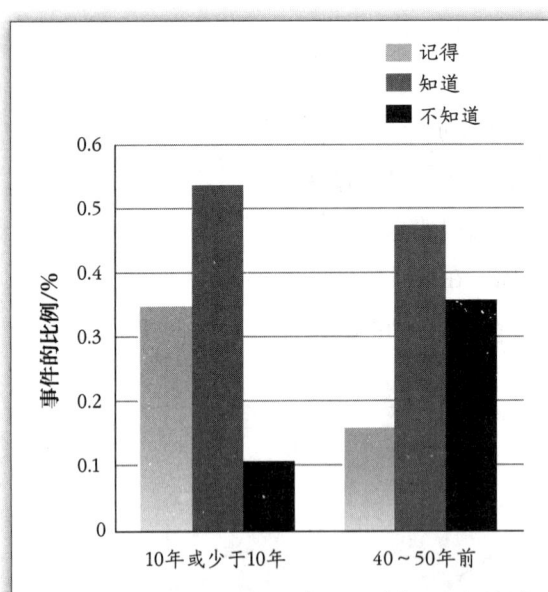

图 6.10　记得/知道实验的结果测试了老年被试对 50 年内发生事件的记忆。

来源:R. Petrican, N. Gopie, L. Leach, T. W. Chow, B. Richards, & M. Moscovitch, Recollection and familiarity for public events in neurologically intact older adults and two brain-damaged patients. *Neuropsychologia*, 48, 945–960, 2010.

Raluca Petrican 及其同事(2010)确定了人们对公共事件的记忆是如何随时间而变化的,他们给老年人(平均年龄 63 岁)呈现对 50 年间发生的事件的描述,如果有与该事件相关的个人经历,或记得在电视或报纸上看到有关该事件的细节,被试就要报告他们记得。如果他们熟悉事件,但不记得任何的个人经历或与媒体报道有关的细节,就报告说知道,如果他们根本不记得这件事,就报告不知道。

实验结果如图 6.10 所示,描述了对最近 10 年发生的公共事件的记忆,以及对 40~50 年前发生的事件的记忆(实验中也测试了中间的时间段,在这里我们关注的是极端情况)。不出所料,完全遗忘随着时间的推移而增加(如黑色条形所示)。但有趣的是,记住的反应比知道的反应减少得多。也就是说,对 40~50 年前的事情的记忆已经失去了很多情景性特征。这一结果说明了对**远端记忆语义化**,即对很久以前的事件的记忆失去了情景性细节。

实验证明，无论是对很久以前发生的事件（如 Petrican 的实验中），还是在短至 1 周的时间内发生的事件，都有情节性细节的缺失（Addis et al., 2008; D'Argembeau & Van der Linden, 2004; Johnson et al., 1988; Viskontas et al., 2009）。当我们考虑到个人经历时，短期记忆的语义化是讲得通的。你可能记得今天或昨天早些时候做过的事情的细节，但很少记得 1 周前发生的事情（除非 1 周前发生的事情特别重要）。

另一种理解远端记忆语义化的方法是考虑我们如何获得构成语义记忆的知识。在六年级时，你学到了美国的立法部门由参议院和众议院构成。在你刚学到这个知识点时，你可能发现很容易记起课堂上发生的事情，包括教室是什么样子的，老师说了什么，等等。记住，所有这些关于学习环境的细节都属于情景记忆，而关于政府如何运作的事实是语义记忆。

许多年后，在大学里，你有关美国政府结构的语义记忆仍然存在，但你学到这一知识点的那天的情景性细节可能已经消失了。因此，构成语义记忆的知识最初是通过个人经历——情景记忆的基础——获得的，但你对这些经历的记忆往往会消退，只留下语义记忆。

来到未来

我们通常认为记忆是对过去的事件或事实的回忆。但是当我们想象未来时会发生什么呢？这两者之间有联系吗？威廉·莎士比亚在他的著作《暴风雨》（*The Tempest*）中写道："过去正是未来的开场白。"这样的描写将过去、现在甚至未来直接联系起来了。此外，苹果电脑（Apple Computer）的创始人之一史蒂夫·乔布斯（Steve Jobs）对这种联系的评论是："人们通常不能在向前看的时候把点点滴滴串联起来；你只能在回顾过往的时候把它们联系起来；所以你必须相信这些点点滴滴在你的未来会以某种方式联系在一起"（Jobs, 2005）。

将这些点点滴滴扩展到未来已经成为记忆研究的一个重要课题。这些研究关心的并不是我们能多好地预测未来，而是我们如何为未来创造可能的情景。这些思考能成为一个研究主题的原因是有证据表明记忆过去的能力和想象未来的能力之间存在联系。联系的证据来自由脑损伤所引起的情景记忆丧失的病人。我们之前描述过一位由于头部受伤而失去了情景记忆的摩托车手 K.C.，他无法用想象来描述未来可能发生的个人事件（Tulving，1985）。另一名患者 D.B. 由于海马体损伤而难以回忆过去的事件，同时也难以想象未来的事。然而，他无法想象未来的情况仅限于可能发生在他自己身上的事情；他仍然可以想象其他的未来事件，比如将要发生的政治事件或其他时事热点（Addis et al.，2007；Hassabis et al.，2007；Klein et al.，2002）。

这些关于记住过去和想象未来的能力相互联系的行为研究的证据促使 Donna Rose Addis 及其同事（2007）使用了 fMRI 来寻找一种生理联系，以确定回忆过去和想象未来这两种条件下的大脑激活。让神经正常的被试安静地思考过去或将来可能发生的事件，同时测量他们的大脑激活。结果表明，所有在思考过去时活跃的大脑区域在思考未来时也被激活了 [图 6.11（彩）]。这些结果表明，记忆过去和预测未来有着相似的神经机制（Addis et al.，2007，2009；Schacter & Addis，2009）。基于这些结果，Schacter 和 Addis（2007，2009）提出了**建构性情景模拟假设**，即情景记忆会被提取和重组以构建我们对未来事件的模拟。

想象过去和预测未来之间存在联系的观点也得到了来自 Eleanor McDermott 及其同事（2016）的实验的支持。在实验中，被试要回忆过去的事件或想象未来可能发生的类似事件。此外，被试还被要求描述他们在记忆或想象时看到的东西，并注意他们的观察是否来自第一人称视角（图 6.12a 显示了如果用第一人称视角会看到些什么）或第三人称视角（图 6.12b 显示了第三人称视角的旁观者会看到些什么）。当以这种方

（a）第一人称视角

（b）第三人称视角

图 6.12 视觉化记忆事件的两种方式：(a) 第一人称视角。事件的记忆就像记忆者看到的一样。(2) 第三人称视角。事件的记忆方式与外部观察者的记忆方式一样。在第三人称视角中，记忆的人是穿黑色衣服的女人。

式进行比较时，虽然回忆过去（71%）比想象未来（78%）更少采用第三人称视角，但是被记忆的和被想象的事件更有可能从第三人称视角被"观察"。

在该研究中，McDermott 同样提到了被试报告的观察视角。这些结果如图 6.13 所示，指出被试报告中存在的一些差异。对于想象未来的场景而言，报告中有更多的低于视线高度的报告和更少的视线高度的报告，但是高于视线高度的报告和视线距离与回忆过去时的视线高度和视线距离之间没有差异。根据记忆结果与想象未来结果的重叠，McDermott 将其总结为在这两种情况下很可能涉及共同的加工过程。

为什么想象未来的能力很重要呢？关于这个问题的答案之一是，当未来变成现在，我们需要有效地行动。我们更应该这样想：能够想象未来至关重要，而且事实上，Addis 及其同事（2007）已经指出，情景记忆系统的主要作用也许不是记住过去，而是让人们模拟可能的未来情景，从而帮助预测未来的需求并引导未来的行为。这可能很实用，例如，在决定是否接近或避免特定情景时，回忆过去和想象未来可能都对有效处理环境信息产生影响，甚至可能是生死攸关的影响（Addis et al., 2007; Schacter, 2012）。

模拟未来可能是一种适应性过程的想法让我们想到了在第 2 章（见第 061 页）和第 4 章（见第 142 页）中讨论的心智游移现象。我们发现：（1）心智游移与默认模式网络的激活有关，当一个人不专注于特定的任务时就会激活这个网络（见第 061 页）；（2）这是一种非常普遍的现象，人们在醒着的时候有一半的时间会发生心智游移（第 142 页）。我们还注意到，在需要集中注意的任务中，

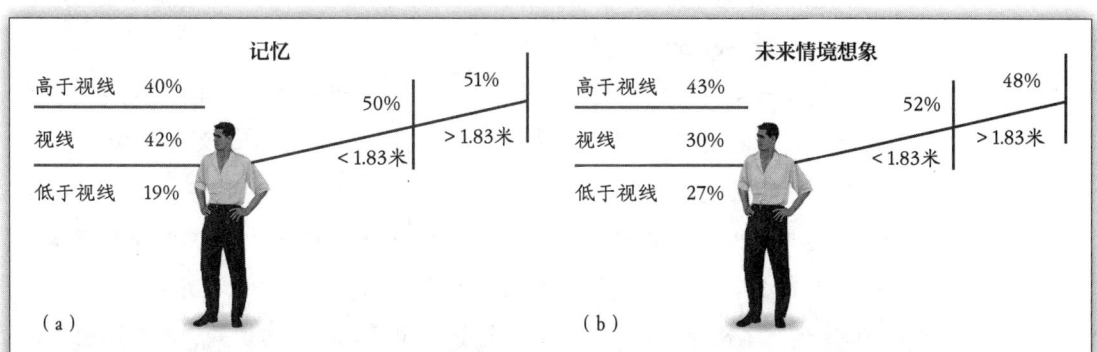

图 6.13 第三人称视角下（a）关于过去的记忆（b）对于一个可能的未来事件的想象。左侧的数字表示从视线高度、高于视线高度和低于视线高度观看的百分比。右侧的数字表示距离 1.83 米以内或 1.83 米以外观看的百分比。
来源：McDermott et al., 2016 Fig. 3, p. 248.

心智游移会导致表现变差（见第 142 页），但心智游移也可能有积极的影响。

心智游移的一个积极作用是当其发生时，人们更倾向于考虑未来，而不是过去或现在（Baird et al., 2011）。这使得一些研究人员提出，心智游移的原因之一是帮助人们在情景记忆中模拟未来，从而为未来做计划。让这个关于心智游移、默认网络模式激活和对未来进行规划的故事更有趣的是，最近的研究表明，默认网络模式受损会导致提取自传体记忆出现问题（Philippi et al., 2015），正如我们从 K.C. 和 D.B. 的案例中看到的那样，这与想象未来事件的困难有关。

自我测验 6.2

1. 情景记忆和语义记忆是如何区分的？思考它们各自的定义以及 Tulving 关于心理时间旅行的观点。
2. 描述情景记忆和语义记忆双分离的神经心理学证据。
3. 描述 Levine 的日记实验。关于情景记忆和语义记忆，脑成像结果表明了什么？
4. 描述知识（语义记忆）如何影响经验（情景记忆）。
5. 什么是自传体记忆？自传体记忆的定义是如何将情景记忆和语义记忆结合起来的？
6. 描述个人重大经历如何使语义记忆更容易被记住。对于那些由于大脑损伤而丧失了情景记忆的人，他们的个人意义效应（personal significance effect）会怎样呢？
7. 描述当时间流逝时，记忆发生了什么。情景记忆的语义化是什么？
8. 什么是"记得/知道"程序？它如何区分情景记忆和语义记忆？它是如何测量记忆随时间变化的？
9. 描述那些对过去的情景记忆和想象未来事件的能力存在重叠的证据：（1）失去情景记忆的人的记忆；（2）脑成像证据。
10. 什么是建构性情景模拟假设？请描述 McDermott 的实验，在该实验中，她比较了人们在回忆过去和想象未来时的视角和观察者角度。
11. Addis 及其同事认为情景记忆的作用是什么？

程序性记忆、启动和条件反射

图 6.14 是不同类型的长时记忆的图示。到目前为止，我们关注的两种不同类型的记忆如图的左边所示，分别是情景记忆和语义记忆，它们都在外显记忆的范围内。**外显记忆**指的是我们可以意识到的记忆。这似乎是一个奇怪的说法，难道我们没有意识到我们所有的记忆吗？当我们与别人谈论假期或者给一个迷路的旅行者指路时，我们不仅意识到了我们的记忆（情景记忆用来描述假期，语义记忆用来知道方向），还能让别人意识到我们的记忆。

但是事实上，有一些我们没有意识到的记忆，叫作**内隐记忆**，显示在图 6.14 的右边。内隐记忆发生在没有有意识的记忆伴随的经验学习的时候。例如，我们做了很多事情却无法解释我们是如何做的。这些能力属于程序性记忆。

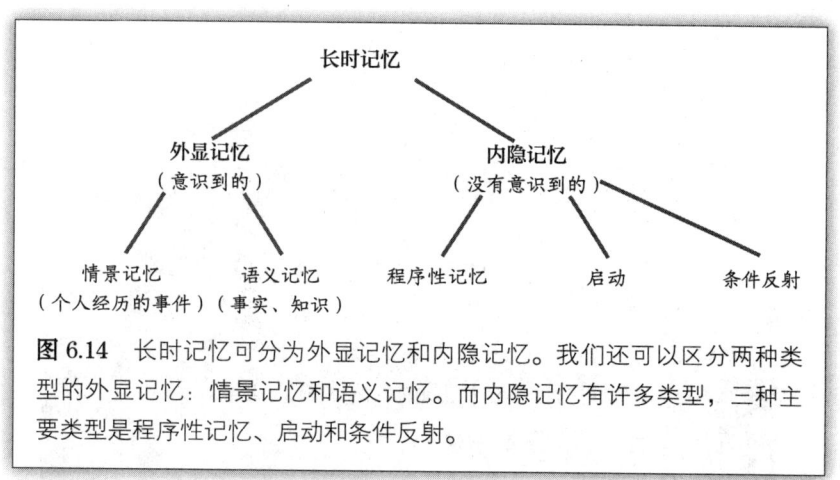

图 6.14 长时记忆可分为外显记忆和内隐记忆。我们还可以区分两种类型的外显记忆：情景记忆和语义记忆。而内隐记忆有许多类型，三种主要类型是程序性记忆、启动和条件反射。

程序性记忆

程序性记忆也叫**技能记忆**，因为它涉及实施实际行动的记忆，这些记忆通常包括技能的学习。

程序性记忆的内隐本质

程序性记忆的内隐特性可以从像 L.S.J. 这样的患者身上得到证实。L.S.J. 是一名小提琴家，由于脑炎导致海马体受损，她失去了情景记忆，但仍能拉小提琴（Valtonen et al.，2014）。遗忘症患者也可以掌握新技能，即使他们不记得学习这种新技能时所做的练习。比如，H.M.（因为被移除了海马体而患上了遗忘症，见第217页）练习一个被称为镜画的任务。镜画任务要求被试重绘在镜子中看到的图像（图6.15）。你可以通过完成下面的演示实验来体验这种任务。

演示实验　镜画任务

在一张纸上画一个如图6.15所示的星形。将一个镜子或其他的反光面（一些手机的屏幕就可以做到）放在离星星2~5厘米的地方，这使得你可以在镜子里看见星星的成像。然后，一边看着镜子里的星星，一边在纸上描出星星的轮廓（不要看纸上的星星）。刚开始，你可能会觉得任务有点难，但通过练习它会变得越来越容易。

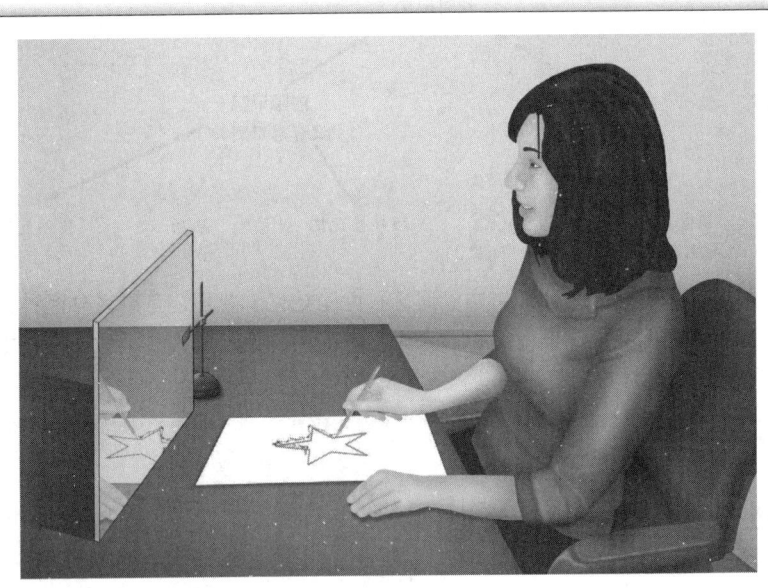

图6.15　镜画任务。任务要求被试一边观察镜子中星星的成像，一边描绘它的轮廓。

通过数天的练习，H.M.对于镜画任务已经相当熟练了。由于他的长时记忆受损，因此每次完成这个任务时，他都认为这是他第一次做这个任务。H.M.对着镜子来描绘星星轮廓的能力证明了程序性记忆的内隐特性，尽管他并不记得以前曾经做过这个测验。另外一个练习可以促进行为表现（在完全没有任何关于练习的记忆的情况下）的例子来自那位叫 L.S.J. 的小提琴家，若她练习一段新的音乐，她的演奏也能获得提高，但她没有练习这段音乐的记忆（Gregory et al., 2016; Valtonen et al., 2014）。

K.C. 则是另一个不能形成新的长时记忆，但仍然可以学习新技能的例子。在他经历了摩托车事故后，他仍然学会了如何在图书馆中对书籍进行分类和放置。尽管他并不记得学过这些事情，但他仍然可以完成这项任务，其任务表现还能通过练习得以提高。因为遗忘症患者能够保有以前的技能，并且能够习得新的技能，所以可以通过教他们一些技能（例如，将邮件分类、重复一些基于计算机的任务等）来帮助他们康复。尽管他们并不记得训练过程，但他们能够在这些任务上变得相当熟练（Bolognani et al., 2000; Clare & Jones, 2008）。

到目前为止，我们讨论的内隐记忆的例子包括那些涉及运动和肌肉动作的运动技能。许多纯粹的认知技能也会得到发展，这些技能可以算作程序性记忆。比如，考虑一下你的谈话能力。尽管你可能无法描述语法规则，但这并不妨碍你进行语法正确的对话。当我们还是婴儿的时候，我们就开始学习应用语法规则，虽然不一定能够陈述规则（尽管后来当我们长大时，我们可能会学习它们）。

程序性记忆与注意

程序性记忆的主要作用是使我们能够在不考虑我们正在做什么的情况下，进行熟练的行为。例如，想象一下，当一个人学钢琴的时候发生了什么。刚开始，他们密切注意手指如何敲击琴键，小心地按正确的顺序演奏正确的音符。一旦他们成为专业钢琴家，他们最好的策略就只是演奏，而不注意他们的手指。事实上，正如我们在第 4 章中提到的，参与音乐会的钢琴家报告说，当他们意识到自己在演奏一段难懂的乐章时手指是如何活动的，他们就无法继续演奏这段乐曲了。

一个有趣的结果是，习得的程序性记忆不需要注意，这就是**专家诱发的失忆**。它是这样工作的：一个在某一特定技能上非常熟练的专家会自动地执行这个动作。这个动作是如此熟练，它会自动发生，就像音乐会上钢琴家的手指魔术般地划过琴键一样。这种自动化行为的结果是，当被问及他们在执行这些熟练的动作时做了什么，专家通常不知道。

图 6.16 西德尼·克罗斯比身穿白色球衣，在 2010 年的奥运会上为加拿大打进致胜一球。

为加拿大赢得了 2010 年奥运会男子冰球金牌的冰球运动员西德尼·克罗斯比（Sidney Crosby）在冰上接受体育新闻网（The Sporting News，TSN）记者的采访时，就发生了一个运动领域的由专家诱发的失忆的例子（图 6.16）。记者问克罗斯比："你能不能告诉我们，那个球是怎么打进的？"克罗斯比回答说："我不太记得了。我只是把球击向球门——我想应该就是从这里，这就是我所记得的，我想它进了 5 洞*，但是说实话，我并没有看到。"观看过克罗斯比进球的 1600 多万加拿大人或许比克罗斯比更能详细地描述他所做的事情，因为他在进球时处于"自动状态"，不确定到底发生了什么。

程序性记忆与语义记忆之间的联系

在离开程序性记忆之前，让我们将注意放回小提琴演奏者 L.S.J. 身上。对 L.S.J. 的早期研究发现，她不仅失去了记忆过去事件的能力，还失去了有关世界的知识。虽然她是一个艺术家（具体而言是一位小提琴家），但是她不知道著名的画作《星夜》（Starry Night）的作者凡·高。在展示了 62 幅名画后，对照组中有艺术知识的人正确地说出了 71% 的画，而 L.S.J. 只正确地说出了 2% 的画（Gregory et al.，2014）。

这和程序性记忆有什么关系呢？事实证明，对 L.S.J. 的进一步测试揭示了一个有趣的结果：尽管她已经失去了对世界的大部分知识，但她能够回答与程序性记忆有关的问题。例如，她可以回答这样的问题：当你用水彩进行创作的时候，怎样才能去除多余的色彩？或者，丙烯画笔刷和水彩笔刷有什么不同？同样的结果也发生在 L.S.J. 被问及关于音乐（弦乐乐团通常由哪些乐器组成？）、驾驶（一个停车标志有几面？）以及航空（单翼飞机的起落架配置是什么？）的问题时——她是一名专业飞行员，同时也是一名音乐家和艺术家。L.S.J. 记得如何做事的事实证明了语义记忆和包括运动技能（比如绘画、演奏音乐、开车

---

* 冰球的 5 洞是守门员两腿之间的空隙。所以说"这一球进了 5 洞"意味着克罗斯比认为他的球是穿过守门员的胯下打进了球门的。

和驾驶飞机等）记忆之间的联系。

程序性记忆和语义记忆之间的联系让你想起了什么呢？在本章早些时候，我们讨论了语义记忆和情景记忆之间的相互作用。如果你听过一位流行歌手的演唱会（情景信息），你更有可能记得他的名字（语义信息）（见第 224 页）。同样，L.S.J. 的例子显示了关于不同领域（语义信息）的知识如何与执行各种技能（程序性记忆）的能力相联系。虽然我们可以画出图 6.14，它区分了不同类型的记忆，但是意识到这些类型的记忆之间的相互作用也很重要。

启　　动

当某个刺激（启动刺激）的出现影响了个体对随后的测试刺激的反应时，**启动**就发生了。**重复启动**是启动的一种，指测试刺激与启动刺激相同或相似时所产生的启动效应。例如，你看到了一个"鸟"字，随后，与其他没有见过的字相比，你可能会对以其他形式呈现的"鸟"字产生更快的反应，即便你可能不记得曾经看到过"鸟"字。重复启动被称为内隐记忆，因为当被试对测试刺激进行反应时，即使他们并不记得之前见过启动刺激，启动效应依然存在。

确保一个人不记得启动刺激的一个方法是对失忆症患者进行测试。Peter Graf 及其同事（1985）使用这种方法测量了三组被试：（1）患有柯萨科夫综合征（Korsakoff's syndrome）的患者，这种疾病与酗酒有关，患者无法形成新的长时记忆；（2）正在接受酒精中毒治疗的并且没有失忆症的病人；（3）没有失忆症、没有酗酒史的正常被试。

被试的任务是阅读一个包括 10 个单词的词表，并对每个单词的喜爱程度进行评定（1 = 非常喜欢，5 = 非常不喜欢）。这使被试把注意集中在对单词的评分上，而不是记忆单词上。在对单词进行评价后，被试立即接受了两种测试中的一种：（1）外显记忆测试——要求他们回忆他们读过的单词；（2）单词补全测试——对内隐记忆的测试。单词补全测试包含被试之前看到的 10 个单词的前三个字母，以及他们之前没有看到的 10 个单词的前三个字母。举个例子，三个字母的残词 tab___ 可以被补全为 table。研究人员向被试展示了 3 个字母的片段，并要求他们添加一些字母来写出第一个出现在他们脑海中的单词。

回忆实验的结果，如图 6.17a 所示，失忆症患者（柯萨科夫综合征患者）回忆单词的数量少于两个对照组。这种糟糕的回忆证实了糟糕的外显记忆与遗忘症有关。但是单词补全测试的结果显示了启动词生成的比例（见图6.17b），表明失忆症患者的表现和对照组一样好。这种对前面提到的单词的更好的任务表现是启动的一个例子。值得注意的是，尽管柯萨科夫综合征患者在回忆测试中记忆力很差，但是他们在单词补全任务中的表现和两组非失忆症被试一样好。

虽然失忆症患者较差的外显记忆意味着这些患者没有记住启动刺激，但问题是，我们如何能够确定被试在对测试刺激进行反应的时候并不记得启动刺激呢？毕竟，如果我们先给被试呈现一个"鸟"字，随后再测量被试对这个字的另一种形式的反应速度，其结果难道不是因为被试在"鸟"这个字第一次呈现时就记住了它吗？如果被试确实记住了"鸟"字第一次被呈现的情形，那么这

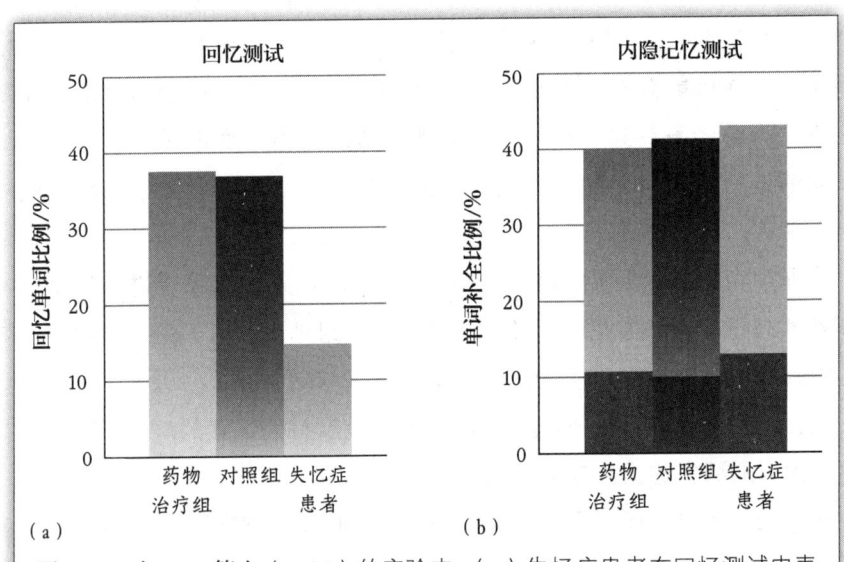

图6.17 在Graf等人（1985）的实验中，(a) 失忆症患者在回忆测试中表现较药物治疗组和对照组差。(b) 在内隐记忆测试（完成三个字母的单词补全）中，失忆症患者的表现和其他患者一样好。每个条形图上的深色区域表示被试在之前没有看到过的单词上的表现。

来源：P. Graf, A. P. Shimamura, & L. R. Squire, Priming across modalities and priming across category levels: Extending the domain of preserved function in amnesia, *Journal of Experimental Psychology: Learning, Memory, and Cognition*, 11, 386–396, 1985.

就是外显记忆（而非内隐记忆）了。因此，研究者使用了各种方法来降低被试在启动实验中记住启动刺激初始表征的可能性。

研究方法　在启动实验中排除外显记忆

把被试记住启动刺激的概率降到最低的一种方法是让实验的任务看起来不像记忆任务。例如，如果启动刺激是动物的名字，研究者可以给被试呈现这些名字，并且要求被试判断这些动物是否有 60 厘米高，这个任务会让被试专注于估计身高的任务，并让他们无法记住动物的名字。

此外，除了在实验的启动部分掩盖刺激的目的，研究者还设计了一些测验以间接地测量记忆。比如 Graf 在实验中使用的是单词补全任务。回到之前实验的结果，值得注意的是没有失忆症的被试在单词补全任务上的表现和柯萨科夫综合征患者的表现是一样的。我们希望没有失忆症的被试能够记住最初呈现的刺激，他们的表现会比柯萨科夫综合征患者好（Roediger et al., 1994）。

在重复启动实验中所用的另一种测验是测量被试对刺激进行反应的准确度和速度。例如，给被试呈现一列单词，要求被试每次看到四个字母的词时就按键反应。如果被试对与之前呈现过的启动刺激相关的四个字母的词反应更快或更准确，则表明产生了启动效应。这个测验的关键是速度。要求被试迅速反应可以降低他们有意识地回想是否见过该词的可能性。

通过这些方法，研究人员不仅在失忆症患者身上证明了内隐记忆的存在，在正常人身上也证明了这一点（Graf et al., 1982; Roediger, 1990; Roediger et al., 1994; Schacter, 1987）。

当我在课堂上讨论重复启动时，一个学生问我们在日常生活中是否经常被启动。这是一个好问题，答案是，虽然我们可能没有意识到，但是重复启动很可能一直发生在我们的日常经历中。当我们看到宣扬产品优点的广告，或者只是展示产品的名称时，内隐记忆可能会在我们没有意识的情况下影响我们的行为。尽管我们可能认为自己不会受到这些宣传的影响，但实际上只要接触到它们，它们就会对我们产生影响。

T. J. Perfect 和 C. Askew（1994）进行的一项实验证实了这个观点。他们让被试浏览杂志里的文章。杂志的每一页都有广告，但被试没有被要求去注意这些广告。随后，他们要求被试对一些广告在某些维度上进行评分，例如是否有吸引力、是否引人注目、是否有特色、是否令人印象深刻等。结果发现，被试对那些在杂志上出现过的广告的评分高于他们从没有看过的广告。这个结果显示了内隐记忆的作用。因为当研究人员要求被试指出哪个广告在之前的杂志中出现过时，他们平均只认出了 25 个广告中的 2.8 个。这个结果体现了**宣传效应**。宣传效应是指，个体更倾向于将他们之前读过或听过的事情判断为真，这仅仅是因为他们曾经接触过这些事情。即使在个体第一次读到或听到某种说法时就告诉他们那是错的，宣传效应仍然会发生（Begg et al., 1992）。宣传效应与内隐记忆有关，因为即使人们没有意识到他们曾听过或见过某种说法，甚至他们在第一次听闻时就认为这种说法是错的，宣传效应也会影响他们随后的判断。这就是第 8 章（见第 311 页）所讨论的虚假真实效应。

经典条件反射

当以下两种刺激互相配对时——一个原本不会导致反应的中性刺激和一个能够导致某种反应的条件刺激（见第 012 页）——就会发生**经典条件反射**。在实验室环境中，经典条件反射的一个例子是，给一个人呈现一个声音，这个声音之后会有一阵风吹向人的眼睛，造成被试眨眼。声音最初并不会导致眨眼，但在经过几次和轻风的配对之后，单独的声音也会使被试出现眨眼反应。这体现了内隐记忆，因为即使被试忘掉了之前声音和轻风的配对，对声音的眨眼反应仍然会发生。

现实生活中的条件反射通常与情绪反应有关，例如，我记得当我在乡村公路上开车时，在后视镜里看到一辆警车闪着红灯时的体验并不好。我对收到一张超速罚单并不开心，但这件事确实提供了一个经典条件反射的例子，因为之后我在路上经过那个地点时，我重新体验了被警车车灯触发的情绪。这个例子说明了情感的经典条件反射作用，但没有说明内隐记忆，因为我知道是什么引起了我的条件反应。

经典条件反射引起内隐记忆的一个例子是我们之前描述的情景（见第 225 页）。在该情景中，你遇到了一个似乎很熟悉的人，但你不记得你是怎么认识他的。你是否有过这样的经历，在不知道原因的情况下对这个人有过积极或消极的感觉？如果是这样，你的情绪反应就是内隐记忆的一个例子。

既然我们已经描述了认知心理学家是如何区分不同类型的记忆的，我们将通过考虑另一组人——制作电影的人——如何描述记忆来结束本章。

➲ 思　考

电影中的失忆

1993 年 9 月 18 日，结婚仅 10 周的金姆·卡朋特（Kim Carpenter）和克里克特·卡朋特（Krickett Carpenter）遭遇了一场车祸。克里克特的头部受伤，导致她失去了与丈夫金姆相恋的记忆，这导致她觉得丈夫就是一个陌生人。2012 年的电影《誓约》（*The Vow*）就是基于金姆和克里克特描述他们车祸后生活的书改编的，这部电影准确地描述了记忆丧失，因为它是由一个真实的案例改编的。然而，这部电影只是一个特例。大多数描述失忆的电影从描绘真实存在的失忆类型到完全虚构的从未发生的失忆类型都有。有时，即使电影中的失忆与实际情况相似，也会使用不正确的术语来描述它。接下来，我们将描述一些基于事实的记忆丧失、虚构的记忆丧失以及在电影中使用不正确的术语的例子。

在一些电影中，角色失去了关于过去的一切记忆，包括他们的身份，但是可以生成新的记忆。在《谍影重重》（*The Bourne Identity*，2002）以及后续的谍影重重系列电影中，主角杰森·伯恩［由马特·戴蒙（Matt Damon）饰演］身上就发生了这样的情况。在影片中，昏迷并且伤痕累累的伯恩被一艘渔船救起。醒来以后，他想不起自己是谁。随着他对过去身份的探寻，他发现有人要杀他，但是由于失忆，他不知道为什么。尽管伯恩失去了关于过去的情景记忆，但是他的语义记忆还是完好的。此外，最有趣的是，他完全没有忘记过去作为美国中央情报局特工时所受的训练（程序性记忆），包括如何以智取胜、如何逃脱以及如何消灭敌人。

伯恩的失忆与一种名为心因性神游症（psychogenic fugue）的罕见情况有关，其症状包括远离个体生活的地方，缺失有关过去的记忆，尤其是个人信息，例如名字、人际关系、居住地和职业。已知的少数个案表明，个体（往往）会从平常的生活环境中消失（通常是旅行到远方），然后使用一个与过去没有关系的新身份（Coons & Milstein，1992；Loewenstein，1991）。

还有一些影片同样围绕着一个失去了身份或者使用新身份的主角展开。在电影《我是谁》（*Who Am I*，1998）中，成龙饰演的特别突击队队员在一次直升机坠毁事件中失去了记忆，从而引发了一场对其身份的追寻。在《再世惊情》（*Dead Again*，1991）中，艾玛·汤普森（Emma Thompson）饰演的神秘女子对自己的生活一无所知。在《特工狂花》（*The Long Kiss Goodnight*，1996）里，吉娜·戴维斯（Geena Davis）饰演一位住在城郊的普通家庭主妇，在一次头部受创后，开始慢慢记起自己从前作为特工的经历。

在另一些电影中，主角难以生成新的记忆。例如，《记忆碎片》（*Memento*，2000）中的主角莱尼［由盖·皮尔斯（Guy Pearce）扮演］总是忘记刚刚发生在他身上的事。这种情况取材于一些个案，比如 H.M. 就难以生成新的记忆，只能记得当前一两分钟内的事情。莱尼的情况没有真实案例那样严重，尽管有些困难，但是他仍然可以在外界正常生活。为了弥补他无法生成新记忆的缺陷，他用一台宝丽莱相机记录自己的经历并且将一些关键事件文在了身上。

《记忆碎片》这部电影把莱尼的问题称为短时记忆丧失，这与心理学家使用的术语不同。这反映了一种常见的错误信念（至少对于那些没有上过认知心理学课程的人来说），即以为忘记先前几分钟或几小时的事是由于短时记忆受损。而认知心理学家定义的短时记忆是指那些发生在最近 15 秒、20 秒或 30 秒以内的记忆（如果事件被复述，时间可能会长一些）。根据这个定义，莱尼的短时记忆是完好的，因为他可以记起最近发生在他身上的事。他的问题在于难以生成新的长时记忆，就像 H.M. 一样，他能记住刚发生的事，但会忘记几分钟前发生过的所有事情。

另一个在生成新的长时记忆方面有问题的电影角色是多莉，它是那只在《海底总动员 1》（*Finding Nemo*）和《海底总动员 2》（*Finding Dory*）中由艾伦·德杰尼勒斯（Ellen DeGeneres）配音的患遗忘症的鱼（图 6.18）。多莉的症状与 H.M. 相似，她不能生成新的长时记忆，所以她只有持续 20~30 秒的短时记忆。但多莉对自己病情的诊断犯了和《记忆碎片》一样的错误。她说："我患有短时记忆丧失，我几乎立刻就能忘事。"

虽然有些电影——比如前面提到的那些——至少是部分基于真实记忆障碍改编的，但有些电影更偏向于虚构。在《全面回忆》（*Total Recall*，1990）中由阿诺德·施瓦辛格（Arnold Schwarzenegger）扮演的道格拉斯·奎德生活在一个

图 6.18 多莉是动画片《海底总动员 1》和《海底总动员 2》中患遗忘症的鱼。多莉认为她的短时记忆有问题，但她真正的问题是不能形成新的长时记忆。

可以植入记忆的未来世界。由于奎德犯了一个错误，把在火星上度假的人工记忆植入了脑内，因此引发了一系列噩梦般的事件。

生成特定记忆的反面是选择性地遗忘特定事件。这种情况偶尔会发生，就像对特别创伤性事件的记忆丢失一样（尽管有时情况正好相反，创伤性事件顽固地保存在记忆中；Porter & Birt，2001）。但是《美丽心灵的永恒阳光》（*The Eternal Sunshine of the Spotless Mind*，2004）中的人物把选择性遗忘的概念发挥到了极致，他们故意采用高科技手段来选择性地消除对前一段恋情的记忆。首先，克莱门汀［由凯特·温丝莱特（Kate Winslet）饰演］关于前男友乔尔［由金·凯瑞（Jim Carrey）饰演］的记忆被抹去了。当乔尔发现她这样做时，他决定用同样的方法把克莱门汀从他的记忆中抹去。如果你想看这部电影，我不会透露电影的结局，它既发人深省，又很有趣！

电影《初恋 50 次》（*50 First Dates*，2004）是一部关于记忆的电影，它基于电影制片人的想象力。虽然露西［由德鲁·巴里摩尔（Drew Barrymore）饰演］可以记住一天内发生的事（因此，在那一天中，她的短时记忆和长时记忆都是完好的），但是每天早晨，她都会出现逆行性遗忘，并失去前一天的记忆。然而，她每天早上的记忆"重启"好像完全没有困扰地爱上了她的亨利［由亚当·桑德勒（Adam Sandler）饰演］。亨利的问题是，因为露西每天早上醒来对前一天都没有记忆，所以她总是完全不记得他。这也是电影名《初恋 50 次》的由来。

这部电影在 2004 年上映时，还没有患有白天的记忆会在晚上睡觉时消失的记忆障碍的案例。然而，最近的一份报告记录了一名 51 岁的女性 F.L. 的情况，她在一次车祸中头部受伤，正在接受治疗。回家后，她报告说，每次醒来，她对前一天发生的事都没有任何记忆，就像《初恋 50 次》中的露西一样（Smith et al.，2010）。但是在实验室里的测试揭示了一些有趣的事情：F.L. 在她当天学到的材料上表现得很好，而且对她前一天看到的材料没有表现出记忆。但是，如果超出 F.L. 的知识，前一天学到的材料与新材料混杂在一起时，她就能记住旧材料。基于其他的测验，研究者得出结论说 F.L. 不是故意相信自己患有失忆症的，但是认为她的症状可能受到了《初恋 50 次》中失忆症是如何被描述的知识的影响。该电影是在 F.L. 报告症状前 15 个月放映的。这是一个有趣的例子，如果是真的，那就是生活在模仿电影。

自我测验 6.3

1. 区分外显记忆和内隐记忆。
2. 什么是程序性记忆？描述镜画实验和本章中的其他例子。为什么程序性记忆被认为是内隐记忆的一种形式？
3. 最近研究 L.S.J. 的实验告诉了我们程序性记忆和语义记忆之间的联系是什么？
4. 什么是专家诱发的失忆？它如何与程序性记忆的一个重要特征相联系？
5. 什么是启动？什么是重复启动？描述 Graf 的实验，你的描述要包括该实验的结果以及这些结果如何支持启动是内隐记忆的一种特殊形式这一观点。
6. 有什么注意事项可以确保记忆正常的人不会在测试内隐记忆的实验中使用情景记忆？
7. 描述 Perfect 和 Askew 的广告实验。什么是宣传效应？为什么可以认为它是一种启动形式？
8. 什么是经典条件反射？为什么它是内隐记忆的一种形式？
9. 叙述电影中是怎样描述失忆的。这些描述的准确性怎么样？

本章小结

1. 本章涉及记忆的区别以及联系。区别是指区分不同类型的记忆；联系是指不同类型的记忆是如何相互作用的。

2. 长时记忆是对我们生活中的过去经历和所学知识的"存档"。长时记忆与工作记忆互相协调以帮助我们创建当下的经历。

3. 系列位置曲线中的首因效应和近因效应分别与长时记忆和短时记忆有关。

4. 视觉和听觉编码既可以发生在短时记忆中，也可以发生在长时记忆中。

5. 通过演示自前摄抑制释放现象，Wickens 证实了语义编码存在于短时记忆中。

6. Sachs 使用一个再认记忆实验，证实了在长时记忆中存在语义编码。

7. 听觉编码是短时记忆编码的主要类型。语义编码是长时记忆编码的主要类型。

8. 神经心理学研究已经证明了短时记忆和长时记忆之间存在双分离，这支持了短时记忆和长时记忆由不同的独立机制引起的观点。

9. 海马体对形成新的长时记忆很重要。脑成像实验表明，海马体也参与在短时间的延迟中保存新信息的过程。

10. 根据 Tulving 的观点，情景记忆的典型性质是它涉及心理时间旅行（"自知的"记忆或"可回忆的"记忆）。语义记忆（"知道的"记忆）则不会涉及心理时间旅行。

11. 以下证据支持了情景记忆和语义记忆涉及不同的机制：（1）脑损伤病人所表现出的情景记忆与语义记忆的双分离；（2）脑成像研究证明，情景记忆和语义记忆激活的脑区虽然有所重叠，但仍然是区分开的。

12. 尽管情景记忆和语义记忆有不同的机制，但它们也互相关联，其表现如下：（1）知识（语义记忆）可以影响成为情景记忆的经验的性质。（2）自传体记忆包括情景记忆和语义记忆两部分。

13. 个人语义记忆是与个人经历相关的语义记忆，这些个人经历可以增强对语义信息的回忆能力，但对那些因脑损伤而失去情景记忆的人来说并非如此。

14. 记得/知道实验程序基于这样的观点：回忆与情景记忆相关，熟悉性与语义记忆相关。

15. 随着时间的推移，记忆失去了情景性。这被称为远端记忆的语义化。

16. 记忆过去的能力和想象未来的能力是有联系的，这一点在神经心理学和脑成像实验中都得到了证实。这些研究还提出了情景记忆的一个功能是帮助预测未来的需求和指导未来的行为，而这两种功能对生存都很重要。

17. 外显记忆，例如情景记忆和语义记忆，是我们意识到的记忆。内隐记忆是在没有意识到的情况下从经验中学习而产生的记忆。程序性记忆、启动和经典条件反射都涉及内隐记忆。

18. 程序性记忆，也叫技能记忆，已经在失忆症患者身上进行了研究。这些患者能够习得新技能，即使他们并不记得学习的过程。程序性记忆常见于我们所习得的各种技能。专家诱发的失忆是程序性记忆的自动化特性的一种表现。

19. 根据对一名脑损伤妇女的测试，有证据表明，与运动技能相关的程序性记忆和语义记忆之间存在联系。

20. 当某个刺激的呈现影响了一个人对随后出现的相同或相近刺激的反应时，启动效应就产生了。启动的内隐本质已经在失忆症患者和没有失忆症的正常被试身上都得到了证实。启动不仅仅是一种实验室现象，它也会发生在我们的生活中。宣传效应就是现实生活中内隐记忆的一个例子。

21. 当一个中性刺激和一个会引发某种特定反应的刺激互相配对时，原本中性的刺激也会引发相应的反应，即产生了经典条件反射。经典的条件性情绪反应在我们的生活中随处可见。

22. 电影中对失忆的描写多种多样，其中一些多少还与真实失忆个案类似，另一些则完全是杜撰的。

思考题

1. 你还记得刚过去的 5 分钟里发生了什么吗？在你回忆的时候，你所想起的内容有多少在短时记忆中？其中有多少曾存在于长时记忆中？

2. 不是所有的长时记忆都相同。尽管都叫长时记忆，但是关于 10 分钟前、1 年前和 10 年前你都做了什么的记忆是有差异的。你如何用本章描述的研究来证明这些长时记忆具有不同特性？

3. 社交媒体上反复出现的不真实信息有时会被认为是真实的。这种被称为假新闻的现象与宣传效应有何关系？

4. 你还记得你是怎么学会系鞋带的吗？这一过程与文中描述的学习钢琴的过程有何相似之处？

5. 看一些描写失忆的影片，如《记忆碎片》《初恋 50 次》（在互联网上搜索"电影 失忆"，以找到更多没有在本书中列举的相关影片）。介绍影片中对失忆的描述，并且与本章中的真实个案进行对比。看看影片中的失忆与真实外伤或者脑损伤个案中发生的失忆有多少相符。你也许需要做些额外的关于失忆的研究来回答这个问题。

关键术语

编码（coding, p.212）
长时记忆（long-term memory, LTM, p.206）
程序性记忆（procedural memory, p.231）
重复启动（repetition priming, p.235）
个人语义记忆（personal semantic memory, p.224）

海马体（hippocampus, p.217）
记得/知道实验程序（remember/know procedure, p.226）
技能记忆（skill memory, p.231）
建构性情景模拟假设（constructive episodic simulation hypothesis, p.228）

近因效应（recency effect, p.211）
经典条件反射（classical conditioning, p.238）
内隐记忆（implicit memory, p.231）
启动（priming, p.235）
前摄抑制（proactive interference, p.213）
首因效应（primacy effect, p.209）
外显记忆（explicit memory, p.231）
系列位置曲线（serial position curve, p.209）
心理时间旅行（mental time travel, p.221）

宣传效应（propaganda effect, p.238）
远端记忆语义化（semanticization of remote memory, p.226）
再认记忆（recognition memory, p.215）
专家诱发的失忆（expert-induced amnesia, p.233）
自传体记忆（autobiographical memory, p.223）
自前摄抑制释放（release from proactive interference, p.213）

这名学生正在从事对在大学生活中取得成功至关重要的活动——学习。这项活动包括吸收信息并在以后回忆起它。本章描述了编码——如何将信息存放到记忆中；提取——如何在以后提取它们。编码和提取可以从心理加工过程和生理加工过程两个角度来描述。对这些加工过程的研究为更有效地学习提供了见解。

长时记忆：编码、提取和巩固

第 7 章

编码：将信息输入长时记忆

加工水平理论

形成视觉图像

将词和自身联系起来

生成信息

组织信息

> ▶ 演示实验　记住一份词表

将单词与生存价值联系起来

提取练习

▶ 自我测验 7.1

有效的学习

精细化

生成与测验

组织

休息

避免"学习错觉"

成为一个主动记笔记的人

提取：从记忆中获取信息

提取线索

> ▶ 研究方法　线索性回忆

匹配编码和提取的条件

编码特异性

状态依存的学习

认知任务的匹配：适当传输加工

▶ 自我测验 7.2

巩固：建立记忆

突触巩固：经验导致突触改变

系统巩固：海马体和大脑皮层

标准巩固模型

巩固的多重痕迹模型

> ▶ 研究方法　多体素模式分析

巩固和睡眠：增强记忆

再巩固：记忆的动态属性

再巩固：著名的大鼠实验

人类被试记忆的再巩固

再巩固研究的实际成果

思考　认知心理学中的替代解释

▶ 自我测验 7.3

本章小结

思考题

关键术语

我们将思考的一些问题

➤ 将信息储存在长时记忆中的最好方法是什么？（第249页）

➤ 记忆的研究结果如何创造出更有效的学习技巧？（第258页）

➤ 我们能用什么技巧将我们需要的信息从长时记忆中提取出来？（第262页）

➤ 一生的经历和积累的知识是如何储存在神经元中的？（第270页）

你可能听过这样一句话，"活在当下"。当我们将其应用于实际生活中时，这也许是一个很好的建议，因为它的意思是意识到现在，而不是停留在过去，抑或担心和焦虑未来。

不过，尽管这个"处方"可能是一种让人们在日常生活中获益良多的方法，但现实是，活在当下可能根本不是真正的生活。以 H.M.（见第217页）为例，他记不住刚过去的30~60秒内的任何事情。他只能活在当下，因此根本无法独立工作。

H.M. 可能是一个极端的例子。事实是，即使你活在当下，当下的那一刻也会受到过去发生在你身上的事情的影响，你对未来将要发生的事情的期望也可能影响当下。关于过去的认知对我们的生存至关重要。我们会利用关于刚刚发生之事的知识，以及通过多年与环境打交道的经验而积累起来的知识（找路、践约、避免危险情况等）、人际关系（了解他人）、工作和学校生活（成功就业或参加考试所必需的事实和程序），以及对未来的预期和计划（见第220页）等事项。

本章将继续讨论长时记忆，并将重点放在信息是如何进入长时记忆中以及如何将其提取出来的。我们将重点讨论两个加工过程：**编码**（获取信息并将其转移到长时记忆中的过程）和**提取**（将信息从长时记忆转移到工作记忆中，从而使其进入意识的过程）。

第5章讲到，蕾切尔叫比萨饼外卖时获取信息并将信息转入长时记忆的过程叫作编码。注意，"编码（encoding）"这个术语与在第6章介绍短时记忆和长时记忆时讲到的"编码（coding）"有相似之处。有的作者会将这两个术语混用。我们会用后者（coding）表示信息呈现的形式。比如，一个词可以用视觉编码，可以用听觉编码，也可以用语义编码。而前者（encoding）指的是把信息放入长时记忆的过程。比如，对某个词进行编码可以通过如下方法：一遍又一遍地重复一个词，想想其他跟这个词押韵的词，或者造句。本章的主旨就是有些编码（encoding）方法比其他方法更有效。

你可以通过想象你刚刚为了准备考试而完成的学习来理解提取的重要性，你非常确信自己已经将可能在考试中出现的材料都编码进长时记忆了。但关键时刻来了，在考场上，你必须记起一些信息来回答问题。不管你编码了多少信息，除非你能提取出来，否则它无法帮助你在考试中取得好成绩。决定我们能否从长时记忆中提取信息的主要因素之一，是在学习这些信息的时候，你是如何编码的。下一节会主要探讨如何把信息编码进长时记忆，随后会探讨提取过程，以及它与编码有何联系。

编码：将信息输入长时记忆

有很多方法可以把信息存入记忆，有的方法效果更佳，有的方法稍差一些。一个例子是以不同的方式复述信息会产生不同的记忆效果。例如，如果你仅仅通过一遍又一遍地重复来记住一个电话号码，而不考虑其意义或该号码与其他信息的联系，你就是在进行**保持性复述**。通常，这种类型的复述会导致编码很少或没有编码，因此记忆效果很差，所以当你稍后想再次拨打这个电话时，你会发现自己已经想不起来了。

但是，如果你能找到一种方法把电话号码和一些有意义的事情联系起来，而不是无意识地重复它，会怎么样呢？假如有一个电话号码的前三位数和你的电话号码一样，后四位数恰好是你出生的年份！尽管这种情况是虚构的，但它提供了一个通过考虑意义或与其他信息建立联系来记住数字的例子。当你这样做的时候，你就是在进行**精细复述**，这比保持性复述带来了更好的记忆效果。

这种保持性复述和精细复述之间的差异提供了说明编码如何影响记忆提取能力的例子。现在我们将考虑其他例子，其中许多例子表明，基于意义和建立联系的编码有更好的记忆效果。

加工水平理论

Fergus Craik 和 Robert Lockhart（1972）提出了将编码类型与提取联系起来的早期观点，即**加工水平理论**。根据加工水平理论，记忆取决于对事物的**加工深度**。加工深度主要分为浅加工和深加工。**浅加工**很少涉及对意义的关注，比如当一个电话号码被一遍遍地重复,或者将注意集中在一个单词的物理特征上,如它是用小写字母还是大写字母书写的。**深加工**包括更多的注意投入,以及对于一个项目的意义及其与其他事物间联系的精细复述。根据加工水平理论,深加工比浅加工具有更好的记忆效果(Craik,2002)。

Craik 和 Tulving(1975)在一项测试不同加工水平下记忆效果的实验中向被试呈现单词,并问他们三个不同类型的问题。

1. 关于这个词的物理特征的问题。例如,被试看到单词 "bird(鸟)"并被问及它是否为大写?(图 7.1a)
2. 关于押韵的问题。例如,被试看到单词 "train(火车)",然后被问及它是否与单词 "pain(疼痛)"押韵。
3. 一个填空题。例如,被试看到 "car(汽车)"这个词,然后被问及这个单词可否填写在句子 "He saw a _____ on the street(他在街上看见了一辆 _____)"中。

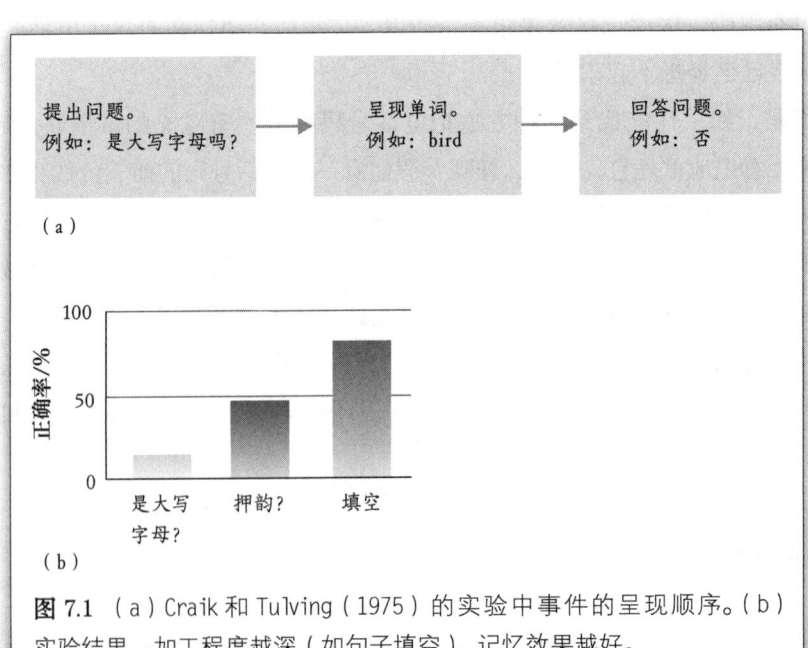

图 7.1 (a) Craik 和 Tulving(1975)的实验中事件的呈现顺序。(b) 实验结果。加工程度越深(如句子填空),记忆效果越好。

这三种类型的问题代表了不同层次的加工：（1）物理特征=浅层加工；（2）押韵=较深层的加工；（3）填空=最深层加工。在被试对这三种类型的问题做出反应后，他们接受了一项记忆测试，目的是考察他们对这些单词的记忆效果。结果如图 7.1b 所示，深加工的记忆效果更好。

加工水平理论背后的基本思想是，记忆的提取受项目编码方式的影响。这一观点引发了大量研究，并且都证明了这一点。例如，大约和加工水平理论同一时间提出的其他一些研究表明，形成视觉图像可以提高对词对的记忆。

形成视觉图像

Gordon Bower 和 David Winzenz（1970）决定测量使用视觉想象（在头脑中产生与单词有关的可视化图像）是否可以增强记忆。他们用了一个称作**配对联想学习**的方法，在其中会先呈现一组配对的词语。然后，呈现每一对词语中的第一个词语。被试的任务就是说出这个词是与哪个词配对的。

Bower 和 Winzenz 向被试呈现了 15 对名词，比如船－树，每对名词呈现 5 秒。他们要求一组被试无声地重复所呈现的词，另一组被试则在脑中想象两个物体互动的图像。随后，当被试看第一个词回忆配对词的时候，意象组（想象图像）的被试记起的词是重复词对组的 2 倍多（图 7.2）。

将词和自身联系起来

另一个编码可以提升记忆的例子是**自我参照效应**：如果要求你把一个词语和自己联系起来，记忆效果就会更好。Eric Leshikar 及其同事（2015）通过一项实验来证明存在自我参照效应。在该实验中，首先让被试在学习阶段观看屏幕上出现的一系列形容词，每个形容词大约呈现 3 秒。这些形容词有忠诚、快乐、有教养、健谈、懒惰和墨守成规。实验有两种条件，一种是自我相关条件，被试报告所呈现的形容词是否能描述自己（是或否），另一种是一般参照条件，被试报告这个词是否常用

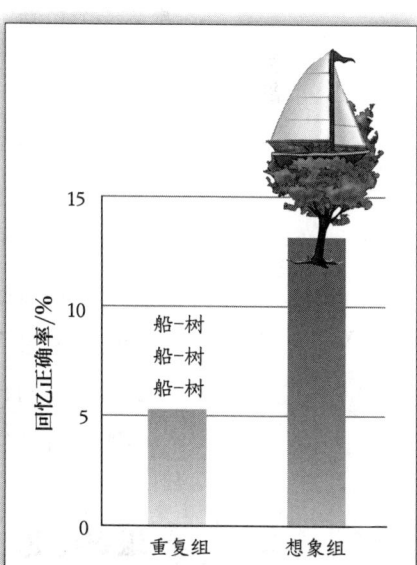

图 7.2 Bower 和 Winzenz（1970）的实验结果。重复组的被试重复单词对。意象组的被试形成了代表这对词语的图像。

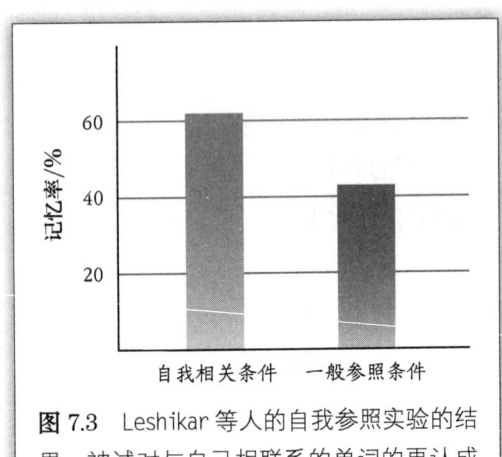

图 7.3 Leshikar 等人的自我参照实验的结果。被试对与自己相联系的单词的再认成绩更好。

（是或否）。

在学习阶段后，马上进行再认测试，研究人员向被试呈现了学习阶段的单词和一些之前没有出现过的单词，并让被试回答是否记得之前的单词。结果如图 7.3 所示，自我相关条件下的记忆优于一般参照条件下的记忆。

为什么被试更容易记住与自己有关的单词呢？一种可能的解释是，这些词与被试非常熟悉的事物——他们自己——联系在一起。一般来说，能在一个人的大脑中生成更丰富、更详细表象的陈述会导致更好的记忆（同样见于 Rogers et al., 1977；Sui & Humphreys, 2015）。

生成信息

与被动接收信息相比，自己在头脑中生成记忆材料，这对学习和保持记忆大有裨益。Norman Slameka 和 Peter Graf（1978）证明了这种效应，并将其命名为**生成效应**。在他们的实验中，被试要用两种不同的方式学习配对词语：

1. 阅读组：阅读有关联的词对。国王 – 皇冠，马 – 马鞍，灯 – 阴影，等等。
2. 生成组：在空格中填上与第一个单词相关的词。国王 – 皇＿＿＿＿，马 – 马＿＿＿＿，灯 – 阴＿＿＿＿，等等。

在被试阅读或生成一系列词对之后，他们要在看到各配对词对中的第一个词时，回答出与之配对的另一个词。生成组的被试比阅读组的被试多回忆出了 28% 的配对词。你也许会认为，这个实验结果对于备考很有帮助，本章稍后会再来探讨这个想法。

组织信息

计算机桌面上的文件夹、信息化图书馆目录以及笔记本上区分不同科目的标签都是通过组织信息而让信息的获取更富有成效的。记忆系统也是如此。这可以用不同的方法来证明。

演示实验　记住一份词表

找一张纸与一支笔。阅读下面的词语，然后把它们盖住，能想起多少词就写多少。

苹果、书桌、鞋子、沙发、梅子、椅子、樱桃、外套、灯、长裤、葡萄、帽子、甜瓜、餐桌、手套

停！盖住单词，写下你记得的单词，然后再往下阅读。

看下你写的词表，看看相似的项目是不是被放到了一起（比如，苹果、梅子、樱桃；鞋子、外套、长裤）。如果是这样，你的情况与已有的研究结果相同，即被试会在回忆的时候自动对项目进行整理（Jenkins & Russell, 1952）。对这个结果的一个解释是回忆某个特定类别中的单词可以作为该类别中其他单词的**提取线索**，即有助于回忆起该类别的其他信息的一个词语或者其他刺激。在这个例子中，一个特定的种属词，比如水果，就是水果这个类别中的其他词的提取线索。这样，所记住的词"苹果"就是其他水果（如葡萄、梅子）的提取线索。这样就创造了一个比原来读的词表更有组织性的回忆词表。

如果随机排列的词会在脑中组织起来，那么如果在开始编码时就呈现组织好的词表会怎样？Bower 及其同事（1969）用实验回答了这个问题。他们把实验材料整理成条理清晰的树状图，根据类别来给单词分组。比如，用一个树状图组织不同类型的矿物，分组为宝石、稀有金属和其他等（见图 7.4）。

让一组被试学习 4 个独立的树状图，内容涉及矿物、动物、衣服和交通工具，每个树状图可学习 1 分钟，随后他们的任务是尽可能多地回忆看到的词。在回忆测验中，被试倾向于把他们的答案组织成给他们看的 4 个树状图的样子，首先说"矿物"，然后说"金属"，接着说"普通金属"，等等。这一组被试平均回忆起了 4 个树状图中的 73 个词。

另一组被试也会看到 4 个树状图，但是词是随机排列的，所以每一个树状图中都包含随机分类的矿物、动物、衣服和交通工具。他们只能回忆起 4 个树状图中的 21 个词。因此，如果材料组织得好，回忆效果更好。这就是为备考准备材料时需要注意的。例如，你可以把你备考认知心理学的资料整理成如图 7.5

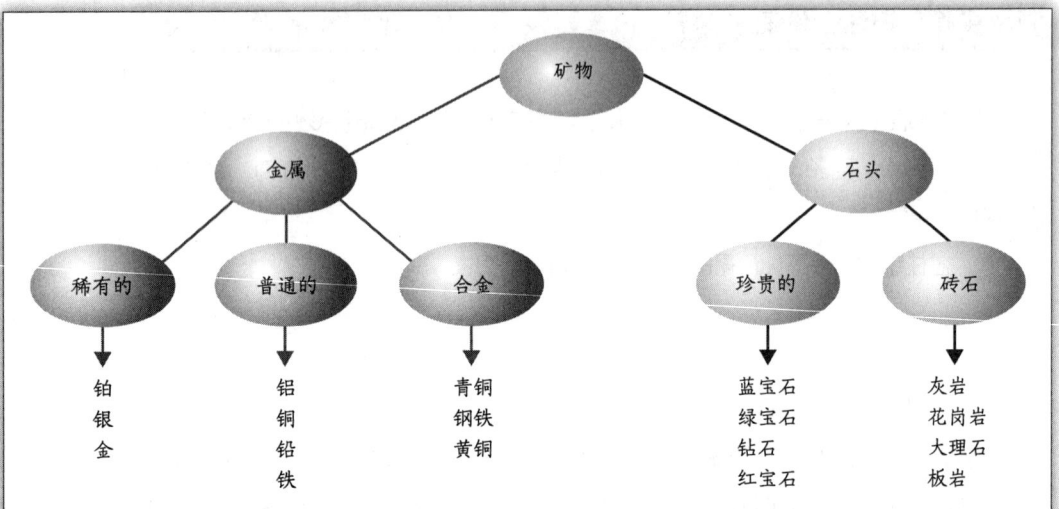

图 7.4 Bower 等人（1969）的实验中用到的有关矿物的"组织化树状图"，测试组织在记忆中的有效性。

来　源：G. H. Bower et al., "Hierarchical Retrieval Schemes in Recall of Categorized Word Lists," *Journal of Verbal Learning and Verbal Behavior*, 8, 323-343, Figure 1. Copyright © 1969 Elsevier Ltd. Republished with permission.

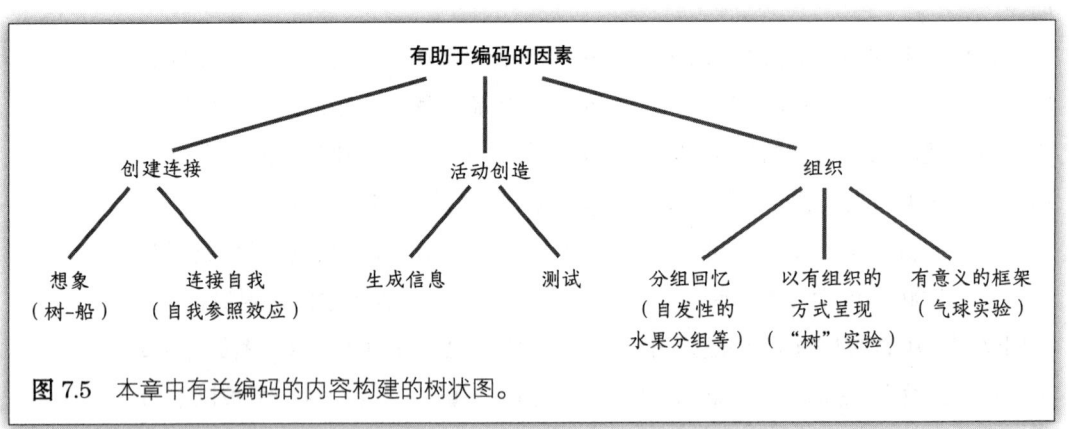

图 7.5 本章中有关编码的内容构建的树状图。

的样子。

　　如果以有组织的方式呈现材料能提高记忆效果，我们就可以预期若降低材料的组织性，会降低记忆效果。这个效应由 John Bransford 和 Marcia Johnson（1972）的实验证明。他们在实验中要求被试读下面这段话：

如果气球突然爆炸，导致所有的东西都远离正确的楼层，那么声音就没有办法传到。因为大多数建筑物都有良好的隔音效果，所以关闭的窗户可以阻止声音传播。由于整个过程都需要稳定的电流，所以如果中间的线断掉会带来问题。当然，那个家伙可以大喊，但是人的声音也不会传播很远。另一个问题是，乐器的弦可能会断。这样信息就没有相应的伴奏了。很明显，更好的情况是距离短一些，这样潜在的问题也会少一些。面对面的交流出现问题的可能性最小。（p. 719）

这是怎么回事？虽然每句话都通顺合理，但根据这篇文章，你可能很难描绘出当时究竟发生了什么。Bransford 和 Johnson 的实验中的被试不仅读不懂这段文字，并且认为记住这篇文章非常困难。

如果要让这篇文章说得通，就看一下图 7.6 吧，然后再读一遍这篇文章。当你重读的时候，文章会变得更有意义。在 Bransford 和 Johnson（1972）的实验中，先看图片再读文章的被试比不看图或者先看文章后看图片的被试多记住了 1 倍的信息。此处的关键就是组织。图片提供了一个心理框架，可以帮助读者将一句话和下一句话相连，并且形成了一个有意义的故事。结果就是组织化使得文章更易被理解而且更易在随后回忆出来。这个例子又一次证明了记忆材料的能力取决于材料如何在脑内编码。

将单词与生存价值联系起来

James Nairne（2010）提出，我们可以通过考虑记忆的功能来理解记忆是如何工作的，因为在进化的过程中，记忆的形成是为了提高生存能力。尤其是我们的祖先所经历的情况，他们面临基本的生存挑战，例如寻找食物和躲避捕食者。为了验证这一想法，在一项实验中，Nairne 让被试想象他们被困在一片没有任何基本生存物资的异国草

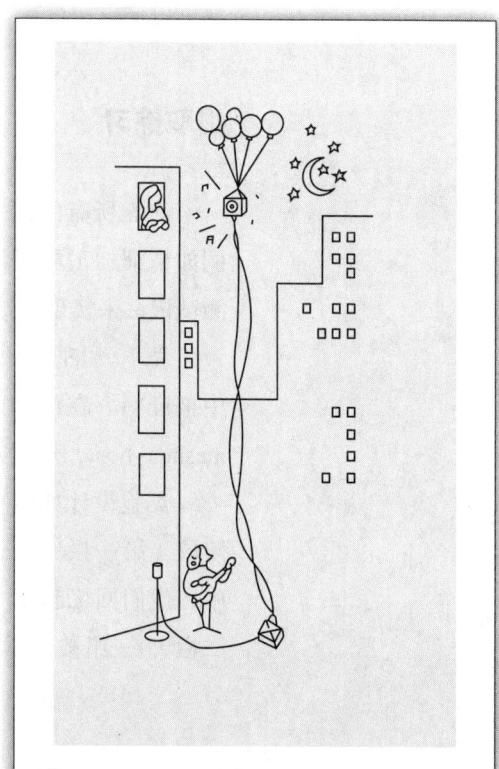

图 7.6 Bransford 和 Johnson（1972）用来举例说明组织对记忆的影响的图片。

原。当被试进行想象的时候，同时向他们呈现一张词表。他们的任务是，根据每个单词与寻找食物和水以及提供保护免受捕食者侵害方面的相关性，对这些词进行评级。

稍后，研究人员非常意外地让被试进行了一项记忆测试，结果显示，在阅读单词的同时完成这项生存任务比我们描述的其他精细编码加工（例如，形成视觉图像，将单词与自己联系起来，或者生成信息等方法）的记忆成绩都好。基于这一结果，Nairne 得出结论，与生存相联系的加工是一种将项目编码到记忆中的有效方法。

然而，其他研究人员发现，将单词与我们祖先未曾经历过的情景联系起来——比如，在草原或现代城市中被僵尸袭击（Soderstrom & McCabe, 2011），或者计划即将到来的露营旅行（Klein et al., 2010, 2011）——也能增强记忆。基于这样的结果，一些研究人员质疑我们的记忆系统会根据我们远古祖先所面临的生存状况而进行调整的这一观点。然而，毫无疑问的是，与生存有关的情况可以增强记忆。

提取练习

前面所有的例子都表明，人们学习材料的方式会影响随后对材料的记忆，例如精细加工可以带来更好的记忆。但是，使记忆更好的精细加工也可以通过测试记忆来实现，或者换句话说，通过练习记忆提取来实现。

提取练习效应在 Jeffrey Karpicke 和 Henry Roediger（2008）的一项实验中被证明。在他们的实验中，被试先学习了 40 个斯瓦希里语 - 英语词对，如 mashua-boat，然后被试会看到词对中的一个单词，并被要求回忆另一个单词。

实验设计如表 7.1 所示。实验总共有三组被试。在实验的首次学习和测试阶段（第一栏），三组被试学习所有词对，然后对所有词对进行测试。在测试中，他们回忆起了一些词对，也忘了一些。在实验的重复学习和测试阶段（第二栏），三组被试学习和测试的经历各不相同。

表 7.1

Karpicke 和 Roediger（2008）的实验设计与结果

	首次学习和测试序列		重复学习和测试序列		一周后测试的正确率 /%
	学习	测试	学习	测试	
第一组	所有词对	所有词对	所有词对	所有词对	81
第二组（更少的学习）	所有词对	所有词对	只有那些在先前测试阶段没有被回忆出来的词对	所有词对	36
第三组（更少的测试）	所有词对	所有词对	所有词对	只有那些在先前测试阶段没有被回忆出来的词对	36

第一组被试继续原有的实验操作。在每次学习与测试中，他们学习所有的词对，并对所有的词对进行测试，直到他们的回忆成绩达到 100%。第二组改变了学习—测试的学习部分，即一旦某一个词对在测试中被正确地回忆起来，在接下来的学习阶段，该词对就不再出现了。然而，所有的词对在每个测试序列中都进行了测试，直到成绩达到 100%。因此，随着实验的进行，这组被试学习的词对逐渐变少。第三组改变了学习—测试序列的测试部分，一旦一个词对被正确地回忆，在接下来的测试序列中就不再出现了。因此，随着实验的进行，这一组被试测试的词对逐渐变少。

在 1 周后的测试中，第一组和第二组回忆了 81% 的词对，而第三组只回忆了 36%。这一结果表明，测试对于学习很重要，因为当第三组被试在先前的学习—测试程序中一旦正确地回忆起某一词对，对该词对的测验就停止了，而这些被试在 1 周后的测试成绩就会下降。相比之下，针对第二组的研究结果显示，停止学习并不影响最终的学习成绩。由于提取练习而造成的表现更好的现象叫作**测验效应**。无论是在实验室还是在课堂环境中，这一效应都得到了大量实验的证明（Karpicke et al.，2009）。例如，对于八年级学生在历史考试中的表现（Carpenter et al.，2009）以及大学生在"大脑与行为"课程考试中的表现（McDaniel et al.，2007）来说，考试都比重复阅读带来了更好的成绩。

以上这些在不同条件下编码得到加强的案例为学生备考提供了一个重要的信息：在学习时，要使用精细加工的方法，而且即使学会了也要不断自我测试，因为测试提供了一种精细地加工材料的方式。

自我测验 7.1

1. 什么是编码？什么是提取？为什么它们对于成功地记住一个东西来说必不可少？
2. 精细复述和保持性复述的区别是什么？根据两类复述的过程以及两类复述对于形成长时记忆的有效程度，辨析两者的区别。
3. 什么是加工水平理论？确保你理解加工深度、浅加工和深加工。加工水平理论如何解释保持性复述和精细复述的区别？
4. 举例说明以下方法是如何提高对于单词的记忆的：（1）形成视觉图像；（2）把单词和自己联系起来；（3）在获取信息时生成该单词；（4）组织信息；（5）根据生存性意义对单词进行评定；（6）练习提取。这些过程有什么共同点？
5. 什么是测验效应？
6. 问题 5 中的实验结果表明编码和提取之间的关系是怎样的？

有效的学习

你是如何学习的呢？学生们已经发展出了许多学习技巧，这些技巧根据要学习材料的类型和学生的不同而有所不同。当要求学生描述他们的学习技巧时，他们报告最常用的是在教材或笔记中对学习材料做标记（Bell & Limber, 2010; Gurung et al., 2010）或重读教材、笔记（Carrier, 2003; Karpicke et al., 2009; Wissman et al., 2012）。不幸的是，研究发现，这些流行的技巧不是很有效（Dunlosky et al., 2013）。很明显，学生之所以使用做标记和重读的方法，是因为这很容易做到，并且他们没有意识到更有效的方法是什么。我们将描述一些已经被证明有效的学习方法。即使你认为做标记和重读对你有用，你也可以考虑在下次学习时使用下面介绍的一种或多种技巧。

精细化

精细化是一种帮你把正在阅读的材料转移到长时记忆中的加工过程——想想你正在阅读的材料，并且通过把它与你知道的其他事物相联系的方法赋予它意义。你学得越多，这种方法越简单，因为你先前的学习已经为后面添加新信息建立了框架。

基于联结的技巧，例如创造出将两种事物联系起来的形象，就像图7.2所示，对于学习单个单词或定义来说，这种方法是有效的。例如，有一种记忆效应叫作前摄抑制，当先前学到的信息干扰新学习的信息时，就出现了前摄抑制。前摄抑制效应可以通过学习法语词时可能发生的情况来说明，先前学习法语词使得稍后学习一组西班牙语词变得更加困难。你是如何记住"前摄抑制"这个词的呢？我的解决办法是将前摄抑制想象成一个橄榄球运动员。随着时间流逝，他在向前跑的途中撞飞了碰到的一切。这个形象可以提示我前摄抑制指的是过去对现在的影响。现在我不再利用这个形象来帮我记忆什么是前摄抑制了，但是在我刚开始学习这个概念时，它帮了大忙。

生成与测验

关于生成效应的研究结果（见第252页）表明，在加工材料时主动地创设一些场景是实现更好的编码和良好的长时记忆提取的强大方法。有关提取练习效应和测验效应的研究（见第256页）表明，在学习的材料上反复测验自己可以提高记忆。

测验其实是生成的一种形式，因为它需要你积极地投入材料中。如果你要自测，该从哪里获取测验问题呢？一种方法是使用书中或学习指南中提供的问题，比如这本书中的"自我测验"环节。另一个途径是自己编问题，由于编问题需要你主动接触学习材料，因此它会增强对材料的编码。研究表明，带着要编问题的想法阅读材料的学生组和带着要回答问题的想法阅读材料的学生组在考试中的成绩一样好，这两组的成绩都好于不需要编问题或回答问题的学生组（Frase，1975）。

但是研究表明，许多学生认为复习学习材料比自我测验更有效，那是因为他们做测验时把重点放在如何答题上，而不是把自我测验作为提高学习效果的工具（Kornell & Son，2009）。正如结果所示，自我测验实现了两件事，即表明你知道什么并提高你以后记住你知道的东西的能力。

组　　织

组织材料的目的是创建一个框架，帮助人们将一些信息与其他信息联系起来，使材料更有意义，从而加强编码。组织可以通过树状图来实现，如图 7.5 所示；或者将相似的事实或原理归类成纲或列表来实现。

组织还有助于减少记忆负载，我们可以通过一个知觉的例子来说明这一点。如果你将图 3.17 中的黑白图案视为不相关的黑白区域，则很难描述这幅图是什么。然而，一旦你把这种图案视为斑点狗，它就开始变得有意义，因此更容易描述和记忆了（Wiseman & Neisser，1974）。组织与我们在第 5 章中讨论的组块现象有关，将小元素组块成更大、更有意义的元素可以增加记忆容量。组织材料是实现它的一种方法。

休　　息

所谓"休息"的意思是"分几段时间来学习而不是尝试一次学习所有东西"或者"不要填鸭式学习"。有一些很好的原因可以用来说明这个问题。研究表明，即使学习总时长一样，但与集中时间学习相比，当学习被分成几个阶段并且在每个阶段中间可以休息时，效果会更好。这种短期学习的好处被称为**间隔效应**（Reder & Anderson，1982；Smith & Rothkopf，1984）。

研究还证实了休息的另一层含义：学习之后睡觉会提高记忆成绩（见第 279 页）。虽然为了逃避学习而睡觉可能不是一个好主意，但学习后马上睡一觉可以提高行为表现的加工过程被称作巩固（本章稍后会谈到），并且会产生更好的记忆效果。

避免"学习错觉"

基础的记忆研究和对特定学习技巧的研究都得出了一个结论：一些受学生青睐的学习技巧的效果被高估了。例如，复读备受青睐的一个原因是它能够制造一种学习正在发生的错觉。之所以会这样是由于阅读与复读材料导致了更高的流畅性，即重复使得阅读越来越容易。尽管阅读的流畅性形成了材料正在被学习的错觉，但是流畅性的提升并不一定意味着对材料有更好的记忆。

另一种制造学习错觉的机制是熟悉性效应。复读让材料变得熟悉，因此，当你看到它两三次以后，就会产生一种倾向——你会将这种熟悉解释为已经了解了。不幸的是，再认出当前的材料不能说明你稍后可以回忆起它。

最后，小心做标记。Sarah Peterson（1992）做的一个调查发现，82%的学生会画出重点，他们中的大多数人在第一次阅读材料时就会这么做。画重点的问题在于它看上去像精细加工（通过用标出重点来表现你在积极主动地阅读），但是它经常成为一种自动化的行为——只是动动手，很少深入地思考材料。

当Peterson对比画重点和不画重点的两组人的理解力时，他发现两组人在材料测试上的成绩无差异。画重点对一些人来说可能是很好的第一步，但最重要的通常是回顾标记部分的内容，有技巧地回看你标记的部分，比如利用精细复述或者生成问题的技巧，以便使这些信息进入记忆。

成为一个主动记笔记的人

前面的学习建议是关于如何学习课程材料的，通常是学习教材、课堂阅读材料和讲义笔记。除了遵循这些建议，另一种促进课程学习的方法是思考如何在课堂上记笔记。你是手写笔记还是用笔记本电脑做笔记呢？

大多数学生说他们用笔记本电脑记笔记（Fried，2008；Kay & Lauricella，2011）。当被问及为什么要这样做时，他们的回答通常是，在笔记本电脑上记笔记的效率更高，而且可以记更完整的笔记（Kay & Lauricella，2011）。然而，许多教授认为在笔记本电脑上记笔记并不是一个好主意，因为笔记本电脑会诱使学生从事一些分散注意的活动，比如上网、发信息或电子邮件。但是，除了认为笔记本电脑会导致分心的观点外，还有另一种反对用电脑记笔记的原因是这样会导致对材料的加工较浅，从而导致考试成绩较差。

Pam Mueller和（Daniel Oppenheimer（2014）在一篇名为"笔比键盘更强大：手写笔记比用笔记本电脑记笔记更有优势（The Pen is Mightier Than The Keyboard: Advantages of Longhand Over Laptop Note Taking）"的论文中为这一观点提供了实证支持。他们做了一系列实验，在实验中让学生们边听讲座边用手写笔记或用笔记本电脑记笔记。用笔记本电脑记笔记的人所记的笔记更多，因为用笔记本电脑记笔记比手工记笔记更容易也更快。此外，还有两个不同之处值得关注：用笔记本电脑记笔记包含更多的逐字抄写，并且笔记本电脑组的学生在课堂材料测试中的表现比普通书写组差。

为什么使用笔记本电脑记笔记的人在考试中表现得更差呢？要回答这个问题，可以回到这样一个原则上，即对材料的记忆取决于它是如何编码的。具体地说，生成学习材料本身会导致更深层次的加工，因此会有更好的记忆效果。根据 Mueller 和 Oppenheimer 的研究，简单地抄写教授所讲内容的浅加工不利于学习。相比之下，手写笔记更有可能涉及对讲授内容的综合和总结，从而得到更深层次的编码和更好的学习效果。Mueller 和 Oppenheimer 的研究论文中最重要的信息是，积极参与地记笔记比机械抄写好。

Adam Putnam 及其同事（2016）在一篇名为"优化大学学习：来自认知心理学的小贴士（Optimizing Learning in College: Tips from Cognitive Psychology）"的论文中，就如何在大学课程中取得成功提出了许多有价值的建议。根据 Mueller 和 Oppenheimer 的研究结果，他们提出了两个建议，即在课堂上（1）"把笔记本电脑放在家里"以避免网络和社交媒体的干扰；（2）"动手写笔记而不是打字"，因为手写导致了更多的思考和更深层的加工。当然，Mueller 和 Oppenheimer 的结论只是一方面，所以在放弃用电脑记笔记之前，最好等更多的研究结果出来再说。但是不管你用什么方法记笔记，都要尽力用自己的话记笔记，而不是简单地抄写别人说的话。

所有这些研究提示的信息是，很多认知心理学的研究结果所揭示的方法可帮助你提高学习效果。Putnam 及其同事（2016）的论文提供了简明扼要的关于学习的研究结论；John Dunlosky 及其同事（2013）的论文提供了更深入的讨论，最后得出结论是，练习测验（请参阅前面的"生成与测验"部分）和分散练习（请参阅前面的"休息"部分）是最有效的两种学习方法。

提取：从记忆中获取信息

我们已经知道提取信息是如何增强记忆的了，但我们怎样才能增加信息被提取的概率呢？提取的过程是非常重要的，因为许多记忆的失败就是提取失败。信息就在那里，但我们就是无法将它们提取出来。例如，你为了考试而努力学习，但是在考场上怎么也想不出答案，直到考试结束，你才突然想起它。或者你出乎意料地遇到了以前见过的人，你不记得那个人的名字，但是在你和他交谈的时候（或者更糟糕的是，在那个人离开之后），那个人的名字才突然出现在你的脑海里。在这两个例子中，你都拥有所需的信息，但是在需要时无法提取。

提取线索

当我们讨论回忆单词"苹果"为何可作为"葡萄"的提取线索时（见第253页），我们把提取线索定义为帮助我们想起储存在记忆中的信息的词或其他刺激。现在仔细考虑一下这些线索，你会发现线索可以有若干不同的来源。

一段关于我准备出门去上课的经历能解释地点是如何作为提取线索的。早上在家里的书房时，我想着一定要记得带有关遗忘症的DVD① 去学校上认知心理学的课。过了一会儿，当我要离开家时，我内心隐隐觉得我忘记了什么，但是我怎么也想不起来到底忘了什么。这不是我第一次遇到这个问题了，所以我知道该怎么办。我回到书房，一到那里，我就想起来我该带DVD。回到我最开始想到要带DVD去学校的地方，有助于我找回自己最初的想法。我的书房就是帮我想起要带什么去上课的提取线索。

你可能也有类似的经历，回到某个特定的地方会引发与之相联系的记忆。下面是我的一个学生所提取的有关童年经历的记忆。

> 我8岁的时候，祖父母都去世了。他们的房子被卖掉了，我的那段童年时光也结束了。从那以后，虽然我可以依稀记得这段童年时光的一些事情，但是细节都不记得了。有一天，我打算去兜风。我去了祖父母的老房子，我在小巷子里掉头，停车。我坐在那里，盯着房子，神奇的事情发生了！生动至极的回忆涌上心头。突然，我好像回到了8岁的时候。我好像能看到自己在后院，第一次学骑单车。我能看到房子里面。我能想起房子里面的每一个细节，甚至能想起那与众不同的气息。尽管我曾多次努力回想这一切，但从未像当时那样细致入微。
> （安吉拉·佩都瑟斯）

---

① *Digital Video Disc* 的缩写，又被称为高密度数字视频光盘。——译者注

我在书房的经历和安吉拉在祖父母家房外的经历，都是回到记忆产生的地方获得提取线索的例子。除了地点，还有很多东西可以作为提取线索。听某一首歌可以让你回忆起你多年都没有想过的事情。气味也是如此。我曾闻过一种发霉的气味，跟我祖父母家楼梯间的味道很像，于是我童年爬楼梯的记忆立刻涌上心头。对于提取线索的运用已经在实验室中得到了证明，这种技术叫作线索性回忆。

研究方法　线索性回忆

我们可以区分两种回忆过程。一种是**自由回忆**，要求被试自行回忆刺激，这类刺激可能是实验者在实验之初呈现的词，也可能是被试以前生活的经历。我们已经看过了这种回忆方式在类似的实验中的应用，比如系列位置曲线实验（见第 209 页）。另一种是**线索性回忆**，实验会呈现提取线索来帮被试回忆之前出现的刺激。线索通常是词或短语。比如，Tulving 和 Zena Pearlstone（1966）做了一个实验，他们给被试呈现了一个词表要求其记忆。虽然在原始词表中没有注明词语的类别，但是这些词语都来自特定的类别，比如：鸟类（鸽子、麻雀）、家具（椅子、梳妆台）和职业（工程师、律师）。在记忆测验中，自由回忆组的被试需要自己写下尽可能多的词。线索性回忆组的被试尽管也要回忆看过的词语，但是研究者还给他们提供了那些词语的类别名称，比如"鸟类""家具"和"职业"等。

Tulving 和 Pearlstone 的实验结果表明，提取线索有助于回忆。自由回忆组的被试回忆起了约 40% 的词，而线索性回忆组的被试回忆起了约 75% 的词。

最令人印象深刻的提取线索演示实验是 Timo Mantyla（1986）做的实验，他给被试看了一个有 504 个名词的词表，比如香蕉、自由、树。在学习阶段，被试要根据每一个名词写下三个与其相关的词。比如，被试看到"香蕉"，他就会写下"黄色""成串儿的""可食用的"。在实验的测试阶段，这些被试看到的一半单词是由他们自己生成的三个名词（自我生成的提取线索），或者看到由其他人生成的三个单词作为另一半（他人生成的提取线索），他们的任务是记住在学习阶段看到的名词。

结果表明，当呈现自我生成的提取线索时，被试记住了91%的单词（图7.7里最上面的条形）。但是，当呈现他人生成的提取线索时，被试只记住55%的单词（图7.7里中间的条形）。

你也许认为，根据三个线索词"黄色""成串儿的""可食用的"就能直接猜到"香蕉"，就算以前完全没有看过这些词也没关系。但是Mantyla的另一个对照组的被试就只看到了别人写的线索，但自己从来没有学习过那些原始词，这些被试只能猜对17%的词。这个结果证明，提取线索（三个词）对于提取记忆非常有效，但是当提取线索由被试自己生成的时候会更为有效。在Wagenaar（1986）的一个研究中，他能够在6年之后依靠提取线索想起全部2400篇日记的内容。

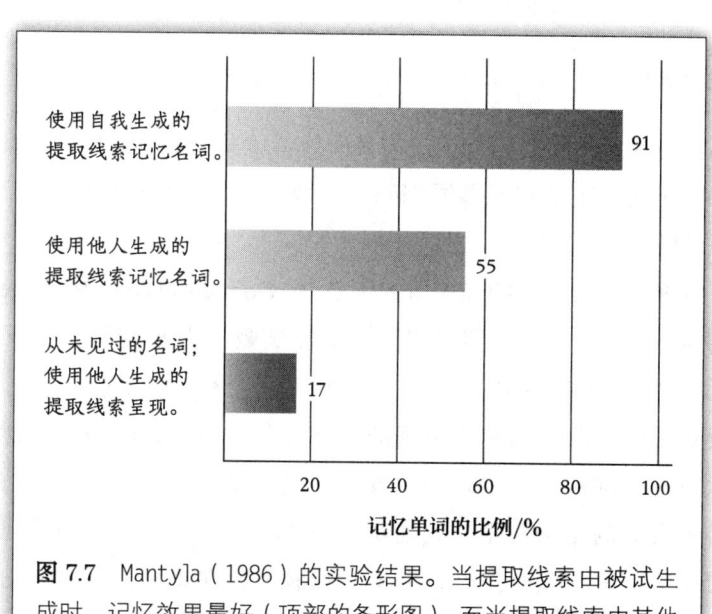

图7.7 Mantyla（1986）的实验结果。当提取线索由被试生成时，记忆效果最好（顶部的条形图），而当提取线索由其他人生成时，记忆效果就不那么好（中间的条形图）。那些没见过单词，试图根据他人生成的提取线索来猜测单词的对照组被试表现得很差（底部的条形图）。

匹配编码和提取的条件

前面两个实验的提取线索都是言语"提示"：Tulving和Pearlstone的实验

中的类别名称，比如"家具"；Mantyla 的实验中被试写出的三个描述性的词。但是还有另一种"提示"可以帮助提取：回到特定的地点，比如安吉拉的祖父母家或者我的书房。

让我们再回顾一下我的书房的例子，我需要回到书房才能想起我要带 DVD 去上课这件事。想起 DVD 的关键就是通过回到我最开始编码信息的地方回忆起"要带着 DVD"这个想法。这个例子解释了下面这个基本原理：提取成功率会因为提取情境和编码情境的一致而提升。

下面会讨论三个具体情境，通过匹配提取情境和编码情境来提高提取的可能性。匹配的方法有：（1）编码特异性——将编码时和提取时的情境相匹配；（2）状态依存的学习——将编码时和提取时的心理状态相匹配；（3）适当传输加工——将编码和提取的任务相匹配。

编码特异性

编码特异性原则指我们将信息与其所处情境共同编码。比如，安吉拉将很多经历和她祖父母家的房子共同编码。当她多年之后回到那里复原了情境时，她就想起了很多儿时的经历。

一个解释编码特异性的经典研究是 D. R. Godden 和 Alan Baddeley（1975）做的"潜水实验"。在这个实验中，一组被试戴上潜水装备在水下学习一组单词，另一组被试在陆地上学习同一组单词［图 7.8a（彩）］。这两个小组随后还要再分组，陆地组和水下组的被试各分出一半在陆地上进行测验，另一半在水下进行测验。结果表明，编码和提取发生在同一地点时，回忆成绩更好。潜水实验的结果和很多其他实验一样，证明了在和测验环境类似的环境里学习是一个好策略。虽然这并不意味着你要在将来进行考试的教室里完成所有的学习任务，但至少可以在你的学习情境中模拟一些考试会出现的情况。

"潜水实验"和其他许多研究的结果表明，参加考试的一个好策略是在一个类似于考试的环境中学习。虽然这并不意味着你必须在考试的教室里完成所有的学习，但你可以在你的学习环境中复制一些在考试期间存在的环境条件。

这个关于学习的结论也得到了 Harry Grant 及其同事（1998）的实验支持［实验设计见图 7.8b（彩）］。被试戴着耳机阅读一篇有关心理免疫学的文章。安静组被试的耳机里没有声音。噪声组被试会听到在学校午餐时间录制的背景噪声（他们被告知要忽略这种噪声）。每组有一半的被试会在安静的情况下进行简答题测验，另一半被试在有噪声的情况下进行测验。

实验结果［见图7.8b（彩）］表明，如果测验和学习的情境是一致的，那么被试会表现得更好。因为你下一次的认知心理学考试会在安静的情境中进行，所以在安静的情境下复习吧！（有趣的是，我的一些学生说学习时伴有外界刺激，比如音乐或者电视，可以帮助他们学习。这个想法和编码特异性背道而驰。你能想到学生们这样说的原因吗？）

状态依存的学习

另一个编码和提取的匹配性影响记忆的例子是状态依存的学习，即学习跟特定的内部心理状态有关，比如心情或者觉醒状态。根据**状态依存学习**的原理，当一个人提取信息和编码信息时的心理状态相匹配时，记忆效果会更好。比如，Eric Eich 和 Janet Metcalfe（1989）用实验证明，若一个人提取信息时的心情与其编码信息时的心情一致，记忆效果更好。他们要求被试在听欢快的音乐时想积极的事情，听忧伤的乐曲时想令人沮丧的事情［见图7.8c（彩）］。在听音乐时让被试为他们的心情打分，当他们打分为"非常开心"或"非常不开心"的时候，进入实验的编码阶段。被试通常会在15～20分钟内，带着积极情绪或消极情绪学习词表。

学习阶段结束之后，要求被试在2天后回到实验室（悲伤组的被试会在实验室中待久一些，在轻松的音乐背景下吃一些饼干，和主试聊天，所以他们不会带着坏心情离开实验室）。2天后被试回到实验室，用同样的步骤把他们分到积极情绪组和消极情绪组。当他们进入相应情绪的时候，他们要对2天前学的词进行记忆测验。实验结果［见图7.8c（彩）］表明，若提取时的心情和他们编码时的心情匹配，回忆效果更好（也见 Eich，1995）。

迄今为止，我们已经讲了两个匹配编码和提取的方法，包括物理情境的匹配（编码特异性）或者内心感受的匹配（状态依存的学习）。下一个例子涉及在编码和提取方面匹配认知任务的类型。

认知任务的匹配：适当传输加工

Donald Morris 及其同事（1977）的一个实验表明，当编码和提取过程中涉及的认知任务相同时，提取的效果更好。他们的实验步骤如下。

第一部分 编码

被试听到一个句子，句子中的一个单词会被"空白"代替；2秒之后，他们会听到目标单词。实验中共有两种编码条件，在意义条件下，任务是根据单词填空时的意义回答是或否；在韵律条件下，被试根据单词的读音回答是或否。下面是一些例子：

意义条件

1. 句子：The _____ had a silver engine.（×× 有一台银色的发动机。）
   靶子词：train（火车）
   正确答案："是"
2. 句子：The _____ walked down the street.（×× 沿着路走。）
   靶子词：building（楼房）
   正确答案："否"

韵律条件

1. 句子：_____ rhymes with pain.（×× 与疼痛押韵。）
   靶子词：train（火车）
   正确答案："是"
2. 句子：_____ rhymes with car.（×× 与汽车押韵。）
   靶子词：building（楼房）
   正确答案："否"

关于这两组被试，最重要的不同之处是他们被要求以不同的方式加工单词。在一种情况下，他们必须专注于单词的意思来回答问题；在另一种情况下，他们专注于单词的声音。

第二部分 提取

Morris 感兴趣的问题是，在实验的编码部分，被试加工单词的方式会如何影响他们提取目标单词的能力。在这部分实验中有许多不同的条件，但是我们将重点放在当被试被要求根据单词的读音来加工单词时发生了什么。

意义组和韵律组的被试都被要求一个一个地听一系列测试词，一些测试词与编码过程中出现的目标词押韵；一些不押韵。他们的任务是，如果测试词与目标词押韵，他们回答"是"；如果不押韵，他们回答"否"。在下面的例子中，注意测试词总是与目标词不同。

测试词：rain　　　回答：是（因为它与前面提到的目标词 train 押韵）
测试词：street　　回答：否（因为它与编码过程中出现的任何目标词都不押韵）

本实验的关键结果是被试的提取成绩取决于提取任务是否与编码任务匹配。如图 7.9 所示，在编码过程中专注于押韵的被试比专注于意义的被试在押韵测试中记住了更多的单词。因此，在第一部分实验中专注于单词发音的被试在测试中表现得更好。这样一种结果——当编码和提取的加工类型匹配时，成绩更好——被称作**适当传输加工**。

适当传输加工类似于编码特异性和状态依存学习，因为它证明了编码和提取过程匹配可以提高成绩。但是，除此之外，这个实验的结果对于前面讨论的加工层次理论有重要的意义。加工层次理论背后的主要思想是，更深层次的加工可以得到更好的编码，从而得到更好的提取。加工层次理论预测，编码过程中处于意义组的被试会经历更深层次的加工，因此他们应该表现得更好。然而，这里的押韵组表现得更好。因此，Morris 的实验不仅表明编码和提取任务的匹配很重要，而且表明编码阶段更深层次的加工并不一定能得到更好地提取。

到目前为止，我们关于编码和提取方法的研究主要考察的是行为实验，这些行为实验考虑编码和提取的条件如何影响记忆。但是，还有一种研究编码和提取的方法侧重于生理学。本章的剩余部分将研究编码过程中

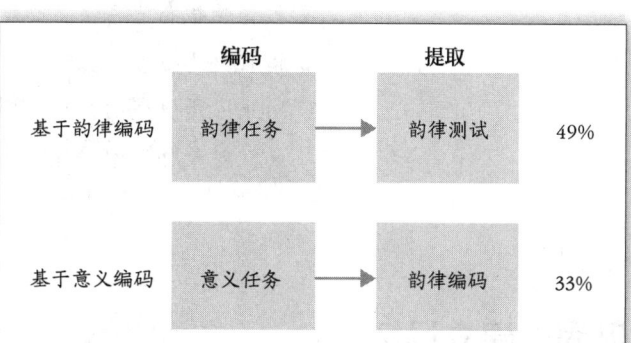

图 7.9 Morris 等人（1977）的适当传输加工实验的实验设计和结果。在韵律测验上，进行基于韵律编码任务的被试比进行基于意义编码任务的被试表现好。这个结果不能用加工水平理论预测，但是可以用编码和提取任务一致时提取效果更好这个原则来预测。

发生的生理变化是如何影响我们随后提取记忆的能力的。

自我测验 7.2

1. 描述以下五种提高学习效率的方法：（1）精细化加工；（2）生成和测验；（3）组织；（4）休息；（5）避免学习错觉。每种技术是如何与编码和提取的研究发现相关联的？
2. 成为一个积极的学习者是什么意思？这个问题与手写笔记和用笔记本电脑记笔记之间的差异有什么联系？
3. 提取线索是一种可以提高记忆的有效方法，为什么说当你在句子中使用一个词、创建一个图像或将它与你自己联系起来时（这些都是涉及提取线索的技术），记忆成绩更好？
4. 什么是线索性回忆？请与自由回忆进行比较。
5. 请描述 Tulving 和 Pearlstone 的线索性回忆实验，还有 Mantyla 给被试呈现 600 个单词的实验。每个实验的流程和结果是什么？对于提取有什么启示？
6. 什么是编码特异性？请描述 Godden 和 Baddeley 的潜水实验，还有 Grant 的学习实验。每个实验是如何解释编码特异性以及线索性回忆的？
7. 什么是状态依存学习？请描述 Eich 和 Metcalfe 关于情绪和记忆的实验。
8. 请描述 Morris 的适当传输加工实验。哪些关于编码和提取的方面是 Morris 所研究的？这个实验的结果对于编码和提取匹配的观点有什么意义？对于加工水平理论有什么意义？

巩固：建立记忆

记忆是有历史的。就在一件事情或学习发生后，我们记得发生过的事情或我们所学到的许多细节。但是随着时间的推移和额外经验的积累，一些记忆会消失，一些会改变特征，还有一些最终可能不同于实际发生的事情。

关于记忆的另一个观察结果是，虽然每一次经历都可能产生新的记忆，但新的记忆是脆弱的，因此可能被破坏。德国心理学家 Georg Müller 和 Alfons Pilzecker 首先通过实验证明了这一点（1900；也见 Dewar et al., 2007）。在他们的实验中，两组被试学习了一组无意义的音节。立即学习组先学习了一个音节列表，然后马上学习了第二个音节列表。延迟学习组先学习第一个列表，然后等 6 分钟再学习第二个列表（如图 7.10）。当对第一个音节列表进行测试时，延迟学习组的被试记住了 48% 的音节，而立即学习（不延迟）组的被试只记住了 28% 的音节。显然，立刻给无延迟组的被试呈现第二个列表会干扰这些被试对第一个列表的稳定记忆的形成。基于这一结果，Müller 和 Pilzecker 提出了**巩固**这一概念。它被定义为将新记忆从一种易受干扰的脆弱状态转变为一种更持久的、不容易被破坏的状态的加工过程。

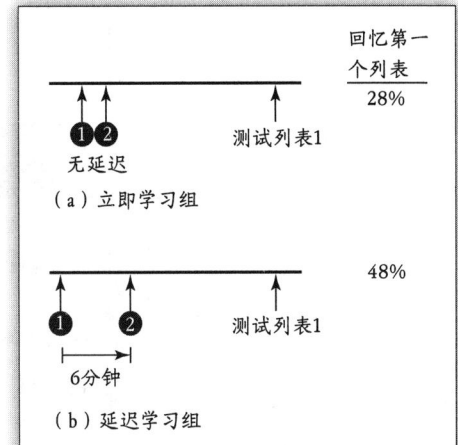

图 7.10 Müller 和 Pilzecker 的实验程序。（a）在即时（无延迟）条件下，被试学习列表 1，然后立即学习列表 2。（b）在延迟条件下，列表 2 在延迟 6 分钟后学习。右边的数字表示当稍后测试列表 1 时，所回忆项目的百分比。

在 Müller 和 Pilzecker 的开创性实验后的 100 多年里，研究人员发现了许多与巩固有关的机制，并根据突触和神经回路的机制区分了两种类型。请你回忆一下，在第 2 章中，我们讨论过突触是一个神经元轴突末端和另一个神经元的细胞体或树突之间的小间隙（见图 2.4），当信号到达神经元的轴突末端时，神经递质被释放到下一个神经元上。神经回路是相互连接的神经元集群。**突触巩固**会持续几分钟或几小时，涉及突触的结构变化。**系统巩固**涉及脑区中的神经回路的逐级重组，会持续几个月甚至几年（Nader & Einarsson, 2010）。

突触巩固相对较快，系统巩固相对较慢的这一事实并不意味着我们应该把它们看作一个加工过程的两个阶段，就像我们看待多重记忆模型中的短时记忆和长时记忆一样（见图 5.2）。更准确地说，它们是一起发生的，如图 7.11 所示，但是它们又是以不同的速度和在神经系统的不同层次上发生的。当外界刺激发生变化时会触发一个神经激活过程，从而导致突触发生变化。与此同时，一个涉及神经回路重组的长期加工也开始了。因此，突触巩固和系统巩固是同时发生的过程，一个在突触水平上，加工迅速；另一个在神经回路水平上，加工较慢。

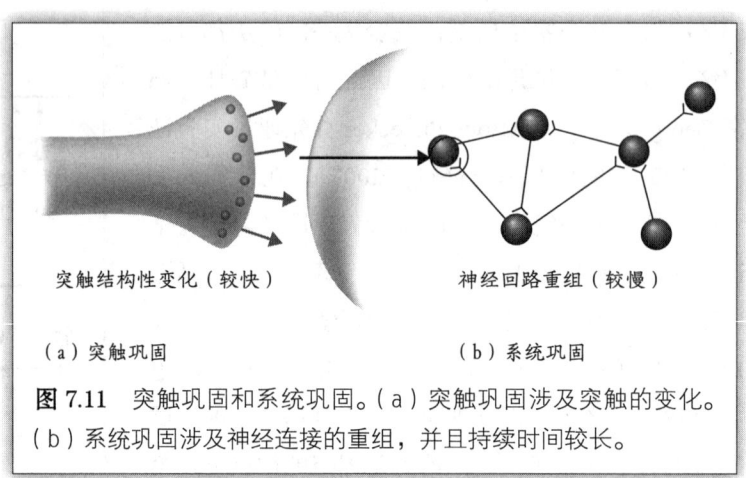

图 7.11 突触巩固和系统巩固。(a)突触巩固涉及突触的变化。(b)系统巩固涉及神经连接的重组，并且持续时间较长。

突触巩固：经验导致突触改变

根据加拿大心理学家 Donald Hebb（1948）最先提出来的观点，学习和记忆在大脑中由发生在突触的生理变化表现出来。我们假设，一段特定的经历导致神经冲动沿着神经元 A 的轴突向下传导（图 7.12a），当冲动到达突触时，神经递质被释放给神经元 B。Hebb 的观点是这种重复的活动会导致突触的结构发生变化从而强化突触，神经递质释放得越多，神经元的放电频率越强（图 7.12b 和图 7.12c）。Hebb 还提出，特定的经验会同时激活成百上千或者成千上万的突触，进而提供该经验的神经记录。根据这个观点，你新年跨年夜的经历是通过发生在许多突触上的结构变化来表征的。

Hebb 的"突触改变为经验提供了神经记录"的观点成了现代记忆生理学研究的出发点。追随 Hebb 的研究者确定了突触的活动会引起一系列化学反应，导致新蛋白质的合成，从而造成突触的结构变化，如图 7.12c 所示（Chklovskii et al.，2004；Kida et al.，2002）。

突触变化的结果之一是突触传递的增强，这种增强的结果产生了一种被称作**长时程增强（LTP）**的现象——在重复刺激之后，神经元放电增强（Bliss & Lomo, 1973；Bliss et al., 2003；Kandel, 2001）。长时程增强可以通过图 7.12 的放电记录来说明。神经元 A 第一次被激活，神经元 B 的放电频率很缓慢（图 7.12a）。但是重复激活以后（图 7.12b），神经元 B 对同一刺激的放电频率变快（图 7.12c）。

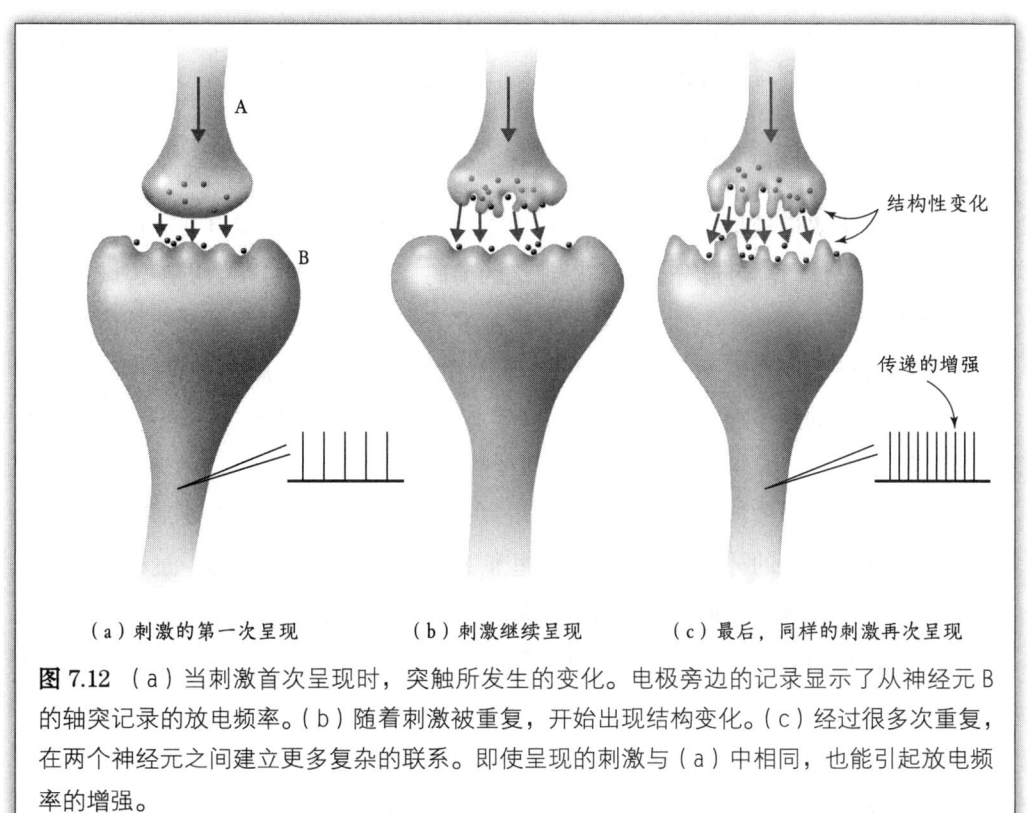

图 7.12 （a）当刺激首次呈现时，突触所发生的变化。电极旁边的记录显示了从神经元 B 的轴突记录的放电频率。（b）随着刺激被重复，开始出现结构变化。（c）经过很多次重复，在两个神经元之间建立更多复杂的联系。即使呈现的刺激与（a）中相同，也能引起放电频率的增强。

这些结果都体现了经验如何造成突触的改变。对特定经历的记忆会引起成千上万突触的变化，一段特定的经历可能是通过这一组神经元的放电模式来表征的。这种通过神经元放电模式表征记忆的想法与第 2 章介绍的群体编码的观点类似（见第 046 页）。

早期的研究受 Hebb 关于突触在记忆中的作用的开创性工作启发，集中于突触巩固。最近的研究集中在系统巩固上，即研究海马体和皮层区域在记忆形成中的作用。

系统巩固：海马体和大脑皮层

在 H.M. 的案例中，由于海马体被移除，他失去了形成新记忆的能力（第 6 章，见第 217 页），说明海马体在形成新记忆方面的重要性。一旦海马体对形成新记忆至关重要这一点变得清晰起来，研究人员就开始确定海马体如何对刺激做出反应，以及它如何参与系统巩固的过程。研究的一个结果是研究者们提出了不同的模型，用来解释海马体在记忆中的作用。

标准巩固模型

标准巩固模型指出，记忆按照图 7.13（彩）所示的步骤展开。在这一过程中，海马体（红色部分）参与新记忆的编码，并与较高层次的皮层区域相连接[图 7.13a（彩）中蓝色实线箭头所示]。然而，随着时间的推移，海马体和皮层区域之间的联系减弱[如图 7.13b（彩）中蓝色虚线箭头所示]，而皮层区域之间的联系加强（绿色实线箭头），直到海马体最终不再参与这些记忆[图 7.13c（彩）]。

根据这个模型，在记忆的早期阶段，海马体的参与至关重要，因为它重演了与记忆相关的神经活动，并将这些信息发送到大脑皮层。这一过程被称作**重新激活**，它有助于形成各种皮层区域之间的直接联系。可以用将海马体描绘成一种黏合剂的方式思考海马体和大脑皮层之间的相互作用，海马体将来自不同大脑区域的记忆表征结合在一起。但是一旦大脑皮层表征形成，它就变得不必要了。

这个标准模型部分基于对创伤或损伤引起的记忆丧失的观察。众所周知，头部外伤会导致记忆丧失，比如橄榄球运动员在跑到前场时遭受重击。当球员被击中后坐在板凳上时，他可能没有意识到在被击中前的几秒或几分钟内发生了什么。这种对受伤前发生的事件的记忆丧失被称为**逆行性遗忘**，根据受伤的性质，遗忘可能扩散到几分钟、几小时甚至几年前。

图 7.14 说明了逆行性遗忘的一个特征，称为**逐级失忆症**。这种失忆症往往对受伤前发生的事件遗忘得最严重，而对更早期事件的遗忘不那么严重。根据标准巩固模型，这种失忆症的逐渐减弱与图 7.13b（彩）和 7.13c（彩）所示的海马体和皮层区域之间连接的变化相对应；事件发生后，随着时间的推移，大脑皮层的表征变得更强。

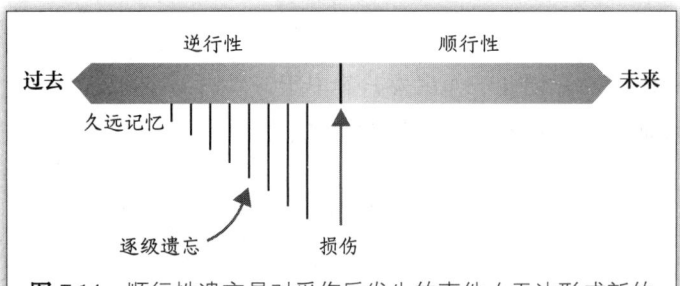

图 7.14 顺行性遗忘是对受伤后发生的事件（无法形成新的记忆）的遗忘。逆行性失忆症是对受伤前发生的事件（无法回忆过去的信息）的遗忘。垂直的线象征着逆行性失忆的量级，表明由于受伤导致的失忆对时间上更近的事件或学习影响更严重。这是逆行性遗忘的逐级遗忘的性质。

大多数研究人员认为，海马体和大脑皮层都与巩固有关。然而，海马体是否只在巩固之初才重要[如图7.13（彩）所示]，或者海马体是否对于久远的记忆也重要，对此仍存在一些分歧。一种代替标准巩固模型的模型称为巩固的多重痕迹模型，它提出了海马体的持续作用，甚至对于久远的记忆也是如此。

巩固的多重痕迹模型

巩固的多重痕迹模型认为，在巩固早期，海马体与皮层区沟通，如图7.15a（彩）所示。然而，与标准模型不同的是，多重痕迹模型认为，海马体与皮层区域一直保持着活跃的沟通，甚至对于远端记忆也是如此，如图7.15b（彩）所示（Nadel & Moskovitch，1997）。

支持这个观点的证据来自Asaf Gilboa及其同事（2004）做的实验，该实验通过给被试呈现他们自己参加各种活动的照片来引发关于近期和久远的情景记忆，其中包括从他们5岁到最近所拍摄的照片。实验结果说明，当提取近期记忆和久远记忆时，海马体都被激活了。

但这并不意味着海马体参与了记忆提取的所有方面。因Indre Viskontas及其同事（2009）证明，海马体的反应会随着时间而改变。研究人员让被试在扫描fMRI时观看如图7.16a中的短吻鳄和蜡烛的成对刺激。被试被告知去想象每一对图片中的物品之间的关系。10分钟后或1周后，被试看到了原来的刺激对，以及他们之前没有看过的刺激对，并被告知要用三种方式中的一种做反应：（1）记得（R），指的是"我记得最初看到过这一对"；（2）知道（K），指的是"这一对看起来很熟悉，但我不记得我最初是什么时候看到它的"；（3）不记得，指的是"我不记得或不熟悉刺激物"。正如第6章描述记得/知道实验程序时（见"研究方法：记得/知道实验程序"专栏，第226页），记得反应表示情景记忆，而知道反应表示语义记忆。

行为结果如图7.16b所示，10分钟后，记得（情景性）反应多于知道（语义性）反应，但1周后，只有一半的词依然记得。这符合其他研究的预期，这些研究表明，随着时间的推移，记忆会失去情景性，第6章（见第226页）将其描述为远端记忆语义化。

但当情景记忆消失时，大脑中发生了什么？Viskontas考察了被试在看到RR对（在10分钟和1周时都做了记得反应）图片时的海马体反应和在看到RK

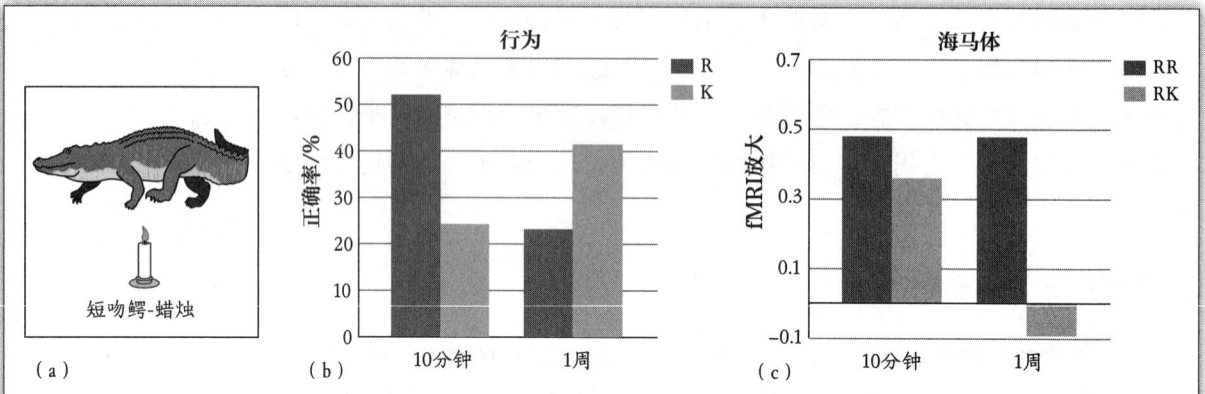

图7.16 Viskontas等人（2009）的实验刺激和结果。（a）被试在被扫描时看到了一对图片示例。（b）当要求记忆这对图片时，与情景记忆相对应的记得反应在10分钟后的测试中很高，但在1周后降低。（c）对在10分钟后和1周后都做记得反应的配对图片（RR）而言，海马体的激活保持不变，但对在1周时不能做记得反应的配对图片（RK）海马体激活下降。

来源：Adapted from I. V. Viskontas, V. A. Carr, S. A. Engel, & B. J. Kowlton, The neural correlates of recollection: Hippocampal activation declines as episodic memory fades, *Hippocampus*, 19, 265–272, Figures 1, 3, & 6, 2009.

对（在10分钟时报告记得但在1周时报告知道）图片时的海马体反应。图7.16c中的结果令人震惊：对RR对来讲（在1周时仍是情景性的），海马体的激活保持在高水平；而对RK对来讲（在1周时已失去情景性的），海马体的激活已经降至接近零的水平。这支持了海马体的反应会随着时间而变化的观点，但这只适用于已经失去情景特征的刺激。

Viskontas发现，海马体的反应与情景记忆有关，情景记忆在学习成对图片的1周后仍然存在。但是即使多年过去了，仍然保留着情景性的自传体记忆吗？Heidi Bonnici及其同事（2012）通过让被试回忆他们生活中最近发生的事件（发生在2周之前）和遥远的事件（发生在10年前）来回答这个问题。他们被要求只报告他们记得非常清楚和生动的事件，所以当他们回忆的时候，他们感觉好像在重新经历那个事件。这些指导语是为了确保被试能够回忆起丰富的情景记忆。

1周后，要求被试回忆最近的三段记忆和遥远的三段记忆。在他们回忆每段记忆的同时扫描他们的大脑。接着，这些被试要在1—5分的范围对记忆的生动程度评分，其中5是最生动的。然后使用多体素模式分析技术来分析与最生动记忆（评分为4或5）相关的fMRI反应。

研究方法　多体素模式分析

大多数 fMRI 实验的程序是向被试呈现一项任务，并确定大脑中体素的激活（见"研究方法：脑成像"专栏，第 052 页）。图 2.18（彩）显示了一个实验结果的例子，它表明大脑的某些区域对一些特定的位置和身体活动有增强的激活。

多体素模式分析（MVPA）不仅确定了哪些区域被激活，还确定了不同结构中体素激活的模式。例如，图 7.17 中的假设数据显示了 7 个体素如何对苹果和梨的感知做出反应。注意，它们的模式略有不同。

MVPA 实验的第一步是训练一个**分类器**，这是一个专为识别体素激活模式而设计的计算机程序。分类器的训练方法是让一个人看苹果和梨，并将每个对象的体素激活模式输入分类器（图 7.18a）。这一过程在大量试次中不断重复，因此分类器可以知道每个对象的激活模式。分类器一旦经过训练，就可以进行测试了。问题是，分类器能否根据被激活的体素模式判断呈现的是哪个对象（图 7.18b）？由于 MVPA 是一种较新的技术，所以预测通常并不完美，但它的成绩远高于随机水平。

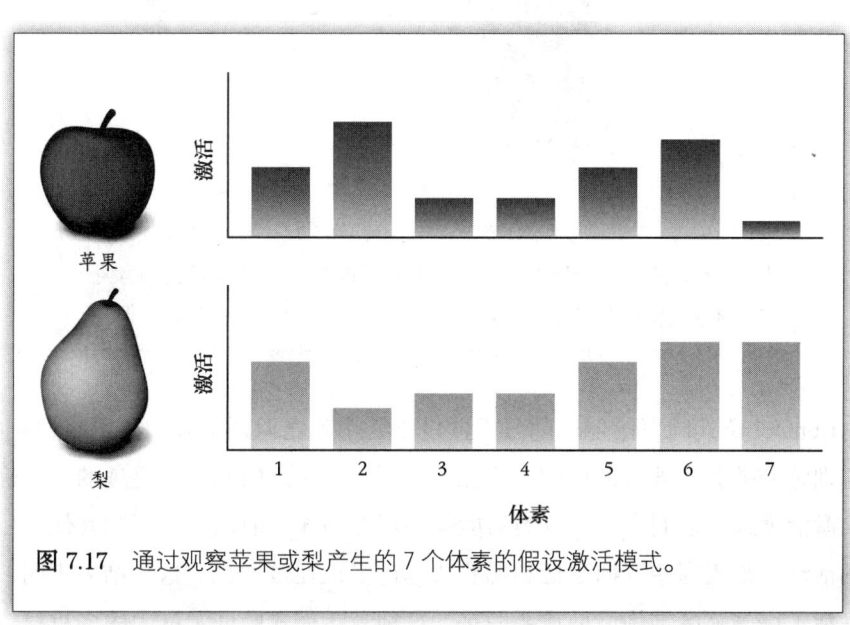

图 7.17　通过观察苹果或梨产生的 7 个体素的假设激活模式。

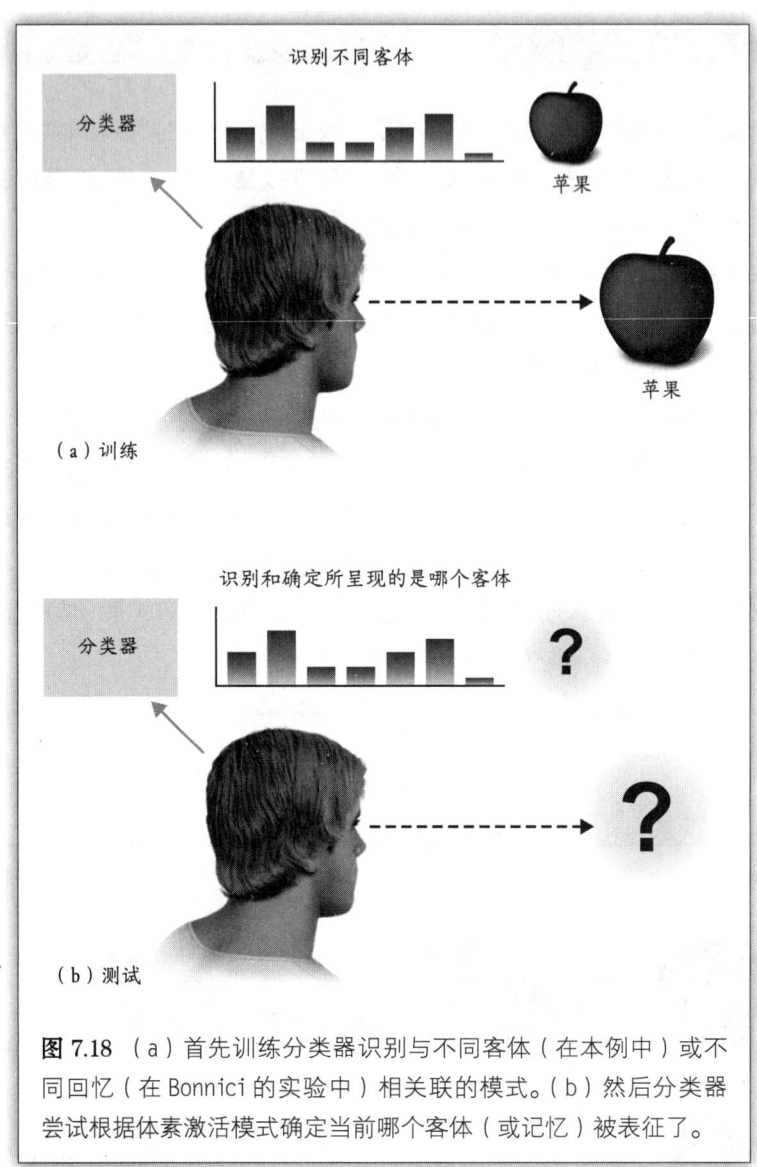

图 7.18 （a）首先训练分类器识别与不同客体（在本例中）或不同回忆（在 Bonnici 的实验中）相关联的模式。（b）然后分类器尝试根据体素激活模式确定当前哪个客体（或记忆）被表征了。

Bonnici 及其同事给他们的分类器设置了一项比识别苹果和梨更难的任务。他们训练分类器在被试回忆六个记忆事件（三个最近的和三个遥远的）时确定体素激活模式。他们发现，分类器能够根据海马体、前额叶皮层和其他皮层结构的活动，预测哪些近期记忆和哪些久远记忆正在被回忆。这一结果表明，回忆激活了许多脑区结构，最重要的是，这种激活模式验证了巩固的多重痕迹模型：甚至对于久远的记忆来说，海马体也被激活了。

这个结果更有趣的地方在于，Bonnici 发现：(1) 相比最近的记忆，更多远端记忆的信息包含在前额叶皮层上；(2) 近期和远端记忆表征于整个海马体，海马体后回包含更多远端记忆的信息 [图 7.19（彩）]。综上所述，这些结果表明，远端记忆在皮层中有丰富的表现，这是由标准巩固模型和巩固的多重痕迹模型提出的。而近期记忆和远端记忆都在海马体中有表征，这是由多重痕迹模型提出的。除了对不同巩固模型的研究，另一个活跃的研究领域是巩固与睡眠之间的关系。

巩固和睡眠：增强记忆

哈姆雷特在他"生存还是毁灭"的经典独白中说过，"去睡，也许会做梦。"但记忆研究人员可能会修改这一说法，把它说成："去睡，也许会巩固记忆。"这或许不像哈姆雷特的叙述那么富有诗意，但是最近的研究支持了这一观点，即尽管与巩固相关的激活过程可能在记忆形成时就开始了，但在睡眠时，记忆巩固尤为强。

Steffan Gais 和他的同事（2006）通过让高中生学习 24 对英语–德语词验证了睡眠可以增强记忆巩固的观点。睡眠组被试先学习单词，然后在 3 小时内入睡。清醒组被试同样学习了这些单词，并在晚上睡觉前保持 10 小时的清醒。两组学生在学习词表后的 24～36 小时内进行了测试。（实际的实验中涉及许多不同的睡眠和清醒组，为了控制一天中的时间以及一些在这里没有考虑的因素。）实验结果如图 7.20 所示，睡眠组的学生比清醒组的学生遗忘的材料少得多。为什么学习后不久就睡觉能增强记忆呢？原因之一是睡觉可以消除可能干扰巩固的环境刺激。另一个原因是巩固似乎在睡眠中得到了加强 [Maurer 等人（2015）和 Mazza 等人（2016）的一些近期研究表明，学习能力借由依赖睡眠的记忆巩固效应而得到了增强]。

有趣的是，不仅有证据表明巩固在睡眠中得到了加强，也有证据表明一些记忆比其他记忆更容易巩固。这一点在 Ines Wilhelm 及其同事（2011）的一项实验中得到了证实。在这项实验中，被试学习一项任务，然后被告知稍后会对该任务进行测试，或者在稍后对

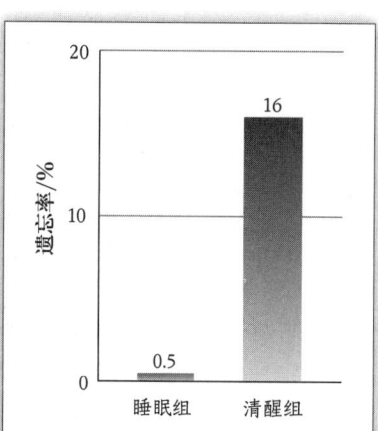

图 7.20　Gais 等人（2006）对两组被试的词对记忆进行测试的实验结果。睡眠组在学习了一组词对后不久就睡了。清醒组被试在学习了词对后，保持了一段时间的清醒。两组在测试前都睡觉了，所以他们在测试前得到了同等程度的休息，但是睡眠组的表现更好。

另一项任务进行测试。在一晚的睡眠之后，两组被试都接受了测试，以确定不同的预期是否对巩固有影响。（在一些实验中，被试在保持清醒后接受了测试。正如 Gais 先前描述的实验结果所预期的那样，这些清醒组被试的记忆比睡眠组被试差。但在这里会将重点放在那些睡觉的被试身上，我们想搞清楚在他们身上发生了什么。）

在 Wilhelm 的实验中，有一项任务是与专注游戏相似的卡片记忆任务。在该任务中，被试将在计算机屏幕上看到一组卡片，其中两张被翻了过来作为一对图片（图 7.21a）。被试先重复观看这一对卡片两次，然后通过练习来记忆它们的位置。在随后的任务中，先前学习过的卡片对中的一张卡片会在屏幕上翻过来，然后要求被试指出他们认为匹配的卡片所在的位置。在得到正确答案后，被试继续练习，直到他们能够答对 60% 为止。在结束训练后，被试中的一部分被告知在 9 小时后会接受相同任务的测试（预期组），另一部分则被告知会接受另一个任务的测试（非预期组）。

经过一夜睡眠，被试的记忆测试表现如图 7.21b 所示，预期组的表现明显优于非预期组。因此，虽然两组人接受了相同的训练，睡眠时间也相同，但如

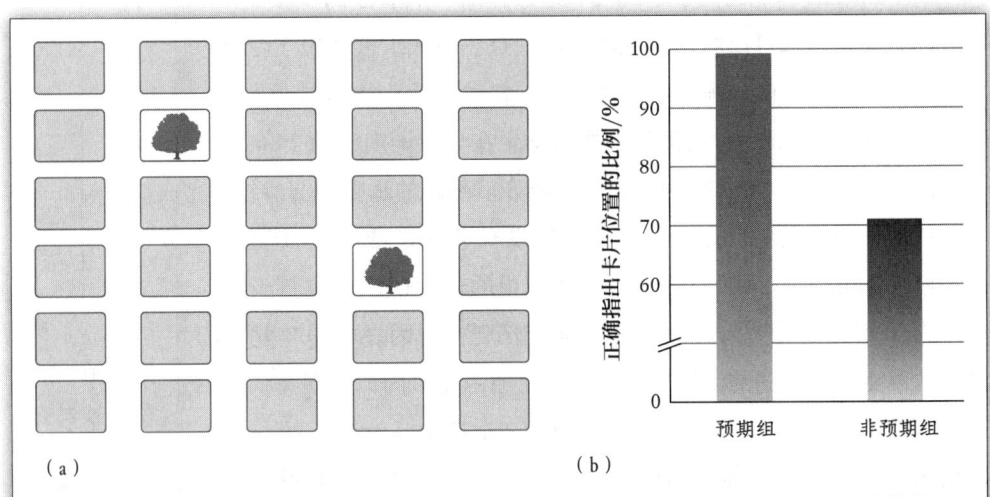

图 7.21 Wilhelm 等人（2011）实验的刺激和结果。(a) 被试的任务是记住每对图片的位置。图中显示了一对已经翻过来的图片。(b) 在睡眠后，预期将对该任务进行测试的被试组的表现优于没有预期进行测试的被试组。这说明了被试预期将会接受测试的材料得到了优先巩固。

来源：I. Wilhelm, S. Diekelmann, I. Molzow, A. Ayoub, M. Molle, & J. Born, Sleep selectively enhances memory expected to be of future relevance, *Journal of Neuroscience*, 31, 1563–1569, Figure 3a, 2011.

果人们对即将接受的测试有所预期，他们对这项任务的记忆会更强。这样的结果表明，当我们在学习后进入睡眠时，更重要的记忆更有可能通过巩固得到强化（同样见于 Fischer & Born，2009；Payne et al.，2008，2012；Rauchs et al.，2011；Saletin et al.，2011；van Dongen et al.，2012）。因此，我们睡觉时可能会有选择地巩固记忆，以便日后记住最有用的东西！

我们的故事从 Müller 和 Pilzecker 关于巩固的开创性实验开始已经延伸了很多。但这个故事还有更加波澜壮阔之处，需要回到我们最初对巩固的定义上来。根据我们的定义，巩固是将新记忆从一种易受干扰的脆弱状态（在这种状态下，它们可能被干扰）转变为一种更持久的、不容易被破坏的状态（在这种状态下，它们能抵抗干扰）的加工过程（见第 270 页）。这个定义意味着，一旦记忆得到巩固，它们就会变得更加持久。然而事实证明，真正永久的记忆这一概念受到了研究的质疑。一些研究表明，提取记忆会导致记忆像刚形成时一样变得脆弱。

再巩固：记忆的动态属性

让我们考虑以下情况：你正在参观你儿时的住所。开车去往父母家几乎是自动化的，因为这条路深深地印在你的记忆中。但是当你拐到一条街道上，而这条街曾经是老路的一部分，你会惊讶地发现它现在变成了一条死胡同。在你离开的日子里新建的建筑物堵住了你原来的路线。但最终，你会找到一条新的路线到达目的地。在这里，最为重要的部分是你更新了关于通往父母家的路线的记忆（Bailey & Balsam，2013）。

这个更新记忆的例子并不是唯一的，这是常有的事。为了适应新环境，我们不断地学习新事物，修改储存在记忆中的信息。因此，虽然能够记住过去是有用的，但适应新环境也很重要。最近的研究提出了一种更新记忆的可能机制，称为再巩固，这些研究先在大鼠身上进行，随后又在人类身上得到验证。

再巩固：著名的大鼠实验

再巩固是指当记忆被提取（记得）时，它变得像最初形成时一样脆弱。当处于这种脆弱状态时，它需要再次被巩固，这一过程称为再巩固。这一点很重要，因为当记忆再次变得脆弱时，在被重新巩固之前，它可以被修改或删除。根据这一观点，提取记忆不仅让我们接触到过去发生的事情，也为修改或遗忘原始记忆打开了大门。

Karim Nader 及其同事（2000a，2000b）在大鼠实验中证明了被提取的记忆可能变得脆弱。这一实验之所以著名，是因为它首次证明了重新提取记忆可以打开记忆并且让它变得容易被改变。Nader 利用经典条件反射（见第 6 章，第 238 页）制造了当呈现一个音调时，大鼠被"冻住"（不动）的恐惧反应。这是通过匹配音调与电击的方式实现的。尽管这个音调最开始没有引起反应，但是将它和电击形成配对之后，这个音调就意味着电击的出现，因此当大鼠仅听到这个音调出现时也会定在原地。因此，在本实验中，当大鼠听到这个音调被定住时，说明形成了音调—电击配对的记忆。

实验设计如图 7.22 所示。在每一种条件下，大鼠接受音调—电击配对，并且被注射了茴香霉素（anisomycin）——一种抑制蛋白质合成的抗生素，由此抑制负责生成新记忆的突触变化。这个实验的关键是茴香霉素何时注射。如果在巩固发生之前注射，则会消除记忆；如果在巩固发生之后注射，则不会产生任何效果。

在条件 1 中，大鼠第一天接受音调和电击的匹配，但是在巩固发生以前马上注射药物（图 7.22a）。结果大鼠在第三天听到这个音调后没有被"冻住"，证实药物阻断了巩固的过程。大鼠表现得好像从来没有接受过音调—电击配对一样，因为形成稳定记忆的可能性被药物消除了。

在条件 2 中，大鼠在第一天接受音调和电击的匹配，但直到巩固发生后的第 2 天才接受茴香霉素的注射。因此，当这个音调在第三天出现时，大鼠记住了音调—电击配对，这可以通过大鼠被这个音调冻住的事实证明（图 7.22b）。

条件 3 是关键的条件，因为它造成了在第 2 天注射药物（在条件 2 中没有效果）可以消除音调—电击配对的记忆的情况。这种情况是通过在第 2 天呈现这个音调来重新激活大鼠的记忆，以进行音调—电击配对。大鼠被冻住（表明记忆已经发生），然后注射茴香霉素。因为记忆是通过呈现音调而被重新激活的，所以茴香霉素现在起作用了，这是由大鼠在第 3 天听到这个音调时没被冻住的事实证明的。

这一结果表明，当记忆被重新激活时，它就会变得脆弱，就像记忆刚形成时一样，并且药物可以阻止记忆的再巩固。因此，正如最初的记忆在第一次巩

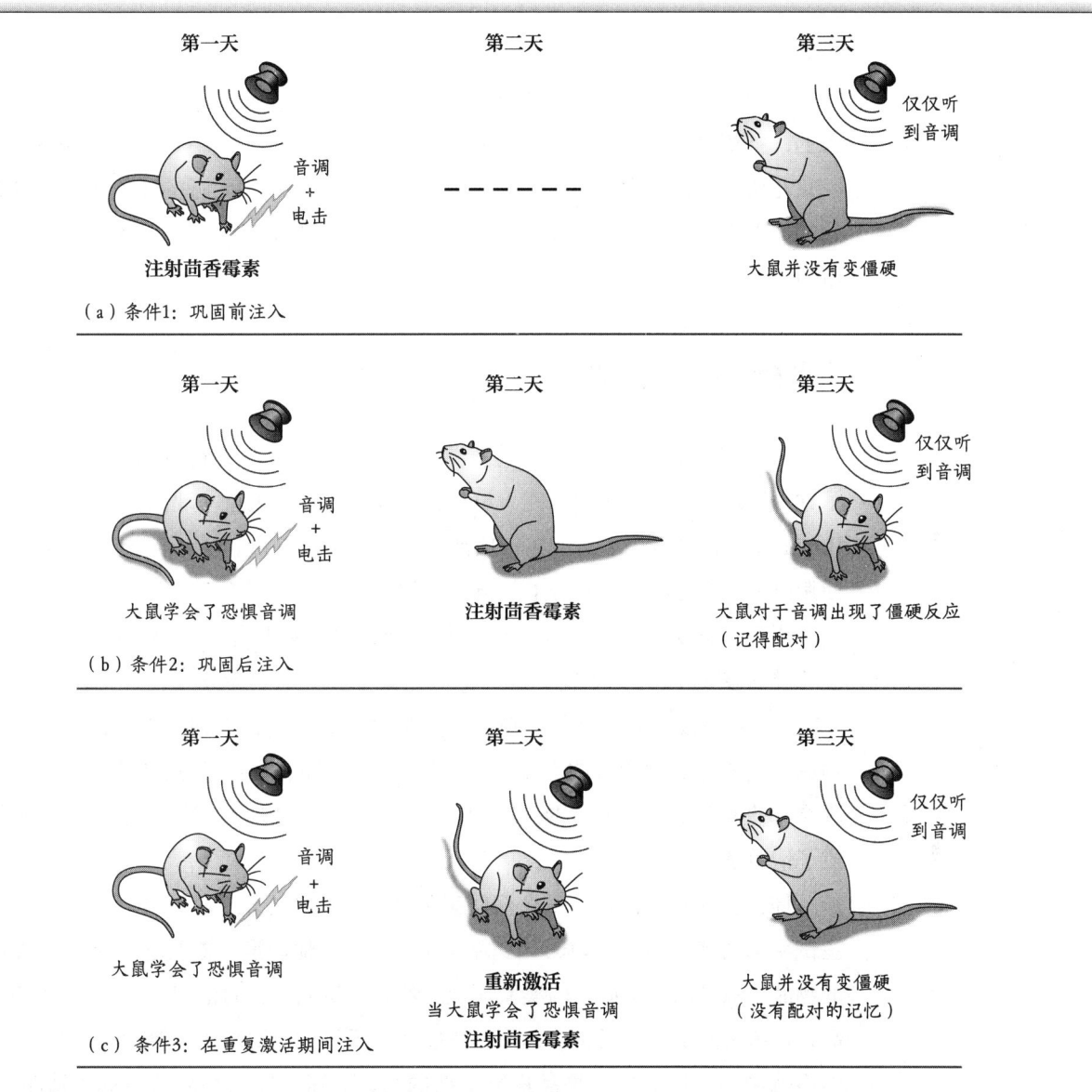

图7.22 Nader等人（2000a）关于注射茴香霉素如何影响恐惧条件反射的实验。(a) 在巩固前的第一天给大鼠注射了茴香霉素，因此它没有形成音调—电击配对的记忆。(b) 在巩固后的第二天给大鼠注射茴香霉素，因此它对音调—电击配对的记忆仍然存在。(c) 在第三天再次激活后给大鼠注射茴香霉素，消除了它对音调—电击配对的记忆。

固之前是脆弱的一样，重新激活的记忆在重新巩固之前也是脆弱的。从这个角度来看，记忆在每次被提取时都容易被改变或干扰。你可能认为这不是一件好事。毕竟，在每次回忆时，都将记忆置于崩溃的风险中，这听起来并不是特别实用。

然而，从本节开头的驾驶案例可以看到，能够更新记忆是非常有用的。事实上，更新记忆对于生存来说至关重要。例如，考虑一下驾驶案例的动物版本：一只花栗鼠返回到食物源的位置，发现食物已被移动到附近的新位置。回到初始的地点重新激活了初始记忆，关于地点改变的新信息更新了记忆，之后被更新的记忆被再巩固。

人类被试记忆的再巩固

Nader 证明被重新激活的记忆变得脆弱且容易改变，其他研究人员也证实了这一发现。此外，一些研究人员也在寻找人类中出现这一现象的证据。Almut Hupbach 及其同事（2007）在一项涉及两组人（提示组和不提示组）的实验中，使用以下程序证明了人类身上的再激活效应。

周一，研究人员向提示组呈现 20 件物品，如杯子、手表和锤子等。这些物体被实验者从一个袋子里一次一个地拿出来，然后放在一个篮子里（图 7.23a）。要求被试对每件物品命名，并特别注意它们，以期在以后记住每一件物品。当所有的物品被放入篮子后，被试要尽可能多地回忆这些物品。这一过程会一直重复，直到被试能够列出 20 个物品中的 17 个。这 17 个回忆对象构成了清单 A。

周三，这些被试在同一个房间里见到了同一位主试。篮子也会呈现，并且主试要求被试回忆周一的测试程序（图 7.23b）。他们没有被要求回忆清单 A 中的物品，只是回忆了周一的实验流程。然后，研究人员向他们呈现了 20 个新物品，这些物品摆放在桌子上，而不是放在篮子里。他们被告知要记住这些物体，然后像周一一样对这些物品进行了新的测试。这个新的物品清单称为清单 B。最后，被试在周五回到同一个房间，同一个主试要求他们尽可能多地回忆清单 A 中的物品（图 7.23c）。图 7.24 中左边的一对条形图显示的是提示组在周五的回忆测试中的结果。被试回忆了清单 A 中 36% 的物品，但也错误地回忆了清单 B 中 24% 的物品。

非提示组的程序在周一与提示组相同（图 7.23d），但是在周三时，他们在另一个房间见到了不同的主试，并且没有篮子出现。同时，也没有要求他们记

第 7 章 长时记忆：编码、提取和巩固 285

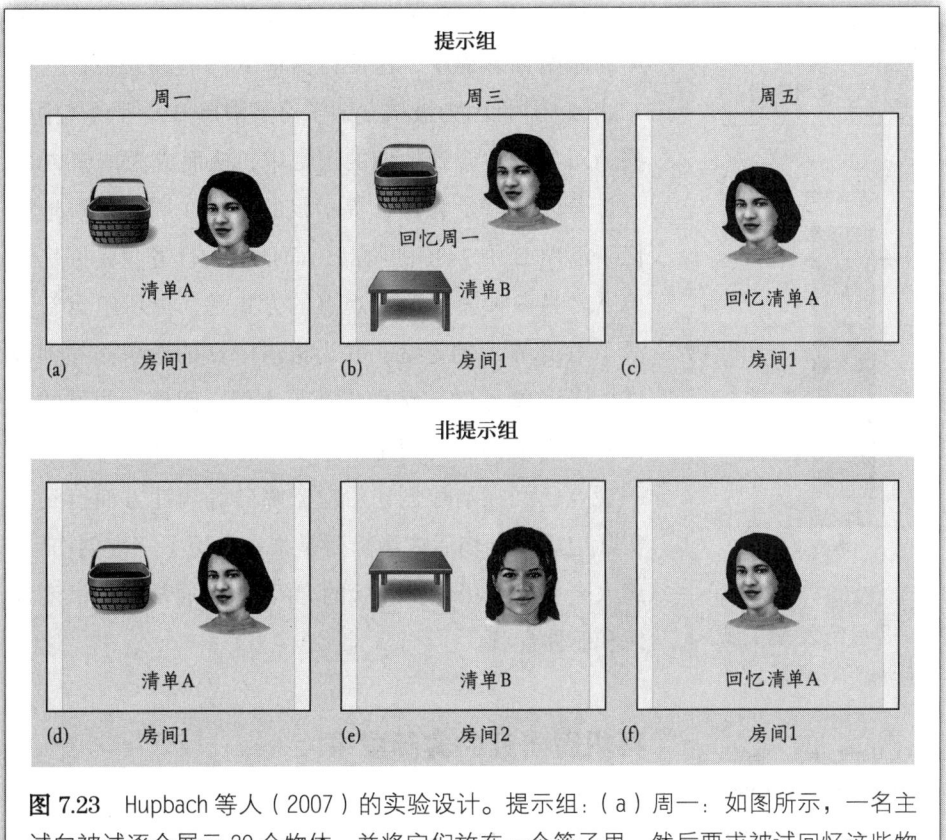

图 7.23 Hupbach 等人（2007）的实验设计。提示组：（a）周一：如图所示，一名主试向被试逐个展示 20 个物体，并将它们放在一个篮子里。然后要求被试回忆这些物体，由此创建清单 A。（b）周三：被试回忆周一的实验程序，并在一张桌子上呈现 20 个新物体。被试学习这些新物体，并由此创建清单 B。（c）周五：被试要回忆清单 A 中的所有物体。非提示组：（d）周一：实验程序和（a）中所描述的一样；（e）周三：被试看到并接受了新物体（清单 B）的测试，该测试在不同的房间由不同的主试完成，并且篮子没有出现。这就创建了一个新的环境。（f）周五：要求被试与原实验人员在原房间回忆清单 A。

住周一的测试程序；他们只是看到 20 个新物品，然后对这些新物品进行了回忆测试（图 7.23e）。最后，在周五，他们在最初的房间里接受了对清单 A 的回忆测试（图 7.23f）。图 7.24 中右边的一对条形图显示的是无提示组周五的回忆测试结果。被试回忆了清单 A 中 45% 的物品，并且他们只错误地回忆了清单 B 中 5% 的物品。

根据 Hupbach 的说法，提示组在周三回忆了清单 A 的原始训练程序，这使得清单 A 很容易被修改（图 7.23b）。并且因为被试立即学习了清单 B，所以其中一些新对象被整合到他们的记忆中，从而成为清单 A 的一部分。这就是为什么提示组的被试在周五错误地回忆了清单 B 中 24% 的物品，而他们的任务只是回忆清单 A。另一种表达这一观点的方式是，提示组重新激活了对清单 A 的记忆，并为将清单 B 的对象添加到被试关于清单 A 的记忆中打开了大门。因此，原始的记忆并没有被消除，而是被改变了。记忆可以改变的这一观点已经在治疗创伤后应激障碍等病症方面得到了实际应用。创伤后应激障碍是指在经历了一次创伤后，病人会反复经历创伤经验的"闪回"，通常伴有极度焦虑和躯体症状。

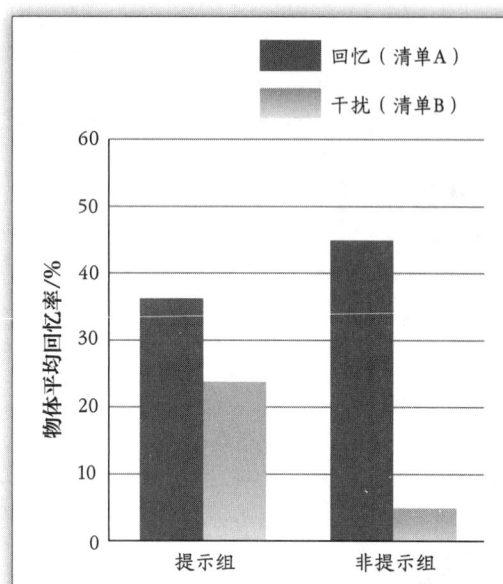

图 7.24 Hupbach 及其同事（2007）的实验结果。Hupbach 解释说，提示组发生的更大的干扰是由记忆的重新激活和再巩固引起的。

来源：Hupbach, R. Gomez, O. Hardt, & L. Nadel, Reconsolidation of episodic memories: A subtle reminder triggers integration of new information, *Learning and Memory*, 14, 47–53, 2007.

再巩固研究的实际成果

Alain Brunet 及其同事（2008）验证了记忆再巩固后的重新激活有助于缓解创伤后应激障碍的症状这一观点。他的基本方法是重新激活患者对创伤性经历的记忆，之后给予患者药物普萘洛尔（propanolol）。这种药物可阻断杏仁核（大脑中与记忆的情绪成分相关的区域）中一种应激激素受体的激活。这一过程等同于在 Nader 的实验条件 3 中于第二天注射茴香霉素的作用（图 7.22c）。

Brunet 设置了两组被试。他给一组创伤后应激障碍患者听一段描述其创伤经历 30 秒的录音，并且让其服用药物普萘洛尔。另一组被试也听到了描述创伤经历的录音，但是他们服用的是安慰剂，不含有效成分。

1 周以后，两组被试要在听 30 秒录音时想象创伤经历。为了确定他们想象创伤经历时的反应，Brunet 测量了他们的血压和皮肤电。他发现，普萘洛尔组的心率和皮肤电的增幅比安慰剂组小。显然，1 周前在记忆被重新激活时，服用普萘洛尔阻断了他们杏仁核的应激反应，并且减少了与回忆创伤相关的情绪反应。Brunet 已经在使用这个方法治疗创伤后应激障碍患者了，很多患者都报告了症状的显著缓解，效果甚至可在治疗后维持几个月之久［也见 Kindt 等人（2009）和 Schiller 等人（2010）使用再巩固来消除人类恐惧反应的其他例证］。

关于再巩固及其潜在应用价值的研究还处于起步阶段，但是从研究者目前已经了解到的信息来看，我们的记忆不是稳定的或者一成不变的，而是处于"发展中"的，它一直随着新的学习经历和变化的情境而被建构与改造。下一章将详细介绍记忆的创造性与建构性。

思　考

认知心理学中的替代解释

我们已经看到 Nader 是如何通过重新激活大鼠的记忆并注射一种阻止蛋白质合成的化学物质来消除大鼠的记忆的。我们也描述了 Hupbach 的实验，在这个实验中，她使用了一个行为实验来证明记忆是如何被改变的。这两种结果都可以解释为阻断再巩固可以打开修改或消除被重新激活的记忆的大门。

然而，Per Sederberg 及其同事（2011）基于**临时情景模型**（TCM）对 Hupbach 的研究结果提出了另一种解释，这种解释中不涉及再巩固。根据 TCM 的说法，对于提示组来说，清单 A 与周一的情景有关，这种情景中包括主试一和篮子。接着在周三，这个情景被恢复，因为同样的主试和篮子都出现了，并且被试被要求回忆周一的实验程序。然后，当在和清单 A 有关的情景中学习清单 B 时，清单 B 中的项目和与清单 A 有关的情景联系在一起。正是由于这种联系，被试在周五的测试中错误地回忆了一些清单 B 中的项目。而对于非提示组则不会出现这样的结果，因为对于非提示组而言，清单 B 从未与清单 A 的情景相关联。

这两种解释以不同的方式阐释了 Hupbach 的结果。再巩固假说侧重于通过插入新材料来改变现有记忆的再储存机制。临时情景模型关注的是学习和提取发生的情景，并假设旧的情景可以与新记忆相关联，而不改变现有记忆的内容。当对旧的情景进行提示时，现有的和新的记忆都会被唤起。因此，再巩固假说认为，旧记忆的储存内容已经发生了变化，然而临时情景模型的解释认为，我们不需要考虑储存内容，因为 Hupbach 的结果可以用情景关联来解释。

此时，我们面临一个难题，目前提出了两种机制来解释 Hupbach 实验的结果，并且每一种都可能是正确的。我们该如何选择呢？答案是，我们目前很难选择，因为自 1868 年唐德斯的早期实验以来，人们就知道不能直接确定心智的操作，必须从行为实验或生理实验的结果来推断（见第 006 页）。至于哪种解释是正确的，还需要后续的研究来确定。

自我测验 7.3

1. Müller 和 Pilzecker 是如何证实记忆巩固的？
2. 什么是突触巩固？什么是系统巩固？它们之间有什么关系？
3. 请描述标准巩固模型是如何解释系统巩固的。支持标准模型的证据是什么？
4. 请描述巩固的多重痕迹模型以及支持它的一些证据。请确保你理解 Viskontis 和 Bonnicci 的实验。
5. 请描述睡眠和巩固之间的联系，并确保你理解 Gais 和 Wilhelm 的实验。
6. 什么是再巩固？描述 Nader 的大鼠实验和 Hupbach 的人类实验是如何证明记忆可以通过干扰再巩固而改变的。
7. 证明再巩固的实验结果具有什么实际意义？
8. 请描述用来阐释 Hupbach 的实验结果的两种解释。为什么很难确定哪种解释是正确的？

本章小结

1. 获取信息以及将它转移到长时记忆中的过程称为编码。将信息从长时记忆转移到工作记忆的过程称为提取。

2. 一些编码机制比其他机制能更有效地将信息转入长时记忆。保持性复述有助于把信息保持在短时记忆中，但对将信息转移到长时记忆无效。精细复述是建立长时记忆的好方法。

3. 加工水平理论认为，记忆取决于信息是怎样编码或者植入头脑中的。根据这个理论，浅加工没有深加工有效。Craik 和 Tulving 的实验表明，深加工的记忆效果比浅加工好。

4. 编码影响提取的证据包括：(1) 形成视觉图像；(2) 将单词与自己联系起来；(3) 生成信息（生成效应）；(4) 组织信息；(5) 将单词与生存价值联系起来；(6) 练习提取（提取练习效应或测验效应）。

5. 可以应用于学习的五大记忆原则是：(1) 精细加工；(2) 生成和测验；(3) 组织；(4) 休息；(5) 避免学习错觉。

6. 有证据表明，手写笔记比用笔记本电脑记笔记更能提高考试成绩，这可以通过手写笔记采用了更深层次的编码来解释。

7. 提取线索有助于提取长时记忆。这已经被线索性回忆实验以及被试创造提取线索有助于提取记忆的实验证明。

8. 通过匹配提取情景与编码情景，能促进提取过程。这可以用编码特异性、状态依存的学习和匹配加工类型（适当传输加工理论）来解释。

9. 编码特异性原则说明，我们对信息的学习是连同情境一起进行的。Godden 和 Baddeley 的"潜水实验"以及 Grant 的学习实验说明，在相同情境下编码和提取信息更有效。

10. 按照状态依存的学习原则，当一个人提取记忆时的内心状态与编码时的内心状态相匹配时，其记忆会更好。Eich 的心境实验支持了这个观点。

11. 适当传输加工理论是指，当获取信息时的编码类型和在记忆测验中提取信息时的编码类型匹配时，记忆表现更好。Morris 的实验结果支持了这一观点。

12. 巩固是将新记忆从脆弱状态转变为更持久状态的过程，Müller 和 Pilzecker 进行了早期实验，证实了巩固被干扰时，记忆成绩是如何下降的。

13. 突触巩固涉及突触的结构改变。系统巩固涉及神经回路的逐步改变。

14. Hebb 提出了记忆的形成与突触的结构变化有关的观点，这些结构上的变化被转化为神经兴奋的增强，表现为长时程增强。

15. 标准巩固模型提出记忆提取在巩固阶段依赖海马体，但是巩固完成以后，提取只依赖皮层，海马体不参与其中。

16. 多重记忆痕迹模型认为，海马体在形成记忆和提取久远的情景记忆时都参与其中。

17. 虽然有证据支持标准巩固模型，但最近的研究表明，情景记忆的提取可能涉及海马体，它支持多重记忆痕迹模型。

18. 睡眠有助于巩固。也有证据表明，期待稍后会被要求记住的材料更有可能在睡眠中得到巩固。
19. 最近的研究表明，提取记忆会使它在重新激活时变得易被干扰。重新激活之后，这些记忆必须被再巩固。
20. 有证据表明，对于创伤后应激障碍等情况，再巩固疗法是有效的。
21. 人们提出了两种解释来阐述 Hupbach 的实验中人类记忆被重新激活的结果。一种解释涉及再巩固，另一种涉及考虑学习发生的情景。

思考题

1. 叙述一个提取线索帮助你回忆某事的经历。这一经历可能包括回到记忆最开始形成的某个地点，让你回忆起过去经历的某个地方，其他人提供了帮你回忆的"提示"，或者阅读一些能够触发一段记忆的东西。

2. 你是怎样学习的？根据记忆研究的结果，你使用的哪种学习技巧是有效的？考虑到这些记忆研究的结果，你会如何提升学习技巧？（也可以参看"写给学生的序言"。）

关键术语

保持性复述（maintenance rehearsal, p.249）
编码（encoding, p.248）
编码特异性（encoding specificity, p.266）
标准巩固模型（standard model of consolidation, p.274）
测验效应（testing effect, p.257）
长时程增强（long-term potentiation, LTP, p.272）
重新激活（reactivation, p.274）
多体素模式分析（multivoxel pattern analysis, MVPA, p.277）
分类器（classifier, p.277）
巩固（consolidation, p.271）

巩固的多重记忆痕迹模型（multiple trace model of consolidation, p.275）
加工深度（depth of processing, p.249）
加工水平理论（levels of processing theory, p.249）
间隔效应（spacing effect, p.260）
精细复述（elaborative rehearsal, p.249）
临时情景模型（temporal context model, TCM, p.287）
逆行性遗忘（retrograde amnesia, p.274）
配对联想学习（paired-associate learning, p.251）
浅加工（shallow processing, p.249）
深加工（deep processing, p.250）
生成效应（generation effect, p.252）

适当传输加工（transfer-appropriate processing, p.269）
提取（retrieval, p.248）
提取线索（retrieval cue, p.253）
突触巩固（synaptic consolidation, p.271）
系统巩固（systems consolidation, p.271）
线索性回忆（cued recall, p.264）

再巩固（reconsolidation, p.281）
逐级失忆症（graded amnesia, p.274）
状态依存学习（state-dependent learning, p.267）
自我参照效应（self-reference effect, p.251）
自由回忆（free recall, p.264）

图中的两道光柱唤起了人们对 2001 年 9 月 11 日纽约世贸中心遭受恐怖袭击的记忆。这个日子铭刻在美国人的意识中，那天发生的事件也印在许多人的记忆中。本章涉及对特殊事件（如"9·11"恐怖袭击）的记忆和对日常事件记忆的研究。研究表明，人类的记忆不像"照片"那样精确不变，更像是"未完成的作品"，记忆不仅受到相关事件的影响，还受到已有知识和之后发生的事件的影响。

日常记忆和记忆错误

第 8 章

回顾

自传体记忆：生活中发生的事件
自传体记忆的多维性
贯穿一生的记忆

对特殊事件的记忆
记忆与情绪
闪光灯记忆
  Brown 和 Kulik 提出的闪光灯记忆
  闪光灯记忆与照片不同
  ➤ 研究方法　重复回忆
  闪光灯记忆与其他记忆不同吗？
➤ 自我测验 8.1

记忆的建构性
源监控错误
虚假真实效应
现实生活中的知识如何影响记忆
  Bartlett 的"鬼魂战争"实验
  推理
  ➤ 演示实验　阅读句子
  图式和脚本
  ➤ 演示实验　记忆词表
  错误回忆和再认
拥有"非凡"的记忆力是什么感觉？
➤ 自我测验 8.2

误导信息效应
  ➤ 研究方法　呈现事件后误导信息

创造有关早期生活事件的虚假记忆
创造童年记忆
错误记忆研究对法律的启示

目击者为何会在提供证词时犯错？
目击者辨认错误
与感知觉和注意有关的错误
熟悉性导致的辨认错误
暗示导致的错误
采取什么样的措施能够改善目击者的证词呢？
  列队辨认犯罪嫌疑人的程序
  访谈取证技巧
诱发虚假供述

思考　音乐和气味唤起的自传体记忆
➤ 自我测验 8.3
  ➤ 演示实验　阅读句子（续 313 页）

本章小结
思考题
关键术语

我们将思考的一些问题

➤ 什么生活事件最容易被记住？（第 297 页）

➤ 人们对"9·11"恐怖袭击这类"特殊"事件的记忆有何特别之处？（第 302 页）

➤ 记忆系统的哪些特点使得记忆的功能强大却容易犯错？（第 308 页）

➤ 为什么目击者证词常常被认为是导致错误定罪的原因？（第 326 页）

➤ 为什么有人会承认他们没有犯过的罪？（第 334 页）

又是关于记忆的一章？没错，因为记忆还有许多内容需要解释，特别是有关记忆在日常生活中的作用。但是在开始本章之前，首先来回顾一下之前的内容并解释遗留的问题。

回　顾

第 5 章探讨了记忆的概念和作用，并说明了 Atkinson 和 Shiffrin 的记忆信息处理模型。该模型提出了三种类型的记忆（感觉记忆、短时记忆、长时记忆）（图 5.2）。现在看来，这个记忆模型相对简单，但是它提出了记忆是一个分步骤的过程。这种观点的重要性在于，它不仅描述了个体在记忆和遗忘信息的过程中发生了什么，还提供了一种关注记忆过程中不同阶段的方法。

最初的记忆三阶段模型提出了一种假设，即记忆是一个动态过程，涉及信息的储存和加工。图像记忆作为一种动态的信息处理系统为记忆过程的实现提供了良好的切入点。第 6 章中描述了有关两种类型记忆的例子：一个是记起去年夏天的旅行；另一个是回忆起 Lady Gaga 是一名穿戴夸张的著名歌手。这两个例子说明有两种不同的记忆系统——情景记忆和语义记忆。这两种记忆系统是分开运行又相互作用的。第 6 章旨在说明认知——当然包括记忆——就是关于建构和加工过程的相互联系。

但是在描述了记忆如何加工不同类型的信息后，尚未讨论的问题是：（1）个体接收的信息是如何传入记忆的？（2）个体想要提取这些记忆信息时需要哪些过程的参与？第 7 章通过描述负责记忆巩固过程的神经机制解释了这些问题。这些机制可以增强记忆，使记忆变得更加持久。

但在第 7 章末尾关于大鼠的实验研究表明，原本被认为牢固的记忆会变得脆弱和多变。更有趣的是，当已有的记忆被记起时，会经历一个再巩固过程。在这个过程中，记忆可以被改变。

可能有人会说，通过对大鼠进行实验得出的记忆会变得脆弱的观点并不适用于人类现实生活中的记忆，毕竟人们通常认为自己的记忆是准确的。认为自己的记忆在总体上准确的观点与一项全国性的调查结果相一致：63%的人认为记忆就像一台摄像机，可以准确地记录我们看过和听过的事件，并在以后可以加以回顾和解释。在同一项调查中，48%的人认为只要经历了一件事并形成了对它的记忆，这种记忆就不会被改变（Simons & Chabris，2011）。因此，许多人认为记忆就像摄像机一样被准确地记录下来，并且不会改变。

本章将会证明上述观点是错误的：发生的事情在一开始就不一定能被准确地记录下来，而记录下的不一定能够准确地反映实际发生的事情。

本章最重要的地方不仅仅是说明了我们的记忆能力的极限，还说明了记忆的一个基本特点：记忆是一个构建的过程。我们对某事件的记忆取决于实际事件、事件后发生的事情以及对日常事件的常识。我们将关注点从研究个体对词表和短文进行记忆的实验中移开，通过描述有关个体对生活事件的记忆的实验来说明记忆的建构过程。

自传体记忆：生活中发生的事件

自传体记忆是对生活中特定经历的记忆，包括情景记忆和语义记忆（见第6章，第220页）。例如，对童年时期生日聚会的记忆可能包括蛋糕的图案、聚会中的人以及聚会中进行的游戏（情景记忆）；这个记忆可能还包括聚会的时间、当时的居住地点以及对生日聚会上通常会发生的事情的认知（语义记忆）（Cabeza & St. Jacques，2007）。自传体记忆有两个重要特征：（1）自传体记忆是多维的；（2）自己比其他人更能记住生活中的某些事件。

自传体记忆的多维性

想想生命中难忘的时刻——和他人一起经历的事或自己的经历。每一段经历的记忆都有很多部分组成：当你随着自己的记忆回到过去时，你所看到的是视觉；听到人们在说什么或者环境中的其他声音是听觉；也许还有嗅觉、味觉和触觉。但是记忆又超出了这些感觉。因为事件通常发生在三维环境中，所以记忆也有空间的部分。最重要的是记忆包含了思想和情绪，既有消极的部分，也有积极的部分。

这些都说明记忆是多维的,并且每个维度在记忆中都扮演着重要角色。研究发现,因视觉皮层受损而失去了识别客体或形成客体视觉图像能力的病人,其自传体记忆也会随之受损,这正说明了某个单一维度的重要性(Greenberg & David Rubin,2003)。这可能是由于他们无法将视觉刺激作为记忆线索而导致的,甚至这些病人的非视觉信息记忆也受到了损伤,这说明视觉经验在形成自传体记忆时起到了重要作用(对盲人来说,听觉经验可能代替了视觉的作用)。

Roberto Cabeza 及其同事(2004)进行的一项脑部扫描研究揭示了自传体记忆和实验室记忆的区别。Cabeza 测量了由两类刺激图片引起的脑部激活:其中一类是由被试自己拍摄的照片,另一类是由他人拍摄的照片(图 8.1)。被试

图 8.1 Cabeza 等人(2004)在实验中用到的照片。自我拍摄照片是由被试拍摄的;实验室照片是由其他人拍摄的。
来源:Cabeza et al.,2004.

自己拍摄的照片称为自我拍摄照片（own-photos），他人拍摄的照片称为实验室照片（lab-photos）。

图片是由 12 名杜克大学的学生使用数码相机在 10 天内拍下的 40 张校园指定位置的图片。拍摄完毕后，研究者让被试浏览所有自我拍摄照片和实验室照片。几天以后，给被试呈现之前看过的自我拍摄照片、实验室照片以及被试此前从未看过的实验室照片，并要求被试指出每张图片的类型，即是自我拍摄照片、实验室照片还是新的实验室照片，与此同时用 fMRI 记录被试大脑的激活水平。

脑部扫描结果显示，被试自己拍摄的照片和实验室照片激活了大脑中许多相同的结构，主要是与情景记忆有关的内侧颞叶，以及顶叶皮层中负责处理场景的区域［图 8.2a（彩）］。除此之外，这些自己拍摄的照片更能够激活前额叶皮层和海马体，前者负责处理有关自我的信息［图 8.2b（彩）］，后者负责回忆（与"心理时间旅行"相关的记忆）［图 8.2c（彩）］。

因此，自己拍摄的特定位置照片可能唤起了拍摄时的记忆，与他人拍摄的相同位置的图片相比引发了更为广泛的大脑网络激活。这也反映了自传体记忆的丰富性。还有研究发现，自传体记忆也能诱发情绪，这一过程包含对杏仁核的激活，下文会简要地对此进行描述［见图 5.19（彩）］。

贯穿一生的记忆

是什么决定了多年后我们仍能记起某些特殊的生活事件？如个人里程碑式的事件（大学毕业、接受求婚）、高度情绪化的事件（在车祸中幸存下来）（Pillemer，1998）；还有那些成为个人生活中重要部分的事件，如与某个具有长期恋爱关系的人吃的第一顿晚餐。但如果再也没有见过这个人，同样的约会晚餐可能就没有那么难忘了。

对 40 岁以上个体的自传体记忆的研究发现了十分有趣的结果，如图 8.3 所示，55 岁的被试可以记起 5—55 岁的事件，但是他们对于最近发生的和发生在 10—30 岁的事件的记忆最好（Conway，1996；Rubin et al.，1998）。这种在 40 岁以上个体身上发生的、对青春期和成年早期记忆的增强现象称为**记忆高峰**。

青春期和成年早期为何是记忆编码的特殊时期？下文将阐述三种假设，这

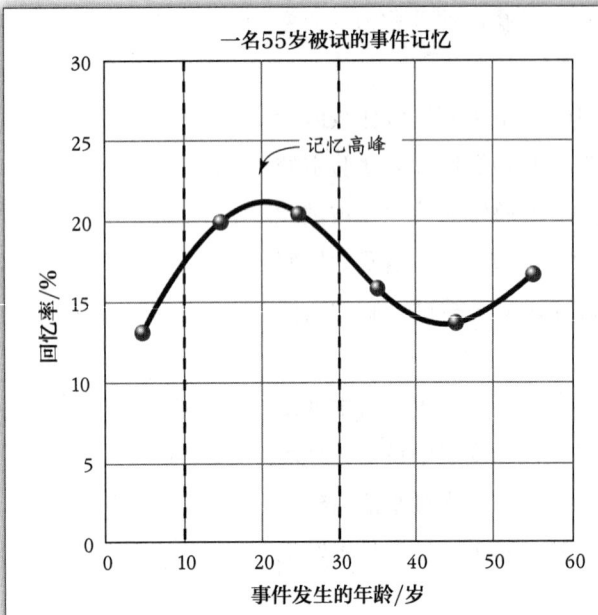

图 8.3 年龄为 55 岁的被试回忆起不同年龄段事件的百分比，记忆高峰出现在 10—30 岁。

来源：R. W. Schrauf & D. C. Rubin, Bilingual Autobiographical Memory in Older Adult Immigrants: A Test of Cognitive Explanations of the Reminiscence Bump and the Linguistic Encoding of Memories, *Journal of Memory and Language*, 39, 437-445, Fig.1. Copyright 1998 Elsevier Ltd. Republished with permission.

些假设都基于特殊生活事件多发生在青春期和成年早期这一观点。**自我形象假设**认为，当事件发生在一个人的自我形象或生活身份正在形成的时期，个体对于这种事件的记忆就会得到增强（Rathbone et al., 2008）。该假设的提出基于以下实验结果：一组平均年龄为 54 岁的被试用"我是"造句，如"我是一位母亲"或"我是一个心理学家"，让他们感受到自己被定义成了某类人。然后询问被试在何时有了自己所陈述的身份，被试给出的平均年龄为 25 岁，恰巧在记忆高峰的范围。随后，被试还列举了与每个用"我是"造句的陈述句有关的事件（如"我生了第一个孩子"或"我开始了心理学研究生阶段的学习"），大多数事件都发生在与记忆高峰相关的时间范围。自我形象的发展带来了大量难忘的事件，而这些事件大多都发生在青春期或成年早期。

另一种对记忆高峰的解释被称作**认知假设**。该假设认为，在稳定期之前的快速改变期会引起更强的记忆编码。而快速改变（如上学、结婚和工作）多发生于青春期和成年早期，紧随其后的成年生活则是相对稳定的。检验认知假设的一种方法是寻找一批快速改变期晚于青春期或成年早期的人。根据认知假设，这些人的记忆高峰应该发生得更晚。为了检验这一观点，Robert Schrauf 和 David Rubin（1998）调查了 20 岁左右或 35 岁左右移民到美国的那些人的记忆。图 8.4 显示了两组被试的记忆曲线，表明早期移民个体的记忆高峰发生在正常年龄，但是晚期移民个体的记忆高峰比正常年龄晚 15 年才出现，由此验证了认知假设。

要注意的是，晚期移民正常的记忆高峰消失了。Schrauf 和 Rubin 对此的解释是，晚期移民消除了通常发生在成年早期的稳定期。所以并没有像认知假说所预测的那样出现记忆高峰。

最后一种解释称作**文化生活脚本假设**。这一假设区分了个体生活故事和**文化生活脚本**，前者指发生在个体一生中的所有事件，后者指在一定文化背景下，在生命中的特定时期通常会发生的事件。例如，Dorthe Berntsen 和 Rubin（2004）让人们列出生命中重要事件发生的时间，常见的回答是恋爱（16岁）、上大学（22岁）、结婚（27岁）、生子（28岁）。有趣的是，人们最普遍提及的事件大多发生在与记忆高峰有关的时期。这并不意味着个体生活中的特殊事件总是发生在那些阶段。但依照文化生活脚本假设，当个体生活故事中的事件符合一个人所处文化背景下的文化生活脚本时更容易被回忆。

Jonathan Koppel 和 Berntsen（2014）提出了一种与文化生活脚本现象相关的假设：**青年偏见**，即个体一生中最凸显的公共事件往往发生在其年轻的时候。研究者让被试构想一个处于自身文化和性别特征下的典型个体，然后对被试提出下列问题：在这个人的一生中会发生许多重要的国内外公共事件，如战争、公众人物的死亡和体育赛事。当对他来讲一生最重要的公共事件发生时，你认为这个人最有可能是几岁？被试的回答支持了青年偏见结论。

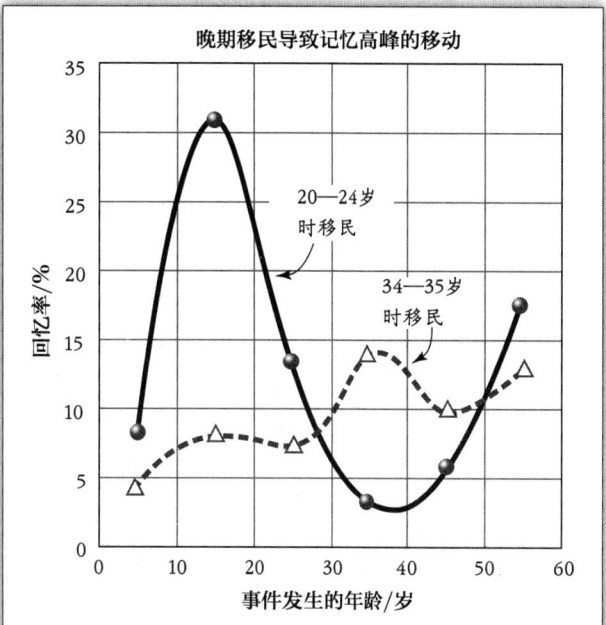

图 8.4　与 20—24 岁移居国外的人相比，34—35 岁移居国外的人的记忆高峰发生的年龄较晚。

来源：R. W. Schrauf & D. C. Rubin, Bilingual Autobiographical Memory in Older Adult Immigrants: A Test of Cognitive Explanations of the Reminiscence Bump and the Linguistic Encoding of Memories, *Journal of Memory and Language*, 39, 437-445, Fig.1. Copyright 1998 Elsevier Ltd. Republished with permission.

如图 8.5 所示，大多数被试的反应结果表明，个体感知到的最重要的公共事件发生在 30 岁之前。有趣的是，这个结果是在调查年轻人和老年人时得出的，曲线在青春期和成年早期（20—30 岁）时达到顶峰，就像记忆高峰一样。

记忆高峰具有很多解释，其中许多都是可信并得到证据支持的。每种解释提出的关键因素——如自我同一性的形成、稳定期前的快速改变、符合文化期望的事件——都发生在记忆高峰阶段。我们所描述的每一种解释都可能促成记忆高峰的产生（见表 8.1）。

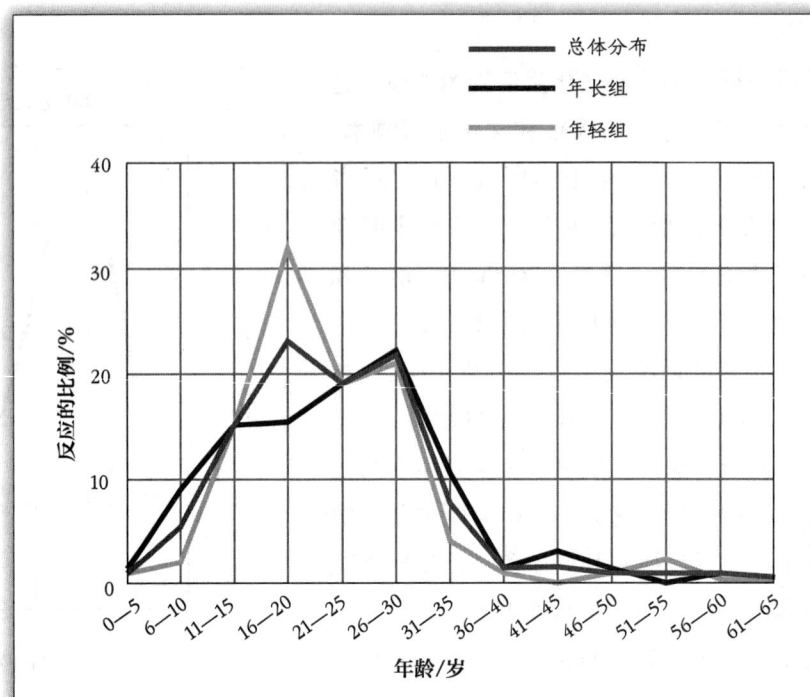

图 8.5 Koppel 和 Berntsen（2014）的"青年偏见"实验结果。研究者让被试指出他们所假想的那个人在经历一生中最重要的公共事件时是多大年龄。值得注意的是，年轻被试和年长被试所回答的年龄分布是相似的。
来源：Koppel and Berntsen, *Quarterly Journal of Experimental Psychology*, 67（3），Figure 1, page 420, 2014.

表 8.1
对记忆高峰的解释

解释	基本特征
自我形象	假定个体自我形象的形成期
认知假设	快速改变期的记忆编码更好
文化生活脚本	回忆的事件符合文化共享的期待

对特殊事件的记忆

个体生活中的一些事件比其他事件更容易被记住。最令人难忘的事件的特征是：这些事件对个体来说重要且有意义，在某些情况下与情绪有关。例如，一项研究让高年级学生回忆大学一年级时发生的事件，发现在记忆中凸显的事件多伴随着强烈的情绪（Pillemer, 1998; Pillemer et al., 1996; Talarico, 2009）。

记忆与情绪

情绪和记忆交织在一起，"特殊"事件往往伴随着情绪，如一段关系的开始或结束，或者是像"9·11"恐怖袭击这样的许多人共同经历的事件。情绪与更好的记忆有关的说法已经得到了实验室研究的支持。在一项关于情绪和增强的记忆之间联系的实验中，Kevin LaBar 和 Elizabeth Phelps（1998）检验了被试回忆情绪唤起词（如污秽词和色情词）和中性词（如街道名和商店名）的能力，发现被试对情绪唤起词有更好的记忆效果（图8.6a）。在另一项研究中，Florin Dolcos 和同事们（2005）考察了被试对1年前见过的情绪图片和中性图片的再认能力，结果也是对情绪图片的记忆效果更好（图8.6b）。

当我们对这一现象进行生理上的观察时，一个脑结构凸显出来，即**杏仁核**〔见图5.19（彩）〕。杏仁核的重要性已经被多种方法所证实。例如，上面提到的 Dolcos 等人用 fMRI 进行脑部扫描发现，当被试进行回忆时，情绪词引发了更高水平的杏仁核激活（参见 Cahill et al., 1996; Hamann et al., 1999）。

对杏仁核损伤病人 B.P. 的研究也证明了情绪和杏仁核之间的联系。被试在实验中观看一个讲述男孩和他妈妈的故事的幻灯片，故事讲到一半时男孩受伤了。实验结果发现，非脑损伤被试对故事的情绪部分（小男孩受伤时）的记忆有所增强；病人 B.P. 对故事前半部分的记忆与非脑损伤被试相同，但对于情绪部分的记忆没有增强（Cahill et al., 1995）。由此看来，情绪可能是通过触发杏仁核中的机制来帮助我们记忆与情绪相关的事件的。

情绪也与改善的记忆巩固有关。对于某种经历的记忆增强过程发生在这个经历过后的几分钟或几小时内（见第7章，见第270-

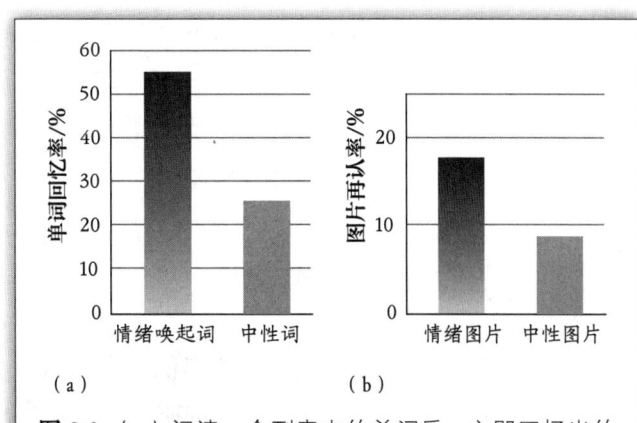

图8.6（a）阅读一个列表中的单词后，立即回忆出的情绪唤起词和中性词的百分比。（b）观看图片1年以后正确再认情绪图片和中性图片的百分比。

来源：Part a: La Bar & Phelps, 1998; Part b: Dolcos et al., 2005.

281页）（LaBar & Cabeza，2006；Tambini et al.，2017）。情绪和记忆巩固之间的联系最初是由对动物（主要是大鼠）的研究提出的，研究表明，在动物完成一项任务训练后不久就让其服用中枢神经系统兴奋剂，可以增强其对任务的记忆。研究发现，像皮质醇这样的激素会在能够唤起情绪的刺激呈现过程之中或之后释放。这两项研究结果得出的结论是，个体在情绪体验后释放的应激激素会增强个体对这一体验的记忆巩固（McGaugh，1983；Roozendaal & McGaugh，2011）。

Larry Cahill 及其同事（2003）进行了一项实验，证明了这种效应对人类的影响。他们向被试展现了中性图片和情绪图片；然后让一些被试（应激组）将手臂浸入冰水中，这将导致皮质醇的释放，而另一些被试（非应激组）将手臂浸入温水中，这是一种非应激的情况，不会导致皮质醇的释放。1周后，当被试被要求描述这些照片时，那些在应激条件下的被试回忆起的能够唤起情绪的图片要比中性的图片多（图8.7a）。在非应激组中，两种图片之间没有显著差异（图8.7b）。

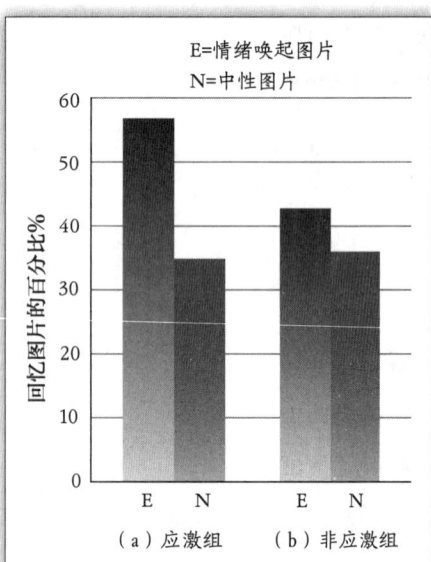

图8.7 （a）当被试处于应激状态下时，对情绪图片的回忆情况比中性图片好。（b）在非应激条件下，对情绪图片的回忆与对中性图片的回忆无显著差异。这一结果与增强对情绪图片的记忆巩固有关。
来源：Cahill et al., 2003.

这些结果中有趣的部分是皮质醇增强了个体对情绪化图片的记忆，却没有强化对中性图片的记忆。研究者以此得出结论：在唤起情绪体验后释放的激素会促进人类的记忆巩固（Phelps & Sharot，2008）。这种与情绪相关的记忆强化也与杏仁核活动的增强有关（Ritchey et al.，2008）。正如我们将在下一部分看到的，对于特殊的事件，比如"9·11"恐怖袭击，情绪和记忆之间是有联系的，这些事件引起的记忆被称为闪光灯记忆。

闪光灯记忆

许多人都还记得2001年9月11日恐怖袭击发生时的情景。对有关这类公众事件的记忆的研究通常要求人们回忆他们当时在哪里，以及是如何得知这一事件的。记得当时我刚走进心理学系的办公室，一位秘书告诉我说有人驾驶飞机撞上了世贸中心。当时我以为是一架小型私人飞机偏离了航线。但不久后我与妻子通了话，她告诉我世贸中心的一座塔楼刚刚倒塌。不久后，我在认知心理学课上和学生讨论了我们所知道的情况，并决定取消当天的课程。

Brown 和 Kulik 提出的闪光灯记忆

16 年过去了，我对于自己如何得知"9·11"恐怖袭击以及与得知袭击信息直接相关的人和事的记忆依然历历在目。像这样与无法预料到的、充斥着情绪体验的事件有关的记忆是否有特殊之处？Roger Brown 和 James Kulik（1977）的观点是，在获取如"9·11"恐怖事件的相关信息时，人们对周围环境的记忆是特殊的。他们的观点基于一个更早期的事件，即 1963 年 11 月 22 日肯尼迪总统遭暗杀的事件。当时，肯尼迪坐在一辆敞篷车里向人们挥手致意。他的车队沿着达拉斯的游行路线前进。当他的车经过德州学校图书保管大楼时，响起了三声枪响，肯尼迪总统瘫倒在地。车队停了下来，肯尼迪被紧急送往医院。不久，这个消息传遍了全世界：肯尼迪总统遇刺身亡。

谈到肯尼迪遇刺事件发生的那一天，Brown 和 Kulik 讲述道："刹那间，整个国家，可能还有世界上许多其他地方的人，都停下来进行定格拍照。"这种表述把记忆的形成过程比作拍照，因而产生了**闪光灯记忆**一词，指一个人在经历令人震惊的、充斥着情绪体验的事件时对周边环境的记忆。需要特别强调的是闪光灯记忆是指个体在得知某一事件时对周边环境的记忆，而不是对事件本身的记忆。因此，关于"9·11"恐怖袭击事件的闪光灯记忆是指当一个人得知发生了恐怖袭击时，对于自身所处地点和所做事情的记忆。闪光灯记忆赋予了事件重要性，否则这些事件就与普通事件无异了。例如，尽管我与心理学系的秘书在几年内谈了几百次话，但那次她告诉我有飞机撞上世贸中心的谈话在我记忆中是最凸显的。

Brown 和 Kulik 认为，闪光灯记忆的机制有其特殊之处。这不仅因为这些机制发生在高度情绪化的环境中，还因为它们可以被记住很久，并且在记忆中特别生动和精细。Brown 和 Kulik 将这些生动而精细记忆的机制称为"即刻打印"机制，这些记忆就像是永不褪色的照片一样。

闪光灯记忆与照片不同

Brown 和 Kulik 认为闪光灯记忆像照片一样。这样的结论是基于他们发现人们可以描述在得知肯尼迪或马丁·路德金遭到暗杀时所处情境的细节。但 Brown 和 Kulik 所使用的方法是有缺陷的，因为他们是在事件发生多年之后才让被试回忆这些事件的，无法确定被试所报告的记忆是否正确。检验其正确性的唯一方法是将个体对于某个事件的记忆与这个事件本身或是事件发生后即刻的记忆相对比。这种将后期记忆与事件发生后立即收集到的记忆做比较的方法叫作重复回忆。

研究方法　重复回忆

重复回忆的基本思想是通过在事件发生后对被试的记忆进行多次测量，来确定记忆是否随着时间的推移而改变。个体的记忆在呈现一个刺激或发生一些事件后立刻被测量，尽管其中仍有错误或遗漏疏忽的可能性，但是这时的记忆报告被认为是对所发生事件的最正确表征的精确描述，并用来作为基线。几天、几个月或是几年以后，当被试再次被问起当时发生了什么时，他们的报告就可以与这个基线进行比较。采用这种基线为检验后期报告的正确性提供了一种方法。

在 Brown 和 Kulik 的"即刻打印"假设提出多年后，采用重复回忆任务的研究显示，闪光灯记忆并不像照片一样。时间不会改变照片的内容，却可以改变人们的记忆。事实上，对于闪光灯记忆研究的一个主要发现是：尽管人们所报告的闪光灯记忆格外生动，但它们经常不够准确且缺乏细节。例如，Ulric Neisser 和 Nicole Harsch（1992）进行了一项研究，他们询问被试是如何得知挑战者号航天飞机爆炸事件的。回到 1986 年，当时太空发射仍然被认为是特别重要的，并且受到了人们的高度期待。在挑战者号的这次升空中，有一名宇航员是新罕布什尔州的高中教师克丽斯塔·麦考利夫（Christa McAuliffe），她是太空计划中美国航空航天教师项目的第一人。挑战者号于 1986 年 1 月 28 日在卡纳维拉尔角发射升空时似乎一切正常。但在升空 77 秒后，挑战者号解体并坠入大海，包括克丽斯塔在内的 7 名机组人员遇难（图 8.8）。Neisser 和 Harsch 的实

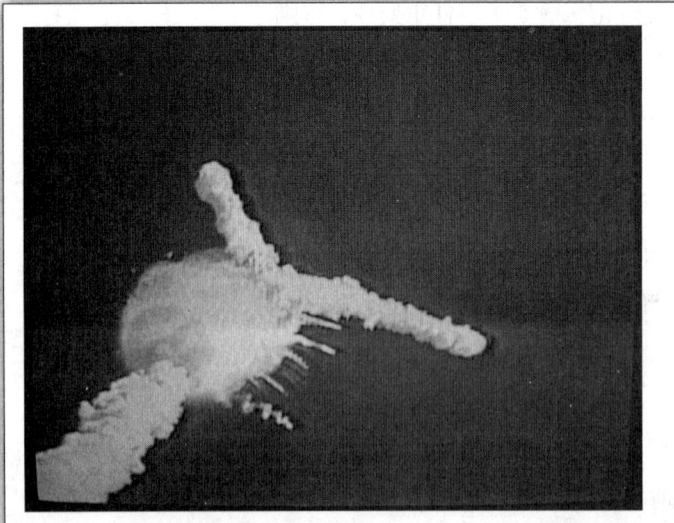

图 8.8　Neisser 和 Harsch（1992）研究了人们在得知"挑战者"号航天飞机爆炸那天的记忆。

验中的被试在爆炸事件发生后的一天内填写了问卷，然后在 2.5～3 年后再次填写了同样的问卷。灾难后的第一天，一个被试回答说她是在课堂上听说这件事的：

> 我正在上宗教课，一些人走进来宣布了这件事。当时我只知道航天飞机发生了爆炸，而且惨剧发生时那个遇难老师的学生们都在看直播，这让我感到很难过。下课后，我回到宿舍看到电视节目中正在谈论这件事，并从中得知了所有的细节。

2.5 年之后，她的记忆变了：

> 最初听到那起爆炸事件时，我和室友正坐在新生宿舍里看电视。那是一则新闻简讯，我们都震惊了。我感到很悲伤，上楼把这件事告诉了一个朋友，后来又打电话给我的父母。

这种情况很常见，被试第一次报告说是在某地（如教室中）听说了爆炸事件，后来又记得最初是从电视上看到的。在爆炸发生后不久，只有 21% 的被试陈述他们最先是在电视上看到消息的，但是在事件发生 2.5 年后，这一比例上升到 45%。这种比例增长可能是因为电视是人们获取新闻的主要媒介，并且电视重复播放该事件的新闻使人印象深刻。因此，闪光灯记忆和日常记忆一样，都易受到在事件发生之后人们的经历（人们可能了解到的有关灾难的信息）和一般性知识（在网络普及之前，人们通常会首先通过电视得知重要新闻）的影响。

认为记忆受到后来发生事件的影响的观点基于 Neisser 等人（1996）提出的**叙述排演假设**，即我们之所以能记得类似 "9·11" 恐怖袭击事件发生时的情境，不是因为某个特殊的机制，而是因为我们在这些事件发生后对其情境进行了重新排演。

当我们关注 "9·11" 恐怖袭击的后续事件时，就会发现叙事排演假设是有道理的。在 "9·11" 恐怖袭击事件之后，飞机撞向世贸中心的影像在电视上不停地重复。在随后的几个月里，媒体对这一事件及其后续进行了大篇幅报道。Neisser 指出，如果这种排演才是我们能够更好地记忆重大事件的原因，那么闪光灯这种类比就是具有误导性的。

在这里，我们所关注的是人们在首次得知"9·11"恐怖袭击事件时周围情境的特征，而大多数与该事件相关的排演都是在得知这一事件之后进行的。例如，观看电视上重复播放的飞机撞击世贸大楼的画面可能会导致人们更关注于此，而忽略了是从谁那里得知这个事件的以及自己当时所处的位置。就像人们对于挑战者号事件的记忆一样，最终致使人们相信自己最初是从电视上得知事件相关信息的。

认为电视具有"捕捉"人们记忆的能力的观点是由 James Ost 及其同事（2002）的一项研究结果提供的，研究者在英国的购物中心找人询问是否愿意参加研究人们对悲剧性事件的记忆力的实验。实验的目标事件是 1997 年 8 月 31 日戴安娜王妃和她的伴侣多迪·法伊德（Dodi Fayed）在巴黎的一场车祸中丧生，这在英国的电视上被广泛报道。被试要回答以下问题：你看到过狗仔队拍摄的戴安娜王妃和多迪·法伊德车祸的录像吗？在回答这个问题的 45 人中，有 20 人说他们看过这段录像。然而，根本就不存在什么录像——电视报道了这次车祸，但没有播放车祸录像。媒体对这一事件的广泛报道显然让一些人想起了某些从未发生过的事情——看过车祸录像。

闪光灯记忆与其他记忆不同吗？

在对挑战者号爆炸事件的研究中，大量不准确的回答表明，闪光灯记忆就像一般记忆一样会消退。事实上，许多研究者已经开始质疑闪光灯记忆与一般记忆是否存在巨大区别了（Schmolck et al., 2000），这一观点得到了实证支持。在这个实验中，一组大学生在 2001 年 9 月 12 日被问到一系列问题，这是"9·11"恐怖袭击事件发生后的第一天（Talarico & Rubin, 2003）。其中一些问题是关于恐怖袭击的（"你第一次得知这个消息是在什么时候？"），另一些问题是关于学生在恐怖袭击发生前几天的日常生活事件的。在回忆起日常生活事件之后，作为被试的学生写下了包含 2~3 个单词的描述，作为未来回忆这一事件的线索。研究者将被试分为三组，分别在 1 周、6 周和 32 周之后重新询问他们相同的问题，即关于恐怖袭击和日常生活事件的问题。

实验结果表明，事件发生的时间越久，被试记住的细节越少，所犯的错误也越多，且闪光灯记忆和日常记忆几乎没有差别（图 8.9a）。因此，就像日常记忆一样，闪光灯记忆中的细节也会消失。但为什么人们认为闪光灯记忆特殊呢？图 8.9b 和图 8.9c 所示的结果给出了答案。人们对闪光灯事件的记忆比日

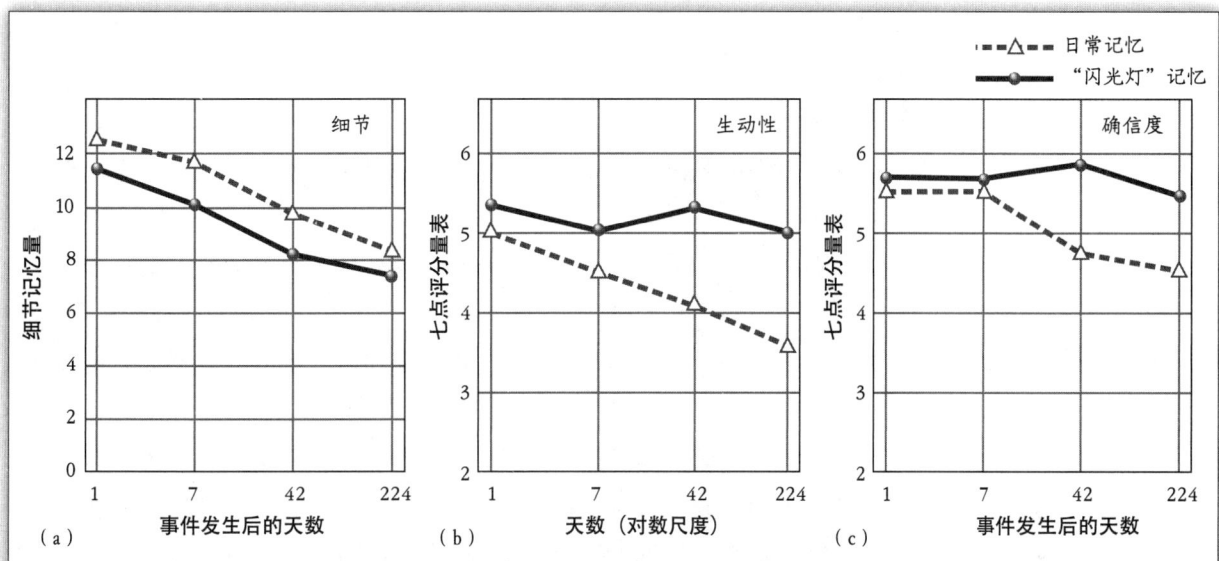

图 8.9 Talarico 和 Rubin（2003）的闪光灯记忆实验的结果：（a）记忆细节；（b）生动性评级；（c）对于记忆准确性的确信度。闪光灯记忆和日常记忆中对于细节的记忆都减少了。对准确性和生动性的确信度在日常记忆中下降，但对闪光灯记忆的确信度仍然很高。

来源：J. M. Talarico & D. C. Rubin, Confidence, not consistency, characterizes flash bulb memories, *Psychological Science*, 14, 455–461, Figures 1 & 2. Copyright © 2003 American Psychological Society. Reproduced by permission.

常记忆更加生动（图 8.9b），并且认为闪光灯记忆是准确的，而日常记忆不是（图 8.9c）。

因此可以说"闪光灯记忆"是特殊的，也是普通的。特殊在于它是生动的，会被记住，普通在于其内容可能并不准确。另一种认为闪光灯记忆具有特殊性的观点是：虽然内容不够准确，但闪光灯事件可以被记住，而不太值得注意的事件不太可能被记住。

闪光灯记忆的确切机制一直是记忆研究者所探讨的问题（Berntsen，2009；Luminet & Curci，2009；Talarico & Rubin，2009）。然而无论是什么样的机制，闪光灯记忆研究的一个重要成果是揭示了人们认为自己准确记住的东西实际上可能并不准确。人们对于某一事件的记忆除了受到实际经历的影响，还会受到其他因素的影响。这一观点促使许多研究者提出，人们基于实际发生的事件以及一些额外因素的影响构建自己的记忆。下一部分将对这一观点进行深入探讨。

自我测验 8.1

1. 在一项全国范围内的民意调查中,人们对于记忆像摄像机一样运行的说法怎么看?他们的回答是否准确?
2. 什么是自传体记忆?为什么说自传体记忆既包括情景成分也包括语义成分?
3. 为什么说自传体记忆是多维的?Cabeza 的摄影实验是怎样为其提供证据的?
4. 什么类型的事件通常是最难忘的?一个 50 岁的人以年龄为横坐标,以回忆事件的数量为纵坐标,会得到一幅什么样的函数图?研究者为解释这一函数图中出现的峰值提出了哪些理论?
5. 有哪些证据支持情绪化事件比非情绪化事件更容易被记住?请描述杏仁核在情绪记忆中的作用,包括脑部扫描(fMRI)和神经心理学(病人 B.P.)上的证据。
6. 什么是青年偏见?对于记忆高峰的哪些解释与它有关?
7. 为什么 Brown 和 Kulik 把公众对于像肯尼迪总统遇刺这样的情绪化事件的记忆称为闪光灯记忆?他们使用的"闪光灯"一词合适吗?
8. 简述重复回忆实验的结果。这些结果支持 Brown 和 Kulik 为闪光灯记忆提出的"即刻打印"机制吗?
9. 叙述排演假设是什么?对于戴安娜王妃车祸事件的研究结果与媒体报道对记忆的影响有什么关系?
10. 闪光灯记忆与其他自传体记忆有哪些不同之处?又有哪些相似之处?有什么假设或理论可以解释这些差异?

记忆的建构性

人们对于某些事情的记忆之所以比对其他事情的记忆好,可能是因为它们存在特殊的意义,也可能是因为所发生的时机。但是人们记住的事情可能和事情真实发生时的情况不一致。当人们报告对过去事件的记忆时，不仅可能遗漏一些信息，还可能扭曲和改变曾经发生过的事情。在某些情况下，人们甚至会报告根本没有发生的事情。

上述特征反映了**记忆的建构性**：人们所报告的记忆是基于实际发生的事情加上其他因素而构建的，其他因素包括个体的知识、经历和期望。一种叫作"源监控"的现象说明了记忆的建构性。

源监控错误

想象一下：你迫不及待地想看一部高评分电影。但你很难回忆起是从哪里得知这部电影很好看的：是从网上看到了评论？是在和朋友的谈话中得知的？是在路上经过的广告牌上看见的？你还记得最初让你对这部电影产生兴趣的来源吗？这就是**源监控**——确定记忆、知识或信仰来源的过程（Johnson et al., 1993）。在你从记忆中搜索电影好看这一信息的来源时，如果你确定最初是在网上的影评中得知这一信息的，但实际上你最初是从朋友那里听说的，就意味着你犯了**源监控错误**——错误地识别了记忆的来源。

源监控错误也被称为**源错误归属**，因为人们将记忆归属到了错误的来源。源监控为记忆的建构性提供了一个例子，因为当我们回忆某件事时，会检索该记忆（我记得我对那部电影很感兴趣），然后确定该记忆从何而来（来自我在网上读的影评）（Mitchell & Johnson，2000）。

源监控错误很普遍，而且人们通常意识不到。或许你曾有过这样的体验：有人告诉过你一件事，但是你后来认为自己是从其他人那里听说这件事的。或者你认为自己说过某件事，但实际上只是在头脑中想了一下这件事（如"我晚点回家吃晚饭"）（Henkel，2004）。在1984年的美国总统大选中，里根总统竞选连任，他在演讲中反复讲到一名英勇的美国飞行员的故事，但是后来人们发现，他所讲的故事与20世纪40年代的战争电影《飞行之翼与祈祷者》（*A Wing and a Prayer*）中的场景几乎一样（Johnson，2006；Rogin，1987）。很明显，里根总统所讲述的记忆来源是一部电影而不是真实事件。

潜在记忆为源监控错误提供了更加令人惊讶的例子，如个体会无意识地剽窃他人的作品。例如，披头士乐队的乔治·哈里森（George Harrison）因为他的一首歌使用了歌曲《他是如此好》（*He's So Fine*）（由 The Chiffons 组合于20世纪60年代录制）的旋律而受到指控。尽管哈里森宣称自己是无意识地使用了这个曲调，但原始歌曲出版商对他的指控是成立的。哈里森的问题在于，他认为旋律的来源是自己，而实际的来源是别人。

Larry Jacoby 及其同事（1989）进行了一项名为"一夜成名"的实验。实验通过测试被试区分名人和非名人名字的能力证明了源监控错误和熟悉性的联系。在实验的学习阶段，Jacoby 让被试阅读一些由实验者编造的非名人的名字（如 Sebastian Weissdorf 和 Valerie Marsh）（图 8.10）。实验分为直接测试组和延迟测试组，对于直接测试组，被试在看到非名人名单后立即接受测试，他们需要从一份名单中选出名人的名字，名单包括：(1) 被试刚刚看到的非名人的名字；(2) 此前未见过的非名人的名字；(3) 名人的名字，如 Minnie Pearl（一位乡村音乐歌手）或 Roger Bannister（第一个用4分钟跑完1600米的人），在进行实验的1988年，很多人都可以认出这些名字。在测试开始之前，被试被告知所有在学习阶段看到的名字都是非名人的。由于测试是在被试看了第一个非名人名单后立即进行的，所以他们能够正确地识别大多数非名人的名字（像 Sebastian Weissdorf 和 Valerie Marsh）。

有趣的结果发生在延迟测试组身上，这一组被试在看完非名人名单的24小时后接受测试，同另一组一样，他们被告知所有在学习阶段看到的名字都是非名人的。延迟测试组在实验中更愿意将看到过的非名人的名字认成名人的名字，如 Sebastian Weissdorf 这一非名人的名字在经过24小时后被贴上名人名字这一标签的可能性大大增加了。

Sebastian Weissdorf 是如何一夜成名的？为了回答这个问题，请你将自己想象成 Jacoby 的被试。当你看完第一个非名人名单的24小时后要判断 Sebastian

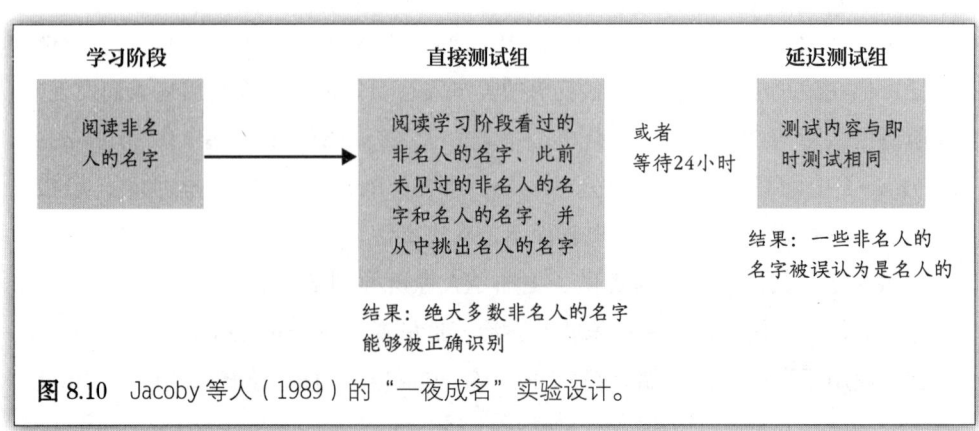

图 8.10 Jacoby 等人（1989）的"一夜成名"实验设计。

Weissdorf 是不是名人时，你会怎样做出判断？Sebastian Weissdorf 好像并不怎么出名，但是这个人的名字让人感觉很熟悉。你可能会问自己：这个名字为何如此熟悉？这个过程就是源监控。要回答这个问题，你需要确认这种熟悉感的来源。你觉得 Sebastian Weissdorf 这个名字很熟悉，是因为你在 24 小时之前见过，还是因为这是一个名人的名字？很显然，Jacoby 的一些被试认为自己对于 Sebastian Weissdorf 的熟悉感源于其名声，因此虚构的 Sebastian Weissdorf 就成了名人！

在本章的后面，当讨论诸如确定目击者证词的准确性这类问题时，我们会发现创造一个熟悉的场景也会引起源监控错误，如人们会在犯罪场景中辨认出错误的人。关于熟悉感导致记忆错误的另一种理论被称为虚假真实效应。

虚假真实效应

下列句子是对还是错？"植物靠化学合成存活。"答案显然是否定的（实际是靠光合作用）。但是如果你不断地复述这句话，就有可能错误地将化学合成判定为正确的。重复呈现的陈述会使个体增加将这种陈述评估为正确的可能性，这被称为**虚假真实效应**（Begg et al., 1992）。

Lisa Fazio 及其同事（2015）向被试呈现了正确的和错误的陈述，然后让他们评价这些陈述有多有趣。在实验的第二部分，实验者要求被试指出他们之前读过的陈述以及一些未读过的陈述是正确的还是错误的。结果显示，未读过的正确陈述在 56% 的情况下被判断为"正确"，而读过的正确陈述在 62% 的情况下被判断为"正确"，类似的结果也出现在对错误陈述的判断中。即使被试知道正确的答案，重复呈现的陈述也会增加人们将其判断为正确的可能性。例如，阅读像"Sari 是苏格兰人穿的短百褶裙的名字"这样错误的陈述增加了被试之后将其判断为正确的可能性，即使这些被试知道苏格兰人穿的短百褶裙名为"kilt"。

为什么重复呈现的陈述会增加人们将其判断为正确的可能性？Fazio 给出的解释是**流利性**。一个陈述可否被轻松地记起会影响人们的判断。这与在 Jacoby 的实验中 Sebastian Weissdorf 这个名字因为熟悉性而被认为是名人的名字类似。因此，储存在记忆中的知识是很重要的（Fazio 的被试更倾向于将符合常识的陈述判断为正确的），但流利性或熟悉性也会影响个体对记忆的真实性的判断。虚假真实效应与第 6 章（见第 238 页）所讨论的宣传效应有关，因为两者都是由重复造成的。

现实生活中的知识如何影响记忆

熟悉性对源监控的影响证实了真实发生事件之外的因素是如何影响记忆的。下面所讲的例子将关注现实生活中的知识是如何影响记忆的。在第一次世界大战之前，Frederick Bartlett（1932）进行的一项经典研究证明了知识对于记忆的影响。

Bartlett 的"鬼魂战争"实验

这项经典的研究第一次提出了记忆具有建构性，Bartlett 让被试阅读了下面这段来自加拿大印第安人的传说。

鬼魂战争

一天晚上，两位艾古拉克的年轻人去河里捕捞海豹。当抵达那里时，天雾蒙蒙的，但很平静。顷刻间，他们听见打仗的呐喊声，心想可能是赶上打仗了，于是两人赶紧跑上岸躲在一根大木头后面。这时，驶来了几只独木舟，渐渐传来了划桨声，一只独木舟向他们划来，舟上有五人。这些人向他们喊道："我们要去上游与人开战，想带上你们，怎么样？"其中一个年轻人回答："我没有箭。""船上有箭。"这些人喊道。"我不愿随你们去，我会被杀死的，家里人还不知道我跑到哪里去了。"这位年轻人说完之后对他的同伴说："不过你可以跟他们去。"

于是，一位年轻人跟着去了，另一个则返回家中。这些战士继续沿河而上，抵达了卡拉玛河对岸的一个小镇。他们跳入水中开始战斗，许多人被杀死了。这时，同行的这个年轻人听见一位战士大声叫道："快！我们回家去，印第安人遭袭击了。"此时他才想道："哎哟，这些人是鬼。"他并没有感到痛，但这些人说他已被射伤了。独木舟返回了艾古拉克，年轻人上岸回到了家中，点亮了一把火。他逢人便说："瞧，我遇见鬼了，还和他们去打仗了。我们当中有许多人被杀死了，但也有许多攻击我们的人被杀死了。他们说我被射伤了。但我根本没感到痛。"

年轻人说完之后渐渐平静了下来。当太阳升起时，他却倒下了。一些污物从他嘴里流出来，脸也变得扭曲了。人们惊恐地跳了起来开始大哭。这个年轻人死了。（Bartlett，1932，p.65）

被试读完这个故事后，Bartlett 让他们尽可能准确地回忆。然后采用**重复再现**技术，让被试在第一次阅读这个故事后在越来越长的时间间隔后回忆这个故事。这与在闪光灯记忆实验中采用的重复回忆技术相类似（见"研究方法：重复回忆"专栏，第304页）。

Bartlett 的这一研究的重要意义在于首次采用了重复再现技术，但"鬼魂战争"实验的主要意义在于揭开了个体出现记忆错误的本质。在读了这个故事较长时间之后，大多数被试对故事的再现都比原版故事的内容少很多，并且有许多遗漏和不准确之处。最关键的是，被试所回忆的故事往往会反映其自身的文化背景。原始故事来自加拿大的民间传说，但是很多被试使故事具有爱德华时代的英国（被试们的文化背景）的色彩。例如，有个被试将两个人出去捕捞海豹记成航海探险，把"独木舟"记成"船"，那个青年作为战士参与了战争，任何一个英国人都会为他不顾伤痛、继续战斗并最终赢得当地人的钦佩而自豪。

在 Bartlett 的实验中，被试的记忆有两个来源。一个来源是原始故事，另一个是他们自己的文化中类似的故事。随着时间的推移，被试更倾向于同时使用来自两个来源的信息，因此故事的再现变得更像在爱德华时代的英国所发生的事。这种记忆包含不同来源的细节的理论与前面所讨论的"源监控"有关。

推　　理

对于记忆的报告受到人们基于经验和知识所做的推理的影响。这一部分将深入探讨这一观点。首先请思考下面的演示实验。

演示实验　阅读句子

请阅读下面的句子，每读完一个句子，请停顿几秒。

1. 当温度达到27摄氏度时，孩子们堆的雪人消失了。
2. 脆弱的架子在书的重压下变得更脆弱了。
3. 心不在焉的教授没有带车钥匙。
4. 空手道冠军击中了煤渣砖。
5. 新生儿醒了一整夜。

阅读完这些句子后，翻到第340页的"演示实验：阅读句子"专栏，并按文中要求去做。

你在第340页的填空练习中填写的答案与你最初在演示实验中读到的词语相比如何？William Brewer（1977）以及Kathleen McDermott和Jason Chan（2006）的研究均让被试做了相似的任务，实验任务中包含的句子要比演示实验中的多。结果发现，大约1/3的句子都会出现记忆错误。拿上面提过的句子来说，大多数错误如下：（1）"消失"变成了"融化"；（2）"脆弱"变成了"倒塌"；（3）"没带"变成了"丢失"；（4）"击中"变成了"打破"或"打碎"；（5）"醒了"变成了"哭了"。

这些词的变化体现了一种名为**语用推理**的加工过程，语用推理是指个体在阅读句子时，对句中未明确表述或暗含的事情产生了预期（Brewer, 1977）。这些推理基于从经验中所获得的知识。因此，尽管"新生儿醒了一整夜"这句话中并不包含任何有关哭的信息，但有关新生儿的常识可能致使人们推断新生儿一直在哭（Chan & McDermott, 2006）。

下面是另一个记忆实验所使用的情境，目的在于引发被试基于过去经验的推理（Arkes & Freedman, 1984）：

> 在一场棒球比赛中，双方球队打成1∶1。主场球队的跑垒员在一垒和三垒，有一位跑垒员出局了。一个滚地球朝着游击手击来。游击手把它扔向了第二个垒位，试图来一个双杀。第三垒位的跑垒员得分，所以现在场上比分是2∶1，领先方是主场球队。

听完与上文相似的故事，要求被试指出句子"击球手安全到达一垒"是不是段落中的一部分。正如你所见，故事中从未出现过这个句子，大多数不太了解棒球比赛的被试都回答正确了。然而，了解棒球比赛规则的被试更有可能判断这个句子出现过。他们依据自己有关棒球的知识来做判断，如果第三垒的跑垒员得分了，那么双杀必定失败了，这也就意味着击球手安全到达了一垒。在这个例子中，知识让人正确地推理出棒球比赛中可能发生了什么，却使人错误地将句子推理成在段落中出现过。

图式和脚本

上面的例子阐明了人们的记忆是如何受知识影响的。**图式**是指个体关于环境的某些方面的知识。例如，个体关于银行的图式可能包括银行的外观、银行里的出纳窗口和银行所提供的服务。个体通过自身对不同情境的经历来发展图式,比如去银行存款、参加棒球比赛或者在教室中听讲座。

在一项研究图式如何影响记忆的实验中,研究者首先让被试在一个办公室中等待(图 8.11),研究者对此的解释是要确保上一个被试已经完成了实验。35 秒后,被试接到电话被要求到另一间屋子去,并被告知实验的目的是测试他们的记忆,他们的任务是写下刚才在那个办公室里看到的物品(Brewer & Treyens, 1981)。被试写下了很多他们记得自己看过的物品,但其中也包含一些该办公室中没有但是符合"办公室图式"的物品。例如,那个办公室中并没有书,但 30% 的被试报告说看到了书。因此,图式中的信息能够引导我们进行记忆推理。在上述例子中,推理导致了记忆错误。

在图式如何导致记忆实验中的被试出现推理错误的例子中,还包含一种类型的图式,它被称为脚本。**脚本**是指个体关于某种情境中行为顺序的概念。例

图 8.11 Brewer 和 Treyens(1981)的被试在等待参加办公室摆放物品的记忆测验前所处的办公室。

如，你对于咖啡店的脚本可能是排队等候，从咖啡师那里点一杯饮品和点心，拿到点心，付款，并在取饮品的地方等待。

脚本通过对特定情境中通常会发生的事情建立预期，从而影响我们的记忆。为检验脚本的这种影响，Gordon Bower 及其同事（1979）做了一个实验，让被试记住如下短文：

牙 医

比尔的牙痛得很厉害。犹豫了很久之后，他终于踏进了牙科诊所。比尔环顾贴在墙上的各式牙科海报。最后，牙科保健员检查了他的牙齿并拍了 X 光片。他想知道牙医正在做什么。牙医说，比尔有很多蛀牙。他约好了另一次看诊的时间就马上离开了牙科诊所。（Bower et al., 1979, p.190）

被试阅读了一些类似的短文，所有内容都涉及人们常见的活动，如看牙医、去游泳或者参加聚会。间隔一段时间后，研究者给被试呈现了他们读过的故事题目，让他们尽可能准确地写下能够回忆起来的故事内容。被试写出的故事内容中包括很多与原始故事相一致的信息，也包括很多在原始故事中未呈现但是符合该活动脚本的内容。例如，关于牙医故事，一些被试报告读到了"比尔在牙科诊所的前台接待员那里做了登记"。这个陈述是大多数人的"看牙医"脚本中的一部分，却没有出现在原始故事中。因此，关于牙医脚本的知识使得被试的记忆中增加了原文中未呈现的信息。下面的演示实验提供了有关知识和记忆之间存在联系的例子。

演示实验　记忆词表

以每秒一个项目的速度阅读下列词表，然后遮住词表写下尽可能多的单词。为了让这个演示实验起作用，一定要盖住词表然后写下单词。

床、休息、醒着的、疲惫的、做梦

醒来、夜晚、毯子、打瞌睡、沉睡

打鼾、枕头、平静、打哈欠、昏昏欲睡

错误回忆和再认

刚才所做的演示实验来自 James Deese（1959）以及 Henry Roediger 和 Kathleen McDermott（1995）的实验研究，这些实验的目的是说明个体对并未出现过的项目产生的错误回忆。你所记忆的单词列表里是否包含上面的词表中未出现过的单词呢？当我给我的学生们呈现这个词表时，总会有很多学生报告说自己记得里面有"睡觉"这个词。这是一个错误的记忆，因为"睡觉"并不在词表中。这种错误记忆之所以会发生，是因为人们将"睡觉"和词表中的其他词联系在一起。这与图式效应类似，人们之所以对办公室中并不存在的陈设产生错误记忆，是因为他们将这些办公家具与办公室中常见的陈设联系在一起。建构性加工过程再一次引起了记忆错误。

所有这些例子中的关键都在于错误记忆和真实记忆一样，都产生于建构性加工过程。因此，建构会导致记忆错误，但同时又给我们提供了创造性，使我们可以理解语言、解决问题和做出决定。这样的创造性也可以帮助我们在信息不完整的时候填补空白。例如，当你听到有人说"我们去看球赛"时，根据以往看球赛的经验，你会想到各种看球赛时的周边活动（例如，吃热狗或吃其他看比赛时吃的食物）。

拥有"非凡"的记忆力是什么感觉？

你可能会说："知道了，建构的过程可能会帮助我们做很多有用的事情，但是当它应用到记忆中时，会造成麻烦。那么拥有不需要构建性的'非凡'记忆力会怎么样？"

事实上，有些人确实拥有超常的记忆力，他们很少在记忆上犯错。苏联记忆专家 Shereshevski（下文简称 S.）就是这样一个人，超常的记忆力使他可以在舞台上通过展示自己的记忆能力来谋生。对 S. 进行了深入研究后，苏联心理学家 Alexandria Luria（1968）得出结论：S. 的记忆力几乎是无限的（尽管 Wilding 和 Valentine 在 1997 年指出，S. 偶尔也会犯错）。但 Luria 也发现了一些问题：当 S. 进行记忆表演时，很难忘记刚刚记住的东西。他的头脑就像一块擦不掉的黑板，上面写着发生的一切。对于一般人来讲，许多事情在人们的脑海中会快速掠过，然后就不再需要它们了。不幸的是，S. 无法忘掉这些记忆。他也不擅长进行举一反三之类的推理或根据部分信息"填补空白"。普通人经常这样做并且将这视为理所当然的，但是 S. 记录大量信息、无法遗忘的能力可能妨碍了这种推理和"填补空白"的能力。

最近，又有报道报告了具有惊人记忆力的个体，这些人拥有**超级自传体记忆**（LePort et al., 2012）。一位名叫 A.J. 的女性给加州大学洛杉矶分校的记忆研究者 James McGaugh 发送了这样一封邮件：

"我今年 34 岁。从 11 岁起，我就有了这种回忆自己过去的难以置信的能力……我可以选择从 1974 年到今天之间的任意一天，告诉你那天是什么日子，我在做什么。如果有什么重要的事情……发生在那一天，我也可以向你描述……每当我在电视上（或其他任何地方）看到一个日期闪过，我就会不由自主地回想起那一天：想起我在哪里，我在做什么，那天是哪一天，一直想，一直想，一直想。这种想是不间断的、不可控的，这让我筋疲力尽……我每天都在思考我的一生，这让我快疯了！"（Parker et al., 2006, p.35）

A.J. 描述她自己的记忆是自动发生的，不受意识的控制。当给定一个日期时，她会在几秒内将个人的经历和当天发生的特殊事件联系起来。通过对比 A.J. 坚持记录了 24 年的日记，研究者发现她的记忆是准确的（Parker et al., 2006）。

A.J. 的超级自传体记忆与 S. 的不同之处在于，她无法遗忘的内容不是记忆中的数字或名称，而是她个人生活的细节。包括全部的积极事件（回忆快乐的事件）和消极事件（回忆不快乐或令人不安的事件）。但是她的记忆除了能够记住日常生活事件外，还能够用在其他方面吗？显然不能，她只是一个中等生，这种记忆能力不能帮助她记忆考试材料。测试结果显示，她在诸如组织材料、进行抽象性思考以及使用概念等测试中表现不佳，而这些技能对于创造性思维来讲很重要。随着拥有类似 A.J. 的记忆能力的人在美国出现，一项针对另外 10 名被试的研究证实他们拥有惊人的自传体记忆能力，但在大多数标准的实验室记忆测试中，他们的表现也与对照组中的一般被试水平相当。因此，他们的能力似乎专门针对记忆自传体记忆（LaPort et al., 2012）。

S. 和 A.J. 的例子说明，记住所有事情不一定是一种优势。事实上，导致超强记忆能力的机制可能与建构的过程背道而驰。记忆的建构过程不仅是记忆的一个重要特征,也是创造性思维能力的重要特征。此外,储存所经历的一切对于系统运行来说是一种低效的方式,因为过多的储存会使系统过载。为了避免这种"超负荷",记忆系统被设计成有选择地记住那些对我们特别重要的事情,或者是那些在环境中经常发生的事情(Anderson & Schooler, 1991)。尽管由此所产生的系统并没有记录下我们所经历的一切,但它运转良好,足以使人类这个物种生存下来。

自我测验 8.2

1. 源监控错误为记忆的建构性提供了例证。描述一下什么是源监控和源监控错误,以及为什么说它们具有"建构性"。
2. 描述一下"一夜成名"的实验。这个实验是如何说明源监控错误的原因的?
3. 描述虚假真实效应。这种效应为什么会发生?
4. 请描述下列关于个体的知识经验导致记忆错误的例子:(1)Bartlett 的"鬼魂战争"实验;(2)推理(语用推理、棒球实验);(3)图式和脚本(办公室实验、牙医实验);(4)错误回忆和再认("睡觉"实验)。
5. 临床案例中的哪些证据表明了"非凡"的记忆力存在缺点?建构性记忆有哪些优点?

误导信息效应

前面已经提到导致记忆系统出错的原因有很多。这一节将继续关注这个主题,介绍**误导信息效应**,即在个体目击某个事件后,向其呈现误导性信息,会改变个体之后对于该事件的描述。这种误导性信息被称为**事件后误导信息**(MPI)。

> **研究方法　呈现事件后误导信息**
>
> 事件后误导信息实验的通常程序是先向被试呈现需要记住的刺激。这个刺激可能是单词词表或是关于某一事件的影片。在对实验组被试进行记忆测验前，向其呈现事件后误导信息；对对照组则不呈现。正如在后文中所见，事件后误导信息通常以一种看起来很自然的方式呈现，所以被试不会意识到自己被误导了。研究还发现，即使告知被试事件后的信息可能不准确，所呈现的信息仍能够影响他们的记忆报告。研究者通过对比接受误导信息的被试的记忆报告与未接受误导信息的被试的记忆报告来衡量事件后误导信息效应。

Elizabeth Loftus 及其同事（1978）的实验就采用了典型的事件后误导信息范式。研究者首先让被试观看一组幻灯片，主要内容是一辆汽车在停车牌前停了下来，而后转弯撞到了一个行人。之后让被试回答类似这样的问题："当红色福特汽车停在停车牌前时，是否有另一辆汽车从它旁边经过？"对于实验组的被试（事件后误导信息组），问题中的"停车牌"被"让行牌"替换，对照组则没有。随后，研究者向被试呈现了来自幻灯片的图片和一些被试未曾见过的图片。实验组的被试比对照组的被试更倾向于报告他们见过汽车停在让行牌旁的图片（事实上他们并未见过）。这种由事件后误导信息引起的记忆变化证明了误导信息效应。

事件后误导信息的呈现不仅能够改变被试对他们所见的报告，还能改变他们关于情境中其他特征的结论。例如，Loftus 和 Steven Palmer（1974）向被试呈现了一个撞车的电影片段（图 8.12），然后提问："当两辆汽车猛烈地相撞时，车速有多快？"或者问："当两辆汽车发生碰撞时，车速有多快？"尽管两组被试看到的是相同的电影片段，但听到"猛烈"一词的被试所估计的平均车速是 66 公里/小时，而听到"碰撞"一词的被试所估计的平均车速是 55 公里/小时。更有趣的是，Loftus 在 1 周之后询问被试是否在电影片段中看到了碎裂的玻璃，尽管影片中的玻璃并未被撞碎，但是在听到"猛烈"一词的被试中，32% 的人报告说看到了打碎的玻璃，而在听到"碰撞"一词的被试中，这一比例仅为 14%（参见 Loftus，1993，1998）。

对误导性信息影响的一种解释基于源监控的思想。根据源监控理论，被试错误地将自身关于非正确事件（让行牌）的记忆的来源归于幻灯片，即使记忆

图 8.12 Loftus 和 Palmer（1974）的实验中的被试所观看的撞车电影片段与此图相类似，随后研究者让被试回答与撞车有关的问题。

的实际来源是研究者在展示幻灯片后所提的问题。

Stephen Lindsay（1990）所做的实验对源监控和事件后误导信息进行了研究，她询问事件后误导信息组被试是否真的确信他们看到了那些事实上只是被暗示过的事情。Lindsay 的被试首先观看了一组幻灯片，内容是一个维修工正在偷钱和计算机（图 8.13）。幻灯片呈现时伴随着一个女声旁白，旁白向被试简要

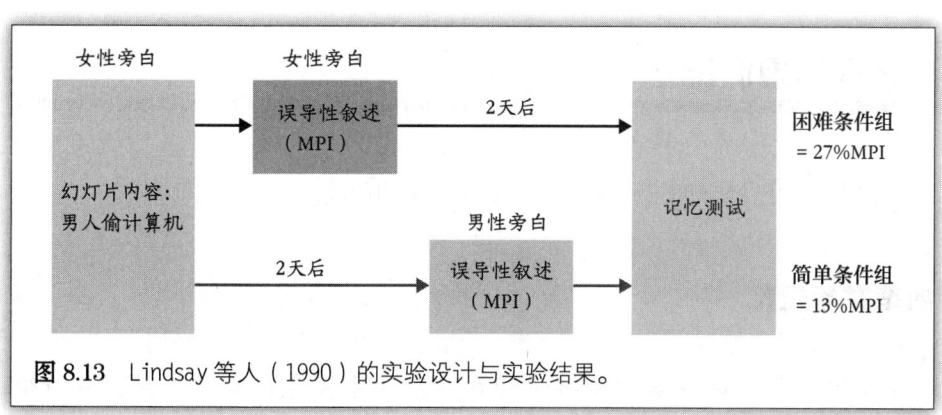

图 8.13 Lindsay 等人（1990）的实验设计与实验结果。

地描述了幻灯片里发生了什么。被试被分为两组。

实验分为困难条件组和简单条件组。其中，困难条件组的被试在看完幻灯片后不久，听到了一个误导性叙述。这个误导性叙述的声音与之前旁白中的一样。这个故事与原始故事相似，只有一些细节上的改变。例如，原幻灯片中的佛吉斯咖啡在误导性叙述中变成了麦氏咖啡。2天之后，被试回到实验室进行记忆测验。在测试之前，被试被告知在幻灯片展示后的叙述中存在一些错误，所以在进行记忆测试时要忽略叙述中的信息。

简单条件组的被试也听到了误导性叙述，不过那是在幻灯片展示后的2天，就在他们进行记忆测试之前才听到。此外，他们听到的旁白是男声的。与困难条件组一样，这些被试也被告知要忽略叙述中的信息。

困难条件下的实验过程使得误导性叙述和实际幻灯片内容很容易混淆。因为它们接连出现，而且旁白都为女声。结果表明，在困难条件下，27%的被试的回答与误导性叙述中的错误信息相匹配。但是在简单条件下，被试很容易将误导性叙述和实际幻灯片内容分开，因为两者相隔2天出现，并且由不同性别的旁白朗读。在简单的条件下，只有13%的被试的回答匹配误导性叙述。因此，在难以区分幻灯片中所呈现的信息与误导性叙述之间差异的情况下，源监控错误（包括来自误导性叙述的信息）变得更大了。

上文描述的实验表明，实验者的暗示可以影响人们对最近发生的事件的记忆报告（Loftus的"撞车事故"影片；Lindsay呈现盗窃的幻灯片）。但是，一些更具有戏剧性的实验证明了实验者暗示的影响。在那些实验中，实验者的暗示会让人们"记起"一些发生在他们早年生活中的事件，即使这些事件从未发生过。

创造有关早期生活事件的虚假记忆

许多实验已经证明了暗示对童年事件记忆的影响。

创造童年记忆

设想一下被试在实验中被告知在其童年中发生的事件。实验者对很久以前发生在被试身上的事件做了简短描述,并要求被试详细说明每一件事。被试能认出这些事件并不奇怪,因为这些描述是由被试的父母提供给实验者的。因此,被试能够描述出对事件的记忆,有时还能够提供额外的细节。

但是突然间,被试被难住了。因为实验者向被试描述了他们并不记得的事件。例如,这是 Ira Hyman Jr. 及其同事(1995)进行的实验中的一段对话,其中实验者向被试描述了一个以前从未发生过的虚假事件。

实验者：6 岁时,你参加了一场婚宴,你和其他小朋友跑来跑去时撞到了桌子,并将一杯酒打翻在新娘父母的身上。
被　试：我没有什么印象。我之前从未听过这件事。是 6 岁时吗？
实验者：嗯。
被　试：没什么印象。
实验者：你能想起任何细节吗？
被　试：6 岁,我们应该住在斯波坎市,嗯,完全想不起来了。
实验者：好的。

然而,在 2 天之后的第二次访谈中,被试的反应如下：

实验者：下面这个事件发生在你 6 岁的时候,你那时正在参加一场婚礼。
被　试：婚礼与我在斯波坎市最好的朋友 T 有关。是她的哥哥结婚了,是在华盛顿的 P 镇,因为他家就住在那儿,婚礼应该是在夏天或是春天,因为外面很热,而且是在船上。那是一场室外婚礼,我们四处乱跑,撞倒了酒杯或是其他东西,这引起了一片混乱,当然了,我们也遭到了训斥。
实验者：你还记得别的事情吗？
被　试：没有了。
实验者：好的。

这个被试最有趣的反应是他在第一次访谈时并不记得那次婚礼,但是在第二次访谈时就记得了。很显然,听说这一事件且间隔一段时间后,该事件就成了虚假记忆。这可以用熟悉性加以解释。当第二次被问及有关于婚礼的事情时，被试从第一次询问中获得的关于婚礼的熟悉性使他认为婚礼真实发生过。

在另一项有关童年记忆的实验中，Kimberley Wade 及其同事（2002）向被试展示了从被试家庭成员那里拿到的照片，这些照片主要是关于被试在4—8岁时参加的各种活动，如生日聚会或是度假。被试还看到了一张使用图像处理软件制作的照片，它展示了一个从未发生过的被试乘坐热气球的场景（图8.14）。研究者给被试看了这张照片，并要求他们描述对这一事件的记忆。如果他们想不起这个事件了，则需要闭上眼睛，想象参与这个事件的情景。

被试很容易回忆起真实的事件，但一开始他们并不记得乘坐热气球的经历。然而，当被试在头脑中想象了这一事件并被进一步提问之后，35%的被试回忆起了乘坐热气球的经历。在两次以上的访谈之后，50%的被试描述了他们乘坐热气球的经历。这一结果与之前在婚宴中打翻酒杯的实验结果类似。这些研究以及许多其他研究表明，经过引导，人们会相信自己经历过他们在童年经历中从未真正发生过的事情（参见 Nash et al., 2017; Scorbia et al., 2017）。

图8.14　Wade 和同事们（2002）进行的热气球实验。左侧的照片被合成到气球照片上，所以看起来像是孩子和他的父亲在乘气球旅行。

错误记忆研究对法律的启示

在 20 世纪 90 年代，有一种说法十分盛行：一些女性来访者在接受心理治疗师治疗的时候经历了一种被称为找回**被压抑的童年记忆**的过程——一种从一个人的意识中消失了的童年记忆。一些治疗师提出的假设是，这种被压抑的童年记忆会导致心理问题，治疗来访者问题的方法是让他们找回被压抑的记忆。这就需要通过各种各样的技术来"找回记忆"——如催眠、引导想象和强烈的心理暗示。

其中一个案例涉及 19 岁的 Holly，她在治疗饮食失调的过程中受到治疗师的暗示，说她的饮食失调可能是由性虐待引起的。经过进一步治疗，包括治疗师的进一步暗示，Holly 开始相信她父亲在她小时候曾多次强奸她。Holly 的指控使她的父亲 Gary Romona 失去了年薪 40 万美元的行政工作、名誉、朋友以及与三个女儿的联系。

Gary 起诉 Holly 的心理治疗师治疗不当，指控治疗师在女儿的脑海中植入记忆。在审判中，Elizabeth Loftus 和其他认知心理学家描述了关于错误信息效应和植入错误记忆的研究，以证明暗示是如何为很久以前从未真正发生过的事件创造错误记忆的（Loftus，1993b）。Gary 赢得了判决并获得了 50 万美元的赔偿。这个案件的结果强调了记忆是如何受暗示影响的，一些基于"找回记忆"提供证据的刑事定罪也因此被推翻。

像 Gary 这样的案件所提出的问题是复杂且令人不安的。儿童性虐待是一个严重的问题，不应该被轻视。但同样重要的是，要确保指控基于准确的信息。美国心理学协会（American Psychological Association，简称 APA）的童年受虐记忆调查工作组的一篇论文指出：（1）大多数在童年时期遭受过性侵的人都能够记得在他们身上发生的全部或部分事实；（2）长期被遗忘的虐待记忆有可能被记起；（3）也有为从未发生过的事件构造令人信服的虚假记忆的案例存在。美国心理学协会和其他研究者建议，我们所需要的是告诫心理治疗师和刑事司法系统的工作人员，让他们了解这些研究结果，让他们意识到记忆中的事情和实际发生的事情之间并不一定存在必然的联系（Howe，2013；Lindsay & Hyman，2017；Nash et al.，2017）。

目击者为何会在提供证词时犯错？

下面继续关于记忆研究如何与刑事司法系统交叉的主题。首先要考虑的是**目击者证词**的问题。目击者证词即目击犯罪过程的人提供的证词。在陪审团成员看来，目击证人的证词是极为重要的证据来源，因为它是由当时在犯罪现场的人提供的，这些人被认为会尽可能准确地报告他们所看到的情况。

接受目击者证词基于两个假设：（1）目击者能够清晰地看到发生了什么；（2）目击者能够记住自身的观察，并将其转化为对行凶者和所发生事件的准确描述。问题在于证人的描述和辨认有多准确？基于对感知、注意和记忆的了解，你认为证人的描述能准确吗？答案是，证人的描述往往不是很准确，除非这种描述是在理想的条件下进行的。不幸的是，理想的条件并不总具备，而且有大量的证据表明，许多无辜的人正是由于错误的目击者辨认而被定罪的。

目击者辨认错误

在美国，每天有 300 人因目击者证词而被指控（Goldstein et al., 1989）。不幸的是，很多目击者证词的错误导致无辜的人被判有罪。截至 2014 年，在美国有 349 个被错误定罪的人因为 DNA 证据而被确定无罪，他们平均在监狱中度过了 13 年（Innocence Project, 2012; Time Special Edition, 2017）。在这些人中，有 75% 的人是因目击者证词而获罪的（Quinlivan et al., 2010; Scheck et al., 2000）。

我们要正视由于错误的目击者证词所导致的错误定罪这一问题。以 David Webb 的案件为例，根据目击者证词，他因强奸、强奸未遂和抢劫未遂被判处最高的 50 年监禁。在服刑 10 个月后，他因另一个男子认罪而被释放。Charles Clark 由于目击者证词于 1938 年被判谋杀而入狱，30 年后，人们才发现这是误判，他于 1968 年被释放（Loftus, 1979）。1984 年，Ronald Cotton 因强奸 Jennifer Thompson 而获罪，定罪的依据是 Thompson 的证词，她非常肯定是 Cotton 强奸了她。即使后来 DNA 证据证实是另一个人实施了强奸，而 Cotton

被确定无罪，Thompson 仍然"记得" Cotton 就是行凶者。Cotton 在服刑 10 年后被释放（Wells & Quinlivan，2009）。

这些例子之所以令人不安，是因为这让很多无辜的人为他们未曾犯下的罪而服刑。这些已经被发现的误判和那些可能永远都不会被发现的误判，都是基于法官和陪审团假定目击者看到了并准确地报告了事件的真相。

这种关于证词准确性的假设基于一种普遍的观念，即记忆就像照相机或录像机一样。本章开头所描述的全国性调查结果证明了这一点（见第 295 页）。陪审员将这些关于记忆准确性的错误观念带入法庭，许多法官和执法人员也有这种错误的观念（Benton et al.，2006；Howe，2013）。所以，一个问题是陪审员不了解关于记忆的基本事实；另一个问题是，目击证人的观察往往是在不理想的条件下进行的，他们将这种对犯罪现场的观察转化为证词报告给警察。下面将说明几种可能产生错误的情况。

与感知觉和注意有关的错误

如果目击证人没有感知到发生了什么，他的证词自然是不准确的。有充分的证据表明，即使要求被试在实验室里密切注意正在发生的事情，被试之后对犯罪者的辨认也是困难的。一些实验向被试展示了真实犯罪或表演犯罪的录像，然后让他们从一组照片中选出犯罪者（照片中有许多面孔，其中一张可能是犯罪者）。在其中一项研究中，被试观看了一段安保监控录像，一个持枪歹徒在录像上出现了 8 秒，随后，被试被要求在一组照片中挑选持枪者。即使歹徒的照片根本不在那组照片中，每个被试仍都挑选出了他们认为是持枪者的那个人（Well & Bradfield，1998；也见 Kneller et al.，2001）。

这些研究表明，在观看犯罪录像后正确辨认罪犯是非常困难的，这些目击证人有着非常强的倾向去指认一名"罪犯"。而在真实的犯罪场景中，事情变得更复杂了。在犯罪现场时，个体的激动情绪会影响他们的注意以及随后的记忆。

Claudia Stanny 和 Thomas Johnson（2000）对于**武器焦点**的研究确定了被试对模拟犯罪录像细节的记忆程度。武器焦点是指人们将注意集中在武器上，导致注意狭窄。他们发现，在"没开枪"条件下（犯罪者有枪但是未开枪）的被试比在"开枪"条件下（犯罪者开枪了）的被试可以回忆起更多有关犯罪者、受害者和武器的细节（图 8.15）。很明显，开火的武器分散了被试对其他事情的注意（另请参见 Tooley et al., 1987）。

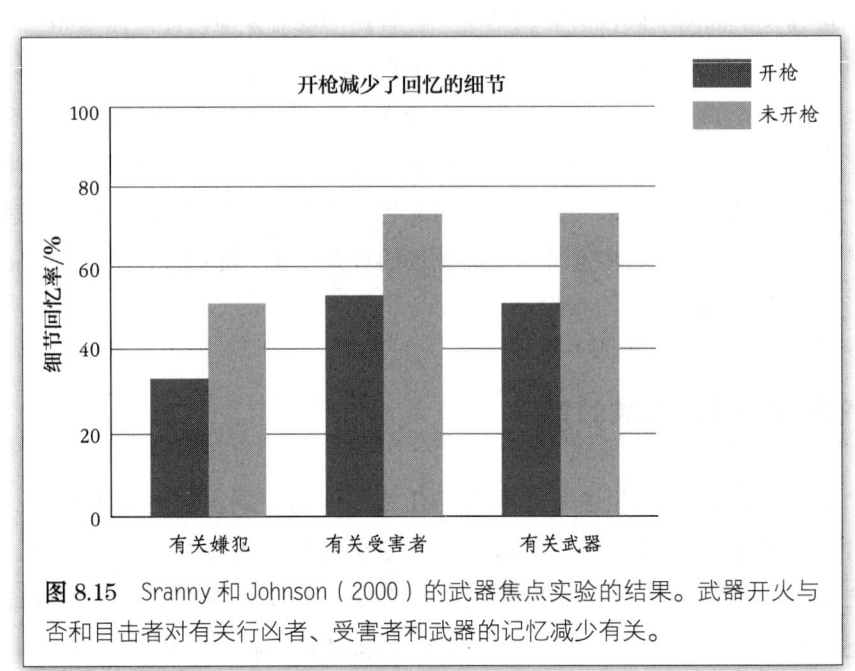

图 8.15 Sranny 和 Johnson（2000）的武器焦点实验的结果。武器开火与否和目击者对有关行凶者、受害者和武器的记忆减少有关。

熟悉性导致的辨认错误

犯罪不仅涉及犯罪者和受害者，通常还包括无辜的旁观者（一些人甚至都不在犯罪现场附近）。有些旁观者可能因其熟悉性而被错误地辨认为犯罪者。在一起错误的辨认案中，一位火车站的票务员被抢劫了，随后他指认一名水手是抢劫者。幸运的是，这名水手能够证明案发时他正在别处。当被问及为何指认水手时，票务员说是因为水手看起来很眼熟。水手看起来很眼熟并不是因为他是抢劫者，而是因为他住在火车站附近，并且曾无数次地从这个票务员手中买票。这是一个源监控错误的例子。这个票务员认为他对这名水手的熟悉性源于抢劫过程，而事实上源于卖票的过程。这个水手因为票务员的源监控错误从一个购票者沦为一个"抢劫者"(Ross et al., 1994)。

图 8.16a 呈现了关于熟悉性和目击者证词的实验研究(Ross et al., 1994)。实验组被试观看了一段男教师给学生朗读文章的片段,对照组被试观看了一段女教师给学生朗读文章的片段。随后,两组被试都观看了这个女教师遭遇抢劫的片段,并被要求在一组照片中挑出抢劫者。照片中不包含真正的抢劫者,但

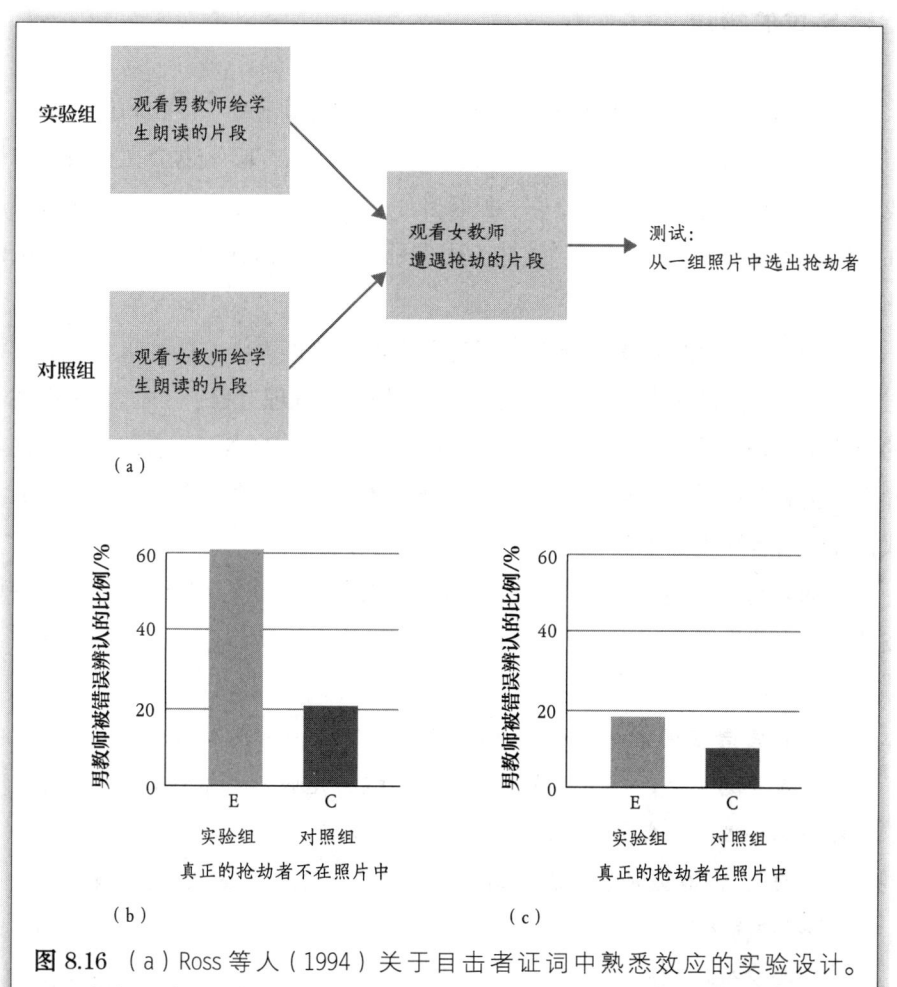

图 8.16 (a) Ross 等人(1994)关于目击者证词中熟悉效应的实验设计。(b) 当真正的抢劫者不在照片中时,男教师被错误地辨认为抢劫者的比例为 60%。(c) 当真正的抢劫者在照片中时,男教师被错误地辨认为抢劫者的比例为 18%。

包括那个与抢劫者长相相似的男教师。结果表明，实验组被试将男教师辨认为抢劫者的比例是对照组被试的 3 倍（图 8.16b）。即使真正的抢劫者的面孔出现在那组照片中，实验组中仍有 18% 的被试选择了男教师，而对照组的这一比例是 10%（图 8.16c）。这是熟悉性导致记忆错误的另一个例子（见第 311 页和第 323 页）。

暗示导致的错误

从我们对错误信息效应的了解来看，当警官问目击者"你看到白色的汽车了吗？"时，这显然会影响目击者之后的证词。然而，暗示也会在更微妙的情境下发生，请思考以下场景：一个犯罪事件的目击者正在通过单向玻璃观察站在房间里的 6 个人。警官问："这些人中谁是罪犯？"这样的提问方式有什么问题吗？

这种提问方式的问题在于暗示了犯罪者就在这群人中。这种暗示增加了目击者挑出某个人的机会，目击者可能会采用如下的推理过程："呃，那个有胡子的家伙看起来比其他人更像抢劫者，可能就是他了。"当然了，看起来像抢劫者和事实上就是抢劫者是两码事，这可能会导致指认了一个无辜的人。更好的方式是让目击者知道犯罪者可能在这些人中，也可能不在。

下面是另一个情境，摘自对一个真实的犯罪案件的文字记录，暗示在其中发挥了一定的作用。

> 目击者在观察一组人，说："哦，我的天……我不知道……是这两个人中的一个……但是我不知道……哦，天呐……那个家伙比 2 号稍微高一点……我不确定是这两个人中的哪一个。"
>
> 目击者 30 分钟后仍在看着这组人，而且很难做出抉择："我不知道……2 号？"
>
> 警官说："好。"
>
> 一个月后……在法庭上："你能确定就是 2 号吗？而不是'可能'是 2 号？"
>
> 目击者回答："不是'可能'……我完全确定。"（Wells &

Bradfield，1998）

这一情境中存在的问题是，警官说"好"的反应可能影响了目击者，导致他认为自己正确地识别了犯罪嫌疑人，因而最初的不确定反应变成了一个"完全确定"的反应。在一篇题目为"很好，你认出了犯罪嫌疑人（Good, you identified the suspect）"的文章中，Gary Well 和 Amy Bradfield（1998）让被试观看了一段真实犯罪的录像，然后让他们在不包含犯罪者的一组照片中指认犯罪嫌疑人（图 8.17）。

所有的被试都从那组照片中挑选出了一个犯罪嫌疑人，随后实验者会给出肯定的反馈（"很好，你认出了犯罪嫌疑人"）；或没有给出反馈；或否定的反馈（"事实上，犯罪嫌疑人是 X"）。片刻之后，实验者让被试对自己的指认

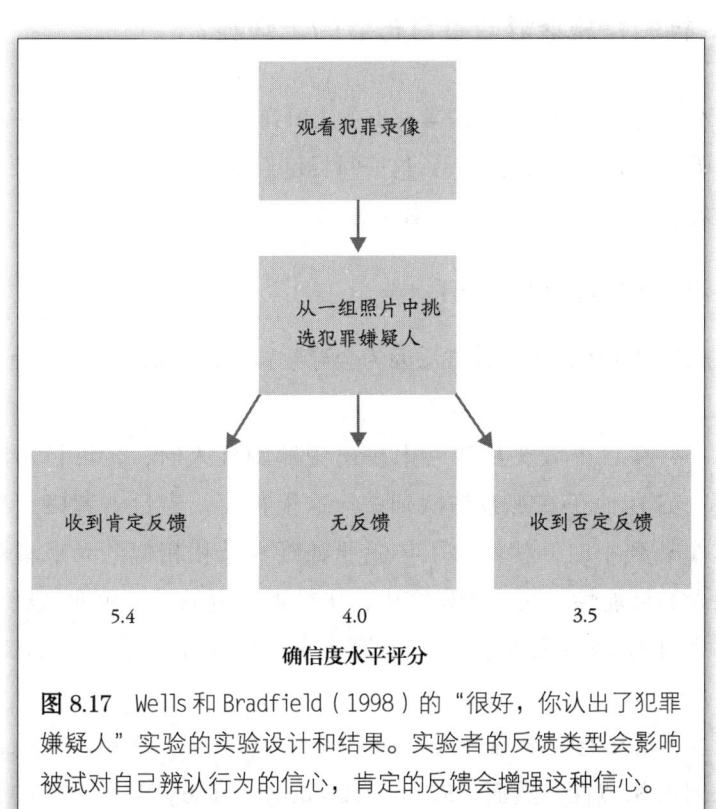

图 8.17　Wells 和 Bradfield（1998）的"很好，你认出了犯罪嫌疑人"实验的实验设计和结果。实验者的反馈类型会影响被试对自己辨认行为的信心，肯定的反馈会增强这种信心。

做确信度判断。结果如图 8.17 所示，得到肯定反馈的被试对他们的选择更有信心。

Wells 和 Bradfield 将这种由辨认后的肯定反馈引起的目击者对自己证词的确信度增加的现象称为**辨认后反馈效应**。这种效应在刑事审判系统中引发了严重的问题，因为目击者对自己辨认的确信度会强烈地影响陪审团的判断。因此，目击者的错误判断会导致其辨认出错误的人，而且辨认后反馈效应会提升目击者做出辨认的信心（Douglass et al., 2010；Luus & Wells, 1994；Quinlivan et al., 2010；Wells & Quinlivan, 2009）。

在审讯过程中，记忆更容易受到暗示的影响。这意味着需要采取一些预防措施来避免向证人提出暗示。以往的审讯中常忽略这一点，但是现在的人们已经开始采取一些措施来改善这种情况了。

采取什么样的措施能够改善目击者的证词呢？

纠正不正确的目击者证词的第一步是认识到问题是存在的。在记忆研究者、律师以及调查人员的共同努力下，这一目标已经实现了。下一步需要提出专门的解决方案。认知心理学家给出了如下建议。

列队辨认犯罪嫌疑人的程序

列队辨认犯罪嫌疑人这种方法因为会导致错误的辨认而声名狼藉。以下是一些建议。

建议一：在目击者要从队列中挑出犯罪嫌疑人时，告诉目击者，犯罪嫌疑人不一定在他正在观察的队列中。这很重要，当目击者假定犯罪嫌疑人就在这个队列中时，就增加了与犯罪嫌疑人长相相似的无辜者被辨认成犯罪嫌疑人的可能性。在一项研究中，研究者告诉被试，犯罪嫌疑人可能没出现在队列中使得对无辜者的错误辨认率下降了42%（Malpass & Devine, 1981）。

建议二：使用与犯罪嫌疑人长相相似的"填充者"来组成队列，这样就增加了队列的相似性。然而，R. C. L. Lindsay 和 Gary Wells（1980）先让被试观看一个犯罪现场的录像带，随后让他们从高相似性或低相似性队列中挑

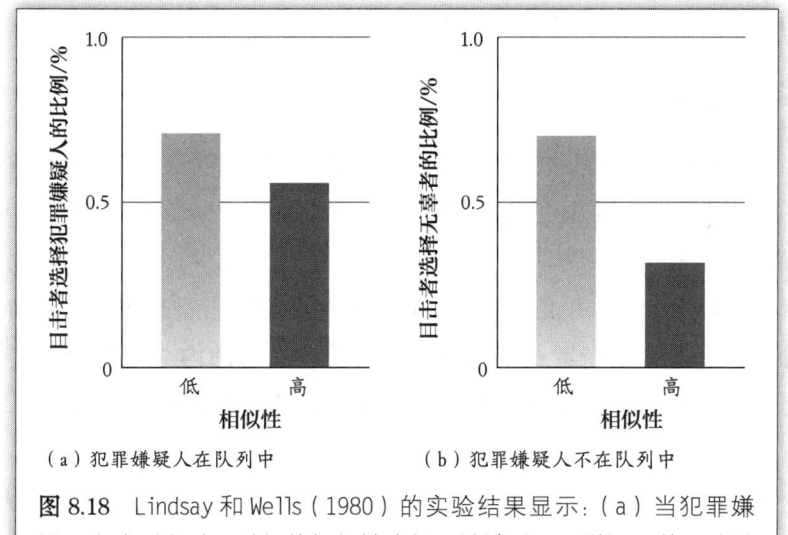

图 8.18 Lindsay 和 Wells（1980）的实验结果显示：（a）当犯罪嫌疑人在队列中时，增加的相似性降低了被试对犯罪嫌疑人的正确辨认比例；但是（b）当犯罪嫌疑人不在队列中时，增加的相似性在很大程度上减小了对无辜者的错误辨认。

出犯罪嫌疑人，得到的结果如图 8.18 所示。当犯罪嫌疑人在队列中时，相似性的增加的确降低了对犯罪嫌疑人的辨别率，辨认率从 71% 下降至 58%（图 8.18a）。而当犯罪嫌疑人不在队列中时，相似性的增加在很大程度上降低了对无辜者的错误辨认，对无辜者的辨认率从 70% 下降至 31%（图 8.18b）。因此，增加相似性确实会给犯罪嫌疑人的识别造成一定困难，但会大大减少目击者对无辜者的错误辨认，尤其是犯罪嫌疑人不在队列中时。（参见 Charman et al., 2011）。

建议三：请一个不知道犯罪嫌疑人是谁的人对待辨认的犯罪嫌疑人进行排序。这种措施将会减小队列管理员的期望对辨认结果产生影响的可能性。

建议四：让目击者在辨认犯罪嫌疑人后即刻对自己的辨认结果的确信度进行评估。研究表明，在进行辨认时，高确信度与更准确地辨认相关联（Wixted et al., 2015）。但在审讯时，这种确信度不能可靠地预测目击者证词的准确性

(National Academy of Sciences，2014）。*

访谈取证技巧

正如我们所知，给目击者提供暗示（如"很好，你认出了犯罪嫌疑人"）会引发记忆错误。为了避免这种情况，认知心理学家编制了一套被称为**认知访谈**的取证程序。这一访谈取证程序的内容包括在极少打断目击者的前提下让他们自己叙述事件，并且采用一些技术来帮助目击者重现犯罪现场的情境，这是通过让目击者重新置身于犯罪现场，重建当时的内心情绪和观察位置，以及获知当从不同的观察角度观察会出现什么情况来进行的（Memon et al., 2010）。

认知访谈取证技术的一个重要特点是，它降低了询问人对被询问人进行暗示的可能性。研究者将认知访谈的结果与常规的警察问话进行比较，发现采用认知访谈的结果是目击者对正确细节的报告大幅增加。但认知访谈的一个缺点是它比标准的面谈方式所需的时间长。研究者为了解决这个问题，开发了更短的版本（Fisher et al., 2013；Geiselman et al., 1986；Memon et al., 2010）。

诱发虚假供述

我们已经看到，暗示会影响目击者报告的犯罪现场中发生的事情的准确性。但是，我们进一步来探讨一下，这些暗示是否会影响犯罪嫌疑人对于有关犯罪活动问题的供述。让我们从一个实验开始探究。

Robert Nash 和 Kimberley Wade（2009）拍摄了被试玩电脑赌博游戏的视频。被试被告知，在他们赢得赌博的试次中，屏幕上会出现一个绿色的标记，这意味着他们能够从银行中取到钱；但在输了的试次中，会出现一个红色的十字，这意味着他们应该把钱还给银行。在被试玩完游戏后，他们看到了一段被篡改过的视频，视频中的"√"会被"×"替换，这会让被试以为自己作弊了，因

---

* 在这本书的第四版中还列出了一个额外的建议：使用顺序队列（目击者依次查看队列的照片），而不是更传统的同步辨认（同时查看队列中的所有人）。这一建议基于一项研究：在队列中没有犯罪嫌疑人的情况下，按顺序展示犯罪嫌疑人的面孔可以减少错误辨认无辜者的可能性。然而，进一步的实验得出结论：目前不能确定按顺序辨认更准确（National Academy of Sciences, 2014; Wells, 2015）。

为"×"意味着他们要把钱还给银行,他们却从银行取了钱(图8.19)。当面对视频证据时,虽然一些被试表示惊讶,但所有人都承认了作弊行为。在另一组中,被试被告知存在一段记录他们作弊的视频(但是被试没有看到视频),73%的被试承认自己作弊了。

诸如此类的虚假供词在其他实验中也得到了证明,其中包括Julia Shaw和Stephen Porter(2015)的一项实验,让参加实验的学生被试相信自己曾经犯过罪。实验者向被试呈现了在其童年时真实发生过的事情,再加上一个像童年时在婚宴上打翻酒杯那种虚假的事件(见第323页)。在Shaw和Porter的实验中,研究者向被试提到了一件发生在11—14岁时的真实事件,再提供一个被试没有经历过的虚假事件。这个虚假事件涉及犯罪行为,包括袭击、持械袭击或盗窃,这些行为导致了警方的介入。

当被试第一次看到这些关于自己的真实和虚假事件的信息时,他们报告说自己记得真实的事件,但是不记得犯过罪。为了诱导被试产生对犯罪的错误记忆,研究者使用了社会压力(比如,对被试说"如果足够努力,大多数人都能找回丢失的记忆"),并为被试提供了一些帮助其回想犯罪场景的图像,让被试每天晚上在家通过这些图像练习找回记忆。

70%的被试在1~2周后接受访谈时称,自己确实记得那次虚假的犯罪事件。许多人还报告了细节,比如对警察的描述。因此,被试最终相信自己犯了

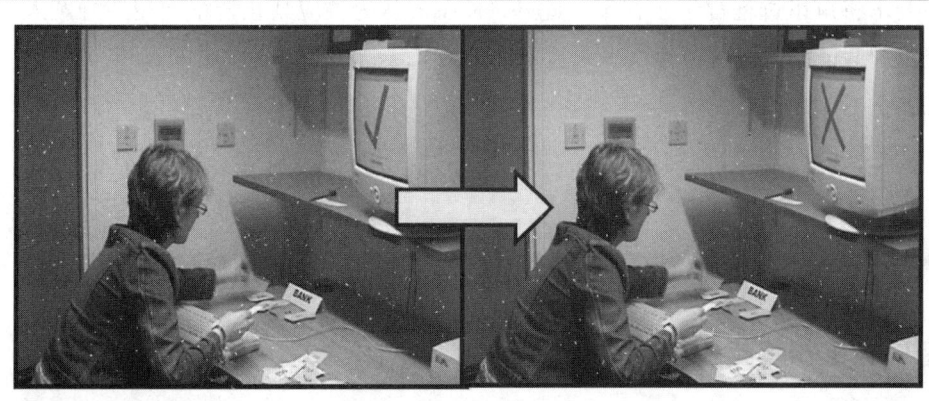

图8.19 Nash和Wade(2009)的实验中的视频截图。图片左侧来自原始的视频,图片右侧是修改过的视频。

罪，并且可以提供这些虚假事件的有关细节。

真正承认犯罪与实验室中的被试承认自己作弊或犯罪是不同的，毕竟真正的认罪可能会进监狱。但是让我们回到1989年春季的一个夜晚，一名28岁的白人女子在纽约中央公园慢跑时被强奸，并且差点被杀。当5名非裔和西班牙裔少年作为犯罪嫌疑人被审问时，他们最终都承认了罪行。这些男孩后来被称为"中央公园五人组"，该案件引起了巨大轰动。尽管警方没有提供任何与犯罪有关的物证，但根据他们的供词，他们被判有罪（他们在被无罪释放后不久就收回了那些供词）。他们最终被判处41年监禁，可是那些男孩是无辜的。

后来，一名被判无期徒刑的强奸杀人犯供认了自己的罪行，其罪行得到了在犯罪现场发现的DNA证据的支持。"中央公园五人组"的定罪被撤销，在2003年，纽约市向他们支付了4100万美元的赔偿金。

但是为什么会有人承认他们没有犯过的罪行？更令人困惑的是，为什么这五个人都承认了他们没有犯过的罪行？这个问题的答案在我们回顾实验室中的"虚假供述"实验时就会出现。在这些实验中，被试在研究者相当温和的建议后就认了罪，其中一些人甚至开始相信自己是有罪的。

况且，"中央公园五人组"的认罪是在经过14~30小时的激烈审讯后做出的。在审讯中，这些男孩看到了能够证明自己有罪的虚假证据。研究虚假供述超过35年的Saul Kassin说，大多数虚假供述都和警察向犯罪嫌疑人提供的虚假证据有关（Nesterack，2014）。为了响应Kassin和其他人的研究，司法部现在要求将审讯过程都记录在案。此外，Kassin认为，应禁止警察向犯罪嫌疑人提供虚假证据，但这项建议尚未被采纳（见Kassin et al.，2010；Kassin，2012，2015）。

▶ 思　考

音乐和气味唤起的自传体记忆

你独自走进一家餐厅。突然间，一首背景音乐将你带回到十多年前参加的一场音乐会，也让你回想起这首歌流行时你的生活中所发生的事情。但这首歌除了唤起了你的自传体记忆之外，也引发了你的情绪。有时，由音乐唤起的记忆会产生一种叫作**怀旧**的感觉。怀旧被定义为一种包含过去情感的记忆（Barrett et al., 2010）。听音乐唤起的记忆被称为**音乐强化自传体记忆**（MEAMS）。

MEAMS 通常被认为是无意识记忆，因为它们是对刺激的自动反应（Berntsen & Rubin, 2008）。这与需要进行有意识的检索过程的记忆形成了对比，这种记忆发生在你被要求回想自己最早的记忆，或者回忆自己在上大学第一天所发生的事情时（Jack & Hayne, 2007; Janata et al., 2007）。

马塞尔·普鲁斯特（Marcel Proust）在他的小说《追忆逝水年华》（*Remembrance of Things Past*）中描述了自己在吃了一小块名叫玛德琳的柠檬味小点心后的一段经历，这使得感官体验所唤起的自传体记忆为人们所熟知：

> "在我进行品尝之前，这块玛德琳小蛋糕没有使我回忆起任何事……当尝出这是我姑妈过去常常给我在椴花茶中加的玛德琳小蛋糕时……她在街上的那座灰色的老房子，立刻像一个舞台一样立了起来。那座老房子与一座小亭子连在一起，亭子正对着花园，那是为我的父母修建的……还有房子……午饭前我常去的广场，我常去跑腿的街道，天气好的时候我们常走的乡间小路。"

普鲁斯特描述了味觉和嗅觉是如何开启他多年未曾想起的记忆的，这被称为**普鲁斯特效应**。这种效应并不少见，并且已经在实验室中得到了观察。Rachel Her 和 Jonathan Schooler（2002）让被试描述与蜡笔画、水宝宝牌防晒油和强生牌婴儿爽身粉有关的个人记忆。在被试描述了与物体相关的记忆后，研究者以视觉形式（一张彩色照片）或气味形式（闻到物体的气味）向他们呈现同一个物体，要求被试思考自己所描述的事件，并对其进行评价。结果显示，在评价自己的记忆时，闻过气味的被试相比看过照片的被试有更多的感情色彩。嗅觉组也比视觉组对记忆发生的时间具有更强烈的带入感（参见 Chu & Downes, 2002; Larsson & Willander, 2009; Reid et al., 2015; Toffolo et al.,

2012）。

人们还观察到，由音乐引发的自传体记忆具有很高的情绪性和细节性。例如，Amy Belfi 及其同事（2016）证明了音乐可以唤起生动的自传体记忆。在研究中，被试听到自己在 15—30 岁时的流行歌曲片段，或者看到在那个年龄段流行的名人照片。之所以选择这个时间范围，是因为它与记忆高峰的时间相对应，也是自传体记忆最有可能出现的时间段（见第 295 页）。

对于那些被评价为"自传体的"的歌曲和图片，被试对由音乐引起的记忆的描述往往比由面孔引起的描述更加生动和详细（图 8.20）。MEAMS 除了能唤起详细的记忆外，还能唤起强烈的情绪（El Haj et al., 2012；Janeta et al., 2007）。

音乐唤起记忆的力量也在阿尔茨海默病引起的记忆障碍患者身上得到了证实。Mohamad El Haj 及其同事（2013）要求健康的对照组和阿尔茨海默病患者组在详细描述生活中的事件前：沉默 2 分钟或听 2 分钟由被试自己选择的音乐。健康的对照组在这两种情况下都能很好地描述自传体记忆，但阿尔茨海默病患者组在听音乐后，记忆表现更好（图 8.21）。

音乐唤起阿尔茨海默病患者的自传体记忆的能力启发了电影《音乐之生》（*Alive Inside*）（Rossato-Bennett 导演，2014），该片在 2014 年圣丹斯电影节上获得了观众大奖。这部影片记录了一个名为"音乐与记忆"的非营利组织的工作，该组织向数百个长期护理机构发放了音乐播放器，供阿尔茨海默病患者使用。在一个令人难忘的场景中，病情严重的亨利一动不动，对问题和其周围发生的事情毫无反应（图 8.22a）。但当治疗师给亨利戴上耳机，打开音乐时，他就像醒过来了一样。他开始跟着节拍迈步，和着音乐唱歌。最重要的是，亨利找回了一部分因阿尔茨海默病而丧失的记忆，而且能够谈论一些过去所记得的事情（图 8.22b）。

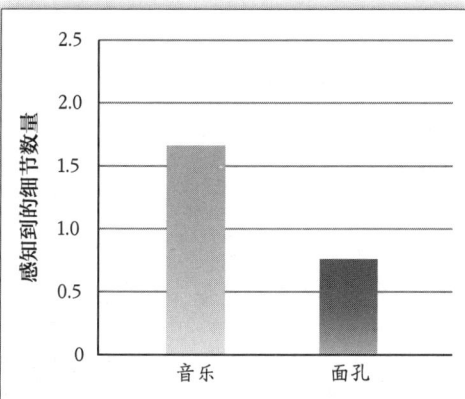

图 8.20　Belfi 等人（2016）研究被试在听音乐和看面孔图片时所引发的记忆中感知到的细节的平均数量。

来源：Belfi et al., *Memory*, 24（7）, Figure 3, page 984, 2016.

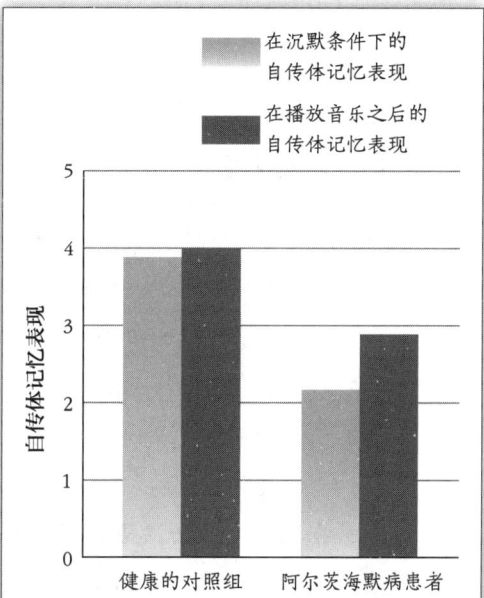

图 8.21　El Haj 等人（2013）的实验结果显示，健康的对照组（左侧条形）的自传体记忆优于阿尔茨海默病患者组（右侧条形），阿尔茨海默病患者通过听对自己有意义的音乐来增强自传体记忆。

来源：El Haj et al., *Journal of Neurolinguistics*, 26, Fig1, page 696, 2013.

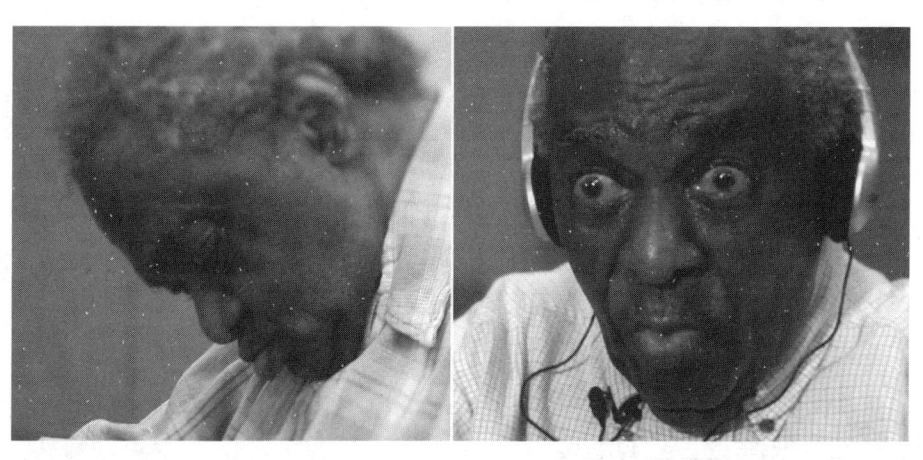

图 8.22　电影《音乐之生》里的剧照。（a）亨利像往常一样没有反应。（b）亨利伴随着对他来讲有意义的音乐边听边唱。听音乐也提高了亨利与照顾他的人交谈的能力。

自我测验 8.3

1. 简述关于记忆受到暗示影响的实验，这一实验导致了错误信息效应的提出。
2. 简述 Lindsay 的关于维修工人偷窃的实验。这个实验说明了引发错误信息效应的哪一种原因？
3. 暗示能够影响个体对于早期生活事件的记忆，这是如何被证实的？
4. 简述被压抑的童年记忆的观点。这种观点是如何影响法律案件的？美国心理学协会的"白皮书"是如何说明被压抑的记忆的？
5. 在现实生活和实验室实验中，有什么证据表明目击者证词并不总是准确的？描述以下因素是如何导致目击者证词中的错误的：武器焦点、熟悉性、问题引导、警察的反馈和事件后审讯。
6. 认知心理学家提出了哪些程序来提高列队辨认犯罪嫌疑人和访谈取证的准确性？
7. 简述两项引导被试提供虚假证词的实验室实验。
8. 简述"中央公园五人组"的案件，并说明这起案件对刑事审讯程序有什么影响？
9. 简述气味和音乐增强自传体记忆的例子，并说明音乐增强自传体记忆的方法是如何应用于阿尔茨海默病患者的。

演示实验　阅读句子（续第 313 页）

下面的句子是你在第 313 页的演示实验中读到的，但是少了一两个词。不要回头看原来的句子，用你当时读过的句子中的词语填空。

当温度达到 27 摄氏度时，孩子们堆的雪人 _____。

脆弱的架子在书的重压下 _____。

心不在焉的教授 _____ 车钥匙。

空手道冠军 _____ 煤渣砖。

新生儿 _____ 一整夜。

读完后，返回第 313 页并阅读演示实验后面的内容。

本章小结

1. 一项全国范围的调查显示，相当一部分人对记忆有错误的认识。
2. 自传体记忆是指个体对于生活中具体经历的记忆。它包含情景成分和语义成分。
3. 自传体记忆的多维性研究表明，由于大脑损伤而失去视觉记忆的人也会经历自传体记忆的丧失。同时，Cabeza 的实验发现，与观看他人拍摄的照片相比，在观看自己拍摄的照片时，被试的大脑得到了更为广泛的激活，这也支持了自传体记忆是多维的。
4. 当人们回忆一生中发生的事情时，人生转折点期间发生的事情尤其令人难忘。此外，40 岁以上的个体对青春期以及成年早期经历的事件有更好的记忆。这一现象被称为记忆高峰。
5. 对记忆高峰的解释有如下假设：（1）自我形象假设；（2）认知假设；（3）文化生活脚本假设。
6. 与情绪有关的事件更容易被记住。杏仁核是情绪记忆的关键结构，而情绪与促进记忆巩固有关。
7. Brown 和 Kulik 提出用闪光灯记忆来指代人们在听到令人震惊的、充斥强烈情绪的事件时对周围环境的记忆。他们认为闪光灯记忆像照片一样生动和精细。
8. 许多实验证实，将闪光灯记忆等同于照片的观点是不准确的，因为随着时间的流逝，人们在报告闪光灯记忆时会犯很多错误。针对挑战者号事件的记忆研究表明，随着时间的推移，人们的记忆会变得越来越不准确。
9. Talarico 和 Rubin 对人们首次得知 "9·11" 恐怖袭击时的记忆进行了研究，结果发现与普通记忆相同的是，对 "9·11" 恐怖袭击的记忆错误也会随时间的推移而增加；不同的是，人们对于 "9·11" 恐怖袭击的记忆更加生动，也对自己的记忆准确性更为自信。
10. 叙述排演假设认为，反复排演会增强对具有重要事件的记忆。正如 "戴安娜王妃" 研究结果所表明的那样，这种排演往往与电视报道有关。
11. Bartlett 基于 "鬼魂战争" 实验首次提出了记忆的建构性特征，即人们所报告的记忆是在真实发生的事情上加上额外因素（如人们的知识、经验和期望）而建构成的。
12. 源监控是确定我们的记忆、知识或信念的来源的过程。源监控错误是指记忆的来源被错误地归属。潜在记忆（无意识剽窃）是源监控错误的一个例子。
13. Jacoby 的 "一夜成名" 实验结果表明熟悉性会引发源监控错误。
14. 当重复呈现的陈述增加了个体将这种陈述评估为正确的可能性时，虚假真实效应就出现了。
15. 现实生活中的知识会导致记忆错误。Bartlett 的 "鬼魂战争" 实验、语用推理、图式和脚本以及错误的回忆和再认都说明了这一点。
16. 我们对于某一经历的知识就是该经历的图式。让被试回忆办公室中摆设的实验阐释了图式是如何引起记忆错误的。
17. 脚本是图式的一种，是指个体关于某种情境中行为顺序的概念。"牙医实验"阐释了脚本是如何导致记忆错误的。
18. 研究者让被试回忆与 "睡觉" 相关的词语的实验说明：对事物的相关知识（例如，睡觉与床有关）会导致被试报告原本未出现在词表中的单词。

19. 尽管人们通常认为拥有过目不忘的记忆力是一种优势，但 S. 先生和 A. J. 的案例表明，能够完美地记住每件事情未必是优势。我们的记忆系统无法储存每件事或许提升了这一系统的生存价值。

20. 给被试呈现事件后误导信息的实验说明了记忆会受到暗示的影响，如 Loftus 的交通事故实验。源监控错误的提出是为了解释由事件后误导信息造成的记忆错误。Lindsay 的实验为源监控假设提供了支持。

21. Hyman 的"婚宴"记忆实验表明：个体可形成关于早期生活事件的虚假记忆。在一些找回童年受虐记忆的案例中，有的案例中就包括虚假记忆。

22. 许多证据表明，目击者证词容易犯错。导致目击者证词错误的可能原因有：（1）由于犯罪事件中个体的激动情绪导致目击者无法注意所有细节，武器焦点就是一个例子；（2）熟悉性导致了错误，由源监控错误导致的对无辜者的错误辨认；（3）对犯罪事件提问过程中的暗示导致了错误；（4）事件后的反馈（辨认后反馈效应）提升了确信度。

23. 认知心理学家提出了多种减少目击者证词错误的方法。这些方法主要关注改进列队辨认犯罪嫌疑人的程序和访谈取证技巧。

24. 在实验室实验和实际的刑事案件中都会从被试或犯罪嫌疑人那里得到虚假的供述。在刑事案件中，虚假的证词往往伴随着强烈的暗示和严厉的审讯程序。

25. 自传体记忆可以由气味和音乐唤起。自传体记忆往往是快速的、无意识的，因此比经过深思熟虑的检索过程所产生的记忆更加情绪化和生动。

26. 音乐被用来帮助阿尔茨海默病患者找回自传体记忆。

思考题

1. 请你回忆你在近期的一个重要节日中（感恩节、圣诞节、元旦）或你的生日中做了什么？然后再回忆 1 年前过同一个节日时你做了什么？这些记忆在以下方面有什么区别：（1）回忆的难度；（2）能够记住的细节；（3）记忆的准确性（你是如何确定记忆是否正确的？）。

2. 已有大量新闻报道了有人因目击者证词错误而被不公正地监禁，得益于 DNA 证据，更多类似的案件被报道了出来。鉴于此，你如何看待目击者证词不能再作为庭审过程中的证据这一提议？

3. 采访不同年龄段的人关于自身生活的记忆。你的结果是否与自传体记忆实验的结果相一致？年长的人们是否出现了记忆高峰？

关键术语

被压抑的童年记忆（repressed childhood memory, p.325）

辨认后反馈效应（post-identification feedback effect, p.332）

超级自传体记忆（highly superior autobiographical memory, p.318）

重复回忆（repeated recall, p.304）

重复再现（repeated reproduction, p.313）

怀旧（nostalgia, p.337）

记忆的建构性（constructive nature of memory, p.309）

记忆高峰（reminiscence bump, p.297）

脚本（script, p.315）

流利性（fluency, p.311）

目击者证词（eyewitness testimony, p.326）

普鲁斯特效应（Proust effect, p.337）

潜在记忆（cryptomnesia, p.309）

青年偏见（youth bias, p.299）

认知访谈（cognitive interview, p.334）

认知假设（cognitive hypothesis, p.298）

闪光灯记忆（flashbulb memory, p.303）

事件后误导信息（misleading postevent information, MPI, p.319）

图式（schema, p.314）

文化生活脚本（cultural life script, p.299）

文化生活脚本假设（cultural life script hypothesis, p.299）

武器焦点（weapons focus, p.327）

误导信息效应（misinformation effect, p.319）

杏仁核（amygdala, p.301）

虚假真实效应（illusory truth effect, p.311）

叙述排演假设（narrative rehearsal hypothesis, p.305）

音乐强化自传体记忆（music-enhanced autobiographical memories, MEAMS, p.337）

语用推理（pragmatic inference, p.314）

源错误归属（source misattribution, p.309）

源监控（source monitoring, p.309）

源监控错误（source monitoring error, p.309）

自传体记忆（autobiographical memory, p.295）

自我形象假设（self-image hypothesis, p.298）

　　这个出现在威尼斯清晨日出时的景象可能与我们平常看到的情景不同。尽管如此，由于具备丰富的类别知识，我们仍然能够理解它。在这个场景中，我们可以识别出的类别包括人、路灯、建筑、雕塑、人行道、阳光和阴影等。本章介绍人们如何将事物分类、将事物分类的特征，以及为何同一类事物之间可以有所不同。比如，沿着人行道左侧排开的大型建筑和图中间两人走向的小型建筑都可以归类为"建筑"，尽管这两种建筑非常不同。人都属于"人类"，但有男有女。我们将会看到，对分类的研究方法有很多种，从进行行为实验，到创建网络模型，再到神经生理学研究。

概念知识

第 9 章

概念和类别的基本性质

我们如何对事物分类?

为什么定义在分类过程中不起作用?

原型:寻找平均案例

    原型客体具有高家族相似性

    ➤ 演示实验　家族相似性

    对与原型客体相关的句子识别得更快

    ➤ 研究方法　句子确认技术

    原型客体优先提名

    原型客体启动效应更强

范例:想一想样例

原型和范例,哪一种更好?

是否存在心理上的类别的"基本"水平?

Rosch 的理论:类别的基本水平有何特别之处?

    ➤ 演示实验　列出共同特征

    ➤ 演示实验　客体命名

知识如何影响分类?

➤ 自我测验 9.1

类别的网络模型

类别之间关系的表征:语义网络

语义网络简介:Collins 和 Quillian 的层级模型

    ➤ 研究方法　词汇辨认任务

对 Collins 和 Quillian 模型的批判

联结主义理论

什么是联结主义模型?

概念是如何在联结主义网络中表征的?

    对金丝雀的表征

    训练形成联结主义网络

➤ 自我测验 9.2

概念如何在大脑中表征

关于概念如何在大脑中表征的四种观点

感觉 – 功能假说

多因素理论

语义分类理论

具象化理论

对各种观点的小结

思考　轴辐模型

    ➤ 研究方法　经颅磁刺激技术

➤ 自我测验 9.3

本章小结

思考题

关键术语

我们将思考的一些问题

➤ 为什么很难根据定义判断一个具体的客体是否属于某个类别，比如"椅子"？（第350页）

➤ 各种客体的属性是如何在我们的脑海中"归档"的？（第362页）

➤ 不同类别的信息是如何储存在我们的大脑中的？（第373页）

当想到"知识"时，我们脑海中会浮现出什么？是为了准备认知心理学考试而需要记住的内容？是某些人的名字？是那家最喜爱却难以找到的餐馆的位置？是什么是黑洞？我们脑海中的知识清单很长，因为我们所知很多。我们对知识的这些想法与知识的词典定义相一致，例如：

通过学习或调查了解事实、真理或原则。
——在线英语词典

通过感知、发现和学习，在经验或教育中获取的对某人或某事的熟悉、认识或理解，比如对事实、信息、描述或技能等。
——维基百科

上述定义描述了大多数人对什么是知识的一般认识。简而言之，即我们所知道的。但正如本章标题指出的，我们将思考狭义的知识概念——认知心理学家称之为**概念性知识**，是能够使我们识别物体和事件并对其性质做出推论的知识。

概念性知识涉及回答如下问题：

➤ 当我们遇到新鲜事物或事件时，如何知道这是什么种类的东西？

➤ 我们如何辨别环境中哪个是马、自行车、树木、湖泊、报纸？

➤ 我们如何区分海豚和鲨鱼，或行星和恒星？是什么使柠檬成为柠檬的？

➤ 世界上各种各样的"事物"都是什么？（Rogers & Cox, 2015）

我们总是在回答这样的问题，但通常都意识不到。例如，请想象你正身处一个完全陌生的城市。你沿路向前走着，注意到很多东西同自己熟悉的城市不完全一样，但又有很多东西是自己所熟悉的。车辆在身边经过，建筑物在路边伫立，街角处有个加油站，猫咪敏捷又安全地跑过马路。所幸，我们有很多关于车辆、建筑、加油站和猫的知识，因此可以毫不费力地理解当前正在发生的一切。

本章涉及概念性知识，这些知识使我们能够识别和理解街道场景及所处世界中的事物。这种知识以概念的形式存在。对**概念**的界定有很多种，包括"对群体或个人的心理表征"（Smith，1989）和"对客体、事件和抽象观念的分类"（Kiefer & Pulvermüller，2012）。我们可以以"猫"这个概念为例来具体说明这一点。"什么是猫？"如果你回答猫是一种毛茸茸、喵喵叫、可以当作宠物、行动敏捷且能抓老鼠的动物，你就描述了"猫"这一概念的某些方面（Kiefer & Pulvermüller，2012）。

因为我们对自己关于整个世界的知识感兴趣，所以我们还需要了解猫以外的概念。当我们开始把范围扩展到包括狗、汽车、开瓶器、萝卜和玫瑰时，事情开始变得越来越复杂有趣了，因为问题变成了"这些东西是如何在头脑中组织的？"我们组织概念的方式之一是根据**类别**分类。

类别包含一个特定概念的全部可能实例。因此，"猫"的类别包括虎斑猫、暹罗猫、波斯猫、豹猫、野猫等。这样看来，类别是由概念提供的规则产生的。因此，对"猫"的心理表征会影响我们将哪些动物划入猫的类别中。因为概念提供了将客体划分到类别中的规则，所以经常会把概念和类别放在一起讨论，有很多研究关注**分类**的过程，即将事物划分到类别中的过程。

每当我们将一个事物划分到某个类别中时所做的事情就是分类。一旦能将事物划分到某个类别中，我们对其就会有一定程度的了解。例如，如果能认识到穿过马路的毛茸茸的动物是一只猫，就可以给我们提供大量信息（图9.1）。因此，类别被称为"知识的指针"（Yamauchi & Markman，2000）。一旦你知道某件事物所属的类别，无论是"猫""加油站"还是"印象派绘画"，你就可以把精力放在辨识这一特定事物的特殊之处上了（见Solomon et al.，1999）。

分类不仅能帮我们理解周围环境中发生着的事情，而且对我们的行动起着至关重要的作用。比如，要在面包上涂果酱，就需要认得果酱罐、面包和刀子，了解它们的相关特性（如果不烤一下，面包就是软的；刀子坚硬；果酱黏稠）；知道如何握刀才方便从果酱罐里挖出果酱（Lambon Ralph et al.，2017）。

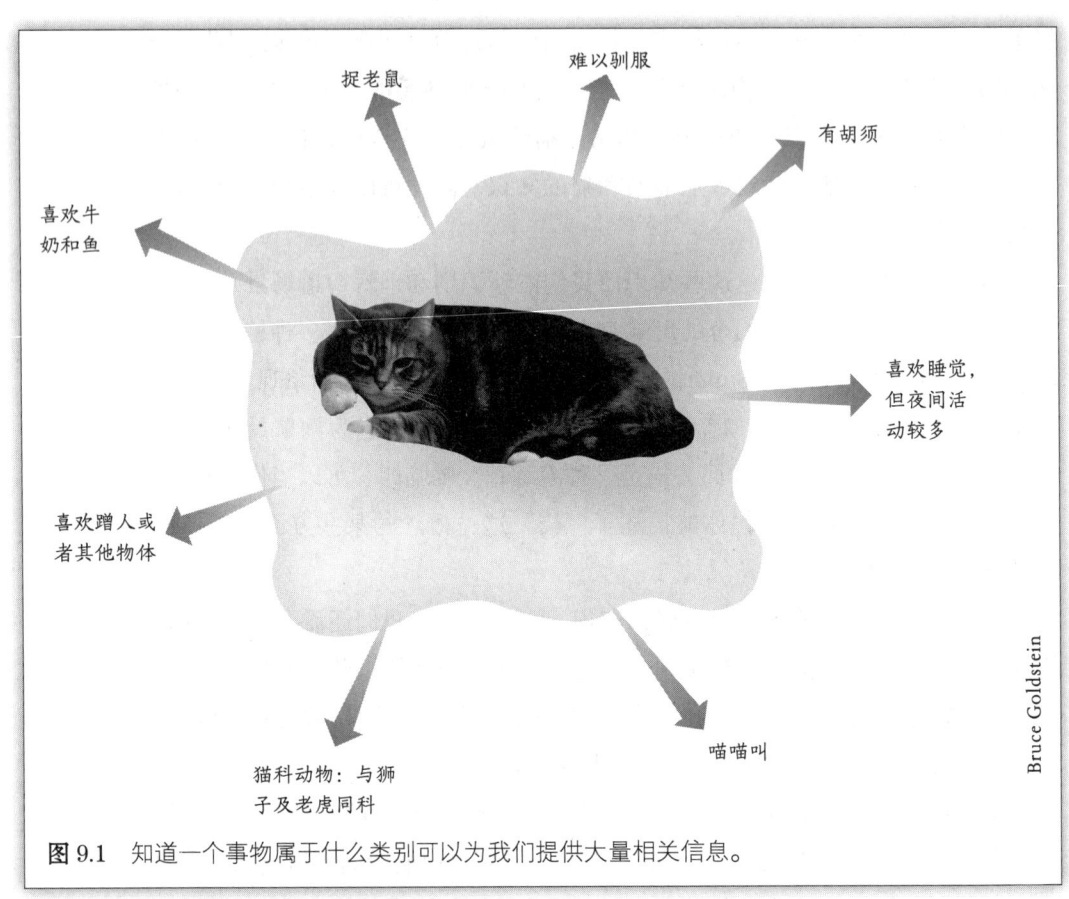

图9.1 知道一个事物属于什么类别可以为我们提供大量相关信息。

给具体事物分类的能力还有助于我们理解一些可能令人困惑的行为。比如，看见一个人的左侧脸颊涂成了黑色，右侧脸颊涂成了金色，我们可能会觉得奇怪。但如果意识到这是周日的下午，这个人正在去往匹兹堡橄榄球场的路上，我们就可以将他分类为"匹兹堡钢人队的球迷"。这一分类过程解释了他模样奇怪的原因，在匹兹堡钢人队有比赛的日子里，见到什么奇怪的行为都不足为奇（Solomon et al., 1999）。

分类的各种作用说明分类过程在我们的日常生活中具有重要意义。可以毫不夸张地说，如果没有分类过程，我们将很难在这个世界上生存。试想，如果没有分类，可能意味着我们每次遇到一个不同的事物，就要专门地研究一下关于这个事物的全部相关知识，否则就对其一无所知。显然，如果我们不能根据已有的知识对新事物进行分类，生活将会变得相当复杂。

可见，分类相当重要，但要理解类别，我们需要知道些什么呢？这一问题的答案并非显而易见的。因为我们经常对事物进行分类，所以它看起来像是自动的过程。显然，房间那边有只猫坐在椅子上——猫、椅子和房间是不同的类别。这些事物以及成千上万的其他事物都非常容易分类，以至你可能觉得这其中没有需要解决的问题。

但像其他认知能力一样，容易并不意味着简单。如果遇到不熟悉的事物，分类就会变得困难。"那边是什么？食蚁兽吗？真奇特。"或者当遭遇脑部损伤导致难以识别不同物体或知晓其用途时，情况会变得更加困难。一旦我们了解到，在某些情况下进行分类会变得困难，事情就会变得更有趣，因为认识和理解这些困难是揭示分类机制的第一步。

本章分三大节讨论了日常分类的机制及分类困难，每一节都涉及不同的分类理论。首先，"概念和类别的基本性质"一节介绍了源于20世纪70年代的一系列实验研究的行为方法，帮我们理解如何将事物分为不同的类别，也证明了"并非所有事物都是平等的"。在第二节"类别的网络模型"中介绍始于20世纪60年代的分类的网络方法，其灵感来自计算机科学这一新兴领域，创建了大脑中类别表征的计算机模型。在第三节"概念如何在大脑中表征"中，我们采用生理学方法，研究类别和大脑之间的关系。我们将看到每种理论各有其分类视角，并且通过三重视角共同解释分类优于只采用任何单一视角。

概念和类别的基本性质

让我们来思考以下关于类别的基本属性的问题：

➤ 不同的客体、事件或观念是如何划分到特定类别中的？
➤ 如何定义类别？
➤ 为什么说"并非类别中的所有事物都是平等的"？

我们如何对事物分类？

长期以来，我们通过参照定义的方法来判断事物的属性。我们先来看认知心理学家如何证明"定义"在分类事物时不起作用。然后我们会介绍另一种方法，这种新方法是根据事物与类别中的其他事物的相似程度来进行分类的。

为什么定义在分类过程中不起作用？

采用**分类的定义理论**时，我们通过确定一个事物是否符合某个类别的定义来判断这一事物是否属于这个类别。定义在某些时候很有用，比如判断几何图形时，将正方形定义为"有四条等边和四个等角的平面四边形"是很有用的。但对自然界中的大多数事物（如鸟、树和植物）和人造事物（如椅子）而言，定义并不能很好地帮助我们分类。

定义法的问题在于，在日常分类中，同一类别中的各种事物并非全都具有同样的属性或特征。所以，尽管字典中对椅子的定义——"一种有凳面、有腿、有靠背、有时还有扶手的家具，通常供单人使用"——看似合理，但还有一些我们称之为"椅子"的事物并不符合上述定义。比如，尽管我们可以根据定义判断图 9.2a 和图 9.2b 中的事物是"椅子"，却不能根据定义对图 9.2c 和图 9.2d 中的事物做出判断。尽管大多数椅子都像定义中描述的那样有腿和靠背，但我们还是会将图 9.2c 中圆盘状的家具称为椅子，甚至将图 9.2d 中的岩石当作椅子。

哲学家路德维希·维特根斯坦（Ludwig Wittgenstein，1953）注意到了应用定义分类存在的问题并提出解决方法：

> "想一想我们称之为'游戏（games）'的活动，我指的是棋类游戏、牌类游戏、球类游戏以及奥运会上的各种游戏等。我们看不出所有这些游戏中有什么共同点，却发现其中有相似或者相关之处。将这种相似之处称为'家族相似性'再好不过了。"

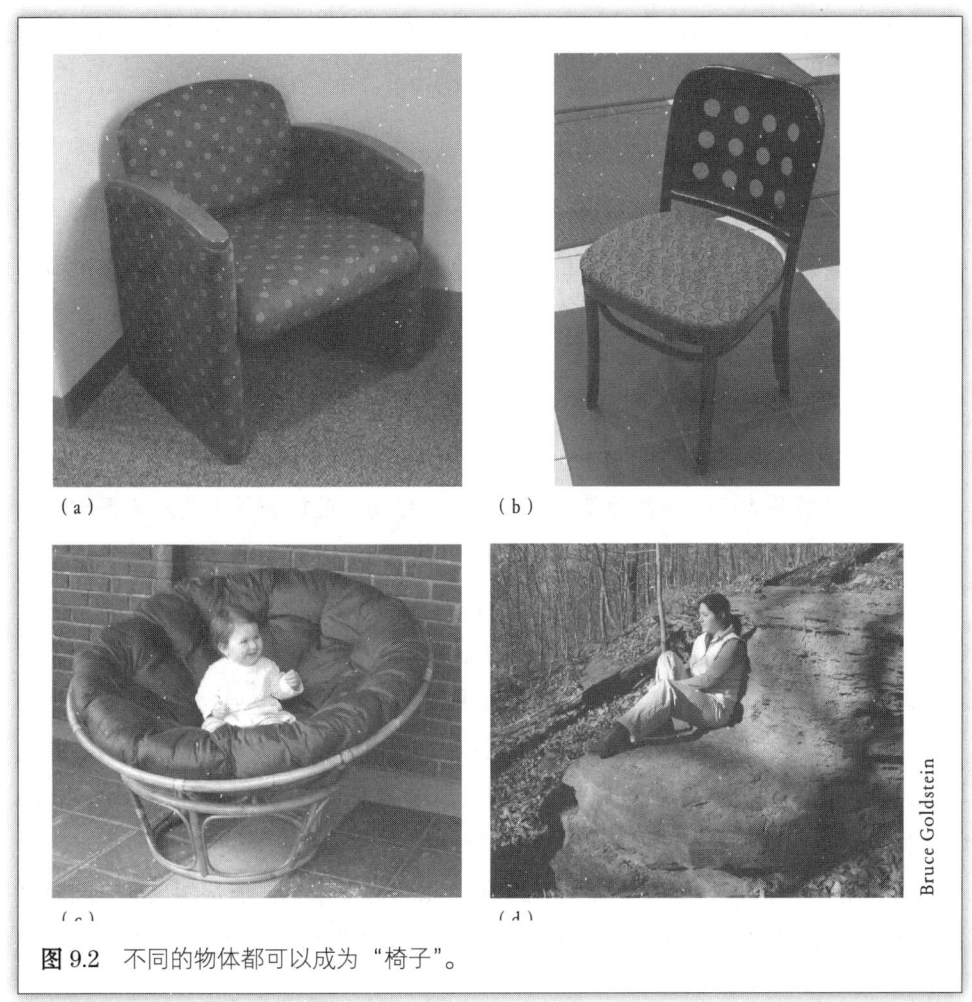

图 9.2 不同的物体都可以成为"椅子"。

维特根斯坦通过**家族相似性**的概念来解决定义通常不能涵盖一个类别中全部成员的问题。家族相似性是指类别中的一个具体事物在某些方面同类别中的其他事物具有相似性。因此，与定义法需要设置一个符合类别中所有事物的标准定义不同，家族相似性允许类别中存在一些比较特别的个例。椅子可以有不同的大小和形状，可以使用不同材质，但是每一把椅子都和其他椅子存在相似之处。根据家族相似性的观点，图 9.2a 中的椅子和图 9.2c 中的椅子都为我们提供了坐的地方，为背部提供了支撑，也许还有放胳膊的地方。

Eleanor Rosch 等研究者在 20 世纪 70 年代开始的一系列实验以家族相似性

为实验的起点，研究类别的基本属性。从这些实验中产生的早期思想之一就是原型的观点。

原型：寻找平均案例

根据**分类的原型理论**，判断一个事物是否属于某一类别时，要将这个事物与表征类别的原型进行对比，根据对比结果判断该事物是否属于此类别。**原型**是一个类别中的"典型"成员。

怎样才算是一个类别的典型成员呢？Rosch（1973）指出，一个"典型"的原型是由该类别中一般性的个例叠加平均得到的。比如，"鸟"这个类别的原型就是根据平常可见的各种鸟（像麻雀、知更鸟、蓝松鸦等）的形象平均得来的，而并不一定像某一具体类别的鸟的形象。因此，原型并不一定是类别中的真实存在，而是对一个类别的"平均"表征（图9.3）。

当然，并非所有的鸟都像知更鸟、蓝松鸦和麻雀，猫头鹰、秃鹰和企鹅也都属于鸟类。Rosch 将类别中样本的这种差异归结为原型**典型性**程度的不同。高原型典型性说明一个类别成员与类别原型的相似程度很高（是该类别的典型成员）。低原型典型性则说明一个类别成员与类别原型的相似程度较低。Rosch（1975a）对此进行了定量研究，并在研究中向被试呈现一个类别名称，比如"鸟"或者"家具"，以及该类别下的 50 个成员。要求被试通过 7 点量表判断每个成员对其所在类别的代表性程度，1 分表示是该类别的典型样例，7 分表示与

图9.3 三种真正的鸟（麻雀、知更鸟和蓝松鸦）和鸟的原型。鸟的原型是由"鸟"这个类别中的样本叠加平均得到的。

该类别不相符或者不是该类别成员。

图 9.4 呈现了对两个类别中事物的评分结果。麻雀的得分是 1.18 分，说明大多数人都认为麻雀是鸟类的典型样例（图 9.4a）；企鹅的得分是 4.53 分，而蝙蝠的得分是 6.15 分，说明企鹅和蝙蝠并不是鸟类的较好样例。同样，在家具类别下，椅子和沙发（1.04 分）被看作较好的家具样例，而镜子（4.39 分）和电话（6.68 分）则是较差的家具样例（图 9.4b）。显然，麻雀是比企鹅和蝙蝠更好的鸟类样例。Rosch 在这一结果的基础上又进行了一系列实验，证明了类别中好样例和差样例之间的差异。

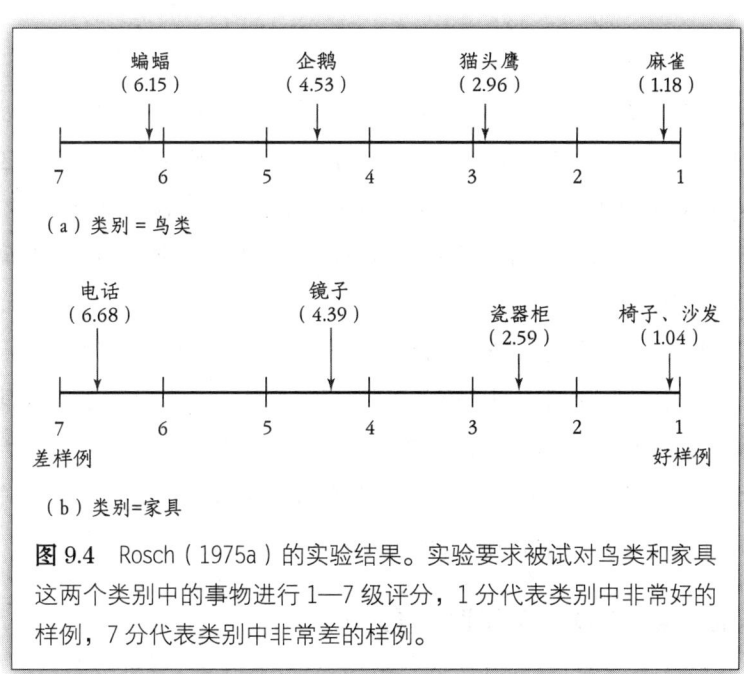

图 9.4 Rosch（1975a）的实验结果。实验要求被试对鸟类和家具这两个类别中的事物进行 1—7 级评分，1 分代表类别中非常好的样例，7 分代表类别中非常差的样例。

原型客体具有高家族相似性

与类别中的其他客体相比，好样例和差样例有何特别之处呢？下面将介绍 Eleanor Rosch 和 Carolyn Mervis（1975）对此进行的实验研究。

演示实验　家族相似性

Rosch 和 Mervis（1975）采用的指导语如下：请尽可能多地列出下列每种常见事物的一般特征。比如，"自行车"的一般特征可能包括有两个轮子、脚踏板、把手、可以骑、无须燃料等。请用 1 分钟左右的时间写下以下每种事物的一般特征：

1. 椅子　　3. 沙发
2. 镜子　　4. 电话

你可能也会像 Rosch 和 Mervis 的被试一样，在"椅子"和"沙发"两个列表中填上许多重复特征，比如：有腿、有靠背、可以坐、可以放坐垫等。当一个事物的一般特征与类别中其他事物的一般特征有较多重叠时，说明这一事物具有较高的家族相似性。尽管根据 Rosch 和 Mervis 的界定，"镜子"和"电话"也属于家具，但与类别中其他事物的一般特征重叠较少（图 9.4b），重叠较少说明家族相似性较低。

Rosch 和 Mervis 研究发现，家族相似性和原型典型性有着很高的相关。因此，家具类别中的好样例，如"椅子"和"沙发"，会与家具类别中的其他成员共有许多一般特征。而像"镜子"和"电话"这样较差的样例不会与类别中的其他成员共有太多的一般特征。除了家族相似性和原型典型性之间的关系，研究者还探究了原型典型性与行为表现之间的联系。

对与原型客体相关的句子识别得更快

Edward Smith 及其同事（1974）应用**句子确认技术**考察了人们在回答与事物类别有关的问题时的速度。

研究方法　句子确认技术

句子确认技术的程序很简单。向被试呈现一系列句子。如果被试认为句子是对的，就回答"是"，否则就回答"否"。你可以自己试试判断下面的句子：

苹果是水果。

石榴是水果。

当 Smith 及其同事（1974）应用句子确认技术进行研究时，发现被试对原型典型性较高的事物的反应（如"水果"类别中的"苹果"）快于对原型典型性较低的事物的反应（如"水果"类别中的"石榴"，见图9.5）。这种对原型典型性较高事物反应更快的现象叫作**典型性效应**。

原型客体优先提名

当要求被试尽可能多地列出一个类别中的事物时，被试会倾向于最先列出原型典型性最高的事物（Mervis et al.，1976）。这样，当要求被试列出"鸟"类别中的事物时，麻雀就会先于企鹅出现。

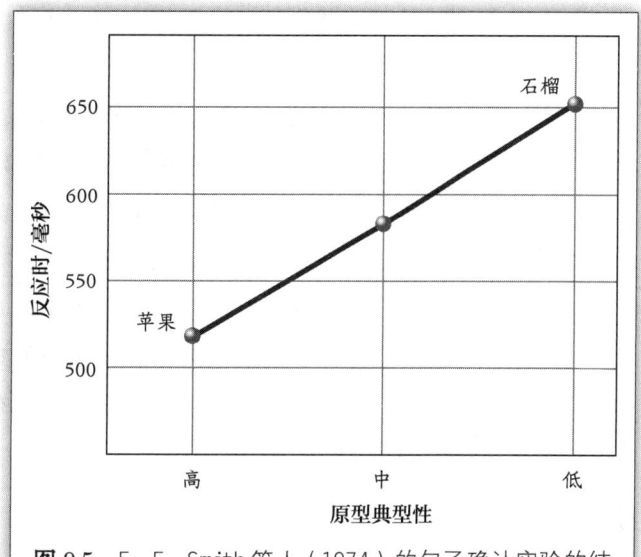

图 9.5 E. E. Smith 等人（1974）的句子确认实验的结果。被试对原型典型性高的事物的反应更快。

原型客体启动效应更强

如果先呈现的刺激易化了对随后呈现的另一个刺激的反应，就出现了**启动**（见第 6 章，第 235 页）。Rosch（1975b）的研究证明，类别中高原型典型性事物受启动刺激的影响大于低原型典型性事物。图 9.6（彩）呈现了 Rosch 的实验程序。被试先听到一个说明颜色的声音启动刺激，如"绿色"。2 秒后同时向被试呈现一对视觉颜色刺激，要求被试尽快通过按键判断两个视觉刺激的颜色是否相同。

被试听到启动声音后，看到呈现的视觉刺激有三种不同的并排式颜色组合：（1）颜色相同且是类别中的好样例［比如红、蓝、绿原色等，如图 9.6a（彩）］；（2）颜色相同，却是类别中的差样例［颜色没有好样例那样饱和，比如浅蓝、浅绿等，如图 9.6b（彩）］；（3）不同颜色，即两个颜色分属不同类别［比如两个视觉刺激，一个为橙色，另一个为蓝色，如图 9.6c（彩）］。

上述研究的最重要结果体现在两种颜色相同的条件下。在这一条件下，被试应该按同一个键来判断两个颜色刺激相同，结果却发现对高原型典型性（好样例）颜色的判断（反应时 = 610 毫秒）比对低原型典型性（差样例）颜色的判断（反应时 = 780 毫秒）快。因此，当被试听到的启动刺激是"绿色"时，被试判断两个纯绿色视觉刺激颜色相同要快于判断两个浅绿色视觉刺激颜色相同。

Rosch 是这样解释其实验结果的：当被试听到"绿"这个词时，会想象一个高原型典型性的绿色（好样例）[图 9.7a（彩）]。启动效应背后的原理就在于启动刺激会易化被试对后续包含启动相关信息的刺激的反应。显然，在高原型典型性的绿色呈现时出现了启动效应 [图 9.7b（彩）]，而在低原型典型性的绿色呈现时无上述过程 [图 9.7c（彩）]。因此，启动实验的结果支持了被试会根据听到的颜色名称想象相应的典型颜色这一假设。表 9.1 总结了前面介绍过的原型典型性影响行为的各种方式。

表 9.1
原型典型性的一些效应

效应	描述	实验结果
家族相似性	同类别的事物在很多方面具有相似性	当被试对类别中事物的代表性进行评估时，高原型典型性的项目得分更高（Rosch, 1975）
典型性	人们对一个类别中的典型事物的反应更快	在"＿＿＿是鸟"的句式中，对高原型典型性事物（像知更鸟）的反应比对低原型典型性事物（像鸵鸟）的反应快（Smith et al., 1974）
提名	当要求列出类别中的事物时，有些事物被列出的可能性更大	被试在列出类别中的事物时，会先列出高原型典型性事物（Mervis et al., 1976）
启动	一个刺激的出现影响对后继刺激的反应	判断颜色异同时，对原型典型性较高项目的判断更快（Rosch, 1975b）

以 Rosch 的研究为代表的原型典型性理论比定义理论更具优势，因为大量实验证据表明，同一类别中的事物属性并不完全相同。关于类别的另一种观点叫作范例理论，也允许类别中的成员有独特之处。

范例：想一想样例

分类的范例理论（像原型理论一样，也认为在分类过程中需要判断事物是否与一个标准事物相似。但原型理论中的标准事物是类别中全部成员平均后得到的一个"平均"成员，而范例理论中的标准事物则包含很多样例，这种样例叫作范例。**范例**是类别中的真实成员，是人们在生活中会遇到的真实事物。因此，如果一个人见过麻雀、知更鸟和蓝松鸦，那么这些就都会成为"鸟"这一类别的范例。

范例理论可以解释很多 Rosch 用来支持原型理论的实验结果。比如，范例理论是这样解释典型性效应的：因为对与范例相似性较高的事物的反应更快，所以在句子辨别任务中，对类别中好样例的反应比对差样例的反应快。麻雀和鸟类中的许多范例相似，而与企鹅相似的范例则较少，所以对麻雀的分类判断快于企鹅。这与原型理论中的家族相似性观点有许多共同之处，范例理论中的"好样例"也会具有较高的家族相似性。

原型和范例，哪一种更好？

原型和范例哪一种能更好地描述分类过程呢？范例的优势在于采用了真实的样例，这样就更容易判断那些非典型的事物，比如不会飞的鸟。我们只要记得有一些不会飞的鸟，而不用将企鹅与鸟类的"平均原型"相比较。重视个别情况意味着范例无须过滤掉将来可能会有用的信息。因此，企鹅、鸵鸟及其他非典型鸟类也可以作为范例存在，而无须像原型理论介绍的那样在原型平均过程中过滤掉特异性信息而创造一个原型。范例理论在解决像"游戏（game）"这样复杂的分类时也更容易。我们很难想象一个包含了足球、计算机游戏、单人纸牌游戏、石弹游戏和高尔夫球等项目在内的"游戏（game）"类别的原型，但范例理论只需我们记住几种游戏的样例。

一些研究者总结已有研究结果发现，两种理论都会在判断类别时起作用。具体来说，在最初了解一种类别时，我们会将一些范例平均起来形成一个原型。但是随着经验的积累和不断学习，一些范例变得更强、更突出了（Keri et al., 2002；Malt, 1989）。因此，在认识类别的早期阶段，我们很难对那些"例外"的事物做出判断，像鸵鸟或者企鹅；但在后期阶段，这些事物的范例会增加到类别中（Minda & Smith, 2001；Smith & Minda, 2000）。我们大体上知道猫是什么（原型），但最清楚自己的猫是什么（样例）（Minda & Smith, 2001；Smith & Minda, 2000）。近期研究中，关于原型和范例的优点得出如下结论："这两种方式协同合作，产生了丰富的概念知识库，使两种方法分别运用于最适合其解释的任务"（Murphy, 2016）。

是否存在心理上的类别的"基本"水平？

在介绍原型理论和范例理论时，我们都是以"家具"这个类别来举例的，家具这一类别中包括床、椅子和桌子等成员。但是，像图9.8a所示那样，在"椅子"这一小类别下还可以有更具体的分类，比如厨房里的高脚椅、餐厅里的餐椅等。这种将一个较大、较一般的类别分成更小、更具体的类别，并形成多水平类别的组织方式叫作**层级组织**。

认知心理学家关于这种组织方式的疑问在于，是否存在一个相对于其他水平而言在心理上更为"基本"的水平，或者说是一个比其他水平更"重要"的水平。下面的研究说明，尽管可能存在一个具有特殊心理属性的类别基本水平，但这一基本水平是因人而异的。先来看Rosch的研究，她在这项研究中介绍了关于基本水平类别的想法。

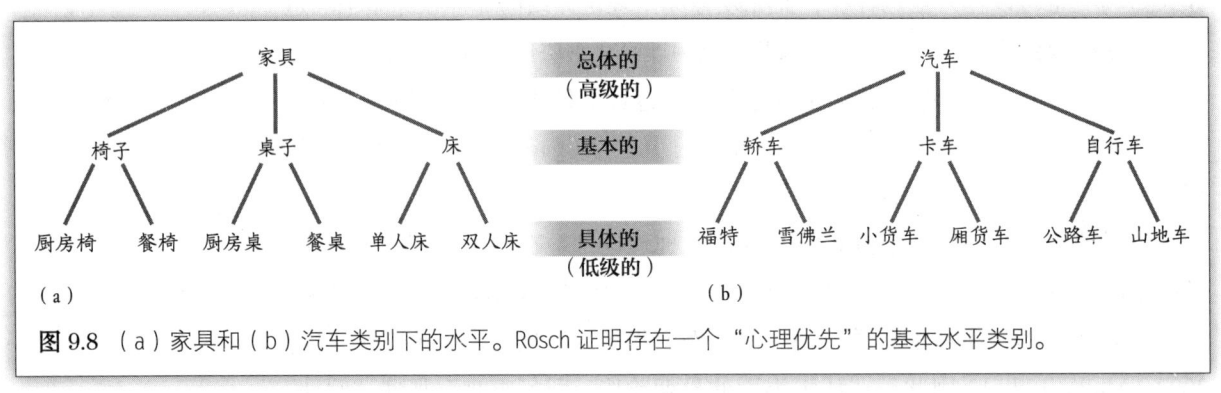

图9.8 （a）家具和（b）汽车类别下的水平。Rosch证明存在一个"心理优先"的基本水平类别。

Rosch的理论：类别的基本水平有何特别之处？

Rosch的研究始于观察从一般水平（如"家具"）到特殊水平（如"餐桌"）等类别的不同水平。如图9.8所示，当人们应用类别信息时，会倾向于关注类别的某一水平。Rosch将类别分成三个水平：**高级水平**，我们将其称为**总体水**

平(如"家具");**基本水平**(如"桌子");**低级水平**,我们将其称为**具体水平**(如"餐桌")。下面的演示实验会说明不同水平的一些特性。

演示实验 列出共同特征

这部分的演示实验与关于家族相似性的演示实验差不多,只是变成了不同的类别。对下面几个类别,请尽可能多地列出这一类别下所有或者大多数成员所共同具有的一般特征。比如:你可以在"桌子"这一项下面列出"有腿"。

1. 家具
2. 桌子
3. 餐桌

Rosch、Mervis 及其同事(1976)在实验中向被试呈现了上述任务。结果是,被试在"家具"项目下列出的一般特征较少,其中还有一部分与"桌子"及"餐桌"的一般特征重叠。Rosch 的被试在总体水平的"家具"类别下平均列出了 3 个一般特征,在基本水平的"桌子"类别下列出了 9 个一般特征,而在具体水平的"餐桌"类别下平均列出了 10.3 个一般特征(图 9.9)。

Rosch 认为,基本水平是具有心理特异("优先")性的。因为从基本水平上升到总体水平,会损失大量信息(基本水平有 9 个特征,而总体水平只有 3 个特征)。但是从基本水平下降到具体水平,只会增加较少的信息(9 个特征和 10.3 个特征)。下面是对基本水平优先性观点的又一个例证。

水平	例子	一般特征的数量
总体水平	家具	3
基本水平	桌子	9
具体水平	餐桌	10.3

基本水平↑丢掉很多信息
基本水平↓增加一点信息

图 9.9 类别的水平、每个水平的例子以及在 Rosch 等人(1976)的实验中被试列出的每个水平对应的一般特征数量。

演示实验　客体命名

看图 9.10，尽快写出或者说出图中客体的名称。

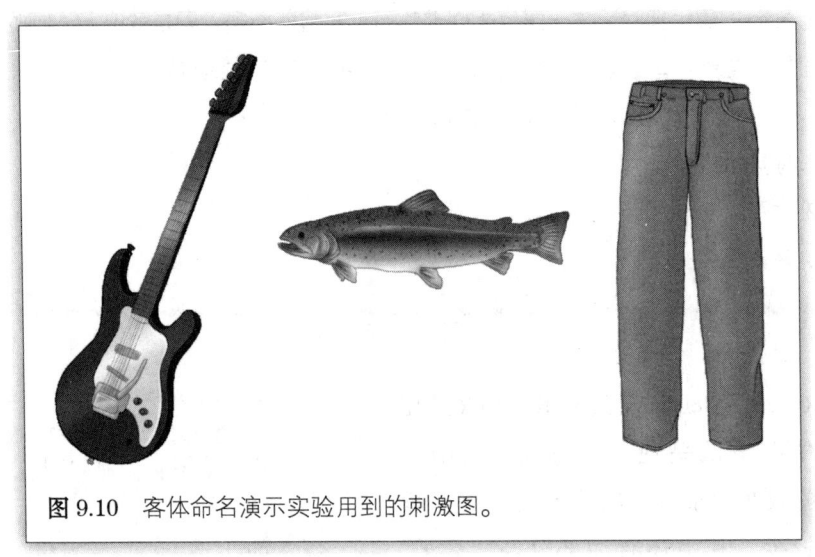

图 9.10　客体命名演示实验用到的刺激图。

你对每一个客体给出了怎样的命名？当 Rosch、Mervis 及其同事进行这个实验时，发现被试倾向于给出基本水平的名称。他们会把图片命名为"吉他"（基本水平）而非"乐器"（总体水平）或者"摇滚吉他"（具体水平）；命名为"鱼"而非"动物"或者"鲑鱼"；命名为"裤子"而非"服装"或者"牛仔裤"。

在另一个实验中，Rosch 及其合作者（1976）向被试呈现了一个类别标签，比如"轿车"或者"汽车"，间隔一段时间之后呈现一幅图片。被试的任务是既快又准地指出后呈现的图片是否属于前面呈现的类别。实验结果表明，被试对基本水平类别（如轿车）的判断快于对总体水平类别（如汽车）的判断。也就是说，当在一个小汽车图片之前呈现"轿车"这个词时，被试做出肯定判断的速度比呈现"汽车"这个词的时候快。

知识如何影响分类？

Rosch 的研究以大学本科生为被试，发现存在一个称为"基本水平"的类别水平，该水平反映大学本科生的日常生活经验。除了 Rosch，许多研究者也证明了这一点。当 J. D. Coley 及其同事（1997）请美国西北大学的本科生尽可能具体地对挂在校园长廊中的 44 幅植物图片进行命名时，有 75% 的人采用了"树"这样的基本标签，而非"橡树"这样的具体标签。

但是，如果不是请大学本科生而是请校园中的园艺专家来完成植物命名任务，结果会怎样呢？你觉得他们的回答会是"树"还是"橡树"？James Tanaka 和 Marjorie Taylor（1991）做了一个关于"鸟类"的类似实验。他们请鸟类专家和非专家对一系列图片进行客体命名任务，所采用的图片涉及很多种类的客体（工具、服装、花等），但 Tanaka 和 Taylor 感兴趣的是被试对其中四张鸟类图片的反应。

结果显示（图 9.11），专家更多地使用具体水平的类别名称命名鸟类图片（知更鸟、麻雀、松鸦或红雀），而非专家的反应则大多是"鸟"。显然，专家已经学会并习惯于注意鸟的特征，而非专家不会意识到这些。因此，要全面地了解人们如何分类事物，不仅需要考虑事物的特征，还要考虑人们对所知觉事物的知识经验（也见 Johnson & Mervis，1997）。

通过 Tanaka 的鸟类实验结果，我们可以猜测校园中的园艺专家会比只有一些植物常识的人更多地对植物图片进行具体的命名。实际上，和自然环境联系紧密的危地马拉伊萨（Itzaj）文化中的人们会将橡树称为"橡树"，而非"树"（Coley et al.，1997）。

因此，类别的基本水平因人而异。一般而言，当人们对某个特定类别更具经验或者更为熟悉时，就会更关注 Rosch 所说的具体水平上的具体信息。这一结果合情合理，因为分类的能力是从经验中培养起来的，会受到我们遇到的典型事物及我们所关注的特征属性的影响。

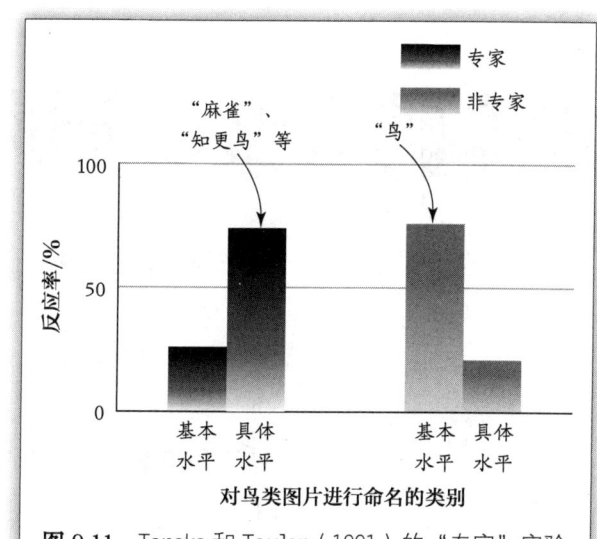

图 9.11 Tanaka 和 Taylor（1991）的"专家"实验的结果。专家（左边两个条形）更多地使用具体类别对鸟类进行命名，而非专家（右边两个条形）则更多地使用基本类别。

自我测验 9.1

1. 为什么对事物进行分类在我们的日常生活中十分重要？
2. 描述一下分类的定义理论。为什么定义理论最初看似合理，但是在遇到具体事物时遇到了问题？
3. 什么是分类的原型理论？Rosch 做了什么实验来证明原型典型性与行为之间的关系？
4. 什么是分类的范例理论？它和原型理论有何不同？这两种理论是如何协作的？
5. 为什么说一个类别中有不同的水平？Rosch 如何证明类别的某一个水平是更基本的？以专家为被试的类别研究如何修正了 Rosch 关于"基本"水平的观点？

类别的网络模型

关于类别的网络模型，我们要思考以下问题：

➤ 早期的语义网络模型是如何通过连接概念的网络来解释概念在头脑中的组织方式的？

➤ 近期的联结主义网络模型如何解释怎样通过"训练"网络来识别特定的对象？

类别之间关系的表征：语义网络

现在，我们已经知道类别是以从总体水平（顶层）到具体水平（底层）的层级方式排列的。在这一部分，我们将关注类别或概念在头脑中的组织方式。下面将要介绍的是**语义网络模型**，它认为概念是以网络的方式在我们头脑中排列储存的。

语义网络简介：Collins 和 Quillian 的层级模型

最初的语义网络模型是建立在 Ross Quillian（1967，1969）的早期开创性研究基础上的，Quillian 当时的初衷是建立关于人类记忆的计算机模型。我们首先通过 Allan Collins 和 Quillian（1969）的一个简化版模型来了解一下 Quillian 的观点。

图 9.12 呈现的是 Collins 和 Quillian 的网络模型。网络模型由许多以连线相

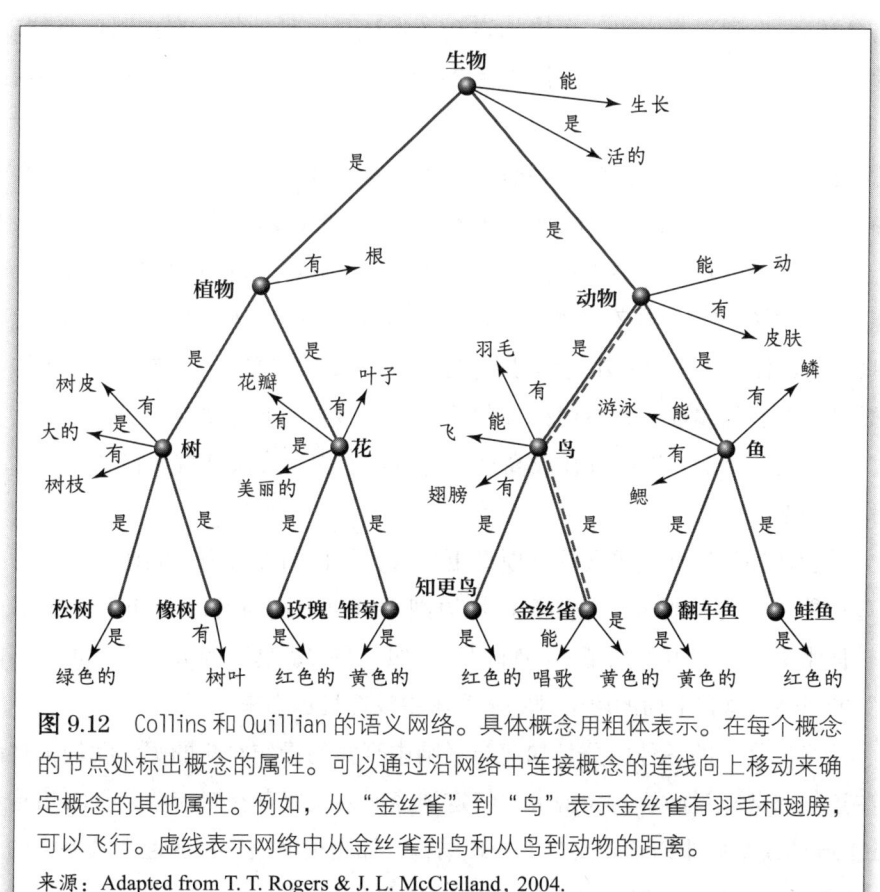

图 9.12 Collins 和 Quillian 的语义网络。具体概念用粗体表示。在每个概念的节点处标出概念的属性。可以通过沿网络中连接概念的连线向上移动来确定概念的其他属性。例如，从"金丝雀"到"鸟"表示金丝雀有羽毛和翅膀，可以飞行。虚线表示网络中从金丝雀到鸟和从鸟到动物的距离。
来源：Adapted from T. T. Rogers & J. L. McClelland, 2004.

连的节点构成。每个节点代表一个类别或者一个概念，概念处于网络之中，所有相关的概念连接在一起。此外，概念的属性特征也与概念所在的节点相连。

节点之间的连线说明这些节点在我们的头脑中存在关联。因此，图 9.12 中的模型说明在我们的头脑中，"鸟"和"金丝雀"之间存在关联，"鸟"和"动物"之间也存在关联（在图 9.12 中通过虚线连接在一起）。这是一个**层级模型**，因为在这一模型中，像"金丝雀"和"鲑鱼"这种更为具体的概念处于底层，而总体概念处于较高的水平。

我们可以通过思考如何从网络中检索金丝雀的属性来说明语义网络是如何发挥作用的，以及概念的相关知识是如何在头脑中组织的。我们从"金丝雀"这一概念的节点开始进入语义网络。在这个节点上，我们可获得金丝雀能唱歌和金丝雀是黄色的这两个属性信息。为了获得更多关于"金丝雀"的信息，我们沿着连线向上一水平寻找，知道了金丝雀是鸟，而鸟有翅膀，能飞，还有羽毛。继续向上到更高水平，可以知道金丝雀还是一种动物，有皮肤而且能动。继续向上，我们最后就到了生物这一最高水平，于是我们又知道金丝雀是活的而且能够生长。

可能有人质疑，我们为何必须从"金丝雀"出发，到达"鸟"来找出金丝雀有"能飞"的属性。像"能飞"这样的属性也可以储存在"金丝雀"这一节点上，这样我们就可以很快获得这一属性了。但是 Collins 和 Quillian 认为，像"能飞"这样的属性是所有鸟类（金丝雀、知更鸟、秃鹰等）共有的，如果储存在鸟类的具体水平上会占用过多储存空间。因此，像"能飞""有羽毛"等绝大多数鸟类共有的属性，并不用在每种具体鸟类的节点上都储存一次，而是储存在"鸟"的节点上。这种仅在较高水平的节点上储存一次共有属性的方式称为**认知经济性**。

尽管认知经济性使语义网络模型更高效，但也的确带来了问题：并非所有的鸟都能飞。为了既符合认知经济性原则又解决上述问题，Collins 和 Quillian 在较低水平的节点上增加了一些特例。比如，在"鸵鸟"的节点上增加"不能飞"的属性，这在上面的语义网络示意图中没有显示出来。

语义网络中的各种成分是如何与大脑中真实的操作对应的呢？我们描述的这些连线和节点没必要与大脑中的特定神经元或位置存在对应关系。Collins 和 Quillian 的模型并非刻意要反映出生理结构，而是说明概念和属性在脑海中的连接方式，以及对我们如何提取概念相关的属性做预测。

因此无须考虑语义网络模型与神经生理基础的关系，我们来分析一下根据该模型的解释进行预测的准确性。该模型的一个预测是，人们提取与某个概念相关的属性信息所需要的时间是由从语义网络中提取信息时所经路线的距离决定的。由此，语义网络模型预测，在句子确认任务中，当被试判断一个与概念相关的句子是否真实时（见本章"研究方法：句子确认技术"），对"金丝雀是鸟"的肯定回答要快于对"金丝雀是动物"的肯定回答。此预测由事实推断（从图9.12中的连线可以看出），从"金丝雀"到"鸟"只有一段连线，而从"金丝雀"到"动物"却有两段连线。

Collins 和 Quillian（1969）的研究通过测量被试对不同句子的反应时考察了上述预测，实验结果如图9.13所示。与网络模型的预测一致，当句子中的概念与"金丝雀"距离更远时，被试对句子的反应时也更长。

语义网络模型的另一个特性是激活扩散，由此可以推导出进一步的预测。**激活扩散**是指当激活一个节点时，这种激活会沿着与节点相连的所有连线传递扩散。例如，在语义网络中，从"知更鸟"到"鸟"会激活"鸟"这一节点，以及激活从"知更鸟"到"鸟"之间的连线，正如图9.14中的黑色箭头所示。但是根据激活扩散的观点，这种激活也会扩散到网络中相连的其他节点，如图中的虚线所示。因此，在激活从知更鸟到鸟的通路的同时，也会激活与

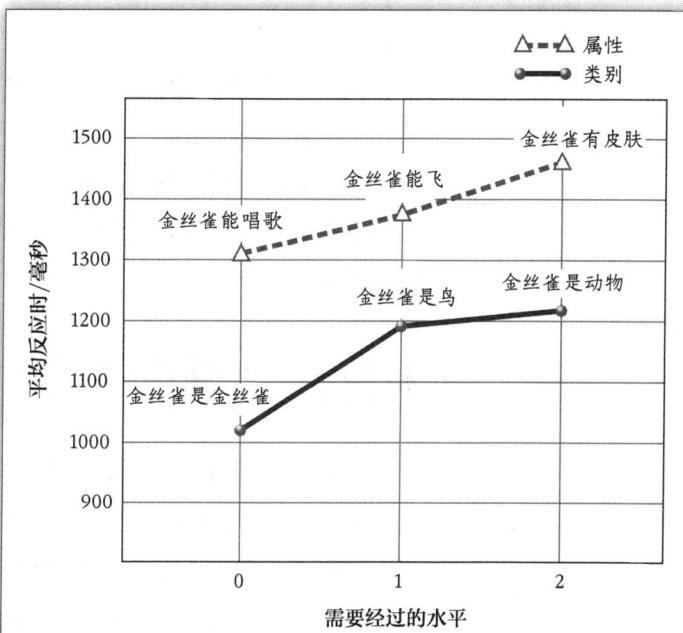

图9.13 Collins 和 Quillian（1969）的实验结果。实验测量了被试对不同句子的反应，这些句子中分别包含了在语义网络中距离不同的概念或属性。在判断金丝雀的属性（上面的线）和类别（下面的线）的句子中，都是距离越远，反应时越长。
来源：A. M. Collins et al. 1969.

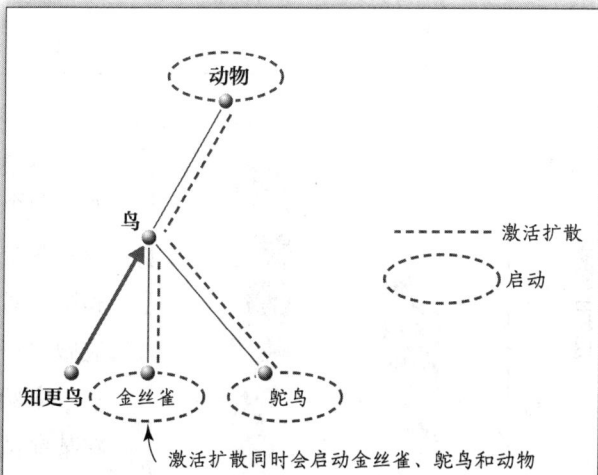

图9.14 激活在语义网络中的传播方式，正如当一个人从"知更鸟"搜索到"鸟"（实线箭头）。虚线表示鸟这一节点被激活后再传播的激活。由于激活扩散，圈里的概念已经被启动，很容易从记忆中提取出来。

"鸟"相连的其他概念，比如"动物"或者其他类型的鸟。激活扩散的结果是其他相关概念也被"启动"，从而更容易从记忆中提取出来。

David Meyer 和 Roger Schvaneveldt（1971）在 Collins 和 Quillian 的模型提出后不久发表了一篇研究报告，考察了激活扩散对启动的影响。他们应用的方法是词汇辨认任务。

研究方法　词汇辨认任务

在**词汇辨认任务**中，向被试呈现一些刺激，其中一些是真正的英文单词（真词），另一些是拼凑出来的词（非词）。被试的任务是既快又准地判断所呈现的刺激是真词还是非词。比如，对"Bloog"的正确反应为"否"，而对"Bloat（胃胀气）"的正确反应为"是"。

Meyer 和 Schvaneveldt 在词汇辨认任务的基础上进行了改动，每次向被试呈现上下两个字符串，如下所示：

第一对	第二对	第三对	第四对
Fundt	Bleem	Chair	Bread
Glurb	Dress	Money	Wheat

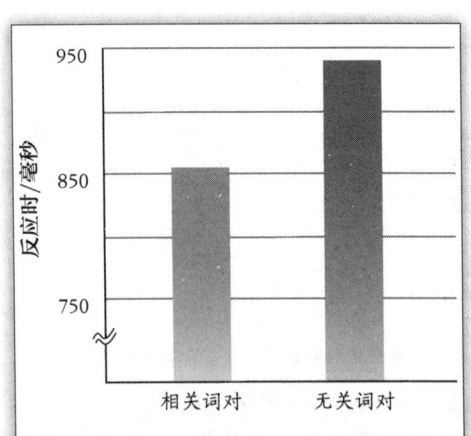

图 9.15　Meyer 和 Schvaneveldt（1971）的实验结果。被试对联系紧密词对的反应更快（右侧条形图）。

被试的任务是尽快做出"是"或者"否"的按键反应，如果两个字符串都是真词就做"是"的判断，如果其中一个或者两个字符串是非词就做"否"的判断。因此，对第一对和第二对的判断都应为"否"反应，而对第三对和第四对则应做"是"反应。

实验中的关键变量是一对真词中的两个词之间的关系。在某些试次中，两个词之间的联系很紧密，像面包（Bread）和小麦（Wheat）；而在另一些试次中则关系不大，像椅子（Chair）和金钱（Money）。图 9.15 呈现了实验结果，当两个真词之间关系紧密时，反应更快。Meyer 和 Schvaneveldt 指出，这一结果是由于从记忆中提取一个词时，诱发的激活会扩散到网络中附近的其他节点上。关系紧密的词得到的激活较多，因而对相关词对的反应快于对无关词对的反应。

对 Collins 和 Quillian 模型的批判

尽管 Collins 和 Quillian 的模型得到了大量实验结果的支持，包括其反应时实验（图 9.13）及 Meyer 和 Schvaneveldt 的启动实验，但很快就有研究者提出质疑。这些研究者指出，这一模型不能解释典型性效应。典型性效应是指当句子中的客体是一个类别中的典型成员时，会比是非典型成员时的反应快（Rips et al., 1973）。因此，对句子"金丝雀是鸟"的判断会比对"鸵鸟是鸟"的判断快。但是根据 Collins 和 Quillian 的模型，二者的反应速度应该是一样的，因为"金丝雀"和"鸵鸟"距离"鸟"这一节点的距离都是一段连线。

还有研究者对认知经济性的观点有所质疑，因为有证据表明，事实上，人们会将概念的详细属性都储存在概念所在的节点上（比如把"有翅膀"这一属性储存在"金丝雀"的节点上）（Conrad，1972）。此外，Lance Rips 及其同事（1973）采用句子确认任务得到了如下结果：

猪是哺乳动物。反应时 = 1476 毫秒

猪是动物。反应时 = 1268 毫秒

对句子"猪是动物"的判断更快，但我们从图 9.16 的网络中可以看出，根据 Collins 和 Quillian 的模型，对"猪是哺乳动物"的判断应该更快，因为"猪"和"哺乳动物"是由一条连线直接相连的，而到达"动物"节点则需要经过一条连线到达"哺乳动物"节点后再经过一条连线。上述句子确认任务的实验结果以及对 Collins 和 Quillian 的模型的其他质疑，使研究者开始寻找其他方法来使用网络描述概念组织方式（Glass & Holyoak, 1975; Murphy et al., 2012），并最终在 20 世纪 80 年代提出了一种新的网络模型——联结主义模型。

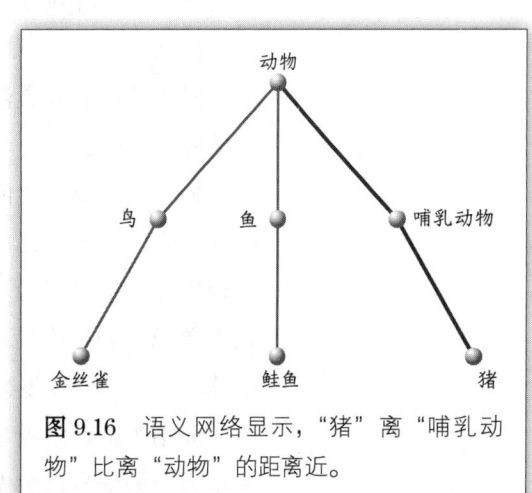

图 9.16　语义网络显示，"猪"离"哺乳动物"比离"动物"的距离近。

联结主义理论

对语义网络模型的批判以及对大脑中信息表征方式研究的新进展，推动形成了解释头脑中知识表征方式的新理论。在书名同为《平行分布加工：考察认知的微结构》（*Parallel Distributed Processing: Explorations in the Microstructure of Cognition*）的两本书中（McClelland & Rumelhart, 1986; Rumelhart & McClelland, 1986），James McClelland 和 David Rumelhart 提出了名为联结主义的新理论。联结主义理论一经提出便受到广大研究者的推崇，因为这一理论：（1）建立在信息在大脑中的表征方式的基础上；（2）能够解释大量研究发现，包括概念的习得方式，以及脑损伤对概念相关知识的影响。

什么是联结主义模型？

联结主义是建立计算机模型来表征认知加工过程的方法。我们将聚焦表征概念的联结主义模型，该模型也被称作**并行分布加工（PDP）**模型，因为该模型指出概念是由分布在网络中的激活模式来表征的，我们将会进一步详细介绍。

图 9.17（彩）呈现了一个简单的**联结主义网络**。圆圈表示**单元**，这些单元由大脑中的神经元激活。我们将看到，这一网络中的概念和属性是由单元间的激活模式表征的。

连线表示单元之间信息的传递，大体上相当于大脑中神经元的轴突。与神经元一样，一些单元可以被来自环境中的刺激激活，还有一些单元可以被来自其他单元的信号激活。可以被环境刺激（或实验者呈现的刺激）激活的单元是**输入单元**。如图中简单的联结主义网络所示，输入单元将信号传给**隐藏单元**，隐藏单元又将信号传给**输出单元**。

联结主义网络模型增加的一个特征就是联结权重。**联结权重**能决定来自某个单元中的信号是会增强还是会抑制下一个单元的激活程度。联结权重与神经元间的突触传递信号的方式一致（图 2.4）。第 7 章介绍过，在传递信号时，某些突触会比其他突触强，进而在下一个神经元中引发高激活强度（图 7.12）。另一些突触则会抑制下一个神经元的激活强度。联结主义网络中的联结权重也以同样的方式起作用。高联结权重会引发对下一个单元的较强激活倾向，较低的联结权重则引发了较少的激活，负的联结权重则会减少对下一个单元的激活或抑制接收单元的激活程度。因此，在联结主义网络中，单元的激活程度取决于两个因素：（1）最初作用于输入单元的信号；（2）贯穿网络的联结权重。

在图 9.17（彩）的网络中，两个输入单元正在接受刺激。隐藏和输出单元的激活程度都由颜色深度表示，而较深颜色表示激活较强。正是这些激活程度的差异及其诱发的激活模式构成了联结主义的基本原则：输入单元接收的刺激是由分布在其他单元中的激活模式表征的。这一原则看起来可能会有点熟悉，因为它与我们在第 2 章和第 5 章介绍过的大脑中的分布式表征很相似。现在我们已经通过图 9.17（彩）中简单的联结主义网络介绍了联结主义模型的基本原则，下面将以图 9.18（彩）为例介绍一些特定概念是如何在更为复杂的联结主义网络中表征的。

概念是如何在联结主义网络中表征的？

James McClelland 和 Timothy Rogers（2003）提出图 9.18（彩）中的模型来说明联结主义网络如何表征不同概念及属性。尽管这一模型比图 9.17（彩）中的模型复杂，但其成分是相似的：单元、连线以及联结权重（尽管图中都没有画出联结权重）。

对金丝雀的表征

先来对比这一模型与图 9.12 中 Quillian 和 Collins 的层级模型。首先要注意的是，两种模型都涉及相同的概念。像"金丝雀"和"鲑鱼"这样的具体概念，在图 9.12 中用粗体表示，在图 9.18（彩）中作为概念项目呈现在最左边。同时还要注意到，在这两种网络模型中，概念的属性都是通过四种关系来说明的："是一种"（金丝雀是一种鸟）；"是"（金丝雀是黄色的）；"能"（金丝雀能飞）；"有"（金丝雀有翅膀）。但图 9.12 的层级网络模型中的属性是储存在节点上的，而在联结主义网络中提取属性则要激活最右边的属性单元，同时取决于表征激活模式和网络中间的隐藏单元。

从图 9.18（彩）中可以看到，当我们激活一个概念"金丝雀"和一个关系单元"能"，激活就沿着"金丝雀"和"能"的连线散布开，于是激活一些表征单元和一些隐藏单元。图中没有呈现的联结权重会使一些单元激活更强,另一些单元激活更弱,这可以通过不同单元的颜色深浅体现出来。如果网络运转正常,隐藏单元的激活可以激活生长、活动、飞行和唱歌的属性单元。对这些激活至关重要的是,"金丝雀"的概念是由网络中所有单元的激活模式表征的。

训练形成联结主义网络

根据上面的描述,对"金丝雀能……"这一句式的回答,在网络中是通过属性单元的激活加上隐藏单元和网络表征的激活模式来共同表征的。但是,根据联结主义的观点,要对网络进行训练才能达到这一效果。

可以通过图9.19(彩)来了解训练的必要性。图9.19(彩)是在对网络进行训练之前的反应。在未经训练的网络中,刺激"金丝雀"和"能"单元将激活传送到网络的其他部分,此激活的效果取决于单元之间的联结权重。

假设在未经训练的网络中,所有的连接权重都是1.0。因为联结权重相同,所以激活会在整个网络中传播,与金丝雀无关的属性节点(如花、松树和树皮)也会得到激活。为了让联结主义网络模型有效地工作,要对联结权重进行调整,使在激活概念单元"金丝雀"和关系单元"能"的时候,只有"生长""活动""飞"和"唱歌"这些相关属性单元得到激活。联结权重的这种调整是通过学习过程实现的。当属性单元中的错误响应导致**错误信号**通过一个叫作**反向传播**的过程传回网络时(因为信号从属性单元开始在网络中反向传送),就会发生学习过程。传回隐藏单元和表征单元的错误信号提供了有关如何调整联结权重的信息,以便以后激活正确的属性单元。

让我们以行为为例来说明激活和反向传播过程。一个儿童正在观察树枝上的知更鸟,这时,知更鸟突然飞走了。这个简单的观察将增强"知更鸟"和"能飞"之间的激活联系。如果孩子将一只金丝雀叫成"知更鸟",家长可能会纠正说"这是金丝雀"或者"知更鸟的胸部是红色的"。家长提供的信息与反向传播提供的反馈类似。

这样,儿童最初学习概念时可能只掌握了较少的信息,还可能有错误的地方,然后再通过对环境的观察和来自他人的反馈逐渐修正最初的错误。同样,联结主义网络在开始学习概念的时候也会有错误的权重,导致如图9.19(彩)的结果,但会根据错误信号渐渐调整,直到形成图9.18(彩)中运转正确的网络。

对"金丝雀"来说，这个"受过教育"的网络可能会做出正确反应。但当知更鸟飞来停落在一株松树的树枝上时又会怎样呢？为了使表征更加有效，联结主义网络不仅要表征金丝雀，还要表征知更鸟和松树。这样就需要创建一个可以表征多个不同概念的网络，这个网络就不仅要根据"金丝雀"来做调整，还要整合对"知更鸟""松树"等概念的表征，并在每次表征后对联结权重进行调整。

可以通过计算机模拟的结果来进一步了解多次调整的学习过程（McClelland & Rogers，2003）。计算机逐一分析图9.18（彩）中呈现的包含不同概念、关系、联结权重及激活单元的网络。图9.20说明了"金丝雀""玫瑰""雏菊"这几个概念对八个表征单元的激活。在这一过程的初始阶段，实验者预设了联结权重，使每个单元的激活程度相同（学习试次为0）。这与前面介绍的早期较弱的无差别激活一致。

随着学习的进行，各个概念逐一呈现，在每个试次之后，计算机会根据错误信号的反馈对权重做出微小的改变，该激活模式变成调整过的新模式。所以，到

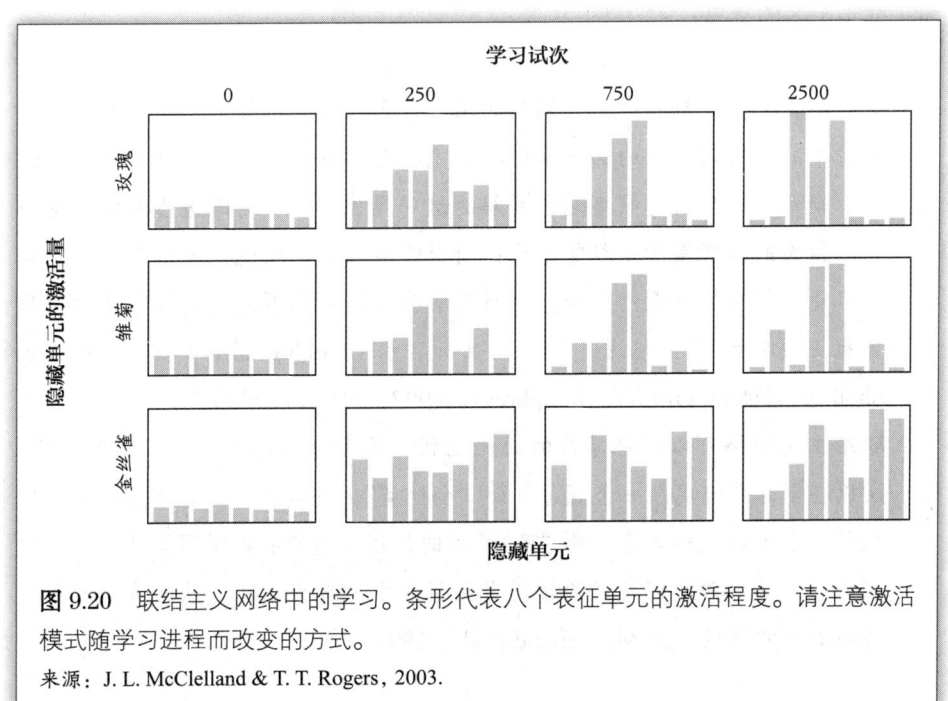

图9.20 联结主义网络中的学习。条形代表八个表征单元的激活程度。请注意激活模式随学习进程而改变的方式。
来源：J. L. McClelland & T. T. Rogers，2003.

第 250 个试次时,"金丝雀"和"雏菊"的激活模式看上去就有所不同了。到第 2500 个试次时,就可以很容易地分辨"金丝雀"和"雏菊"的模式了。而"玫瑰"和"雏菊"这两种花的激活模式,就具有较高的相似性而仅有较小的差异。

尽管我们对一个具体的联结主义网络进行了描述,但大多数网络都具有相似的属性。联结主义网络是经由学习过程形成的,并受到学习过程的修正调节,以形成能够处理大量信息输入的网络。在联结主义网络中,关于概念的信息都包含在大量交错的单元激活的分布模式中。

需要注意的是联结主义网络模型与 Collins 和 Quillian 的层级网络模型在运作方式上的不同。在 Collins 和 Quillian 的层级网络模型中,概念及其属性是以不同节点的激活表征的。而联结主义网络中的表征更复杂,每个概念都包含了很多单元,但这种表征方式与大脑中的现实情况更相像。

由于联结主义网络和大脑之间具有相似性,而且事实上联结主义网络形成和发展的方式也与语言加工、记忆加工和认知发展等一般认知功能的形成发展比较相近(Rogers & McClelland, 2004; Seidenberg & Zevin, 2006),因此,很多研究者认为通过分布激活来表征知识的观点是很有道理的。下面的结果也支持了联结主义的观点。

1. **损伤不会完全瓦解联结主义网络的运行**。因为网络中的信息是分布在多个单元中的,所以系统的部分损伤不会完全瓦解网络的运行。只有随着系统逐步损毁才可能引起网络运作瓦解的这一属性,被称为**渐进性退化**。这与在脑损伤的真实案例中经常出现的情况非常相似,在这些案例中,脑部损伤只能引起部分功能的丧失。有研究者指出,考察网络在遇到损伤后的反应也许会对研究病人的康复过程有所启示(Farah et al., 1993; Hinton & Shallice, 1991; Olson & Humphreys, 1997; Plaut, 1996)。
2. **联结主义网络可以解释学习的泛化过程**。因为相近的概念有相似的模式,所以在训练系统识别一个概念(如"金丝雀")的属性时,也需要提供其他相关概念(如"知更鸟"或"麻雀")的信息。这与我们学习概念的真实过程很相似,因为我们可以通过对金丝雀的学习来预测我们从未见过的不同种类的鸟的属性(见 McClelland et al., 1995)。

在很多实验室积极地进行联结主义研究的同时,还有一些研究者指出,联结主义网络可解释的内容是有限的。无论最终对联结主义做何评价，这种观点都激发了大量的研究，其中有些研究有助于我们理解一般认知过程和脑损伤对认知的影响。下一节将利用神经心理学和脑成像技术研究大脑表征概念的方式，以便更直接地关注大脑。

自我测验 9.2

1. Collins 和 Quillian 的语义网络模型的基本观点是什么？这种理论的目标是什么？Collins 和 Quillian 为实现这一目标创建了怎样的网络模型？
2. 哪些证据支持或质疑了 Collins 和 Quillian 的模型？
3. 什么是联结主义网络模型？说一说联结主义网络模型是如何通过学习形成的，联结权重是如何调整的？
4. 信息在联结主义网络中的表征方式与在语义网络中的表征方式有何不同？
5. 损伤会如何影响联结主义网络？这与大脑损伤的情况有何相似？
6. 联结主义网络如何解释学习的泛化？

概念如何在大脑中表征

想一想下面几个关于类别在大脑中的表征方式的问题：

➤ 神经心理学研究告诉了我们哪些关于不同类别在大脑中的表征位置的研究发现？
➤ 神经心理学研究发现是如何产生众多不同的模型来解释大脑中类别的组织方式的？
➤ 脑成像研究是如何告诉我们不同类别在大脑中的表征的方式和定位的？

关于概念如何在大脑中表征的四种观点

早期关于概念在大脑中的表征方式的研究基于对脑损伤患者的研究,这些脑损伤患者因为受到脑损伤而失去理解特定类型概念的能力。这项研究提出了**感觉－功能假说**。

感觉－功能假说

在一篇经典的神经心理学论文中,Elizabeth Warrington 和 Tim Shallice(1984)报告了四名遭受记忆丧失的脑炎患者。这些患者患有**范畴特异性记忆损伤**——他们失去了识别某种物体的能力,但仍具有识别其他物体的能力。具体来说,这些患者能够识别非动物的客体,如家具和工具以及水果和蔬菜,但其识别动物的能力受损(图 9.21)。(在接下来讨论的例子中,我们将使用"人工制品"这一术语来指代非生物,包括家具和工具。)

为了解释为什么会出现这种选择性损伤,Warrington 和 Shallice 想到了人们用以区分人工制品和生物的属性。他们指出,对生物的区分取决于对它们的感觉特征的感知。例如,如何区分老虎和豹子取决于对条纹和斑点的感知。相较而言,对人工制品的区分更有可能是通过其功能来实现的。例如,螺丝刀、凿子和锤子都是工具,但用途不同(拧螺丝钉、刮削和钉钉子)(表 9.2)。

感觉－功能假说正是建立在这种观察的基础上的,即通过感觉属性区分生物,通过功能区分人工制品。这一假说认为,我们区分生物和人工制品的能力取决于区分感觉属性和功能的记忆系统。

虽然感觉－功能假说能够解释 Warrington 和 Shallice 的患者以及其他一些患者的表现,但研究人员也开始报告一些不能用这一假说解释的病例。比如,Matthew

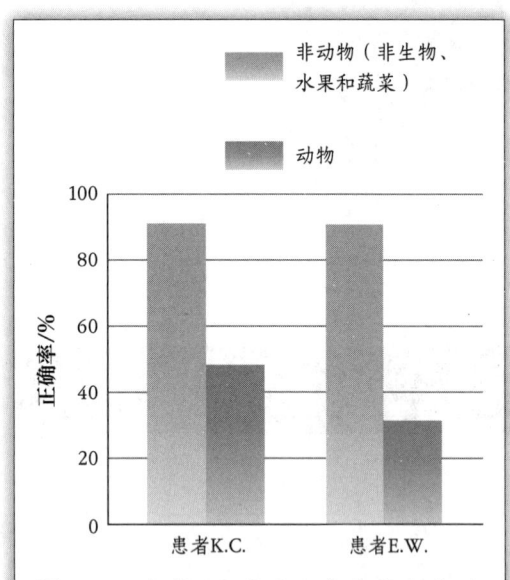

图 9.21 患者 K.C. 和 E.W. 在命名任务中的表现,两位患者都有范畴特异性记忆损伤。他们能够正确命名非生物(像汽车和桌子)、水果和蔬菜(像西红柿和梨)的图片,但是在命名动物图片时则表现很差。
来源:B. Z. Mahon & A. Caramazza, 2009.

Lambon Ralph 及其同事（1998）对一位感觉缺陷患者进行了研究，这位患者在感知觉测试中表现不佳，但对动物的辨别优于人工制品，这与感觉 – 功能假说所假设的预测相反。此外，还有一些患者能够识别机械设备，却在对其他类型的人工制品的识别上表现不佳。比如，Hoffman 和 Lambon Ralph 介绍的患者对工具等小型人工制品所知甚少，但对车辆等大型人工制品很有了解（Cappa et al., 1998; Hillis et al., 1990; Warrington & McCarthy, 1987）。因此，"人工制品"并不是如感觉 – 功能假说所假设的单一种类的类别。上述发现使许多研究者认为脑损伤的影响不能仅仅通过感觉和功能之间的简单区别来解释（Hoffman & Lambon, 2013）。

表 9.2
感觉 – 功能假说

相关信息	相关类别	加工相关信息的能力损伤导致……
感觉	生物 （如：老虎有条纹）	辨别生物的障碍
功能	人工制品 （如：锤子钉钉子）	辨别人工制品的障碍

多因素理论

分布式表征思想是**多因素理论**的核心特征，这一思想寻找除了感觉和功能之外还能影响概念类别划分的因素。可以通过以下问题来理解这一理论：假设我们从各种动物、植物和人工制品的列表中选择出大量不同类型的项目。如果要按照项目之间的相似程度来进行排列，你会怎么做？你可以按形状排列，但是像铅笔、螺丝刀、手指和早餐香肠之类的东西就会被划分到一起。或者仅仅按颜色排列，这样就会把冷杉树、绿色小精灵和青蛙放在一起。尽管特定类别的成员确实具有相似的感知属性，但在根据相似性对项目进行分组时，显然需要考虑不止一两个特征。

由此出发，研究者选出一些不同的特征，让被试根据这些特征对大量项目进行评分。这也是 Paul Hoffman 和 Lambon Ralph（2013）的实验的设计，这项实验采用 160 个项目，如表 9.3a 所示。被试的任务是根据表 9.3b 所示的特征对每个项目进行评分。例如，对于"门"这个概念，会问被试"你在多大程度上会将门与特定颜色（或形状、动作等）联系起来？"被试评 7 分表示"联系非常紧密"，评 1 分表示"完全没有联系"。

表 9.3
Hoffman 和 Lambon Ralph（2013）采用的实验材料样例和问题

a. 向被试呈现的 160 个项目中的部分样例

哺乳动物	机器	衣服
宠物	汽车	武器
鸟	家具	工具
门	鱼	水果

b. 被试要回答的问题

你在多大程度上会将上面的项目与下面的具体属性联系起来？

颜色	味道
视觉形状	气味
运动	触觉（触摸）
声音	执行动作（与对象互动）

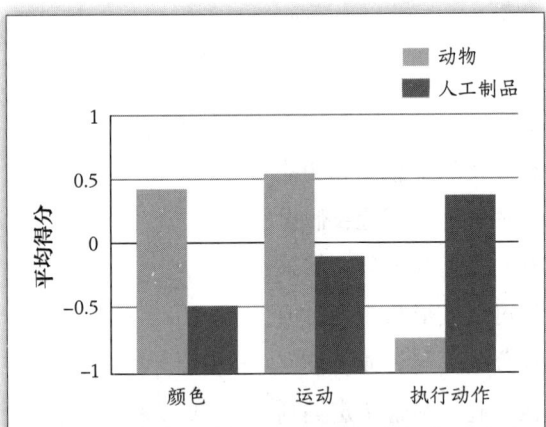

图 9.22 被试对动物和人工制品在颜色、运动和执行动作几个维度上的评价。动物在颜色和运动上得分更高，人工制品在执行动作上得分更高。
来源：Based on data in P. Hoffman & M. A. Lambon Ralph, 2013.

研究结果如图 9.22 所示，相较于人工制品，动物与运动和颜色的关联性更高，人工制品与执行动作（使用或与对象互动）的关联性更高。这一结果符合感觉–功能假说。但是当 Hoffman 和 Lambon Ralph 更细致地观察和分析这些分组时，发现了一些有趣的结果。机械装置，如机器、车辆和乐器，与人工制品（涉及执行动作）和动物（涉及声音和运动）有所重叠。比如，乐器与和特定动作（如何演奏）有关的人工制品有关，同时也与和动物相关的感觉属性（视觉形状和声音）有关。因此，乐器和一些机械装置位于人工制品和生物之间的中间地带，因为它们同时涉及动作知识和感觉属性。

研究者提出区分动物和人工制品的另一个因素是**紧密程度**，这是指动物往往共享许多属性（如眼睛、腿和移动能力）。相比之下，像汽车和船只这样的人工制品共享的属性较少，它们只是都属于交通工具（图9.23）（Rogers & Cox，2015；Tyler & Moss，2001）。这使得一些研究提出，范畴特异性损伤患者，如难以识别生物而非人工制品，其实并不是真的有范畴特异性损伤。研究者认为，这些患者难以识别生物是因为他们难以区分共享相似属性的项目。根据这个想法推测，由于动物往往比人工制品相似，因此这些患者更难辨认动物（Cree & McRae，2003；Lambon Ralph et al.，2007）。

图9.23　一些动物和车辆。请注意，与车辆相比，动物之间更为相似。动物间的这种更高的相似性被称为紧密程度。

语义分类理论

语义分类理论提出，大脑中存在对应着某些特定类别的特定神经回路。Bradford Mahon 和 Alfonso Caramazza（2011）的研究指出，有一些类别因其对生存的重要性而先天存在，这样的类别数量有限。这一观点基于第2章中介绍的研究，即人脑中的特定区域针对特定类别的刺激（比如面孔、位置和身体）进行反应（见第053页）。此外还介绍了 Alex Huth 及其同事（2012）的研究，他们根据研究结果绘制了图2.20（彩）中的地图，体现了不同类别在大脑皮层中的表征。这一"类别地图"是通过测量被试观看影片时的fMRI反应，以及单个体素对影片中物体的反应得到的。语义类别不仅在我们观看场景时起作用，还会在我们听他人说话时起作用。理解口语不仅需要了解具体的类别，如生物、食物和场所，还需要了解抽象概念，如感觉、价值观和思想。

为了画出基于口语的类别地图，Huth等人（2016）采用了与其早期实验类似的程序，但不是让被试观看影片，而是在带上脑扫描仪后听两个多小时的名为《飞蛾广播时间》（Moth Radio Hour）的广播节目。图9.24a（彩）呈现了涵盖大脑皮层大部分区域的地图，表明特定单词所激活的大脑皮层。图9.24b（彩）部分放大以更清晰地呈现部分单词。图9.25（彩）对皮层进行了颜色编码，表示不同类别的单词所激活的皮层位置。比如，大脑后部比较亮的区域是由与暴力有关的词语激活的。右侧呈现的是该区域中激活的单个体素的单词。与视觉属性相关的词激活的另一个体素在靠近大脑顶部的绿色区域。Huth的研究结果的有趣之处在于，7个被试的地图非常相似。

语义分类法侧重于大脑中专门对特定刺激类型反应的区域，同时也强调大脑对特定类别项目的反应分布在许多不同的皮层区域（Mahon et al., 2007; Mahon & Caramazza, 2011）。因此，面孔识别可能基于颞叶表面区域激活（见第2章，第053页），但也取决于对情绪、面部表情、面孔朝向和面部吸引力做出反应的脑区的激活（见第053页）。

类似地，锤子会激活对锤子的形状和颜色做出反应的视觉区域，同时也会激活对使用锤子以及对典型的捶打动作做出反应的区域。这种认为像锤子等客体会激活大脑中与动作相关区域的观点，引出了具象化理论。

具象化理论

具象化理论认为，我们对概念的知识建立在与客体互动时感觉和运动过程的激活上。根据这一观点，人在使用锤子时，感觉区域会被锤子的大小、形状和颜色激活，此外，运动区域也会被激活，因为这涉及使用锤子时执行的动作。当我们看到锤子或看到"锤子"这个词时，这些感觉和运动区域就会被重新激活，就是这个信息表征着锤子（Barsalou, 2008）。

可以通过回顾第3章来理解具象化理论的基础，第3章介绍了当克里斯特尔绕过桌子拿起一杯咖啡时，感知和采取行动之间是如何相互作用的（见第098页）。这个例子背后的重要信息在于，即使是简单动作，也会涉及大脑中感知路径和行动路径的交互作用（见图3.31）（Almeida et al., 2014）。

第3章还介绍了，当猴子做动作和看到实验者做同样动作时，前额叶皮层的镜像神经元是如何放电的（见第103-106页；图3.35）。那么镜像神经元与概念有什么关系呢？感知（猴子看到实验者拿起食物时的神经元放电）和运动反应（猴子拿起食物时的相同神经元放电）之间的联系是具象化理论的核心，即想到的概念会激活与该概念相关的感知和运动区域。Olaf Hauk及其同事（2004）的一项实验给出了人脑感知和运动反应之间的这种联系的证据，他们在两种条件下通过fMRI测量被试的大脑活动：（1）当被试动其右脚或左脚、左手或右手食指，或者舌头时；（2）当被试读到"动作词"时，如"踢"（脚动作）、"挑"（手指或手动作）或"舔"（舌头动作）。

结果显示了实际运动［图9.26a（彩）］和阅读动作词［图9.26b（彩）］激活的皮层区域。实际运动的激活区域更大，但阅读词语引起的激活发生在几乎相同的脑区。例如，腿的动作词和腿运动会在大脑中线附近引发激活，而手的动作词和手指运动会在远离中线的位置引发激活。和身体特定部位相关的词与大脑激活位置之间的对应关系被称为**语义躯体定位学**。

尽管有令人信服的证据表明概念与大脑中运动区域的激活之间存在联系，但还是有研究者质疑，具象化理论是否能够完整解释大脑是如何处理概念的（Almeida et al., 2013；Chatterjee, 2010；Dravida et al., 2013；Goldinger et al., 2016）。例如，Frank Garcea及其同事（2013）对患者A.A.进行了测试，脑卒中而影响了该患者做出物体相关动作的能力。因此，与正常人相比，当要求A.A.用手部动作表示如何使用像锤子、剪刀和羽毛掸子等物体时，他的动作受损。根据具象化理论，一个人如果在做出与物体相关动作时遇到困难，就会在识别物体时表现不佳。然而，A.A.能够识别物体的图片。Garcea及其同事从这一结果得出结论认为，对识别物体而言，表征与动作相关运动激活的能力并非如具象化理论认为的那么必要。

对具象化理论的另一种批评是认为它不太适合解释关于抽象概念的知识，如"民主"或"真理"。但具象化理论的支持者已经对这些批评给出了解释（在此不详细讨论；见Barsalou, 2005；Chatterjee, 2010）。

对各种观点的小结

对概念在大脑中表征方式的研究始于 20 世纪 80 年代，最初是基于神经心理学研究的感觉 – 功能假说。但研究者发现，事物不只有感觉和功能之间的区别，就开始向不同方向发展，引出更复杂的假说。

各种假说都一致同意的是，有关概念的信息分布在大脑的许多结构中，但不同理论强调的是不同类型的信息。多因素理论强调许多不同特征和属性的作用；范畴类别特异性理论强调大脑的专门区域和连接这些区域的网络；具象化理论强调由物体的感觉和运动属性引起的激活。随着对大脑中概念表征研究的继续，最终的答案很可能涵盖每一种理论中的元素（Goldstone et al., 2012）。

思　考

轴辐模型

关于概念在大脑中的表征方式，我们的讨论主要建立在对范畴特异性记忆损伤患者的研究的基础上。但还有另外一类问题，叫作**语义性神经认知障碍**，此类问题会导致所有概念知识的整体丧失。语义性神经认知障碍患者在识别生物和人工制品方面往往同样存在缺陷（Patterson et al., 2007）。

语义性神经认知障碍患者的共性缺陷是这些患者伴随**前侧颞叶**（ATL）[图 9.27a（彩）中的紫色区域]的普遍损伤，启发研究者提出了语义知识的**轴辐模型**。这一模型认为，大脑中与特定功能相关的区域与前侧颞叶相连，前侧颞叶是整合这些区域的信息中枢（轮轴）。如图 9.27a（彩）所示，这些功能包括：效价——强对弱（黄色）、言语（粉红色）和听觉（红色）；实践——涉及操作（深蓝色）、功能（浅蓝色）和视觉（绿色）。

支持轴辐模型的证据在于，大脑特定区域（轮辐）损伤会导致特定缺陷，例如无法识别人工制品，但前侧颞叶（轮轴）损伤会导致广泛缺陷，如语义性神经认知障碍（Lambon Ralph et al., 2017；Patterson et al., 2007）。采用**经颅磁**

刺激（TMS）技术对无脑损伤被试进行的研究也证实了轮轴和轮辐之间的功能差异。

研究方法　经颅磁刺激技术

通过在人脑颅骨外侧放置刺激线圈施加脉冲磁场，有可能暂时干扰大脑特定区域的功能（图9.28）。连续几秒或几分钟向大脑特定区域发出系列脉冲会暂时干扰该区域的大脑功能。如果脉冲干扰特定行为，研究者就可以得出结论认为被干扰的大脑区域与这一行为有关。

Gorana Pobric 及其同事（2010）向被试呈现生物和人工制品的图片，测量被试命名每张图片的反应时间。然后，在他们重复上述过程的同时，通过经颅磁刺激技术刺激前侧颞叶或顶叶（这一脑区通常会在操作客体时激活）。图9.27b（彩）显示，顶叶失活（上图）导致对人造物体的反应时间减慢，但不影响对生物的反应；而前侧颞叶失活对人造物体和生物的影响相同。图9.27c（彩）显示，顶叶激活导致对可操作性高的物体（如某些工具）的反应时间大幅放缓，而对于可操作性低的物体（如家具）则没有变化；而前侧颞叶失活对两类物体图片的影响相同。这一结果——即刺激"轮轴"（前侧颞叶）出现普遍效应，但刺激一个"轮辐"（顶叶皮层）相关区域则出现具体效应——支持"轮轴"与普遍功能相关，而"轮辐"与具体功能相关的观点（Jefferies，2013；Lambon Ralph et al., 2017）。

多数研究者都认为前侧颞叶在整合不同领域的信息上发挥着作用。但也有人提出其他"轮轴"结构。也许

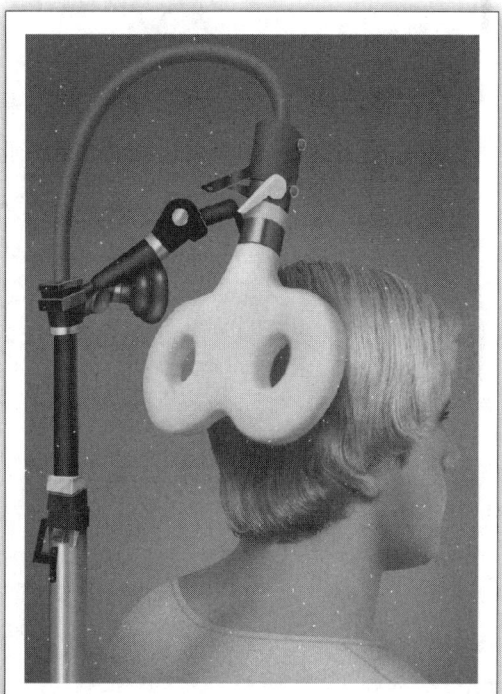

图9.28 TMS线圈在这个人头部形成一个磁场。线圈所在位置刺激的是枕叶。

概念表征的最重要方式不在于"轮轴",而在于"轮辐"之间形成的联结模式（Pulvermüller，2013）。因此,正如我们在上一节末尾指出的,关于概念在大脑中表征方式的研究仍在发展。

自我测验 9.3

1. 关于分类的大脑感觉 – 功能假说是什么?说一说支持这一假设的神经心理学证据。
2. 无法用感觉 – 功能假说解释的神经心理学证据是什么?
3. 什么是多因素理论?对无脑损伤被试的研究如何支持这一理论?
4. 紧密程度是什么?
5. 什么是语义分类法? Huth 的脑成像实验是被试在听故事的时候扫描其大脑,什么样的实验结果能说明概念在大脑中的表征方式?
6. 什么是具象化理论?
7. 什么是镜像神经元?镜像神经元与具象化理论有怎样的关系?
8. 描述一下 Hauk 支持具象化理论的脑成像实验,以及 Garcea 反对具象化理论的神经心理学研究。
9. 什么是轴辐模型?轮轴在什么位置?
10. 经颅磁刺激实验的结果为轴辐模型提供了怎样的证据?

本章小结

1. 语义记忆是对事实和知识的记忆。
2. 类别是"知识的指向牌"。一旦知道一个事物属于某类别,就会知道关于该事物的许多一般信息,进而将精力集中在这一具体事物的特别之处。
3. 用定义理论来分类并不合适,因为类别中的很多成员不符合定义。哲学家维特根斯坦提出家族相似性的观点来解决定义理论不能包含类别的所有成员的问题。
4. 分类的原型理论认为,我们通过判断一个事物与类别中标准代表性样例的相似程度来确认事物是否属于该类别,这个标准的代表性样例就是原型。原型是将一个人以往遇见的所有本类别成员平均得到的。
5. 原型典型性是指类别中的事物与原型的相似性程度。
6. 高原型典型性的事物具有如下特点:(1)有较高的家族相似性;(2)对与其相关的陈述反应迅速;(3)被优先提取;(4)更容易受启动激活。
7. 分类的范例理论认为,在判断一个事物时要比较其与类别范例的相似性。范例是人们在日常生活中遇见过的本类别中的真实事物。
8. 范例理论的一个优势在于不排除类别中非典型成员的信息,比如"鸟"类中的企鹅。范例理论还能很好地处理那些具有很多不同成员的类别,比如游戏(game)。
9. 研究者认为两种理论在分类过程中都起作用。最初学习一个类别时,原型可能比较重要;但后来,范例信息就会变得更重要了。
10. 较大、较概括的类别组织还可以分成较小、较具体的类别,这种结构叫作层级组织。Rosch 的实验表明,存在着类别的基本水平(比如,相对于乐器和摇滚吉他而言,吉他就是一个基本水平的类别),这是反映人们日常生活经验的"基本"类别水平。
11. 以专家为被试的实验发现,类别的基本水平与个人专业化程度相关。
12. 语义网络模型提出,概念在网络中的排列表征了概念在头脑中的组织方式。Collins 和 Quillian 的网络模型由许多以连线相连的节点构成。概念和概念的属性位于节点上。一个类别中的大多数成员共有的属性就储存在更高水平的节点上,这称为认知经济原则。
13. 采用句子确认技术进行的实验研究结果支持 Collins 和 Quillian 的网络模型。启动实验则支持了该模型激活扩散的性质。
14. Collins 和 Quillian 的网络模型受到以下批评:它不能解释典型性效应,认知经济原则并非总是有效的,而且这一模型并不能解释句子确认实验的全部结果。
15. 联结主义观点提出概念是在输入单元、隐藏单元和输出单元组成的网络中表征的,关于概念的信息由网络中的这些单元的激活分布表示。这种观点也叫并行分布加工(PDP)。
16. 联结主义网络通过渐进的学习过程来学习特定概念的正确分布模式,在学习过程中不断调节联结权重,联结权重决定信息从一个单元传递到另一个单元的激活方式。
17. 联结主义网络具有许多特性,这些特性使其能够再现人类概念形成的许多方面。

18. 四种解释概念在大脑中表征方式的理论是感觉功能假说、语义分类理论、多因素理论和具象化理论。

19. 轴辐模型指出，大脑的不同功能是由前侧颞叶整合的。

思考题

1. 本章介绍了如何建立网络来联结不同水平的概念。第 7 章曾介绍过如何将关于一个主题的知识建立成网络（见图 7.5）。请建构一个网络将本章中有关的内容联结在一起表示出来。你建构的网络与图 9.12 中的语义网络相似还是不同？它是否具有层级结构？每个概念在其中包含什么信息？

2. 进行一项调查来考察人们对不同类别的"典型"成员的概念。比如，请人们尽快说出三种典型的"鸟""汽车"或者"饮料"的名字。这项调查的结果将如何让我们知道不同的人的哪一个概念水平是其"基本"水平？该结果又怎样告诉我们不同的人关于同一个类别有着不同的概念？

3. 试着请人命名图 9.10 中的事物。Rosch 在 20 世纪 70 年代早期进行了这一实验，发现常见的答案是吉他、鱼和裤子。你收集到的答案与 Rosch 的实验结果是否相同。如果不同，请解释你认为出现不同结果的原因。

关键术语

并行分布加工（parallel distributed processing, PDP, p.368）

层级模型（hierarchical model, p.364）

层级组织（hierarchical organization, p.358）

词汇辨认任务（lexical decision task, p.366）

错误信号（error signal, p.370）

单元（联结主义网络中的）[unit (in a connectionist network), p.368]

低级（具体）水平 [subordinate (specific) level, p.359]

典型性（typicality, p.352）

典型性效应（typicality effect, p.355）

多因素理论（multiple-factor approach, p.375）

反向传播（back propagation, p.370）

范畴特异性记忆损伤（category-specific memory impairment, p.374）

范例（exemplar, p.356）

分类（categorization, p.347）

分类的定义理论（definitional approach to categorization, p.350）

分类的范例理论（exemplar approach to categorization, p.356）

分类的原型理论（prototype approach to categorization, p.352）

概念（concept, p.347）

概念性知识（conceptual knowledge, p.346）

感觉－功能假说［sensory-functional（S-F）hypothesis, p.374］

高级（总体）水平［superordinate（global, p.）level, p.358］

基本水平（basic level, p.359）

激活扩散（spreading activation, p.365）

家族相似性（family resemblance, p.351）

渐进性退化（graceful degradation, p.372）

紧密程度（crowding, p.376）

经颅磁刺激（transcranial magnetic stimulation, TMS, p.380）

句子确认技术（sentence verification technique, p.354）

具体水平（specific level, p.359）

具象化理论（embodied approach, p.378）

类别（category, p.347）

联结权重（connection weight, p.368）

联结主义（connectionism, p.368）

联结主义网络（connectionist network, p.368）

启动（priming, p.355）

前侧颞叶（anterior temporal lobe, ATL, p.380）

认知经济性（cognitive economy, p.364）

输出单元（output units, p.368）

输入单元（input units, p.368）

隐藏单元（hidden units, p.368）

语义分类理论（semantic category approach, p.377）

语义躯体定位学（semantic somatotopy, p.379）

语义网络模型（semantic network approach, p.363）

语义性神经认知障碍（semantic neurocognitive disorder, p.380）

原型（prototype, p.352）

轴辐模型（hub and spoke model, p.380）

总体水平（global level, p.358）

人类能在没有外界视觉信号输入的情况下，仅凭自己的想象"看见"一些事物，这是因为他们产生了"视觉表象"。这幅图很好地反映了以往有关视知觉和视觉表象的研究发现：尽管视知觉和视觉表象具有很多相同的属性，但比起真正地感知到事物，通过想象"看见"的事物往往更模糊、更容易出错。

表象

第 10 章

心理学历史中的表象研究
关于表象的早期观点
表象与认知革命
  ➤ 研究方法　配对联想学习

表象与知觉：它们享有相同的机制吗？
Kosslyn 的心理扫描实验
  ➤ 研究方法/演示实验　心理扫描
关于表象的争论：表象是空间性的还是命题性的？
表象与知觉的比较
  视野中的客体大小
  表象与知觉的相互作用
➤ 自我测验 10.1

表象与脑
人脑中的表象神经元
  ➤ 研究方法　人脑中的单个神经元记录
脑成像
多体素模式分析
经颅磁刺激
神经心理学的个案研究
  切除部分视觉皮层导致所想象的图像缩小
  伴随知觉障碍出现的表象障碍
  表象与知觉的分离

从表象争论中所得到的结论

利用表象提高记忆
将所想象的图像放在不同的位置上
  ➤ 演示实验　位置记忆法
将图像与文字联系起来

思考　视觉表象的个体差异
➤ 自我测验 10.2

本章小结
思考题
关键术语

我们将思考的一些问题

➤ 在脑海中想象一个客体和用眼睛看到一个真正的客体有何异同？（第391页、第412页）

➤ 脑损伤会影响个体加工哪种形式的视觉图像？（第407页）

➤ 如何利用视觉表象促进记忆？（第412页）

➤ 不同的人在创建视觉表象的能力上存在怎样的差异？（第415页）

请 回答下面几个问题：

➤ 你居住的房子有多少扇窗户？
➤ 你卧室里的家具是如何摆放的？
➤ 大象的耳朵是圆的还是尖的？
➤ 草的绿色与松树的绿色，哪个颜色更深？

许多人表示，他们在回答上述问题的过程中仿佛体验到了某种视觉图像，你是否也如此呢？如果答案是肯定的，说明你也体验到了**视觉表象**，即看到现实中并不存在的视觉刺激（Hegarty, 2010）。除了这种视觉表象，人们其实还可以体验到多种形式的表象，我们可以将它们统称为**心理表象**。心理表象是一种人类在缺少物理刺激的情况下重构感官世界的能力，这种能力不仅能使人们"看见"一些事物，也能让人们在没有外界刺激的情况下想象自己"品尝"到某种味道，"闻"到某种气味，或是"碰触"到某种物体。此外，大多数人都能够想象自己"听到"了一支熟悉的歌曲，这是一种听觉表象。不难理解，这种依靠想象"听见"旋律的能力在音乐作曲的过程中扮演着重要角色，所以一般来说，音乐家的听觉表象能力都很强。保罗·麦卡特尼（Paul McCartney）就曾表示，歌曲《昨天》（*Yesterday*）的旋律灵感来自他的梦，一觉醒来，他立刻记录下回荡在脑海中的旋律，于是便有了这首堪称经典的歌曲。另一个关于听觉表象的例子是，管弦乐团的指挥常会使用一种被称为"内在听觉"的方法进行练习，使用这种方法时，无须乐团真的演奏出乐曲，只需要指挥在脑海中想象出乐谱和乐曲。当他们使用这种方法进行练习时，不仅要想象各种乐器所演奏出的声音，还要想象声音来自不同的位置。

如同听觉表象在乐曲创作过程中扮演着重要角色一样，视觉表象也在科学研究或实践应用活动中发挥着重要作用。在这里，我们要讲一个很有名的故事，它将告诉我们科学家是如何通过视觉表象取得研究发现的：19世纪的德国化学家弗里德里希·奥古斯特·凯库勒（Friedrich August Kekule）发现了苯分子的结构，他说这个结构其实来源于一个梦。一天晚上，他在书房里打瞌睡，梦见了一条像蛇一样盘绕弯曲的长链，忽然长链的头部吞下了自己的尾部，并不停地旋转起来。就是这样的一个视觉图像给凯库勒带来了灵感，并借此提出由碳原子所组成的苯分子是环形排列的。

另外一个类似的例子是，爱因斯坦也曾表示他是通过想象自己在一束光的旁边移动，进而发展出了相对论的（Intons-Perterson，1993）。除了科学研究，表象在实践应用层面也起到了重要作用，许多奥运选手都会利用心理表象去想象自己在完成诸如雪上或冰上比赛中的动作（Clarey，2014）。

上述关于表象的例子提示我们，在进行思考的时候，不仅可以借助言语技巧，还可以借助表象。更重要的是，表象并不是科学家或名人的专利，在日常生活中，每个人都可以体验到表象。本章将以对视觉表象的讨论为主，这是由于关于表象的绝大多数研究都是视觉表象这种类型的。我们将介绍视觉表象的基本特征，以及视觉表象与其他认知过程（如思维、记忆和知觉等）之间的关系。自19世纪科学心理学兴起开始，表象与一般认知加工之间的联系就一直是心理学研究中的重要议题。

心理学历史中的表象研究

谈到表象研究的历史，可以回溯到由冯特创立的第一个心理学实验室（见第1章，第007页）。

关于表象的早期观点

冯特认为，意象是意识的三个基本成分之一，而意识的另外两种基本成分是感觉和情感。此外，他还提出由于意象与思维是相伴产生的，所以研究意象也是研究思维的一条途径。这种观点曾引发了**无意象思维争论**：一派心理学家赞同亚里士多德的观点，认为"如果没有意象就不可能产生思维"；而另一派则否认此观点，认为"即使没有意象，个体依然可以进行思考"。

弗朗西斯·高尔顿（Francis Galton，1983）的研究为后一种观点提供了证据：他观察发现，即使在很难形成视觉表象的情况下，个体依然能够进行思考（也可参考一篇较新的文献：Richardson，1994；此文献对个体表象能力的差异进行了解释）。关于表象是不是意识的必要因素的争论主要发生在19世纪末到20世纪初这段时间，并随着行为主义将表象踢出主流心理学而平息（Watson，1913；见第1章，第011页）。在行为主义者看来，关于表象的研究是毫无意义的，因为视觉表象仅仅能够被体验，却没有人可以真正看到它。行为主义的创始人华生曾将表象描述为"无法证实的"和"虚构的"对象（Watson，1928），是没有研究价值的。于是在行为主义盛行的20世纪20年代到50年代，表象研究一直被排除在主流心理学研究之外。直到20世纪50年代，随着认知研究的复兴，情况才发生了改变。

表象与认知革命

本书第1章曾回顾了认知心理学的发展历史。其中，发生在20世纪五六十年代的一系列事件被认为是一场"认知革命"。这场"革命"之所以能够获得成功，一个关键因素在于认知心理学家拓展了行为指标的测量方法，他们可以利用这些方法对认知过程进行推测。例如，Allan Paivio（1963）关于记忆的研究就提供了一种将行为与认知联系起来的方法。Paivio发现，个体更容易记住可以被想象的具体名词（如卡车、大树）；相反，对一些难以被想象出来的抽象名词（如真理、正义）的记忆效果会比较差。Paivio所用到的一种测量方法叫作配对联想学习。

研究方法　配对联想学习

配对联想学习实验分为学习和测试两个阶段：在学习阶段，研究者向被试呈现若干词对（如小船—帽子、汽车—房屋）；随后，在测试阶段，研究者只向被试呈现词对中的第一个单词，并要求被试回忆在学习阶段与之配对出现的另一个单词。也就是说，如果在测试阶段呈现的单词是"小船"，那么被试应该回忆出的单词是"帽子"。

Paivio 发现，个体对具体名词词对的记忆效果明显好于对抽象名词词对的记忆效果。为了解释这个结果，Paivio（1963，1965）提出了**概念桩假设**：个体能够根据具体名词在脑海中创建图像，这种图像如同"木桩"，可以使其他单词"依附"于它。例如，研究者向被试呈现词对"小船—帽子"，被试即可生成关于"小船"的图像，而"小船"这一图像提供了放置"帽子"的空间，被试可以将"帽子"放置于"小船"这一图像中；在随后的测试任务中，单独呈现的"小船"一词就可以使被试重新回忆起脑海中"小船"的图像，并从中找到"帽子"（见 Paivio，2006；Paivio 进一步阐述了他对记忆的一些观点）。

与 Paivio 通过测量记忆推测认知过程不同，Roger Shepard 和 Jackie Metzler（1971）则是通过**心理测时法**来推测认知过程的，并由此确定不同认知任务所需要的时间量。本书第 5 章介绍过 Shepard 和 Metzler 的实验（见第 187 页）：参加实验的被试会看到如图 10.1 那样的图片，他们的任务是尽可能快地判断图片中所呈现的两个客体是否完全相同。实验结果显示，被试做出判断所花费的时间取决于两个客体之间角度差异的大小［见图 5.19（彩）］。研究者认为，之所以会产生这样的结果，是由于被试在脑海中对其中一个客体进行了旋转，进而观察此客体是否与另一客体相匹配。这个实验的重要价值在于，它率先将定量的方法运用于表象研究，并提出表象与知觉可能享有相同的机制（既包括心理机制，如人脑操纵知觉图像和心理表象所运用的方法；也包括脑机制，如创建知觉图像和心理表象所涉及的脑结构）。

接下来将介绍一些研究，它们的结果显示，表象与知觉具有相似性，但同时也显示表象与知觉可能存在基本的差异。研究者为了比较表象与知觉，进行了大量的行为学和生理学实验，这些实验的结果表明：表象与知觉既相似又不同。

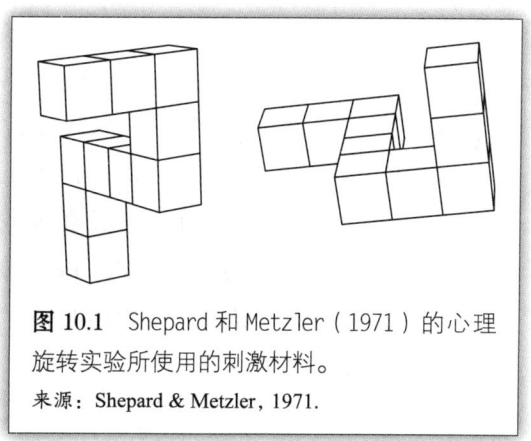

图 10.1 Shepard 和 Metzler（1971）的心理旋转实验所使用的刺激材料。
来源：Shepard & Metzler, 1971.

表象与知觉：它们享有相同的机制吗？

研究者之所以认为表象与知觉可能享有相同的机制，是由于他们观察到尽管心理上的意象不能像知觉那样鲜活和持久，但是表象具有许多与知觉相同的属性。Shepard 和 Metzler 的结果表明，心理上的意象和真正知觉到的图像都涉及个体对刺激的空间性表征。也就是说，表象和知觉存在一种空间上的对应关系。Stephen Kosslyn 通过一系列包含**心理扫描**任务的实验证明了这种对应关系的存在。在实验中，被试需要在脑海中创建一些表象，进而对它们进行观察。

Kosslyn 的心理扫描实验

为了深入了解表象，Kosslyn 开展了大量的实验研究，这些研究都已被写进他的三本专著（Kosslyn，1980，1994；Kosslyn et al.，2006）。此外，他还提出了一些极具影响力的表象理论，这些理论大多基于表象与知觉的相似性。在 Kosslyn（1973）早期的一项研究中，他要求被试记忆一个客体的图片（例如，图 10.2 中那样的轮船），随后要求被试在脑海中创建之前所记忆的客体的表象（轮船），并进一步要求被试注意观察轮船的某一部分（如锚）。紧接着，被试需要寻找轮船的另一部分（如发动机），如果找到了就按"是"键，反之则按"否"键。

Kosslyn 推断，如果表象也像知觉一样具有空间性，那么被试在寻找距离初始关注位置较远的位置时应该耗费更长的时间，因为他们需要对客体的表象进行更远距离的扫描。而真实的实验结果完全符合 Kosslyn 的推断，他将这一实验结果视为表象具有空间属性的重要证据。但是，也有研究者对此提出了不同的解释：Glen Lea（1975）指出，反应时变长可能并不是因为被试需要对表象进行更远距离的扫描，而是因为他们在扫描过程中遇到了更有趣的事物（如船

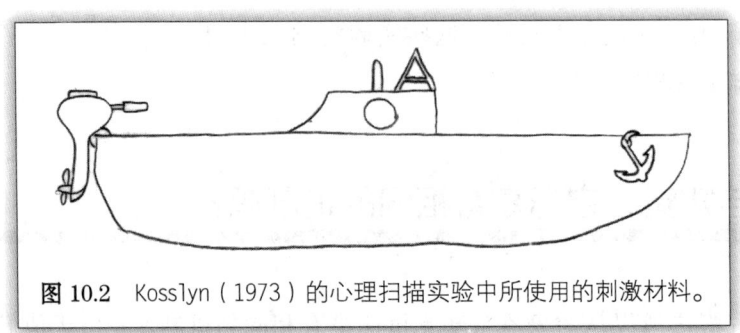

图 10.2　Kosslyn（1973）的心理扫描实验中所使用的刺激材料。

舱），而正是这一分心物导致被试反应时变长。

为了回应这种解释，Kosslyn 和同事（1978）又开展了另一个心理扫描实验，他们要求被试对地图上的两个位置进行扫描。在了解 Kosslyn 的这个实验之前，可以先看看下面这个演示实验。

研究方法 / 演示实验　心理扫描

想象一幅你所在州 / 省的地图，地图上包含三个位置：你所居住的城市、一座距离你较远的城市，以及一座距离你较近的城市（且不在从你所在的城市到距离你较远的城市的路上）。例如，对于我所在的州而言，我想象的三个位置可能是：我所居住的匹兹堡、距离我较远的费城以及距离我较近且在不同方向上的伊利市（如图 10.3 所示）。

你的任务是在脑海中创建一个你所在州 / 省的地图的表象，并想象从你居住的城市出发，沿直线前往距离你较近的城市，估计一下到达那里要花多长时间。然后，再想象从你居住的城市出发，沿直线前往距离你较远的城市，并估计一下到达那里要花多长时间。

Kosslyn（1978）的实验中所使用的程序与刚刚那个演示实验的程序基本相同，但他要求被试想象的是一个岛屿（如图 10.4a 所示），岛屿中包含有七个不同的地点。通过要求被试前往不同的地点（完成 21 次旅行），Kosslyn 确定了反应时与两点距离之间的关系（如图 10.4b 所示）。与之前的"轮船"表象实验一致，当被试需要对表象进行更远距离的扫描时，需要耗费更长的时间，而这一结果正说明视觉表象具有空间属性。然而，似乎与 Kosslyn 的结果同样具有说服力的是 Zenon Pylyshyn（1973）提出的另一种解释，这种解释引发了一场**表象争论**——表象是空间性的（就如同知觉那样）还是命题性的？

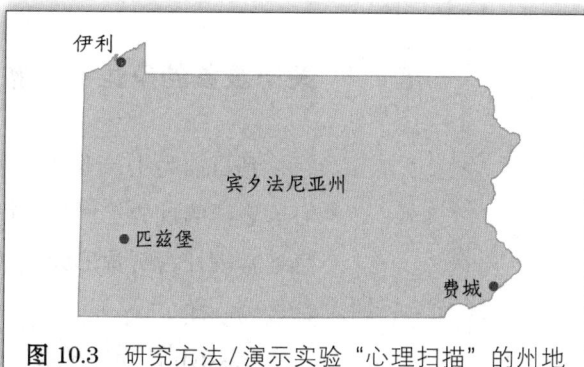

图 10.3　研究方法 / 演示实验"心理扫描"的州地图范例，你可以使用自己所在的州 / 省的地图。

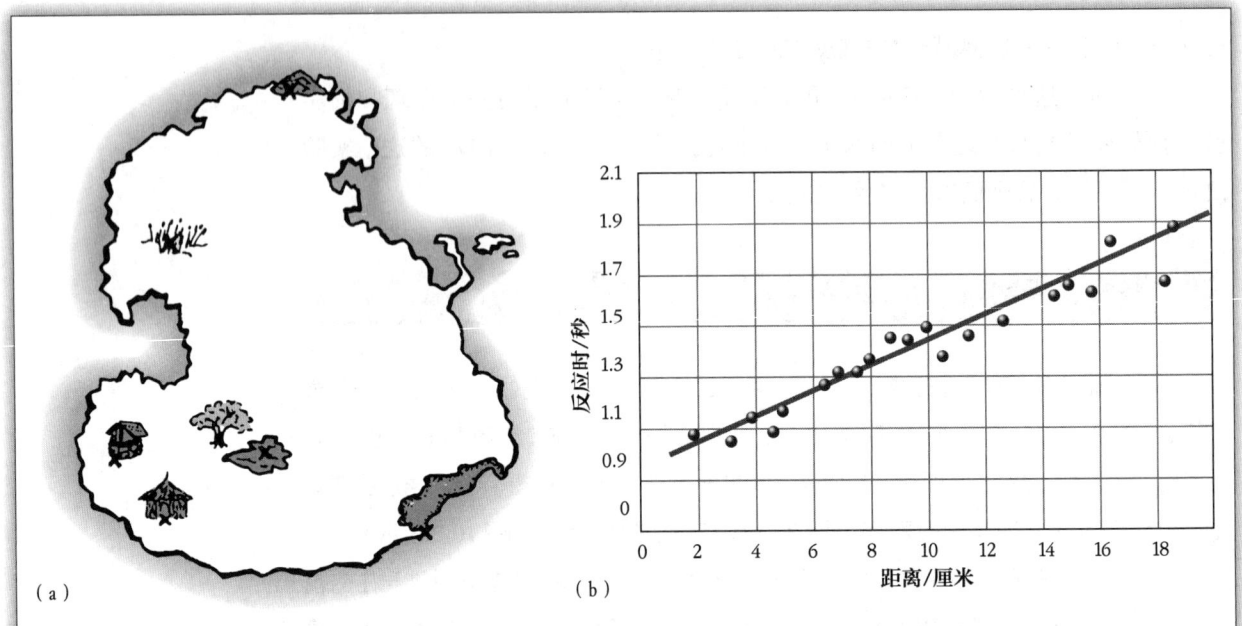

图 10.4 （a）Kosslyn 等人（1978）的心理扫描实验中所用到的岛屿地图。被试需要在脑海中想象自己在岛上的不同地点间旅行；（b）实验结果示意图。
来源：Kosslyn, Ball, & Reiser, 1978.

关于表象的争论：表象是空间性的还是命题性的？

到目前为止，本书所介绍的大多数研究都是关于测定不同认知经验背后的心理表征属性的。例如，第 5 章曾讨论短时记忆，研究表明，短时记忆中的信息通常表征为听觉形式，就好像你可以在脑海中听见刚刚从电话簿上查到的电话号码一样。

Kosslyn 认为，他关于表象的研究支持了"表象的加工机制中涉及**空间表征**"的观点，即表象中的每个不同的部分都可以被表述为与其对应的特定空间位置。但是 Pylyshyn（1973）反对这种观点，他认为人们之所以认为表象具有空间性，只不过是因为我们体验到的表象好像是具有空间性的，可这并不意味着表象背后的表征真的具有空间性。无论如何，可以通过认知心理学研究确定的是：在通常情况下，我们无法意识到大脑中究竟发生了什么。Pylyshyn 认为，关于心理表象的空间体验只是一种**副现象**——一种伴随信息加工出现但实际上并不是信息加工的一部分的心理体验。

Pylyshyn 指出，表象背后的加工机制涉及**命题表征**，而非 Kosslyn 所认为的空间表征。命题表征是利用抽象符号（如一个等式或一段叙述："那只猫在桌子下面"）来表述某种关系的。相反，空间表征需要通过空间布局来展现一幅含有"猫"和"桌子"的表象（如图 10.5 所示），这种表征就好像真的生成了一幅包含客体的图像一样，个体对于每一部分的表征都对应于客体的一部分，因此也被称为**描述性表征**。

我们可以回过头来看看 Kosslyn 的"轮船"表象实验（如图 10.2 所示），通过对比空间表征来更好地理解什么是命题表征。其实，在实验中，轮船的外观也可以以命题的形式被表征（如图 10.6 所示）：加粗的文字代表轮船的各个部位，直线的长度代表轮船各个部位之间的距离，括号中的文字代表轮船各

图 10.5 对于"那只猫在桌子下面"的命题表征和空间（或描述性）表征。

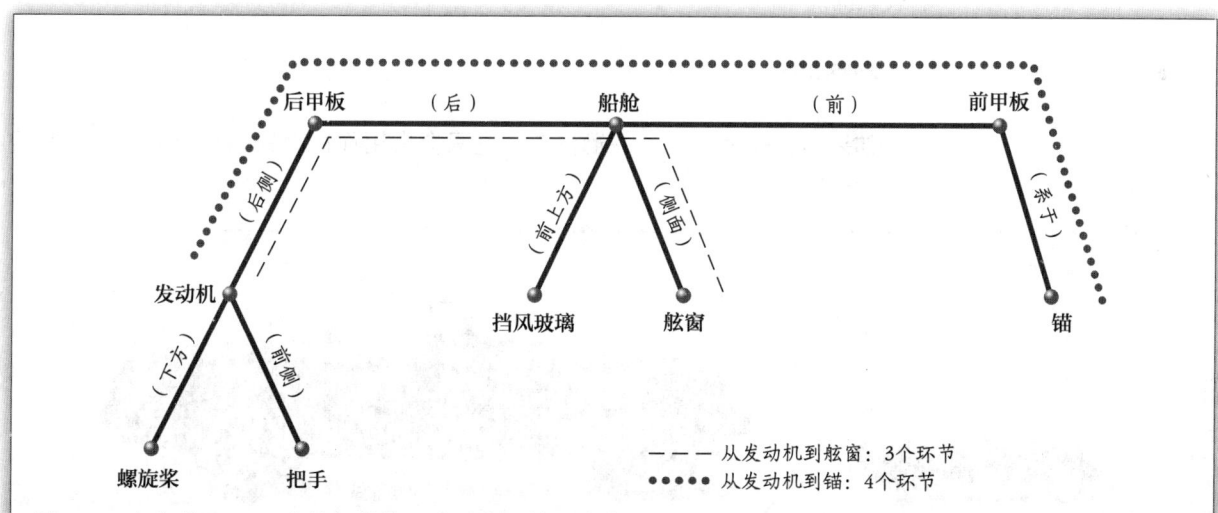

图 10.6 如何将图 10.2 中轮船的外观通过命题的方式表达出来。发动机与舷窗之间的通路（条状虚线）、发动机与锚之间的通路（点状虚线）表示从轮船的某一点到另外一点需要经历多少个环节。
来源：Kosslyn, 1995.

个部位之间的空间关系。通过这样的表征，可以推知：以发动机为起始点，相比找到"舷窗"而言，找到"锚"需要花费更多的时间，这是因为从发动机到舷窗只需要经过三个环节（条状虚线），而从发动机到锚需要经过四个环节（点状虚线）。根据这种解释，个体的表象操作实际上与第9章（见第363页）讨论过的语义网络十分相似。

到目前为止已经讨论了关于表象的两种解释方法——空间表征和命题表征。这两种解释方法为我们提供了十分精彩的例证，告诉我们如何通过不同的角度解释实验数据（参见第7章"思考：认知心理学中的替代解释"部分）。Pylyshyn对于以往研究的批评引发了大量后续实验研究，使我们对视觉表象的属性有了进一步认识（也可参见Intons-Peterson, 1983）。总的来说，经过多年的讨论和实验，已有证据更支持表象是一种空间表征加工机制，且与知觉享有部分相同的机制。接下来将继续介绍一些支持空间表征观点的实验证据。

表象与知觉的比较

首先要介绍Kosslyn的另一个实验，它考察了视野中的客体大小是如何影响表象的。

视野中的客体大小

如果你从很远处观察一辆汽车，它只会占用你视野的一小部分，这个时候

站在远处观察　　　　　　　　　走近一些观察

图10.7　当走近一个客体（如图中的汽车）时，会产生两种效果：(1)客体会占据大部分视野；(2)更容易观察到一些细节。

你很难观察到车的一些小细节，比如它的门把手。但当你靠近一些时，汽车就会占据你大部分视野，而这个时候，你可以更轻易地观察到诸如车的门把手这样的细节（如图10.7所示）。根据这些知觉上的发现，Kosslyn提出，观察距离与细节辨认能力之间的这种关系是否同样存在于心理表象中。

为了回答这个问题，Kosslyn（1978）要求被试想象成对出现的动物（如一头大象和一只兔子），并要求被试想象他们站在距离较大型动物更近的地方，因此大型动物就会占据他们大部分视野（如图10.8a所示）。随后，他会问被试类似这样的问题："兔子有胡须吗？"

被试需要在自己的心理表象中找到问题中所提到的动物的某一部分，并尽可能快地回答问题。紧接着，他会重复这一程序，但这一次是要求被试想象一只兔子和一只苍蝇在一起，被试会想象出一只较大的兔子（如图10.8b所示）。实验结果显示，当兔子的表象占据大部分视野时，被试回答问题的速度更快。

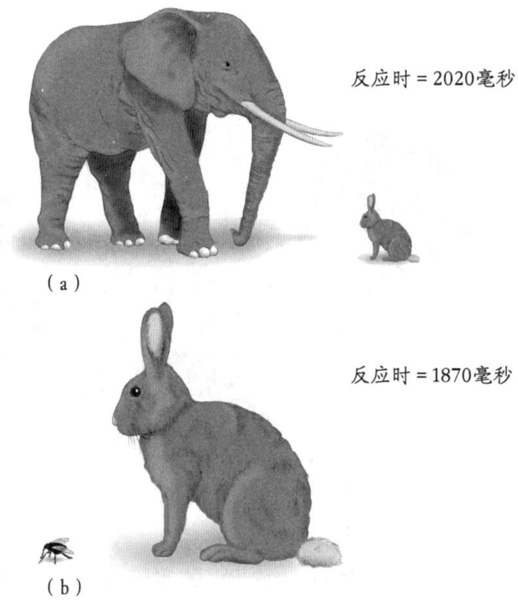

图10.8 Kosslyn（1978）的被试所想象的画面示意图。(a) 想象大象和兔子，大象占据了大部分视野；(b) 想象兔子和苍蝇，兔子占据大部分视野。反应时表示被试回答有关兔子的问题所花费的时间。

除了要求被试完成上述任务以外，Kosslyn还招募被试来完成一个**心理行走任务**，被试需要想象自己正走近他们所想象的一只动物。他们的任务是当体验到一种"溢出感"时（即表象填满了整个视野或表象的边缘开始变得模糊时），估计自己距离动物有多远。结果表明，与大型动物（大象需要约3.5米）比起来，当判断对象是一只小型动物时，被试需要走得更近才能体会到"溢出感"（小鼠需要不到30厘米），就好像他们正在走向真实世界中的动物一样。这个结果进一步为"表象与知觉相似，也具有空间性"的观点提供了证据。

表象与知觉的相互作用

另一种论证表象与知觉相互关联的途径是考察它们之间是如何相互作用的。这种方法的基本逻辑是，如果表象能够影响知觉或是知觉能够影响表象，

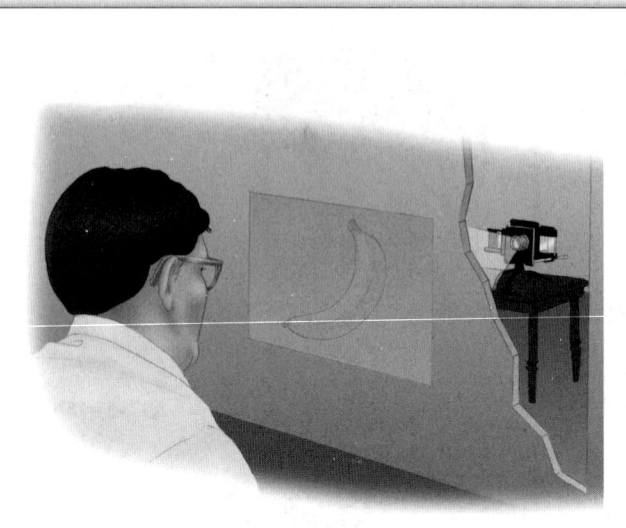

图 10.9　参加 Perky（1910）的实验的被试。被试并不知道 Perky 投射了一个十分模糊的图像在屏幕上。

就意味着表象和知觉背后可能具有相同的机制。

关于知觉与表象之间相互作用的经典论证可以回溯到 1910 年。在那一年，Cheves Perky 进行了一个实验（如图 10.9 所示）：她要求被试将某个常见事物的视觉表象"投射"到屏幕上，并进一步对这个表象进行描述。被试并不知道，事实上，Perky 从后面在屏幕上投射了一个相同的十分模糊的客体图像。也就是说，当被试被要求想象一根香蕉时，Perky 也在屏幕上投射了一个十分模糊的香蕉图像。有趣的是，被试所描述的自己想象出来的意象往往与 Perky 投射在屏幕上的图像是一致的。比如，他们会说所想象的香蕉是被垂直放置的，而在 Perky 所投射出来的图像中，香蕉也是被垂直放置的。更有趣的是，24 名被试都没有注意到屏幕上呈现着一幅真实的图像。很显然，他们是将真实的图像误认成自己的心理表象了。

也有一些现代研究者的研究证实了 Perky 的结果（见 Craver-Lemley & Reeves，1992；Segal & Fusella，1970），并通过多种其他方式论证了知觉与表象之间的相互作用。Martha Farah（1985）要求被试想象在屏幕上有字母 H 或 T（如图 10.10a 所示）。当他们清楚地想象出字母时，则需要按下按键，接着在屏幕上会先后闪现两个正方形（如图 10.10b 所示），其中一个正方形中包含一个靶字母（字母 H 或 T）。被试的任务是判断字母是出现在第一个正方形中还是出现在第二个正方形中。实验结果表明（如图 10.10c 所示），相比被试想象的字母与靶字母不同的条件，当想象的字母与靶字母相同时，被试能够更准确地完成实验任务。Farah 认为，这个结果正表明知觉与表象具有共享的机制。除此之外，也有很多其他的实验得到了相同的结论，即表象可以影响知觉（Kosslyn &

Thompson，2000；Pearson et al.，2008）。接下来将进一步介绍有关表象与知觉的联系的生理学证据。

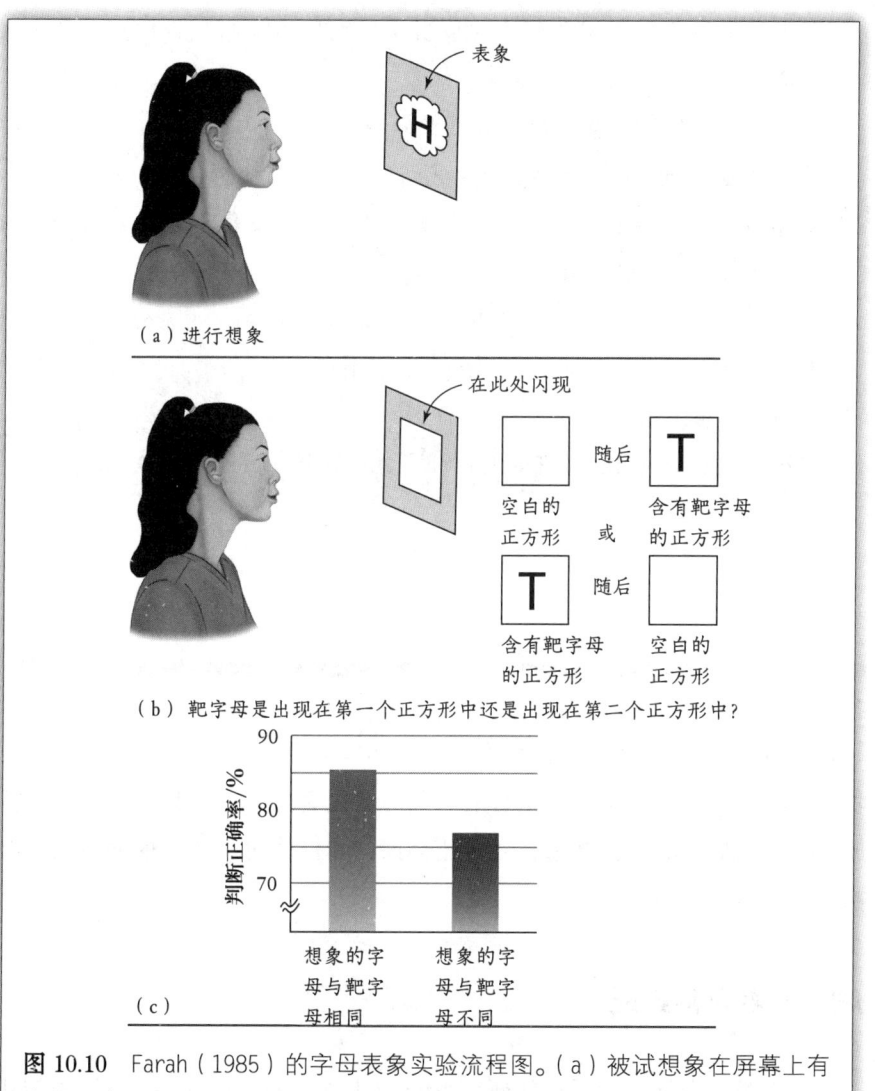

图 10.10 Farah（1985）的字母表象实验流程图。(a) 被试想象在屏幕上有字母 H 或 T。(b) 随后，在同一个屏幕上会先后闪现两个正方形。就像流程图右侧所显示的那样，靶字母可能出现在第一个正方形或第二个正方形中。被试的任务是判断靶字母出现在哪个正方形中。(c) 结果显示，当 (b) 中的靶字母与 (a) 中想象的字母相同时，被试的判断正确率更高。
来源：Farah，1985.

自我测验 10.1

1. 表象是一种仅仅在实验室中才能出现的现象吗？它也会发生在真实的生活中吗？
2. 制作一个表象研究重大历史事件时间表，时间表中应包含从19世纪的无意象思维争论到20世纪60年代认知革命早期的表象研究。
3. Kosslyn（在"轮船"实验和"岛屿"实验中）使用了什么样的心理扫描技术来论证知觉与表象的相似性？
4. 什么是表象争论？描述表象背后加工机制的空间性（或描述性）和命题性解释。命题性解释是如何解释Kosslyn的"轮船"和"岛屿"心理扫描实验结果的？
5. 描述Kosslyn、Perky和Farah论证表象与知觉相互作用的实验。

表象与脑

我们将看到，大量生理学实验证据表明，表象与知觉存在联系，但是这种联系并不意味着它们是完全重合的。我们首先会介绍一些测量个体在进行表象加工时的脑活动的实验结果，之后还会探讨脑损伤对于形成视觉表象能力的影响。

人脑中的表象神经元

记录人类单个神经元活动的研究是较少见的，通常多是在准备接受脑外科手术的病人身上完成的。

研究方法　人脑中的单个神经元记录

绝大多数的单个神经元记录是在动物身上展开的，但是也有一些实验是以人类为对象的。在这些实验中，被试通常是难治性癫痫的患者。难治性癫痫无法通过药物得到控制，患者通常可以通过外科手术切除大脑中被称为癫痫灶（癫痫的源头）的区域。

为了确定这个病灶点的位置，医生会在患者的大脑中植入电极，并在接下来的几天里对患者进行监测，借助其自发性癫痫发作的情况来确定病灶的位置（Fried et al., 1999）。与此同时，在患者知情同意的情况下，还可以记录由感知觉、表象和记忆等认知活动所导致的神经活动。这类实验不仅可以像常规动物实验那样记录个体对刺激的神经反应，也可以用于研究患者进行诸如表象或记忆等认知活动时的神经元反应。

Gabriel Kreiman 及其同事（2000）在患者内侧颞叶的多个区域植入了电极，其中包括海马体和杏仁核［见图 5.19（彩）］。他们发现一些神经元只对某一些客体有反应，而对另外一些客体没有反应。例如，图 10.11a 就展示了一种特别的神经元，它只对棒球的图片有反应，而对面孔图片没有反应。有趣的是，这种模式不仅发生在个体真正看到棒球或面孔的时候，就连个体闭上双眼想象一个棒球或面孔时也是如此，即当想象一个棒球时，神经元有反应，但当想象一张面孔时，神经元没有什么反应（如图 10.11b 所示）。Kreiman 将这些神经元称为**表象神经元**。

Kreiman 的关于表象神经元的发现非常重要：首先，它揭示了表象可能的生理机制；更重要的是，研究发现这些神经元在

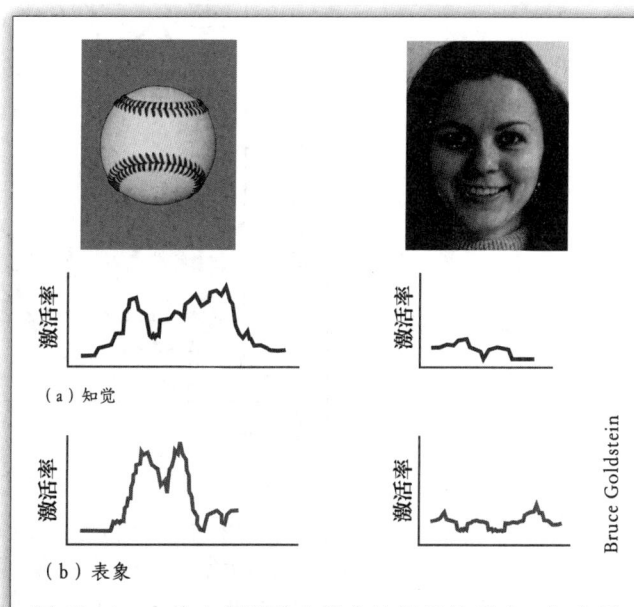

图 10.11　个体内侧颞叶中单个神经元的反应：（a）看到一个棒球时有反应，但是看到一张面孔时没有反应；（b）想象一个棒球或一张面孔时存在与（a）类似的反应模式。

来源：Kreiman, Koch, & Fried, 2000.

个体知觉和想象一个客体时具有相似的反应，这为知觉和表象具有密切关联的观点提供了证据。实际上，大多以人类为实验对象的研究都不会记录单个神经元的反应，但是研究者可以通过脑成像技术观察被试在知觉客体和创建客体的视觉表象时的大脑神经活动（见第 2 章"研究方法：脑成像"专栏，第 052 页）。

脑 成 像

一项关于表象的早期脑成像研究是由 Samuel Le Bihan 及其同事（1993）完成的，他们的研究表明，知觉与表象都会激活视觉皮层。如图 10.12 所示，个体观察一个真实呈现在屏幕上的视觉刺激时（记为"知觉"）与个体想象一个刺激

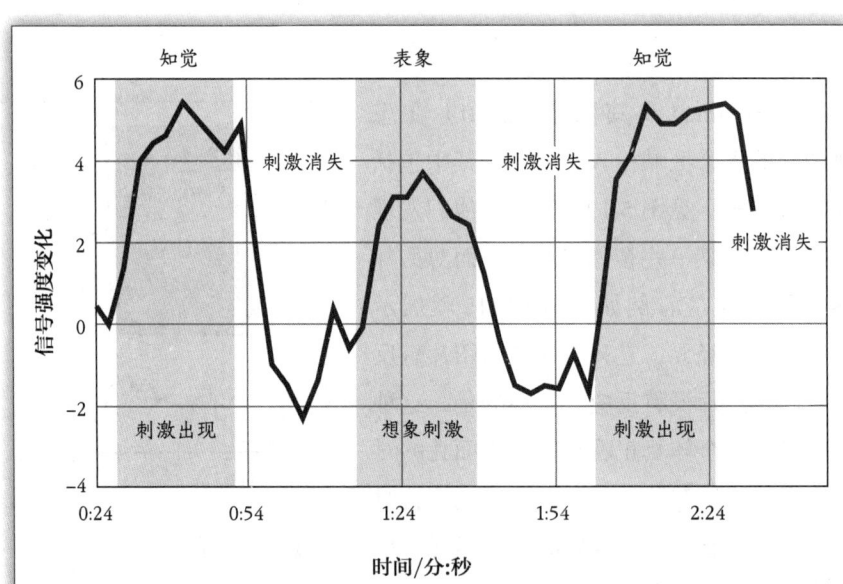

图 10.12　Le Bihan 等人（1993）研究的结果示意图，研究通过 fMRI 测量了大脑的神经活动。当被试观察屏幕上出现的视觉刺激（阴影部分标记为"刺激出现"）以及当被试想象刺激时（阴影部分标记为"想象刺激"），都会导致神经活动的增强；相反，当没有刺激呈现且无须被试进行想象时，神经活动很弱。

来源：Le Bihan et al., 1993.

时（记为"表象"），都会激活纹状皮层。在另外一项脑成像实验中，研究者要求被试考虑一些涉及表象的问题（例如，树的绿色比草的绿色更深吗？），以及一些不涉及表象的问题（例如，电流强度的单位是安培吗？）。结果发现，相比不涉及表象的问题，涉及表象的问题会导致视觉皮层更强烈的反应（Goldenberg et al., 1989）。

Kosslyn 和同事（1995）也开展了一项脑成像实验，在介绍这个实验之前，我们首先需要了解视觉皮层是以类似**拓扑地形图**的形式被组织起来，即视觉刺激上的特定位置会引起视觉皮层特定位置的活动，同一刺激上相邻的两点会引起视觉皮层相邻两点的神经活动。关于视觉皮层的拓扑地形图研究表明，个体看一个小的客体时会引起视觉皮层后部的活动，如图 10.13a（彩）中的绿色区域所示；而看到一个较大客体时，激活会扩展到视觉皮层的前部，如图 10.13a（彩）中的红色区域所示。

Kosslyn 进一步提出一个问题：如果被试创建了不同大小的心理表象，视觉皮层会产生怎样的神经活动？为了回答这一问题，研究者在对被试进行大脑扫描过程中要求被试创建小、中、大三种视觉表象。结果如图 10.13b（彩）所示，被试创建一个小的视觉表象所引发的神经活动主要集中于大脑的后部区域（圆形标记），但随着表象尺寸的增大，神经活动也逐渐向视觉皮层的前部转移（方形和三角形标记），这与知觉到刺激时的活动模式类似（值得注意的是，有一个代表大尺寸表象的三角标记比较接近大脑的后部区域，Kosslyn 认为，这可能是由被试对大尺寸表象中内在细节的想象导致的）。因此，表象和知觉都会导致拓扑地形图式的大脑激活。

另外也有一些关于表象的脑成像研究探讨了感知一个客体和想象一个客体所激活的脑区是否有重合。结果发现，知觉和表象所激活的脑区确实存在重合。但同时，研究也发现除了这些重合的脑区外，知觉和表象也会激活一些不相同的区域。例如，Giorgio Ganis 及其同事（2004）就曾使用 fMRI 技术测量两种条件下（即知觉与表象）的神经活动：在知觉条件下，被试会看到一个客体的图画，像是图 10.14 中的那棵树；在表象条件下，被试需要在听到一个提示音后想象他们之前学习过的一幅图画。无论是知觉任务还是表象任务，被试都需要回答如下问题："这个客体的宽度大于它的高度吗？"

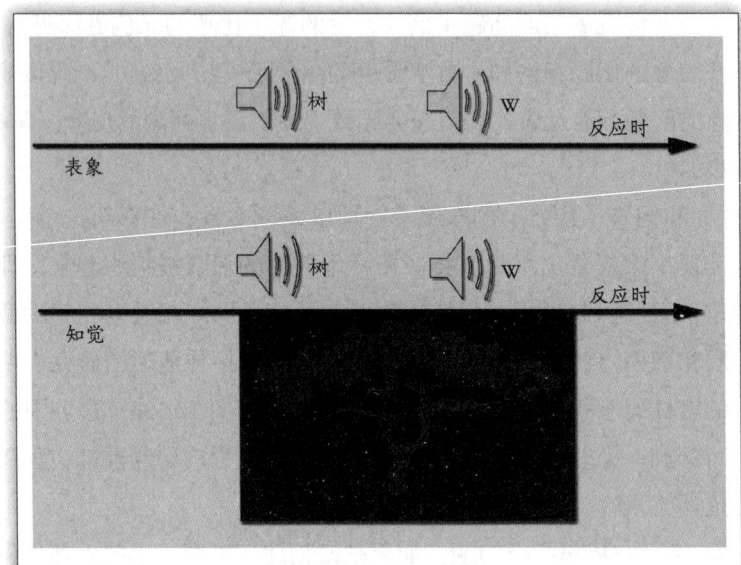

图 10.14 Ganis 等人（2004）的实验流程图。在每个试次开始时告诉被试一个之前学习过的客体的名字（此例中是"树"）。在表象条件下，被试需要闭上双眼想象"树"的样子；在知觉条件下，被试则会看到一个模糊的客体图像。随后，被试会听到指导语。流程图中的"W"在这个例子中是指被试需要对客体的宽度是否大于它的高度做出判断。

来源：Ganis, Thompson, & Kosslyn, 2004.

Ganis 的实验结果［见图 10.15（彩）］发现有三个不同位置的激活：图 10.15a（彩）显示知觉和表象都激活了相同的额叶区域，图 10.15b（彩）则显示在偏后一些的区域也发现了类似的结果。但是，如图 10.15c（彩）所示，大脑后部枕叶视觉皮层的激活在知觉加工时显著强于表象加工。出现这种结果其实并不奇怪，因为此位置恰好是视觉信号接收区域，由视网膜传来的信号首先到达的就是这个区域。因此，由知觉和表象加工所导致的激活在大脑前部几乎完全重合，但在大脑后部存在一些差异。

也有另外一些实验得出了类似的结论——知觉和表象加工在脑激活上既存在相同点，又存在差异。例如，Amir Amedi 及其同事（2005）开展的一个 fMRI

实验发现了两种加工激活脑区的重合，同时他们还发现当被试利用视觉表象创建图像时，一些与视觉无关的区域（如听觉、触觉）会产生负激活。Amedi 认为，这是由于视觉表象比真正的知觉更脆弱、更不稳定，而负激活实际上是降低不相关的激活可能对表象产生的干扰。

多体素模式分析

另一种被用于探索表象和知觉关联的脑成像技术是多体素模式分析，第 7 章介绍过（见第 277 页）。需要记住的是，多体素模式分析需要训练一个分类器，通过这个分类器将特定刺激与体素的激活模式联系起来（如第 7 章中苹果和梨的例子，见图 7.17），然后再呈现一个刺激并观察分类器是否可以基于刺激所引起的体素激活模式来识别它。

Matthew Johnson 和 Marcia Johnson（2014）使用这种方法探讨了表象和知觉之间的关系。在对被试进行脑成像扫描的过程中，Matthew Johnson 和 Marcia Johnson 通过呈现四种不同的场景（海滩、沙漠、牧场和房屋）训练了一个分类器（图 10.16a）。分类器训练好之后，他们会进一步开展测试：被试观察一个场景图片（如海滩）时的体素激活模式被记录下来，分类器需要据此从两种可能性中（如海滩或房屋）判断被试感知到的是哪个场景图片（图 10.16b）。

结果显示，分类器能够正确预测 63% 的试次，明显高于随机水平（50%）。这种"用知觉刺激来训练分类器，又用知觉刺激来检测分类器"的测试表明，分类器可以使用它在训练过程中所学到的信息来预测被试看到了什么。但是，这样一个通过知觉刺激训练出来的分类器是否可以判断被试想象了什么呢？（图 10.16c）

实验结果表明，分类器对被试想象一个场景的预测准确性为 55%，虽然不如预测知觉刺激准确性，但仍高于随机水平。尽管想让分类器对个体知觉或想象做出准确的预测还有大量工作亟待完成，但"分类器可以通过在训练阶段收集到的知觉信息来对个体想象的内容做出高于随机水平的预测"，这一发现已经让人感到非常振奋，后续也有一些研究者报告了相似的结果（Albers et al.,

测量四个不同场景的体素模式

（a）用这四个场景训练分类器

呈现一个场景　　　　　　　　　分类器判断被试可能看到了这两幅图片中的哪一幅

（b）知觉测试

想象一个场景　　　　　　　　　分类器判断被试可能想象了这两幅图片中的哪一幅

（c）表象测试

图 10.16 Matthew Johnson 和 Marcia Johnson（2014）的多体素模式分析实验程序示意图。(a) 通过测量对四张图片的体素激活模式来训练分类器；(b) 知觉测试：向被试呈现其中一幅图片，进而分类器根据体素激活模式来判断被试看到的是两幅图片中的哪一幅；(c) 表象测试：要求被试想象其中一幅图片，然后用之前通过知觉刺激训练出来的分类器判断被试想象的是两幅图片中的哪一幅。

2013；Cichy et al.，2012；Horikawa & Kamitani，2017；Naselaris et al.，2015）。

经颅磁刺激

另一种用于研究知觉与表象之间关联的技术是经颅磁刺激，第 9 章中介绍过（见"研究方法：经颅磁刺激技术"专栏，第 381 页）。

Kosslyn 及其同事（1999）将经颅磁刺激作用于人脑的视觉区域，并要求被试完成知觉和表象任务。在知觉任务中，屏幕上会短暂呈现图 10.17 那样的刺激，被试的任务是对其中两个象限中线条的长短或数目做比较。例如，他们可能需要回答这样的问题："第三象限中的线条比第二象限中的线条长吗？"表象任务也是如此，但被试在回答问题时并不是真的在看线条：被试在看过四个象限的线条后需要闭上眼睛，并根据他们所建立的四个象限的心理表象回答问题。

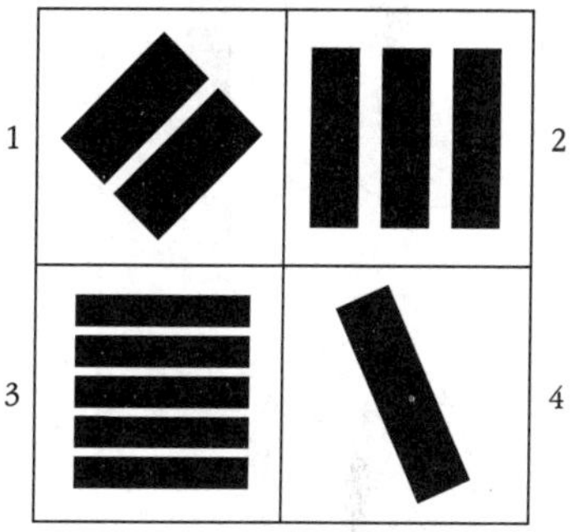

图 10.17 Kosslyn 等人（1999）的实验中所用到的条形刺激示意图。在实验过程中，被试需要创建这样的视觉表象并回答关于这些条形刺激的问题。

Kosslyn 对大脑视觉区施以经颅磁刺激，此外作为对照条件还对大脑的另一个区域施以经颅磁刺激，并记录了两种条件下被试做出判断的反应时。结果表明，无论是知觉任务还是表象任务，当视觉区受到经颅磁刺激，被试做出判断的反应时会明显变长。根据这一结果，Kosslyn 得出结论：视觉皮层的活动与知觉和表象之间存在因果关系。

神经心理学的个案研究

如何才能通过对脑损伤个体的研究来帮助我们认识和理解表象？一种方法是考察脑损伤如何影响表象；另一种方法是考察脑损伤如何影响表象和知觉，并关注脑损伤是否对表象和知觉产生了相同的影响。

切除部分视觉皮层导致所想象的图像缩小

病人 M.G.S. 是一位年轻的女士，为了治疗严重的癫痫，医生准备将她右侧枕叶的一部分切除。在手术前，Farah 及其同事（1993）请 M.G.S. 完成了我们之前介绍过的心理行走任务：她需要想象自己走向一只动物，并估计当所想象的图像开始"溢出"视野时，自己与动物的距离。如图 10.18 所示：在手术前，M.G.S. 觉得当想象的图像开始"溢出"视野时，自己距离所想象的马有 4.5 米远。但是在完成右侧枕叶切除手术后，Farah 再度要求 M.G.S. 完成相同的任务，结果距离增加到了 10.5 米。这是因为切除部分视觉皮层使得她的视野缩小了，所以当她距离所想象的马很远的时候，马就开始占据她的全部视野。结果表明，视觉皮层对于表象十分重要。

伴随知觉障碍出现的表象障碍

大量临床病例研究发现，那些由于脑损伤而存在知觉加工障碍的病人在创建表象时，也会存在类似的障碍。例如，由于脑损伤丧失色彩觉察能力的个体也无法通过表象创建不同的色彩（DeRenzi & Spinnler，1967；DeVreese，1991）。

顶叶的损伤可能会导致**单侧忽视**：病人无法注意到某一侧视野中的客体。例如，存在这种问题的病人在刮胡子时往往只刮自己半侧脸孔的胡须，或是在吃饭时只吃盘子中半侧的食物。Edoardo Bisiach 和 Glaudio Luzzatti（1978）测试了一个存在单侧忽视问题的病人的表象能力：病人需要想象自己站在米兰的大教堂广场（病人在脑损伤之前熟悉的地方）上的某一点，并描述他看见了什么事物（见图 10.19）。

结果显示，与病人在知觉任务中忽视其左侧的客体类似，在表象任务中，病人也会忽视其左侧的心理表象。也就是说，当病人想象自己站在 A 点时，他会忽视位于其左侧的事物，只描述位于其右侧的事物（即图 10.19 中的若干个 a 点）；而当病人想象自己站在 B 点时，他依然会忽视位于其左侧的事物，只描述位于其右侧的事物（即图 10.19 中的若干个 b 点）。

对于健康被试的脑成像实验和对于脑损伤被试的实验结果都表明，心理表

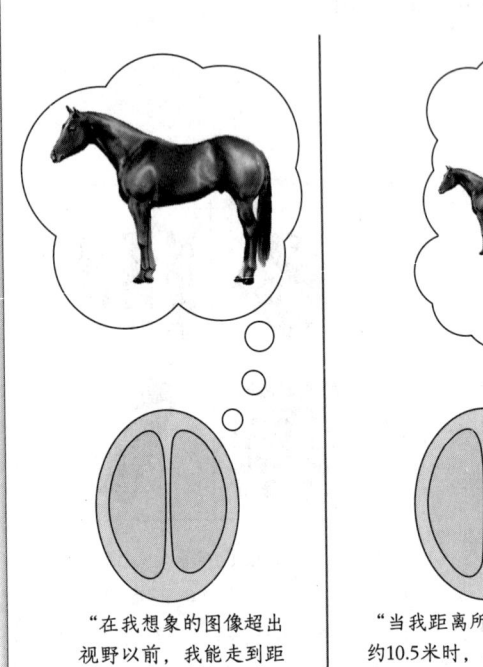

图 10.18　病人 M.G.S. 的心理行走任务的结果示意图。左图：在手术前，当"走"到距离所想象的马约 4.5 米远时，她会感到马的图像开始"溢出"她的视野；右图：手术切除右侧枕叶后，视野变小，当"走"到距离所想象的马约 10.5 米时，她就开始感到马的图像"溢出"了她的视野。

来源：Farah, 2000.

象与知觉加工在生理基础上有一致性，为"心理表象与知觉具有共享的生理机制"这种观点提供了依据。但是，并非所有的生理学实验结果都支持表象与知觉是一种一一对应的关系。

表象与知觉的分离

第2章介绍了不同类型知觉之间的分离：一些脑损伤个体无法识别面孔，但能识别物体，而另一些脑损伤个体可能正好相反（见第2章"研究方法：双分离演示"专栏，第051页）。一些病例报告显示，表象与知觉之间也存在"分离"现象。例如，Cecilia Guariglia 及其同事（1993）发现一名病人的脑部损伤对他的感知能力影响很小，却导致他在进行心理表象加工时存在单侧忽视（他的心理表象仅限于一侧，与前面米兰大教堂广场表象实验中的病人类似）。

在另一个病例中，病人 R.M. 的枕叶和顶叶都受到了损伤（Farah et al., 1988），他能够正常地进行知觉加工，但表象能力受到了破坏。R.M. 可以识别客体，并能精准地画出放置在他面前的客体。但是，他无法画出存在于记忆中的客体，而这个任务是需要表象参与的。此外，他在回答一些依靠表象才能回答的问题时也存在困难（例如，让他判断句子"葡萄柚比橘子大"是否正确时）。

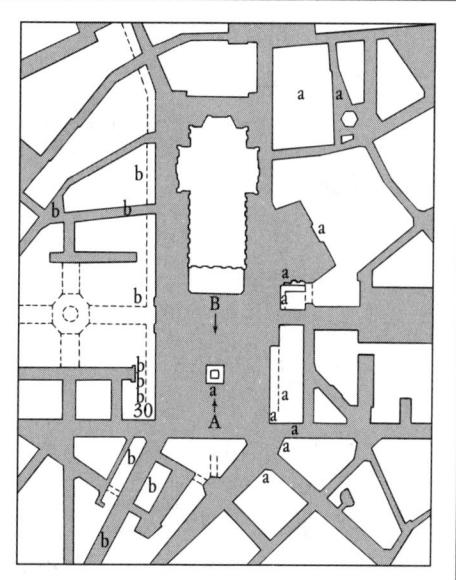

图 10.19 米兰的大教堂广场。Bisiach 和 Luzzatti（1978）开展的实验，参加实验的病人需要想象自己站在广场的某一点：当他想象自己站在 A 点时，他只能说出位于其右侧的事物名称（标记为 a）；当他想象自己站在 B 点时，他依然只能说出位于其右侧的事物名称（标记为 b）。

来源：Bisiach & Luzzatti, 1978.

当然，也有病例报告了相反的分离模式：表象能力相对正常，但知觉能力受损。例如，Marlene Behrmann 及其同事（1994）发现病人 C.K.（一名33岁的研究生，在慢跑时遭遇了车祸）受到视觉失认症的折磨，表现为 C.K. 无法利用视觉识别客体。因此，当研究者向他呈现一些客体图片时（如图 10.20a 所示），他会将"飞镖"认作"鸡毛掸子"，将"网球拍"认作"击剑面罩"，将"芦笋"认作"带刺的玫瑰枝"。这些结果表明，C.K. 能够识别客体的各个部分，但无法将它们整合成一个有意义的整体。值得注意的是，尽管他不能正确地识别图片中的客体，C.K. 却能够依靠表象精确地画出记忆中的客体（图 10.20b）。更有趣

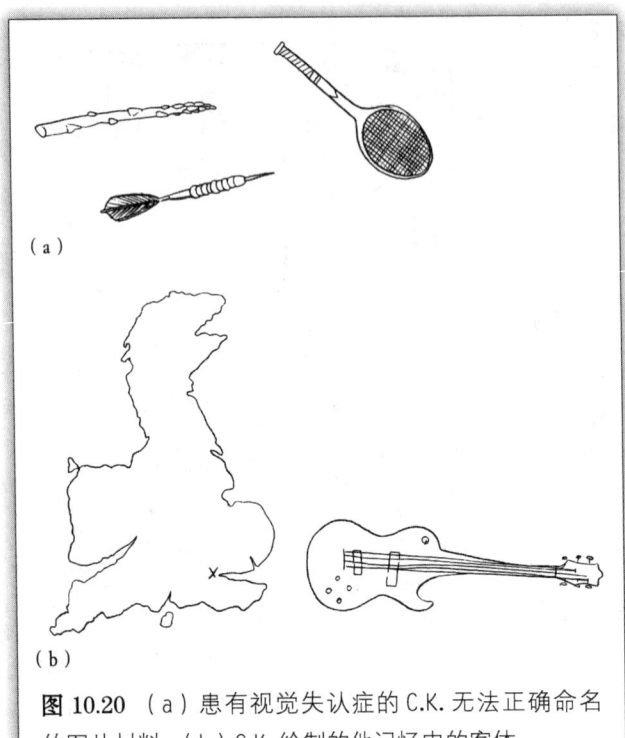

图 10.20 （a）患有视觉失认症的 C.K. 无法正确命名的图片材料；（b）C.K. 绘制的他记忆中的客体。
来源：Behrmann et al., 1994.

的是，经过足够长的时间（C.K. 已经不记得自己画画时的感受了），当研究者再度向他呈现他自己画出来的客体时，他还是无法对这些客体进行识别。

可以发现，之前介绍的这些神经心理学病例之间是存在矛盾的：一方面，一些病例显示知觉与表象在生理上是一种分离关系，所以当病人的某一脑区受到损伤，他可能保有正常的知觉能力，却失去了正常的表象能力（如 Guariglia 的病人，以及病人 R.M.），也可能保有正常的表象能力，却失去了正常的知觉能力（如病人 C.K.），这种双分离的关系（表 10.1）通常被用来说明知觉和表象背后的机制是不同的（见第 051 页）。另一方面，与上述结论不同的是，我们之前介绍的另一些证据表明，知觉与表象具有共享机制。

表 10.1
知觉与表象的分离

病例	知觉	表象
Guariglia（1993）	良好	单侧忽视
Farah 等人（1993）（R.M.）	良好，能够识别客体和画图	受损，不能依靠表象画出记忆中的客体或回答问题
Behrmann 等人（1994）（C.K.）	受损，因患有视觉失认症而无法识别客体	良好，能够画出记忆中的客体

上述明显的矛盾体现了诠释神经心理学研究结果的困难性。一方面，不同的脑损伤病人的受损区域存在巨大差别，通常并不是完全对应于解剖图的某个区域；此外，值得注意的是，大多数证明知觉与表象存在重叠的研究也承认这种重叠只是局部的重叠。

从表象争论中所得到的结论

对于表象的争论激发了大量的相关研究，这些研究促进了该领域的发展。从已有的行为或生理学证据来看，大多数心理学研究者认为，表象与知觉是密切相关的，并且它们具有部分共享的机制（Pearson & Kosslyn，2015；但也可参见 Pylyshyn，2001，2003，他不同意这种观点）。

"表象与知觉具有共享的机制"这种观点主要来自发现知觉和表象存在平行或交互关系的研究。而"表象与知觉背后的机制并不完全相同"的观点主要来自：(1) 一些 fMRI 实验结果，它们发现两种条件下的脑激活并不完全重合。(2) 一些神经心理学研究结果，研究发现表象与知觉之间存在分离。(3) 表象与知觉在感受上的差异，例如，当我们看一些事物时，知觉加工会自动地发生；但若想产生表象，则需要付出一些努力；而且，知觉是稳定的——只要个体还在观察一个刺激，知觉就会一直持续，而表象是不稳定的——如果缺少持续的努力，表象就会消失。

此外，相比感知到的图像，通过想象建立的心理表象更难操作，这也说明了表象与知觉存在差异。这一点得到了 Deborah Chalmers 和 Daniel Reisberg（1985）的验证，他们要求被试创建一个两可图形（如图 10.21 所示）的心理表象，这个两可图形既可以被看作一只兔子，也可以被看作一只鸭子。当真正看到图形时，个体很容易在两种可能的解释（兔子和鸭子）之间来回转换。但是，Chalmers 和 Reisberg 发现，当两可图形只是被试想象出来的时候，被试无法在两种解释之间来回转换（一会儿将图形看作兔子，一会将图形看作鸭子）。

图 10.21　图片中画的是什么？一只兔子（面朝右），还是一只鸭子（面朝左）？

也有研究发现，个体还是可以操作一些比较简单的心理表象的。例如，Ronald Finke 及其同事（1989）发现，如果要求被试想象一个大写字母 D，随后将它逆时针旋转 90°，并将一个大写字母 J 放在字母 D 的下方，被试能够报告他们看到了一把雨伞。此外，Fred Mast 和 Kosslyn（2002）的研究也发现，一些善于想象的被试是能够对两可图形的心理表象进行旋转的，但前提是需要为被试提供一些额外的信息（如某些旋转角度的视觉提示线索）。所以，依据这些表象操作实验，也可以得到与我们之前介绍过的其他实验相同的结论：表象与知觉有很多相同的特点，但两者之间又存在差异。

利用表象提高记忆

显而易见，表象在记忆的过程中扮演着十分重要的角色。那么，如何才能更好地利用表象提高我们的记忆呢？第 7 章介绍过，个体可以通过与其他信息建立联系来促进对信息的编码。此外还介绍了一个实验（Bower & Winzenz，1970），实验要求一些被试根据一对名词（如"船"和"树"）创建心理表象。结果发现，采用这种方法的记忆效果明显优于单纯复述单词的记忆效果（见图 7.2）；第 7 章还介绍了另外一个关于记忆的规律，即组块能够促进编码：人脑倾向于自动地将一些无条理的信息组织起来，并且呈现有组织的信息可以提升个体的记忆表现。接下来将介绍一种基于上述规律的增进记忆的方法，这种方法需要个体将所想象的图像放在不同的位置上。

将所想象的图像放在不同的位置上

表象之所以能够提升记忆，与表象自身的特性是分不开的：它能够依据记忆项目的特点将这些项目组织起来（即放在不同的位置上）。我们可以通过一个有关古希腊抒情诗人西蒙尼戴斯（Simonides）的故事来说明表象的组织功能：传说在 2500 年前的一天，西蒙尼戴斯参加了一个宴会并在宴会上致辞。非常不幸的是，就在他离开宴会之后不久，宴会厅的屋顶发生了坍塌，砸死了大部分宾客。更悲惨的是，由于遗体受到了严重的损伤，很多遇难宾客的身份都已经无法辨认。然而，西蒙尼戴斯意识到在致辞的过程中，自己曾留意观察过听众，于是他尝试着在脑海中创建了一幅宾客座次图，显示出宾客都坐在餐桌的什么位置。也正是通过这幅图，西蒙尼戴斯成功地辨认出了遇难者遗体的身份。

西蒙尼戴斯意识到，他使用的这种方法不仅可以帮助自己回忆起有哪些人参加了宴会，还可以用在记忆其他事情上。他发现，在记忆一些事物时，可以先想象一个物理空间（如宴会的餐桌），然后将需要记住的项目放置在餐桌周围。经过上述心理组织过程，当需要提取这些记忆时，他就可以通过对餐桌周围的各个位置进行心理扫描来"读出"需要回忆的项目，就好像他在辨别宾客遗体时所使用的方法。西蒙尼戴斯发明的这种记忆方法现在被称为

位置记忆法——创建一个具有空间布局的心理表象，并将需要记忆的事物放在不同的位置上。接下来的演示实验将说明如何使用位置记忆法来记忆一些事情。

演示实验　位置记忆法

选择一个你十分熟悉的带有空间布局的地方，比如你所居住的公寓里的房间，或是你所在学校里的建筑。然后选择5~7件你想要记住的事情，它们既可以是发生过的事件，也可以是你需要在今天晚些时候完成的事情。为每个事件创建一个图像，并将这些图像放在房间中的不同位置上。如果你需要以一个特定的顺序记住这些事件，就选择一条你在家里或校园里会使用的行走路线，并将代表各个事件的图像按照正确的顺序放在这条行走路线上。当你完成这个步骤之后，尝试在脑海中沿着刚才的路线走一次，看看途中遇见的图像是否能够帮助你记起那些事件。为了测试这种方法是否真的有效，你可以试着在几小时后再沿着这条路线"走"一次。

将所想象的图像放在不同的位置上可以对随后的记忆提取有所帮助。例如，为了帮助自己记得今天晚些时候与牙医的预约，我可以想象一口巨大的牙齿在我的起居室里；为了提醒自己去健身房锻炼，我可以想象一台椭圆训练机（一种运动健身器材）在起居室与二楼之间的楼梯上；或是，为了提醒自己收看电视剧《我们这一天》(*This Is Us*)，我可以想象剧中的某个人物坐在我家楼梯最上方的台阶上。

将图像与文字联系起来

与位置记忆法类似，**字钩法**也需要表象参与。但与位置记忆法不同的是，字钩法是将所想象的项目与具体的词语联系起来：第一步是创建一个名词词表，比如：one–bun（一—小圆面包）；two–shoe（二—鞋）；three–tree（三—树）；four–door（四—门）；five–hive（五—蜂房）；six–sticks（六—树枝）；seven–heaven（七—天堂）；eight–gate（八—城门）；nine–mine（九—矿）；ten–hen（十—母鸡）。我们可以很容易地按顺序记住这些名词，因为它们与数字是押韵的①，而且这种韵律也提供了有助于记忆名词的提取线索。接下来的一个步骤是，通过想象一个生动的图像（其中包含需要记忆的事物和上面词表里的名词所代表的事物），将需要记忆的事物与字钩（即词表中的名词）搭配起来。

为了帮助自己记得今天晚些时候与牙医的预约，我可以想象图10.22这样的图像，将"牙齿（teeth）"与字钩"小圆面包（bun）"搭配起来。同理，为了提醒自己去健身房锻炼，我可以想象一台"椭圆训练机（elliptical trainer）"在"鞋子（shoe）"里的画面；为了提醒自己收看《我们这一天》，我可以想象单词"我们（US）"被挂在了"树（tree）"上的画面。使用字钩法的好处在于，可以依据名词词表的顺序直接确定某一个需要记忆的项目是什么。

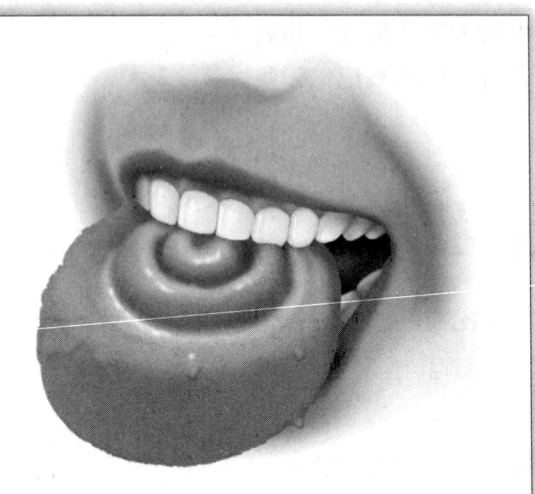

图10.22　为了帮助自己记得与牙医的预约，我使用字钩法想象了一个包含小圆面包（bun）和牙齿（teeth）的图像。

例如，如果我想知道自己今天需要去做的第三件事是什么，可以直接去想名词词表中的第三个词（tree），进而将它转换为我之前想象的图像——单词"我们（US）"被挂在树上，这个图像就可以提醒我去收看《我们这一天》。

一些书声称可以传授读者提高记忆的诀窍（见 Crook & Adderly，1998；Lorayne & Lucas，1996；Treadeau，1997），其实那些诀窍背后的原理就是刚才介绍过的几种基于表象的方法。尽管这些书籍确实提供了基于表象的记忆方法，但是那些寄希望于找到一种简单的方法来开发"图像式记忆"的读者往往会感到失望。这是因为，虽然表象记忆法是有效的，但它们并不像一些读者想象的那样神奇——可以很轻易地大幅提高记忆力，使用这些方法也需要个体进行大量练习，并且要有足够的毅力（Schacter，2001）。

---

① 这里是指英文单词的读音与英文数字的读音押韵。——译者注

➡ 思　考

视觉表象的个体差异

不同的人在感知事物、维持注意、记忆事物和解决问题的能力上是存在差异的，而本章介绍的表象能力同样也存在个体差异。当回忆起一次生日聚会时，有的人脑海中浮现的画面是摆在桌面上的蛋糕和闪烁着的烛光，有的人脑海中浮现的画面是参加聚会的宾客站立的位置和聚会房间的摆设布局（Sheldon et al.，2017）。

早在19世纪，弗朗西斯·高尔顿就提出了表象存在个体差异的观点，他指出，"当不同的人以心理图像的形式回忆一个熟悉的场景时，他们所创建的图像在生动性上是存在差异的"（Galton，1880，p.306）。后来的研究者证实了高尔顿的这种观点，并提供了更多重要的细节。

Maria Kozhevnikov及其同事（2005）开展了一项实验。他们首先要求被试完成一份问卷，这份问卷旨在确定被试在解决问题时是更愿意使用表象还是言语逻辑策略。问卷涉及解决不同类型的问题，并指出了解决这些问题可以用到的策略。初步的问卷结果表明，有一些被试会使用表象去解决问题，也有一些被试不会。Kozhevnikov将被试划分为视觉型被试和言语型被试，接下来将着重介绍Kozhevnikov的实验中的视觉型被试的实验结果。

视觉型被试需要完成两个测试，用来测量两种类型的表象：**空间表象**和**客体表象**。空间表象是指对空间关系进行想象的能力，例如想象一个花园的布局；客体表象是指对视觉细节、特征或客体进行想象的能力，例如想象花园中开满鲜红色玫瑰花的玫瑰丛（Sheldon et al.，2017）。

用来测试被试空间表象能力的是**折纸任务**（PFT）：被试会看到一张纸被折叠，接着又被铅笔刺穿（图10.23a）。他们的任务是从五个备选项中选出哪一个是纸张重新展开后的样子（图10.23b）。

用来测试被试客体表象能力的是**视觉表象生动性问卷**（VVIQ）：被试需要创建心理表象，并进一步对心理表象的生动性进行5级评分。例如，被试首先被要求创建"太阳正从地平线上升起，升入朦胧的天空中"这样一个表象，然后再对表象的生动性进行评分。

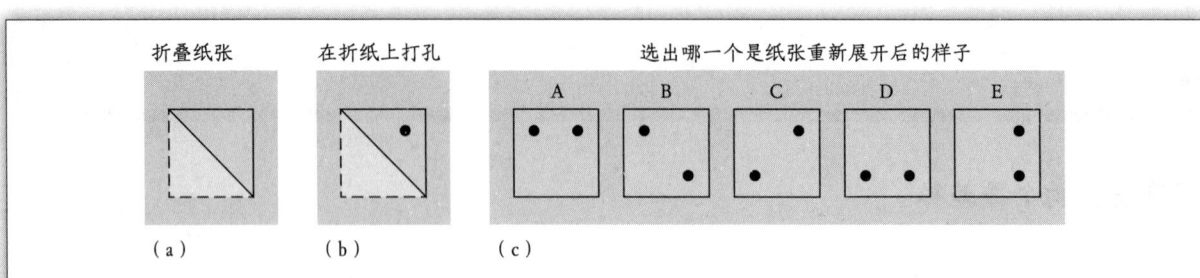

图 10.23 折纸任务的一个试次。(a) 折叠一张纸,并用铅笔在上面打一个孔;(b) 被试的任务是判断五个备选项中的哪一个是纸张重新展开后的样子。

测试的结果如图 10.24 所示,结果显示,折纸任务得分低(即低空间表象能力)的被试与得分高(即高空间表象能力)的被试在视觉表象生动性问卷的得分上存在差异。62% 的低空间表象能力被试在视觉表象生动性问卷上得到了高分,说明他们具有较高的客体表象能力;而 51% 的高空间表象能力被试在视觉表象生动性问卷上得了低分,说明他们的客体表象能力较差。

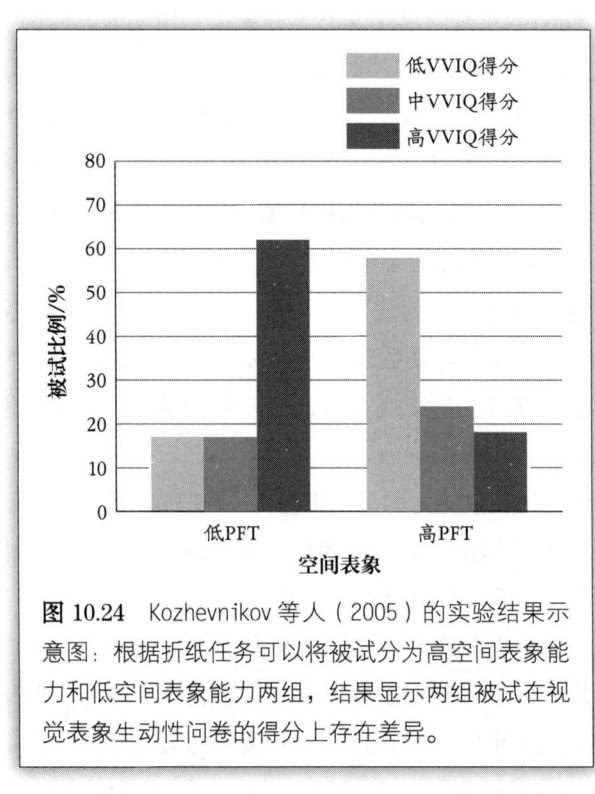

图 10.24 Kozhevnikov 等人(2005)的实验结果示意图:根据折纸任务可以将被试分为高空间表象能力和低空间表象能力两组,结果显示两组被试在视觉表象生动性问卷的得分上存在差异。

在另一个实验中，被试需要完成粗略图片任务和心理旋转任务。**粗略图片任务**由一些简化的线条图片组成，如图 10.25 所示。你能判断图 10.25 画的是什么吗？（答案见图 10.27。）**心理旋转任务**需要被试判断两幅图片中的三维几何物体是同一物体的不同角度，还是呈镜像关系的两个不同物体，如图 10.1 所示。你认为，哪种表象类型的被试会在上述两个任务中表现得更好？

答案是：在心理旋转任务中，空间表象型被试表现得更好；而在粗略图片任务中，客体表象型被试表现得更好。这一结果为空间表象型被试和客体表象型被试之间存在差异提供了进一步的证据。

为了探讨具有不同空间表象能力的被试在解决物理问题时的表现，Kozhevnikov 和同事（2007）开展了另一项研究，他们向一组没有选修任何物理课程的高中生或大学生呈现以下图片（图 10.26）、文字描述和问题：

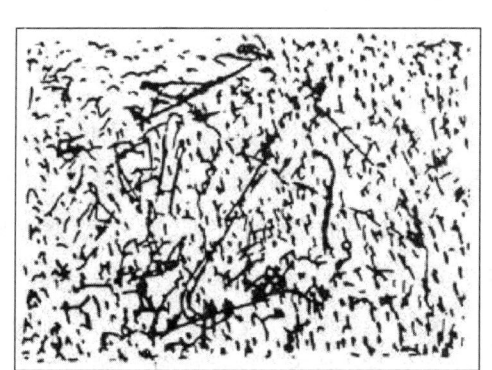

图 10.25 Kozhevnikov 等人（2005）所使用的粗略图片刺激示例。图中模糊的线条所描绘的是什么？

来源：Kozhevnikov, Kosslyn, & Shephard, 2005.

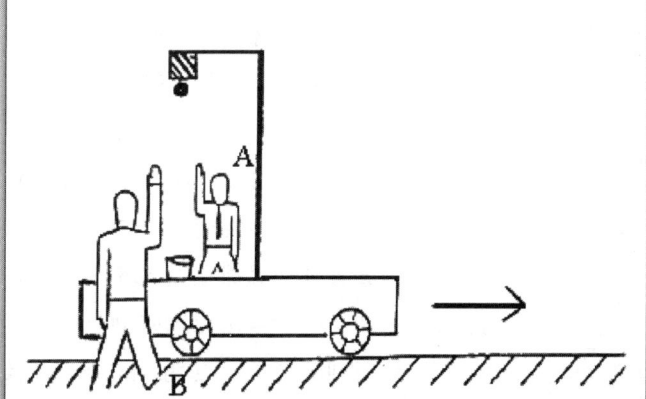

图 10.26 Kozhevnikov 等人（2007）的实验中所使用的参照框架问题示意图。

来源：Kozhevnikov, Motes, & Hegarty, 2007.

参照框架问题

一个金属球被一块磁铁固定在车的立柱上，在车上有一个杯子，这个杯子位于金属球的正下方。如图中箭头所示，车以恒定的速度运动。假设在车运动的过程中，金属球从磁铁上掉落。观察者 A 站在车子里，观察者 B 站在路上，在金属球掉落时，观察者 B 位于磁铁和金属球的正对面。

下列描述中哪一项是观察者 A 看到的金属球掉落画面：

（a）掉落的金属球垂直向下掉落；

（b）掉落的金属球向前方掉落；

（c）掉落的金属球向后方掉落。

下列描述中的哪一项是观察者 B 看到的金属球掉落画面：

（a）掉落的金属球直接向下掉落；

（b）掉落的金属球向前方掉落；

（c）掉落的金属球向后方掉落。

剧透警报！请在给出答案后再继续向下阅读。

答案是：观察者 A 在车里，与金属球一起移动，所以他会看到金属球直接向下掉入杯子中。而观察者 B 站在车外面的路上，所以他会看到金属球在掉入杯子之前是向前方移动的。

有一半的学生正确回答出了观察者 A 会看到金属球直接向下落入杯子。针对这部分正确回答出观察者 A 的情况的学生，Kozhevnikov 及其同事（2007）进一步分析发现，有 70% 的具备高空间表象能力的学生正确回答出了观察者 B 会看到金属球在掉入杯子之前是向前方移动的，而只有 18% 的具有低空间表象能力的学生可以正确回答这个问题。根据这些结果，以及其他解决物理问题所得到的结果，Kozhevnikov 得出结论：空间能力与解决多种类型的物理问题存在关联。

上述实验结果证实了高尔顿关于视觉表象经验存在个体差异的观点，并且我们现在了解到，擅长表象的人通常仅擅长某一类型的表象（空间的或客体的），当然也有个别人既擅长空间表象，又擅长客体表象。

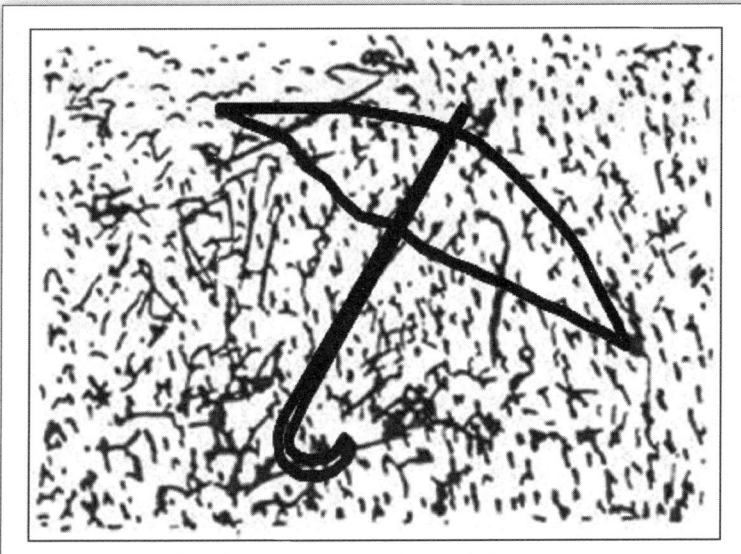

图 10.27 前面提到的粗略图片问题（见图 10.25）的答案。
来源：Kozhevnikov, Kosslyn, & Shephard, 2005.

自我测验 10.2

1. 描述下列运用了生理学技术的实验是如何为"表象与知觉存在平行关系"这一观点提供依据的：（1）人脑单个神经元活动记录；（2）脑成像；（3）多体素模式分析；（4）经颅磁刺激；（5）神经心理学。
2. 表象与知觉存在哪些差异？大多数心理学研究者认为表象与知觉是什么关系？
3. 表象在什么条件下可以提高记忆？介绍几种将表象作为工具来提高记忆的方法。这些方法背后的基本原理是什么？
4. 表象存在个体差异的证据是什么？具备高空间表象能力的人与具备高客体表象能力的人存在哪些差异？

本章小结

1. 心理表象是指个体在没有感觉输入的情况下体验到的一种感觉印象,视觉表象是指个体在没有视觉刺激的情况下"看到"某种事物的形象。表象在个体的创作过程中扮演着重要角色,此外个体不仅可以借助纯粹的言语技巧进行思考,还可以借助表象。

2. 早期关于表象的观点和研究主要包括无意象思维争论以及高尔顿的视觉表象研究。在行为主义主导心理学的时代,表象一直被排除在主流心理学研究的范畴之外。在20世纪60年代,随着认知革命的兴起,表象再次受到研究者的关注。

3. Kosslyn 的心理扫描实验说明,表象可能与知觉具有共享的机制(即在脑海中创建一个空间或描述性表征),但是 Pylyshyn 反对这样的观点,他认为表象应该基于一种与言语相关的机制(即在脑海中创建一个命题表征)。

4. 下列实验表明,表象与知觉具有相似性:(a)视野中的客体大小(心理行走实验);(b)知觉与表象的相互作用(Perky 在1910年进行的模糊图像投射实验,Farah 的字母 H/T 实验);(c)生理学实验。

5. 研究者通过以下生理学方法论证了知觉与表象的相似性:(a)记录单个神经元活动(表象神经元);(b)脑成像(发现知觉与表象在激活脑区上的重合);(c)多体素模式分析;(d)经颅磁刺激实验(比较抑制特定脑区活动对知觉与表象的影响);(e)神经心理学个案研究(切除视觉皮层会影响个体所想象的图形的大小,顶叶损伤导致单侧忽视)。

6. 也有一些生理学证据表明表象与知觉之间是存在差异的,这类证据主要包括:(a)表象与知觉在激活脑区上有差异;(2)脑损伤导致知觉与表象的分离。

7. 从已有的证据来看,大多数心理学研究者认为,表象与知觉是密切相关的,并且它们背后的一些(并非全部)机制是相同的。

8. 有多种通过表象提高记忆的方法:(a)创建记忆项目的心理表象;(2)利用位置记忆法将记忆项目组织起来;(3)利用字钩法将记忆项目与名词联系起来。

9. 人们在使用表象和创建表象的能力上存在个体差异:一些人偏好使用言语逻辑推理解决问题,一些人则更愿意使用表象。"表象型"个体又可以分为空间表象型个体和客体表象型个体。Kozhevnikov 发现,具备高空间表象能力的学生在解决物理问题时往往会有更好的表现。

思考题

1. 用1分钟观察一个物体,然后把脸转过去不再看该物体,创建这个物体的心理表象,并根据心理表象画出这个物体。之后,再看着真正的物体画一次。相比根据实物画出来的画,在根据心理表象画出来的画中有哪些信息被忽略了?

2. 想象自己正在观察一个物体,并写一段文字描述这个物体。然后，通过观察这个物体的实物或图片，尝试将之前写下的文字描述与实物或图片所包含的信息进行比较。考虑"百闻不如一见"这种说法是否正确？本章对命题表征与描述性表征进行了讨论，这些讨论与你刚才所进行的比较之间有什么联系？

3. 本章的最后介绍了几种提高记忆力的方法。请尝试在脑海中创建你计划在今天晚些时候或是在下一周将要做的事情的图像，并选用一种提高记忆的方法对它们进行记忆。一段时间之后（几小时到几天都可以），看看自己是否还能提取有关这些图像的记忆，以及是否还能想起这些图像都代表什么。

关键术语

表象神经元（imagery neuron, p.401）
表象争论（imagery debate, p.393）
粗略图片任务（degraded pictures task, p.417）
单侧忽视（unilateral neglect, p.408）
副现象（epiphenomenon, p.394）
概念桩假设（conceptual peg hypothesis, p.391）
客体表象（object imagery, p.415）
空间表象（spatial imagery, p.415）
空间表征（spatial representation, p.394）
描述性表征（depictive representation, p.395）
命题表征（propositional representation, p.395）
配对联想学习（paired-associate learning, p.390）
视觉表象（visual imagery, p.388）

视觉表象生动性问卷（vividness of visual imagery questionnaire, WIQ, 415）
拓扑地形图（topographic map, p.403）
位置记忆法（method of loci, p.413）
无意象思维争论（imageless thought debate, p.389）
心理表象（mental imagery, p.388）
心理测时法（mental chronometry, p.391）
心理行走任务（mental walk task, p.397）
心理扫描（mental scanning, p.392）
心理旋转任务（mental rotation task, p.417）
折纸任务（paper folding task, PFT, p.415）
字钩法（pegword technique, p.413）

显然，父子俩正在聊天，无法得知他们在交谈什么，但是可以确信的是他们正在使用语言进行交流。正如我们即将看到的，语言不仅被全人类所使用，研究人类如何使用语言和理解语言，在很大程度上也可以让我们了解到大脑是如何运作的。

语言

第 11 章

什么是语言？
人类语言的创造性
语言交流需求的普遍性
研究语言

理解单词：一些复杂情况
不是所有的单词都是生而平等的：词频差异
单词发音的可变化性
正常对话中的单词之间没有停顿

歧义词理解
多重语义通达
> 研究方法　词汇启动

语义使用频率对歧义词语义激活的影响
➤ 自我测验 11.1

理解句子
句法解析：理解句子
句法解析中的花园路径模型
句法解析中基于约束的原则
  词汇词义的影响
  篇章语境的影响
  场景情境的影响
  记忆负荷和先前语言经验的影响
预期，预期，预期……
➤ 自我测验 11.2

理解文本和篇章
推理
情境模型

对话
已知 – 未知协定
共同基础：将对话中的对方考虑进来
建立共同基础
句法协调
> 研究方法　句法启动

思考　音乐和语言
音乐和语言：相似性与差异性
音乐和语言中的预期
音乐和语言的大脑机制是否重叠？
➤ 自我测验 11.3

本章小结
思考题
关键术语

我们将思考的一些问题

➤ 如何理解单词？怎样将单词组合成句子？（第428页）

➤ 如何理解具有多个含义的句子？（第438页）

➤ 怎样理解篇章？（第449页）

➤ 语言和音乐之间有什么样的联系？（第463页）

本章讲述一个故事，故事以我们如何感知和理解单词开始，然后讲述单词串是如何组成有意义的句子的，并以如何运用语言在文本、篇章和对话中进行交流为结尾。

在整个故事中，将反复强调读者和听众是如何使用推理和预期来构建意义的。因此，本章将跟随前几章的步伐，继续讨论推理和预期在认知过程中的作用。例如，在知觉一章中（第3章），描述了赫尔姆霍兹的无意识推理理论，理论内容是对模糊视觉刺激的处理（见第076页），人们可以在众多选择中无意识地推断出哪一个最可能"存在"（见第083页）。

我们知道，通过一系列的眼球运动扫描一个场景时，眼球的运动轨迹在一定程度上由个体对场景中重要客体可能出现的位置的认识来引导（见第129页）。在关于长时记忆的那一章中（第6章），我们也了解到关于过去经验的记忆是如何用来预期未来可能发生的事情的（见第227页）。

你可能要问，在语言中推理和预期是如何进行的？我们先从你认为很简单的事情说起，例如理解对话中的单词。事实上，这个看似简单的过程包含许多挑战，必须通过从过去的语言经验中汲取的知识来解决。再如那些具有固定结构的句子是由一连串词语组成的。你可能认为，理解一个句子只是把所有单词的含义叠加起来，但是理解单词的含义仅仅是理解句子的开始，因为单词的排列顺序也很重要，有些词语可能存在多个含义，即使是两个相同的句子也可以具有完全不同的意义。就像到目前为止你所遇到的每一种认知类型都比想象的复杂一样，语言加工也是如此。在理解语言时，你经常使用推理和预期，就像在读本章时做的那样，即使你自己都没有意识到。

什么是语言？

下面对语言的定义围绕着这样的观点，即将一系列语音和单词整合在一起进而打开与世界沟通的大门的能力：**语言**是一种由声音或符号构成的，是用来表达情感、思维、想法和经历的交流系统。

当然，这样定义语言远远不够，因为如果按照这样的定义，一些动物之间的交流也应该属于语言。例如，猫通过"喵喵"表示装食物的盘子空了；猴子有一整套叫声，可以传达"危险"或"问候"之类的信息；蜜蜂在蜂巢上表演"蜜蜂舞"来告诉同伴花朵的位置。尽管一些动物的交流方式使人印象深刻，但是这些交流比人类的语言死板得多。动物用数量有限的声音或手势来交流对于生存至关重要的信息，这些信息自然也是有效的。相反，人类使用各种各样的信号，这些信号以无数种方式组合在一起。因此，人类语言的一个特性是具有创造性。

人类语言的创造性

语言是应用一系列符号（如口语中的语音、书面语言中的字母和词语，以及手语中的动作等方法）来进行个体间的交流的，交流的内容可以是简单的、司空见惯的（"我的车在那边"），也可以是在人类历史上从未被说出或书写过的内容（"我和塞尔达在土拨鼠日进行了旅行。塞尔达是我的表姐，来自加利福尼亚，于今年2月份失业。"）。

人类之所以可以创造出这样新颖的、独一无二的句子，是因为语言具有层级结构并受规则控制。**语言的层级性**意味着它由一系列可以组合成更大单元的小单位组成。例如，单词可以组合成短语，短语又可以组合成句子，句子本身又可以成为一篇文章的组成部分。这种**基于规则的语言特性**意味着这些单元可以以特定的方式进行排列。比如，可以这样表达："我的猫在说什么？"而不能这样表达："猫我的什么说？"语言的层级性和规则性使得人类的语言可以远远超越动物的固定叫声和信号，并可以在交流的过程中表达想要表达的任何意思。

语言交流需求的普遍性

尽管人们有些时候会自言自语，比如哈姆雷特彷徨时的独白"生存还是毁灭"，又比如在课堂上所做的白日梦，但语言最主要还是用于交流，不论是用于人与人之间的对话还是阅读别人书写的文本。这种用语言进行交流的需要被称为"普遍性"，因为它发生在任何有人的地方。例如，请思考下面的内容。

- 人们对于交流有着强烈的需求，以至当聋哑儿童发现自己身处一个无人说话或没有手语的环境中时，他们创造了属于自己的手语（Goldin-Meadow，1982）。
- 任何一个具有正常能力的人都会掌握一种语言，并在此过程中学会遵循这种语言的复杂规则，即使在大多数时候人们并没有意识到这些规则的存在。尽管很多人觉得学习语法的过程很艰难，但他们在运用语言的时候并不会觉得存在困难。
- 语言具有跨文化的普遍性。全世界大约有5000多种语言，且没有任何一种文化是没有语言的。早在16世纪，当欧洲探险者首次踏上新几内亚时，当地居民已经与外部世界隔绝相当长的时间了。在此期间，他们发展出了750多种语言，其中有许多语言彼此之间差别很大。
- 语言发展具有跨文化的相似性，无论是哪一种文化或哪一种语言，儿童一般都在大约7个月的时候开始牙牙学语，1岁时可以说一些具有意义的单词，大约到2岁时才能进行多字词的表达（Levelt，2001）。
- 尽管世界上的许多语言之间存在巨大差异，但是仍可以说它们是"独特而相似"的。独特性是指，它们所使用的字词和语音各不相同，并且可能按照不同的规则组织这些字词（尽管有很多语言所使用的规则是相似的）。相似性是指，任何一种语言都存在名词或动词这样的功能词，而且所有语言都具有一套系统来进行否定、疑问或者指向过去和现在。

研究语言

几千年来，语言一直牢牢地吸引着哲学家和思想家的目光，往上可以追溯到古希腊的苏格拉底、柏拉图和亚里士多德（公元前450年至公元前350年），甚至更早期的人物。现代语言学的科学研究可以追溯到保罗·布洛卡（Broca，

1861）和卡尔·威尔尼克（Wernicke，1874）所进行的工作。布洛卡根据对脑损伤患者的研究提出额叶的一个区域（布洛卡区）负责语言的产生。威尔尼克提出颞叶的一个区域（威尔尼克区）负责语言的理解。第 2 章中介绍过这些观察结果（见第 049 页），但值得注意的是，现代研究已经表明，人类的语言不仅仅涉及布洛卡区和威尔尼克区，真实的情况复杂得多（见第 056 页）。

本章不关注语言和大脑之间的联系，而是关注语言认知机制中的行为研究。我们从 20 世纪 50 年代对于语言的行为研究开始说起，在这一时期，行为主义仍然是心理学领域的主要研究取向（见第 010 页）。1957 年，行为主义学派的代表人物 B. F. 斯金纳在其著作《言语行为》中提出语言习得是行为强化的结果。根据这种观点，儿童是通过在使用正确语言时获得奖励和在使用错误语言时受到惩罚（或是没有得到奖励）来学习语言的，这与他们因为"好"行为而获得奖励、因为"坏"行为而受到惩罚进而学会适当的行为是一样的。

同一年，语言学家诺姆·乔姆斯基在其著作《句法结构》（*Syntactic Structures*）中提出了不同的观点。他认为，语言能力是人类生而有之的，是由基因决定的。这种观点认为，就像人类一生下来就已经被基因设定好将来可以行走一样，人类也已经被设定好会习得和使用语言。乔姆斯基认为，尽管不同种类的语言之间差别很大，但都具有相似的潜在基础。对于我们而言，更重要的是，乔姆斯基将研究语言视为探究人类内部心理特性的一种方式，这与行为主义的观点不同，行为主义者否认内部心理是心理学应该研究的对象。

乔姆斯基与行为主义存在分歧，为此，他对斯金纳在 1959 年出版的《言语行为》一书发表了一篇措辞严厉的评论。他在这篇评论中阐述了自身观点来反对斯金纳的观点（语言习得是行为强化的结果，而不涉及内在心理特性），其中最有说服力的论点之一是，在学习语言的过程中，儿童可以说出之前从来没有听说过，也没有受过强化的句子（一个经典的例子是："妈妈，我恨你"，这样的句子不太可能是父母教授或者强化的结果）。乔姆斯基对行为主义的批评是认知革命中的一个重要事件，并开始改变**心理语言学**这一新兴学科的研究焦点，该学科关注对语言进行心理学研究。

心理语言学的研究目的是揭示人类在习得和加工语言时的心理过程（Clark & Van der Wege，2002；Gleason & Ratner，1998；Miller，1965），主要包括以下四个关注点。

1. **理解**。人类是怎样理解口语和书面语言的？个体是如何进行语音加工的？个体又是如何理解以书面形式呈现的单词、句子和篇章的？个体是如何理解口语或手语的，以及是如何与他人开展对话的？
2. **表征**。语言是如何在心理中进行表征的？个体如何将单词组成短语来创造有意义的句子？个体如何将篇章的不同部分联系起来？
3. **语言产生**。个体是如何产生语言的？这包括语音产生的生理过程，以及个体产生语音时的心理过程。
4. **习得**。人类是如何习得语言的？包括儿童是如何习得第一语言的，以及成人或儿童对于第一语言外的其他语言是如何习得的？

由于心理语言学研究的范围很广，没办法逐一讨论，因此这里将集中探讨前两个方面的内容，即语言的理解和表征，它们共同解释了我们是如何理解语言的。接下来将从单词层面开始，看看单词是如何组合成句子的，以及句子是如何组合成阅读、倾听或是与他人交谈时所涉及的篇章的。

理解单词：一些复杂情况

首先通过定义几个术语来讨论单词。**词典**指个体所掌握的所有单词，也被称为"心理词典"。**语义**是语言的意义，它对单词来说很重要，因为每个单词都具有一个或多个意义。单词的意义被称为**词汇语义**，本节的目的就在于探究如何确定单词意义。你可能认为确定一个单词的意义很简单：只需要查一下心理词典就可以了，但是确定单词意义远比单纯的"查找"复杂得多。接下来将探讨影响单词感知和理解的一些因素。

不是所有的单词都是生而平等的：词频差异

在某种特定的语言中，单词出现的频率不同。例如，在英语中，"home（家）"在每百万个单词中会出现547次，而"hike（远足）"在每百万个单词中只出现4次。单词在语言中出现的频率被称为**词频**。**词频效应**指个体对高频词（如"home"）的反应快于对低频词（如"hike"）的反应。词频效应之所以重要，是因为它表明词频可以影响加工单词的方式。

表明个体对于高频和低频单词的加工存在差异的一种方式是使用**词汇辨认任务**，该任务要求个体既快又准地对字母串的真假进行判断（字母组成的是真词还是非词）。例如，尝试判断以下四个字母串的真假：reverie、cratily、history和garvola。注意，其中有两个真词：reverie（幻想）和history（历史）。而且reverie是低频词，而history是高频词。词汇辨认任务的研究表明，个体对低频词的反应时更长（Carrol，2004；也见第9章，第366页对词汇辨认任务的另一种使用方式的介绍）。

这种对低频词反应较慢的现象在对个体阅读时的眼动测量中也得到了证实：Keith Rayner和Susan Duffy（1986）要求个体阅读含有高频目标词和低频目标词的句子，同时测量个体的眼动轨迹以及眼睛停留在某一固定位置时的注视持续时间（见第4章，第124页）。低频词的频率为平均每百万单词中出现5.1次，而高频词的频率为平均每百万单词中出现122.3次。例如，在"The slow waltz captured their attention（缓慢的华尔兹引起了他们的注意）"这句话中，"waltz（华尔兹）"就是低频目标词，将"waltz"替换为高频目标词"music（音乐）"时，就形成了含有高频目标词的新句子"The slow music captured their attention（缓慢的音乐引起了他们的注意）"。对目标词的首次注视时间如图11.1a所示，个体对低频目标词的首次注视时间比高频目标词长37毫秒（有时，一个单词可能不仅会被注视一次，比如一个人读到了一个单词，等他读到后面的内容时可能会回过头来重新读这个单词）。图11.1b显示了总注视时间，总注视时间是指对一个单词所有注视时间的总和，低频目标词的总注视时间比高频目标词长87毫秒。用更长时间注视低频词的原因之一是阅读者需要更多的时间通达低频词的语义。因此，词频效应说明，个体对于单词的以往经验影响其通达单词语义的能力。

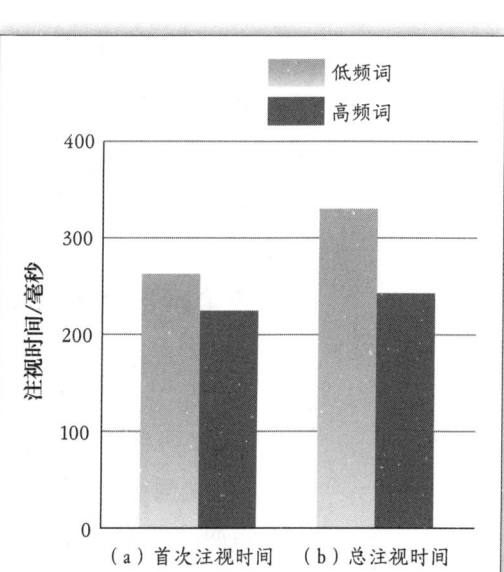

图11.1 对句子中低频词和高频词的注视时间。(a)首次注视时间；(b)总注视时间。在这两种情况下都是低频词的注视时间更长。

来源：Based on data from Rayner and Duffy, 1986, Table 2, p. 195.

单词发音的可变化性

理解单词的另一个挑战是并非每个人的发音都是一样的。人们用不同的口音、不同的语速进行交谈。更重要的是，当人们很自然地进行交流时，他们的发音方式也是比较自由的。例如，你同一个朋友交谈，将怎样说"Did you go to class today？（你今天去上课了吗？）"你会发出"Did you"的音还是"Dijoo"的音？你有自己的方式对单词和音素进行发音，别人也一样。例如，有研究者对个体的实际说话方式进行分析，发现单是"the"这个单词就有50种发音方式（Waldrop，1988）。

那么该怎样处理这种情况呢？一种方法是通过词语出现的语境进行判断。当我们听到一个脱离语境的词时，语境的作用就显现出来了。通过记录被试在房间里等待实验开始时的对话，Irwin Pollack 和 J. M. Pickett（1964）发现，当单词脱离语境单独呈现时是很难理解的。当被试听从他们自己的对话中提取的单个单词的录音时，即使是自己的声音，他们也只能识别出一半的单词。人们可以在彼此交谈时识别单词，却不能够识别单独呈现的单词，这说明对话中的单词和句子所提供的语境能够帮助个体在对话中感知单词。

正常对话中的单词之间没有停顿

在句子中听到的单词更容易理解，这一事实尤为令人惊讶。这是因为听和读不同，在英语的阅读材料中，单词与单词之间以空格分开；而在口语交流过程中，词语之间是不存在停顿的。这似乎与预期不符，因为听别人说话时通常会听到个别单词，有时似乎有停顿将不同的词语分开。但是，记得第3章的讨论（见第080页）已经提到，对对话中语音信号的物理能量记录显示，语音信号间没有物理停顿将不同的单词区分开，在单词内部也不存在这样的停顿（见图3.12）。

第3章介绍了 Jennifer Saffran 及其同事在2008年的一项研究，结果表明，婴儿对语音信号的统计规律很敏感。语音信号的统计规律指在一种特定的语言中，不同声音之间的连接方式有一定规律可循，而得知这些规律可以帮助婴儿实现**语音切分**。语音切分是指，即使单词之间没有停顿，个体仍能对个别单词产生感知（见第080页）。

我们一直在使用语言的这种统计特征，却没有意识到这一点。例如，我们已经了解到一些语音更有可能在一个单词内部相互连接，而一些语音更有可能在单词间相互连接。请思考"pretty baby（漂亮宝贝）"这个词。在英语中，"pre"和"ty"很可能在一个单词内部相互连接（pre-ty），而"ty"和"ba"更可能是将两个单词分开的语音（pretty baby）。

另一个帮助语音切分的因素是关于单词语义的知识，第3章中曾指出，当个体听到一门陌生的外语时，通常很难对不同的词语加以区分。但是，听个体熟知的语言时，单个单词就会凸显出来（见第080页）。这一观察表明，了解单词的含义有助于我们感知它们。也许你有过这样的经历，当听一门不太熟悉的外语时，恰好听到一个熟悉的单词，这个单词就像从连续的语音中弹出来了一样，而其他单词的语音仍然是连续不可分的。

语义是如何帮助我们将声音组织成单词的，下面这两句话提供了另一个例子：

Jamie's mother said, "Be a big girl and eat your vegetables."（杰米的妈妈说："做个大孩子，多吃蔬菜。"）

The thing Big Earl loved most in the world was his car.（大厄尔最喜欢的东西是他的车。）

"Big girl"和"Big Earl"的发音完全相同，之所以听起来不一样，是因为这两个词语所在的句子的整体意义不同。这个例子类似于美国人从小就学过并且熟知的"I scream, you scream, we all scream for ice cream（我尖叫，你尖叫，我们都为冰激凌尖叫）"，其中"I scream（我尖叫）"和"ice scream（冰激凌）"的发音完全相同，之所以能感知出不同结构，完全是因为词语所在句子的意思。

总结一下，我们听到和理解口语单词的能力受到以下因素影响：（1）在过去的语言经验中，一个单词的出现频率；（2）单词所处的语境；（3）个体关于语言统计规律的知识；（4）个体关于单词语义的知识。这里包含一个重要信息，所有这些因素都涉及通过语言学习或语言经验所获得的知识经验。听起来熟悉吗？是的，这紧扣贯穿本章的主题——知识经验在理解句子、篇章乃至对话中的重要性。但是对于单词，还没有说完，使事情变得更加有趣的是许多单词具有多重含义。

歧义词理解

单词通常具有多个含义，我们称之为**词汇歧义**。例如，英文单词"bug"就有昆虫、窃听器或烦扰他人等多个意思。当歧义词出现在句子中时，通常需要根据句子的语境来确定该词适用哪种含义。例如，当苏珊说"My mother is bugging me"，显然是在说苏珊的妈妈在打扰她，而不是向她身上扔虫子或者是在她的房间安装窃听器。

多重语义通达

关于歧义词"bug"的例子说明语境通常可以帮助我们迅速地排除歧义词的歧义，以至我们意识不到歧义词歧义性的存在。但是研究发现，在我们刚刚听完一个单词后，一些有趣的事情就在头脑中发生了。Michael Tanenhaus及其同事（1979）发现，在语境信息起作用之前，人们就已经简单地通达了歧义词的多重含义。他们在实验中将事先录制好的短句呈现给被试，例如"She held the rose（她拿着玫瑰）"，其中目标词"rose"是一个关于花的名词；或者"They all rose（他们都站起来了）"，其中"rose"是一个动词，指人站起来的动作。

Tanenhaus及其同事想要确定被试听到"rose"时，头脑中通达了它的哪个语义。为此，他们采用了词汇启动范式进行研究。

研究方法　词汇启动

第6章曾介绍过（见第235页），当个体看到一个刺激，并对再次出现的同一刺激反应变快时，启动就发生了。这种启动被称为重复启动，即相同的单词重复出现所产生的启动效应。启动背后的基本原理是，先前呈现的刺激激活了个体关于此刺激的表征。所以当该刺激再次呈现时，如果这种激活仍然存在，就会促进个体对于该刺激的反应。

词汇启动指有关单词语义的启动：当一个单词后面跟着另一个和其语义相近的单词时，就会产生词汇启动效应。例如，在呈现单词"rose"之后呈现"flower（花）"可以使个体对"flower"这个单词做出更快的反应。相比之下，在"flower"之前如果呈现的是与其语义不相关的单词"cloud（云）"时，启动效应就不会发生。因此，词汇启动效应的存在可以表明两个单词（如rose和flower）在个体头脑中是否存在相似的语义。

Tanenhaus 等人在两种情况下测量了词汇启动效应：（1）名词—名词条件：一个词作为名词出现，后面跟着一个名词探测刺激；（2）动词—名词条件：一个词作为动词出现，后面跟着一个名词探测刺激。例如，在第一种情况中，被试会听到像"She held the rose（她拿着玫瑰花）"这样的句子，其中 rose 作为名词出现（一种花），后面紧跟着探测词"flower"，要求被试尽快地读出探测词，从句子消失到被试开始读词之间的时间为反应时。

为了确定"rose"的出现是否会促进被试对"flower"的反应，在对照条件中，探测词"flower"前出现像"She held a post（她曾任职）"这样的句子，因为"post"和"flower"不具有语义相关性，所以研究者预期在对照条件下"post"对"flower"不会产生启动效应。结果也正是如此，如图 11.2a 左侧的条形图所示，和对照条件相比，当"flower"前出现的是表示一种花的单词"rose"时，被试对于"flower"的反应时间快了 37 毫米。这和预期相符，因为"rose"（一种花）和"flower"间存在语义相关性。

事实上，在第二种情况中，研究结果更具有显著性。当含有启动词的句子为"They all rose（他们都站起来了）"，其中"rose"是一个动词（表示站起来的动作），而探测词仍旧是"flower"时，对照条件下的句子是"They all touched（他们都感动了）"。结果如图 11.2a 右侧的条形图所示，即使"rose"作为一个动词出现，它还是促进了被试对"flower"的反应。

也就是说，无论"rose"作为名词还是动词出现，在被试听到"rose"后立即就激活了"rose"这个词中"花"的含义。此外，Tanenhaus 还发现"rose"的动词含义在两种条件下也都会被激活。这说明在被试听到某个歧义词后，歧义词的所有语义都立即被激活了。

更有意思的是，在句子和探测词之间增加 200 毫秒的延迟，而其他实验条件不变时，结果就发生了变化。如图 11.2b 所示，在条件 1 中，启动效应仍然存在，名词的"rose"启动了探测词"flower"。但这种启动效应在条件 2 中就消失了，动词的"rose"无法再次启动"flower"。这意味着在听到"rose"作为动词后的 200 毫秒，歧义词"rose"中表示花的含义就消失了。此结果说明句子所提供的语境有助于确定句子中歧义词的含义，但在语境发挥作用前，歧义词的多重含义已经被激活了（同样的结果参见 Swinney 在 1979 年和 Lucas 在 1999 年的研究，可以进一步了解语境对于单词语义的影响）。

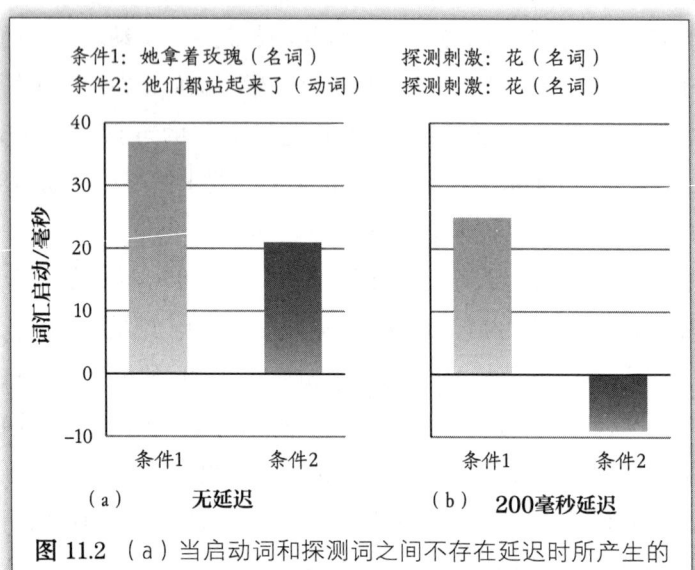

图11.2 （a）当启动词和探测词之间不存在延迟时所产生的启动效应（启动条件相比对照条件所减少的反应时）。条件1：名词（例句：She held a rose）后面跟着探测词（flower）。条件2：动词（例句：They all rose）后面跟着探测词（flower）。（b）当启动词与探测词之间存在200毫秒延迟时所产生的启动效应。

来源：Based on data from Tanenhaus et al., 1979.

语义使用频率对歧义词语义激活的影响

语境有助于确定句子中歧义词的含义，除此之外，不同含义的使用频率也会影响歧义词的语义通达，使用频率越高的含义越容易被激活。正如 Matthew Traxler（2012）所说，"很多词都具有多重含义，但这些含义并不都是平等的"。例如，歧义词"tin"最常使用的含义是"锡，一种金属"，而不常使用的含义是"一个小金属容器"。歧义词含义的相对频率一般通过**语义优势性**来描述。像"tin"这样的词，其中一个含义（一种金属）比另一个含义（一个小金属容器）更常见，是具有**偏颇优势**的歧义词。但是单词"cast"的其中一个含义是"戏剧演员"，另一个含义是"石膏模型"，两者的使用频率相当，因此"cast"是具有

平衡优势的歧义词。

当人们阅读时，偏颇优势和平衡优势间的差异会影响人们通达词汇语义的方式。这已经得到了实验的证实，在被试阅读句子的过程中，研究者监控了被试的眼球运动轨迹，记录并比较了被试对歧义词和控制词的注视时间。其中，控制词在句子中用来替换歧义词，且只具有一个语义。阅读下面的句子，其中，歧义词"cast"是具有平衡优势的单词。

The cast worked into the night.（演员们一直工作到深夜。）（控制词：cook）

当个体看到"cast"这个单词时，它的两个含义都被激活，因为"cast"作为"戏剧演员"和"石膏模型"这两个含义的使用频率相同，因此两个含义的激活存在竞争，导致被试注视"cast"的时间长于控制词"cook"。最终，当阅读者读到句子的末尾时，歧义词的含义就会变得清晰起来（Duffy et al.，1988；Rayner & Frazier，1989；Traxler，2012）（图11.3a）。

但是考虑下面的情况，当句子中的歧义词为"tin"：

The tin was bright and shiny.（锡很光亮。）[控制词：gold（金子）]

在这种情况下，当人们读到具有偏颇优势的歧义词"tin"时，对歧义词的加工速度和控制词一样快。这是因为只有"tin"的主要含义被激活，"tin"作为金属的含义被快速通达。（图11.3b）

但是含义的使用频率并不是决定歧义词语义通达的唯一因素，语境也会发挥作用。例如在下面的句子中，在歧义词"tin"之前设置语境表明"tin"指的是其低频含义"小金属容器"时：

The miners went to the store and saw that they had beans in a tin.（矿工们去了商店，看到他们有一罐豆子。）[控制词：cup（杯子）]

当个体看到单词"tin"时，先前的语境促进了它的低频含义的激活，而高频含义也会被自动激活。激活后的两个含义之间的竞争导致被试注视"tin"的

具有平衡优势的单词：CAST（戏剧演员）；CAST（石膏模型）
具有偏颇优势的单词：TIN（金属）；tin（装食品的金属容器）

无先前语境：速度由语义优势性决定

（a）CAST（戏剧演员）和CAST（石膏模型）
　　 具有平衡优势

（b）TIN（金属）具有偏颇优势

有先前语境：速度由语义优势性和语境共同决定

（c）tin（装食品的金属容器）不具有语义
　　 优势；TIN（金属）具有语义优势

（d）TIN（金属）具有语义优势

图 11.3 歧义词语义的通达同时受到句子语境和歧义词语义优势性的影响。如果没有先前的语境：（a）具有平衡优势的歧义词，其不同含义之间平等的竞争会导致该词语语义通达缓慢；（b）具有偏颇优势的歧义词，只有在激活其优势语义时，语义通达的速度才会加快。如果在具有偏颇优势的歧义词前设置语境：（c）同时激活低频和高频语义都会导致语义通达缓慢；（d）只激活高频语义会导致语义通达变快。示例请参见正文。

时间延长，和阅读具有平衡优势的歧义词 "cast" 的情况相同（图 11.3c）。

最后，考虑下面的句子，语境指向了 "tin" 的高频含义：

The miners went under the mountain to look for tin.（矿工们到山下去找锡。）
［控制词：gold（金子）］

在这个例子中，只有"tin"的主要含义被激活，个体对"tin"的阅读速度也得以提升（图 11.3d）。

在本章中可以看到，一个单词的语义通达是一个复杂的过程，会受到诸多因素的影响。首先，一个单词的词频决定了其语义通达的速度。其次，如果一个单词具有多个含义，句子的语境会影响个体通达哪个语义。最后，对于多义词，是否可以正确地通达词语语义取决于词频和语义优势性以及语境的共同作用。因此，看似简单的辨认、确认和理解一个单词的含义，其实是一个复杂且令人惊叹的壮举。然而，除在极少数情况下单词单独出现外［如"Stop！（停！）"和"Wait！（等等！）"这样的惊叹词］，在大多数情况下，单词都是和其他单词一起组成句子来呈现的。正如接下来要讨论的，句子为语言理解增加了另外一个层面的复杂性。

自我测验 11.1

1. 语言的层级性指什么？基于规则的语言特性指什么？
2. 为什么说人们对交流的需求具有普遍性？
3. 在 20 世纪 50 年代，语言近代研究的开端与哪些事件有关？
4. 什么是心理语言学？心理语言学的研究主要关注什么问题？本章所关注的问题是哪些？
5. 什么是语义？什么是心理词典？
6. 词频是如何影响词语加工的？通过描述眼动实验来说明词频效应。
7. 有哪些证据可以表明语境可以帮助人们处理单词发音的可变性？
8. 什么是语音切分？它在什么情况下会出现问题？哪些因素有助于实现语音切分？

9. 什么是词汇歧义？描述一个实验，该实验使用词汇启动来证明（a）一个歧义词的所有含义在听到该词后都立即被通达；（b）大约在200毫秒以内，语境可以帮助个体确定歧义词的合适语义。
10. 什么是语义优势性、偏颇优势和平衡优势？
11. 词频和语境是如何结合起来共同确定歧义词的正确含义的？

理解句子

在对单词的讨论中可以看到句子所提供的语境：（1）可以处理单词发音的可变性；（2）在连续的语音流中感知个别单词；（3）确定歧义词的含义。但现在不是要考虑句子是如何帮助我们理解单词的，而是要探究单词是如何组合成句子并创造意义的。

为了理解我们如何确定一个句子的含义，需要考虑的是**句法**，即句子的结构。句法研究涉及发现语言中将一个句子中的单词相互联系起来的线索（Traxler，2012）。首先，想想当我们听到一个句子时会发生什么，语音随着时间的推移逐渐展开，一个词接一个词。这种系列加工是句子理解的核心，因为思考句子的一种方式就是意义随着时间的推移而逐渐展开。

当个体听到一个句子时，其心理过程又如何呢？回答这个问题的一个简单方式就是认为句子的含义是将出现的每个单词的含义都相加起来而产生的。但是，考虑到某些单词具有多个含义，以及单词的组合也会产生不同的含义，这种方式就行不通了。事实上，确定单词串如何创造有意义句子的关键在于研究单词是如何组合成短语并创造意义的，这个过程称为**句法解析**。

句法解析：理解句子

理解句子的含义是又一项心智上的壮举，它包括理解每一个单词的含义（也许其中有一些是歧义词），也包括将单词解析为有意义的短语（图11.4）。为了理解句法解析,请看下面的句子,例如某句话以"After the musician played the piano...(音乐家演奏完钢琴之后……)"为开头,你认为接下来会发生什么?存在下面几种可能:

a. ... she left the stage.(她离开了舞台)

b. ... she bowed to the audience.(她向观众鞠躬)

c. ... the crowd cheered wildly.(人群疯狂地欢呼)

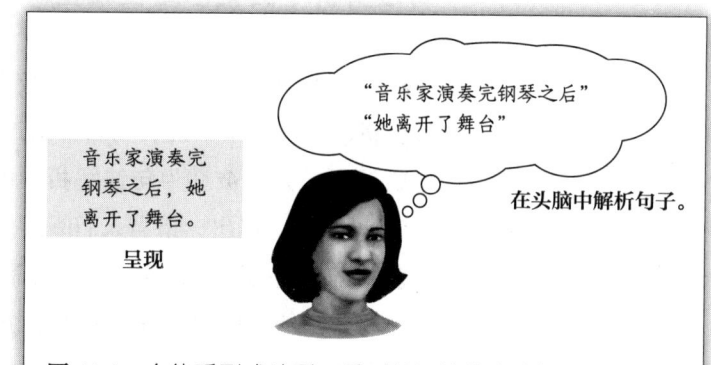

图11.4 个体听到或读到一系列单词并将这些单词组成有意义的短语,这一过程就是句法解析(句子的心理解析过程)。在这个例子中,单词的组合方式意味着个体将句子理解为"音乐家演奏完钢琴之后就离开了这个舞台"。

所有这些可能性,都创造了易于理解和有意义的句子,涉及的单词分组如下:"After the musician played the piano""the crowd cheered wildly"。但是当句子以下面的方式继续时:

d. ... was wheeled off of the stage.(被推下舞台)

把两个部分连接起来"After the musician played the piano was wheeled off of the stage",这时你可能会感到惊讶,因为如果将单词分组成"After the musician played the piano(音乐家演奏完钢琴后)"这样的短语,就是错误的。正确的组合应该是"After the musician played(音乐家演奏完后)""the piano was wheeled off of the stage(钢琴被推下了舞台)"。写作时,如果可以在两个短语中间加上一个逗号,这句话的句法解析就变得清楚明了:"After the musician played, the piano was wheeled off the stage"。

像这样的句子——开始看起来是指一件事,但到结尾指向了另一件事——被称为**花园路径句式**("引导一个人沿着花园小径走",意为会对人产生误导)。花园路径句式说明了句子的**暂时性歧义**,个体先接受一种形式的句子解析,但是当意识到错误时,再去接受正确的句子解析。

句法解析中的花园路径模型

语言研究者利用具有暂时性歧义的句子来帮助我们理解句法解析背后的操作机制。最早用来说明句法解析过程，特别是用来说明花园路径句式的句法解析过程的方法被称为**句法解析中的花园路径模型**。这个模型由 Lynn Frazier（1979，1987）提出，指当人们阅读一个句子时，将单词组成短语的过程会受到许多加工机制的影响，这一过程被称为**启发式**。正如我们将在讨论推理和决策时所要看到的，启发式可以应用于快速做出决策。解析所涉及的决策是对随时间展开的句子结构的判定。

启发式有两个属性：优点是它们有助于快速决策，这一点对于语言来说很重要，因为我们每分钟大约可以说 200 个单词（Traxler，2012）；缺点是有时会导致错误的决定。这些属性在下面的句子中有明显的体现："After the musician played the piano was wheeled off the stage"。本句中最初的句法解析被证明是错误的。根据花园路径模型，当发生这种情况时，应当重新审视最初的解析并进行合理地更正。

花园路径模型不仅规定了句法解析中涉及的规则，还指出这些规则是以语言结构特征（即句法）为基础的。接下来关注其中一个基于句法的原则：**晚封闭**。**晚封闭**原则是指当个体在句子理解中遇到一个新单词时，他的句法解析机制会尽量地将新单词归纳到当前正在形成的短语中，直到所遇新单词再不适用于已有的短语内容为止（Frazier，1987）。

让我们回到关于音乐家的那个例句，然后观察这个原则是如何工作的。个体开始阅读以下面内容开头的句子：

After the musician played...

到目前为止，所有的单词都应该归在同一个短语中，但是当看到"the piano"一词时会发生什么？根据晚封闭原则，解析机制会将"the piano"假设为当前短语的一部分。因此，该短语现在变为"After the musician played the piano..."。

到目前为止，一切也都还好。但阅读到"was"的时候，晚封闭也会将"was"添加到当前短语中，以创建短语"After the musician played the piano was..."。

然而接下来当"wheeled"也被归为当前短语时，问题就来了，在第一个短语中添加了太多的单词后，晚封闭原则使我们（沿着花园小径！）误入歧途。这时，需要重新思考句子的含义，在重新解析句子的句法时，我们发现"the piano"不应该被添加到第一个短语中。相反，它应该被分组到第二个短语中。

"After the musician played" "the piano was wheeled off the stage"

针对花园路径模型产生了大量的相关研究，研究结果也反过来支持了该模型（Frazier，1987）。然而，一些研究者对像晚封闭这样的句法规则产生了质疑，他们质疑在错误的短语分组变得很明朗前，晚封闭会单独决定句法解析（Altmann et al.，1992；Tanenhaus & Trueswell，1995）。这些研究者提供了证据，证明有句法以外的因素从一开始就会影响句法解析。

句法解析中基于约束的原则

当一个人读到或听到句子时，除句法之外的信息参与句子理解被称为**句法解析中基于约束的原则**。下面将通过一些例子说明除了句法以外，其他因素对句法解析的影响。这里将和本章开头所介绍的主题相一致：句子中的单词所包含的信息以及句子所处的语境会影响到句法解析的过程（Kuperberg & Jaeger，2015）。

词汇词义的影响

下面的两句话阐述了句子中单词的语义是如何从一开始就影响句法解析的。由于每句话中的第二个单词不同，导致句子理解的难易程度也不同。

1. The defendant examined by the lawyer was unclear.[①]
2. The evidence examined by the lawyer was unclear.[②]

[①] 这句话意为："律师所调查的被告还不清楚。"——译者注
[②] 这句话意为："律师所调查的证据还不清楚。"——译者注

上面两个句子中的哪一个更容易理解？随着句子的展开，个体对句子的理解过程如图11.5a所示，在读到"The defendant examined"后，个体会有两种理解：（1）被告可能在调查某件事情；（2）被告可能正在接受他人的调查，只有在读到接下来的内容"by the lawyer"时，才可以确定是被告正在接受调查。

相比之下，在阅读第二句中的"The evidence examined"后，只有一种理解，因为证据不可能发起调查的动作（图11.5b）。

下面还有两个例子：

1. The dog buried in the sand was hidden.①
2. The treasure buried in the sand was hidden.②

哪一个在最初更容易导致错误的结论呢？为什么？

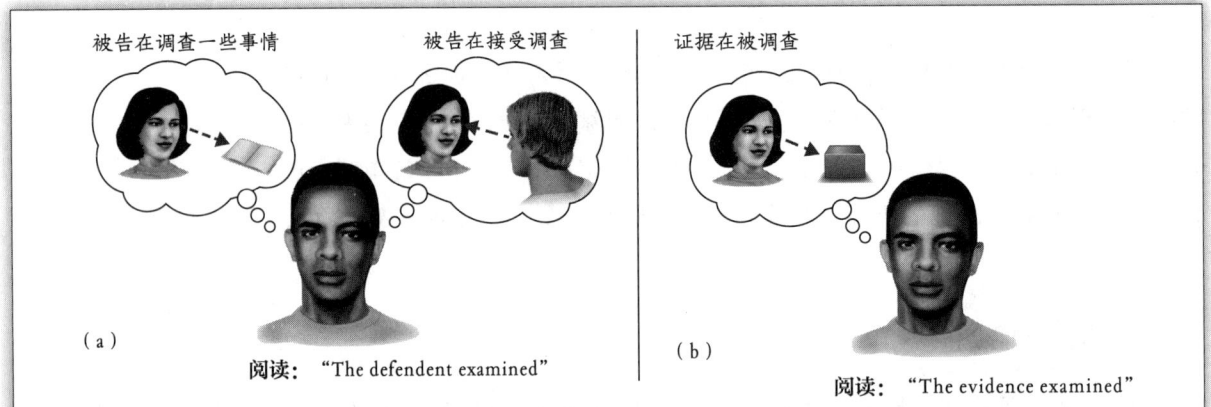

图11.5 （a）当听到或读到"The defendant examined"时，被试会做出两种可能的预期：被告调查某件事情（左）或者被告接受他人的调查（右）。（b）当听到或读到"The evidence examined"时，唯一的可能就是证据在被某人调查，因为"证据去调查某件事情"是极不可能发生的。

---

① 这句话意为："埋在沙子里的狗被藏了起来。"——译者注
② 这句话意为："埋在沙子里的财宝被藏了起来。"——译者注

篇章语境的影响

下面的句子由 Thomas Bever（1970）提出，由于其所引发的误解而被称为最著名的花园路径句式：

The horse raced past the barn fell.①

哇！这是怎么回事？对于大多数人来说，这句话一开始不难理解，直到读到"fell"，读者才会感到很困惑，甚至可能会指责这句话不合语法。让我们在下面的篇章语境中阅读这句话：

> There were two jockeys who decided to race their horses. One raced his horse along the path that went past the garden. The other raced his horse along the path that went past the barn. The horse raced past the barn fell.（有两个骑师决定赛马。一个人骑着马沿着经过花园的小路跑。另一个人骑着马沿着经过谷仓的小路跑。经过谷仓的那匹马摔倒了。）

当然，我们可以简单地修改句子的开头来避免这种曲解，例如，"the horse that was raced past the barn fell"，但是即使没有增加这些有用的单词，在有篇章语境的情况下也能正确地解析句子的含义。

场景情境的影响

除了故事的情境，场景情境也会对句子解析产生影响。为了探讨场景中的客体设置对句子理解的作用。Tanenhaus 等人（1995）提出了**视觉情境范式**，利用此范式可以研究场景中的信息是如何影响句子加工的。研究者让被试观察桌子上的客体并测量其眼球运动，如图 11.6a 所示。被试被要求执行如下指令：

---

① 这句话意为："经过谷仓的马摔倒了。"在读到"fell"前，读者会把这句话理解为主谓结构，即"马飞奔过谷仓"。直到读到"fell"，才发现"raced past the barn（飞奔过谷仓）"是"horse（马）"的后置定语。——译者注

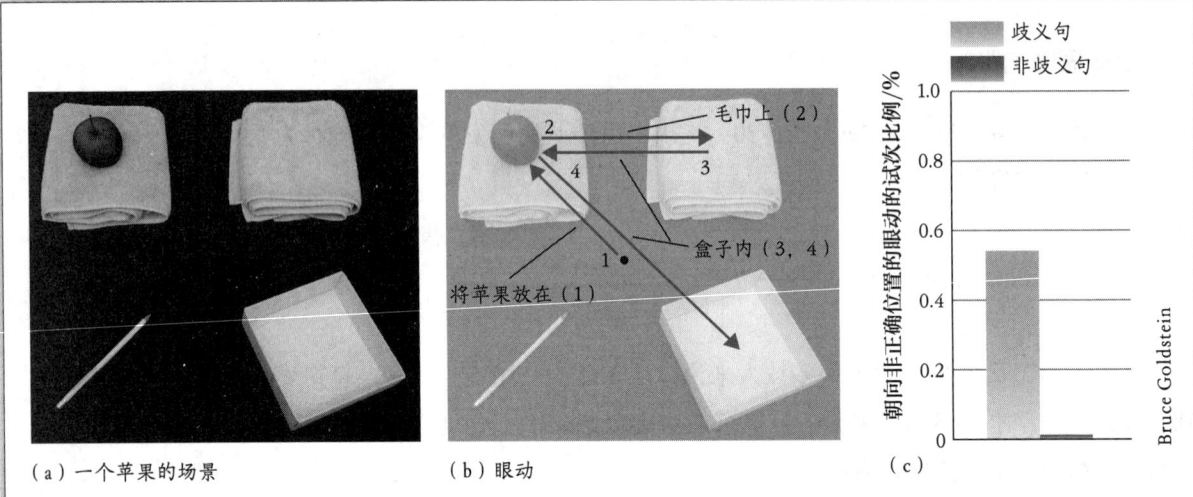

(a) 一个苹果的场景　　　　(b) 眼动

图11.6 （a）一个苹果的场景，类似在Tanenhaus等人（1995）的研究中被试所看到的场景。（b）理解任务时的眼动轨迹。（c）歧义句（Place the apple on the towel in the box）和非歧义句（Place the apple that's on the towel in the box）中的被试看向右侧毛巾的眼动的比例。

Place the apple on the towel in the box.①

当被试听到短语"Place the apple（把苹果放在……）"时，他们把目光移到苹果上，然后听到"on the towel（毛巾上）"时，他们看向另一条毛巾（图11.6b）。之所以会这样，是因为当句子展开到这里时，被试理解为需要将苹果移到另一条毛巾上。但当接下来听到"in the box"时，他们意识到自己看错了地方，因而迅速地将目光转向盒子。

被试一开始看错地方是因为句子内容是歧义性的。"on the towel"一出现似乎意味着要将苹果放在毛巾上面，随后才发现"on the towel"指的是苹果所在的位置。当歧义句被改成"Move the apple that's on the towel to the box"时，被试能迅速将注意集中在盒子上。图11.6c显示了这个结果。当句子的内容有歧义时，被试在55%的实验试次中看向了另一条毛巾；当句子的内容没有歧义时，被试并没有看向另外一条毛巾。

---

① 这句话意为："将毛巾上的苹果放在盒子里。""on the towel（毛巾上）"是"apple（苹果）"的后置定语。——译者注

Tanenhaus 还设置了另一种情境,在场景中呈现两个苹果,如图 11.7a 所示。因为有两个苹果,被试将"on the towel"理解为是告知他们要移动哪个苹果,因此,被试的眼睛先注视苹果然后再注视盒子(图 11.7b)。图 11.7c 显示被试仅在大约 10% 的试次中看向了另外一条毛巾,无论是在歧义句"place the apple on the towel"还是在非歧义句"place the apple that's on the towel"的条件中。事实上,对于歧义句和非歧义句,被试的眼动轨迹都是相同的。也就是说在这种情况下,被试没有被引导到花园小径上。

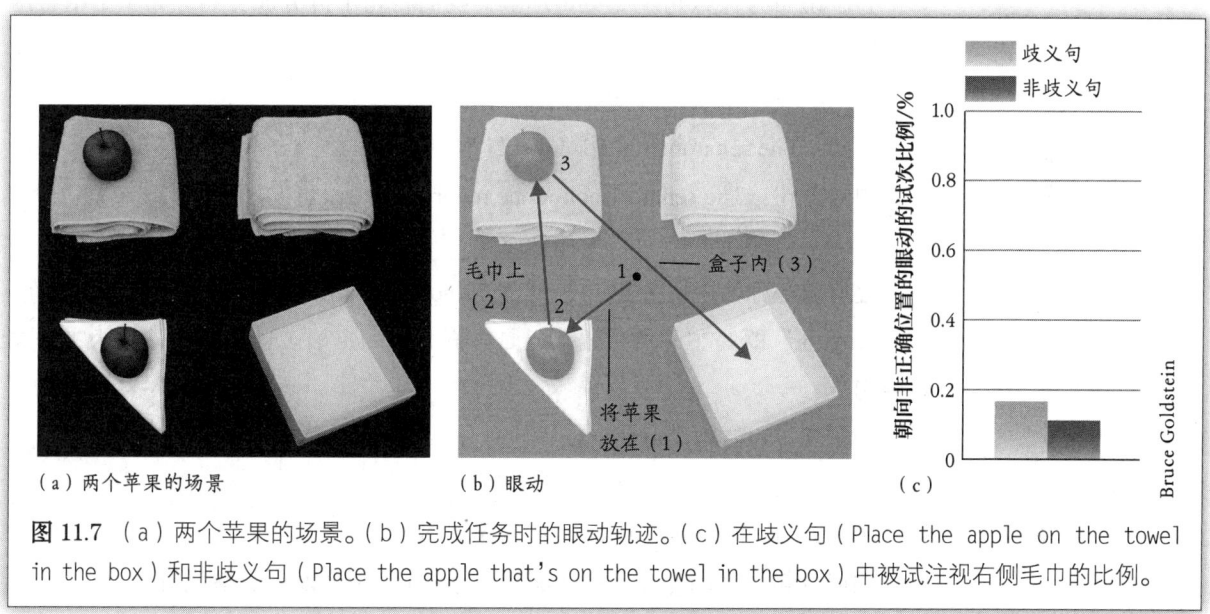

图 11.7 (a)两个苹果的场景。(b)完成任务时的眼动轨迹。(c)在歧义句(Place the apple on the towel in the box)和非歧义句(Place the apple that's on the towel in the box)中被试注视右侧毛巾的比例。

这项研究结果很重要,因为它表明被试在阅读句子时的眼动会受到场景情境的影响。可见,Tanenhaus 的研究表明,在句子理解过程中,被试不仅要考虑句子中的句法结构所提供的信息,还要考虑由情境所提供的非语言信息。这样的结果不支持花园路径模型,花园路径模型认为,在句子最初展开的过程中,对于句子的理解只有句法规则在起作用。

记忆负荷和先前语言经验的影响

思考下面两句话:

1. The senator who spotted the reporter shouted.(发现了记者的参议员大喊。)

2. The senator who the reporter spotted shouted.（记者发现的那个参议员在大喊。）

这两个句子中含有相同的单词，但单词的排列方式不同，这就创建了两种不同结构的句子。句子 2 更难理解。因为研究表明，在类似于句子 2 那样结构的句子中，读者要花更长时间去理解句子中"who"后面的部分（Traxler et al., 2002）。

为了说明为什么句子 2 更难理解，我们将句子拆分成分句。句子 1 中有两个分句：

主句：The senator shouted.（参议员大喊。）
内嵌分句：The senator spotted the reporter.（参议员发现了记者。）

之所以被称为内嵌分句，是因为"who spotted the reporter"嵌在主句里面，"The senator"既是主句的主语，也是内嵌分句的主语。这种结构被称为**主语关系结构**。

句子 2 也包含两个分句：

主句：The senator shouted.（参议员大喊。）
内嵌分句：The reporter spotted the senator.（记者发现了参议员。）

在这种情况下，"The senator"还是主句的主语，但是在内嵌分句中，它的地位由 who 代替，它成了内嵌分句的宾语，"The senator"是内嵌分句的宾语，因为他是被发现的目标（"the reporter"是这个内嵌分句中的主语，因为是他发出了"spot"的动作）。这种结构被称为**宾语关系结构**。

宾语关系结构更难理解，因为它需要占用更多的工作记忆。在句子 1 中，读者可以立刻发现是谁在做"spotting"，是"The senator"在做。但是在句子 2 中，读者需要在记忆中保持前面的阅读内容，直到接近句子末尾时，才能确定是"the reporter"在做"spotting"。这种高记忆负荷减缓了个体的加工速度。

宾语关系结构更难理解的第二个原因是它的结构更加复杂。句子 1 中的"the senator"既是主句的主语，也是内嵌分句的主语。句子 2 中的"the senator"

是主句的主语，却为内嵌分句的宾语。这种复杂结构使宾语关系结构很难进行加工，也使得宾语关系结构在英语中并不是十分盛行。以往研究发现，在英语中，主语关系结构占关系分句结构总数的65%（Reali & Christiansen，2007）。这种高比例的出现也造成了一个重要效应：越多接触主语关系结构，就有越多的机会来练习理解这种结构的句子。事实上，我们已经学会了在主语关系结构分句中对单词进行预期，所以我们预期在代词who、which或that之后会出现一个动词（如例句1中的"spotted"）。所以当代词后面没有动词，如句子2，我们必须重新考虑和适应这种不同的结构。这听起来熟悉吗？是的，之前介绍过的对"the defendant examined"和"the horse raced"的加工也是这个原理，最初将动作的发出者归为前面的名词，在理解句子时做出错误的预期就会减慢个体对句子的加工速度。

预期，预期，预期……

到目前为止，所介绍的句子都有一些共同点，都说明了人们在一个句子中是如何根据当前内容来预期接下来要发生的事情的。在读到"The defendant examined（被告调查了）"时，我们预期被告将要调查某个事件，但事实是被告正在接受调查！哎呀！错误的预期使我们走上了花园小径。同样，预期"The horse raced（马飞奔）"会说一些关于马赛跑的事情（例如，那匹马跑得比以前任何时候都快），但随后发现"raced"是用来指明赛跑中的哪匹马的；预期任务是要求把苹果放在另一条毛巾上，结果却被证明不是。

虽然错误的预期会使我们暂时性地偏离轨道，但是在大多数情况下，预期是我们的朋友。在句子阅读中，我们会不停地预期接下来要发生什么事情，而且在大多数时候，这种预期是正确的。这些正确的预期可以帮助我们应对快速出现的语言，尤其当语言比较模糊时，如电话接线不良，声音出现在嘈杂的环境中或者试图去理解外国人说话时，此时预期显得尤为重要。

Gerry Altmann和Yuki Kamide（1999）做了一个眼动实验，证明被试在阅读句子时会不停地进行预期。图11.8呈现了一幅与实验所用材料相似的图片，被试观看这个场景的同时会听到"The boy will move the cake（这个男孩将要移动蛋糕）"或者"The boy will eat the cake（这个男孩将要吃了蛋糕）"。对于这两个句子，"蛋糕"都是目标对象。

图 11.8 与 Altman 和 Kamide（1999）的实验所使用的场景相似，研究者在被试看图片时让被试听到一句话，同时对被试的眼动进行记录。

研究者要求被试判断句子的内容是否符合他们所看到的场景。Altmann 和 Kamide 不在乎被试对任务是如何反应的，他们关心的是被试在听到句子时是如何对信息进行加工的。

让我们考虑一下当句子展开时可能发生的情况：首先，"The boy will move ...（这个男孩将要移动……）"，你认为这个男孩要移动什么东西？答案不是很清楚，因为男孩可以移动玩具汽车、玩具火车、球，甚至是蛋糕。现在考虑 "The boy will eat ...（这个男孩将要吃……）" 的情况，这个很容易判断，这个男孩将会吃蛋糕。

当被试听到句子时，测量被试的眼动轨迹，即可确定被试眼睛对目标客体（这个例子中是蛋糕）的注视情况。结果发现在 "move（移动）" 句子中，在听到单词 "cake（蛋糕）" 的 127 毫秒后，被试的眼睛才开始注视蛋糕的图片。而在 "eat（吃掉）" 句子中，在单词 "cake（蛋糕）" 出现前的 87 毫秒，被试的眼睛已经开始注视蛋糕的图片。也就是说，在听到 "eat" 这个单词后，被试的眼睛就开始看向蛋糕的图片，虽然此时还没有听到 "cake"，但被试预期到下面的单词应该是 "cake"。

听或读句子时，这种预期经常发生。在下一节中，我们还会发现，预期在对篇章的理解和对话中也扮演着重要角色。

自我测验 11.2

1. 什么是句法？
2. 什么是句法解析？什么是花园路径句式？
3. 描述句法解析中的花园路径模型，明确什么是启发式和晚封闭原则。
4. 描述句法解析中基于约束的原则。它与花园路径模型有什么不同？
5. 描述以下支持用"基于约束原则"进行句法解析的证据：
   ➤ 句法解析中单词语义的作用。
   ➤ 篇章语境的作用。
   ➤ 场景情境的作用，确定你已经理解了视觉情境范式。
   ➤ 记忆负荷和基于语言结构的知识所产生的预期对句法解析的影响：确定你已经理解主语关系结构和宾语关系结构之间的区别，以及为什么宾语关系结构更难以理解。
6. 花园路径句式与预期有什么样的关系？
7. 预期对理解句子有何重要意义？

理解文本和篇章

正如句子不仅仅是单个单词意义的叠加，篇章也不仅仅是单个句子意义的叠加。在好的篇章中，一个部分的句子与另一部分的句子是有联系的。所以在理解篇章时，读者的任务是利用句子之间的关系建构连贯的、可理解的篇章。

在构建一个连贯的篇章的过程中，**推理**显得尤为重要。推理是指利用知识而不仅是用文本所提供的信息确定文本含义的过程。第 3 章中阐述了无意识推理在知觉中的作用（见第 083 页），第 8 章中描述记忆的建构性时，也提到在回忆过去发生的事情时，人们经常会在自己都没有意识到的情况下使用推理（见第 314 页）。

推　理

语言中关于推理的一个早期研究来自 John Bransford 和 Marcia Johnson（1973）的实验，在实验中，研究者要求被试阅读一些篇章，并测试他们记住了哪些内容。下面是 Bransford 和 Johnson 的实验中所用的一段内容：

> 约翰正在安装鸟笼。在他钉钉子时，他的爸爸出来看到了他，并帮他一起装鸟笼。

研究者发现，当被试读完这段内容后，在回忆时会倾向于报告他们之前所看到的是："约翰正在用锤子安装鸟笼，这时，他的爸爸出来看到了他，并帮他一起装鸟笼。"被试经常这样报告，尽管原文并没有提及约翰正在使用锤子这样的话语，被试之所以这样报告，是因为被试看到约翰在钉钉子这样的信息后，自动推理出约翰在使用锤子（Bransford & Johnson，1973）。这种事情很常见，个体在阅读文本时总会使用类似的创造性过程去做出大量不同种类的推理。

推理的一个作用是为篇章中不同部分的内容创造关联性，这一过程通常用记叙文的节选进行说明。**叙述**是指所记内容主要为从一个事件发展到另一个事件，尽管篇章中也包含对先前发生过的事件的闪回。叙述的一个重要属性是**连贯性**——个体对篇章的心理表征，这种表征在篇章的各个部分之间以及篇章主题和篇章部分之间建立了清晰的联系。连贯性由许多不同类型的推理创造产生。思考下面的句子：

> 里夫菲，那只著名的贵宾犬，赢得了狗狗秀的冠军。目前她已经赢得了过去她参加的三场选秀的冠军。

她指的是什么？如果指的是里夫菲，你就是在使用**回指推理**，即推理第二句中的两个"她"都是指里夫菲。同样在"约翰和鸟笼"的例子中，第二句中出现的"他"是指约翰。

个体在阅读理解中，通常能够顺利完成回指推理，因为句子中会提供信息，而且个体有能力运用已有的知识完成这一过程。但在有些文本阅读中，回指推理会变得十分困难。例如下面摘自《纽约时报》(*New York Times*)的一段采访，的确是对个体回指推理能力的考验。这是对前重量级拳击赛冠军乔治·福尔曼(George Foreman)的采访片段：

……我们非常喜欢……到我们的农场去……我带着孩子们出去钓鱼。当然，之后我们会把 tā 们烤来吃。（Stevens，2002）

单从句子结构来看，"tā 们"应该是指孩子们，但是根据已有知识，我们知道"tā 们"一定不是指代乔治·福尔曼的孩子们，"tā 们"指代的是鱼。即使在不利的条件下，读者依然有能力进行回指推理，因为个体可以将已有的关于现实世界的知识信息添加到文本所提供的信息中。

这里还有一个利用推理的例子。你在读这句话时，能想象出什么？"莎士比亚正在桌子前撰写《哈姆雷特》。"根据莎士比亚生活的年代，可以推知莎士比亚是用羽毛笔进行书写的，而不是使用笔记本电脑，他的桌子应该是木质的。同样，在约翰和鸟笼的故事中，可以推知约翰是用锤子钉钉子的，这些都是**工具性推理**。

下面是另一个例子：

莎伦服用了一片阿司匹林。她的头不那么痛了。

你可能推断"她"指的是莎伦，又是什么让她的头痛消失了呢？在这两个句子中，这个问题没有答案，除非进行**因果推理**，你可以推断一个分句或句子中描述的事件是由前一句中发生的事件引起的，并推断服用阿司匹林会使她的头痛消失（Goldman et al., 1999；Graesser et al., 1994；Singer et al., 1992；van den Broek，1994）。但是从下面两句话中又能得出什么结论呢？

莎伦洗了个澡。她的头痛消失了。

在这里，你可能会得出这样的结论：淋浴与消除莎伦的头痛有关。但很难将洗澡作为减轻头痛的直接原因进行推理。显然，洗澡与减轻头痛的因果关系比阿司匹林减轻头痛的因果关系弱很多，可能需要找很多理由来进行如此推理，比如，洗澡使莎伦放松，又或者莎伦洗澡时唱歌的习惯对头痛有治疗作用。或者你可能干脆得出这两句话完全无关的结论。回到本节所讨论的话题，即在篇章中什么样的信息可以帮助句法解析。想象一下，如果我们所读的是与莎伦有关的篇章，篇章中已经描述了莎伦喜欢洗澡，因为洗澡可以缓解她的紧张，你就更倾向于认为洗澡可以消除她的头痛了。

推理创造了联系，这对个体创造文本连贯性至关重要，进行这些推理的过程涉及读者的创造性。因此，阅读文本不仅仅是在理解单词或句子。这是一个动态的过程，包括把单词、句子和句子序列转换成一个有意义的篇章。这有时容易，有时却很难，取决于读者和作者的技巧和意图（Goldman et al., 1999; Graesser et al., 1994; van den Broek, 1994）。

到目前为止，我们一直在描述文本理解的过程，即人们如何运用知识推理篇章中不同部分之间的联系。另一种研究人们如何理解篇章的方法是考虑人们在阅读篇章时形成的心理表征的本质。

情境模型

当我们说人们在阅读故事时形成了心理表征，是什么意思？回答这个问题的一种方法是思考你在阅读时，头脑中发生了什么。例如，看到"运动员跳过跨栏"这句话时，头脑中可能会出现一个跑步者在跑道上跳过跨栏的图像。这个图像超越了短语、句子或段落本身的信息；相反，它是根据篇章中描述的人物、对象、位置和事件的情景进行表征的（Barsalou, 2008, 2009; Graesser & Wiemer-Hastings, 1999; Zwaan, 1999）。

这种理解句子的方法说明，当人们阅读或听到一篇文章时，他们会创建一个**情境模型**，该模型模拟了篇章中的客体和动作的知觉和运动特征。下面的研究为此观点提供了证据，研究者要求被试阅读描述客体情景的句子，然后尽快判断所呈现的图片是不是句子中提到的客体。例如，思考下面两句话：

1. 他把钉子钉在墙上。
2. 他把钉子钉在地板上。

在图 11.9a 中，水平方向的钉子与句子（1）中的描述相匹配；垂直方向的钉子与句子（2）中的描述相匹配。Robert Stanfield 和 Rolf Zwaan（2001）向被试呈现了这些句子，之后呈现与句子相匹配或是不相匹配的图片。因为被试只需要判断图片中是否存在句子中所提到的客体，而两张图片中又都含有钉子，所以无论呈现的图片是否与句子中的描述相匹配，被试正确的回答都是"包含"。然而，结果发现，当图片中钉子的方向与句子中描述的情景相匹配时，被试回答"包含"的速度更快（图 11.10a）。

图 11.9b 呈现了另一个实验所用到的图片，是有关客体形状的，与图片对应的句子如下：

1. 守林人看见鹰在天上飞。
2. 守林人看见鹰在巢中。

Zwaan 及其同事（2002）在这个实验中发现，和出现在句子 2 之后相

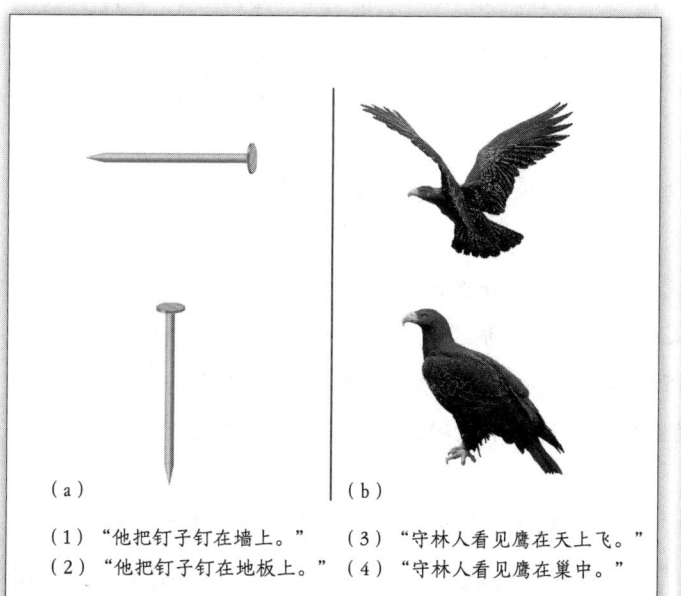

（1）"他把钉子钉在墙上。" （3）"守林人看见鹰在天上飞。"
（2）"他把钉子钉在地板上。" （4）"守林人看见鹰在巢中。"

图 11.9 类似于（a）Standfield 和 Zwaan 在"方向"实验中和（b）Zwaan 等人（2002）在"形状"实验中所用的刺激。被试听到句子之后判断图片是不是句子中所提到的客体。

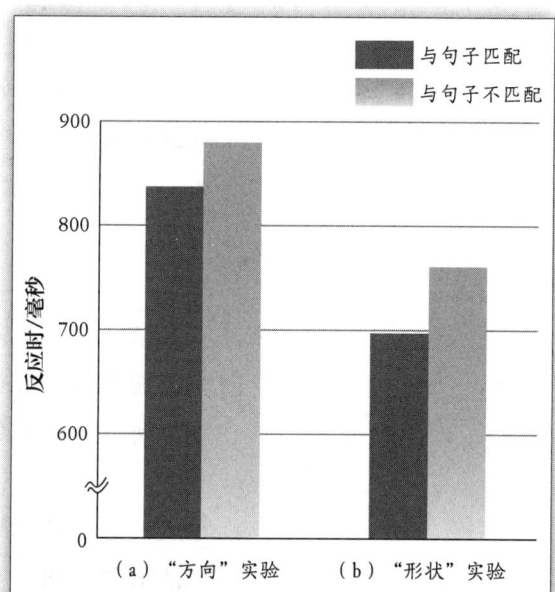

图 11.10 Standfield 和 Zwaan（2001）和 Zwaan 等人（2002）的实验结果。被试对于（a）和（b）中与句子更加匹配的图回答"包含"的速度更快。

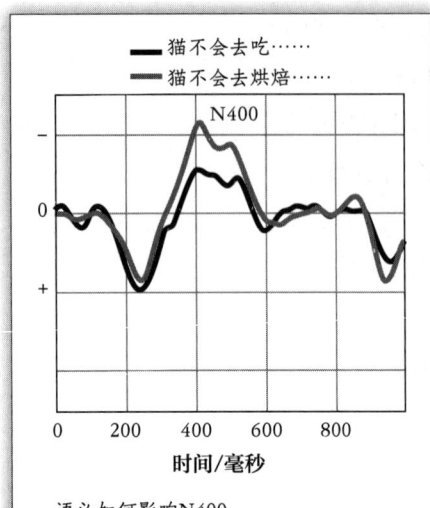

图 11.11 ERP 中的 N400 会受到单词含义的影响，当单词含义不符合句子内容时，会获得一个较大的 N400（灰线）。（来源：Osterhout et al., 1997）

比，当展翅的鹰的图片跟随在句子 1 后面出现时，被试判断图中有老鹰的速度明显更快。这再一次证明，当图片与句子中所描述的情景相匹配时，被试的反应更快。这一结果（图 11.10b）与"方向"实验的结果一致，并且两个实验都支持这样的观点，即被试在阅读句子时创造了与情景相匹配的感知表征。

2012 年，Ross Metusalem 及其同事开展了另外一项证明情境在大脑中表征方式的研究。他们感兴趣的问题是在阅读篇章时，个体关于情境的知识是如何被激活的。Metusalem 测量了事件相关电位（ERP），即第 5 章（见第 198 页）中介绍过的与被试阅读篇章有关的 ERP 的成分。ERP 有许多不同的成分，其中一种成分被称为 N400，是一种负波，在听到或读到一个词后大约 400 毫秒时发生。N400 的特征之一就是当句子中的单词和预期不符时，N400 会增大。如图 11.11 所示，黑色线记录了在句子"The cat won't eat（猫不会去吃）"条件下被试对"eat（吃）"的 N400 反应。但如果句子改为"The cat won't bake（猫不会去烘焙）"，非预期单词"bake（烘焙）"引发了更大的 N400 反应。

Metusalem 记录了被试在阅读下列场景时的 ERP 波形：

音乐会的场景

由于这支乐队非常受欢迎，乔确信音乐会的票会大卖。可是没想到，他竟然能买到前排座位的票。他看到乐队走向（舞台/吉他/谷仓）并开始演奏的时候，他简直不敢相信自己离乐队如此之近。

括号中的单词形成了三个不同版本的场景，每个被试阅读其中一个版本。

在阅读这个情景时，当看到"他看到乐队走向……"，你预期接下来会出现哪个单词呢？"舞台"肯定是理所当然的选择，所以此版本被称为预期条件；"吉他"虽然不符合本篇章内容，但和音乐会、乐队都有关，所以它是事件相关词；"谷仓"与篇章内容不符，也与主题无关，因此它是事件无关词。

图 11.12 显示了被试在阅读目标词时的 ERP 平均波幅，因为"舞台"是被

预期的单词，所以这个单词所引发的 N400 最小。"谷仓"与整个篇章无关，引发了最大的 N400。"吉他"与篇章内容不符，但和音乐会有关，因此它产生的 N400 比"谷仓"小。

我们预期"舞台"这个词会产生很小的或者不会产生 N400，因为它符合句子的含义。然而，"吉他"和"谷仓"相比，也引发了一个较小的 N400，这说明"吉他"这个词语至少在一定程度上被音乐会场景激活了。根据 Metusalem 的说法，在个体阅读篇章的时候，对不同情境知识的通达是持续性的。如果"吉他"能够被激活，那么其他与音乐会有关的单词，如鼓、歌手、人群和啤酒（取决于你在音乐会上的经验）也会被激活。

与特定情境有关的许多事物都可以被激活，此观点与人们在阅读中建构一个情境模型的想法有联系。ERP 的结果显示，阅读篇章时，被激活的情境模型中包含了基于我们对特定情境掌握的许多细节信息（另见 Kuperberg, 2013；Paczynski & Kuperberg, 2012）。此结果不但表明我们在读或者听一个篇章时可以不断地通达现实世界的知识，还表明这种通达的速度很快，发生在阅读某个单词后的 1 秒内。

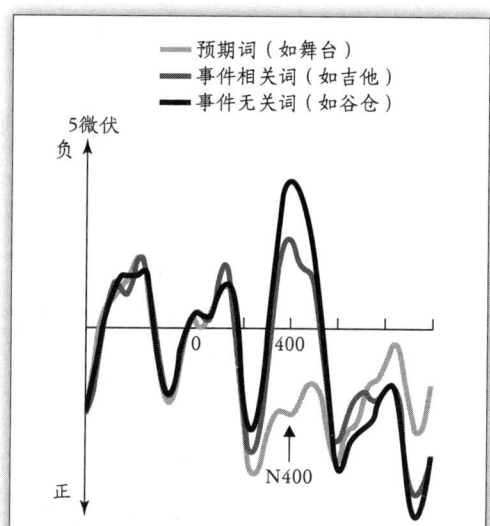

图 11.12 Metusalem 等人（2012）关于"音乐会场景"的实验结果，其中的关键发现是像"吉他"这样的"事件相关"词（中灰色线）所引发的 N400 小于像"谷仓"这样的"事件无关"词（黑色线）所引发的 N400。这说明尽管"吉他"不符合句子含义，但人们对吉他与音乐会有关的知识被激活了。

情境模型的另一个观点认为，读者或听众会模拟篇章中客体的动作特征。也就是说，如果篇章中含有动作信息，个体在理解篇章时也会对其中的动作信息进行模拟。例如，在读一篇有关自行车的篇章时，不仅会在头脑中构建有关自行车的形象，也会表征与自行车有关的动作，比如自行车是如何前进的（通过蹬脚踏板），在不同条件下骑自行车所涉及的体力消耗（爬山、比赛、滑行时）。这与第 9 章所介绍的概念相对应，即关于某一类别事物的知识不仅仅是简单地识别该类别中的典型客体，还包括识别该客体的各种属性，如该客体如何使用，它的用途是什么，甚至是它所引发的情感体验。读者的这种反应方式丰富了篇章中的事件内容，而不是局限于了解其中发生了什么事情（Barsalou, 2008；Fischer & Zwaan, 2008）。

第 9 章中介绍了 Olaf Hauk 等人（2014）是如何利用 fMRI 技术将运动、动作词和大脑激活联系起来的（见第 378 页）。研究者设置了两个实验条件：（1）要求被试移动他们的左脚或右脚、左手食指或右手食指、舌头；（2）要求被试阅读如踢（脚的动作）、捡（手指或手的动作）或舔（舌头动作）这样的动作词。

  Hauk 的研究结果显示，通过真实的运动 [图 9.26a（彩）] 和阅读动作词 [图 9.26b（彩）]，大脑皮层都可以被激活。对于真实的运动来说，大脑皮层的激活区域更为广泛，但阅读单词所引起的大脑激活区域几乎和真实运动相同。例如，有关腿部动作的词语和真实的腿部动作会激活大脑中心线附近的区域，而有关手部动作的词语和真实的手指动作会激活远离中心线的区域。动作词和大脑中动作区域的激活之间的这种联系表明了一种生理机制，这种机制可能与人们在阅读篇章时所创造的情境模型有关。

  总结以往关于篇章理解的研究可知，理解篇章或文本是一个动态的、创造性的过程。理解篇章包括通过确定单词如何组织成短语来理解句子；然后确定句子之间的关系，通常使用推理将篇章中的一个部分的句子与另一个部分的句子联系起来；最后，构建心理表征或者模拟篇章中客体和事件的知觉和动作特征。正如即将看到的，这种动态的、创造性的过程同样适用于两个人或多个人的对话。

对　话

  尽管一个人时也能够产生语言，比如背诵独白或讲演时，但是在通常情况下，语言是在两个人或更多人的交谈中产生的。交谈，或者说是对话，为人类的认知技能提供了另外一个视角，它看似简单，却具有潜在的复杂性。

  对话通常很容易，尤其是当你认识和你交谈的人并且以前和他们聊过天时。但有时候，对话也会变得很困难，尤其是当你第一次和他人进行交谈时。为什么会这样呢？一个原因是和他人进行交谈时，如果你了解对方对正在讨论的话题所知多少，将有助于对话的进行。即使对话中的两个人都有相似的知识，如果说话者能采取措施引导听众进行对话，也有助于对话的进行。实现这些须遵循已知 - 未知协定。

已知 – 未知协定

按照**已知 – 未知协定**，说话人应该使其构建的句子包含两种信息：（1）已知信息，即听众已经知道的内容；（2）新信息，即听众第一次听到的内容（Haviland & Clark）。例如，思考下面两句话的内容：

句子1：埃德收到了一只短吻鳄作为生日礼物。
已知信息（从前面的对话中）：埃德过生日。
新信息：他收到了一只短吻鳄。

句子2：这只短吻鳄是他最心爱的生日礼物。
已知信息（从句子1中）：埃德收到了一只短吻鳄。
新信息：短吻鳄是他最喜欢的生日礼物。

请注意句子1中的新信息是如何变成句子2中的已知信息的。

Susan Haviland 和 Herbert Clark（1974）的研究展示了句子未遵守已知 – 未知协定的后果。实验给被试呈现句子对，要求被试一旦确认自己理解了每个句子对中第二句的内容就按键。结果他们发现被试需要更长时间才能理解下面句子对中的第二句话：

我们检查了野餐用品。
啤酒是温的。

而理解如下句子对中的第二句话所花费的时间则较少：

我们从后备厢里拿出了一些啤酒。
啤酒是温的。

之所以出现这样的结果，是因为在第一组句子对中，第一句话中的已有信息（野餐用品）并未提及啤酒，读者或听众需要推理才能够获知野餐用品中包括啤酒。而在第二组句子对中，第一句话中的已有信息直接提及啤酒，因而个体并不需要进行推理就可以获知关于啤酒的信息。

已知和未知的概念体现了对话的协作性。Herbert Clark（1996）认为协作性是语言理解的核心。Clark 将语言描述为"联合行动的一种形式"，他提出理解这种联合行动不仅要考虑给定信息和新信息，还要考虑对话中的另一个人所带来的知识、信念和假设，这个过程也被称为建立共同基础（Isaacs & Clark，1987）。

共同基础：将对话中的对方考虑进来

共同基础是对话中双方所共享的心理知识和信念（Brown-Schmidt & Hanna，2011），此定义中的关键词是"共享"。当两个人谈话时，可能都知道对方对于当前谈论的内容是有一定了解的，并且随着谈话的继续，共享信息的数量会越来越多。关于信息共享最重要的是：双方不仅在积累关于当前话题的信息（如讨论已知-未知协定时了解到啤酒在后备厢里这一信息），也在积累对方所知的那些信息。对话通常是在两者之间开展的，只有尽可能多地了解对方，对话才可能进行得更加顺利。

一个成功的对话依赖个体对对方所知道的事情的了解程度。例如，为了与患者进行良好的沟通，医生通常尽量不使用专业术语，比如在面对患者时，他们会把心肌梗死讲成心脏病发作，这主要是医生假设患者对生理学和医学术语的知识有限。然而，如果医生意识到病人也是一名医生，他就知道使用医学专业术语是可行的。

建立共同基础

除了要了解人们带入了多少知识到对话中，大量关于共同基础的研究关注人们是如何在对话中建立共同基础的。研究这个问题的一种方法是分析对话记录。下面的例子是三个学生在回忆电影《罗恩岛的秘密》（*The Secret of Roan Inish*）中的一个场景时所展开的对话（Brennan et al.，2010）：

> 利亚：嗯……然后他就会受到惩罚或其他什么处理？
> 戴尔：那是什么，花环还是……
> 利亚：是的，是棕色的……
> 亚当：是啊，好像是稻草之类的东西。

利亚：嗯。
戴尔：在他的脖子上。
利亚：所以大家都知道他做了什么？
亚当：稻草花环。
戴尔：是的。

这段对话揭示了人们在谈话时经常不使用完整的句子，而是使用语言的片段。它还显示了当对话重新构建了人们正在谈论的事件时，是如何有序展开的，最后，对话的各方得出了一个每个人都认同的结论。

另一种研究如何建立共同基础的方法是通过**指示交流任务**。在这个任务中，两个人在对话中交换信息，而这些信息涉及指示，即通过名字或描述来识别某物（Yule，1997）。一个关于指示交流任务的例子来自 P. Stellman 和 Susan Brennan 的实验研究（1993；described in Brennan et al., 2010），在这个实验中，两个搭档 A（主导者）和 B（配合者）各拥有一组相同的 12 张卡片，上面有抽象的几何物体的图片。A 把卡片按特定的顺序排列好，B 的任务是按照同样的顺序排列卡片。因为 B 看不到 A 的卡片，他只能通过对话来确定每张卡片。下面是一个例子，对话的结果是 B 了解到 A 所描述的一张卡片都是什么。

试次 1：
A：天啊，这个，天啊，好吧，它看起来有点像在右上角有一个斜着的正方形。
B：嗯嗯。
A：卡片上还有另一种形状，像矩形，像三角形，有角度，处在图形的底部，我不知道那是什么，是玻璃形状的。
B：好的，我想我明白了。
A：就像一个人，只是存在的方式有点奇怪。
B：是啊，就像是和尚在念经或者在干其他什么事情。
A：对的，很好。
B：好的，我已经知道了。（他们继续确认下一张卡片）

所有的卡片都被识别出来并按正确的顺序放置之后，A 将卡片重新排列，让 B 重复这个任务两次。如下所示，在试次 2 和试次 3 中，双方的对话变得更加简洁。

试次 2：
B：第 9 张是那个和尚在念经吗？
A：好的。（他们继续确认下一张卡片）

试次 3：
A：第 4 张是和尚。
B：好的。（他们继续确认下一张卡片）

这意味着搭档之间已经建立了共同基础，他们知道彼此知道些什么，并且可以根据共同创建出的卡片名字来指出卡片。图 11.13 呈现了在这个任务中所使用的另一个几何客体（不是那个"和尚"）以及 13 对不同的搭档在任务中共同创建的名字。显然，客体叫什么并不重要，名字仅仅是为了让两个搭档建立起关于客体的共同信息。共同基础一旦建立，对话就会更加顺畅。

创建共同基础的过程最终会导致**夹带**，即两个搭档之间的同步。在本例中，同步发生在对卡片上客体的命名中。但夹带也会以其他方式发生。对话中的搭档可以建立相似的手势、语速、体位，有时还可以建立相同的发音（Brennan et al., 2010）。现在要考虑对话中的搭档是如何最终协调他们的语法结构的，这一过程被称为**句法协调**。

句法协调

当两个人在对话中交流意见时，经常会使用具有相同语法结构的句子。Kathryn Bock（1990）为我们提供了一个很好的例子，下面是来自银行劫匪和其同伙（望风者）的一段真实对话录音，内容被一个业余无线电爱好者所截取，当时劫匪正将相当于 100 万美元的资产从英国一家银行的保险库中抢劫出来。

图 11.13 Stellman 和 Brennan（1993）研究共同基础所使用的抽象图片。每种描述都是由指示交流任务中的不同搭档所提出的。
来源：From Brannan, Galati and Kuhlen, 2010. Originally from Stellmann and Brennan, 1993.

劫　匪："*...you've got to bear* and witness it *to realize how bad it is.*"（……你只有亲身体会才知道我这儿有多糟。）

望风者："*You have got to experience exactly* the same position as me, mate, *to understand how I feel.*"（老兄，你只有经历我的位置才会理解我的感受。）（From Schenkein，1980，p.22）

Bock 用斜体部分说明望风者是如何复制劫匪的陈述形式的，这通常反映了一种被称为**句法启动**的现象，即听一个具有特定句法结构的语句会增加说出一个具有相同句法结构语句的可能性。句法启动在对话理解中很重要，因为句法启动可以引导对话中的个体协调彼此所述内容的句法形式。Holly Branigan 等人（2000）通过如下方法在两个个体之间设置了给予—索取的情境来阐述句法启动。

研究方法　句法启动

在句法启动实验中，两个人参与对话，实验者想要研究一个人所使用的特定语法结构是否会导致另一个人使用相同的结构。在 Branigan 的实验中，研究者会告知被试该实验的目的在于探究人与人在看不到彼此的情况下是如何进行交流的，从而使被试认为自己是在和屏幕后面的另一个被试（图 11.4a 中左边的人）进行交流。事实上，并不存在另外一个被试，屏幕后面的人是实验者 A，右边的人是真正的被试 B。

实验开始时，实验者 A 使用了一个启动语句，如图 11.14a 的左边所示。这句话使用下面两种形式之一：

The girl gave the book to the boy.（女孩把书给了男孩。）

The girl gave the boy the book.（女孩给了男孩一本书。）

被试 B 的任务是从桌子上陈列的众多卡片中找出与搭档（其实是实验者）所陈述内容相匹配的卡片，如图 11.14a 右侧所示。之后被试 B 从桌子一角的卡片堆中选出一张最上面的卡片，然后向搭档描述卡片上的内容。问题在于 B 是如何表达或怎样描述的？用"The father gave his daughter a present（父亲给了女儿一个礼物）"这样的描述方式符合 A 的句法结构；"The father gave a present to his daughter（父亲带了礼物给女儿）"则不符合 A 的句法结构。如果句法匹配了，如图 11.14b 所示，就可以得出结论，句法启动发生了。

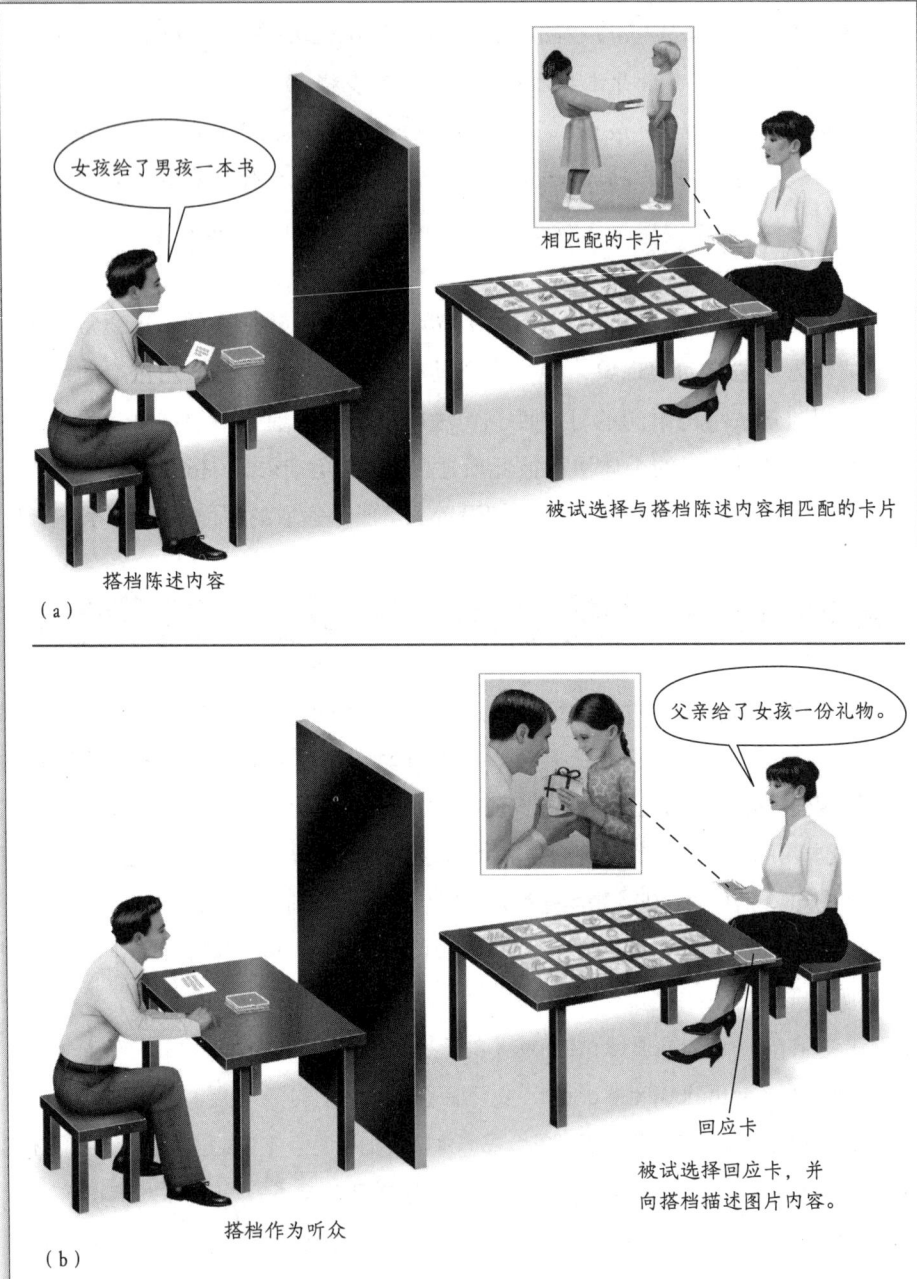

图 11.14 Branigan 等人（2009）的研究。(a) 坐在右侧的为真正的被试，被试需要从桌子上的众多卡片中挑出一张与左侧搭档（实验者 A）所陈述内容相匹配的卡片；(b) 被试需要从桌子的左下角的卡片中拿起一张卡片，然后向实验者描述上面的内容。这是实验的关键部分，因为问题的关键在于右侧的被试 B 所使用的句法结构是否和左侧的实验者所使用的相匹配。

Branigan 发现在大约 78% 的试次中，被试 B 会选择使用和实验者 A 先前的陈述形式相同的句子。这一结果表明，个体在对话中对他人的语言行为比较敏感，并会根据他人的语言行为调整自己的行为来进行匹配，对话者之间的这种句法形式上的协调减少了创建对话的负担量，因为复制别人的句子形式比自己创建新形式的句子容易得多。

总的来说，对话（的产生和理解）是动态且迅速的，一些过程的加入使得对话变得更加容易。在语义方面，对话中的个体会考虑他人所掌握的知识信息，在必要时建立共同基础。在句法方面，个体在对话中会调整自己陈述内容的句法形式，以匹配对方的语言方式。所有这些过程都使得对话变得更加容易，也释放了我们的认知资源，来完成信息理解和信息产生的交替进行，而这恰恰是对话顺利进行的标志。

但是，这里仅讨论了几点关于对话和共同基础的内容，事实上，还有很多事情需要考量。想想一个人要保证对话的顺利进行，他需要做些什么？首先，必须计划自己将要说些什么，同时考虑对方传递的信息，并考虑需要做些什么来理解它。理解他人的意思涉及**心理理论**，是指理解他人感觉、想法或信仰的能力（Corballis, 2017）。同时，心理理论也具有对他人的手势、面部表情、语调和其他能够提供语义的线索做出解释和反应的能力（Brennan et al., 2010；Horton & Brennan, 2016）。最后，为了使事情变得更有趣，对话中的每个人都必须预料到什么时候开始说话是比较合适的，这个过程称为"话轮转换"（Garrod & Pickering, 2015；Levinson, 2016）。因此，通过对话进行交流不仅仅是简单地分析单词串或句子序列，它还涉及在社会交往中所有固有的复杂性。然而不知何故，我们通常能够毫不费力地做到这一点。

思　考

音乐和语言

Diana Deutsch（2010）讲述了一个故事，是她在筹备一个关于音乐和大脑的讲座时测试磁带循环播放功能的一段经历。当时，磁带录音背景里一遍又一遍地重复着"有时候我的行为很奇怪"的声音，她突然感到惊讶，因为她听到了一个奇怪的女人在唱歌。在确定身边没有其他人之后，她意识到所听到的声音是磁带循环播放的自己的声音，而且磁带上重复的单词在她的头脑中已经变成了歌曲。Deutsch发现，其他人也有这样将言语转换到歌曲的经历。这表明，歌曲与言语之间有着密切的联系。

音乐和语言：相似性与差异性

音乐和语言之间的联系已经由歌曲和言语延伸到了音乐和语言。情感是连接两者的核心，音乐被称为"情感的语言"，人们常说情感是他们听音乐的主要原因之一。语言中的情感往往是由**韵律**产生的，即口语中的语调和节奏模式（Banziger & Scherer，2005；Heffner & Slevc，2015）。演说家和演员通过改变他们声音的音调和说话时的抑扬顿挫来创造情感，柔声说话用来表达柔情，大声说话用来强调要点或抓住观众的注意。

但情感也说明了音乐和语言之间的区别。音乐通过本身没有意义的声音创造情感。在听电影配乐时，这些无意义的声音无疑可以创造意义，情感紧随其后（Boltz，2004）。另一方面，语言用有意义的词来创造情感，所以"我恨你"和"我爱你"所引发的情感是由"恨"和"爱"这两个字的含义直接引起的。近年来，如图11.15所示的**表情符号**的引入提供了另一种用书面语言表达情感的方式（Evans，2017）。最右边的表情符号，被称为"笑哭"，被牛津英语词典评为2015年的"年度词语"。

图11.15 表情符号的例子，它就像单词一样用来表示语言中的情绪。右边的表情符号"笑哭"被牛津英语词典评为"年度词语"。在听或读的过程中，文字和图片将情感传达给个体，而在听音乐的过程中，声音会直接引发个体的情感体验。

音乐和语言之间的一个重要的相似之处就是它们都结合了一些元素来创建结构化的序列，如音乐的音调和语言的词汇。这些序列被组织成短语（乐句），并由排列这些成分的句法规则控制（Deutsch，2010）。但是很显然，器乐所产生的乐句和阅读或对话时所产生的短语是不同的。尽管音乐和语言都是随着时间的推移而展开的，并且都具有句法，但音符组合和单词组合的规则截然不同。音符是根据它们的声音组合而成的，有些声音比其他声音组合起来更合拍。但是单词是根据它们的含义组合而成的。音乐中并没有名词和动词等类似物，也没有"谁对谁做了什么"这样的结构（Patel，2013）。

我们可以在音乐和语言的"相似性"及"差异性"列表中

添加更多条目。然而，总体情况是，尽管音乐和语言在结果和机制方面存在重大差异，但它们在许多方面也很相似。下面将更详细地讨论这两者的重叠领域：预期和大脑机制。

音乐和语言中的预期

之前已经讨论了预期在语言中的作用，读者和听众在句子展开的过程中会不停地预期接下来可能发生的事情，音乐中也存在类似的情况。

为了说明音乐中的预期，让我们思考一下旋律的音符是如何围绕着与曲调相关的音符组织起来的，即**主音**（Krumhansl，1985）。例如，C 是 C 调及其相关音阶的主音，它的音阶有：C、D、E、F、G、A、B、C。围绕主音组织起来的音高形成了一个框架，在这个框架内，听众会对接下来可能发生的事情产生预期。一个常见的预期是一首以主音开始的歌曲会以主音结尾，这种效应被称为**主音回归**。例如，《小星星》（图 11.16）以 C 调开头并以 C 调结尾。为了体会这一点，请试着唱《小星星》的第一句，但是要在这首歌的乐句唱完，也就是回到主音之前停下来。在乐句结束之前就停顿下来违背了音乐句法规则，会令人感到不安，并使人们渴望听到最后的音符，从而将我们带回主音。

另一种违反音乐句法的情况发生在插入一个不太可能的音符或和弦时，这种音符或和弦似乎不符合旋律的调性。如图 11.17 所示，Aniruddh Patel 等人（1998）要求被试听一个音乐乐句，其中包含一个目标和弦，由五线谱上方的箭头表示。这里存在三种情况：（1）"在调"和弦，与乐曲相匹配，显示在五线谱上；（2）"近调"和弦，与乐曲不匹配；（3）"远调"和弦，与乐曲更加不匹配。行为结果表明，在乐句中包含"在调"的条件下，听众在 80% 的情况下都认为这段乐句是可以接受的；在"近调"的条件下，这个比例下降到 49%；在"远

图 11.16 《小星星》的第一句。
来源：From Goldstein, *Sensation and Perception* 10e, Figure 12.24, page 305.

调"的条件下,这个比例下降到28%。这个结果说明,听众一直在判断每个条件下乐句的"语法正确性"。

在实验的生理学研究部分,Patel使用事件相关电位(ERP)来测量大脑对违背句法规则的句子的反应。在介绍与"音乐会的场景"实验相关的ERP成分时(见第454页),我们发现N400成分在对一个不符合句子的单词做出反应时变得更大,比如"bake"在"the cat will not bake"中会引发一个更大的N400,因为"bake"不符合句子语义。Patel关注了ERP的另一个成分P600,目标词出现后600毫秒时所引发的一个正波。P600的其中一个特性是在句子违背句法规则时变得更大。例如,图11.18中的黑线表现了句子"the cats won't eat"中

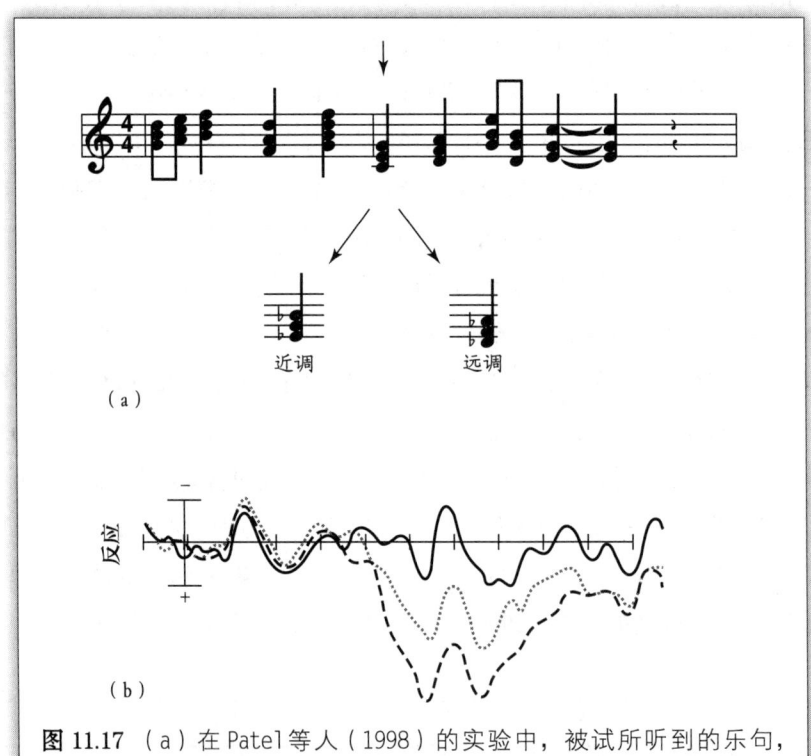

图11.17 (a) 在Patel等人(1998)的实验中,被试所听到的乐句,目标和弦的位置由向下的箭头所指示,五线谱中的和弦是"在调"条件下的和弦。"近调"和"远调"条件下的和弦被插在相同的位置上。(b) 不同目标和弦条件下的ERP反应。实线为"在调"条件;点状虚线为"近调"条件;条状虚线为"远调"条件。
来源:From Goldstein, *Sensation and Perception* 10e, Figure 12.28, page 307.

的单词 eat 出现之后大脑的反应，这个在语法上正确的单词并没有引发 P600。然而，单词"eating"在句子"The cats won't eating"中的语法并不正确，由它所引发的灰色线表现出了较大的 P600。

Patel 发现，当被试听到一个违背句法规则的句子时，会测量到较大的 P600，如图 11.18 所示。然后，Patel 也测量了被试听到三种目标和弦时的 ERP 反应，如图 11.17 所示。图 11.17b 显示，乐句中的"在调"和弦并没有引发 P600（实线），但其他两个和弦都引发了 P600，"远调"条件即与乐曲更不相匹配的和弦引发了更大的 P600（条状虚线）。Patel 由此得出了结论，音乐和语言一样，其句法影响我们对它的反应。Patel 之后的其他研究也发现，像 P600 这样的电反应会在乐句违背句法规则时出现（Koelsch，2005；Koelsch et al.，2000；Maess et al.，2001；Vuust et al.，2009）。

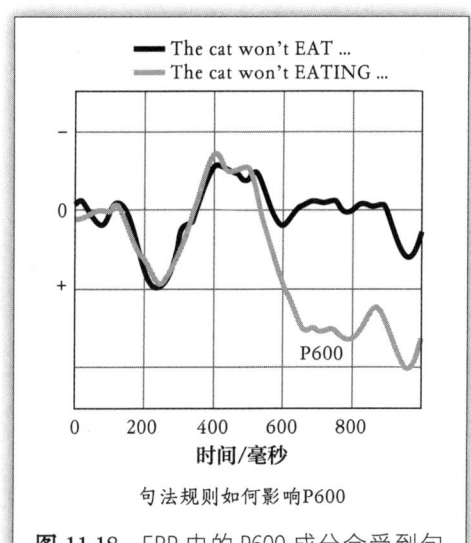

图 11.18　ERP 中的 P600 成分会受到句法规则的影响，使用违背句法规则的单词会引发较大的 P600（灰色线）。
来源：Osterhout et al.，1997.

下面将在更大的情境下讨论音乐句法，可以设想我们在听音乐时，将注意集中在所听到的音符的同时，也会对接下来将要发生的事情产生一定预期（即使我们并没有思考这个问题）。可以通过听一首歌曲来体会你的预期能力，最好是选择器乐曲，而且音乐节奏不能太快。听音乐的时候，试着猜一猜接下来会发生什么，会出现哪些音符或者乐句。对于一些乐曲来说，比如那些主题重复的作品，猜测起来很容易。但是即使对那些主题没有重复的作品，接下来发生的事情通常也不会令你感到惊讶。这个练习最引人注目的地方是，它通常适用于第一次听到的音乐。正如我们对第一次看到的视觉场景的感知会受到过去感知环境的经验的影响，我们对第一次听到的音乐的感知也会受到过去听音乐的历史经验的影响。

音乐和语言的大脑机制是否重叠？

Patel 对违背音乐句法规则和语言句法规则的电生理学研究表明，两种情况都引发了相似的电反应，这说明音乐和语言涉及类似的加工过程。但仅凭这一发现，还不能说音乐和语言具有重叠的大脑功能区域。

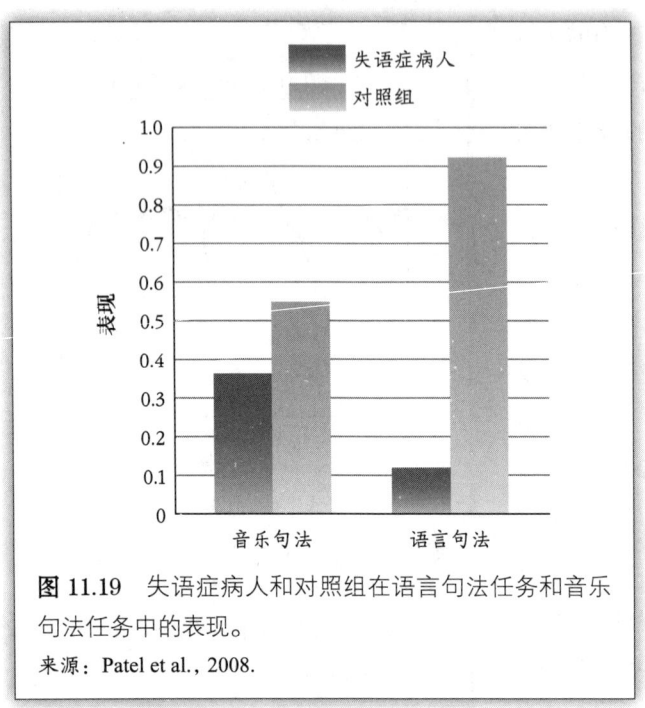

图 11.19 失语症病人和对照组在语言句法任务和音乐句法任务中的表现。

来源：Patel et al., 2008.

早期对音乐和语言的大脑机制的研究包含对由脑卒中导致脑损伤的病人的研究。Patel 及其同事（2008）对一组由脑卒中导致的**布洛卡失语症**病人进行了研究，结果发现他们很难理解具有复杂句法结构的句子（见第 049 页）。实验要求实验组（病人）和对照组完成以下任务：（1）一项语言任务，理解具有复杂句法结构的句子；（2）一项音乐任务，在一系列和弦中检测出走调的和弦。测试结果如图 11.19 所示，与对照组相比，病人在语言任务中表现得很差（右侧条形柱），在音乐任务中表现得更差（左侧条形柱）。在这些结果中值得注意的两件事是：（1）语言任务表现不佳与音乐任务表现不佳之间存在关联性，这表明音乐与语言之间存在关联性；（2）失语症病人在音乐任务中所表现出的不足小于其在语言任务中表现出的不足。这说明音乐和语言的大脑机制之间存在关联性，但这种关联性并不是很强。

不过，也有神经心理学研究证据表明音乐和语言涉及不同的大脑机制。例如，有些人生来就存在音乐感知上的问题，这种情况被称为**先天性失歌症**，患者在辨别简单的旋律或识别普通的曲调等任务上存在严重问题。然而这些人往往具有正常的语言能力（Patel，2013）。

罗伯特·斯莱夫（Robert Slevc）及其同事（2016）对一名 64 岁的女性进行了测试，她患有脑卒中引起的布洛卡失语症。她很难理解复杂的句子，很难将单词组合成有意义的想法。然而，她能够从 Patel 呈现的一系列和弦中检测出走调的和弦（图 11.16a）。因此，神经心理学研究为音乐和语言涉及不同的大脑机制提供了证据。

对大脑机制的探究也有来自神经影像学的证据。其中一些研究表明，音乐和语言加工涉及不同的大脑区域（Fedorenko et al.，2012）。也有研究表明，音乐和语言所激活的大脑区域之间存在重叠。例如，研究发现涉及语言句法加工的布洛卡区也会被音乐激活（Fitch & Martins，2014；Koelsch，2005，2011；Peretz & Zatorre，2005）。

然而，也有人提出，即使神经影像识别出音乐和语言激活了相同的大脑区域，也并不一定意味着音乐和语言激活了该区域内相同的神经元。有证据表明，音乐和语言所引发的激活可以发生在同一大脑区域内，却包含不同的神经网络（图11.20）(Peretz et al.，2015)。

总结这些研究（包括行为学和生理学研究）可以发现，既有证据表明大脑对音乐和语言的加工是分离的（尤其是那些来自神经心理学的研究证据），又有研究表明音乐和语言之间的大脑机制存在重叠（主要是来自行为学和神经影像学的研究证据）。因此，音乐和语言似乎是相关的，但又不是完全重叠的，正如阅读认知心理学课本和聆听喜欢的音乐之间的不同一样。显然，对音乐和语言之间关系的研究仍然是一项"正在进行的工作"，随着工作的开展，我们将更加了解音乐和语言。

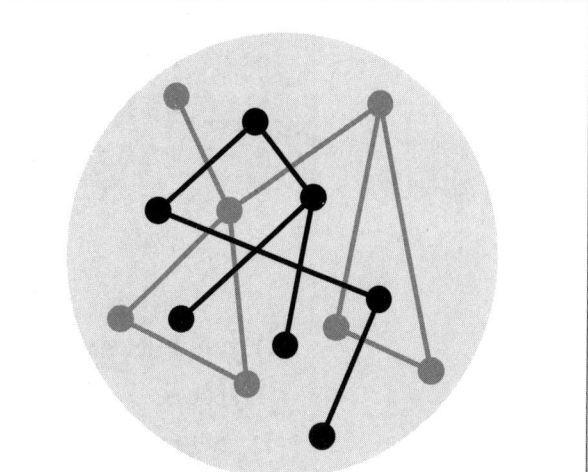

图11.20 此图表明两种不同的能力，比如语言和音乐，可能会激活大脑中相同的结构（由大圆圈表示），但仔细观察，每种能力可以激活结构中的不同网络（灰色或黑色）。小圆圈代表神经元，线条代表连接。

自我测验 11.3

1. "安装鸟笼"实验对推理有什么启示？
2. 什么是连贯性？描述实现连贯性的不同类型的推理。
3. 情境模型背后的假设是什么？结合下列陈述描述个体理解篇章的方法：(a) 个体对和篇章中客体的方向或形状一致或不一致的图片的反应时间；(b) 与实际动作相比，动作词对大脑的激活；(c) 基于情境的预期。
4. 什么是已知－未知协定？

5. 什么是共同基础？如何在对话中建立共同基础？
6. 关于如何建立共同基础，"抽象图片"实验告诉了我们什么？
7. 一旦建立了共同基础，接下来会发生什么？
8. 什么是句法协调？请描述用来证明句法协调的句法启动实验。
9. 音乐和语言之间存有哪些相似性和差异性？
10. 主音是什么？主音回归是如何说明音乐中的预期的？
11. 描述 Patel 有关违背句法规则条件下的 ERP 实验，他在实验中测得了 P600 成分。他的研究结果是如何说明音乐和语言之间具有关联性的。
12. 支持和反对音乐和语言激活了重叠的大脑区域这一观点的证据分别是什么？
13. 如果音乐和语言能激活相同的大脑区域，我们就能够肯定地说它们具有共同的神经机制吗？

本章小结

1. 语言是一种由声音或符号组成的，用来表达情感、想法、思维和经历的交流系统。它基于一定的原则且具有层次性。

2. 20世纪五六十年代，随着认知革命的到来，现代语言心理学的研究蓬勃发展。认知革命的中心事件是乔姆斯基对斯金纳的语言行为分析进行批判。

3. 个体习得的所有词汇都储存于其心理词典中。语义是语言的含义。

4. 理解句子中单词含义的能力会受到词频的影响，该种影响已经通过词汇辨认任务和眼动研究得到了证明。

5. 单词的发音是可变的，这使得人们在脱离语境的情况下很难理解个别单词的含义。

6. 在正常的语音加工过程中，词与词之间往往没有停顿，这就产生了语音切分问题。个体关于词语的过去经验、词语所处的语境、语言的统计特性和对词语含义的知识都有助于解决这个问题。

7. 词汇歧义是指一个单词具有一种以上的含义。Tanenhaus使用词汇启动技术的研究结果表明：（1）歧义词的多个含义在个体听到单词后被立即激活；（2）符合句子语境的单词含义可以在200毫秒内得到确定。

8. 歧义词含义的相对频率可以用语义优势性来描述。有些词具有偏颇优势，有些词具有平衡优势。优势的类型和单词所在的语境结合起来，共同影响歧义词的哪个含义被通达。

9. 句法是句子的结构。句法分析是将句子中的单词组成短语的过程。组成的短语是决定句子含义的一个主要因素。这一过程以往主要通过研究句子暂时性歧义的花园路径句式来研究。

10. 句法解析的两种机制：（1）花园路径模型；（2）基于约束的原则。花园路径模型强调句法原则（如晚封闭原则）如何决定句子的解析过程。基于约束的原则陈述了语义、句法和其他因素同时作用以决定句子的解析过程。基于约束的原则得到了以下结果的支持：（a）个别单词的不同含义可以影响句子的解析过程；（b）篇章的语境影响了句子的解析过程；（c）利用视觉情境范式研究情境如何影响句子解析的过程；（d）记忆负荷和先前的语言经验是如何影响语言的可理解性的。

11. 连贯性是理解篇章的前提，而推理又是决定连贯性的重要因素，三种主要的推理类型分别是回指推理、工具性推理和因果推理。

12. 文本理解的情境模型指出个体以篇章中出现的人物、物体、位置和事件为根据，在头脑中表征篇章情境。

13. 对大脑活动的测量表明了阅读动作词和实际的运动是如何激活大脑皮层的相似区域的。

14. 在篇章阅读中记录被试ERP的实验表明，在阅读篇章的过程中，许多与篇章相关联的事物都会被激活。

15. 对话是两个人或多个人之间"给予—索取"的过程。对话参与者之间的合作过程使对话变得更加容易，过程包括已知－未知协定和建立共同基础。

16. 通过对对话记录的分析，研究者研究了建立共同基础的方法。随着共同基础的建立，对话会变得更加有效率。

17. 创建共同基础的过程会导致对话中的人与人之间的

同步夹带，夹带的一个表现就是句法协调，从句法协调实验中可以看到人们的句法结构是如何变得协调的。

18. 音乐和语言在许多方面都是相似的，歌曲与言语间有密切的关系，音乐与语言都可以引发情感，它们都包含着有组织的序列。

19. 音乐和语言之间存在重要的区别，它们以不同的方式创造情感，音调和单词的组合规则也不同，最重要的区别在于单词具有一定的意义。

20. 在音乐和语言加工中都存在预期，违背句法规则的音乐和语言的ERP实验都证实了音乐和语言中的预期的存在。

21. 既有支持音乐和语言的大脑机制间存在不同的研究证据，也有支持音乐和语言激活的大脑区域存在重叠的证据。

思考题

1. 如何将连贯性和连接性应用到你最新看过的电影中？有的电影内容很容易理解，而有的电影内容很让人费解，你会发现在容易理解的电影中，各情节之间是连贯的；而在让人费解的电影中，一些情节像是被遗漏了。对这两种类型的电影情节进行掌握所需的"脑力劳动"之间的差异是什么？也可以将类似的分析应用到你看过的小说中。

2. 如果有机会，旁听一次他人的对话，注意在"给予－索取"的对话过程中，个体是否遵守已知—未知协定；注意个体如何改变话题，以及话题的改变如何影响接下来的对话内容？最后，看看你是否可以找到句法启动的例子。另一种旁听对话的方式是自己也参与到对话中，但是对话中至少要有另外两个人，你也要不时地发表一下意见。

3. 关于语言的一个有趣的事情是修辞，修辞的使用常常让懂这门语言但不是母语的人感到困惑。例如，"不要带着思想包袱去工作"这样的话语，以汉语为母语的人可以理解，而以汉语为第二语言的人理解起来往往很难。你可以举出其他采用修辞手法的句子吗？

4. 报纸的标题最喜欢使用模棱两可的短语，比如标题"独生子女多'六亲不认'"。在这里，"六亲不认"是指由于是独生子女，所以不知道一些宗亲称谓，而不是指独生子女冷血和不认亲。你可以举出其他可产生歧义的报纸标题吗？请指出产生这种歧义的原因。

5. 人们往往不用直接的方式，而是以一种委婉的方式表达想法，但是其他人仍然可以理解。能否在日常的对话中发现这些间接的语句？例如，"你想在这里左转吗？"这句话的真实含义是"我认为你应该在这里左转"。"你感觉冷吗？"的真正含义是"你应该关窗了"。

6. 一个常见的现象是，和身边有两个人在面对面对话相比，人们更容易被身边的人进行的手机通话惹恼，你认为这是什么原因？（其中一个答案可以从Emberson等人在2010年的研究中获得。）

关键术语

表情符号（emoji, p.464）
宾语关系结构（object-relative construction, p.446）
布洛卡失语症（Broca's aphasia, p.468）
词典（lexicon, p.428）
词汇辨认任务（lexical decision task, p.429）
词汇歧义（lexical ambiguity, p.432）
词汇启动（lexical priming, p.432）
词汇语义（lexical semantics, p.428）
词频（word frequency, p.428）
词频效应（word frequency effect, p.428）
工具性推理（instrument inference, p.451）
共同基础（common ground, p.458）
花园路径句式（garden path sentence, p.439）
回指推理（anaphoric inference, p.450）
基于规则的语言特性（rule-based nature of language, p.425）
夹带（entrainment, p.460）
句法（syntax, p.438）
句法解析（parsing, p.438）
句法解析中的花园路径模型（garden path model of parsing, p.440）
句法解析中基于约束的原则（constraint-based approach to parsing, p.441）
句法启动（syntactic priming, p.461）
句法协调（syntactic coordination, p.460）
连贯性（coherence, p.450）

偏颇优势（biased dominance, p.434）
平衡优势（balanced dominance, p.435）
启发式（heuristic, p.440）
情境模型（situation model, p.452）
视觉情境范式（visual world paradigm, p.443）
推理（inference, p.449）
晚封闭（late closure, p.440）
先天性失歌症（congenital amusia, p.468）
心理理论（theory of mind, p.463）
心理语言学（psycholinguistics, p.427）
叙述（narrative, p.450）
已知－未知协定（given-new contract, p.457）
因果推理（causal inference, p.451）
语言（language, p.425）
语言的层级性（hierarchical nature of language, p.425）
语义（semantics, p.428）
语义优势性（meaning dominance, p.434）
语音切分（speech segmentation, p.430）
韵律（prosody, p.464）
暂时性歧义（temporary ambiguity, p.439）
指示交流任务（referential communication task, p.459）
主音（tonic, p.465）
主音回归（return to the tonic, p.465）
主语关系结构（subject-relative construction, p.446）

人们用不同的方式解决问题。有时，我们会看到问题解决的过程涉及努力的尝试和方法上的分析；有时，问题的解决又像灵光一闪。由此发现，偶尔让大脑"休息"一下，也许是发呆或者做做白日梦，就像图中坐在运河边的女子一样，都可以在创造性的问题解决过程中起非常重要的作用。

问题解决和创造性

第12章

什么是问题?

完形理论
头脑中的问题表征
顿悟
> 演示实验　两个顿悟性问题

功能固着和心理定势
> 演示实验　蜡烛问题

信息加工理论
Newell 和 Simon 的观点
> 演示实验　河内塔问题

问题陈述的重要性
> 演示实验　残缺棋盘格问题
> 研究方法　出声思维报告

> 自我测验 12.1

应用类比解决问题
类比迁移
> 演示实验　Duncker 射线问题

类比编码
现实世界中的类比
> 研究方法　生动问题解决研究

专家如何解决问题
专家和新手在问题解决上的差异
　专家对专业领域知道得更多
　专家对知识的组织与新手有很大不同
　专家花更多时间分析问题

专家的优势仅限于其所在的领域

创造性问题解决
什么是创造性?
实践创造
产生想法
> 演示实验　创造客体

创造性和大脑
开阔思路,"跳出思维定势"
> 研究方法　经颅直流电刺激

顿悟和分析性问题解决的大脑"准备"
与创造性有关的神经网络
　默认模式网络
　执行控制网络

思考　连线创造——有创造力的人做事的方式与众不同
白日梦
独处
正念
> 自我测验 12.2

本章小结
思考题
关键术语

我们将思考的一些问题

▶ 什么使问题变难了？（第480页、第483页）

▶ 如何应用类比来解决问题？（第494页）

▶ 一个领域的专家与非专家在解决问题时有什么差别？（第500页）

▶ 有创造力的人和没有创造力的人相比，在做事情时有哪些不同？（第518页）

下面是物理学家理查德·费曼（Richard Feynman）的故事，他因在核裂变和量子动力学方面的工作获得了诺贝尔物理学奖，享有"科学天才"的盛誉。

20世纪50年代，一位加利福尼亚理工学院的物理学家在解释费曼的注释时遇到了困难。他问另外一位诺贝尔奖得主，也是费曼的临时合作者默里·盖尔曼（Murry Gell-Mann），"费曼的方法是什么？"盖尔曼害羞地靠着黑板，说："迪克① 曾提出过一种解决方法。首先把问题写下来，然后努力地想。"（说着，默里·盖尔曼闭上眼睛，不时地用指关节按压他的前额。）"然后你就能找出答案了。"（摘自Gleick，1992，p.315）

用这种方式描述费曼的天赋十分有趣，却无法回答当他"努力"思考时，头脑中发生了什么。尽管我们不知道费曼的方法是怎么来的，但从整体来看，对问题解决的研究已经为我们提供了一些普遍的启示。本章将从认知心理学家的视角阐述人们在涉及问题解决和创造性时的心理过程。接下来将首先关注问题本身。

什么是问题？

最近你们有什么需要解决的问题吗？当我在认知心理学的课堂上问学生这个问题时，会得到如下的回答：数学、化学和物理课程的问题；及时完成作业；处理与室友、朋友的关系以及一般的人际关系；决定选什么课程，从事什么职业；是读研究生还是

---
① 迪克是费曼的别名。——译者注

找工作；如何负担一辆新车的费用等。这些事情大多符合如下定义：如果当前状态和目标之间存在障碍，同时还不清楚如何解决这个障碍，**问题**就产生了（Duncker，1945；Lovertt，2002）。因此，根据心理学家对问题的定义可知，问题是一种情景，在这个情景中需要达到某个目标，并且其解决方案并不是显而易见的。

我们将从完形心理学家的观点开始谈起。早在20世纪20年代，完形心理学家就将对问题解决的研究引入了心理学领域。

完形理论

第3章在阐述知觉组织的规则时介绍过完形心理学家。完形心理学家的兴趣不局限于知觉，还包括学习、问题解决，甚至包括态度和信念等领域（Koffka，1935）。但是，在涉及心理学的其他领域时，完形心理学家仍然使用知觉的方法。对于完形心理学家来说，问题解决是：（1）问题在人们的头脑中是如何表征的；（2）如何解决一个问题，包含对问题表征的重组和重构。

头脑中的问题表征

问题在头脑中的"表征"是什么意思？要回答这个问题，首先要考虑问题本身是如何呈现的。比如，思考一下填字游戏（图12.1）。这个问题在纸面上是由关于如何填充方块的线索和图表来表征的。那么这个问题在头脑中是如何表征的？这可能会因人而异，但很可能与这种在纸面上的表征截然不同。在试图解决这个问题时，人们可能一次只选择表征字谜的一小部分。一些人可能先集中填横向上的词，然后利用这些词来确定纵向上的词。其他人可能先选择字谜的一角，然后搜索头脑中适合横向和纵向

图12.1　呈现在纸上的描述填字游戏的图示。可用于填写横词和纵词的线索。

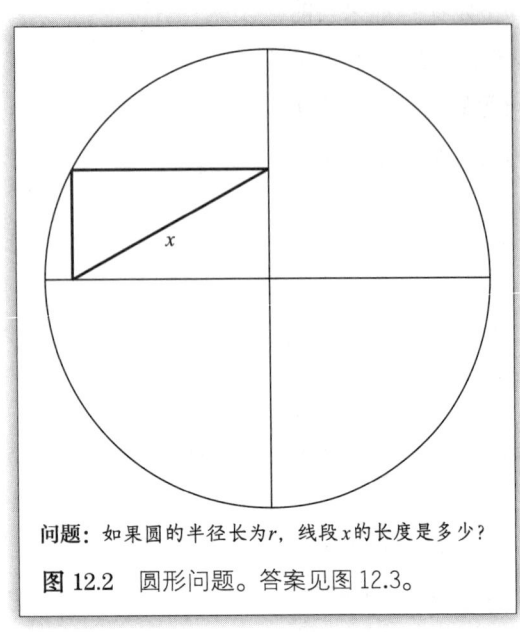

问题：如果圆的半径长为r，线段x的长度是多少？

图12.2　圆形问题。答案见图12.3。

的词一起填。上述解决问题的方法都反映了头脑中不同的表征方式。

完形观点的中心思想是，人们在头脑中表征问题的方式会影响问题解决的效果。"问题解决方法依赖表征方式"的观点，可以通过图12.2所示的问题来说明。这个问题是由完形心理学家沃尔夫冈·苛勒（Wolfgang Kohler，1929）提出的，如果圆的半径是r，线段x的长度是多少？在阅读下一段之前，试着自己做一做。

这个问题的字面描述如下："一个圆被垂直和水平线分为四等份，在左上象限有一个小三角形。"解决这个问题的关键是将最后一部分的描述变为"一个小矩形在左上象限，x是对角线"。一旦认识到x是矩形的对角线，这个表征就能通过创造矩形的其他对角线来重新组织（图12.3）。一旦我们认识到这个对角线是圆的半径，且矩形的两个对角线相等，就能得出x的长度等于半径的长度r。

重要的是，这个解决方案不需要数学方程式，而是需要首先理解问题的目标，然后用其他方式表征它。完形心理学家将改变问题表征的加工称为**重构**。

顿　悟

除了认为重构是问题解决过程中的重要部分外，完形心理学家还认为重构是顿悟的产物（Weisberg & Alba，1981）。**顿悟**被定义为：任何突然之间的理解、领悟或者是问题解决方案的产生，都涉及个体对刺激、情景甚至是事件的心理表征进行重组，以产生一个最初并不明显的解释方法（改编自Kounios & Beeman，2014）。这个定义包含了完形学派背后的中心思想。"重新组织个体的心理表征"对应重构，"突然的理解"对应完形观点中关于问题解决的顿悟（Dunbar，1998）。

Janet Metcalfe和David Wiebe（1987）通过实验阐明了顿悟的突然领悟的实

质。他们设计了一项实验来区分顿悟性问题和非顿悟性问题。该实验假设被试在解决顿悟性问题时和解决非顿悟性问题时的感受存在差异，并预测被试在解决需要灵光一闪的顿悟性问题时，并不能确定自己离答案还有多远；而当解决需要更多方法过程的非顿悟性问题时，被试更有可能知道自己什么时候更接近答案。

为了验证这个假设，Metcalfe 和 Webb 向被试呈现了顿悟性问题（见下面的演示实验）和非顿悟性问题，并让被试在解决问题时每隔 15 秒做一个热度判断。等级评定接近"非常热"（七点量表中的 7）表示他们相信正在接近解决方案；等级评定接近"非常冷"（七点量表中的 1）表示他们感觉离解决方案还很远。下面是 Metcalfe 和 Webb 的顿悟性问题中用到的两个例子。

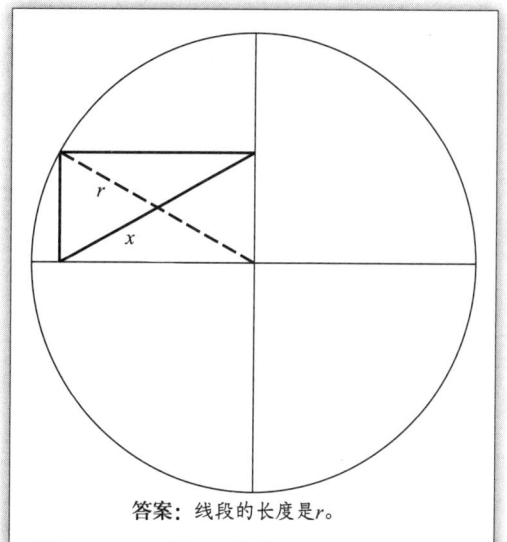

答案：线段的长度是 r。

图 12.3　圆形问题的答案。注意 x 的长度和半径 r 的长度是一样的，因为 x 和 r 都是长方形的对角线。

演示实验　两个顿悟性问题

三角形问题。如图 12.4a 所示由 10 个圆点构成的三角形，尖端向上。请你移动其中的三个圆点使三角形的尖端向下。（答案参见图 12.31。）

在解决这个问题时，想一想你是否能够监控自己的进展。你是感觉自己正在向着最终答案逐渐靠近？还是从根本没有任何进展到突然间找到了解决方案，有类似"啊哈！"那样的体验？尝试解决三角形问题之后，再来试试下面的问题，并以同样的方式监控自己的进展。

链子问题。一位女士有四条链子，每条链子由三个链环组成，如图 12.4b 所示。她想将这些链子组合成一条闭合的环形链。而打开一个链环需要花 2 美分，闭合一个链环需要花 3 美分，她一共只有 15 美分。她该怎么做呢？（答案参见图 12.32。）

对于非顿悟性问题，Metcalfe 和 Webb 采用了如下的代数问题（选自美国高中数学课本）。这些问题也被称为**基于分析的问题**，因为这些问题的解决需要系统的分析过程，通常采用的方法都基于以往的经验。

求解 x：$(1/5)x + 10 = 25$

因式分解：$16y^2 - 40yz + 25z^2$

实验结果如图 12.5 所示，图中显示了在解决两类问题的前 1 分钟内，所有被试的热度评定等级。

对于顿悟性问题（实线），热度等级一开始是 2，并且在随后一段时间内变化不大，直到最后突然从 3 变到了 7。即在问题得到解决前的 15 秒，顿悟性问题的平均等级接近 3，这表示被试在那一时刻并没有觉得自己离答案很近。相反，代数问题（虚线）的热度等级从 3 开始，一直到问题解决都是逐渐增加的。因此，Metcalfe 和 Webb 证明了顿悟性问题的解决方案确实是突然产生的，这可以从被试报告他们感觉距离解决方案的远近测量出来。

许多研究者都在争论，涉及顿悟性问题解决的过程是否总是与涉及分析的非顿悟性问题的解决过程不同。例如，Jessica Fleck 和 Robert Weisberg（2013）就提出了证据支持顿悟性问题的解决（会产生"啊哈！"体验）也会涉及分析过程（参见 Weisberg，2015）。毫无疑问，无论涉及什么机制，人们都能经常在问题解决过程中体验到突然出现的"灵光一闪"（Bowden et al.，2005；Kounios et al.，2008）。

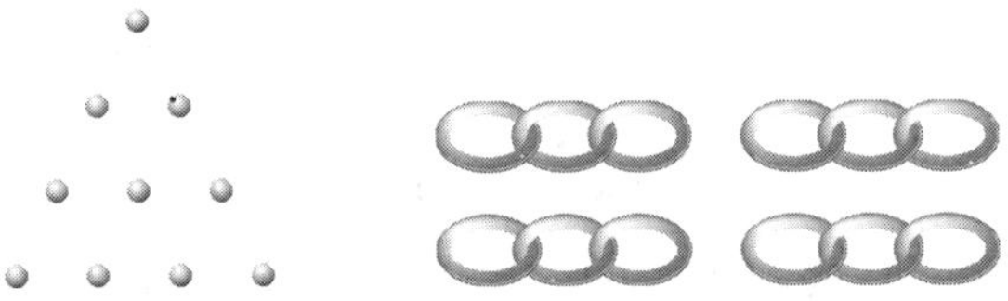

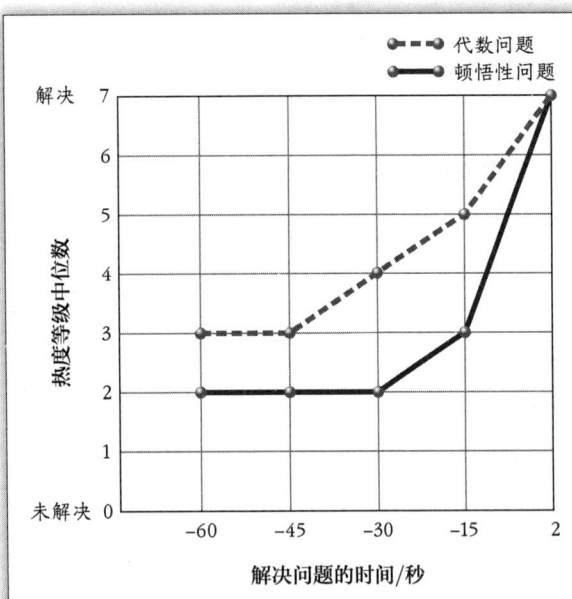

图 12.4 演示实验中的"两个顿悟性问题"：(a) 三角形问题；(b) 链子问题。答案见第 523 页。

图 12.5 Metcalfe 和 Wiebe（1987）的实验结果，显示了被试在问题解决前的 1 分钟内，被试判断自身距解决顿悟性问题和代数问题有多远。

来源：Based on J. Metcalfe & D. Wiebe, 1987.

功能固着和心理定势

除了强调顿悟现象外，完形心理学家同样描述了在问题解决过程中遇到的各种障碍。根据完形心理学家的观点，在问题解决过程中，一个主要障碍是**固着**，即人们倾向于关注问题的特定特征上，从而阻碍了问题解决方案的形成。有一种类型的固着专注于物体的某种常用功能或用法，从而不利于问题的解决，这就是**功能固着**（Jasson & Smith，1991）。

一个经典的功能固着的例子是由 Karl Duncker（1945）提出的**蜡烛问题**。在实验中，Duncker 让被试应用各种各样的物件来完成一个任务。如下面的演示实验，请试着想象自己如何利用特定的物件来解决 Duncker 的问题。

演示实验　蜡烛问题

在一间墙上装有软木板的屋子里，给你一些材料（如图 12.6 所示），如一些蜡烛、装在火柴盒里的火柴和一些图钉。你的任务是把一根蜡烛固定在软木板上，这样它燃烧所产生的蜡油就不会滴在地板上。在往下读之前，试着思考该如何解决这个问题，然后参见图 12.7 来检验你的答案是否正确。

当人们意识到火柴盒除了可以当作容器，也能够用作支撑物时，这个问题就解决了。Duncker 做这个实验时，给一组被试呈现的材料（蜡烛、图钉和火柴）是放在盒子中的；他给另一组被试呈现同样的材料，但是材料放在盒子外，而盒子是空的。比较两组实验结果发现，与空盒子呈现组相比，盒子作为容器呈现组的被试认为问题更难。Robert Adamson（1952）重复了 Duncker 的实验并得到了同样的结果：在空盒子呈现组中，解决问题的人数比例是盒子作为容器呈现组的 2 倍（图 12.8）。

图 12.6 Duncker（1945）的蜡烛问题中所用到的物体。

来源：Based on K. Duncker, 1945.

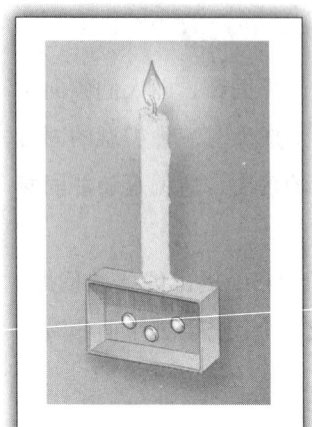

图 12.7 蜡烛问题的解决方案。

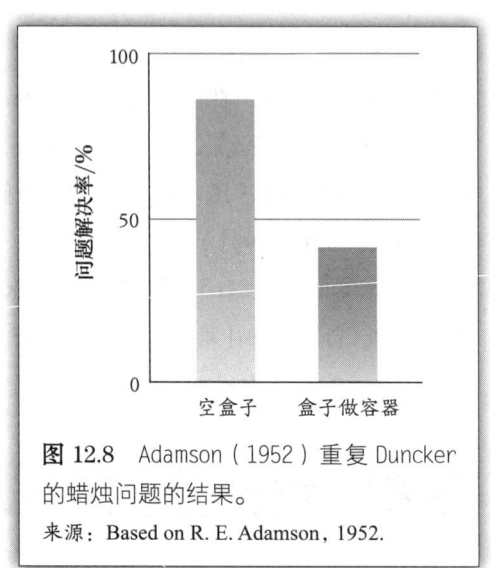

图 12.8 Adamson（1952）重复 Duncker 的蜡烛问题的结果。

来源：Based on R. E. Adamson, 1952.

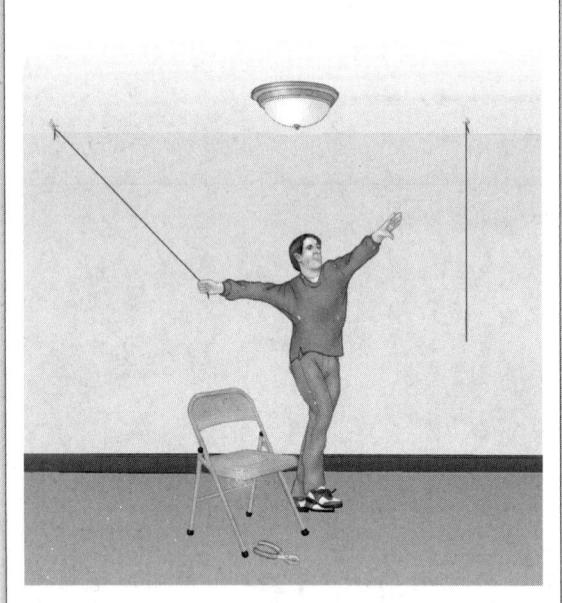

图 12.9 Maier（1931）的双绳问题。无论被试如何努力，他都抓不住第二条绳子。那么他要如何做才能将这两条绳子系在一起呢？（提示：仅仅使用椅子也不能够解决问题！）

来源：Based on N. R. F. Maier, 1931.

把盒子看作容器会阻碍人们把它当作支撑物来使用，这是功能固着的一个例子。另一个功能固着的例子是 Maier（1931）提出的**双绳问题**，被试的任务是将悬挂在天花板上的两条绳子系在一起。这个任务是有难度的，因为两条绳子相距较远，所以握住一条去够另一条是不可能的（图 12.9），此外，实验环境中还有一把椅子和一把钳子，用于帮助被试解决这个问题。

为了解决这个问题，被试需要将钳子系在一条绳子上来创造一个钟摆，这样便可以将绳子摆到被试可以够到的位置。这也是一个功能固着的例子，因为人们通常会视钳子为工具，而不会想到将钳子作为钟摆末端的重物。因此，在 60 个被试中，有 37 人没能解决这个问题的原因就是他们只想到了钳子作为工具的常用功能。

当大多数被试没能在 10 分钟内解决这个问题时，Maier 为他们提供了一个"线索"：Maier "不小心"碰到了绳子，使它动了起来。当看到绳子动起来之后，在之前没能解决问题的 37 人中，有

23 人在 1 分钟内解决了问题。显然，看绳子从一边摆到另一边激发了钳子可以创造一个钟摆的顿悟。从完形的观点来看，一旦被试重构了对解决方案（使绳子从一边摆到另一边）的表征和对钳子功能的表征（钳子可以用作重物创造钟摆），问题的解决方案就产生了。

蜡烛问题和双绳问题都是因为对物体用途的先入之见而使问题解决变得困难。这些先入之见是**一种心理定势**，即一种关于如何解决问题的先入为主的观念。这种观念受人们的经验或过去经历的影响。在上述实验中，心理定势是由人们对物体常用用途的知识导致的。

完形心理学家也向我们展示了心理定势在问题解决的过程中是如何产生的。其中一个例子是 Luchins 提出的**水壶问题**。在这项研究中，被试的任务是通过给定的三个空水壶，量出特定体积的水，并在纸上写出解决过程。Luchins（1942）首先向被试做出了示范，在这个示例中，A = 21 夸脱[①]，B = 127 夸脱，C = 3 夸脱，目标体积是 100 夸脱。这是图 12.10a 中的第一个问题。在给予被试一定时间解决问题后，Luchins 提供了如下的解决思路：

1. 先装满 B，得到 127 夸脱的水，接着将 B 中的水倒入 A 中，就可以从 B 中减去 21 夸脱，B 中就剩下了 106 夸脱（图 12.10b）。
2. 将 B 中的水倒入 C 中，这样 B 中就剩下 103 夸脱（图 12.10c）。
3. 再将 B 中的水倒入 C 中，因此 B 中将再次减去 3 夸脱，只剩 100 夸脱（图 12.10d）。

容量/夸脱

问题	水壶 A	水壶 B	水壶 C	需要的量
1	21	127	3	100
2	14	163	25	99
3	18	43	10	5
4	9	42	6	21
5	20	59	4	31
6	20	50	3	24
7	15	39	3	18
8	28	59	3	25

(a)

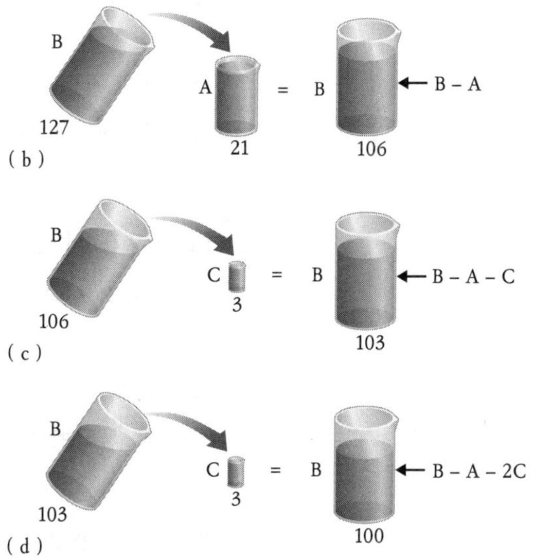

(b)

(c)

(d)

图 12.10 （a）Luchins（1942）的水壶问题。每个问题指定水壶 A、B 和 C 的容量，和最后需要的量。任务是用这些容量的水壶来量出需要的量。（b）解决问题 1 的第一步；（c）第二步；（d）第三步。所有其他的问题可以通过采用同样的等式所表明的倾倒方式来解决，即公式需要的量 = B-A-2C，但是对于问题 7 和 8，有更有效的问题解决方式。

来源：Based on A. S. Luchins, 1942.

[①] 1 美制夸脱 = 946.3529 毫升。——译者注

这个解决方案可以用一个公式来阐明：需要的量＝B−A−2C。在演示了如何解决第一个问题后（但并没有提到这个公式），Luchins 让被试解决问题 2～8，所有的问题都能用同样的公式解决。（一些教科书将 Luchins 的实验描述为给被试不同容量的水壶，并且同样要测出特定体积的水。如果是这种情况，被试就必须很强壮，因为 B 水壶有 127 夸脱的水，质量会超过 113 千克！幸运的是，只是要求被试在纸上解决这些问题。）

Luchins 对被试如何解决问题 7 和问题 8 感兴趣，这两个问题也能用 B−A−2C 的公式解决，但是它还可以用更简单的方法解决：

问题 7：需要的量＝ A+C（将满壶 A 和满壶 C 倒入 B 中）
问题 8：需要的量＝ A−C（将满壶 A 中的水倒入 C）

Luchins 的问题是：在有心理定势和没有心理定势的情况下，被试是如何解决问题 7 和问题 8 的？他决定设置两个组来确定这一点：

➤ **心理定势组**：采用上面描述的流程，首先演示问题 1 的解决方法，然后让被试解决问题 2～8，以问题 2 作为开始。这样就可以建立使用 B−A−2C 公式的心理定势。
➤ **非心理定势组**：被试只用解决问题 7 和问题 8，从解决问题 7 开始。在这种情况下，被试就不会接触到 B−A−2C 的公式了。

结果是，心理定势组中只有 23% 的被试采用了更简单的方法来解决问题 7 和问题 8，但非心理定势组中所有的被试都使用了更简单的方法来解决问题。从这个结果来看，心理定势确实会影响问题解决，因为关于物体功能的先入观念（蜡烛和双绳问题）以及解决问题方式的先入观念（水壶问题）都影响了问题的解决。

在 20 世纪 20 年代至 50 年代，完形心理学家通过大量的例子来说明心理定势如何影响问题解决，以及解决一个问题时通常是如何创造新表征的。问题解决依赖问题在头脑中的表征方式，这一思想是完形心理学的不朽贡献之一，并为现代研究者采用信息加工方法研究问题解决奠定了理论基础。

信息加工理论

在第 1 章描述认知心理学的历史时，曾提到在 1956 年有两次重要的会议，一次在麻省理工学院，另一次在达特茅斯学院，会议汇集了多个学科的研究者来共同探讨研究心智的新方法。在这两次会议中，Alan Newell 和 Herbert Simon 描述了用来模拟人类问题解决的计算机程序"逻辑理论家"，这标志着问题解决可以被描述为一个包括搜索在内的加工过程。Newell 和 Simon 将问题解决描述为在问题提出和解决方案之间的搜索过程，而不是仅仅考虑问题的初始结构和随后在问题解决时形成的新结构。

问题解决是一种搜索过程，这一思想体现在我们所使用的语言中。人们经常就"寻找达成目标的方法""绕开障碍""走进了死胡同"和"从不同角度处理问题"来谈论问题（Lakoff & Turner，1989）。下面通过描述**河内塔问题**来介绍 Newell 和 Simon 的方法。

Newell 和 Simon 的观点

Newell 和 Simon（1972）将问题分成**初始状态**（问题最初的状态）和**目标状态**（问题解决时的状态）。图 12.11a 显示了河内塔问题的初始状态，三个圆盘依次叠放在左侧的柱子上，目标状态是三个圆盘依次叠放在右侧的柱子上。除了说明问题的初始状态和目标状态，Newell 和 Simon 同时引入了**算子**的概念——问题从一个状态到另一个状态时所采取的行动。对于河内塔问题来说，算子就是将圆盘从左侧的柱子上移到另一侧的柱子上。在演示实验中，有具体规则说明哪些行为是可行的，哪些是不可行的（见图 12.11b）。请试着依据演示实验中的说明解决这个问题。

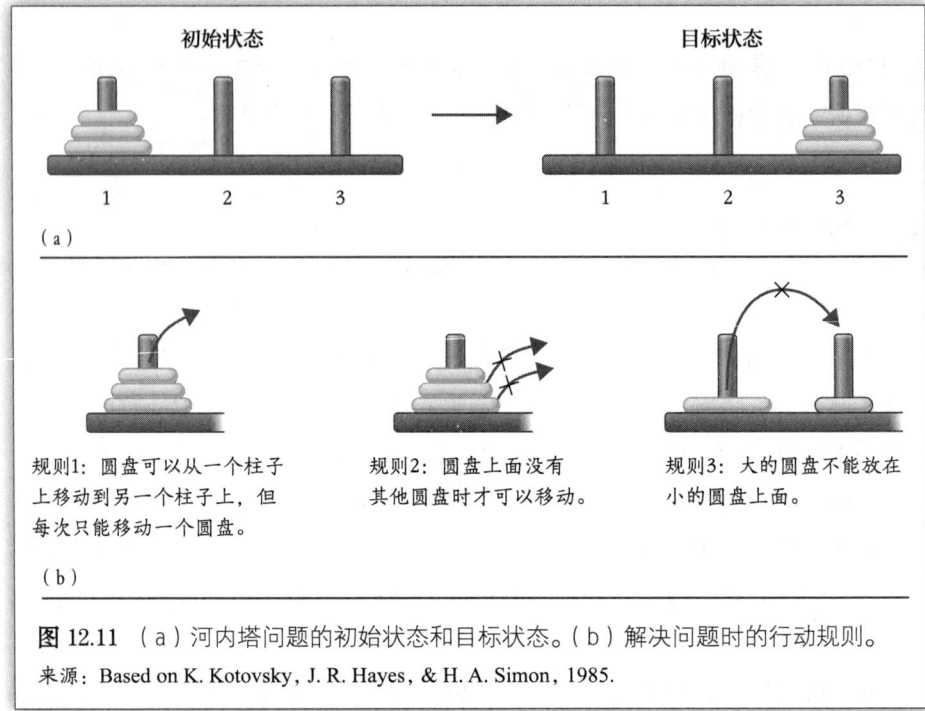

图 12.11 （a）河内塔问题的初始状态和目标状态。（b）解决问题时的行动规则。
来源：Based on K. Kotovsky, J. R. Hayes, & H. A. Simon, 1985.

演示实验　河内塔问题

像图 12.11a 中所示的那样，将圆盘从左边的柱子上移动到右边的柱子上，但需要遵循以下的规则。

1. 圆盘可以从一个柱子移动到另一个柱子上，但一次只能移动一个。
2. 圆盘上面没有其他圆盘时才能移动。
3. 大的圆盘不能放在小的圆盘上面。

在尝试着解决问题时，数一下从初始状态到目标状态一共需要多少步。

这个问题之所以称为河内塔问题是源于一个传说，据说这是越南河内附近一个寺院里的僧侣们发明的游戏。他们的版本比上面这个复杂很多，原版本中是柱子 1 上有 64 个圆盘。根据这个传说，问题解决的那天就是世界末日。幸运的是，即使僧侣们每秒都能移动一步，且保证每一步都是正确的，要完成这项任务也需要差不多 10 000 亿年（Raphael, 1976）。

当你试图解决这个问题时，你可能已经意识到，在尝试达到目标状态的过程中，有很多种可能的方法来移动圆盘。Newell 和 Simon 认为，问题解决包含一系列步骤的选择，每一步都创设了一个**中间状态**。因此，问题始于一个初始状态，接着通过许多的中间状态，最终达到目标状态。一个特定问题的初始状态、目标状态和所有可能的中间状态叫作**问题空间**。（见表 12.1，Newell 和 Simon 使用的术语总结。）

表 12.1
Newell–Simon 问题解决方法的关键术语

术语	描述	来自河内塔的例子
初始状态	问题最初的状态。	所有三个圆盘在左侧柱子上。
目标状态	问题得到解决时的状态。	所有三个圆盘在右侧柱子上。
中间状态	每向问题解决迈进一步之后的状态。	移动最小的圆盘到右侧柱子上以后，还有两个圆盘在左侧柱子上，且最小的圆盘在右侧柱子上。
算子	使问题从一种状态到另一种状态所采取的行动。算子通常受规则的限制。	规则：大圆盘不能放在小圆盘上。
问题空间	解决问题时可能产生的所有状态。	见图 12.11。
手段—目的分析	解决问题的一种方法，目标在于减少初始状态和目标状态间的差异。	建立子目标，每次移动后都将更接近目标状态。
子目标	帮助创建离目标更近的中间状态的小目标。有时，子目标可能看起来增加了到目标状态的距离，但从长远来看能形成到目标状态的最短路径。	子目标 4：为了让中号圆盘可以移动，需要将小圆盘从中间柱子上移回到左侧柱子上。

河内塔问题的问题空间见图 12.12（彩）。初始状态标记为 1，目标状态标记为 8，其他可能的圆盘布局是中间状态。从图中可以看出，从初始状态到目标状态有很多条可能的途径。其中一种途径，由红线所示，要用 14 步。而绿色线表示的是最佳解决方案，只需要 7 步。

在能达到目标的所有方法中，尤其是最初的时候，该如何做出选择呢？重要的是要意识到在尝试解决问题时，头脑中并不会形成一个像图 12.12（彩）那样的问题空间。根据 Newell 和 Simon 的观点，搜索问题空间对于问题解决来说是必需的，他们提出了一种直接搜索的方法，就是使用一种叫作**手段—目的分析**的策略。手段—目的分析的主要目的是减小初始状态和目标状态的距离，这可以通过设立多个**子目标**（即更接近目标状态的中间状态）来实现。

在河内塔问题中应用手段—目的分析方法，主要是为了减小初始状态和目标状态之间的距离。这个问题的首要目标是将放置在左侧柱子上的大圆盘移动到右侧的柱上。然而，这在不违背规则的前提下是不可能用一步就完成的，因为一次只能移动一个圆盘，而且如果圆盘上面还有圆盘时也不能移动。为了解决这个问题，我们设定了一系列子目标，有些子目标中可能还包含很多步骤。

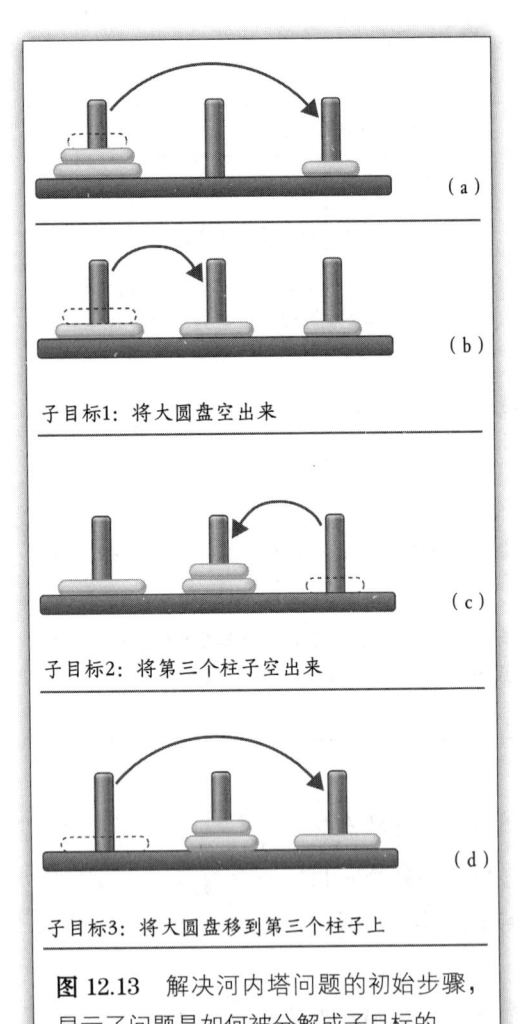

图12.13 解决河内塔问题的初始步骤，显示了问题是如何被分解成子目标的。
来源：Based on K. Kotovsky, J. R. Hayes, & H. A. Simon, 1985.

▶ **子目标1**：让大圆盘空出来，进而把它移到柱子3上。要完成这个子目标需要：（1）取下小圆盘，把它放在第三个柱子上［图12.13a；图12.12（彩）问题空间中的状态2］；（2）取下中圆盘，把它放在第二个柱子上（图12.13b；问题空间中的状态3），这样就完成了使大圆盘空出来的子目标。

▶ **子目标2**：把第三个柱子空出来，从而可以把大圆盘移动到这里。要完成它需要移动小圆盘到中间的柱子上（图12.13c；问题空间中的状态4）。

▶ **子目标3**：把大圆盘移到柱子3上（图12.13d；问题空间中的状态5）。

▶ **子目标4**：将中圆盘空出来。

现在已经到达了问题空间中的状态5，让我们停下来想一想，该怎样完成子目标4，即将中圆盘空出来。我们可以把小圆盘移动到柱子3或柱子1上。这两个可能的选择表明，要想找到通往目标的最短路径，需要稍微看得远一点。如果我们多往后看几步，就会发现不能将小圆盘移动到柱子3上，尽管这么做看起来减少了初始状态和目标状态间的距离，但会阻碍将中圆盘移到柱子3上，也就是影响下一个子目标的实现。因此，把小圆盘移回柱子1（状态6）上，这样就可以把中圆盘移动到柱子3上（状态7），问题就几乎被解决了。这种设置子目标并具有前瞻性的步骤经常能够形成有效的问题解决方案。

为什么说河内塔问题重要？原因之一是它说明了手段—目的分析方法，以及它的子目标设置，而且这种方法能够应用到真实的生活情境中。例如，我最近计划从匹兹堡到哥本哈根旅游。记住在 Newell 和 Simon 的理论中，算子是从一个状态到另一个状态的行动。从匹兹堡到哥本哈根的算子是乘飞机，制约这个算子的规则是：

1. 在没有直飞航班（事实上真没有！）的前提下，要保证航班间有足够的时间来确保乘客和行李顺利转搭第二班飞机。
2. 航班费用要在我的预算之内。

这个问题的第一个子目标是试着减少我到哥本哈根的距离。一个可行的办法是从匹兹堡飞到巴黎，然后转机到哥本哈根（图12.14）。但是两班飞机中间只有70分钟间隔时间，这违反了第一条规则，而晚些时候飞往哥本哈根的班机会增加成本，又违反了第二条规则。从匹兹堡到巴黎的想法行不通，于是我又设置了一个子目标：找一个有许多廉价航班可以飞往哥本哈根的城市。最后，我发现飞往亚特兰大能达成这个子目标。因此问题得到了解决。请注意，对于这个解决方案来说，第一个子目标包含要先远离哥本哈根。就像河内塔问题中的子目标4，为了实现最终目标，不得不将圆盘移到远离右侧柱子的位置，为

图12.14 从匹兹堡到哥本哈根的两条可能路线。经过巴黎的路线（实线）直接减少了到哥本哈根的距离，但是不符合问题的规则。经过亚特兰大的路线（虚线）包含了一些回飞路线但是可行，因为它满足了规则。

了到达我的目的地，我不得不首先飞离哥本哈根。

Newell 和 Simon 关于问题解决方法的主要贡献是提出一种能够详细说明从初始状态到目标状态的可能途径。他们同样示范了人们是如何使用子目标并一步一步解决问题的。但研究显示，问题解决不仅仅是明确问题空间和子目标。就像下一部分要谈到的，研究表明，即使两个问题具有同样的问题空间，也会有很大的难度差异。

问题陈述的重要性

问题的陈述方式会影响问题的难度。下面通过残缺棋盘格问题来体现这一点。

演示实验　残缺棋盘格问题

一个由 64 个方格组成的棋盘格，可以用 32 块多米诺骨牌铺满，每块多米诺骨牌占 2 个方格。**残缺棋盘格问题**是指：如果像图 12.15 一样，去除棋盘格两个角的方格，是否可以用 31 块骨牌铺满剩下的方格？在继续阅读之前，试试能否解决这个问题。答案可能是"是"，也可能是"否"。无论答案是什么，请在答案后附上合理的陈述。

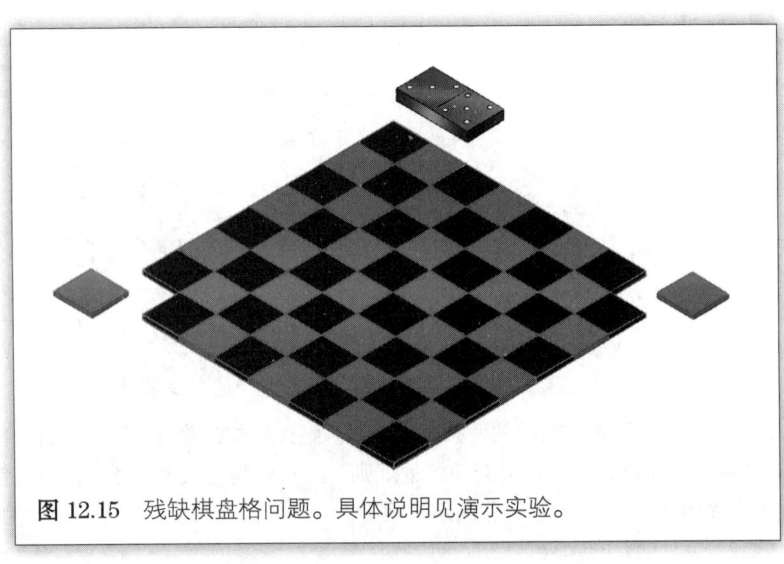

图 12.15　残缺棋盘格问题。具体说明见演示实验。

记住完形主义的观点：采取正确的问题表征方式是成功解决问题的关键。解决残缺棋盘格问题的关键在于理解每块多米诺骨牌占两个方格并且这两个方格一定是不同颜色的原则。因此去除两个角落同样颜色的方格使得这个问题看起来无解。从这个想法出发，Craig Kaplan 和 Herbert Simon（1990）假设，残缺棋盘格问题的变式可能会使被试意识到这个问题其实很容易解决。为了检验这个想法，他们创设了如图 12.16 所示的四种棋盘格问题的变式：

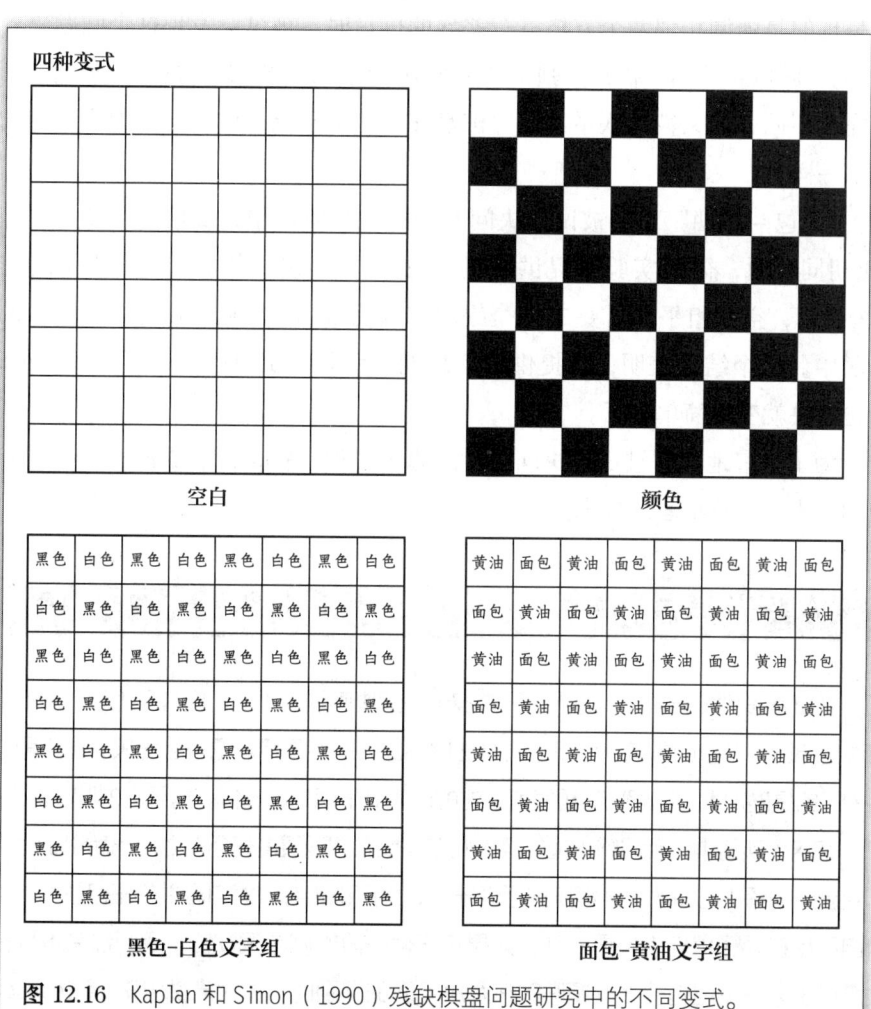

图 12.16　Kaplan 和 Simon（1990）残缺棋盘问题研究中的不同变式。
来源：C. A. Kaplan & H. A. Simon, 1990.

1. 空白：整个棋盘都是白色的方格
2. 颜色：交替出现黑色和白色的方格，就像常规的棋盘格
3. 棋盘格上交替写"黑色"和"白色"的字
4. 棋盘格上交替写"面包"和"黄油"的字

这四个棋盘格问题的变式都有同样的棋盘布局和同样的解决方案。不同点在于棋盘上的信息不同（空白棋盘上的信息缺失），这些信息可以让被试发现，每块多米诺会占两个方格，且两个方格的颜色一定不一样。不出所料，当给被试呈现的是强调相邻两个方格具有差异的棋盘时，被试会发现这个问题更容易解决。"面包－黄油"棋盘所强调的两个方格间的差异是最大的，因为面包和黄油完全不同，但又彼此联系。空白棋盘并没有关于差异的信息，因为所有的格子都一样。

"面包－黄油"组的被试解决问题的速度是空白组的2倍，且在被试陷入"死胡同"时，需要实验者提供的提示更少。"面包－黄油"文字组平均需要1个提示，空白组平均需要3.14个提示。颜色组和"黑色－白色"文字组的表现居中。这个结果表明，当提供的信息能够引导被试对问题进行正确表征时，问题解决就变得简单多了。

为了更好地理解被试解决问题时的思维过程，Kaplan 和 Simon 采用了一种被称为出声思维报告的技术。

研究方法　出声思维报告

在**出声思维报告**中，实验人员要求被试在解决问题时大声说出其所思所想。被试不用说出自己正在做的事情，但是当新想法出现时，一定要用言语表述出来。出声思维报告的目的是确定人们在解决问题时所关注的信息。下面是给被试的指导语的例子。

在这个实验中，我们感兴趣的是人们在完成我们设置的任务时对自己所说的话。因此要求你在解决问题时大声将这些话说出来，大声说出心中对自己说的任何事情，就好像自己待在屋子里自言自语一样。如果在任何一段时间是沉默的，我们都会提醒你要大声说出来……还有什么问题吗？在解决下面的问题时，请大声说出来。（Ericsson & Simon, 1993）

下面是 Kaplan 和 Simon 的实验中的一个言语表述的例子。这个被试是"面包 - 黄油"文字组的。

被　　试：通过反复试验，我只能发现可以盖住 30 个……我不知道，可能其他人已经数过格数了，说可以盖上 31 个，但是如果在纸上试验，你只能盖住 30 个。（停顿）

实验者：继续尝试。

被　　试：可能和表格中写的单词有关？我还没有向这方面考虑，也许就是这样。好吧，多米诺骨牌，嗯，多米诺骨牌只能覆盖……好吧，多米诺骨牌可以覆盖两个方格，因为它不能对角放置，所以不管怎样放，只能覆盖一个黄油和一个面包。而且因为你删去了两个面包，还剩下两个黄油，所以就不能了……仅仅能盖上 30 个，所以问题是无法解决的，对吗？

注意，被试最初被卡住了，一旦意识到"黄油"和"面包"这些词语很重要时，就忽然知道了答案。通过记录人们解决问题时的思维过程，出声思维报告揭示了个体在感知问题要素时的一种转变。这与完形心理学家的重构思想很相似。还记得图 12.2 中的圆圈问题吧，解决这个问题的关键是意识到线段 x 和圆的半径一样长。同样地，解决残缺棋盘格问题的关键是认识到毗邻的方格是配对的，因为在正常情况下，一个多米诺骨牌只能覆盖两个不同颜色的方格。用完形心理学家的话来说，重新建立问题的表征有助于问题解决。

Kaplan 和 Simon 用两种不同的颜色和不同的名字来帮助被试认识到相邻方格配对的重要性。还有其他类似的方式可以做到这一点，即下面要给被试讲述的是与棋盘问题相似的故事。

俄罗斯人的婚姻问题

在一个俄罗斯的小村庄里，有 32 个单身男人和 32 个单身女人。通过不懈努力，村庄媒人成功地配成了 32 对高满意度的婚姻。村里人都很自豪和高兴。在一个醉酒的夜晚，两个单身汉在一场力量比试中，用饺子塞满了彼此的嘴，最终两人双双而亡。那么媒人能不能通过重新速配，给剩下的 62 个人配成 31 对异性婚姻呢？（摘自 Hayes，1978， p.180。）

这个问题的答案很明显，失去了两个男性不可能促成 31 对异性婚姻。如果将配对的男人和女人替换为浅色和深色的方格，就正是残缺棋盘格问题的情况。如果读故事的人能够认识到故事中的夫妻和棋盘中交替出现的方格之间的联系，通常就能解决残缺棋盘格问题。如上所述，注意到相似问题之间的联系，并且将一个问题的解决方案应用到解决其他问题上的过程就是类比迁移。下一节将详细阐述类比迁移是如何应用于问题解决的。

自我测验 12.1

1. 心理学是如何定义问题的？
2. 完形学派解决问题依据的基本原则是什么？思考一下，下面这些问题如何详细说明了这个基本原则？对于问题解决来说，这些问题还能说明些什么？问题有：圆（半径）的问题；蜡烛问题；双绳问题；水壶问题。确定你已经理解了功能固着。
3. 什么是顿悟？有什么证据证明顿悟真实地存在于问题解决中？
4. "搜索"在问题解决中会起到关键作用，描述一下 Newell 和 Simon 的问题解决方法。在解决河内塔问题中使用的手段——目的分析又是如何说明这种方法的？什么是出声思维报告？
5. 残缺棋盘格实验是如何证明问题的陈述方式会影响人们的问题解决能力的？这个研究对于 Newell 和 Simon 的"问题空间"方法有什么启示？

应用类比解决问题

人们面对问题时会思考该如何开始，会提出诸如"我应该进行哪些步骤"或"我该怎样开始思考这个问题"的疑问。此时一个有用的策略是去思考自己先前已经解决的问题是否与新问题相似,并问自己"我能否用同样的方法解决这个问题"。这种使用**类比**技术,即应用相似问题的解决方案来指导解决新问题的方法叫作**类比问题解决**。

用俄罗斯人婚姻问题来帮助解决残缺棋盘格问题,就是一个有效应用类比来解决问题的例子。对类比问题解决的研究已经证实,在某些条件下应用类比可以有效地解决问题,而在另一些条件中则不能。

类比迁移

很多类比问题解决研究的出发点是,先要确定人们能够在多大程度上将解决一个问题的经验迁移到解决另一个相似的问题上。其中,从一个问题到另一个问题的迁移被称作**类比迁移**。在对类比迁移的研究中会用到两个术语:一个是**目标问题**,即被试努力解决的问题;另一个是**源问题**,即与目标问题有着相似之处的另一个问题,它为目标问题的解决提供了一种方法。

在残缺棋盘格问题中,棋盘格问题是目标问题,俄罗斯人婚姻问题是源问题。类比迁移发生的证据是,提供俄罗斯人婚姻问题增大了解决残缺棋盘格问题的可能性。在这个例子中,我们看到了类比迁移的发生,因为被试很容易认识到,在俄罗斯人婚姻问题的解决中应用的原则与解决残缺棋盘格问题时需要的原则是相似的。然而我们还需认识到有效的类比迁移并不总会发生。

另一个被广泛应用于类比问题解决研究中的例子是 Karl Duncker 的**射线问题**。

演示实验　Duncker 射线问题

假设你是一个医生,有一个患了胃部恶性肿瘤的病人。为这个病人动手术是不可能的,可如果不消灭肿瘤,病人就会死。现在有一种射线可以用来消灭肿瘤。如果射线强度足够高,肿瘤就会被消灭。但不幸的是,高强度的射线也会损害射线到肿瘤所经过的健康组织。低强度的射线对健康组织无害,但它对肿瘤也可能没有任何影响。那么采用什么方式可以在消灭肿瘤的同时避免破坏健康组织呢(Gick & Holyoak,1980)?

思考这个问题时，你可能无法马上找到合适的答案，这很正常，因为你不是唯一一个找不到答案的人。当 Duncker（1945）最初提出这个问题时，多数被试都拿不出解决方案。随后，Mary Gick 和 Keith Holyoak（1980，1983）的实验发现，只有 10% 的被试找到了解决方案，如图 12.17a 所示。正确的解决方

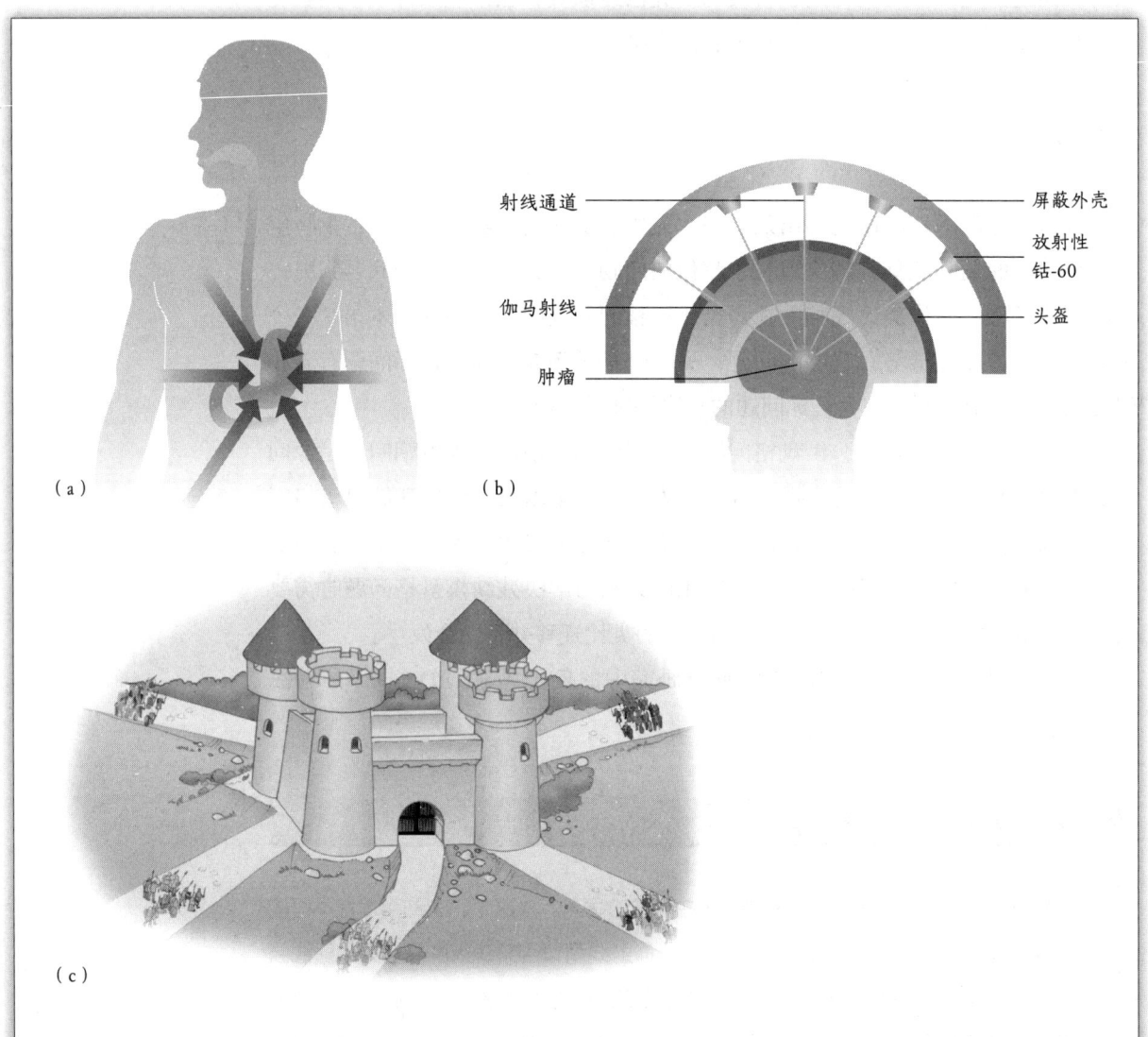

图 12.17 （a）射线问题的解决方案。用很多来自不同方向的低强度射线射向中间的肿瘤，在消灭肿瘤的同时不伤害射线经过的其他组织。（b）放射外科，一种现代医学技术，采用与 Duncker 射线相同的原则使用许多束伽马射线轰击脑肿瘤。该技术实际上采用的是 201 束伽马射线。（c）首领是如何解决堡垒问题的。

案是用许多来自不同方向的低强度的射线射向肿瘤，这样就可以保证在消灭肿瘤的同时不损害射线经过的健康组织。事实上，这一解决方案正是现代放射外科采用的方法，用不同方向的 201 条伽马射线束一齐射向肿瘤（Tarkan，2003；图 12.17b）。

思考一下，射线问题及其解决方案是如何符合完形主义的重新表征和重构思想的。问题的初始表征是，单束高强度射线在消灭肿瘤的同时也损伤了健康组织。重构解决方案包含将一束高强度射线分为很多束低强度射线的思想。

在证实了 Duncker 的射线问题极其困难之后，Gick 和 Holyoak（1980，1983）选用另一组被试来阅读和记忆下面的"堡垒"故事，让他们认为实验的目的是测验对故事的记忆能力。

堡垒故事

一个小国家受制于一个独裁者建立的堡垒。这个堡垒处在国家的中心，周围是农场和村庄，其中有很多通向堡垒的路。一位起义领袖宣告要占领这座堡垒。他把军队聚集在一条路上，准备发起一场全面的直接进攻。然而，这个将军得知独裁者在每条路上都安置了地雷。不过因为独裁者需要往堡垒运送军队和工人，所以地雷的设置是可以让少数人安全通过，但重压可以引爆地雷，这样不仅会炸了路，还会破坏附近的村庄，因此看起来要占领堡垒是不太可能的。

然而，首领设计了一个精妙的计划。他把军队分成多个小队，分派每一小队到不同道路上。当所有军队都准备好后，他发出了总攻的信号，各队纷纷开始进攻，整个军队在同一时间到达了堡垒并发起进攻。用这种方法，将军占领了堡垒并推翻了独裁者。（见图 12.17c）。

堡垒故事和射线问题类似，独裁者的堡垒对应于肿瘤，分派到不同路上的各路军队对应于从各个方向射向肿瘤的低强度射线。Gick 和 Holyoak 让被试在读完故事后再解答射线问题，结果有 30% 的被试能够解决射线问题，比单独呈现射线问题时多 10 个百分点以上。然而需要注意的是，依然有 70% 的被试在阅读了类比的源故事之后不能解决问题。这个结果强调了在利用类比帮助问题解决的研究中的一个主要发现：即使呈现类比的源问题，很多人仍然不能在源问题和目标问题之间建立联系。

然而，当 Gick 和 Holyoak 提示被试想想读过的故事时，他们的成功率达到了 75%，是刚才的 2 倍。因为这里没有提供关于故事的新信息，所以很明显，类比信息已经储存在被试的记忆中了，只不过不太容易回忆起来（Gentner & Clohoun, 2010）。据此结果，Gick 和 Jolyoak 提出，类比问题解决的过程包含以下三步。

1. **注意**源故事和目标故事之间的类比关系。这一步对于类比问题解决来说十分关键。然而正如我们所见，很多被试需要提示才能注意到源故事和目标故事之间的联系。Gick 和 Holyoak 认为，注意是三步当中最难的。很多实验者都指出，最有效的源故事是与目标故事最相似的（Catrambone & Holyoak, 1989; Holyoak & Thagard, 1995）。这个相似性使得源问题和目标问题之间的类比关系更容易被注意到，而且有利于完成下一步——映射。
2. **映射**是指在源问题和目标问题之间形成对应关系。利用故事来解决问题，被试必须把故事中的相应部分映射到目标问题上，这可以通过在源问题中的成分（如独裁者的堡垒）和目标问题的成分（肿瘤）之间建立联系来实现。
3. **应用**映射以产生一个类似的针对目标问题的解决方案。例如，从让多队士兵从不同方向发起进攻中进行归纳总结，然后将这种方法推广到用很多来自不同方向的低强度射线射向肿瘤。

注意和映射是类比问题解决中最难的步骤。可以通过一个被称为类比编码的训练程序，帮助个体意识到问题之间的相似性。

类比编码

类比编码是比较两个问题并确定其相似之处的过程。Dedre Gentner 和 Susan Goldin-Meadow（2003）通过实验阐述了类比编码，这个实验表明，让被试比较两个阐述同一原则的问题，很容易让被试发现问题的相似点。该实验涉及谈判的问题。在实验的第一部分里，实验者会教授被试关于权衡和权变的谈判策略。

权衡策略指的是一种谈判策略，即个体会对另一个人说："如果你给我 B，我就会给你 A。"这可以用两姐妹为谁该得到橘子而争吵的例子来说明。两姐妹关于谁该得到橘子而争论不休，最后发现她们其中一人想要果汁，而另一人想要橘子皮，这时这个问题就很好解决了。她们一人得到果汁，另一人得到橘子皮。[这个例子由 Gentner 和 Goldin-Meadow（2003）实验中的管理顾问 Mary Parker Follet 提供。]

权变策略是指发生一些别的什么事的时候，个体才能得到他想要的东西的谈判策略。比如，作者想要 18% 的版税，但是出版商只愿意给 12%。最后可能的解决方案是将版税和销售额联系在一起："如果销售额很高，那么给你 18%；如果销售额低，那么版税也要跟着变少。"

在熟悉这些协商策略之后，给予一组被试两个案例，这两个案例都是描述权衡策略的。被试的任务是比较这两个案例，给出有效的协商。另一组也做同样的事情，但是他们的案例涉及权变原则。接下来，两组被试都会看到一个新的案例，但这个新案例可以用任意一种谈判原则来解决。

这个实验的结果如图 12.18 所示。当呈现新的测试问题时，被试倾向于采用示例中强调的谈判策略。Gentner

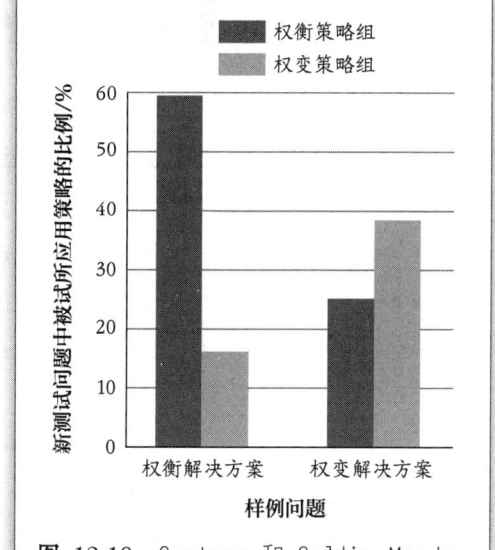

图 12.18 Gentner 和 Goldin-Meadow（2003）关于谈判策略的研究结果。在测试案例中，比较权衡策略样例的被试更容易找到权衡策略的解决方案，而比较权变策略样例的被试更容易找到权变策略的解决方案。

来源：D. Gentner & S. Goldin-Meadow，2003.

认为，从这个结果可以看出，让被试比较源问题是实现类比编码的有效方式，因为这样可以强迫被试注意问题特征，从而加强他们解决其他问题的能力。

现实世界中的类比

目前，关于类比问题的例子主要涉及实验室研究。但在现实生活中，人们是如何使用类比的呢？现实生活中许多类比问题解决的例子都证明了 Kevin Dunbar（2001）的**类比悖论**：尽管很难将实验室研究中的类比应用到现实中，但是在现实中，人们经常使用类比的方法。Dunbar 采用了一种名为生动问题解决研究的技术来研究现实生活中类比的使用。

> **研究方法　生动问题解决研究**
>
> **生动问题解决研究**通过观察来确定人们在现实情境中是如何解决问题的（Dunbar，2002）。这种方法一直用来研究类比在不同情境中的使用，如大学中某一研究小组的实验室会议，或开发新产品的头脑风暴会议。记录这些会议中的讨论，并对这些记录进行分析，以此研究类比对于问题解决的帮助。生动方法的优点是能够捕捉日常情境中的思维，缺点是比较耗时。此外，它还具有和所有观察研究一样的缺点，即很难分离和控制特定的变量。

Dunbar 及其同事（Dunbar，1999；Dunbar & Blanchette，2001）将分子生物学家和免疫学家的实验室会议录下来后，发现在 1 小时的会议中，学者们用到了 3~15 次的类比。例如，"如果大肠杆菌的活动模式是这样的，你的基因也可能以同样的方式进行工作"。与之类似的，Bo Christensen 和 Christian Schunn（2007）记录了开发新医疗器械塑料制品的设计会议。设计师们想弄明白，该如何创造一个可以承载少量液体的容器，并使得容器中的水滴在落下之前可以持续好几分钟。Christensen 和 Schunn 发现，工程师每 5 分钟就会提出一个类比。当一个设计师建议可以将容器设计成信封的样子时，其他设计师们就从这个建议发散开，最终提出了一个基于纸张的解决方案。因此，类比在解决科学问题和设计新产品上都起到了重要作用。本章后面在讨论创造力时，还会描述一些利用类比思维设计出很有用的产品的例子。

尽管我们现在对解决问题中的心理过程有了一些了解，可真实发生了什么仍然不清楚。不过要知道，练习或训练有时的确可以使问题解决变得更容易。有些人非常擅长解决某类问题，因为他们已经成了这个领域的专家。下面讨论一下专家意味着什么，以及成为专家是如何影响问题解决的。

专家如何解决问题

专家是指在一个领域投入大量的时间学习且经常练习，并经常应用所学的知识，最后变成了这个特定领域中公认的、学识渊博的或技艺精湛的人。例如，通过花费 10 000~20 000 小时练习和研究国际象棋，有些棋手已经达到了大师级水平（Chase & Simon，1973a，1973b）。显然，专家在解决他们领域内的问题时比非专家好。关于专家本质的研究，焦点一直集中在确定专家和非专家解决问题方式的差异上。

专家和新手在问题解决上的差异

专家在解决相关领域内的问题时通常比新手（初学者或者没有经过大量训练的人）有更高的正确率和更快的速度（Chi et al.，1982；Larkin et al.，1980）。但这种优势背后的机制是什么？专家在推理上做得更好？还是专家用了不同的方式处理问题？认知心理学家通过比较专家和新手在任务上的表现和所用的方法来回答这个问题，得出了以下结论。

专家对专业领域知道得更多

William Chase 和 Herbert Simon（1973a，1973b）做了一个实验，他们比较了拥有超过 10 000 小时经验的国际象棋大师和不到 100 小时经验的新手在 5 秒内看完棋盘之后在头脑中再现棋局的情况。结果显示，当棋子按真实比赛后的位置排布时，专家的表现优于新手（图 12.19a），但当棋局随机排布时，专家与

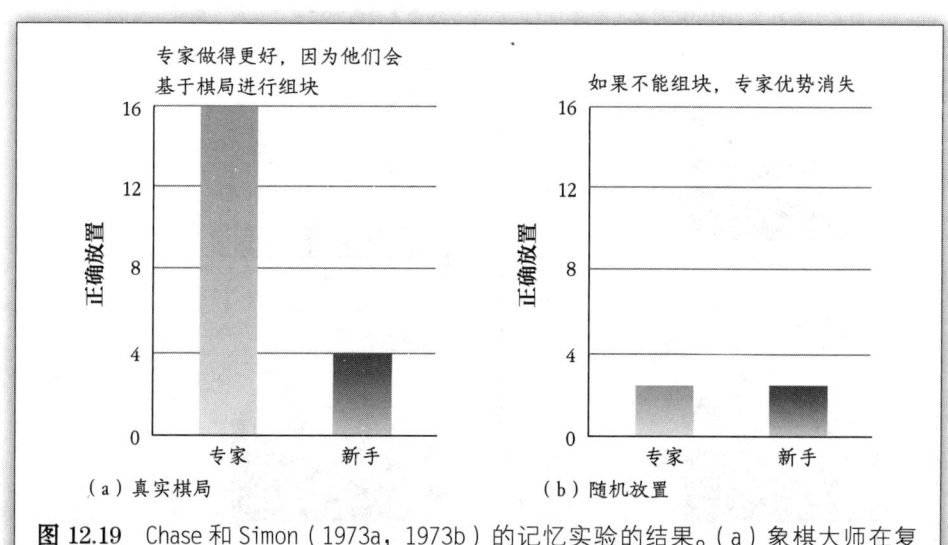

图 12.19 Chase 和 Simon（1973a，1973b）的记忆实验的结果。（a）象棋大师在复原真实比赛的棋局时表现得更好。（b）当棋局随机排列时，象棋大师的表现和新手没有差异。
来源：W. G. Chase & H. A. Simon，1973.

新手无异（图 12.19b）。专家对于真实棋局的记忆成绩更好，是因为他们在长时记忆中储存了许多真正比赛中出现过的棋局，因此专家并不会一个一个记棋子的位置，而是将每 4～6 个棋子进行组块，这样每个组块就会变成专家熟悉且有意义的模式。当棋子随机分布的时候，这种熟悉的模式就会被破坏，象棋大师的优势就消失了（见 DeGroot，1965；Gobert et al.，2001）。从这个实验可以看出，专家除了比新手具有更多专业领域的知识，他们在组织这些知识的时候也不同于新手。

专家对知识的组织与新手有很大不同

专家和新手在知识组织上的差异可以通过 Michelene Chi 及其同事（1982；同样参见 Chi et al.，1981）的实验来说明。研究者给一组专家（物理学教授）和一组新手（学习了一个学期物理的学生）呈现 24 道物理问题，让他们基于问题的相似性对这些问题进行分组。图 12.20 显示了专家和新手对于问题的分组。我们不需要对实际问题的详细描述，就可以从图中看出新手是基于表面特征对

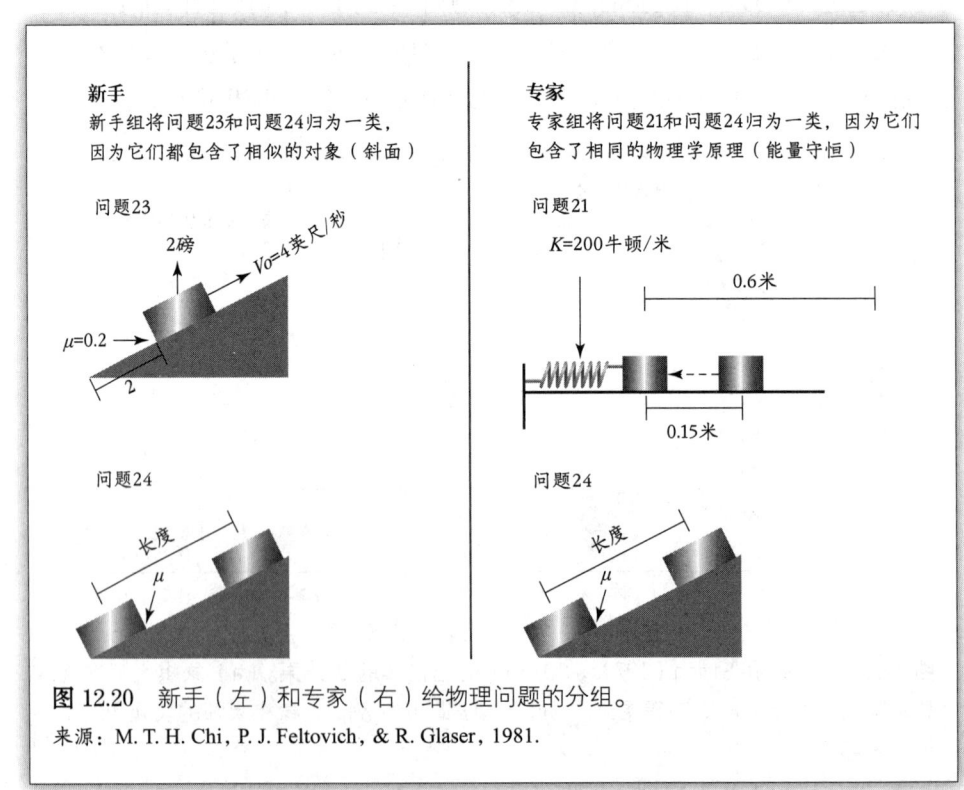

图 12.20 新手（左）和专家（右）给物理问题的分组。
来源：M. T. H. Chi, P. J. Feltovich, & R. Glaser, 1981.

问题进行分类的，如问题中物体的相似之处。因此，尽管包含在问题背后的物理规律非常不同，新手仍然将包含斜面的两个问题分为一组。

相反，专家基于一般的物理规律对问题进行的分类。尽管图示中所示的一个问题包含弹簧而另一个问题包含斜面，但专家仍认为这两个问题相似，因为二者都涉及能量守恒定律。因此，新手根据问题中物体看起来像什么进行分类，而专家根据问题的潜在规律来分类。事实证明，基于潜在规律进行组织分类会使问题解决变得更有效。专家组织知识的能力不仅对于棋盘大师和物理学教授很重要，对很多其他领域的专家也是如此（Egan & Schwartz，1979；Reitman，1976）。

专家花更多时间分析问题

专家在解决问题时，通常不会立马开始，因为他们会花更多的时间理解问题，而不是立即尝试解决问题（Lesgold，1988）。尽管这使得专家在开始时速度很慢，但这种策略通常能获得更有效的问题解决方案。

专家的优势仅限于其所在的领域

尽管专家和新手之间有很多差异，但这种差异只限于专家专长领域内的问题。当 James Voss 及其同事（1983）给政治学专家、化学专家和政治学新手提出关于俄罗斯农业的真实问题时，政治学专家表现得最好，而化学专家和政治学新手表现得一样逊色。总体来说，专家仅仅是其专长领域的专家，当解决他们领域之外的问题时，其表现就和其他人一样了（Bedard & Chi，1992）。所以，多数专家之所以有很好的表现，是因为他们对其领域内的知识了解得更多，且有更好的组织储备方式。

在结束对专家的讨论之前，我们要注意到专家不只具有优势，还有劣势。其劣势在于，当对一个领域内已经建立的事实和理论有很深的理解后，会使其极少运用新的方式来看待问题。这可能正说明为什么在一个领域内起到革命性作用的人一般都是年轻人或者是经验较少的科学家（Kuhn，1970；Simonton，1984）。因此，当面对一个需要弹性思维的问题（问题的解决方案往往需要摒弃通常的程序而采用另一些不常用的程序）时，专家可能处于劣势（Frensch & Sternberg，1989）。

创造性问题解决

下面讲一个物理专业学生的故事。该学生在考试中遇到的一道考题是"描述一下如何应用气压计来测量一栋楼的高度"。他给出了如下答案:"把气压计拴在一条绳子上,然后从楼顶上放下来。把气压计放到地面时所需绳子的长度就是楼的高度。"但是教授期望的答案是应用课上学习的原理,通过测量地面和楼顶的气压来解决问题。最后,教授给了这个学生 0 分。

这个学生对此表示抗议,所以这个事情被转交给另一位教授处理,这位教授让该生证明自己的答案运用了物理学知识。这个学生的解释是,先测量气压计从屋顶落下到地面所用的时间,随后需要用到一个包含万有引力常量的公式来确定气压计落下的高度。在该教授的敦促下,学生又提出了另一个方法:把气压计放在太阳底下,测量其影子的长度和大楼影子的长度,可以应用比例计算出楼的高度。

当听到两个全都正确的问题解决方案后,教授问这个学生是否知道原来教授所期待的答案。这个学生回答说他知道,但是他厌倦了只为了高分而机械地重复学到的知识。这个故事中的主人公是尼尔斯·玻尔(Niels Bohr),他在大学毕业后继续学习,最后获得了诺贝尔物理学奖(Lubart & Mouchiroud,2003)。

这个故事说明,有时太有创造力反而会带来麻烦。但同时也提出了另一个问题,这个学生是否具有创造性?如果将创造性定义为提出一个新颖的想法,或者是对同一问题提出多种解决办法,答案就是肯定的。但一些研究者认为创造性不仅仅是新颖性。

什么是创造性?

许多创造性的例子将注意集中在**发散思维**上,发散思维指一种开放式的、包括大量潜在"解决方案"(尽管各个方案有优劣之分)的思维方式(见 Guiford,1956;Ward et al.,1997)。James Kaufman(2009)在他的书《创造力 101》(Creativity 101)中提到,发散思维是创造力的基础,但并不是创造力的全部。Kaufman 提出,除了新颖性以外,对问题的创造性反应一定是有用的

（Simonton，2012）。这种对创造性的看法受到将创造性定义为"人们做出的在某些方面新颖，具有潜在价值或效用"（Smith et al., 2009）的影响。在设计实用产品时，这样考虑创造性是很有意义的，但是在描述创造性视觉艺术、音乐或戏剧的时候，不太适用。毕加索的画、贝多芬的交响乐或者莎士比亚的戏剧是否具有创造性呢？大多数人在给出肯定答案的同时并没有考虑过"有用性"（尽管这一点可能存在争议，因为这些伟大的画作、音乐以及戏剧在满足人们对审美体验的基本需求时，都是很有用的）。为了便于讨论，我们将首先考虑一些实际的产品是如何被发明出来的。

实践创造

许多发明的例子都涉及类比问题解决，在这个过程中，个体需要观察一个现象，然后产生对实际问题的全新的、新异的、有用的解决方案。一个利用类比问题解决进行发明的非常有名的例子是关于乔治·德·迈斯德欧（George de Mestral）的。在1948年时，德·迈斯德欧和他的爱犬一起远足，回到家后发现自己的裤子和狗的皮毛上都粘满了毛刺。为了弄明白为什么这些毛刺的黏着力这么强，德·迈斯德欧在显微镜下对毛刺进行观察。通过显微镜看到了许多微小的钩状结构，促使他设计了一种织物紧固件，一面有许多小钩，另一面有柔软的环。在1955年，德·迈斯德欧为该设计申请了专利，并称之为魔术贴（Velcro）！

阿根廷汽车技师豪尔赫·奥登（Jorge Odón）的案例是一个基于类比思维进行创意的最新例子。他设计了一种装置，用来处理婴儿在分娩时卡在母亲产道里危及生命的情况。奥登的设计灵感可以追溯到他在视频网站上看到的一则视频，这则视频展示了如何取出酒瓶里的软木塞（见 Dvorak Uncensored, 2007）。这个过程需要把塑料袋塞进瓶子里，然后向塑料袋里充气，直到把软木塞推到一侧瓶壁（图 12.21a）。当袋子被拉出来的时候，软木塞也就跟着被拉了出来。

奥登是在睡梦中完成从视频网站上的"从瓶中取出软木塞的小技巧"跳跃到利用类似原理拯救卡在产道的婴儿的过程的。他凌晨4点醒来，脑海里是一个使用同样原理的设备：使子宫内的袋子膨胀，然后在拉出这个袋子的同时，就能将婴儿一并带出来。将这个想法转换成一个可行模型的过程，他花了1年

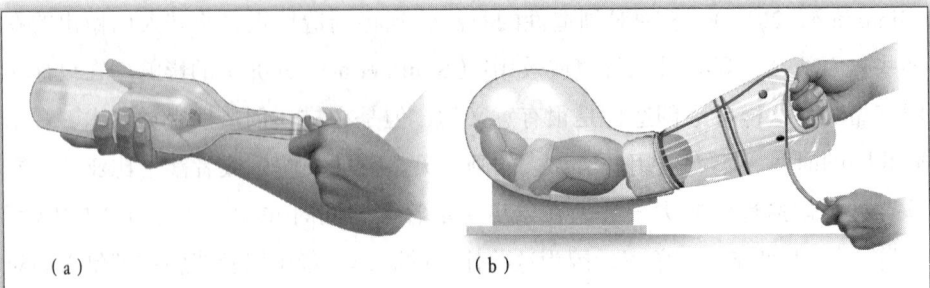

图 12.21 (a) 在不打破酒瓶的同时,如何将软木塞从瓶中取出来。将一个袋子推进瓶中,然后向袋子里充气;当袋子被拉出来时,软木塞也随之出来了。(b) 奥登设计的将卡在母亲产道里的婴儿取出来的装置模型。在这个模型中,奥登用玩具娃娃代替婴儿,用玻璃容器代表子宫。

的时间。奥登首先在厨房里做了一个原型装置,用玻璃罐代替子宫,用玩具娃娃代表婴儿,用布袋做提取装置。最后,在制作了许多原型并大量咨询产科医生后,奥登的装置终于成功了!在一个润滑过的套筒内有一个塑料袋,这个袋子放置在婴儿的头部,然后给袋子充气,最后在将袋子拉出来的同时,会将婴儿一起带出来(图 12.21b;McNeil,2013;Venema,2013)。

奥登的装置得到了世界卫生组织的认可,并具有在贫穷国家拯救婴儿和减少发达国家剖宫产的潜力。这是一个将类比思维应用到创造性问题解决中的案例,并最终产生了一个真正有用的产品(也证明了观看视频网站上的视频是有意义的!)。

魔术贴和奥登的装置不仅说明了创造性问题解决,也证明了创造性问题解决包含的远不止一个想法。它还包括漫长的试错和开发,直到将想法转变成有用的装置。奥登的装置花费了数年的时间才得以成型,而德·迈斯德欧尽管在 1948 年就观察到了在他的狗狗身上粘着的毛刺,但是直到 1955 年,他才申请了魔术贴的专利。

许多研究者提出了创造性问题解决需要一个过程。图 12.22 描述的是创造性问题解决过程的一个构想,在这个构想中含有四个阶段,整个过程以问题的产生作为开始,以解决方案的执行作为结束(Basadur et al.,2000)。在之后讨论大脑网络和创造性时将看到,一些研究关注了这个过程中的两步:想法的产生(相当于发现问题)和想法的评估(评估和选择)。如果一个人以这样的方式去思考问题解决,那么最重要的步骤之一是首先意识到存在问题,接着产生想法，这个想法会被评估，并且在最后会转变为一个产出（参见 Finke，1990；Mumford et al.，2012）。

莱特兄弟（Wright brothers）发明飞机是另一个问题解决需要漫长过程的例子（Weisberg，2009）。1903 年 12 月，小鹰号的成功飞行标志着莱特兄弟的设计终于成功了，这是兄弟俩 4 年来努力的结果。在这 4 年中，他们必须专注于如何设计飞机的每个部件，并特别强调开发一种操纵飞机的机械装置。

莱特兄弟的例子同样证明了问题解决并不只是在顿悟中产生想法，尽管这也有可能发生，但有了知识基础才会在最后形成一个解决方案。莱特兄弟之所以能成功，是因为他们具有物理和机械的知识，加上在自行车修理铺中积攒的大量关于自行车的经验，为他们如何将大量的零件结合在一起以制造一架飞机的想法提供了基础。

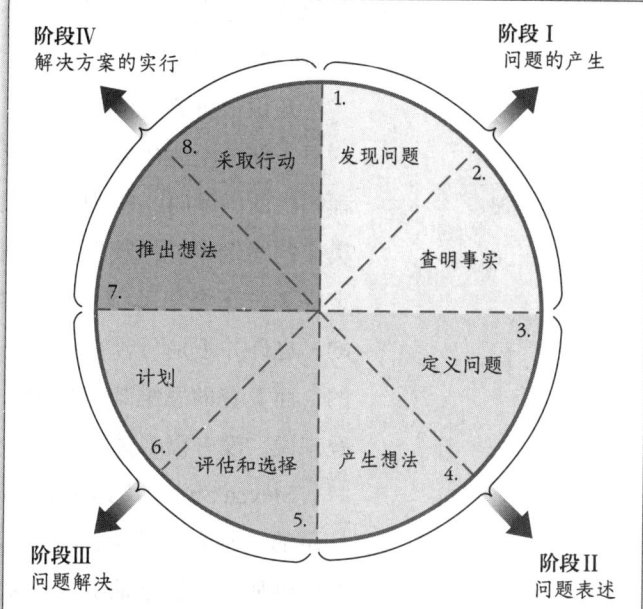

图 12.22 Basadur 等人（2000）提出的问题解决过程。Basadur 认为，问题解决过程包含了四个阶段，每个阶段又包含了两个过程。例如，阶段 Ⅱ——问题表述——就包含了两个加工过程：定义问题和产生想法。
来源：M. Basadur, M. Runco, & L.A. Vega，2000.

尽管想法的产生只是创造性过程的一部分，却是决定性的一步。接下来，我们将思考一些认知原理是如何应用于理解一些与产生创造性想法有关的因素的。

产生想法

1914 年，莱纳斯·鲍林（Linus Pauling）获得了诺贝尔化学奖，当被问及如何产生这个想法的时候，他回答道："如果想获得一个好的主意，那我们必须有很多想法。这些想法中的大部分都是错的，而我们必须学会应该扔掉哪一个"（Crick，1995）。这个回答强调了想法在科学发现中的重要性，以及产生想法后取舍的重要性。

"怎样才能产生想法？"这个问题很难回答，因为这里面涉及许多因素。莱特兄弟的例子证明了想法的产生需要大量的知识基础。而作为工程师的德·迈斯德欧，知道如何在显微镜下观察他的爱犬带回家的毛刺，以揭示钩状结构，从而产生了发明魔术贴的想法。

知识很重要，但有时太多的知识也会阻碍创造性问题解决。在与专家相关的那一部分论述的末尾就曾提到，在解决一个要求灵活思考和不适合用常规流程解决的问题时，作为一个领域内的专家也许是一个劣势，而这也确实发生在奥登的案例中。尽管奥登申请了大量的专利，这些设备都和汽车有关（比如稳定杆和汽车悬架），但一个分娩设备是由一个汽车修理工而不是产科医生发明的，也许并不是巧合。和奥登一起工作过的一名医生说："医生的思维是条理性的，而奥登的思维却很自由，他可以想出新的东西"（Venema，2013）。对于奥登来说，没有很多关于医学的知识可能是一件很幸运的事。

Steven Smith 及其同事（1993）利用实验证明了过多的知识是如何成为一件坏事的。研究者发现，在人们解决问题之前为其提供例子可以影响他们解决问题的性质。在这项研究中，被试的任务是发明、绘图、贴标签并且描述一个新的、有创意的玩具，或者是描绘在类似地球的星球上发展进化的新的生命形式。实验者在任务开始前会先给其中一组被试呈现三个示例。关于描绘新生命形式的任务，三个示例均有四条腿、一对触角和一个尾巴。

与没有看过任何示例的对照组创造出的生命体相比，示例组的设计中包含了更多示例中的特征（图 12.23a）。图 12.23b 展示的是两个组中包含示例特征（触角、尾巴和四条腿）设计的比例。示例组会更多地使用这些特征，这与本章前面描述的功能固着有关。有时，先入之见会抑制创造力（见 Chrysikon & Weisberg，2005）。

先入之见会抑制创造力的想法让 Alex Osborn（1953）提出了**小组头脑风暴**技术。这种技术的目的在于鼓励人们自由表达心中的想法，这些想法很有可能在解决某类问题时变得非常有用。给头脑风暴小组被试的指导语强调让他们说出头脑中产生的任何想法，而不是批评自己的想法或小组中其他人的想法，这些指导语的原理是通过让人们"跳出思维定势"来增加创造力。

这个提议让许多组织开始广泛使用头脑风暴技术。然而，研究发现，让人们在小组中分享想法比让同样多的人单独提出想法所产生的想法少（Mullen et al.，1991）。这可能有许多原因。在小组中，一些人可能会主导讨论，导致其他人难以融入。另外，尽管指导语强调让被试表达他们头脑中的任意想法，但是可能由于害怕被评价，从而导致一些人在小组中不敢表达自己的想法。同时，

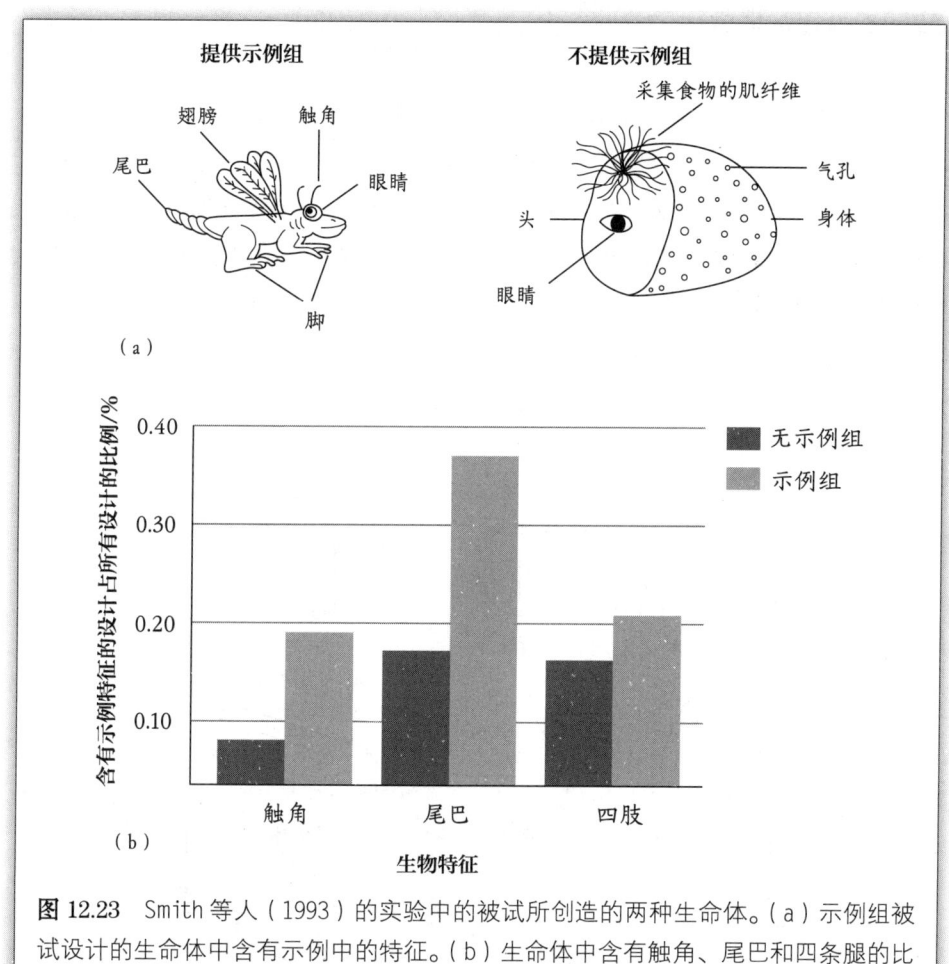

图 12.23 Smith 等人（1993）的实验中的被试所创造的两种生命体。(a) 示例组被试设计的生命体中含有示例中的特征。(b) 生命体中含有触角、尾巴和四条腿的比例。示例组中的被试设计的生命体更有可能包含这些特征。
来源：Based on S. M. Smith, A. Kerne, E. Koh, & J. Shah, 2009.

人们也可能关注小组中的其他人，这使得他们无法提出自己的想法。由此可见，小组头脑风暴并非一个产生想法的好办法。但是，个人头脑风暴就能够有效地产生想法。

Ronald Finke 提出了一种产生个人想法的有效方法，他开发了一种名为**创造性认知**的技术，来训练人们进行创造性思维。下面的演示实验讲的就是 Finke 提出的这种技术。

演示实验　创造客体

图 12.24 中呈现了 15 个物体零件及其名字。被试闭上眼睛,用手触碰这个页面 3 次,每一次随机选中 1 个零件,一共选出 3 个物体零件。在阅读完指导语之后,被试花 1 分钟用这 3 个零件组成 1 个新物体。这个物体要看起来有趣而且可用,但组成的新物体要避免和已有的熟悉的物体相同,同时也无须考虑它的具体应用。你可以任意改变零件的大小、位置、方向和零件的材质,但不能改变基本形状(除了线和管,因为它们可以弯曲)。想好以后就画下来。

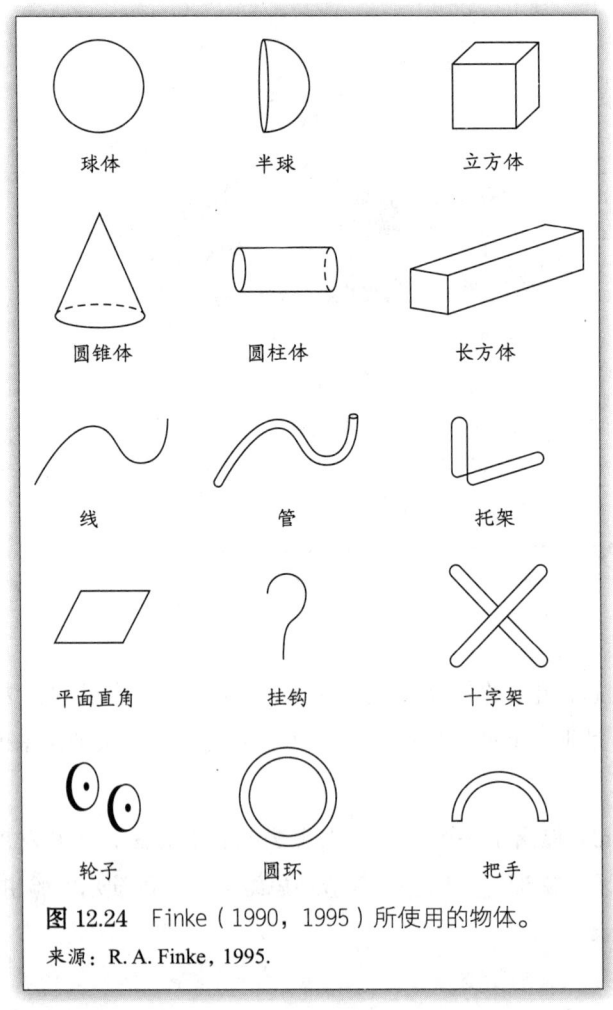

图 12.24　Finke(1990,1995)所使用的物体。
来源:R. A. Finke, 1995.

这个练习是模仿 Finke（1990，1995）设计的一个任务。在那个任务中，Finke 从图 12.24 中随机为被试选取了三个物体零件。在被试创造出新物体后，要求被试从表 12.2 中选择一个类别，并用 1 分钟来解释新物体为什么属于这个类别。例如，如果类别是工具和餐具，被试就需要将物体解释为螺丝刀、勺子或其他工具或餐具。现在我们可以尝试一下，选择一个类别，然后确定你的新物体的用途，并描述一下它是如何起作用的。图 12.25 显示了如何根据表 12.2 中的 8 个类别来解释由半球体、线和钩子构造的同一客体。

Finke 将这些"发明"称为**前发明形式**，因为它们是创造性产品问世前的想法。就像德·迈斯德欧在他最初的顿悟后，又花了很多年才发明出魔术贴一样。前发明形式在成为有用的"发明"前需要进一步发展。

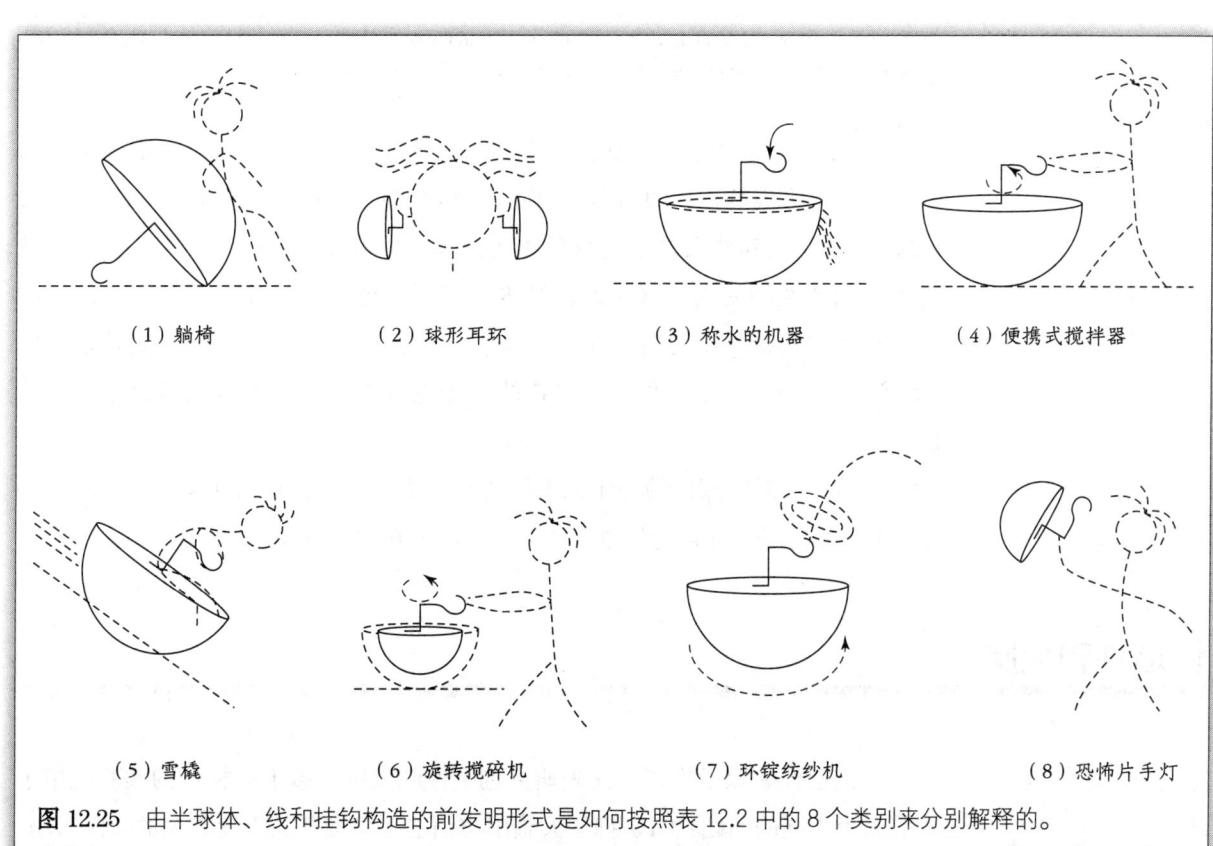

图 12.25　由半球体、线和挂钩构造的前发明形式是如何按照表 12.2 中的 8 个类别来分别解释的。
来源：R.A. Finke, 1995.

表 12.2

前发明形式研究中的物体类别

类别	例子
家具	椅子，桌子，灯具
个人物品	珠宝，眼镜
科学仪器	测量工具
电器	洗衣机，烤箱
交通工具	汽车，船
工具和餐具	螺丝刀，勺子
玩具和游戏	棒球棒，玩偶
武器	枪，导弹

来源：Adapted from R. A. Finke, Creative insight and preinventive forms, in R. J. Sternberg & J. E. Davidson (Eds.), *The nature of insight*, pp. 255–280 (Cambridge, MA: MIT Press, 1995).

Finke 证明了并不需要成为"发明家"才能有创造力，同时也证明了在创造性认知中出现的许多过程与认知心理学的其他领域的认知过程相似。例如，Finke 发现，与其他人创造的物品相比，人们更可能对自己创造的前发明物品有更多创造性的使用方式，即使被告知无须考虑实际用途也是如此。这个结果有点像在第 7 章中讨论的生成效应：人们记忆自己生成的材料的效果更好（见第 251 页）。这种自我生成材料的优势也发生在线索提取的过程中（见第 253 页）。

目前，我们所探讨的关于创造性的研究主要集中在行为实验上。但其他一些研究考察的是，在创造性过程中，人们的大脑内究竟发生了什么。

创造性和大脑

人们已经采取了许多方法来研究创造性和大脑。接下来描述的实验将用于回答三个不同的问题：（1）抑制大脑中与创造性思维开放程度有关的脑区活动，是否会增强创造性？（2）不同的大脑状态是否有助于顿悟或分析性的问题解决？（3）大脑网络和创造性之间有什么联系？

开阔思路，"跳出思维定势"

有一个问题被称为**九点问题**：用四条直线穿过图 12.26 中所有的九个点，要一笔画成，且不能重描画过的线。在尝试解决这个问题后，答案见图 12.28。

图 12.26 九点问题的示例。具体参见正文。

如果你解决了这个问题，说明你属于少数派，因为大多数人都将这 9 个点知觉为一个正方形，并不会考虑将线延伸至正方形外的可能。为什么这个问题如此困难？一个原因与我们将许多单个元素视为一个整体的倾向有关，这种倾向在第 3 章中描述过（见第 3 章，"完形主义的知觉组织原则"，见第 084–087 页）。因此，当夜晚仰望星空时，我们会将一些星星组织在一起，视为星座。这一原则如果应用到九点问题中，即把九个点知觉为一个正方形，个体就不会考虑将线延伸至正方形外的可能性。

Richard Chi 和 Alan Snyder（2012）结合之前的研究结果，发现左前侧颞叶（见第 380 页）与将低层信息组织为有意义的模式有关，就像把夜空中的星星组织为星座一样，图 12.26 中的九个点也被组织成了正方形。Chi 和 Snyder 想要弄明白抑制左前侧颞叶的活动是否可以开阔个体关于"九点问题"的思路。为了验证这个观点，他们在被试尝试解决九点问题的同时，采用**经颅直流电刺激**的方法，抑制左前侧颞叶的活动，加强右前侧颞叶的活动。

研究方法　经颅直流电刺激

这是一种刺激大脑的方法。首先需要将两个电极贴在头上。这些电极被连接到一个电池供电的设备上，该设备可以提供直流电。其中一个电极是阴极，所带电荷为负电荷，可以减少电极下神经元的兴奋性。另一个电极是阳极，所带电荷为正电荷，可以增强电极下神经元的兴奋性。

Chi 和 Snyder 将阴极电极放在左前侧颞叶处，以减少这个区域神经元的兴奋性；阳极电极则置于右前侧颞叶处，以增强这个区域神经元的兴奋性。在这种

情况下能解决九点问题的人数将达到40%，这与告知被试解决方案中的线条可以在方形以外之后找到解决问题方案的人数相等。因此，抑制以某种方式解读世界的脑区，可以帮助我们"跳出思维定势"（在这个案例中是"跳出方形定势"）。

顿悟和分析性问题解决的大脑"准备"

在问题解决或有创造性发现之前，大脑中发生了什么？这个问题的答案会影响问题解决的方式。有一个顿悟或"啊哈！"的时刻涉及对解决方案的突然领悟。相反，分析性问题通常是逐步解决的，它需要对接近答案的方法进行逐步分析（见第 478 页）。

John Kounios 及其同事（2006）在一篇名为"有准备的头脑"（The Prepared Mind）的论文中指出，无论是顿悟驱动的问题解决过程，还是分析性问题解决过程，都与大脑在问题出现前的状态有关。在他们的实验中，被试头上贴上了电极（如图 5.26 所示），用于测量脑电图（EEG）。EEG 是一种类似于图 12.27a（彩）中的反应，记录的是电极下面数千个神经元的反应。

先测量 2 秒的脑电，然后呈现**混合远距离联想问题**。在这个问题中，会呈现 3 个词，例如 "pine（松树）" "crab（蟹）" 和 "sauce（酱）"，任务是确定一个词能和这三个词中的每一个结合起来形成新的单词或短语［本例中是 "pineapple（菠萝）" "crabapple（海棠）" 和 "applesauce（苹果酱）"］。这种类型的问题既可以通过顿悟解决，也可以通过逐步分析解决。

被试在 30 秒内解决了大约 50% 的问题，在解决每个问题后立马指出自己的解决方案是顿悟性的（56% 的解决方案是这一类型）还是非顿悟性的（44% 的解决方案是这一类型），图 12.27（彩）显示的结果表明，在顿悟性的解决方案出来前，额叶的 EEG 活动有所增加［图 12.27b（彩）］，而在非顿悟性的解决方案出来前，枕叶的 EEG 活动有所增加［图 12.27c（彩）］。

因为这些脑电活动上的差异发生在被试看到问题之前，所以 Kounios 认为："被试在看见书面问题之前准备阶段的神经元活动，可以预测接下来他们会用……自我报告的顿悟来解决问题。"换句话说，在开始解决问题之前的大脑状态会影响问题解决采用的方法。

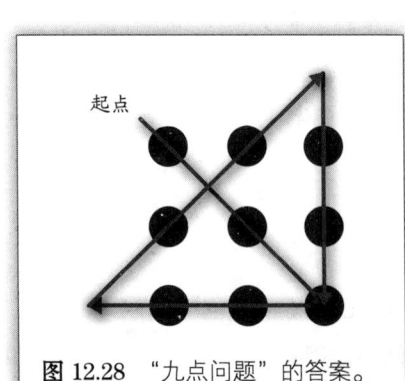

图 12.28 "九点问题"的答案。

与创造性有关的神经网络

前文所描述的实验，即在问题解决前大脑区域处于抑制状态，以及在看到问题前测量到大脑活动的实验，都表明大脑状态和创造性问题解决之间存在某种关系。接下来将继续这个话题，看看大脑的两个网络是如何参与创造性活动的。

默认模式网络

第 2 章介绍了默认模式网络（DMN），当个体在完成某一特定任务时，DMN 的活动会有所减少；而当注意没有集中在这个任务上时，DMN 的活动会有所增加。DMN 的活动和心智游移有关，心智游移和在需要集中注意的任务（如阅读、问题解决）上的糟糕表现有关（第 2 章，见第 061 页；第 4 章，见第 140 页）。DMN 和心智游移之间的联系，以及人们会花差不多一半时间处于心智游移状态的事实（Killingsworth & Gillbert，2010），导致了这样一个问题：DMN 的作用是什么？难道 DMN 的作用是干扰个体执行重要任务的能力而制造心智游移？这似乎不太可能，但这个问题的答案还有待进一步研究。

对 DMN 和心智游移的积极作用出现在第 6 章中，心智游移的时候，人大多在思考未来，说明 DMN 和心智游移的功能之一可能就是帮助计划未来（见第 227 页）。现在回过头来看 DMN 和心智游移，会发现有证据支持心智游移和 DMN 在创造性思维中具有重要作用。

Benjamin Baird 及其同事（2012）做了一个将心智游移和创造性联系起来的实验，这个实验基于个体在努力解决问题但仍旧无计可施时，然后将问题放置在一边，有时却突然发现了解决问题的方法。这一现象被科学家注意到了，包括阿尔伯特·爱因斯坦（Albert Einstein）、亨利·庞加莱（Henri Poincaré）以及艾萨克·牛顿（Isaac Newton），他们都曾有过将手头未解决的问题搁置在一边后，在某个时刻突然有了灵感的经历。在解决问题的时候"暂停"一下，然后有了想法的现象叫作**酝酿**。

Baird 的实验首先会用到一个**不寻常用法任务**（AUT，也称 unusual uses task）的基线任务。在这项任务中，被试有 2 分钟的时间思考一个常见物体的不寻常用法。例如，你能想到砖头有多少种不寻常用法？（作为武器、镇纸、垫脚石或锚。）

在 AUT 任务之后，会有一个 12 分钟的酝酿阶段，在这段时间内，被试需

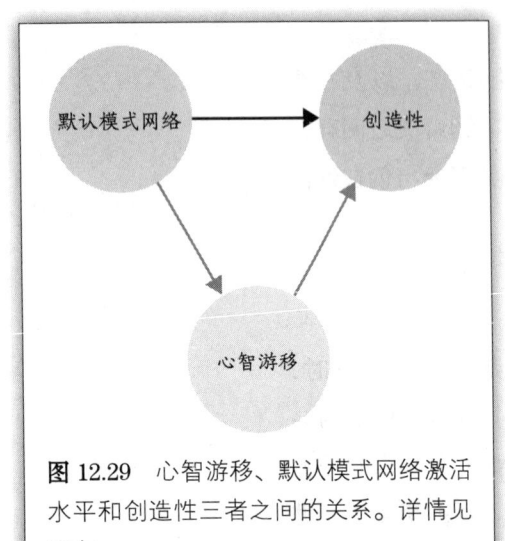

图 12.29 心智游移、默认模式网络激活水平和创造性三者之间的关系。详情见正文。

要执行一项不容易心智游移的困难任务，或者是一项很容易心智游移的简单任务。当被试开始重复之前做过的针对同一客体的 AUT 任务时，结果会变得很清晰：在容易心智游移的简单任务后，与基线相比，重复 AUT 任务的行为表现改善了 40%；但是在困难任务后，被试的行为表现并没有变化。Baird 认为，心智游移促进了创造性的"酝酿"。

图 12.29 中灰色箭头表示的是心智游移和 DMN 的激活程度，以及心智游移和创造性之间的联系。但是 DMN 和创造性之间是否存在联系呢？Naama Mayseless 及其同事（2015）通过向被试展示一个"不寻常用法任务"来研究这个问题。实验者首先给被试一个物品，然后让被试提出一种和平时用法不同的可能用法，并且强调这种用法要新奇和唯一。在被试执行这项任务的同时，实验者会在 fMRI 扫描仪中对他们的大脑活动进行测量。

这个实验中的关键变量是提出新用法的独创性。例如，提出铅笔可以用来"刺"的用法，在独创性上的得分较低，因为有许多人也提到了这个用法。但是，将铅笔作为"擀面杖"的独创性得分很高，因为没有人提出过要这么使用。

实验结果表明，较高的原创性评分与 DMN 结构中的激活程度有关。这个结果可以使图 12.29 中黑色箭头表示的 DMN 激活程度和创造性之间的关系得到确定。二者之间的关系也得到了大量实验结果的支持（Beaty et al., 2014; Ellamil et al., 2012）。但是大脑网络和创造性之间的关系远比图 12.29 中显示的复杂，因为除了 DMN 网络外，还有其他大脑网络与创造性有关。其中一个非常重要的网络就是执行控制网络。

执行控制网络

执行控制网络（ECN）会在个体执行任务时参与注意定向的过程（见第 059 页），同时，它还在创造性活动中起重要作用。Melissa Ellamil 及其同事（2012）的实验支持 ECN 和创造性之间存在联系。在这项研究中，被试要在 fMRI 扫描仪中进行设计图书封面的任务，同时被监测哪些脑区是激活的。这项研究的一个重要特点是要求被试在两个不同阶段进行封面设计：在阅读描述书本所讲的内容后，产生关于封面的想法。接着休息一段时间，对刚刚设计的封面进行评估。

这种"产生后接着评估"的顺序通常用来描述涉及创造性的过程（见图12.22）。Ellamil 发现，与产生想法相比，在评估想法时，DMN 和 ECN 区域有着更强的激活。基于以上结果，他们认为在创造性评估期间，DMN 和 ECN 的激活是不断调节的。

为了进一步探讨这一点，当 Ellamil 采用静息态 fMRI（见第 058-060 页）测量 DMN 和 ECN 之间的功能连接性时，发现在创造性产生和评估阶段，二者都有功能连接性。DMN 和 ECN 之间的功能连接性也在 Roger Beaty 及其同事（2014）对高创造性和低创造性的人的研究中得到了确定，这是由被试在一系列创造力测试中的得分决定的。正如研究者预期的，在高创造性组中，DMN 和 ECN 的功能连接性更强。

DMN 和 ECN 网络在创造性思维过程中共同起作用的观点令人特别感兴趣，因为这两个网络的功能通常被认为是相反的。ECN 的功能与注意调节有关，当涉及要求注意的任务时，该网络的激活会增加，但注意集中时会抑制 DMN 的激活。相反，当 DMN 网络活跃时，ECN 的激活通常是减少的。

当进行创造性活动时，这两个网络究竟发生了什么？这两个相反的网络是如何同时起作用的？研究者依旧在为回答这个问题而努力着。但如果我们撇开这两个网络通常以相反的方式反应的事实不谈，当我们考虑到自发的心智游移是如何产生思想和想法的时候，心智游移和创造力之间的联系就是有意义的。同样有意义的是，创造性通常需要一个"交警"，这就是 ECN 发挥作用的地方，引导思维向新颖的方向发展。例如，ECN 可能会将注意从不够新颖的反应（如"砖"的一个用途是"建房子"）上转移开，这样就能探索更多的新颖用法。Beaty 及其同事（2014）在发现高创造性的人的 DMN 和 ECN 的连接更强后认为，"增加的功能连接性……可能对应一个有着更强的创造力的人，他们会通过进行复杂的搜索加工，抑制与任务无关信息，以及在一大堆有竞争力的想法中选择其中一个，来管理自身的想象力。"尽管 DMN 与 ECN 之间存在一定的对立关系，但一个与想象力相关的网络（DMN）和另一个与注意力有关的网络（ECN）之间惊人的协作突出了创造性思维的特殊性（Christoff et al., 2009）。

思考

连线创造——有创造力的人做事的方式与众不同

面对毕加索（Picasso）绘制的画、爱因斯坦创立的相对论、夏洛特·勃朗特（Charlotte Brontë）创作的《简·爱》和艾米丽·勃朗特（Emily Brontë）创作的《呼啸山庄》，我们不禁要问：我们能从这些名人身上学到什么和创造力有关的东西，并将其运用到我们的创作中？这就是 Scott Barry Kaufman 和 Carolyn Gregoire 在他们的书《连线创造：解开创造性思维之谜》(Wired to Create: Unraveling the Mysteries of the Creative Mind，2015)中提出的问题。这本可读性很强的书汇集了很多有创造力的人的生活以及当前认知心理学研究的见解，列出了"高创造力的人会用不同方法做的十件事"，具体见表 12.3。

表 12.3
高创造力的人会用不同方法做的十件事

章节	特点	描述
1	想象性游戏	孩子们对想象性游戏的投入可以让他们有不同类型的体验；随着年龄的增长，这种类型的游戏对创新有益。
2	激情	专注于一个自己热爱并愿意奉献一生的追求。
3	白日梦	当一个人的注意从外部环境转移到内部产生的、通常是无意识的想法时，就会出现心智游移（见第 142 页、第 515 页）。
4	独处	为避免打扰而选择自己独处。
5	直觉	来自无意识信息处理系统的直觉思维或见解，这些经常意外地发生，尽管它们往往出现在无意识的精神活动之前。
6	经验的开放性	对内心世界和外部世界进行认知探索的动力。
7	正念	关注大脑和环境中正在发生的事，与某些类型的冥想有关。
8	敏感性	对环境和头脑中出现的过程的敏锐洞察力。
9	把逆境变成优势	创造力源于失去、痛苦或创伤，好的和坏的生活事件都是灵感和动力的潜在来源。
10	与众不同的想法	拒绝传统的思维方式，对新的模式呈开放态度（见第 015 页）。

讲述一些名人利用特殊技巧而让自己变得更有创造力的故事，能让书的每一章都具有吸引力。这些故事描述了一些有创造力的人，如《紫色》（The Color Purple）的作者艾丽丝·沃克（Alice Walker）、科学家查尔斯·达尔文（Charles Darwin）和路易·巴斯德（Louis Pasteur）、科技创新者史蒂夫·乔布斯（Steve Jobs）、音乐家马友友（Yo-Yo Ma）以及迈克尔·杰克逊（Michael Jackson），他们是如何从诸如徒步旅行、独处、从事业余爱好和冥想练习中获得灵感的。

尽管这些名人的故事很有趣，但每一章更重要的任务是告诉读者可以通过做些什么来增强创造力。我们在此简要描述在这本书第 3 章（白日梦）、第 4 章（独处）和第 7 章（正念）中提到的一些观点，并强调一些个体可以采取的可能带来更大创造力的行为。

白 日 梦

前面已经讨论过**白日梦**了，因为它是心智游移的别称。利用白日梦来增强创造力的关键之一就是知道如何利用它的力量。方法之一就是放下你正在做的事情，休息一下，并有意识地走神，这是一种已知的与创造力有关的活动（Baird et al., 2010）。为了追求可以产生积极结果的内部思想而选择从外部任务中脱离的行为被称为**意志白日梦**（McMillan et al., 2013）。

Kaufman 和 Gregoire 描述了一些有创造力的人是如何参与可能有助于心智游移的活动的，其中一个活动就是洗澡，这是与心智游移有关的主要活动之一（Killingsworth, 2011），或者也可以考虑一下散步。哲学家伊曼努尔·康德（Immanuel Kant）每天都会在德国哥尼斯堡的一条街上散步 1 小时，后来这条街就被称为"哲学家大街（Philosopher's Walk）"。查尔斯·达尔文（Charles Darwin）、亨利·大卫·梭罗（Henry David Thoreau）、西格蒙德·弗洛伊德（Sigmund Freud）以及其他许多人都曾用散步来帮助自己进行创造，哲学家弗里德里希·尼采说："所有真正伟大的思想都是在散步时萌发的。"（Nietzsche, 1889）

在散步的过程中，可能会做更多的白日梦，但结果——增加了创造力——才是最重要的。任何一个人都可以从散步中受益。Marily Oppezzo 和 Daniel Schwartz（2014）发现，在相同时间内，与一群坐在那里思考的大学生相比，散步组的大学生在"不寻常用法任务"（见第515页）中多想出了60%的使用方法。

可以采取的行动：
➤ 休息一会儿。
➤ 洗澡。
➤ 散步。
➤ 有意识地走神。

独　　处

在关于白日梦的讨论中，我们发现独自一人的经历，如洗澡或散步，都可以用来增加创造力。但独处不仅仅用于寻找增强白日梦的方法。独处也可以增强需要集中注意的分析性思维。

独处的一个明显好处是可以避免分心（注意当你一个人带着手机时并不算独处）。但Kaufman和Gregoire认为："独处并不仅仅是为了避免分心；而是给大脑反思、找到新联系并且建立意义的空间。"虽然关于独处的章节很少提到关于独处的心理学研究，但是也讲述了许多关于独处是如何被有创造力的人所采纳的例子。

许多作家报告说，他们会采取一些措施让自己独处。梭罗独自在瓦尔登湖生活了两年多，写下了《瓦尔登——林中生活散记》(*Walden or a Life in the Woods*，1854)；作家扎迪·史密斯（Zadie Smith）认为有一个远离他人的私人空间很重要（Smith，2010）；作家乔纳森·弗兰岑（Jonathan Franzen）在拉上窗帘、关掉灯光的工作室里写出了畅销小说《连接》(*The Connections*)（Currey，2013）。独处也并不只适用于作家，苹果公司的联合创始人史蒂夫·沃兹尼亚奇（Steve Wozniack）建议想要成为创新者的人"单独工作"（Wozniack & Smith，2007）。发明家托马斯·爱迪生表示："最好的思考都是在独处中进行的。"交流电的发明者尼古拉·特斯拉（Nikola Tesla）写道："发明的秘诀是独处；独处是思想诞生之处。"

Kaufman和Gregoire在关于独处那一章的结尾处指出，在独处中产生的想法要和他人分享，"创造力的关键在于关注自我和关注他人之间的平衡。"因此，尽管独处是创造过程中的一步，但是和他人分享创意的想法，并与他人合作，将想法转化为有用的产品也是很有必要的。例如，记住豪尔赫·奥登在研发生产奥登分娩装置的过程，在他将想法转变为现实可用的设备的过程中，也经历了大量反复试错以及与产科医生的讨论。

可采取的行动：
- 找一个可以自己独处的空间，远离干扰。
- 独处足够长的时间，确保你的大脑有可以产生想法的空间。

正　念

正念是指"积极注意新事物的简单过程"和"关注当下"（Langer，2014）。另一种关于正念的更为广泛的定义是指"有意识的、当下的、不带任何评价地关注每一刻的体验"（Kabat-Zinn，2003，p.145）。正念的典范之一就是虚构的侦探夏洛克·福尔摩斯，他凭借对小细节的密切观察，从中找到线索，从而破案，令人称赞不已（Konnikova，2013）。

可是我们都不是夏洛克·福尔摩斯，那么达到正念的最好方法是什么呢？已经提出的一种实现正念的途径是**冥想**。但仅仅有冥想是不够的，因为冥想的种类有很多。近几十年来，有一种类型的冥想很流行，被称为**集中注意冥想**。集中注意冥想的基本程序是将注意集中在一件事上，比如集中在你的呼吸上，当你走神时（这是难以避免的），就把注意拉回到呼吸上（Brewer et al.，2011）。这一过程可以使思绪安静下来，练习者会随着经验的增多而减少走神的次数。这种方法已被用来减轻压力，并且证明这对健康是有好处的，同时还会以积极的方式改变大脑的结构（Fox et al.，2014）。

不过也许你已经发现了这些描述中自相矛盾的地方。集中注意冥想减少走神，减少分心（好），但也有可能减少创造力（坏）。因为减少走神也许会减少创造力，那么另一种被称为**开放监控冥想**的方式可能更可取。开放监控冥想就是简单关注进入大脑的任何东西，然后跟随这个想法直到有其他东西出现，这与走神并不冲突（Brewer et al.，2011；Xu et al.，2014）。

Lorenza Colzato 及其同事（2012）在一项研究中用三组被试对比集中注意冥想和开放监控冥想中的走神，一组被试在进行"不寻常用法任务"前，会练习集中注意冥想，另一组练习开放监控冥想，还有一个对照组则会观看一些家庭活动，例如派对或烹饪。结果表明，两个冥想组在"不寻常用法任务"上的表现都好于对照组，但开放监控冥想组比集中注意冥想组能想到更多的用途和更新颖的想法（图 12.30）。此外，Jian Xu 及其同事（2014）发现，开放监控冥想比集中注意冥想对 DMN 的激活更高。基于这些结果，Kaufman 和 Gregoire 建议使用开放监控冥想来提高创造力。

可采取的行动：
▶ 定期冥想。开放监控对创造力的帮助最大。

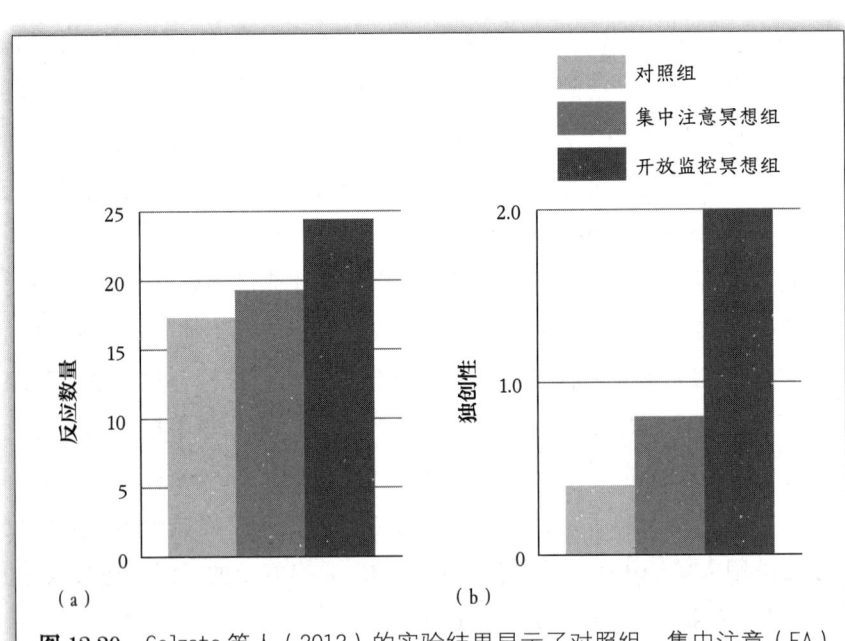

图 12.30 Colzato 等人（2012）的实验结果显示了对照组、集中注意（FA）冥想组和开放监控（OM）冥想组在其他用途任务上的表现。(a) 提出的用法数量。(b) 独创性。对每个回答的独创性评分标准如下：小组中只有 5% 的人提到的，得 1 分；小组中只有 1% 的人提到的，得 2 分。因此，开放监控冥想组获得的分数是最大的可能分数。

来源：From Colzato et. al., 2010. Based on data in Table 1.

我们描述的所有提高创造力的方法给出了任何人都能采取的步骤。想要寻求更多的建议，以及更多极具创造力的人的故事，参见 Kaufman 和 Gregoire 的书。如果你读过这本书，就会遇到在"与创造性有关的神经网络"（第 515 页）一节中讨论过的内容，因为这本书有很多关于默认模式网络的参考资料，而这个网络被 Kaufman 和 Gregoire 称为**想象力网络**。Kaufman 和 Gregoire 也同样思考了默认模式网络和注意执行网络是如何共同起作用的。关于这些神经网络的材料，贯穿全书，这也是那本书起名《连线创造》的原因之一。

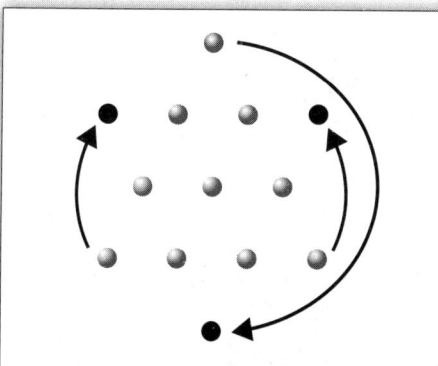

图 12.31　三角形问题的答案。箭头表示移动路径；黑色圆表示新的位置。

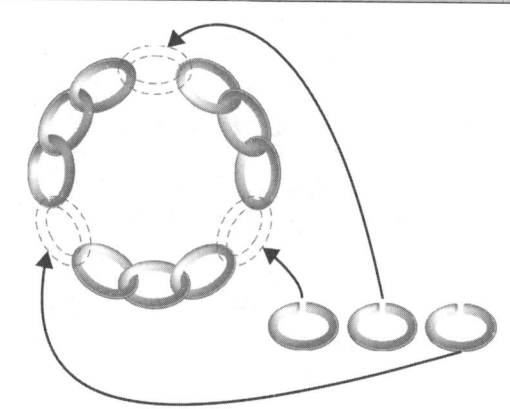

图 12.32　链子问题的答案。将一条链子中的所有链环全部切开并分离出来（切 3 下，每一下 2 美分，共 6 美分）；再把这些分开的链环用来连接其他 3 个链条，然后闭合（3 次闭合，每次 3 美分，共 9 美分）；总共 15 美分。

自我测验 12.2

1. 类比问题解决背后的基本思想是什么？什么是源问题？什么是目标问题？在不说明源问题和目标问题的关系时，呈现源问题后再呈现目标问题对解决问题有何影响？
2. 描述 Duncker 的射线问题。该如何解决这个问题？研究人员如何用这个问题来说明类比问题的解决？
3. 类比问题解决过程中的三个步骤是什么？哪一步是最难完成的？
4. 什么是类比编码？有哪两种策略可以用来帮助人们发现相似的问题特征？
5. 什么是类比悖论？在现实生活情境中，如何对类比问题解决进行研究？
6. 什么是专家？专家和非专家在解决问题的方法上有哪些差异？专家在解决他们领域之外的问题时表现得如何？
7. 什么是发散思维？它与联结有什么关系？如何定义创造力？
8. 用德·迈斯德欧发明魔术贴和奥登发明的生产装置来说明类比问题的解决。
9. 如何理解"问题解决是一个过程"？
10. 讨论影响想法产生的因素，包括知识的作用、头脑风暴的使用以及创造性的认知方法。
11. 为什么抑制左前侧颞叶可以增强创造力？请描述 Chi 和 Snyder 的实验。
12. 描述 Kounios 及其同事（2006）的实验。在这个实验中，研究者发现了在顿悟性问题和非顿悟性问题解决前大脑所处的状态不同。
13. 有什么证据表明默认模式网络和执行控制网络都与创造力有关？为什么它们共同参与创造却被称为悖论？
14. 描述那些极具创造力的人常做的白日梦和独处的行为。
15. 集中注意冥想和开放监控冥想有什么区别？哪一个能产生更大的创造力？

本章小结

1. 当前状态和目标之间存在障碍,且对于如何排除这个障碍没有显而易见的方案时,问题就产生了。

2. 完形心理学家主要关注人们如何在头脑中表征一个问题。他们设计了很多问题来说明问题解决中包含对表征的重构,也揭示了一些对问题解决造成障碍的因素。

3. 完形心理学家提出了重组与顿悟(突然认识到问题的解决方案)是联系在一起的。顿悟已经被追踪实验证实了,即追踪被试感觉离解决顿悟性问题或非顿悟性问题还有多远。

4. Duncker 的蜡烛问题和 Maier 的双绳问题说明功能固着会阻碍问题解决。Luchins 的水壶问题说明在解决问题时可以产生心理定势。

5. Alan Newell 和 Herbert Simon 是利用信息加工方法研究问题解决的早期研究者。他们将问题解决看作搜索问题空间的过程,为的是找到问题状态(初始状态)和问题解决方案(目标状态)之间的路径。这种搜索过程受算子控制且通常可以通过设立子目标来完成。河内塔问题就是用来阐述这一过程的。

6. 残缺棋盘格问题的研究说明了问题呈现方式的重要性。

7. Newell 和 Simon 发明了出声思维报告技术,便于研究人们在解决问题时的思维过程。

8. 类比问题解决需要借助已知的源问题或源故事来解决新的目标问题。Duncker 的射线问题研究说明,即使给出类比源问题或故事,大多数人仍不能建立源问题或故事与目标问题之间的联系。

9. 类比悖论是指,尽管在实验室研究中很难应用类比,但是人们在现实场景中经常使用类比进行问题解决。

10. 专家能够比新手更好地解决其专业领域中的问题。专家关于特定领域的知识丰富,在组织知识时,更多基于深层的结构特征而非表面特征,而且在问题出现时会把更多的时间用于问题分析。

11. 创造性的问题解决与发散思维有关。我们对创造性的问题解决过程和创造性自身的理解有限。乔治·德·迈斯德欧和豪尔赫·奥登的例子说明了,类比是如何被用于创造性的问题解决过程的。

12. 创造性的问题解决被描述为一个过程,这个过程从问题的产生开始,到解决方案的实施作为结束,这中间会产生许多想法。

13. "如何产生想法"是一个很复杂的问题。知识是产生想法的基本条件,但是有时太多的知识也是一件坏事,这可以用 Smith 的实验来说明,在他的实验中,提供示例会抑制创造性的设计。

14. 头脑风暴技术被认为是一种可以提高创造力的方法,但是在群体中产生想法通常不如单独产生想法并将其结合起来有效。创造性认知技术已经被成功地用于创新设计。

15. 最近的研究表明,抑制左前侧颞叶可以增加创造力;但通过测量 EEG,会发现大脑的状态与解决的问题有关,解决顿悟性问题和解决非顿悟性问题时的大脑状态不同;在创造性思维过程中,默认模式网络和执行控制网络会协同工作。

16. Kaufman 和 Gregoire 在《连线创造》一书中列出了十件极具创造力的人所做的不同的事情。

思考题

1. 选择一个你要解决的问题，采用手段－目的分析的方法，把问题分成多个子目标来解决，并分析其过程。
2. 思考我们是否曾有过这样的经历：我们在试着努力解决一个问题，却得不到答案，所以不得不将问题暂时放下，但不久之后又回头看这个问题时，立刻就想到了答案。你认为这个过程背后的机制可能是什么？
3. 2003年8月14日，美国东北部和中西部以及加拿大东部的数百万人遭遇了停电。几天以后，虽然大部分地区恢复了供电，但专家仍然不知道为什么会停电，而且声明需要几周的时间来确定原因。想象一下，你是一名负责解决类似问题的特殊委员会的成员，如何应用本章所描述的问题解决过程来找到解决方案？这些过程在解决这种类型的问题上会有哪些劣势？
4. 想一下你的亲身经历，是否曾经靠克服了功能固着发现了客体的新用途。

关键术语

白日梦（daydreaming, p.519）
不寻常用法任务（alternate use task, AUT, p.515）
残缺棋盘格问题（mutilated checkerboard problem, p.490）
重构（restructuring, p.478）
出声思维报告（think-aloud protocol, p.492）
初始状态（initial state, p.485）
创造性认知（creative cognition, p.509）
顿悟（insight, p.478）
发散思维（divergent thinking, p.504）
功能固着（functional fixedness, p.481）
固着（fixation, p.481）
河内塔问题（tower of Hanoi problem, p.485）
混合远距离联想问题（compound remote-association, p.514）
基于分析的问题（analytically based problem, p.479）
集中注意冥想［focused attention（FA）meditation, p.521］
经颅直流电刺激（transcranial direct current stimulation, p.513）
九点问题（nine-dot problem, p.513）
开放监控冥想［open monitoring（OM）meditation, p.521］
蜡烛问题（candle problem, p.481）
类比（analogy, p.495）
类比悖论（analogical paradox, p.499）
类比编码（analogical encoding, p.498）
类比迁移（analogical transfer, p.495）
类比问题解决（analogical problem solving, p.495）
冥想（meditation, p.521）

目标问题（target problem, p.495）
目标状态（goal state, p.485）
脑电图（electroencephalogram, EEG, p.514）
前发明形式（preinventive form, p.511）
权变策略（contingency strategy, p.499）
权衡策略（trade-off strategy, p.498）
射线问题（radiation problem, p.495）
生动问题解决研究（in vivo problem-solving research, p.500）
手段—目的分析（means-end analysis, p.488）
双绳问题（two-string problem, p.482）
水壶问题（water-jug problem, p.483）
算子（operators, p.485）
问题（problem, p.477）

问题空间（problem space, p.487）
想象力网络（imagination network, p.523）
小组头脑风暴（group brainstorming, p.508）
心理定势（mental set, p.483）
意志白日梦（volitional daydreaming, p.519）
源问题（source problem, p.495）
酝酿（incubation, p.515）
正念（mindfulness, p.521）
执行控制网络（executive control network, ECN, p.516）
中间状态（intermediate states, p.487）
专家（expert, p.500）
子目标（subgoals, p.487）

请思考这个问题：从美国人中随机选择出一位男性罗伯特，他戴着眼镜、说话声音很轻、阅读广泛。罗伯特的职业更可能是图书馆管理员还是农民？这是本章一项实验中的问题之一。被试回答这个问题的方式，以及许多其他实验中要求人们进行判断的实验结果，都在帮助我们理解个体进行判断时的心理过程。本章还讨论了决策和推理这两个密切相关的主题所涉及的心理过程。

判断、决策和推理

第 13 章

归纳推理：根据观察做出判断

可得性启发式
> 演示实验　哪一个更常见？

代表性启发式
根据相似性做出判断
> 演示实验　职业判断

不考虑结合原则就做出判断
> 演示实验　描述一个人

误以为小样本具有代表性
> 演示实验　男婴和女婴的出生率

态度影响判断
自我偏向
证实偏向

评估虚假证据
> 自我测验 13.1

演绎推理：三段论和逻辑

直言三段论
演绎推理的心理模型
条件三段论
条件推理：Wason 四卡片问题
> 演示实验　Wason 四卡片问题

现实世界版本的 Wason 四卡片问题告诉了我们什么？
> 自我测验 13.2

决策：从备选项中做出选择

决策的效用理论
情绪如何影响决策
　　人们会做出错误的情绪预期
　　偶然情绪影响决策
背景信息影响决策
备选项的呈现方式影响决策
> 演示实验　你该怎么办？

神经经济学：决策的神经基础

思考　思维的双系统理论

后记：唐德斯归来

> 自我测验 13.3

本章小结
思考题
关键术语

我们将思考的一些问题

➤ 在进行判断的过程中，人们会陷入哪些推理"陷阱"？（第543页）

➤ 有哪些证据可以表明，人们有时做出的决策并不符合利益最大化的原则？（第560页）

➤ 情绪如何影响决策？（第564页）

➤ 存在一快一慢两种思维方式吗？（第572页）

在2007年美国国家篮球协会（National Basketball Association，NBA）的选秀中，有一位年龄22岁、身高2.16米的待选球员，他的名字叫马克·加索尔（Marc Gasol）。根据预测球员成功概率的数学模型，可以预期加索尔会有很好的发展，对任何球队而言都是有益的补充。但当休斯敦火箭队的球探看到加索尔赤膊上阵时，发现他看起来不像是典型的NBA球员：他身材走形，肌肉不够发达，尤其是在其他球员的衬托下。根据球探过去的经验，这种身形的球员不太可能成功，所以他推断加索尔也不会成功。因此休斯敦火箭队没有选择加索尔——这是基于外表的判断而非数学模型的决定。最终，加索尔与孟菲斯灰熊队签约，并取得了很大成功，成了NBA年度最佳防守球员并三次进入NBA全明星赛。休斯敦火箭队为错过加索尔感到非常遗憾（Lewis，2016）。

虽然你可能不需要招募NBA球员，但这个例子体现了判断、推理和决策的运用，以及这些过程有时会导致的错误结果。以马克·加索尔的选秀故事为例，休斯敦火箭队对其外形和运动能力做出了**判断**（"他看起来身材走形"），然后进行了**推理**——得出结论的过程——根据先前的证据认为加索尔不会成功（"根据以往的经验来看，身材走形的球员并不会成功"）。这使得火箭队可以做出**决策**——在备选方案中做出选择——不录用加索尔。在这一情形中，火箭队的判断和推理导致了错误的结论，事实最终证明这是一项错误的决定。

我们用很大篇幅描写马克·加索尔的故事是为了说明：虽然可以人为地区分判断、基于证据的推理和决策，但它们之间其实是相互关联的。决策建立在判断的基础上，可以根据这些判断进行各种推理。我们可以把本章的章名改为"思维"。实际上，之前的版本中也曾这样叫过，但这样太笼统了，因为"思维"同样适用于概括本书许多章节的内容。本章将分别介绍判断、推理和决策，同时还将指出它们是重叠和相互作用的。此外，我们还将看到这些过程是如何导致错误的，以及导致错误的原因。

归纳推理：根据观察做出判断

我们一直在对环境中的事物做出判断，包括对人、事件和行为。**归纳推理**是进行判断的主要机制之一，它是基于具体的观察和证据得出一般性结论的过程。归纳推理的一个特征是，我们得到的结论有可能是真的，但不一定是真的。例如，通过观察到约翰穿着塞拉俱乐部（Sierra Club）[①] 的夹克，进而得出结论认为他关心环境，这是讲得通的。但也有可能是因为约翰喜欢这件夹克的款式或颜色，也可能是他从哥哥那里借来的。因此，从归纳推理中得出的结论具有不同程度的确定性，但并不一定符合观察结果。以下两个归纳推理的例子说明了这一点。

> 观察：我在匹兹堡见到的所有乌鸦都是黑色的，当我去华盛顿特区的哥哥家拜访时，见到的所有乌鸦也都是黑色的。
> 结论：所有的乌鸦都是黑色的。
> 观察：从我记事开始，在图森，太阳每天早上都会升起。
> 结论：明早图森的太阳也会升起。

你可能注意到了，这两个例子都有一定的逻辑，但后者比前者更具有说服力。请记住，归纳推理得到的结论有可能是真的，但不一定是真的。有力的归纳论证得出的结论更有可能是真的，无力的论证得出的结论不太可能是真的。很多因素都会影响归纳推理结论的强度，比如下面几个因素。

➤ **观察的代表性**：对某一类事物的观察在多大程度上能代表这一类事物的总体。很显然，关于乌鸦的例子缺乏代表性，因为这个例子没有考虑到其他城市或世界各地乌鸦的情况。

[①] 或译作山岳协会、山峦俱乐部和山脉社等，是美国的一个环保组织。——译者注

- **观察次数**：如果除了观察匹兹堡的乌鸦之外，还观察了华盛顿特区的乌鸦，那么关于乌鸦的结论会更有力。但如果进一步的研究发现欧洲的冠鸦只有翅膀和尾巴是黑色的，其余部分都是灰色的，来自亚洲的家鸦也是黑白色的，那么"所有乌鸦都是黑色的"这一结论就不正确。而"图森的太阳会升起来"这一结论就很有力，因为有大量的观察支持这个结论。
- **证据的质量**：有力的证据会得出有力的结论。例如，虽然"图森的太阳会升起来"这一结论受到众多观察的支持，因而很有力，但是如果我们进一步考虑关于地球自转和公转的科学事实，这一结论还会更加有力。因此，增加"对地球自转的科学测量表明，地球每自转一圈就会出现日出现象"这一观察结果，会进一步加强"明天图森的太阳也会升起来"这一结论。

上面给出的归纳推理的例子似乎有些"学术"，在日常生活中，我们也经常用到归纳推理，这一点连我们自己都没有意识到。例如，莎拉观察发现，她选修的由 X 教授讲授的课程在考试中常常会出多选题。基于这一具体的观察，莎拉得出了一般性结论：X 教授的各科目考试都会出现多选题，这可以帮助莎拉对 X 教授的其他课程进行预期。在另一个例子中，山姆以前从互联网 Y 公司购买过商品并得到了满意的服务，于是他从该公司订购了更多的商品，并预期仍将得到较好的服务。当我们根据过去观察到的已发生的事情去预测将会发生的事情时，用到的就是归纳推理。

根据过去经验进行预测和选择很有意义，尤其是当这些经验很熟悉并且经常出现的时候，比如在应对考试或者网络购物时。我们通常在没有意识到的情况下根据过去的经验，不断地应用归纳推理对世界做出各种各样的假设。比如，你在坐到椅子上之前是否会对它进行压力测验，以确保在你坐下时椅子不会被压垮？大概不会吧。你会根据过去坐椅子的经验来假设它不会被压垮。这种归纳推理是自动的，以至你根本不会意识到任何"推理"过程的发生。可以想象一下，如果每遇到一件事物都像第一次遇见那样进行认知，该多么浪费时间。归纳推理提供了一种机制，使我们能够应用过去的经验指导当前的行为。

椅子的例子让我们看到，当人们应用过去的经验来指导当前行为时，常常会通过一种捷径帮助自身迅速做出判断。毕竟我们没有那么多的时间和精力停下来搜集全部信息，来确保我们得到的每个结论都是百分之百正确的。这些捷径采用了**启发式**的形式，即"经验法则"，可能会为问题提供正确的答案，但也并非万无一失。比如本章开头介绍的马克·加索尔的情形，球探根据启发式来帮忙选择球员，但结果不如预期的那样理想。

这一部分讨论了如何通过归纳推理从具体观察中得出一般性结论。启发式为我们提供了捷径，来帮助我们从具体的经验归纳出更一般性的判断和结论。人们在推理中使用多种启发式，这些启发式通常可以得出正确结论，但重要的是，结论有时并不一定正确。下面介绍两种启发式：可得性启发式和代表性启发式。

可得性启发式

下面的演示实验介绍了什么是可得性启发式。

演示实验　哪一个更常见？

请回答下列问题：

➤ 在英文单词中，是以字母 r 开头的单词多，还是字母 r 在第三个位置上的单词多？

➤ 下面成对列出了一些可能的死亡原因。在每一对原因中，你认为哪一种是美国人更常见的死因？也就是说，如果你在美国人中随机选择一个人，在未来 1 年中，这个人更可能死于死因 A 还是死因 B？

死因 A	死因 B
被杀	阑尾炎
列车碰撞	溺水
肉毒杆菌中毒	哮喘
哮喘	龙卷风
阑尾炎	妊娠

我们常常用对过去经验的记忆指导当前的行为和判断。**可得性启发式**是指与不容易回忆起的事情相比，人们更倾向于认为容易回忆起的事情发生的可能性更大（Tversky & Kahneman，1973）。比如，让我们来思考一下上面的演示实

验中的问题。当要求被试判断在英文单词中，是以字母 r 开头的单词多，还是字母 r 在第三个位置上的单词多时，70% 的被试回答说以字母 r 开头的单词更常见，但实际上字母 r 在第三个位置上的单词数量是以字母 r 开头的单词数量的 3 倍（Tversky & Kahneman，1973；也见 Gigerenzer & Todd，1999）。

表 13.1 列出了要求被试判断哪种死因更常见的实验结果（Lichtenstein et al.，1978）。在每一对可能的死因中，左侧的死因都是更有可能发生的。括号中的数字是两种死因发生的相对频率，即左边一列的发生概率是中间一列的发生概率的多少倍。比如，被杀的概率是死于阑尾炎的概率的 20 倍。右侧一列数字代表被试选择较低可能性死因的比例，即被试做出错误选择的概率。比如，9% 的被试认为一个人死于阑尾炎的可能性高于被杀。在这一对判断中，有 91% 的被试都正确地将被杀选择为概率更高的死因。但在对其他几对死因的判断中，很大一部分被试做出了错误的选择。在这些情况下，大量错误都与大众媒体的报道相关。比如，58% 的被试认为美国人死于龙卷风的人数高于死于哮喘的人数。但实际上，死于哮喘的人数是死于龙卷风的人数的 20 倍。令人特别惊讶的是，41% 的被试认为死于肉毒杆菌中毒的人数比死于哮喘的人数多，但实际上，死于哮喘的人数是肉毒杆菌中毒致死人数的 920 倍。

表 13.1
死亡原因

可能性较高的死因	可能性较低的死因	被试选错的概率
被杀（20 倍）	阑尾炎	9%
溺水（5 倍）	列车碰撞	34%
哮喘（920 倍）	肉毒杆菌中毒	41%
哮喘（20 倍）	龙卷风	58%
阑尾炎（2 倍）	妊娠	83%

来　源：Adapted from S. Lichtenstein, P. Slovic, B. Fischoff, M. Layman, & B. Combs, Judged frequency of lethal events, *Journal of Experimental Psychology: Human Learning and Memory*, 4, 551–578（1978）.

可以通过可得性启发式来解释上述实验结果。当你试图从记忆中提取以字母 r 开头的单词和字母 r 在第三个位置上的单词时，回忆出以字母 r 开头的单词（run、ran、real）比回忆字母 r 在第三个位置上的单词（word、car、arranged）

容易。当有人死于肉毒杆菌中毒或者龙卷风时，更有可能成为新闻头条，而死于哮喘不会被这样报道，也就几乎不会引起大众的关注（Lichtenstein et al., 1978）。

这些例子说明，当低概率事件在我们的记忆中更加凸显时，可得性启发式就可能误导我们得出错误的结论。但可得性启发式并非总是导致错误的结论，在很多情况下，我们容易记起的事情正是发生概率较高的事情。比如，根据过去的经验，你知道如果阴天的时候空气里弥漫着一种特殊的气味，那很可能下雨。对这一现象，你已经观察过很多次。所以，要感谢可得性启发式让"要下雨了"的结论很容易浮现，让你知道要带伞。另一个例子是，你可能注意到老板在心情好的时候更容易批准你的请求——这也是可得性启发式帮你得出合理结论的例子。

尽管观察事件之间的相关性也许有用，但人们有时也会落入创造虚假相关的误区。**虚假相关**是指两个事件之间似乎存在相关，但实际上没有相关或者相关性远小于看起来的样子。当我们期望两件事情相关时，虚假相关就可能出现，比如你可能会在穿"幸运T恤"和你的球队赢得比赛之间创造一种虚假相关，所以你总是穿着那件幸运T恤去看比赛，尽管二者毫不相关。这个例子说明我们是如何欺骗自己的，让自己觉得两件毫无关联的事情有关联。

虚假相关还会导致**刻板印象**——对一个群体或一个阶级的人的过度简化概括常常会导致人们聚焦于负面信息。对特定群体的某些特征的刻板印象会使人们特别关注那些符合刻板印象的行为，然后这种关注所得到的虚假相关会进一步增强刻板印象。比如，住在农村的人可能会有一种刻板印象，认为生活在大城市里的人粗鲁无礼。这一结论可能是根据与大城市人为数不多的交往，或是在媒体新闻图片的基础上得来的。刻板印象的问题在于，人们会得出结论认为群体中的所有人都具有某种特定的品质，而这可能与实际情况相差甚远。事实上，许多大城市的人都非常友好！这种现象与可得性启发式有关，因为选择性地注意刻板行为会使这些行为更"可得"（Chapman & Chapman, 1969；Hamilton, 1981）。

代表性启发式

可得性启发式根据事件从脑海中提取出来的容易程度进行判断，而代表性启发式根据某一事件与其他事件的相似程度进行判断。

根据相似性做出判断

当对某个事件或事物进行判断时，尝试将该事件与我们更了解的类似事件进行类比可能会有所助益。这样，我们不仅可以根据当前事件得出结论，还可以基于更广泛的群体信息。这种快捷方式被称为**代表性启发式**。代表性启发式是指，判断某一事件或事物是否隶属于某个类别取决于其与该类别事件或事物相关属性的相似程度。为了更好地理解代表性启发式，我们来看下面的演示实验。

演示实验　职业判断

我们从美国公民中随机选择了一位男性。这位男士就是罗伯特先生，他戴眼镜，讲话很轻柔，阅读广泛。那么这位罗伯特先生的职业更可能是图书管理员还是农民呢？

Amos Tversky 和 Daniel Kahneman（1974）在实验中向被试呈现了上述问题，发现更多的人猜测罗伯特先生是一位图书管理员。显然，对罗伯特的描述——戴眼镜、讲话轻柔、阅读广泛——与人们心目中典型的图书管理员形象相符（见上文中的虚假相关，及本章开头的图片与说明）。因此，他们受到了代表性启发式的影响，即对罗伯特特征的描述与他们心中的图书管理员的形象相匹配。但他们忽视了另一个非常重要的信息——美国人口中农民和图书管理员所占的基本比率，**基本比率**是不同类别的人在人口总数中所占的相对比例。在进行该项实验的 1972 年，美国的男性农民远多于男性图书管理员。所以如果是从美国总人口中随机选择出罗伯特，那么他更可能是一位农民。（请注意，这种基本比率的差异如今仍然存在。美国劳工统计局的数据显示，2016 年，男性农民的数量是男性图书管理员数量的 20 多倍。）

被试之所以难以在这项实验中做出正确判断，也可能是由于没有意识到美国人口中农民和图书管理员的基本比率，所以缺乏做出正确判断所需的信息。所以研究者通过向被试呈现下面的问题来研究当被试得知基本比率后会对其造成什么影响：

在100个人中，有70位律师和30位工程师。当我们从这100个人中随机抽取1人时，这个人是工程师的概率有多大？

被试能正确地回答这个问题，即有30%的概率抽取出一位工程师。但除此之外，研究者还向一些被试额外呈现了下面的描述：

杰克是一个45岁的男人，已婚，有4个孩子。他通常是一个保守、谨慎、有抱负的人。他对政治和社会问题毫无兴趣，业余时间大多用来做自己感兴趣的事情，包括做家庭木工、驾船航行和解数学题。

这段额外描述使被试大大增加了将这位随机选出的人（杰克）判断为工程师的可能性。显然，当只提供基本比率信息时，人们会根据它做出判断。一旦有了额外的描述性信息，人们就会忽视基本比率信息，这可能就是人们在推理过程中出错的潜在原因。但是请注意，恰当的描述性信息也会促进正确的判断。比如，如果对杰克的描述还介绍到他的上一项工作是设计一座大桥的建筑结构，就会大大增加将他判断为工程师（判断正确）的概率。因此，关注基本比率信息很重要，但如果描述所提供的信息与所判断的事物相关，也会很有用。当能够获得这种相关信息时，应用代表性启发式就可以帮助我们做出正确的判断。

不考虑结合原则就做出判断

下面的演示实验将说明代表性启发式的另一个特点。

演示实验　描述一个人

琳达31岁，单身、直率、聪明，主修哲学。作为一名学生，她很关注种族歧视和社会公平问题，并参加了反核武器示威游行。下面哪个选项的可能性更高？
➤ 琳达是银行业务员。
➤ 琳达是银行业务员，同时活跃于一些女权主义运动。

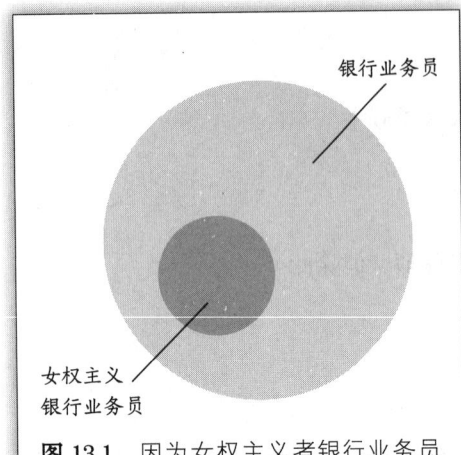

图 13.1 因为女权主义者银行业务员是银行业务员的子集,所以一个人是银行业务员的可能性总是高于是女权主义者银行业务员的可能性。

上述问题的正确答案是第一个选项的可能性更高,但是 Tversky 和 Kahneman(1983)的实验发现,在向被试呈现上述问题时,85% 的被试选择了第二个选项。这一实验的结果很容易解释:被试受到了代表性启发式的影响,因为对琳达的描述符合人们心中典型的女权主义者的形象。但是,这违反了结合原则,**结合原则**是指两个事件结合(A 和 B)的可能性不可能高于其中一个单独事件(A 或者 B)发生的可能性。因为银行业务员(A)比女权主义银行业务员(A 和 B)的数量多,琳达是银行业务员的可能性包含了她是女权主义银行业务员的可能性(图 13.1)。

即使人们能够完全理解结合原则,也会违反它。这背后的罪魁祸首就是代表性启发式。在这个例子中,被试所看到的琳达的特征对"女权主义银行业务员"的代表性比对"银行业务员"的代表性更强。

误以为小样本具有代表性

在通过代表性启发式得出结论时,人们还会因为忽视了所观察的样本量的重要性而出错。下面的演示实验说明了样本量大小的影响。

演示实验　男婴和女婴的出生率

某城只有两家医院。在较大的医院中每天大约降生 45 个婴儿,在较小的医院中每天大约降生 15 个婴儿。我们都知道男婴的比例大约是 50%。但具体到在每一天出生的婴儿,确切的比例是会有变化的,有时会高于 50%,有时会低于 50%。

在 1 年中,两个医院都记录了男婴的出生比例高于 60% 的天数。请问,你觉得哪个医院记录的天数更多?

较大的医院

较小的医院

两个医院几乎一样

当 Tversky 和 Kahneman（1974）在实验中问被试上述问题时，22% 的被试选择了较大的医院，22% 的被试选择了较小的医院，56% 的被试选择了两个医院几乎一样。选择两个医院几乎一样的被试大概是假设两个医院中男婴和女婴的出生比例都应该可以代表总人口中男女性别的出生比例。但是，正确答案是较小医院记录到男婴出生比例高于 60% 的天数更多。（如果问题是关于女孩的，那么在较小的医院里，女婴出生率高于 60% 的天数也会更多。）

可以通过一项统计学的原则——大数定律来理解这一现象。**大数定律**是指随机从一个总体中选取的样本越多，所选的样本对总体的代表性就越强。相反，所选取的样本量越小，样本对总体的代表性越弱。因此在上述问题中，在任何一天，较大的医院的男婴或女婴出生比例都会比较小的医院更可能接近 50%。为了更清楚地说明这个结论，我们来想象有一家非常小的医院，每天只有一个婴儿出生，那么在一年的时间内就会有 365 个婴儿出生，其中会有大概 50% 的男婴和 50% 的女婴。但是在这一年中的任何一天里，要么是男婴出生比例为 100%，要么是女婴出生比例为 100%。很显然，这样的比例不能代表总体的情况。人们常常认为小样本也具有代表性，这样就会导致推理出错。当观测的样本量较小时，我们应该对得出的结论持怀疑态度（参见 Gigerenzer & Hoffrage，1995；Gigerenzer & Todd，1999，可以进一步了解统计学思维和启发式在推理中的作用）。

态度影响判断

现在我们已经看到，在归纳推理中，启发式可以帮助我们快速又容易地根据具体的观察结果做出一般性判断。虽然这些"捷径"通常有用，而且可以得出正确结论，但是启发式也可能使我们忽略一些证据，导致错误结论。除了启发式，对问题情境的态度也会影响我们的判断。

自我偏向

Charles Lord 及其同事（1979）的研究证明了人们如何以一种偏向自己的观点和态度的方式来评估证据，这种效应被称为**自我偏向**（McKenzie，2004；Stanovich et al.，2013；Taber & Lodge，2006）。Lord 先是通过问卷调查区分了两组被试，一组被试支持死刑，一组被试反对死刑。然后给两组被试看一些对死刑的调查研究报告。一些研究证明，死刑对谋杀具有威慑作用；另一些研究证明，死刑没有什么威慑作用。

当要求被试简要地介绍自己阅读的研究报告时，被试的介绍反映了其最初持有的态度。比如，死刑支持者会认为一篇证明死刑具有威慑作用的研究报告是"具有说服力的"，而死刑反对者则认为同样的一篇报告是"没有说服力的"。这就证实偏向在起作用——人们最初的信念会指引其聚焦那些支持自己想法的信息，而忽视那些与自己的想法不一致的信息。

证实偏向

自我偏向是一种**证实偏向**，当人们寻找符合其假设的信息而忽视否定其假设的信息时，就会出现这种偏差。证实偏向比自我偏向更广泛，因为它适用于任何偏向证实假设的信息的情况（不限于观点或态度）。Peter C. Wason（1960）在实验中向被试呈现了如下指导语，证明了证实偏向是如何影响人们的问题解决方式的：

> 你会看到三个数字，这三个数字符合我心中的一个简单规则⋯⋯你的任务是找出这个规则，为此你要根据对规则的猜测写下三个数字，以及选择它们的理由。每写下一组数字，我就会告诉你这组数字是否符合我心中的规则。当你很肯定自己已经找出了这条规则时，就把它写下来并告诉我。（p.131）

在 Wason 呈现了第一组数字 2、4、6 之后，被试开始建构自己的数组，并得到 Wason 的反馈，即这三个数字是否符合规则。需要注意的是，Wason 只是告诉被试其所建构的数组是否符合规则。直到被试肯定自己已经找出了规则并报告给主试，才会知道自己猜测的规则是否正确。一般而言，最常见的初始假设是"相隔为 2 的等差递增数列"。但实际上的规则是"三个递增的数字"。因此即使被试根据"相隔为 2 的等差递增数列"写下的数组符合 Wason 的规则，也猜不到 Wason 的规则。

许多被试之所以最终选定了错误的规则，是因为他们只寻找证实其假设的证据，而不是寻找违背其假设的证据，即他们陷入了证实偏向。找到真正的规则的秘诀在于克服证实偏向去尝试构建一些不符合自己当前假设，但是符合

Wason 规则的数组。比如，如果构建的数组 2、4、5 符合 Wason 的规则，那我们就要推翻"相隔为 2 的等差递增数列"这一猜测，再去构建新的假设。少数猜中规则的被试都是在报告答案之前，通过构建一个不符合当前假设的数组来验证自己的假设的。相反，不能猜中正确规则的被试倾向于不断测试符合自己当前猜测的数组。

证实偏向像有色眼镜一样，使我们只根据自己认为正确的规则看待世界，并且总是不肯放弃自己的观点，因为我们只寻求那些证实自己规则的证据。就像在 Lord 的实验中，我们的态度所造成的"有色眼镜"会以多种方式影响我们的判断，进而影响到问题解决。

评估虚假证据

> "只有当呈现的事实是人们已知的，真实的观点才能占上风；如果是人们未知的，则虚假观点和真实观点一样有效，甚至是虚假的观点更加有效。"
>
> ——Walter Lippmann,《自由与新闻》(*Liberty and News*, 1920)

我们已经介绍了推理过程中各种可能导致错误结论的方式。但即使你的推理过程没有错误，也还是可能得出错误的结论——如果你用于推理的事实就是错误的。此时，你可能会有疑问："等一下，为什么我的事实是错误的？'事实'本身不就是真实的吗？"最近就什么是"事实"展开了很多公开的讨论。比如，你如何知晓自己在网络上阅读的信息是否准确？这并不总是容易分辨的。因此，批判性地评估你遇到的任何证据和信息是很重要的，特别是在要从这些证据中得出结论的情况下——这正是我们经常做的。

最近，意大利政府发起一项倡议，内容是探索如何更好地教育青少年识别网络虚假信息（Horowitz, 2017）。这项倡议包括以媒体素养为重点的新课程建设，例如，如何识别伪造网址、核查信息来源、联系相关领域专家，甚至是如何向他人证明自己是怎样认定虚假信息的——这些技能在阴谋论盛行的意大利尤为重要。截至 2017 年 10 月，该项目已在 8000 所意大利高中实施，旨在鼓励学生在数字时代中成为具有批判性的信息消费者和证据评估者。

意大利的这项倡议很重要，因为最近对媒体素养领域的研究表明，人们并非总是用心评估证据，有时会相信不准确的信息。比如，Sam Wineburg 及其同事（2016）考察了高中生批判性地评估网络信息的能力。研究者给学生看了一个图片共享网站上的帖子，这个帖子包括一幅畸形雏菊的图片，并配有文字说是日本福岛核事故导致这些花有"核出生缺陷"，但文中没有提供任何信息来源或任何其他信息来支持这一说法。当研究者问学生这篇帖子是否为核电站附近放射性状况提供了有力证据时，只有 20% 的学生回答"没有"并批判了这篇帖子。剩下 80% 的学生更倾向于相信这一证据，尽管他们对照片的来源和发布者的可信度一无所知。实际上，这张照片是在福岛附近拍摄的，但没有任何证据表明花的畸形是由于辐射造成的，因此这篇帖子的说法并不准确。

为什么人们会如此轻易地相信在网上或新闻中看到的信息，就像在 Wineburg 的研究中一样？也许他们只是没有渠道确定（或不去寻找）信息是否有准确的来源，所以只看到信息表面而不进一步评估。根据这个解释，如果人们有评估信息是否准确的来源，就不会盲目相信虚假信息或从中得出结论。

但令人惊讶的是，情况并非总是如此。研究表明，即使明确地告知信息有误，人们有时还是会相信错误的信息。Nyhan 和 Reifler（2010）的研究采用 2003 年真实新闻的情形考察了这一点。这则新闻是：对伊拉克藏匿大规模杀伤性武器的误解——布什政府发表伊拉克藏匿大规模杀伤性武器的声明是为了正当化美国随后入侵伊拉克的行为。研究者向被试呈现一则模拟的新闻报道，暗示伊拉克有大规模杀伤性武器。然后，研究者向其中一组被试提供了一份更正声明，说明事实上在伊拉克从未发现过此类武器。最后，研究者要求全部被试回答对以下说法的赞同程度：在美国入侵伊拉克之前，伊拉克已经有生产大规模杀伤性武器的计划，有生产大规模杀伤性武器的能力，并储备了大量的大规模杀伤性武器，但萨达姆·侯赛因在美军抵达之前藏匿或销毁了这些武器。

结果表明，在自认为是自由派的被试中，收到更正声明者比未收到更正声明者更可能不同意上述说法，这表明更正说明有效降低了被试对大规模杀伤性武器相关信息的误解。对于中等自由派和中间派，更正声明对于被试对大规模杀伤性武器相关信息的误解没有影响，他们对大规模杀伤性武器相关信息的误解与未收到更正声明者一样。有趣的是，中等保守派和保守派在得知此前告知的信息有误之后，更加坚定了认为伊拉克有大规模杀伤性武器的误解。

研究发现，当面对与自身观点相反的事实时，个体对原有观点的支持程度反而会变得更强，这一现象被称为**逆反效应**。这可能就是具有强烈对立观点（如在政治上）的人之间的沟通对话有时似乎会适得其反的原因——因为每当一方提出一个新的事实，另一方就更加坚持自己原有的观点。由于根深蒂固和先入为主的观念，个体很难客观地评价证据，于是就可能从证据中得出错误的结论。

我们现在已经看到，错误的推理过程是如何导致归纳推理得出错误结论的，态度对判断有何影响，以及在评估证据时可能出现的问题。表 13.2 总结了归纳推理中潜在的错误来源。

表 13.2
判断中潜在的错误来源

页数	来源	描述	何时出现
533	可得性启发式	将容易回忆起的事件判断为更可能发生的	容易回忆起的事件发生的可能性更低的时候。
535	虚假相关	两个事件看似存在很强的相关，但事实并非如此	两个事件没有相关，或相关程度没那么强。
535	代表性启发式	A 属于类别 B 的可能性，是由 A 的属性对类别 B 的相关属性的代表性决定的	相似的属性不能说明 A 属于类别 B。
536	基本比率	不同类别在总体中的相对比例	未考虑基本比率信息。
538	结合原则	两个事件（A 和 B）结合出现的可能性不可能高于单一事件出现的可能性	认为事件结合出现的可能性更高时。
539	大数定律	从总体中抽取的个体数量越多，这样本对于总体的代表性就越强。	假设少数个体能准确地代表总体。
539	自我偏向	人们倾向于以偏向自己的观点和态度的方式产生和评估证据，并以此检验自己的假设；自我偏向是一种证实偏向。	个体的观点和态度影响了自身对于决策所需证据的评估方式。
540	证实偏向	选择性地寻找符合假设的信息，忽视不符合假设的信息。	只关注可以证实自身假设的信息。
542	逆反效应	面对与自己观点相反的事实时，个体对原有观点的支持程度会变得更强。	面对相反的证据，个体更加坚持自己的信念。

这一部分的讨论可能会让你产生这样的印象，即我们的大多数判断都是错误的，但事实并非如此。例如，我们已经看到，可得性启发式和代表性启发式是快速有效地进行判断的捷径。此外，如果我们了解基本比率原则、结合原则和大数定律，就更有可能得出正确的结论。最后，通过意识到先入为主的观

念和信念的影响，例如自我偏向和证实偏向，我们就可以试着避免由此产生的错误。

自我测验 13.1

1. 什么是归纳推理？哪些因素影响归纳推理的强度？
2. 在日常生活中如何进行归纳推理？
3. 可得性启发式、虚假相关和代表性启发式是如何导致错误推理的？
4. 因不考虑基本比率而导致的推理错误是如何发生的？确保你理解职业判断实验与代表性启发式和基本比率间的关系。
5. 什么是结合原则？简述关于银行业务员琳达的实验，并说明其与代表性启发式和结合原则的关系。
6. 简述关于男女出生比例的实验。这项实验的结果与大数定律有什么关系？
7. 什么是自我偏向？简述 Lord 关于死刑态度的实验。
8. 什么是证实偏向？简述 Wason 的数字序列实验。
9. 简述 Wineburg 关于人们有时不能批判性地评估证据的实验。什么是逆反效应？这一效应如何导致错误的结论？

演绎推理：三段论和逻辑

前面已经介绍了归纳推理，归纳推理是根据观察得出结论的过程。在**演绎推理**中，我们要判断从前提描述中得出的结论是否符合逻辑。为了更好地理解这两种推理的区别，可以考虑其加工信息的范围。归纳推理从具体案例出发，归纳为一般性的原则。例如，在本章开头的马克·加索尔选秀案例中，NBA 球探根据非肌肉型球员以往表现不佳的具体实例来推论所有非肌肉型球员都不会取得成功。相反，演绎推理则是从一般性原则出发来对具体情况做出合乎逻辑的预测。比如，可以从"所有的 NBA 球员都是人类"这个一般性原则入手，然后"马克·加索尔是 NBA 球员",进而从逻辑上得出"马克·加索尔是人类"的结论。现在来看一看如何在演绎推理中应用逻辑得出结论。

直言三段论

亚里士多德是"演绎推理之父",他最早描述了演绎推理的基本形式,即三段论。一个三段论包括两个**前提**和一个结论。先来看**直言三段论**,在这种三段论中,前提和结论采用的句式都以"所有""没有"或者"一些"开头。下面是一个直言三段论的例子:

三段论 1
前提 1:所有鸟都是动物。(所有 A 都是 B)
前提 2:所有动物都吃食物。(所有 B 都是 C)
结论:因此,所有鸟都吃食物。(所有 A 都是 C)

注意在这个三段论中使用了鸟、动物和食物,以及 A、B 和 C 两种方式描述。我们将会看到 A、B、C 形式是对比不同三段论的有效方式。看上面的三段论,在继续阅读之前判断一下,其结论是否符合前提。

你的答案是什么?如果你的回答是肯定的,那就对了。但"结论符合前提"是什么意思呢?要回答这个问题,需要考虑三段论推理中有效性和真实性的差异。

日常交谈中的有效通常是指某事是真的或可能是真的。比如说,"苏珊的观点有效"通常意味着苏珊说的是真实的,或者可能还值得进一步深入思考。然而,当**有效性**一词和三段论联系在一起时,就有了特殊的意义:当三段论的形式表明从两个前提得出的结论符合逻辑时,三段论就是有效的。注意,这里并没有说结论是"正确的"。稍后再讨论这一问题。

现在来看另一个三段论,它与第一个三段论在形式上完全相同。

三段论 2
所有鸟都是动物。(所有 A 都是 B)
所有动物都有四条腿。(所有 B 都是 C)

所有鸟都有四条腿。（所有 A 都是 C）

通过括号中的 A、B、C，可以看到三段论 2 和三段论 1 的形式完全一致。因为三段论的有效性取决于其形式，已知三段论 1 是有效的，因此可以推断三段论 2 的结论符合其前提，所以同样有效。

但你可能还会觉得有些地方不对劲。因为鸟没有四条腿，三段论 2 的结论显然错误，怎么还能说它是有效的呢？让我们再次回顾有效性的定义，其中并未出现过"正确"一词。有效性是指三段论的结论在逻辑上是否符合前提，这取决于三段论的形式或结构。如果三段论的结论在逻辑上符合前提，且前提是正确的（像三段论 1 那样），则结论也是正确的。但如果前提之一或者两个前提都不正确，则结论可能就不正确，尽管此时的三段论推理可能是有效的。回到三段论 2，我们看到"所有动物都有四条腿"是不正确的，即与我们对世界的认识不符。那么其结论"所有鸟都有四条腿"自然也是不正确的——尽管这个三段论是有效的。

有效性与正确性的不同使人们难以判断一个推理是否符合"逻辑"。因为不仅有效的三段论可能得出错误的结论（如三段论 2），就算三段论的前提和结论都是正确的，它也可能无效。也就是说，三段论可能有效但并不真实（如三段论 2），也可能像下面的三段论 3 一样真实但无效。在下面的三段论 3 中，每个前提都是真实的，结论也是真实的。

三段论 3
所有学生都很疲劳。（所有 A 都是 B）
有些疲劳的人是易怒的。（有些 C 是 D）
有些学生是易怒的。（有些 A 是 D）

你可能发现这个三段论要比三段论 1 和三段论 2 难，因为其中有两个句子以"有些"开头。这个三段论是无效的——无法从两个前提出发推出结论。对此，同学们通常觉得难以理解。毕竟，他们可能认识一些疲劳又易怒的学生（可能也包括他们自己，尤其是在考试的时候）。而且学生是人，所有这些都表明有些学生可能是易怒的。继续看下面的三段论 4 有助于理解为何上述结论在逻辑上不符合前提，三段论 4 与三段论 3 的措辞不同，但形式一样。

三段论 4

所有的学生都住在图森。（所有 A 都是 B）

有些住在图森的人是百万富翁。（有些 C 是 D）

有些学生是百万富翁。（有些 A 是 D）

通过重新措辞，在保持形式一致的同时，使我们更容易看出第二个前提中的人不一定包括学生。我就住在图森，碰巧知道实际上大多数学生和百万富翁不住在同一个区域。当然，学生中也可能有些百万富翁，但我们无法确定。事实上，也可能没有任何学生是百万富翁。

人们认为三段论 3 有效的原因可以追溯到**可信偏向**，即如果三段论的结论可信，那么人们就会倾向于认为三段论有效。对于三段论 3 而言，有些学生易怒的说法是可信的。但当我们改变措辞形成三段论 4 时，新的结论"有些学生是百万富翁"就不那么可信了。因此，对三段论 4 而言，可信偏向的影响不大。可信偏向还会以另一种方式起作用，如对于有效的三段论 2，其令人难以相信的结论使它更可能被认为是无效的。

图 13.2 呈现了一项实验的结果，该实验给被试看一些三段论，这些三段论有的有效，有的无效，有的结论可信，有的结论不可信（Evans et al., 1983; Morley et al., 2004）。被试的任务是指出三段论的结论是否有效。左边的条形图说明了可信偏向的存在：当三段论有效时，如果结论可信，被试在 80% 的情况下会接受其结论；但在不可信时，被试只在 56% 的情况下会接受其结论。最有趣的结果是右边的条形图，说明当三段论无效但其结论可信时，被试在 71% 的情况下会接受其结论。因此，可信偏向会导致个体误认为错误推理是有效的，特别是在无效三段论的结论可信时。

如果你现在已经发现判断三段论的有效性并不容易，那么你是对的。不幸的是，没有简单的程序来判断有效性，尤其是对复杂的三段论来说。我们要从讨论中获得的

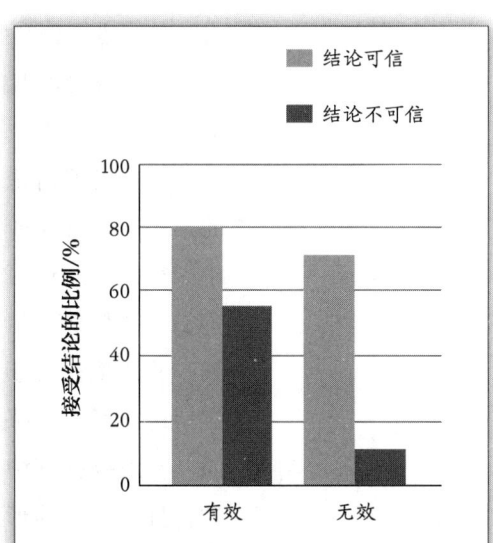

图 13.2 Evans 等人（1983）的实验结果证明了可信偏向对判断三段论有效性的影响。左边的一对条形图说明，相比结论可信的有效三段论，结论不可信的有效三段论被判断为有效的可能性更小。右边的一对条形图说明，如果结论可信，人们就很倾向于将无效三段论判断为有效。

来源：Based on Evans et al., 1983.

主要信息是："好的推理"不等于"正确"。这可能会对你将会遇到的推理具有重要启示。比如，请考虑下面这段话：

> 据我所知，所有来自纽约的国会议员都反对新税法。同时，我也知道有些反对新税法的国会议员从特殊利益集团获取了金钱利益。也就是说，一些来自纽约的国会议员从特殊利益集团获取了金钱利益。

这段论述有什么问题？要回答这一问题，可以把这段话整理成三段论的形式，然后应用 A、B、C、D 进行标记。这样做，你就会发现，它和三段论 3 的形式完全相同，因此它同样并不符合逻辑：仅仅因为所有来自纽约的国会议员都反对新税法，且有些反对新税法的国会议员从特殊利益集团中获取了金钱利益，并不能说明一些来自纽约的国会议员从特殊利益集团获取了金钱利益。因此，尽管一些三段论看起来很"学术"，并且人们经常用这些三段论去"证明"自己的观点，但是常常没有意识到自己的推理有时是无效的。因此认识到个体很容易陷入可信偏向是很重要的，某些结论尽管看似真实，却并不一定是"好的推理"的结果。

我们已经讨论了如何判断演绎推理得出的结论，现在可以回顾一下本章的第一节，并比较演绎推理与归纳推理得出的判断。我们发现，在归纳推理中，得出的结论可能是真的，但不一定是真的，因为结论是基于对具体观察进行一般性概括得出的，这些结论并不总是能代表一般性的原则或总体。比如，我们最初关于"所有乌鸦都是黑色的"这一结论是基于在匹兹堡和华盛顿特区的观察结果，当把观察的范围扩展到欧洲和亚洲时就会发现结论是错的。在演绎推理中，可以得出绝对正确的结论，但两个前提必须是绝对正确的，且三段论的形式是有效的。这样，演绎推理得到的结论比归纳推理得到的结论更具确定性。然而，正如我们在本节看到的，判断三段论的真实性和有效性并非易事。幸运的是，我们可以使用一些方法来帮助自己，这就是接下来要讨论的。

演绎推理的心理模型

为了帮助判断三段论的有效性，Phillip Johnson–Laird（1999a，1999b）提

出了一种名为**心理模型法**的观点。为了说明心理模型，Johnson-Laird（1995）提出了类似下面的问题（试一试）：

> 在台球桌上，紧挨着白球上方有一个黑球。绿球在白球右侧，红球在它们之间。如果通过我的位置移动，使红球在我和黑球之间，那么，白球就在我视线的_____侧。

你是怎么解决这个问题的？Johnson-Laird 指出，可以应用逻辑规则来解决这个问题，但是大多数人是通过想象台球在球桌上的排列方式来解决的。人们可以想象情境的观点是 Johnson-Laird 提出的人们使用心理模型来解决演绎推理问题的基础。

心理模型是个体在头脑中表征的一种具体情境，可以帮助判断演绎推理中三段论的有效性。心理模型背后的基本原则是，人们为推理问题创建一个情境模型或想象表征，再基于这个模型形成一个初步的结论，然后寻找可能证明模型错误的例外情况。如果确实发现有例外情况，就会修改模型。最后，如果不再能够找到例外，且当前模型与结论相匹配，就可以得出结论认为三段论是有效的。可以通过下面的例子（摘自 Johnson-Laird，1999b）来说明心理模型是如何帮助人们判断直言三段论的：

> 没有艺术家是养蜂人。
> 所有养蜂人都是化学家。
> 有些化学家不是艺术家。

为了建立基于这个三段论的模型，让我们来想象自己正在参加艺术家（Artists）、养蜂人（Beekeepers）和化学家（Chemists）协会（简称 ABC 协会）的会议。我们知道，每个有资格成为会员的人都必须是艺术家、养蜂人或化学家，并且必须遵守以下规则，这与上述三段论的前两个前提相对应：

> 规则 1：艺术家不可以是养蜂人。
> 规则 2：所有的养蜂人都必须是化学家。

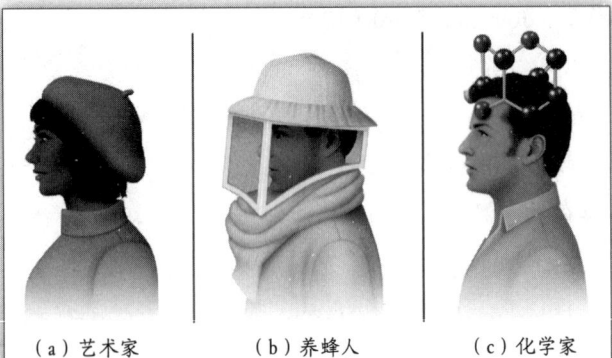

（a）艺术家　　（b）养蜂人　　（c）化学家

图 13.3　参加 ABC 会议的艺术家、养蜂人和化学家所戴的帽子类型。

我们可以通过人们戴的帽子来判断他们的职业，这使我们的任务变得更容易了。如图 13.3 所示，艺术家戴着贝雷帽，养蜂人戴着面纱帽，化学家戴着分子帽。按照规定，艺术家不可以是养蜂人，所以戴贝雷帽的人永远不能戴面纱帽。同时，所有的养蜂人都必须是化学家，这意味着每个戴面纱帽的人都必须戴分子帽。

根据这两条规则和这些假想的帽子，我们可以建立一个关于前提的心理模型，并试着从中得出自己的结论——化学家和艺术家之间有着怎样的关系。在 ABC 会议上，假设我们遇到了艾丽丝并看出她是艺术家，因为她戴着贝雷帽，我们注意到她符合规则 1：艺术家不可以是养蜂人（图 13.4a）。然后我们遇到了比切姆，他同时戴着面纱帽和分子帽，符合规则 2：所有养蜂人都必定是化学家（图 13.4b）。要记得，"有些化学家不是艺术家"这一结论与化学家和艺术家相关。根据对艺术家艾丽丝（不是化学家）和化学家比切姆（不是艺术家）的观察，可以建立我们的第一个模型：没有化学家是艺术家。根据这个模型，任何戴贝雷帽的人（如艾丽丝）都不应该戴分子帽，任何戴分子帽的人（如比切姆）也不应该戴贝雷帽。

但是我们的工作还没有完成，因为一旦提出了第一个模型，就需要寻找不符合模型的可能例外。具体来说，要证伪这个模型，必须在不违反这两条规则的前提下，找到是艺术家的化学家。所以，我们在人群中转来转去，直到遇到艺术家赛特，他既是艺术家又是化学家，正如他所戴的贝雷帽和分子帽所示（图 13.4c）。我们注意到他并没有违反这两条规则，所以我们现在知道，第一个模型"没有化学家是艺术家"是不对的，再回想一下既是养蜂人又是化学家的比切姆，我们将模型修改为"一些化学家不是艺术家"。

然后，我们继续寻找可以证伪新模型的例外，但只找到了克拉拉，她只是化学家，这也是规则允许的（图 13.4d），并不违背我们的新模型。经过进一步搜寻，在这个房间里，我们找不到其他违背这个三段论结论的人，所以我们接受了这个结论。这个例子说明了心理模型理论背后的基本原理：只有当一个结论不能被前提的任何一个模型驳倒时，才是有效的。

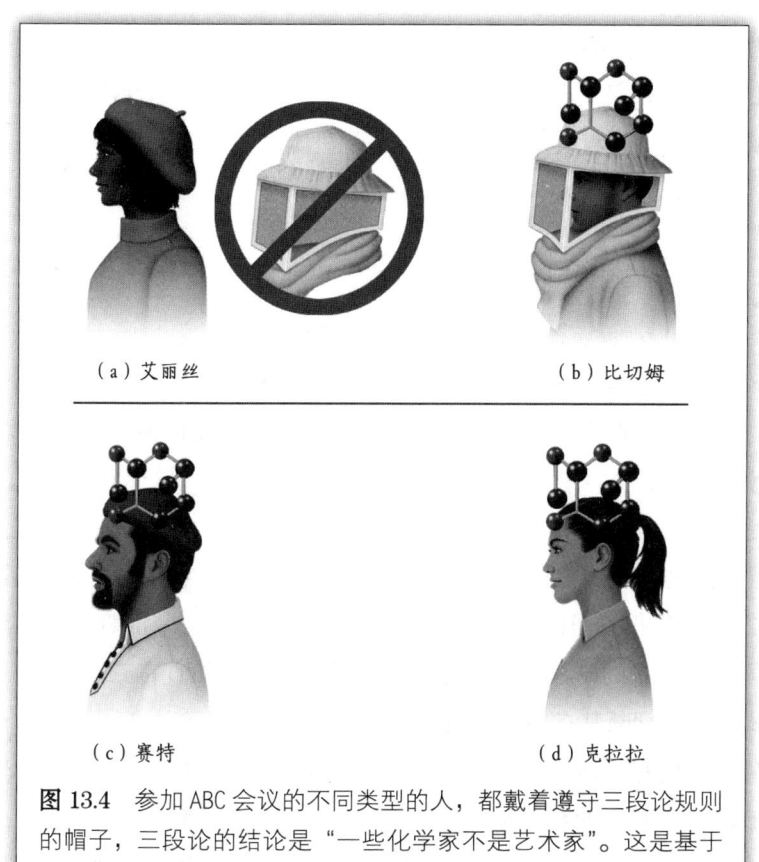

图 13.4 参加 ABC 会议的不同类型的人，都戴着遵守三段论规则的帽子，三段论的结论是"一些化学家不是艺术家"。这是基于心理模型的推理方法，表明这个三段论是有效的，因为（c）是一个化学家也是一个艺术家。但（b）和（d）是化学家而不是艺术家。

心理模型理论之所以具有吸引力，是因为它无须逻辑规则上的训练就可以评估三段论的有效性，而且可以做出可被检验的预测。例如，心理模型理论预测，需要更复杂模型的三段论将更难进行判断，并且已经通过实验证实了该预测（Buciarelli & Johnson-Laird，1999）。

关于人们如何判断三段论的有效性，还有其他理论（见 Rips，1995，2002），但是哪种判断方法正确，研究者之间还没有达成共识。之所以在这里介绍心理模型理论，是因为它得到了许多实验结果的支持，而且是最容易应用和解释的模型之一。然而，试图确定人们如何对三段论进行判断的研究者面临许多挑战，这些挑战包括人们在推理中使用各种不同的策略，以及有些人比其他人更擅长判断三段论（Buciarelli & Johnson-Laird，1999）。因此，人们如何判断三段论的有效性仍然有待回答。

但我们还没有完成对三段论的讨论。除了以"所有""有些"和"没有"开头陈述前提和结论的直言三段论，还有另一种类型的三段论，叫作条件三段论，其中第一个前提的形式为"如果……那么……"。

条件三段论

条件三段论与直言三段论一样都有两个前提和一个结论，但第一个前提的形式是"如果……那么……"。在日常生活中，这种类型的演绎推理很常见。比如，假设你借给朋友史蒂夫20元钱，但他一直没有还。以你对史蒂夫的了解，知道他可能会不还钱。如果以三段论的形式来表示你的推理过程可能会是这样的：如果我借给史蒂夫20元钱，那么我就收不回这笔钱了。我借给了史蒂夫20元钱，因此我收不回这笔钱。像在直言三段论中一样，如果两个前提都是真的且三段论是有效的，那么结论肯定是真的。但也正如直言三段论，根据三段论的形式和内容判断其有效性可能很难，如下例所示。

条件三段论有四种主要形式，表13.3中列出了其抽象形式（用 p 和 q 表示）。在直言三段论中常用的符号是 A 和 B，但在条件三段论中常用的符号是 p 和 q。为了更好地理解这些三段论，我们用实例来代替表13.3中四种形式三段论中的 p 和 q。

条件三段论1
如果我学习，那么我就会取得好成绩。
我学习。
因此，我会取得好成绩。

这种形式的三段论被称为肯定前件（modus pones）。Modus pones 在拉丁语中大意是"通过肯定来肯定的方式"。这种形式的三段论是有效的：结论符合两个前提的逻辑推演。当要求被试判断该三段论的 p 和 q 形式是否有效时，大约97%的被试正确判断其为有效（见表13.3）。

表 13.3

以相同的第一前提开始的四个三段论

所有三段论的第一前提均为：如果 p，那么 q。

三段论	第二前提	结论	是否有效？	是否正确？
三段论 1：肯定前件	p	因此，q	是	97%
三段论 2：否定后件	非 q	因此，非 p	是	60%
三段论 3	q	因此，p	否	40%
三段论 4	非 p	因此，非 q	否	40%

条件三段论 2

如果我学习，那么我就会取得好成绩。

我没有取得好成绩。

因此，我没有学习。

条件三段论 2 是否有效？答案是肯定的，这种被称为否定后件（modus tollens，意为"通过否定来否定的方式"）的三段论是有效的。这种形式的三段论更难评估；只有 60% 的人对 p 和 q 版本的否定后件三段论判断正确。

条件三段论 3

如果我学习，那么我就会取得好成绩。

我取得了好成绩。

因此，我学习了。

条件三段论 3 的结论（"我学习了"）是无效的，因为即使你不学习，也仍然有可能取得好成绩。也许考试很简单，或者你已经会了。只有 40% 的被试将这个三段论正确地判断为无效。根据这类三段论的内容来评估其有效性特别困难。为了证明这一点，请思考以下三段论，它与条件三段论 3 形式相同，但内容不同。

如果我住在图森，那么我就住在亚利桑那州。

我住在亚利桑那州。
因此，我住在图森。

很明显，这个三段论的结论并不是根据前提得出的，因为如果你住在亚利桑那州，除了图森以外，还有很多地方可以居住。这表明问题或三段论的表述方式会影响判断它的难易程度。

最后来看三段论 4。

条件三段论 4
如果我学习，我就会取得好成绩。
我没有学习。
因此，我没有取得好成绩。

条件三段论 4 的结论（我没有取得好成绩）是无效的。就像条件三段论 3 一样，你可能会想到一些与结论相矛盾的情况，即一个人即使没有学习也可能取得好成绩。在对图森和亚利桑那州进行重新表述时，这种三段论无效的事实也变得更加明显。

如果我住在图森，那么我就住在亚利桑那州。
我不住在图森。
因此，我不住在亚利桑那州。

与条件三段论 3 一样，当我们改变内容时，结论（我不住在亚利桑那州）无效这一事实变得更加明显。我们从表 13.3 中注意到，在采用 p 和 q 形式时，只有 40% 的被试正确地判断了这个三段论为无效。下一部分将描述一个推理问题，这个推理问题进一步证明三段论的表述方式可以使个体更容易对三段论做出正确评价。

条件推理：Wason 四卡片问题

如果只依据形式逻辑的规则来对条件三段论进行推理，那么无论三段论是以抽象形式（如 p 和 q）表述的还是以现实案例（如学习或居住的城市）表述的，都不会影响推理过程。然而，研究发现，在判断三段论的有效性时，人们对现实案例的判断优于对抽象形式的判断。然而，我们的主要目的并非仅仅在于证明人们更容易对现实案例形式的三段论做出判断，而是探究研究者所采用的各种问题表述方式促进判断的机制，以此来解释为什么对现实案例问题的判断更容易。为此，许多研究者在研究中采用了经典的推理问题——Wason 四卡片问题。

演示实验　Wason 四卡片问题

四张卡片如图 13.5 所示，在每张卡片的一面有一个字母，另一面有一个数字。你的任务是指出需要翻动哪几张卡片来检验下面的规则：

如果卡片的一面是元音字母，则另一面的数字是偶数。

如果一面是元音字母，那么另一面的数字是偶数

图 13.5　Wason 四卡片问题（Wason，1966）。请试着根据演示实验中的要求解决这个问题。

来源：Based on Wason, 1966.

当 Wason（1966）最初研究这一任务（我们将其称为抽象形式任务）时，53% 的被试指出必须翻转写着字母 E 的卡片。我们可以从图 13.6a（彩）中看出这是对的，因为翻转卡片 E 可能出现两种结果：出现奇数或者偶数。绿色线框出的是符合 Wason 规则的结果，红色线框出的是不符合 Wason 规则的结果，不受规则制约的结果没有颜色。由此，翻转卡片 E 出现偶数，就符合规则，如果出现奇数就不符合规则。因为如果翻转 E 出现奇数就表明规则不正确，所以有必要翻转卡片 E 来检验规则。

然而，为了全面检验卡片规则，还需要翻动一张卡片。在 Wason 的实验中，46% 的被试指出，除了卡片 E 之外，还要翻转写着数字 4 的卡片。但是从图 13.6b（彩）中可以看到，这并无用处，因为规则并没有提到辅音。翻转卡片 4 找到元音没有问题，但这并没有提供关于规则是否正确的信息。在验证任何规则时，我们要寻找的都是与规则不符的例子。一旦找到这样的例子，就可以断定这个规则是错误的。这就是**证伪原则**：要检验一条规则，就必须寻找能够证伪这一规则的情况。

回到图 13.6（彩），可以看到，当翻转 K 时，无论看到什么数字，都不会提供任何有价值的信息（它是另一个无关的辅音），但如果翻转卡片 7 出现元音则可以证伪规则。在 Wason 的四卡片问题中，只有 4% 的被试给出了完全正确的回答，即应该翻动的另一张卡片是写着数字 7 的卡片。

现实世界版本的 Wason 四卡片问题告诉了我们什么？

Wason 四卡片问题引发了大量的研究，因为这是一种"如果……，那么……"的条件推理任务。研究者对这个问题感兴趣的原因之一，是发现当以现实世界的具体实例对问题进行表征时，人们会表现得更好。例如：Richard Griggs 和 James Cox（1982）对问题的表述如下：

> 四张卡片如图 13.7 所示，每张卡片都是一面为年龄，另一面为饮品名称。假设你是警察，正在检查人们是否遵守规则："如果一个人喝啤酒，那么此人必须已年满 19 岁。"（参加这一实验的被试都来自佛罗里达州，年满 19 周岁才可以喝酒。）那么必须要翻动图 13.7 中的哪些卡片来检验人们是否遵守了这一规则？

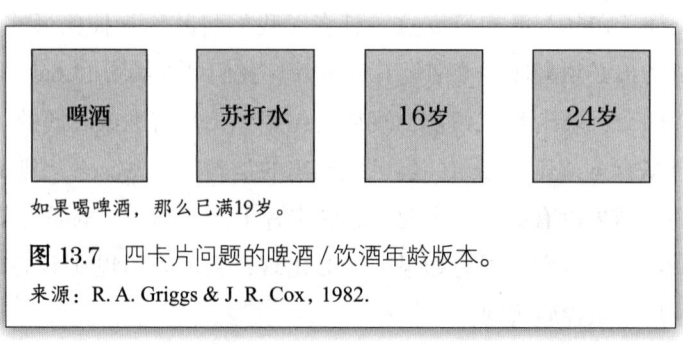

如果喝啤酒，那么已满19岁。

图 13.7　四卡片问题的啤酒/饮酒年龄版本。
来源：R. A. Griggs & J. R. Cox, 1982.

除了使用日常用语（啤酒、苏打水、年龄）替换字母和数字之外，啤酒/饮酒年龄版本的四卡片问题和之前的字母/数字抽象版本的四卡片问题完全相同。Griggs 和 Cox 发现，在解决啤酒/饮酒年龄版本的四卡片问题时，73% 的被试做出了正确的回答：必须翻转的卡片是"啤酒"和"16 岁"。而在解决抽象形式的问题时，所有被试都没能做出正确的回答（图 13.8）。为什么具体形式的任务会比抽象形式的任务简单呢？Griggs 和 Cox 认为，啤酒/饮酒年龄版本的四卡片问题更容易是因为其中包含人们所熟悉的规则。任何知道有最低饮酒年龄限制的人都会知道，如果有人看起来只有 16 岁，就需要检查其是否饮酒。

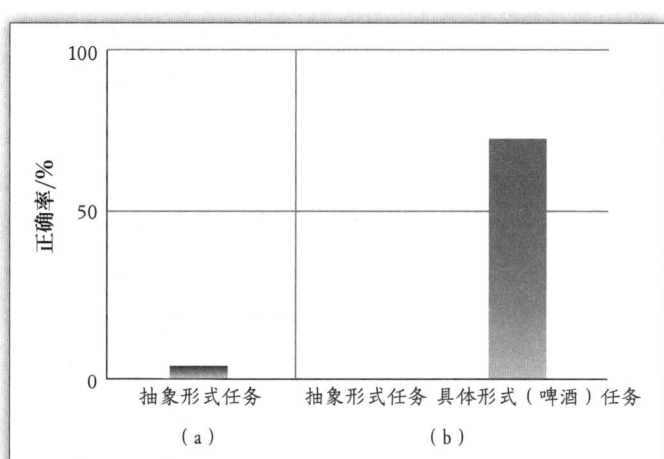

图 13.8 被试在不同版本的四卡片问题上的表现。(a) 图 13.6（彩）中的抽象版本（Wason, 1966）。(b) 图 13.7 中的抽象版本和啤酒/饮酒年龄版本（Griggs & Cox, 1982）。
来源：Based on Wason, 1966; Griggs & Cox, 1982.

Patricia Cheng 和 Keith Holyoak（1985）也提出了类似的解释，他们提出人们以图式的形式进行思考。图式是个体关于支配自身思想和行为的规则的知识。图式的一种是**许可图式**，是指如果一个人满足某项条件（比如达到法定饮酒年龄），就可以进行某种行为（饮用酒精饮品）。参与实验的被试大多会有"如果年满 19 岁，就可以喝啤酒"这样的许可图式，因此可以应用这一图式解决四卡片问题。

这种解释指出，人们应用许可图式这样的现实生活图式解决四卡片问题，使我们更容易理解卡片任务的抽象版本与具体版本（现实世界的啤酒/饮酒年龄版本）之间的差异。在抽象任务中，任务目标是判断关于字母和数字的抽象描述是否正确。但是在啤酒/饮酒年龄任务中，任务目标是判断一个人是否被允许饮酒。显然，激活许可图式有助于人们将注意集中于可以检验图式的卡片上。被试的注意会集中于"16 岁"的卡片，因为他们知道如果它背面写着"啤酒"，就会与年满 19 岁才能饮酒的规则相冲突。

本章这一节的研究表明，当用现实生活中的情境描述 Wason 任务这样的三段论时，人们更容易理解。这一方面可能是因为人们对涉及社会许可或法规的情况很敏感（Cheng & Holyoak, 1985），也可能还有其他原因。事实上，已经有其他研究者为现实生活中的 Wason 任务做出了另一种解释。例如，Leda Cosmides 和 John Tooby（1992）提出，现实世界版本的问题更容易得以解决，是因为人们善于寻找欺骗者。这种解释背后的理由基于这样一种观点：从进化的角度来看，意识到他人的欺骗对生存很重要。

每种解释——许可解释和欺骗解释——都有证据支持和反驳（Johnson-Laird，1999b；Manktelow，1999，2012）。不管怎么解释，我们都有一项重要的发现，即进行条件推理的背景对推理有很重要的影响。用熟悉的情境表述四卡片问题通常比用抽象形式表述或与人们无关的表述能得到更好的推理判断。这与我们对直言三段论的讨论有关，我们从中看到三段论的表述方式（即用现实世界的、熟悉的情境表述，而不是用 p 和 q 表述）会极大地影响我们的评估能力。

自我测验 13.2

1. 什么是演绎推理？三段论的结论"有效"意味着什么？在什么情况下结论有效但不真实？在什么情况下结论真实但无效？
2. 什么是直言三段论？直言三段论中的真实性和有效性有什么区别？
3. 什么是可信偏向？确保你理解图 13.2 中的结果。
4. 什么是判断推理有效性的心理模型理论？
5. 什么是条件三段论？在本章中的四种条件三段论里，哪些是有效的？哪些是无效的？人们在判断每一种三段论的有效性时表现如何？保持形式而改变措辞会对判断三段论的有效性产生怎样的影响？
6. 什么是 Wason 四卡片问题？为什么需要翻转卡片 7 来解决这一问题？
7. 采用现实世界版的 Wason 四卡片问题的实验结果说明，规则知识、许可图式和欺骗意识与这一问题的解决有何关系？我们能从对 Wason 问题的所有研究中得出什么结论？

决策：从备选项中做出选择

像本章开始部分介绍的那样，我们每天都要做出决策，从不太重要的决策（穿什么衣服、看什么电影）到对人生有巨大影响的重要决策（报考哪所大学、和谁结婚、选择什么职业）。在探讨可得性启发式和代表性启发式时，我们列举了一些要求被试做出判断的研究，如判断人们的死因或职业。在介绍决策过程时，我们的重点是关注人们如何在不同的行动方案中做出抉择。这些决策可能是个人的决策，比如决定上哪所学校或者选择乘飞机还是乘车出行；又可能是与职业相关的决策，比如："我的公司应该进行哪种广告宣传活动？"或"我们应该选择哪位篮球球员？"我们先来考虑决策的一个基本性质：决策既包括收益，也包括损失。

决策的效用理论

大多数早期的决策理论都受到**期望效用理论**影响。期望效用理论假设人基本上是理性的。根据这一理论，如果人们能够掌握所有与决策相关的信息，就会做出可以获得最大期望效用的决策。在这里，**效用**指的是达成一个目标的结果（Manktelow，1999；Reber，1995）。研究决策的经济学家用经济价值来衡量效用。这样，理想的决策目标就在于做出能够取得最大经济收益的选择。

效用理论的优势在于，它有一套特定的程序来分析哪一个备选项会得到最高的经济收益。例如，如果我们在赌场里玩老虎机的时候知道获胜的概率，还知道玩老虎机的花费以及回报的大小，就可以判断，从长远角度来讲，玩老虎机总是所失大于所得。但是能根据概率推算出最佳行为策略也不等于人们一定会按其行事，人们往往以不符合基于概率的最佳行为方式行事。即使大多数人都知道，从长远来看，老虎机总是赢家，但总还有许多人愿意去碰碰运气，这一点用赌场的巨大人气就可以印证。很多类似于这样的实验和观察都发现，人们并不总是完全依照理性来行事的。因此，心理学家得出结论：人们并非总是遵循期望效用理论提出的决策程序。

这里还有一些例子说明人们做出的决策并不总是符合收益最大化原则。Veronica Denes-Raj 和 Seymour Epstein（1994）进行了一项实验，实验者准备了两个碗，碗里放着红色和白色的软糖，被试每次从碗里摸出一颗红色软糖就奖励 1 美元，累计最高奖励 7 美元。被试可以从一大一小两个碗中做出选择：小碗里面放着 1 颗红色软糖和 9 颗白色软糖（摸出红色软糖的概率为 10%，见图 13.9a）；大碗里面放着 7 颗红色软糖和 93 颗白色软糖，红色软糖的比例更小（摸出红色软糖的概率为 7%，见图 13.9b）。许多被试选择了摸出红色软糖概率较小的大碗。当被问及为什么做出这种选择时，被试报告说尽管知道自己的选择不是符合概率计算的最佳选择，但还是会觉得如果碗里的红色软糖多一些，摸到的机会可能更大。显然，大碗里较多的红色软糖数量战胜了被试有关概率的知识（每次实验都会提前告知被试碗里的红色和白色软糖的数量）。

决定要从哪个碗里摸软糖可能并不是一项特别重要的决策，但被试在其中表现出的选择低概率事件的倾向说明，被试会根据其想法而非概率知识进行决策。选择汽车还是飞机作为出行方式可能是一件在真实生活中更为重要的决策。大家都知道汽车事故的发生率远远大于飞机事故，但在"9·11"恐怖袭击之后，乘飞机出行的人数还是减少了，而乘汽车出行的人数增加了。一项统计指出，在美国，为了避免飞行风险而在公路交通事故中丧生的人数远远高于在四起劫机事件中死亡的总人数（Gigerenzer，2004）。

对 2005 年播出的美国电视游戏节目《一掷千金》（*Deal or No Deal*）中选手的决策进行分析，也证明了人们在做决策时常常忽视概率。在这个电视节目

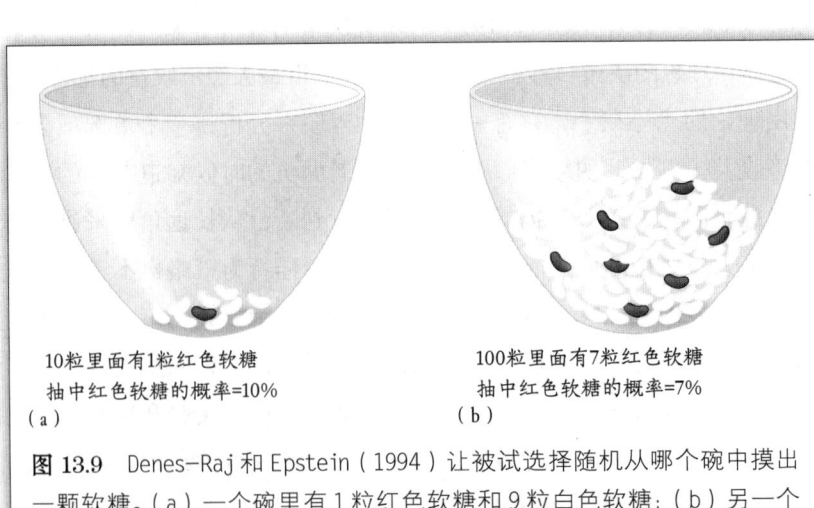

图 13.9　Denes-Raj 和 Epstein（1994）让被试选择随机从哪个碗中摸出一颗软糖。(a) 一个碗里有 1 粒红色软糖和 9 粒白色软糖；(b) 另一个碗里有 7 粒红色软糖和 93 粒白色软糖（图中没有画出全部的白色软糖）。如果被试摸出的软糖是红色的，就会获得金钱奖励。

来源：Based on Denes-Raj & Epstein, 1994.

中，主持人会告诉选手有从1美分到100万美元的26份数额不等的钱，每份钱都放在一个公文箱内，公文箱摆在台上。游戏开始时，选手任意选择一个公文箱作为自己的，并有权获得自己所选公文箱里面的钱。但问题是选手并不知道自己的公文箱里有多少钱。只有依次打开其余的25个公文箱，才能根据排除法知道自己的公文箱里面究竟有多少钱（图13.10）。

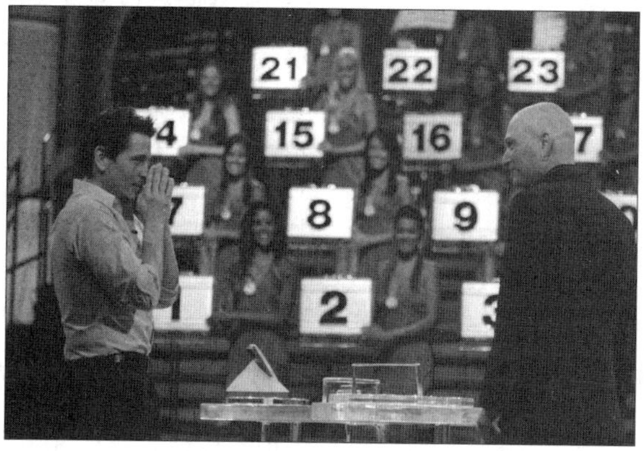

Trae Patton/NBC-TV/Kobal/REX/Shutterstock.com

图13.10 《一掷千金》节目中游戏早期的一个决策点。右边的主持人霍伊·曼德尔（Howie Mandel）正在询问选手是想接受银行的报价（交易），还是想继续游戏（不交易）。后面的模特站在尚未被开启的公文箱边。每个箱子里都有一笔金额未知的钱。选手的箱子里也有金额未知的钱。

选手依次指定打开剩下的25个箱子中的一个，每次指定一个箱子的编号，箱子旁边的模特就会打开相应的箱子，向大家展示里面有多少钱。并从全部26份数额列表中划去相应的数额。这样选手就可以通过数额列表上的变化情况了解可以排除哪些数额（已经出现过的数额），不能排除哪些数额。选手的箱子中可能出现的是列表中尚未划去的数额，但我们都不知道具体是哪一个。

在打开6个箱子之后，节目中的“银行”会根据剩下的20个箱子中的数额给选手提供一次交易机会。此时，选手可以选择拿走“银行”提供的一定金额，同时放弃自己的公文箱（交易）；或者选择继续进行游戏（不交易）。选手做出决策时能够参考的信息只有“银行”提供的数额和列表中剩余的数额，其中一份数额就在选手的公文箱中。如果选手拒绝了“银行”提出的交易方案，就要继续依次打开更多的箱子，然后“银行”再提出另一个交易方案。每当“银行”提出交易方案时，选手就要对其方案以及列表中剩余的数额进行衡量，再决定是进行交易还是继续游戏。

比如，我们来考虑一下表13.4中的情形，这是一个选手面对的真实情况，姑且将这位选手称为X。左边一列是X已经打开的21个箱子中的数额，右边一列是尚未打开的5个箱子中的数额。4个尚未打开的箱子放在台上，另有1个在X手中。基于表中的这些数额，“银行”向X提出了80 000美元的交易额度。也就是说，X现在要么选择拿80 000美元走人，要么选择继续游戏，这样有机会获得右边一列列出的更大数额。理性的选择是拿80 000美元走人，因为X只有 1/5 的概率获得 300 000 美元，而其他可能的收益都小于 80 000 美元。可惜 X 并没有接受"银行"提出的交易，而他打开的下一个箱子里就装着 300 000 美元，于是 X 的箱子里就不可能是 300 000 美元了。随后 X 接受了"银行"提供的新方案，拿走"银行"提供的 21 000 美元结束了游戏。

表 13.4
《一掷千金》游戏的情形

21 个已经开启的箱子（不会再出现的数额）		5 个尚未开启的箱子（可能出现的数额）
0.01 美元	5 000 美元	100 美元
1 美元	10 000 美元	
5 美元	25 000 美元	400 美元
10 美元	75 000 美元	
25 美元	100 000 美元	1 000 美元
50 美元	200 000 美元	
75 美元	400 000 美元	50 000 美元
200 美元	500 000 美元	
300 美元	750 000 美元	300 000 美元
500 美元	1 000 000 美元	
750 美元		

Thierry Post 等人（2008）分析了选手们在上百次游戏中的选择，总结发现选手的选择不仅会受到剩余数额的影响，还会受到做出选择之前发生的事件的影响。Post 发现，如果选手之前一直进行得很顺利（打开的箱子大多是小数额的），同时"银行"提出的交易额度越来越高，选手就会更谨慎，并尽早地接受"银行"提出的交易。相反，如果选手所处境况不佳（打开的箱子大多是大数额的），同时"银行"提出的交易额度越来越低，选手就倾向于更冒险一些并选择继续游戏。Post 指出，这种行为模式背后的一个原因可能是，处在不理想境况下的选手想要摆脱自己成为失败者的这种负性情绪，因此会选择承担更大的风险，以期最后战胜统计学概率得到理想的结果。选手 X 可能就是这样想的，但最后的结果并不理想。似乎是情绪左右了选手的决策。我们现在将描述一些例子，说明决策如何受到情绪等其他效用理论没有涉及的因素的影响。

情绪如何影响决策

个人的情绪特质与决策有关。例如，焦虑的人倾向于避免做出可能导致重大负面后果的决定，这被称为风险规避，我们很快就会提到（Maner & Schmidt，2006；Paulus & Yu，2012）。另一个例子是乐观品质，乐观通常被认为是一种积极的个人品质。但乐观的人更容易忽略负面信息，并把注意集中在正面信息上，从而使他们将决定建立在不完整的信息基础上。因此，过于乐观可能导致决策失误（Izuma & Adolphs，2011；Sharot et al.，2011）。现在来看一些关于情绪以其他方式影响决策的研究。

人们会做出错误的情绪预期

情绪对于决策最有力的影响之一是**预期情绪**，即人们所预测的他们对特定结果的情绪。例如，《一掷千金》中的选手可能会考虑如果接受"银行"125 000 美元的报价（即使她有可能赢得 500 000 美元），感觉会有多好；如果赢得 500 000 美元，感觉会有多棒；如果不接受"银行"的报价并且发现最终自己的箱子里只有 10 美元，感觉会有多惨。

预期情绪是**风险规避**的决定因素之一——风险规避即人们倾向于避免承担风险。使人们的风险规避可能性提高的一个因素是，人们倾向于认为同等程度的损失会比收益诱发更强烈的情绪体验（Tversky & Kahneman，1991）。比如，如果一个人认为损失 100 美元是非常令人难过的，而赢得 100 美元只是稍稍有些令人高兴，那么他就会拒绝参加像扔硬币那样的输赢概率都为 50% 的游戏（正面就赢得 100 美元，背面就输掉 100 美元）。实际上，基于这一原因，很多人甚至不愿意参加有 50% 的机会赢得 200 美元且有 50% 的机会输掉 100 美元的游戏，即使根据效用理论，这是一个不错的赌局（Kermer et al.，2006）。

Deborah Kermer 等人（2006）通过一项实验研究了这一效应，他们对比了人们的预期情绪和真实情绪结果。研究者先给被试 5 美元，然后进行掷硬币的游戏，根据硬币落下时的反正面，被试可能会再得到 5 美元或者损失 3 美元。在实验开始前要求被试评估自己的愉快程度，并预测如果自己在抛硬币游戏中赢了（得到 5 美元，于是一共有 10 美元）或者输了（失去 3 美元，于是一共有 2 美元），将会体验到怎样的情绪变化。被试自我情绪评估及预期情绪的结果如图 13.11 左边的条形图所示。需要注意的是，被试在实验开始之前对失去 3 美元时的负性情绪变化的预期远大于对得到 5 美元时的正性情绪变化的预期。

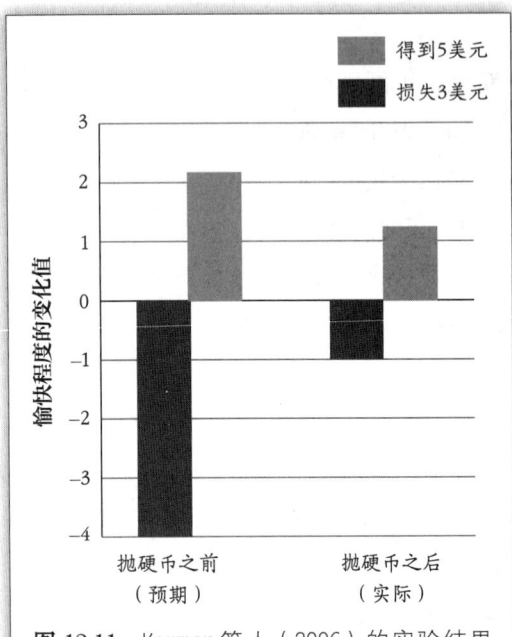

图 13.11 Kermer 等人（2006）的实验结果表明，与实际损失效应（右侧深灰色条形）相比，人们大大高估了损失的预期负面效应（左侧深灰色条形）。浅灰色条形表示，与实际获胜效应（右侧浅灰色条形）相比，人们只是稍稍高估了获胜的预期积极效应（左侧浅灰色条形）。

来源：Based on Kermer et al., 2006.

在掷硬币之后，被试有得有失，这时让被试做 10 分钟的无关任务，然后再次评估其愉悦程度。右面的条形图显示了被试真正的情绪变化：损失诱发的负性情绪变化远远小于预期，奖励诱发的正性情绪变化只比预期小一点。所以结果就是，奖励诱发的正性效应和损失诱发的负性效应大致相等。

为什么人们在开始的时候会高估自己未来的负性情绪呢？原因之一就在于当人们进行预测时，他们没有考虑到自己面对不利情况时会启用的各种应对机制。比如，一个人如果没有得到自己想要的工作，可能会应用合理化机制来进行自我调节，"这份工作的薪水其实不是很理想"或者"我还能找到更好的工作"。在 Kermer 的实验中，当被试对损失后的感觉进行预测时，他们的关注点在于失去的 3 美元，而在结果出现之后，真正受到损失的被试实际上关注的是剩下的 2 美元。

Kermer 的实验以及其他一些类似的实验结果说明，人们并非总是能够对自己决策后的情绪结果做出正确的预测，不能正确预测自身情绪会导致人们进行不理想的决策（Peters et al., 2006; Wilson & Gilbert, 2003）。下面将介绍与决策无关的情绪也可能影响决策。

偶然情绪影响决策

偶然情绪是指并非由决策引发的情绪。偶然情绪可能与个体的一般性格（如有人天性乐观）、决策之前发生的事情或决策时的环境（如游戏节目播放的背景音乐或观众的欢呼声）有关。

你所感受到的快乐或悲伤，或者环境诱发的正性或负性情绪是怎样影响你的决策的呢？有证据证明，尽管这些偶然情绪与决策没有直接关系，但它们还是会影响我们的决策。比如，Uri Simonsohn（2007）的一篇题为"阴天使书呆子看起来更优秀"的研究报告指出，大学入学申请者的学术能力在阴天的时候更被看重（其他能力则在晴天的时候更被看重）。Uri Simonsohn 在另一项研究中发现，如果申请者曾经在阴天拜访过某所高学术水平的大学，则更倾向于向这所大学递交入学申请（Simonsohn，2009）。

背景信息影响决策

决策会受到背景信息的影响。实验表明，增加备选项作为可能的选择会影响决策。例如，在一项实验中，研究者询问医生是否会给虚构的 67 岁患者开关节炎药物，当选项只有开某种药和不开药时，72% 的医生选择开某种药。然而，当选项加入另外一种可能的药物时，即选项中有开 1 号药、开 2 号药或不开药时，只有 53% 的医生选择了开药。显然，面临更困难的决定可能会导致个体根本无法做出决策（Redelmeier & Shafir，1995）。

在关于背景信息如何影响医疗决策的另一个实验中，研究者给医生呈现了一个可能需要剖宫产的虚拟测试病例（Shen et al.，2010）。医生要在以下三种情况下决定是否选择剖宫产：（1）对照组：直接呈现测试病例；（2）既往严重病例组：测试病例之前有另外 4 例存在严重并发症的病例，通常需要剖宫产；（3）既往不严重病例组：测试病例之前有另外 4 例常规病例，通常不需要剖宫产。图 13.12 中的结果显示，在对照组和既往严重病例组中，略多于一半的医生建议进行剖宫产。但是在既往不严重病例组中，有 75% 的医生建议进行剖宫产。显然，当既往病例不严重也无须剖宫产时，测试病例被判断为更严重。这意味着，如果将这项研究结果转化为实际医疗情况，患者接受剖宫产的概率可能会受到医生刚刚经历的治疗经验的影响。

如果说医疗决策可能受到医生先前治疗经验的影响这一结论让人有点不安，那么我们再来看看向以色列假释委员会申请假释的囚犯的困境。Shai Danziger 及其同事（2011）研究了 1000 多项对于假释请求的司法裁决，发现法官在用餐休息后听取案件时，做出有利裁决（准予假释）的概率为 65%；而在休息前听取案件时，这一概率降至接近于零。这一发现表明，额外变量（法官是否饿或累）会影响司法判决，这使得杰罗姆·弗兰克法官（Jerome Frank，1930）关于"正义是法官的早餐"的说法更具有可信性了。

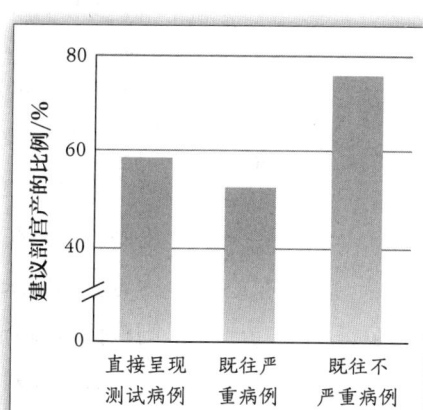

图 13.12 背景信息对决策的影响。当测试病例直接出现（对照条件）或先前有四个严重到需要剖宫产的病例时，医生建议剖宫产的可能性是相同的。然而，如果同样的测试病例之前有四个不需要剖宫产的非严重病例时，则医生建议剖宫产的可能性更高。

来源：Based on Shen et al., 2010.

虽然你可能不会做重大的医疗决策或司法裁决，但这些例子确实说明背景信息可以通过各种方式影响决定。举一个与日常生活更为相关的例子，在商店里考虑购买哪种摄像头的情况。摄像头有两种型号可选：一种型号170美元，另一种型号240美元，每种型号都有自己的特点。你会选择哪一种？事实上，你的购买决策可能会受到背景信息的影响。Simonson和Tversky（1992）的研究表明，如果只有170美元和240美元这两种型号，被试选择每种型号的决定大致均等，但是如果加入第三种更贵的470美元型号，被试选择240美元型号的可能性比选择170美元型号的可能性大得多。这表明，即使是购物这种日常决策，背景信息也会发挥作用，也许下次你在商店挑选产品时要注意这一点。

备选项的呈现方式影响决策

备选项的呈现方式会影响人们的决策。比如，在决定是否做器官捐献备案时，尽管调查发现85%的美国人支持器官捐献，但实际只有28%的人真正签署了器官捐献协议。这种签署协议的方式被称为**选择性加入程序**，因为它需要人们采取一定的积极行为来进入程序（Johnson & Goldstein，2003）。

其他国家也同样面临着签署器官捐献协议的比例较低的状况，如丹麦为4%，英国为27%，德国为12%。这些国家的一个共性就是都采用了选择性加入程序。但是在法国和比利时，签署器官捐献协议的比例高达99%以上。这是因为这些国家采用的是**选择性退出程序**，也就是说，除非自己提出申请退出，否则默认为每个人都是潜在的器官捐献者。

人们面对需要选择性加入的事件时倾向于什么也不做，这一行为所体现的是**现状偏向**，即在需要做出决策时什么也不做的倾向。例如，在有的州，司机可以选择购买较贵的、维护诉讼权的汽车保险，或者较便宜的、限制诉讼权的保险。对于宾夕法尼亚州的司机来说，默认提供的是较贵的保险方案，所以如果司机想要较便宜的方案就必须进行选择。但在新泽西州，默认提供的是较便宜的计划，所以如果司机想要较贵的方案就必须进行选择。在这两种情况下，大多数驾驶员都维持默认选项（Johnson et al.，1993）。当人们决定继续沿用当前的电力服务公司、退休计划或健康计划时，这种保持现状的倾向也会出现，即使在某些情况下另有更好的选择（Suri et al.，2013）。

器官捐赠和汽车保险的例子与是否选择做出改变有关。当人们必须从选项中做出选择时，选择信息的呈现方式也很重要。Paul Slovic 等人（2000）在实验中向法医心理学家和精神病学家呈现了一位精神病人琼斯的案例，然后请专家们判断琼斯在出院后的 6 个月内发生暴力行为的可能性。实验中的关键变量是先前病例相关信息的呈现方式。如果呈现的是"在与琼斯类似的病例中，100 个人中大约会有 20 个人在释放后的 6 个月内出现暴力行为"，则 41% 的专家不建议让琼斯出院。但是，如果呈现的是"在与琼斯类似的病例中，大约会有 20% 的人在释放后的 6 个月出现暴力行为"，则只有 21% 的专家不建议让琼斯出院。为什么会出现这种差异呢？一个可能的原因就是，前一种呈现方式容易使人联想起有 20 个人遭到了暴力犯罪，而后一种呈现方式是抽象的概率陈述，可以理解为像琼斯这样的病人发生暴力行为的可能性很小。

下面是另一个需要从两个选项中做出选择的例子，你可以试一试。

演示实验　你该怎么办？

假设美国正在准备应对一种罕见疾病的爆发，预计会有 600 人死于这种罕见疾病。对此，有关部门提供了两个备选的应对方案，对两个方案实施后果的精确科学预测如下：

➤ 如果采取方案 A，会救活 200 人。
➤ 如果采取方案 B，会有 1/3 的可能性救活 600 个人，同时有 2/3 的可能性一个人也救不活。

你比较倾向于上面两个方案中的哪一个？

下面再来考虑一下应对上述罕见疾病的另外两种方案，如下：

➤ 如果采取方案 C，会有 400 人丧生。
➤ 如果采取方案 D，会有 1/3 的可能性没有人丧生，同时有 2/3 的可能性使 600 人全部丧生。

你比较倾向于上面两个方案中的哪一个？

在 Tversky 和 Kahneman（1981）的实验中，当呈现的备选项是方案 A 和方案 B 时，72% 的被试选择了方案 A，其余被试选择了方案 B（图 13.13）。对

方案 A 的选择体现被试使用了**风险规避策略**。能确定救活 200 个生命显然比有 2/3 的可能性全部死亡更具有吸引力。但是，当实验者向另一组被试呈现的备选项是方案 C 和方案 D 时，22% 的被试选择了方案 C，78% 的被试选择了方案 D。对方案 D 的选择体现了**冒险策略**。因为相对于有 2/3 的可能性让 600 人全部死亡，人们更不能接受注定要失掉 400 个人的生命。

仔细观察这几个方案，就会发现方案 A 和方案 C、方案 B 和方案 D 其实是相同的（图 13.13）。方案 A 和方案 C 都是会有 200 人存活，400 人丧生。但是有 72% 的人选择了方案 A，而只有 22% 的人选择了方案 C。方案 B 和方案 D 的情况也是一样的，两者导致的死亡人数和死亡概率都相同，但是有 28% 的人选择了方案 B，而有 78% 的人选择了方案 D。这一结果说明了**构架效应**——备选项目的呈现或者表述方式（构架）会影响决策。Tversky 和

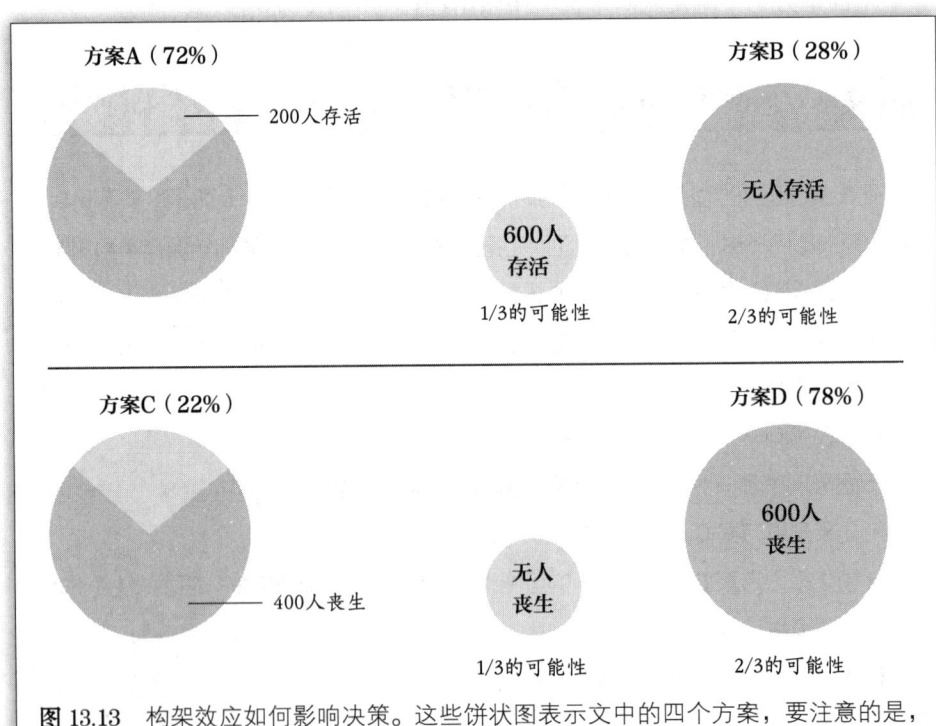

图 13.13 构架效应如何影响决策。这些饼状图表示文中的四个方案，要注意的是，方案 A 和方案 B 所描述的死亡人数和死亡率完全相同，方案 C 和方案 D 描述的死亡人数和死亡率完全相同。被试在方案 A 和方案 B 之间的选择以及在方案 C 和方案 D 之间的选择比例如图所示。
来源：Based on Tversky & Kahneman, 1981.

Kahneman 对此进行了总结，一般而言，当使用收益去表述备选项时（像第一个问题中用"救活"这样的措辞），人们倾向于采用风险规避策略；而当使用损失去表述备选项时（像第二个问题中用"丧生"这样的措辞），人们倾向于采用冒险策略。

构架效应影响决策的一个可能原因是，问题的表述方式会强调问题情境中的某些特征（如有人会丧命）而弱化其他特征（Kahneman，2003）。我们已经不是第一次知道备选项的呈现方式会影响我们的认知加工过程了。因为我们已经在本章关于演绎推理三段论部分的讨论中看到了这一点，第12章的很多实验结果也表明问题的表述方式会影响我们的问题解决能力（见第490页）。

神经经济学：决策的神经基础

神经经济学是研究决策过程的新途径，神经经济学整合了心理学、神经科学和经济学领域的研究，考察大脑激活与涉及潜在收益或损失的决策之间的关系（Lee，2006；Lowenstein et al.，2008；Sanfey et al.，2006）。神经经济学研究方法的一个成果是确认了人们在经济学游戏中进行决策时所激活的脑区。神经经济学的研究显示，决策常常受到情绪的影响，而这些情绪与特定脑区的激活有关。

下面通过介绍 Alan Sanfey 等人（2003）的研究来说明神经经济学理论，这项研究测量了被试在进行最后通牒游戏时的大脑活动。**最后通牒游戏**有两个玩家，一个人作为提议者，另一人作为回应者。在实验中，首先交给提议者一定数额的钱，比如10美元，然后由提议者向回应者提出两人分配这10美元的方案。如果回应者接受了提议者的方案，就根据方案分钱。如果回应者拒绝了提议者的方案，则两人什么都得不到。回应者一旦做出决策（无论是接受还是拒绝），游戏就结束了。

根据效用理论，只要分配给回应者的金额不为零，无论提议者提出怎样的分配方案，回应者都应该接受。接受是理性的决策，因为如果接受方案就会有所得，而如果拒绝则什么都得不到（实验只进行一个回合，所以没有第二次机会）。

在 Sanfey 等人的实验中，每位被试作为回应者进行了20次独立游戏：其中10次与10个不同的人搭档游戏，另外10次则与计算机搭档游戏。人类搭档和计算机搭档提供的分配方案都是由实验者决定的,其中一些方案比较"公平"(平分,即回应者得到 5 美元),另一些方案则"不公平"(回应者得到 1 美元、2 美元或者 3 美元)。当面对人类搭档时,回应者的决策结果(图 13.14 中的深灰色条形)与其他最后通牒游戏的实验结果相一致——所有回应者都接受了 5 美元的方案,大部分回应者接受了 3 美元的方案,一半以上的回应者会拒绝 1 美元和 2 美元的方案。

为什么人们会拒绝 1 美元和 2 美元的方案?当 Sanfey 等人询问被试时,许多人解释说因为觉得方案不公平而感到愤怒。与这一解释相一致,当搭档是计算机并且提出相同的方案时,被试接受"不公平"方案的比例更大(图 13.14 中的浅灰色条形)。这显然是因为人们面对一台不公平的计算机时不会像面对一个不公平的人时那么愤怒。

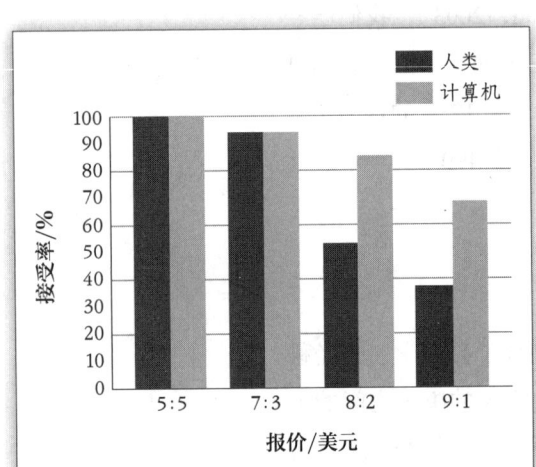

图 13.14 Sanfey 等人(2003)的实验的行为结果,呈现了回应者在面对人类搭档和计算机搭档提出的不同分配方案时的接受率。
来源:Based on Sanfey et al., 2003.

除了考察被试的行为结果,Sanfey 等人还应用 fMRI 测量了回应者进行决策时的大脑激活情况。结果显示,在回应者拒绝一个方案时,其右侧前脑岛(位于顶叶和颞叶之间的一个深层脑区)的激活程度是接受一个方案时的 3 倍(图 13.15a)。同样,对于不公平方案具有更高激活程度的被试拒绝不公平方案的概率更高。当我们考虑到岛脑是与痛苦、悲伤、饥饿、愤怒、厌恶等负性情绪状态相关的脑区时,我们就不难理解被试在拒绝过程中脑岛的激活状况了。

那么在复杂认知活动中起重要作用的前额叶皮层又是怎样的呢?决策任务同样激活了前额叶皮层,但是在接受和拒绝分配方案时的激活程度没有什么不同(图 13.15b)。Sanfey 提出假设认为,前额叶皮层的功能可能是处理与任务相关的认知需要,包括衡量各种备选方案以做出最佳选择。这一决策过程可能很困难,因为人类的情绪从本能上是想要拒绝不公平方案,但理性的选择是接受所有方案,因为这样至少可以得到一些钱。前额叶皮层可能有助于调节这一过程,并根

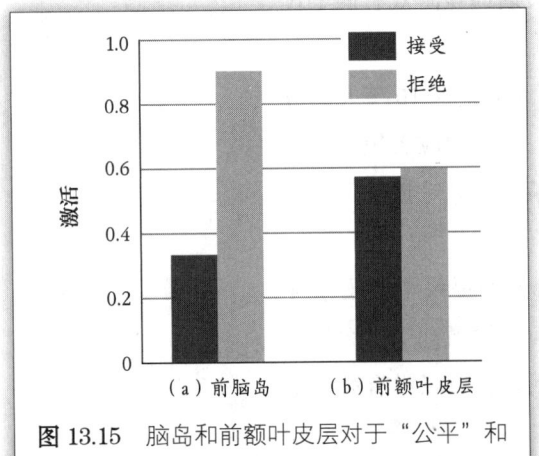

图 13.15 脑岛和前额叶皮层对于"公平"和"不公平"提案的反应。
来源:Based on Sanfey et al., 2006.

据个体目标做出最佳决策。在面对不公平方案时，这通常意味着为了消除对不公正的情绪这一目标而决定拒绝方案。

为了验证这一假设，Knoch 及其同事（2006）考察了前额叶皮层不起作用时的决策过程。在这项实验中，被试作为回应者进行了最后通牒游戏，研究者通过经颅磁刺激（见第 381 页）暂时干扰了一组被试的前额叶皮层功能，另一组被试则处于"假装"的对照条件——被试看起来也处于经颅磁刺激影响之下，但其前额叶皮层的功能实际上没有受到干扰。两组被试都认为低报价方案不公平，但前额叶皮层被干扰了的被试明显更可能接受不公平方案（另见 van't Wout et al., 2005）。这一发现表明，前额叶皮层在执行拒绝接受不公平方案的认知需求中发挥着重要作用。因此，如果被试的前额叶皮层功能失效，就更可能接受不公平的方案。这项研究为 Sanfey 最初的 fMRI 研究提供了前额叶皮层在决策中起作用的因果证据。

前额叶皮层和脑岛不仅参与个体的社会决策（像最后通牒游戏这种涉及他人的决策），还与个体决策有关（例如是否在商店购买某种型号的相机）。Brian Knutson 等人（2007）的研究发现，你看到一个产品时的大脑激活情况可以预测你是否会买下它。Knutson 的实验通过 fMRI 测量被试在观看商品图片和价格时的大脑激活状况，被试的任务是随后决定是否购买该商品。

与其他研究结果相一致，实验结果证明前额叶皮层参与了这一决策任务；具体来说，在观看产品时增加的前额叶皮层激活程度可以预测随后购买该产品的决定。有趣的是，脑岛也可以预测购买决策，却是以不同的方式；当被试看到价格过高的商品时，脑岛尤为活跃，而这种活跃预示着他们将做出不购买的决定。这是有道理的，当你在商店里看到一个价格过高的商品时，可能会感到厌恶、烦恼，甚至有点痛苦，所有这些负性情绪都与脑岛有关，正如我们在 Sanfey 的研究中看到的（图 13.15a）。Knutson 的研究让我们进一步理解了这些负性情绪的潜在神经关联，以及它们是如何影响人们的日常决策的。

尽管近期这些研究都大大增强了我们对决策的神经基础的理解，但仍然有很多未知的事情。神经经济学是一个相对较新的研究领域，研究者正在继续寻找脑激活、潜在收益或损失以及决策的其他方面之间的联系（Levy & Glimcher, 2013；Lowenstein et al., 2008；Sanfey et al., 2006）。此外，神经成像技术在不断发展，变得越来越先进、好用和强大，这可以帮助研究者了解大脑中可能发生的事情。

思 考

思维的双系统理论

有一件事一直贯穿我们对判断、推理和决策进行讨论的过程，即人们会犯错。在进行判断时，我们会被诸如可得性启发式或代表性启发式之类的启发式误导。在三段论推理中，我们善于判断简单三段论的有效性，但对于复杂三段论则容易被可信偏向误导。在做出决策时，我们可能会受到情绪、背景信息和备选项呈现方式的影响，即使这些影响因素与决策无关，也无助于优化收益。我们将看到这些错误都有一些共同点，但首先要请你用直觉快速在头脑中解答以下几个小问题：

球棒和球一共 1.10 美元。

球棒比球贵 1 美元。

球多少钱？

有答案出现了吗？如果有，这个答案可能是 10 美分（Frederick，2005；Kahneman，2011）。但这个立刻出现的答案是错误的。如果你的答案是这样的，你并不是个例。在成千上万名被试中，有一半以上都回答了 10 美分（Fredrick，2005）。进一步思考你会发现答案应该是 5 美分，即 1.05 美元 + 0.05 美元 = 1.10（美元），但为什么很多人会得出 10 美分的答案呢？

Daniel Kahneman（2011）在他的畅销书《思考，快与慢》（*Thinking Fast and Slow*）中，用球棒和球的例子来说明思维的**双系统理论**。这一理论认为有两个思维系统：一个是快速的、自动的、直观的系统，Kahneman 称之为系统 1，它可能使你得出 10 美分的答案；另一个是相对缓慢的、更慎重的、更深思熟虑的系统，这个系统被称为系统 2，如果你仔细地思考了这个问题，使用的就是这个系统。最初提出双系统理论的其他心理学家，包括 Keith Stanovich 和 Richard West（2000；也见 Stanovich，1999，2011），喜欢使用 "1 型加工" 和 "2 型加工" 这样的术语。为了简便起见，我们将采用 "系统 1" 和 "系统 2" 的说法，但在讨论结束时将重新使用 "1 型加工" 和 "2 型加工" 这个说法。

两个系统或加工类型之间的差异表明，二者有如下特性（Evans &

Stanovich，2013）：

系统 1	系统 2
直观	思考
迅速	缓慢
无意识	有意识
自动化的	受控制的

系统 1 与本章中介绍的许多错误有关。比如，当我们思考三段论的结论是否可信时，可信偏向误导了我们对于三段论有效性的判断。可信性的影响正是由于系统 1 的工作。系统 1 与可信偏向有关的证据是，个体在时间压力下判断三段论会增加可信偏向效应（Evans & Curtis-Holmes，2005）。当研究者要求迅速做出反应时，被试在"银行业务员琳达"问题（见第 537 页）中也会犯更多的错误（De Neys，2006）。

系统 1 可能采用可得性启发式和代表性启发式来快速、轻松地得出结论，并且可能不会考虑大数定律。在 Wason 四卡片任务中，使用字母和数字的抽象版本任务不属于系统 1 的范畴，因为它涉及深思熟虑的推理，但现实生活版本的任务（如啤酒和饮酒年龄的样例）可以很容易地由系统 1 通过直觉来解决（Evans & Stanovich，2013）。当我们快速地评估在新闻中看到的信息时，系统 1 也可能发挥作用。我们会在看到一个仅仅"说得通"的故事时，在不考虑其来源的情况下就接受它，就像核灾难造成畸形雏菊的例子一样（Wineburg et al.，2016）。

但是系统 2 也可以参与思维过程。花点时间退后一步，并从逻辑上对问题情境进行思考，都可以给系统 2 提供运转的时间。比如，当鼓励被试花些时间关注三段论背后的逻辑时，系统 2 更有可能运转起来，错误也会随之减少（Evans & Stanovich，2013）。

但在我们谴责系统 1 完全无用之前，要想一想，在日常生活中，通常是系统 1 保证着我们的正常运转。我们做的许多事情都是由系统 1 自动控制的：我们感知环境中的事物、对巨大噪声做出反应、读懂别人脸上的情绪，或者在开车时通过弯道，等等。所有这些事情都是由系统 1 负责处理的。正如我们在知觉与注意部分看到的，有些事情能够被自动地、无意地处理是一件好事，因为这意味着我们不必监控自己的每一个想法和行动。Kahneman 认为，系统 1 为系统 2 提供了信息——其中大部分信息是准确的且可以接受的——此时系统 2 可以在后台悠闲地监控信息。

但是，系统 2 会在情况变得困难时接管大局。尽管系统 1 可以负责日常驾驶，但当需要密切关注当前情况时，系统 2 就会接管，比如进入施工区域或以 110 千米 / 小时的速度超过大型卡车时。如果系统 1 得不出问题的答案，系统 2 也会启动。正如 Kahneman 所说的，系统 1 会自动计算 2 + 2 =？（你无法阻止答案 4 冒出来，对吗？）但无法应对 27×13 这样的问题，后者是系统 2 解决的问题。

个体具有两种心理系统的理论非常重要，因为它解释了我们在不同心理系统或机制上所犯的许多错误。然而值得注意的是，有很多不同的双系统理论，它们在细节上有所不同。此外，一些研究者提出个体并不需要两种加工过程，并提出了单系统理论（Evans & Stanovich, 2013；Gigerenzer, 2011；Keren & Schul, 2009；Kruglanski & Gigerenzer, 2011；Osman, 2004）。

在思维双系统理论的最后部分，让我们回到术语的问题上。尽管我们使用了 Kahneman 的术语"系统 1"和"系统 2"，但许多研究者倾向于使用"1 型加工"和"2 型加工"是有道理的。当我们谈到两个"系统"时，听起来好像你头脑中有两个性格不同的人。Kahneman 在他那本关于双系统理论的畅销书中说，可以把系统 1 和系统 2 看成一部有两个角色的心理剧。尽管这个说法使得阅读更有趣——这也许是这本书大受欢迎的原因之一（此外，Kahneman 具有把心理学理论与日常生活联系起来的天赋）——但重要的是要认识到这两个系统实际上是两种不同的加工类型。它们不是你头脑中的角色，而是大脑许多区域共同进行复杂的、相互联系的、分布式加工的结果，并可能产生许多不同的行为结果。

后记：唐德斯归来

本书开头介绍了荷兰生理学家弗朗西斯·唐德斯在 150 年前进行的一项实验。在唐德斯进行这项实验的 1868 年，大家都认为无法对心智进行研究，因为心智的属性无法被测量。但是唐德斯不受大众观点的约束，通过实验测量：（1）当一个光源闪烁时，人们要用多长时间按下反应按钮；（2）当左右两侧各有一个光源闪烁，且对应不同按钮时，人们要用多长时间按下反应按钮。

唐德斯根据这些简单的测量得出结论，个体需要 1/10 秒来判断光源是出现在左边还是右边。我们通过这个实验说明一项基本原则：必须从行为观察推论心智活动。随后的章节介绍的实验远比唐德斯的反应时实验复杂，应用的实验技术是唐德斯想象不到的。

现在到了本书的尾声，让我们来想象一件神奇的事情。如果唐德斯有机会来参观 21 世纪的认知心理学实验室：当唐德斯走进实验室时，他被实验技术所吸引，特别是计算机和脑扫描仪。但在了解到这些新发展之后，他对实验室主任说道："惊人的技术，但我真正想知道的是，你们有没有找出能够直接测量心智活动的方法？"实验室主任回答："还没有，我们测量行为和生理指标，以此来推论心理活动。"唐德斯接着说："哦，所以技术变化了，但除此之外，没有什么不同。研究心智仍然需要间接测量、假设和推断。""没错。"实验室主任说："但请让我告诉您，自 1868 年以来，我们都发现了什么……"

自我测验 13.3

1. 决策的期望效用理论的基本假设是什么？在哪些情况下，人们并不总是像期望效用理论所指出的那样去争取收益的最大化？
2. 选手在《一掷千金》节目中的行为表现告诉我们哪些因素影响决策？
3. 什么是预期情绪？说一说预期情绪与风险规避之间的关系。简述 Kermer 的实验，这个实验要求被试在打赌前预测自己的情绪，又在打赌后测量被试体验到的真实情绪。
4. 哪些证据表明偶然的情绪会影响决策？想一想天气与大学录取之间的关系。
5. 背景信息如何影响决策？请简述处方药物实验、剖宫产实验和假释委员会实验。
6. 备选项的呈现方式如何影响决策？请简述器官捐赠、汽车保险政策以及判断精神病患者暴力行为的例子。
7. 请简述"你该怎么办？"的演示实验。确保自己理解是什么决定了个体采用风险规避策略还是冒险策略，以及什么是构架效应。
8. 什么是神经经济学？请简述 Sanfey 的最后通牒游戏和经颅磁刺激的结果，前额叶皮层和脑岛是如何参与社会决策和个人决策的？
9. 思维的双系统理论是什么？确保自己理解系统 1 和系统 2 的特点，以及它们与本章中所描述的各种现象之间有何相关。
10. 如果唐德斯去参观现代的认知心理学实验室，他会了解到什么？

本章小结

1. 在归纳推理中,结论不是由三段论的逻辑结构决定的,而是由证据决定的。所得结论的确定性程度也是不同的。归纳推理的强度是由其所依据的观察的代表性、数量以及质量决定的。

2. 归纳推理在日常生活中具有重要作用,因为我们经常根据对过去发生的事情的观察来预测将来的事情。

3. 可得性启发式是指,我们通常认为那些容易从记忆中提取的事情比不容易提取的事情更可能发生。根据可得性启发式,有时能够得出正确的判断,但有时也会得到错误的判断。对比"各种死因"相对概率的实验研究就是根据可得性启发式得到错误结论的例子。

4. 虚假相关和刻板印象可能导致人们对事件之间的关联得出错误的结论,这与可得性启发式有关,因为人们只关注事件之间的特定关联,而使这种关联更为"可得"。

5. 代表性启发式是指人们经常根据一个事件对另一个事件的代表性程度来做判断。代表性启发式也可能引发错误的结论,比如,根据对个体的描述判断其职业的实验研究就证明了这一点。当代表性启发式使人们忽略基本的概率信息时,就会出错。在另一些情况中,如果人们忽略了结合原则和大数定律,也会出错。

6. 自我偏向是指人们倾向于以一种偏向自己的观点和态度的方式来生成和评估证据,以及检验自己的假设。

7. 证实偏向是指人们倾向于选择性地关注能够证实自己假设的信息,而忽略那些与自己假设不符的信息。Wason 的数字序列任务实验就证明了这种偏向。

8. 推理是人们从一些信息出发,得出高于这些信息的结论的认知加工过程。演绎推理包括三段论,并可以得到确定的结论。

9. 直言三段论有两个前提和一个结论,通过使用"全部""没有"和"一些"开头来描述两个类别之间的关系。

10. 如果三段论从前提到结论的推导是符合逻辑的,则三段论有效。三段论的有效性由其形式决定。真实性与有效性不同,真实性是由三段论陈述的内容决定的,与内容描述在多大程度上符合已知事实有关。

11. 条件三段论和直言三段论一样,也有两个前提和一个结论,但第一个前提的形式是"如果……那么……"。人们能很好地判断肯定前件三段论的有效性,却不能很好地判断其他形式的条件三段论的有效性。在保持三段论形式不变的情况下,改变三段论的措辞可以帮助人们确定其有效性。

12. 研究者通过 Wason 四卡片问题来研究人们在评估条件三段论时是如何思考的。人们在面对抽象形式的三段论时更容易出错,因为没有应用证伪原则。

13. 采用现实生活版本 Wason 问题的实验,比如啤酒/饮酒年龄版本的问题研究,证明了问题的陈述方式会影响人们的表现。

14. 决策的效用理论建立在"人是理性的"这一假设之上,据此,如果能够掌握所有的相关信息,人们就会做出使收益最大化的决策。但是研究证明,人们的行为并不总是符合效用理论所预期的,比如赌博行为,比如在知道汽车比飞机更危险的情况下仍选择驾车出行,又比如像《一掷千金》节目中选手的选择。

15. 情绪能够影响决策。预期情绪是人们预测自己在面对决策的结果时将会体验到的情绪。证据表明，人们并不总是能够正确地预测自己的情绪，这会诱发个体采用风险规避策略。Kermer 的实验证明，预期情绪与决策后体验到的真实情绪存在不同。
16. 大量证据表明，偶然情绪会影响决策。比如，阴天会影响大学的录取。
17. 背景信息影响决策。备选项的数量、先前决策的类型、饥饿或疲劳程度都会影响决策。
18. 备选项的呈现方式（构架）会影响决策。比如人们在选择性加入和选择性退出程序中的选择差异、Slovic 关于精神病患者暴力行为的实验，以及在 Tversky 和 Kahneman 的实验中，人们面对致命疾病时的反应。当从收益的角度描述（构架）备选项时，人们倾向于采用风险规避策略，但是当从损失的角度描述（构架）备选项时，人们倾向于采用冒险策略。
19. 神经经济学结合心理学、神经科学和经济学来研究决策。应用最后通牒游戏进行的神经经济学实验表明，情绪影响人们做出理性决策的能力。脑成像的结果发现，在最后通牒游戏中，前脑岛与情绪有关，而前额叶皮层与任务的认知需求有关。一项经颅磁刺激研究进一步证明了前额叶皮层在决策中所产生的因果作用。
20. 前额叶皮层和脑岛也参与购买决策。前额叶皮层的激活可以预测个体决定购买产品，而脑岛的激活则预测个体决定不购买产品。
21. 思维的双系统理论提出了两个心理系统。系统 1（或 1 型加工）是直觉的、迅速的、无意识的和自动的。系统 2（或 2 型加工）是经过思考的、缓慢的、有意识的和受控的。本章涉及的许多推理错误都与系统 1 有关，但该系统也有许多有价值的功能。在需要更慢、更深思熟虑的思考时，系统 2 就会接管大局。
22. 如果唐德斯来到现代，他可能会对技术的发展感到惊叹，但也可能为认知心理学家仍然像他那时一样通过间接的方式探讨心智而感到小小的失望。

思考题

1. 通过电视新闻或者报纸等媒体，总结下可得性启发式是如何影响我们对不同人群（如影视明星、富人、各种民族或者文化团体）的看法的？分析这种看法的真实性。
2. 很多人相信占星术是因为他们注意到星相与日常生活事件之间的密切联系，而这种联系并不一定是真实存在的。请解释导致这种现象的原因。
3. 乔安娜非常善于应用"合理化"过程来为自己的行为辩护。比如，她想吃什么就吃什么，为此她解释道："10 年前有人说这种食物对人体不好，但现在又说这种食物无害甚至对人体有益，所以所谓的健康专家的话根本不可靠。"或者说："那个喜欢吃红肉的电影导演活到了 95 岁高龄。"通过归纳推理或演绎推理的形式分析乔安娜的借口，最好同样也分析一下自己进行"合理化"时的借口。
4. 想一想你最近做过的决策。这个决策可能不太重要，比如决定周六晚上去哪里吃晚餐；也可能比较重要，比如买一栋房子或申请一所大学。分析你进行这些决策的过程，以及你如何向自己证明这些决策是合理的。

5. 采用演绎推理的三段论形式和归纳推理的形式来分析上一个问题。

6. 请描述你因为受到情绪或其他因素影响而做出不当决策的经历。

关键术语

大数定律（law of large numbers, p.539）
代表性启发式（representativeness heuristic, p.536）
风险规避（risk aversion, p.563）
风险规避策略（risk aversion strategy, p.568）
构架效应（framing effect, p.568）
归纳推理（inductive reasoning, p.531）
基本比率（base rate, p.536）
结合原则（conjunction rule, p.538）
决策（decisions, p.530）
可得性启发式（availability heuristic, p.533）
可信偏向（belief bias, p.547）
刻板印象（stereotype, p.535）
冒险策略（risk-taking strategy, p.568）
逆反效应（backfire effect, p.542）
偶然情绪（incidental emotion, p.564）
判断（judgment, p.530）
期望效用理论（expected utility theory, p.559）
启发式（heuristics, p.532）
前提（premise, p.545）
三段论（syllogism, p.545）
神经经济学（neuroeconomics, p.569）

双系统理论（dual systems approach, p.572）
条件三段论（conditional syllogism, p.552）
推理（reasoning, p.530）
现状偏向（status quo bias, p.566）
效用（utility, p.559）
心理模型（mental model, p.549）
心理模型法（mental model approach, p.549）
虚假相关（illusory correlation, p.535）
许可图式（permission schema, p.557）
选择性加入程序（opt-in procedure, p.566）
选择性退出程序（opt-out procedure, p.566）
演绎推理（deductive reasoning, p.544）
有效性（validity, p.545）
预期情绪（expected emotion, p.563）
证实偏向（confirmation bias, p.540）
证伪原则（falsification principle, p.556）
直言三段论（categorical syllogism, p.545）
自我偏向（myside bias, p.539）
最后通牒游戏（ultimatum game, p.569）
Wason 四卡片问题（wason four-card problem, p.555）

总术语表

（按汉语拼音顺序排序，每条术语后面的数字表示该术语首次出现的章节。）

B

巴林特综合征（Balint's syndrome） 由于脑部损伤导致的难以将注意集中于单独客体的病症。（4）

白日梦（daydreaming） 参见心智游移。（12）

保持性复述（maintenance rehearsal） 不考虑项目本身的意义，也不与其他信息建立联系的简单重复。与精细复述相对。（7）

贝叶斯推理（Bayesian inference） 指结果概率取决于先验概率（我们对结果概率的初始估计）和似然性（现有证据与结果相一致的程度）。（3）

背侧通路（dorsal pathway） 指从枕叶视觉区到顶叶的通路，也称 where 通路。（3）

背侧注意网络（dorsal attention network） 基于自上而下加工的控制注意的网络。（4）

被压抑的童年记忆（repressed childhood memory） 从一个人的意识中消失的童年记忆。（8）

编码（coding） 刺激的心理表征形式。比如，信息能够以视觉、语义和语音的形式得以表征。（6）

编码（encoding） 获取信息并将其转化为记忆的过程。（7）

编码特异性（encoding specificity） 在学习信息的同时结合其上下文。也就是说，呈现上下文能增强对信息的记忆。（7）

变化检测（change detection） 检测先后出现的图片或者矩阵之间的差异。（4，5）

变化盲视（change blindness） 在检测连续呈现的相似但又不同的场景的变化时存在困难。如果将注意分配到发生了变化的位置，则很容易察觉这一变化，但如果没有将注意分配至此，则不容易察觉变化。（4）

辨认后反馈效应（post-identification feedback effect） 在辨认犯罪嫌疑人身份后得到警察的肯定反馈，会增强目击者对自身记忆的信心。（8）

标准巩固模型（standard model of consolidation） 认为在巩固阶段，记忆提取依赖海马体；但是巩固完成后，记忆提取不再依赖海马体。（7）

表情符号（emoji） 电子通信和网页中使用的符号，可以表示情绪，也可以表示其他事物，如物体、动物、地点和天气。（11）

表象神经元（imagery neuron） 人脑中的一种神经元，Kreiman 曾对它们进行研究。当个体创建某种物体的视觉表象时，这种神经元会以与个体看到这一物体实物时相同的模式激活。（10）

表象争论（imagery debate） 关于表象背后机制的争论：表象是基于一种空间性机制（与知觉类似），还是基于一种命题性机制（与语言相关）。（10）

宾语关系结构（object-relative construction） 一种句子结构。主句的主语在内嵌分句中做宾语，如"The senator who the reporter spotted shouted（记者发现的那个参议员在大喊）"。（11）

并行分布加工（parallel distributed processing） 参见联结主义；联结主义网络。（9）

不寻常用法任务（alternate uses task, AUT） 用来评估创造性的任务。在这项任务中，个体需要思考某个物品的不常用用途。也被称为不常用用途任务。（12）

布洛卡区（Broca's area） 额叶中与语言生成相关的区域。该区域的损伤会导致布洛卡失语症。（2）

布洛卡失语症（Broca's aphasia） 一种与大脑额叶布洛卡区受损有关的病症，其特征是说话吃力不符合语法规则，理解某些类型的句子存在困难。（2，11）

部分报告法(partial report method) Sperling 在研究视觉图像的实验中所采用的程序。实验中先短暂呈现图像，然后要求被试报告他们所见刺激中的一部分。通过在视觉刺激消失后立即呈现线索提示音来提示被试需要报告视觉刺激中的哪一部分。参见延迟部分报告法；感觉记忆；全部报告法。(5)

C

参考电极(reference electrode) 与记录电极结合使用，测量二者间电势差。通常将参考电极放置在电信号保持恒定的位置，因此通过对比记录电极和参考电极，可以反映事件发生时记录电极附近的电势变化。(2)

残缺棋盘格问题(mutilated checkerboard problem) 用来研究问题的表述如何影响个体对问题的解决的一种问题方式。(12)

操作性条件反射(operant conditioning) 斯金纳倡导的一种条件反射类型，关注通过呈现积极强化物(如食物或社会认可)或撤销消极强化物(如厌恶或社会排斥)来强化行为的方式。(1,4)

测试区域(test location) 在分析静息态功能连接时，将测试位置的活动与种子位置的活动进行比较，以确定两个位置之间的功能连接程度。(2)

测验效应(testing effect) 由于对记忆材料进行过测试而引起的记忆成绩提高。(7)

层次分析(levels of analysis) 我们可以在一个系统的多个不同水平上对某一主题进行研究，从而实现对它的解释。(2)

层级模型(hierarchical model) 由不同水平组成的模型，如知识表征的网络模型。具体概念位于底层，比如金丝雀和鲑鱼；总体概念则在较高水平，如鸟、鱼或动物。(9)

层级组织(hierarchical organization) 将较大、较一般的类别分成较小、较具体类别的类别组织方式，这些较小类别还可以进一步分成更小更具体的类别，进而形成不同水平的类别组织。(9)

长时程增强(long-term potentiation，LTP) 由于之前的突触激活导致神经元放电的增强。(7)

长时记忆(long-term memory，LTM) 能够长期容纳大量信息的一种记忆机制。长时记忆是多重记忆模型中的一个阶段。(6)

场景图式(scene schema) 个体关于特定场景中可能包含哪些事物的知识。这些知识能够帮助我们在场景中的不同区域间调整注意。例如，对办公室场景的知识能够使人们的注意转向桌子区域，看向计算机。(3,4)

超级自传体记忆(highly superior autobiographical memory) 一些人所具有的超强自传体记忆能力，他们能够记住过去每一天所发生的个人经历。(8)

程序性记忆(procedural memory) 关于如何执行熟练技能的记忆。程序性记忆是内隐记忆的一种，因为人们尽管能够完成某种熟练的行为，但是经常难以精确解释该行为是如何完成的。(6)

持续症(perseveration) 在前额叶损伤的病人的案例中发现了这种症状，患者从一种行为转换到另一种行为时存在困难，说明个体的问题解决能力需要灵活性的思考。(5)

重复回忆(repeated recall) 研究者在事件发生之后立即对个体的回忆进行测试，然后在事件发生之后的不同时间重新测试个体的记忆。(8)

重复启动(repetition priming) 最初呈现的刺激影响了人们对于随后呈现相同刺激的反应。(6)

重复再现(repeated reproduction) 一种测量记忆的方法，要求一个人在原始的记忆材料呈现后，以越来越长的间隔在重复的场合再现一个刺激。(8)

重构(restructuring) 改变问题表征的心理过程。完形心理学家认为，重构是问题解决的关键机制。(12)

重新激活(reactivation) 在记忆巩固过程中发生的过程，海马体重演了与记忆相关的神经活动。在重新激活过程中，激活发生在连接海马体和皮层的网络中。这种活动导致皮质区域之间联系的形成。(7)

出声思维报告（think-aloud protocol） 要求个体在解决问题时大声说出其当时所想的程序。这种程序被用来研究人们在解决问题时的思维过程。（12）

初始状态（initial state） 在问题解决中，问题开始时的状态。（12）

创造性认知（creative cognition） 由 Finke 开发的一种技术，用来训练人们进行创造性思考。（12）

词典（lexicon） 个体关于单词的知识，其中包括单词含义、发音以及与其他单词的关系，也被称为"心理词典"。（11）

词汇辨认任务（lexical decision task） 要求被试尽快判断一个特定刺激是真词还是非词的实验程序。（9，11）

词汇歧义（lexical ambiguity） 指一个单词具有多个含义，例如，bug 可以指昆虫、监听设备、烦扰他人或计算机程序中存在的问题。（11）

词汇启动（lexical priming） 涉及单词含义的启动。例如"玫瑰"可以启动"花"，因为他们的含义是相关的。（11）

词汇语义（lexical semantics） 单词的含义。（11）

词频（word frequency） 指词语在某种语言中正常情况下的相对使用频率，例如，在英语中，"home（家）"的词频比"hike（远足）"高。（11）

词频效应（word frequency effect） 指个体对高频词的反应快于对低频词的反应。（11）

词长效应（word length effect） 记忆一组较长单词比记忆一组较短单词更困难。（5）

刺激凸显性（stimulus salience） 由自下而上因素决定的注意在场景中的指向。例如，颜色、对比度和方位。但像图像意义这种自上而下的因素不影响刺激的显著性。参见凸显性地图。（4）

粗略图片任务（degraded pictures task） 一种识别简化线条图片的任务，通过省略客体的部分特征和使用视觉噪声对客体进行掩蔽的方式制作粗略图片，被试的任务是对图片中的客体进行识别。（10）

错误信号（error signal） 在联结主义网络的学习过程中，特定刺激引发的输出信号与真正表征该刺激的输出信号之间的差异。（9）

D

大脑皮层（cerebral cortex） 大脑表面约 3 毫米厚的部分，主要负责各种高级心理功能，如感知、语言、思维和解决问题。（2）

大数定律（law of large numbers） 随机从一个总体中选取的样本数量越多，所选样本对总体的代表性越强。（13）

大小重量错觉（size-weight illusion） 给个体呈现两个具有同样重量、不同大小的相似客体，较大的客体看起来更轻。（3）

代表性启发式（representativeness heuristic） 在判断 A 事物属于 B 类别的可能性时，会受到 A 事物对 B 类别特征属性的代表性的影响。（13）

单侧忽视（unilateral neglect） 由脑损伤导致的一种问题，通常与右侧顶叶受损有关，存在这种问题的病人会忽视出现在其左侧视野中的客体。（10）

单元（unit） 联结主义网络中与神经元相似的加工单元。参见隐藏单元；输入单元；输出单元。（9）

低负载任务（low-load task） 仅需较少资源的任务，剩下的资源可用于处理其他任务。（4）

低级（具体）水平［subordinate (specific) level］ Rosch 界定的最具体的类别水平，比如"餐桌"。（9）

地标辨别任务（landmark discrimination problem） 要求被试记住物体的位置，并在一定延迟之后再认该位置的任务。这一任务与"where"加工通路的研究相关。（3）

典型性效应（typicality effect） 在判断一个句子的真伪时，对包含类别中高原型典型性成员的句子的判断快于包含低原型典型性成员的句子。参见句子确认技术。（9）

电生理学（electrophysiology） 用来测量神经系统电反应的技术。（1）

顶叶（parietal lobe） 大脑顶部的脑叶，负责皮肤刺激产生的感觉和某些视觉信息引起的感觉等。（2）

动作电位（action potential） 负责传递神经信息和神经元间通信的电位。动作电位通常沿神经元轴突向下一

神经元传递。（2）

短时记忆（short-term memory，STM） 在短时间内保持数量有限的信息的记忆机制，保持时间通常可达30秒。如果短时记忆中的信息得到复述（如重复电话号码），则该信息可以保持更长时间。短时记忆是多重记忆模型中的一个阶段。（5）

顿悟（insight） 对问题解决方案的突然领悟。（12）

多体素模式分析（multivoxel pattern analysis，MVPA） 一种确定体素激活模式的程序，它由特定的刺激引发，处于不同结构中。（7）

多维（multidimensional） 认知的多维性是指，即使是简单的体验，也会包含不同的特点。（2）

多因素理论（multiple-factor approach） 试图通过寻找多个因素来描述概念在大脑中的表征，这些因素决定着类别中如何划分概念。（9）

多重记忆模型（modal model of memory） Atkinson和Shiffrin提出的模型，认为在记忆的机制中包含一系列信息加工阶段，包括短时记忆和长时记忆。因为其中包含了20世纪60年代提出的许多模型的特征，所以被称作多重记忆模型。（5）

E

额叶（frontal lobe） 大脑前部的脑叶，负责高级功能，如语言、思维、记忆和运动功能。（2）

F

发散思维（divergent thinking） 一种开放式的，包含大量潜在解决方案的思维。（12）

发音复述加工（articulatory rehearsal process） 工作记忆中的复述过程，防止保存在语音储存系统中的项目消退。（5）

发音抑制（articulatory suppression） 干扰语音回路的操作，在执行涉及语音回路的任务的同时重复一个无关的单词，如"the"，就会出现发音抑制。（5）

反向传播（back propagation） 联结主义网络通过反向传播过程进行学习，在反向传播过程中，错误信号会沿着网络反向传输。错误信号的反向传输为联结主义网络提供修正联结权重所需的信息，以得到刺激所对应的正确输出信号。（9）

反应时（reaction time） 对刺激做出反应所需要的时间。通常是指测量得到的从刺激呈现到对刺激做出反应之间的时间。反应可以有很多种，比如按键、口头报告、眼动以及特定脑电波的出现。（1）

范畴特异性记忆损伤（category-specific memory impairment） 脑损伤导致患者在再认某一特定类别的事物时出现障碍。（9）

范例（exemplar） 在分类中指人们过去曾经遇到过的类别成员。（9）

范式（paradigm） 在特定领域指导思维的观念体系。（1）

范式转变（paradigm shift） 从一种范式向另一种范式的思维转变。（1）

非注意盲视（inattentional blindness） 一些客体位于视角清晰的位置，却没有得到注意。通常是因为没有将注意资源分配给该客体或客体所在位置造成的。参见变化盲视。（4）

非注意性失聪（inattentional deafness） 未给予注意导致个体错过听觉刺激的现象。例如：实验表明当从事一项困难的视觉搜索任务时，要检测出一个声音是比较困难的。（4）

分布式表征（distributed representation） 当进行某种特定认知功能时，会同时激活多个不同脑区，这些脑区协同工作，共同表征该认知功能。（2）

分层加工（hierarchical processing） 在信息加工时，信息会由大脑的低级区域向高级区域逐级加工（加工过程是由低级脑区向高级脑区逐步进行的）。（2）

分类（categorization） 将事物归类到一个类别中的过程。（9）

分类的定义理论（definitional approach to categorization） 认为我们通过判断一个事物是否符合某个类别的定义来确认这一事物是否属于这个类别。参见家族相似

性。（9）

分类的范例理论（exemplar approach to categorization） 认为在判断一个事物是否属于某一类别时，要将其与类别中的范例进行比较。范例是人们过去曾遇到过的该类别的成员。（9）

分类的原型理论（prototype approach to categorization） 认为我们通过判断一个事物与某个类别的标准表征（原型）是否相似，来决定该事物是否属于此类别。（9）

分类器（classifier） 在多体素模式分析中，分类器是一种旨在识别体素活动模式的计算机程序。（7）

分配性注意（divided attention） 将注意同时分配在两种或者多种不同任务中的能力。（4）

风险规避（risk aversion） 倾向于做出避免承担风险的决策。（13）

风险规避策略（risk aversion strategy） 一种规避风险的决策策略。在面对以收益来表述的问题时人们倾向于采用风险规避策略。参见冒险策略。（13）

复述（rehearsal） 为了记住一个刺激而反复重复该刺激的过程，以使其在短时记忆中保持激活。（5）

副现象（epiphenomenon） 伴随某种信息加工出现，但实际上并不属于该信息加工的心理体验。副现象的一个例子是在计算机进行运算时不断闪烁的指示灯。（10）

腹侧通路（ventral pathway） 从枕叶视觉区延伸至颞叶的神经通路，也称为 what 通路。（3）

腹侧注意网络（ventral attention network） 控制基于刺激凸显性的注意网络。（4）

G

概念（concept） 对一个或一组事物的心理表征，以及客体、事件和抽象观念的含义。比如人们在心理表征"猫"或者"房子"的方式。（9）

概念性知识（conceptual knowledge） 使人们能够识别客体和事件并推论其属性的知识。（9）

概念桩假设（conceptual peg hypothesis） 与 Paivio 的双重编码理论相关的一种假设。认为个体能够根据具体名词创建表象，这种表象就如同桩子一样，可以使其他单词"依附"于它，进而增强对其他单词的记忆。（10）

感觉编码（sensory code） 神经元对环境中的各种特征进行表征。（2）

感觉-功能假说［sensory-functional (S-F) hypothesis］ 解释语义信息如何在大脑中表征的假说，指出对生物和人工制品的区分能力取决于两个系统：一个是辨别感觉属性的系统，另一个是辨别功能属性的系统。（9）

感觉记忆（sensory memory） 记忆加工中的短暂阶段，是多重记忆模型的第一阶段，信息在这个阶段通常可以保持几秒或者几分之一秒。参见图像记忆；视觉滞留。（5）

感受器（receptors） 对环境刺激（如光刺激、机械刺激或化学刺激等）做出反应的特殊神经结构。（2）

高负载任务（high-load task） 一种需要占用大部分或者全部资源的任务，只留下较少的资源用于加工其他任务。（4）

高级（总体）水平［superordinate (global) level］ Rosch 界定的最概括的类别水平，比如"家具"。（9）

个人语义记忆（personal semantic memory） 自传体记忆中的语义成分。（6）

工具性推理（instrument inference） 一种关于工具或方法的推理，发生在阅读文本或听语音时。参见回指推理；因果推论。（11）

工作记忆（working memory） 短暂地储存和操作阅读、学习和推理等复杂任务中所需信息的资源有限的系统。（5）

功能定位（localization of function） 特定大脑区域的位置与其功能是一一对应的。例如，目前已经确定了专门负责加工与运动知觉、形状知觉、语音和记忆相关信息的脑区。（2）

功能固着（functional fixedness） 个体对一个物体某种

功能的想法抑制了个体使用这个客体其他功能的能力。参见固着。（12）

功能连接性（functional connectivity） 不同脑区间神经活动的相互关联的程度。（2）

功能性磁共振成像（functional magnetic resonance imaging, fMRI） 一种脑成像技术，可以测量认知活动时的血流变化。（2）

巩固（consolidation） 将新的记忆转换成一种更稳定、更不易被破坏的状态的过程。参见标准巩固模型。（7）

巩固的多重记忆痕迹模型（multiple trace model of consolidation） 海马体参与了对远期记忆的检索，尤其是对情景记忆的检索。这与标准的记忆模型形成了鲜明的对比，标准的记忆模型认为海马体只参与了对近期记忆的检索。（7）

共同基础（common ground） 两个说话者之间共享的知识、信念和假设。（11）

构架效应（framing effect） 备选项的呈现或表述方式会影响决策。（13）

构造主义（structuralism） 认为知觉是由许多小的基本感觉元素构造而成的心理学派。（1）

固着（fixation） 在解决问题的过程中，人们倾向于关注问题的某一特征，而关注这一特征会阻碍问题的解决。参见功能固着。（12）

关联整合（illusory conjunctions） Treisman实验证明的一种情境，在这种情境中不同客体的特征被错误地结合在一起。（4）

归纳推理（inductive reasoning） 根据一些证据归纳出结论的推理。得到的结论可能为真，但并不像演绎推理的结论那样一定为真。（13）

过滤器（filter） Broadbent的注意模型中，过滤器根据其物理特性（如说话人的语调、音调、说话速度和口音）来识别被注意的信息，并只让被注意的信息进入下一阶段的探测器。（4）

H

海马体（hippocampus） 一种对于形成长时记忆很重要的皮层下结构，也在远程情景记忆和短期新信息储存中起着重要作用。（6）

河内塔问题（tower of Hanoi problem） 一种需要从一个柱子向另一个柱子移动圆盘的问题。它被用来说明手段—目的分析法所涉及的加工过程。（12）

花园路径句式（garden path sentence） 根据句子后面所呈现的信息，个体所理解的句子开头的含义可能是错的。（11）

怀旧（nostalgia） 对过去充满感情的记忆。（8）

环境规律（regularities in the environment） 环境中频繁出现的特征。例如：蓝色与天空、绿色与风景、水平线或垂直线与建筑物等。（3）

回忆法（recall） 要求被试报告他们之前看到或听到的刺激。（5）

回指推理（anaphoric inference） 将一个句子中的事物或人物与另一个句子中的事物或人物连接起来的推理。参见因果推理；工具性推理。（11）

混合远距离联想问题（compound remote-association problem） 在这个问题中会呈现三个单词，问题任务是找出一个单词可以和这三个单词中的每一个结合形成一个新的单词或短语。（12）

活动—静默工作记忆（activity-silent working memory） 神经网络连接性的短期变化，已被假设为在工作记忆中保存信息的机制。（5）

J

鸡尾酒会效应（cocktail party effect） 集中注意于一种刺激而忽略另一种刺激的能力，尤其是指在聚会中有许多同时进行的谈话。（4）

基本比率（base rate） 不同群体在人口总数中所占的相对比例。如果不考虑该比率，信息常常会导致推理失误。（13）

基本水平（basic level） 在 Rosch 的类别图示中处于总体（高级）水平之下的水平（比如"家具"这一高级类别水平之下的"桌子"或"椅子"类别）。根据 Rosch 的观点，基本水平具有心理优先性，因为基本水平之上的类别水平会缺失大量信息，基本水平之下的类别水平只增加少量的信息。参见总体水平；具体水平。（9）

基于分析的问题（analytically based problem） 通过系统的分析过程解决的问题，通常使用基于过去经验的（解决问题的）技术。（12）

基于规则的语言特性（rule-based nature of language） 语言中有规则指定单词和短语的排列方式。（11）

基于经验的可塑性（empirical plasticity） 指对某一生物体施加某一类型的刺激会使该生物体对这种类型的刺激响应最强的机制。（2）

激活扩散（spreading activation） 当激活一个结点时，这种激活会沿着语义网络中与该结点相连的全部连线传递扩散。（9）

集中注意阶段（focused attention stage） Treisman 特征整合理论的第二阶段。在这一阶段中，注意将特征整合成对客体的知觉。（4）

集中注意冥想［focused attention（FA）meditation］ 基本步骤是专注于一件事的一种冥想方式，比如呼气和吸气，当你走神时，需要将注意重新集中到呼吸上。（12）

记得/知道实验程序（remember/know procedure） 向被试呈现他们先前所遇到过的刺激，如果他们能记得最初遇到刺激的环境，就叫"记得"；如果刺激看起来很熟悉，但是他们不记得之前经历过就叫"知道"。（6）

记录电极（recording electrode） 研究神经元的功能时，可以从单个神经元中获取电信号的非常细小的玻璃或金属探针。（2）

记忆（memory） 初始刺激、图像、事件、想法或技巧出现之后，在没有上述信息呈现时对该信息的保持、提取和加工的过程。（5）

记忆的建构性（constructive nature of memory） 这种观点认为记忆是在实际发生的事情以及其他因素的基础上构建的，其他因素包括期望、知识和生活经历。（8）

记忆高峰（reminiscence bump） 研究发现，40 岁以上的人对青春期和成年早期发生的事件具有更强的记忆力。（8）

技能记忆（skill memory） 记忆一些通常与学习技能有关的事情。（6）

加工深度（depth of processing） 认为将项目编码进记忆的加工有深浅之分。深加工包括对意义的注意，与精细复述有关。浅加工包括忽略意义的简单重复，与保持性复述有关。参见加工水平。（7）

加工水平理论（levels of processing theory） 认为记忆依赖信息是如何被编码的，深加工比浅加工的记忆效果更好。深加工关注意义并且与精细复述有关。浅加工则是忽略意义的简单重复，与保持性复述有关。（7）

加工资源（processing capacity） 加工的信息的输入量。这限制了人们加工信息的能力。（4）

家族相似性（family resemblance） 认为某一具体类别中的事物在某些方面与同类别的其他事物具有相似性，人们据此进行分类。这种观点与定义理论相对应，定义理论认为只有当一个事物符合某类别的定义标准时，才会被判定属于该类别。（9）

夹带（entrainment） 对话中两个伙伴之间的同步。这包括建立相似的手势、说话速度、身体站位、发音和语法结构（11）

间隔效应（spacing effect） 通过休息将学习过程分割成几个短的学习单元，可以提高学习效果。（7）

简单反应时（simple reaction time） 对出现或消失的单一刺激做出的反应（与在多个刺激中做出反应的选择相对）。参见选择反应时。（1）

简单性原则（principle of simplicity） 参见简化原则。（3）

简化原则（law of pragnanz） 该知觉组织原则使得每个刺激都以尽可能简单的方式被知觉。也称良好图形原

则或简单性原则。(3)

建构性情景模拟假设（constructive episodic simulation hypothesis） 由 Schacter 和 Addis 提出的假设，即情景记忆被提取和重组，以构建对未来事件的模拟。(6)

渐进性退化（graceful degradation） 只有系统的逐步损毁才可能引起系统运作的瓦解。这一过程出现在一些脑损伤案例中，以及联结主义网络部分受损的案例中。(9)

脚本（script） 图式的一种，指个体关于某种情境中行为顺序的概念。例如，与"上课"这一活动相关的行为顺序就是"上课"的脚本。参见图式。(8)

节省量（savings） 艾宾浩斯用来测定初次学习后保持记忆多少的方法，越高的节省量意味着越好的记忆力。(1)

节省曲线（savings curve） 初次学习后节省量与时间的关系图。(1)

结构特征（记忆模型）[structural features（memory models）] 多重记忆模型中的各个阶段，包括感觉记忆、短时记忆和长时记忆。(5)

结构特征（问题解决）[structural features（problem solving）] 解决问题的基本原则。比如在 Duncker 射线问题中，需要高强度的射线来治疗肿瘤，而肿瘤被包围在可能被高强度射线损害的器官组织中。与表面特征相对。(12)

结合原则（conjunction rule） 两个事件（比如女权主义者和银行业务员）结合发生的可能性不可能高于其中一个单独事件（女权主义者或银行业务员）发生的可能性。(13)

紧密程度（crowding） 动物往往具有许多共同属性，如有眼睛、腿和运动能力。紧密程度与概念表征的多因素理论有关。(9)

近因效应（recency effect） 在记忆实验中呈现一系列词语，对最后出现的词语的记忆效果会得到增强。参见首因效应。(6)

经典条件反射（classical conditioning） 将一个中性刺激与一个能够引起某种反应的刺激配对呈现，使这个中性刺激也能引起该反应的过程。(6)

经典条件反射（classical conditioning） 将一个中性刺激与一个能够引起某种反应的刺激配对呈现，使这个中性刺激也能引起该反应的过程。(1, 6)

经颅磁刺激（transcranial magnetic stimulation, TMS） 通过刺激线圈形成脉冲磁场，并将之靠近颅骨，进而暂时干扰某一特定脑区的功能。(9)

经颅直流电刺激（transcranial direct current stimulation） 通过将两个电极连接到一个提供直流电的电池驱动装置，然后将电极放置在人的头上以刺激大脑的方法。(12)

经验取样（experience sampling） 为了回答"人们一天中有多长时间在从事一种特定的行为？"这个问题所采取的研究程序。实现这一目标的方法是让人们报告他们在一天中随机的时间内接收到信号时正在做什么。(4)

精细复述（elaborative rehearsal） 复述时考虑到记忆项目的意义或者将其与从前的知识联系起来。与保持性复述相对。(7)

静息电位（resting potential） 当神经纤维处于静息状态时（不存在其他电信号），神经纤维内外的电势差。(2)

静息态 fMRI（resting-state fMRI） 当个体处于静息状态时（不参与任何认知任务），记录下的功能性磁共振成像数据。(2)

静息态功能连接（resting-state functional connectivity） 一种测量功能连接性的方法，涉及测量分离结构中静息态 fMRI 之间的相关性。(2)

镜像神经元（mirror neuron） 最初在猴子研究中发现的前运动区神经元，当猴子观察他人动作和自己执行该动作时均会激活。有证据表明人类大脑中也存在镜像神经元。(3)

镜像神经元系统（mirror neuron system） 指由镜像神经元组成的神经网络。(3)

九点问题（nine-dot problem） 这个问题中有九个点，以正方形的形式排列，任务是一笔画成可以穿过九个点的四条线，且不能对画过的线进行重描。（12）

句法（syntax） 把词语组成句子的规则，和语义相对应。（11）

句法解析（parsing） 将句子中的单词组合成短语的心理过程。句子的解析方式决定了句子的含义。（11）

句法解析中的花园路径模型（garden path model of parsing） 句法解析的一种模型，强调句法原则是句法解析的一个主要决定因素。（11）

句法解析中基于约束的原则（constraint-based approach to parsing） 一种关于句法解析的观点，它提出语义、句法和其他因素同时影响句子的解析。（11）

句法启动（syntactic priming） 先前对话中出现的具有特定句法结构的句子，会增加后面说话者使用相同句法结构的频率。（11）

句法协调（syntactic coordination） 对话中的双方使用具有相似句法结构句子的过程。（11）

句子确认技术（sentence verification technique） 一种要求被试判断一个句子是真句还是伪句的技术。比如，在类别研究中会用到像"苹果是水果"这样的句子。（9）

具体水平（specific level） 在 Rosch 的类别图示中，低于基本水平的类别水平（如基本水平是"桌子"，具体水平是"餐桌"）。参见基本水平；总体水平。（9）

具象化理论（embodied approach） 认为我们的概念知识是基于与客体互动时感觉和运动过程的重新激活。（9）

决策（decisions） 从备选项中做出选择。（13）

K

开放监控冥想［open monitoring（OM）meditation］ 要求个体专注头脑中出现的任何东西，并跟随这种想法直到出现其他新的东西的一种冥想方式。（12）

科学革命（scientific revolution） 人们的思维方式从一个范式向另一个范式的转变。（1）

可得性启发式（availability heuristic） 认为容易回忆的事件比不容易回忆的事件更可能发生。（13）

可信偏向（belief bias） 如果三段论的结论可信，人们就会倾向于认为这个三段论是有效的；如果三段论的结论不可信，人们则会倾向于认为三段论是无效的。（13）

刻板印象（stereotype） 对一群人或一类人的过度简单化的概括，常常会导致人们聚焦于其负性信息。参见虚假相关。（13）

客体辨别任务（object discrimination problem） 指要求个体记住物体的形状，并在一定延迟之后从其他物体中辨认出该物体的任务。该任务用来研究 what 通路。（3）

客体表象（object imagery） 对视觉细节、特征或客体进行想象的能力。（10）

空间表象（spatial imagery） 对空间关系进行想象的能力。（10）

空间表征（spatial representation） 一种信息在头脑中的呈现方式——将图像中的不同部分与特定空间位置相对应。参见描述性表征。（10）

控制加工（control processes） 在 Atkinson 和 Shiffrin 的多重记忆模型中，个体可以主动控制的激活过程，并且在不同任务中表现不同。复述是控制加工的一个例子。（5）

捆绑（binding） 将颜色、形状、运动和位置等特征组合在一起，形成对客体完整的知觉过程。（4）

捆绑问题（binding problem） 用于解释客体的各个特征如何整合在一起的问题。（4）

L

蜡烛问题（candle problem） 由 Duncker 最先提出的一个问题。在这个问题中会给被试若干个客体，任务是让被试把蜡烛固定在墙上，这样蜡烛在燃烧时，就不会把蜡油滴到地板上。蜡烛问题通常用来研究功能固着。（12）

类比（analogy） 为说明两个不同事情之间的相似性而进行的一种比较。（12）

类比悖论（analogical paradox） 人们在实验室情境中很难运用类比，但在现实生活中经常使用类比。（12）

类比编码（analogical encoding） 一种人们用于比较拥有同一原理的两个问题的技术。这种技术旨在帮助人们发现案例或问题间相似的结构特征。（12）

类比迁移（analogical transfer） 将解决某个问题的经验应用于解决另一个相似的问题。（12）

类比问题解决（analogical problem solving） 应用类比来帮助解决问题。典型做法是呈现与目标问题解决方案类似的源问题的解决方案。（12）

类别（category） 属于同一种类的一组事物，比如"房子""家具"或者"学校"。（9）

连贯性（coherence） 文本或篇章在读者脑海中的再现，使文本或篇章中某一部分的信息与另外一部分的信息相关联。（11）

连续性错误（continuity errors） 电影中从一个场景转换到另一个场景时发生的前后不一致的变化。例如：一个演员在前一个镜头中伸手去拿羊角包，而在下一个镜头中，羊角包就变成了煎饼。（4）

联合搜索（conjunction search） 在干扰物中搜索具有两个或多个特征的目标，例如：水平方向和绿色。（4）

联结权重（connection weight） 在联结主义模型中，联结权重决定信号从一个单元向另一个单元传递时的增强或减弱程度。（9）

联结主义（connectionism） 心理操作的网络模型，认为概念在网络中的表征方式与神经网络相似。这种描述概念心理表征的方法也称为并行分布加工。参见联结主义网络。（9）

联结主义网络（connectionist network） 从联结主义角度提出的概念表征网络模型。联结主义网络基于神经网络，但与神经网络不完全相同。联结主义网络的一个重要特征是认为一个具体类别是由分布在网络中的许多单元的激活表征的。这与语义网络相对，在语义网络中具体类别是由个别节点表征的。（9）

良好连续性原则（principle of good continuation） 如果点被连起来时能形成一条直的或者平滑的曲线，则这些点会被视为一个整体（线），并且这些线会倾向于以最平滑的方式为人们所感知。（3）

良好图形原则（principle of good figure） 参见简化原则。（3）

临时情景模型（temporal context model，TCM） 关于记忆激活的另一种解释，关注学习和提取发生的情景，并假设旧的情景可以与新记忆相关联，而不改变现有记忆的内容。当对旧的情景进行提示时，现有的和新的记忆都会被唤起。（7）

流利性（fluency） 一个陈述可以被轻松地记起。（8）

M

冒险策略（risk-taking strategy） 一种选择风险的决策策略。在面对以损失来表述的问题时人们倾向于采用冒险策略。参见风险规避策略。（13）

面孔失认症（prosopagnosia） 由颞叶损伤引起的面孔识别能力缺陷。（2）

描述性表征（depictive representation） 与空间表征相似，之所以叫描述性表征，是因为可以用图画的形式来描述空间表征。（10）

冥想（meditation） 用来控制大脑的一些练习。参见集中注意冥想；开放监控冥想。（12）

命题表征（propositional representation） 一种信息在头脑中的呈现方式——利用抽象符号来表述客体关系，比如通过语言文字来表征客体及客体之间的关系。（10）

默认模式网络（default mode network，DMN） 当个体不执行特定任务时，处于活动状态的大脑所表现出的一种结构网络。（2）

目标问题（target problem） 需要解决的问题。在类比问题解决中，如果向问题解决者呈现类似的源问题或故事，问题的解决会变得更容易。参见源问题。（12）

目标状态（goal state） 在问题解决中，问题得到解决时的状态。（12）

目击者证词（eyewitness testimony） 目击者对所看到的犯罪过程所做的证词。（8）

N

脑成像（brain imaging） 通过功能性磁共振成像（fMRI）等技术，得到大脑活动的图像。在认知心理学中，利用此类技术可以测量在执行特定认知任务时的大脑活动。（1，2）

脑电图（electroencephalogram，EEG） 用圆盘电极记录的头皮的电反应。（12）

脑毁损（brain ablation/lesion） 指从动物的脑中切除一部分，以确定动物特定脑区的功能的研究方法。（3）

内省分析（analytic introspection） 早期心理学家使用的一种研究方法，在对照条件下呈现刺激，训练被试描述刺激所诱发的体验和思考过程。（1）

内隐记忆（implicit memory） 即使是个体没有意识到的经历也可能对个体后来的行为产生影响。（6）

内隐注意（covert attention） 不伴随眼动的注意转移，通常是指用"余光"来看事物。与外显注意对应。（4）

逆反效应（backfire effect） 人们在面对与自己观点相反的事实时，可能会更加坚定自己原来的观点。（13）

逆投射问题（inverse projection problem） 指确定视网膜上特定图像所对应的外部客体。（3）

逆行性遗忘（retrograde amnesia） 对损伤或创伤事件（如脑震荡）之前的记忆缺失。（7）

颞叶（temporal lobe） 大脑两侧的脑叶，负责加工语言、记忆、听觉和视觉等。（2）

O

偶然情绪（incidental emotion） 在决策情境中，与决策行为无直接关系的情绪。（13）

P

判断（judgment） 做出决策或得出结论。（13）

旁海马空间区（parahippocampal place area，PPA） 位于颞叶，包含被室内和室外场景的信息选择性激活的神经元。（2）

配对联想学习（paired-associate learning） 一种学习任务，首先向被试呈现词对，之后只向被试呈现词对中的一个词，要求被试回忆出与之配对呈现的另一个单词。（7，10）

皮层均势（cortical equipotentiality） 19世纪早期盛行的一种观点，认为大脑是一个不可分割的整体，其功能并不基于特定的区域，而是大脑整体活动的结果。（2）

偏颇优势（biased dominance） 一个单词具有多重含义，但这些含义并不都是平等的，某个含义的使用频率更高。（11）

平衡优势（balanced dominance） 一个单词具有多重含义，但这些含义都是平等的，即使用的频率相当。（11）

普鲁斯特效应（Proust effect） 味觉和嗅觉能够开启个体多年来未曾想起的记忆。（8）

Q

期望效用理论（expected utility theory） 认为人在基本上是理性的，所以如果人们能够掌握所有的相关信息，就会做出获得最佳收益的决策。（13）

启动（priming） 之前呈现的刺激导致被试对当前呈现的相同或相似刺激的反应发生改变的现象。参见重复启动。（6，9）

启发式（heuristic） 为问题提供最佳解决方案的"经验法则"。（11，13）

前发明形式（preinventive forms） 在Finke的"创造性认知"实验中，先于最终创造性产品的物体形式。（12）

前侧颞叶（anterior temporal lobe，ATL） 位于颞叶的脑区。前侧颞叶损伤与神经认知障碍患者的语义缺陷和学者症候群有关。（9）

前摄抑制（proactive interference） 先前学习过的信息会干扰对新信息的学习。（6）

前提（premise） 三段论中的前两个句子叫作前提。第三个句子叫作结论。（13）

前注意阶段（preattentive stage） Treisman 特征整合理论的第一个阶段，在这个阶段中对客体的特征进行分析。（4）

潜在记忆（cryptomnesia） 无意识地剽窃他人的作品。这与源监控错误有关。（8）

浅加工（shallow processing） 忽略意义的简单重复加工。浅加工通常与保持性复述相关。参见深加工；加工深度。（7）

青年偏见（youth bias） 当一个人回忆在记忆中最凸显的公共事件时，往往倾向于报告那些在他年轻时发生的事。（8）

倾斜效应（oblique effect） 指垂直或水平的朝向相比其他朝向（如倾斜）更容易被知觉。（3）

情景缓冲器（episodic buffer） 在 Baddeley 原始工作记忆模型的基础上增加的成分，被看作"后援"储存器，它连接长时记忆和工作记忆两个成分。它能够将信息保持较长时间，并且比语音回路或视空画板的容量大。（5）

情境模型（situation model） 指个体在理解文本时以篇章中出现的人物、物体、位置和事件为线索，在头脑中表征篇章情境。（11）

权变策略（contingency strategy） 一种谈判策略，在这种策略中，如果某事发生了，人们就可以得到他们想要的。（12）

权衡策略（trade-off strategy） 一种谈判策略。在利用这种策略时，其中一人对另一人说："如果你给我 a，我就给你 b。"（12）

全部报告法（whole report method） Sperling 在研究图像记忆的实验中所采用的程序。在实验中首先短暂地呈现图像刺激，然后要求被试报告呈现过的全部刺激。参见部分报告法；感觉记忆。（5）

群体编码（population coding） 基于大量神经元的激活模式对刺激进行表征。（2）

R

人工智能（artificial intelligence） 计算机执行任务的能力，这种能力通常与人类智能有关。（1）

认知（cognition） 涉及知觉、注意、记忆、语言、问题解决、推理以及决策的心理过程。（1）

认知地图（cognitive map） 空间布局的心理概念。（1）

认知访谈（cognitive interview） 对犯罪现场目击者进行取证的一种方法，包括在目击者说话时尽量不打断等。它还使用了一些技术来帮助目击者重现犯罪现场的情景，方法是让他们回到犯罪现场，重现其当时的情绪和观察地点，以及从不同的角度来看，现场情况可能有什么不同。（8）

认知革命（cognitive revolution） 20 世纪 50 年代，心理学从行为主义研究取向转向从心理角度解释行为的研究取向。认知革命的成果之一是引进了研究心理的信息加工方法。（1）

认知假设（cognitive hypothesis） 对"记忆高峰"的一种解释。个体之所以对青春期和成年早期事件的记忆更好，是因为个体在稳定期前的快速变化期的记忆编码效果更好。（8）

认知经济性（cognitive economy） 在某些语义网络模型中，将多数类别成员所共有的属性储存在网络中较高水平的节点上。比如，"能飞"的属性储存在"鸟"的节点上而非"金丝雀"的节点上。（9）

认知控制（cognitive control） 一种处理冲突刺激的机制。与执行功能、抑制控制和意志力有关。（4）

认知神经科学（cognitive neuroscience） 研究认知神经基础的领域。（2）

认知心理学（cognitive psychology） 心理学的一个分支，涉及知觉、注意、记忆、语言、问题解决、推理和决策心理过程的科学研究。简言之，认知心理学是研究心理过程的科学。（1）

任务态 fMRI（task-related fMRI） 进行特定认知任务时所记录的 fMRI 响应。（2）

S

三段论（syllogism） 由三个一组的句子组成：先是两个前提句，然后是一个结论句。结论是根据前提进行逻辑推理得来的。参见直言三段论；条件三段论。（13）

扫视眼跳（saccadic eye movements） 眼睛从一个注视点到另一个注视点的运动。参见注视点（在知觉和注意中）。（4）

闪光灯记忆（flashbulb memory） 对周围环境中令人震惊的、充斥着情绪的事件的记忆。人们报告说这样的记忆是特别生动和准确的。另一种观点见叙事排演假设。（8）

上方光线假设（light-from-above heuristic） 一种认为光线皆来自上方的假设，这一启发式会影响我们对有光线照射的三维空间物体的知觉。（3）

射线问题（radiation problem） Duncker 提出的一个问题，要求问题解决者找到一种方法来用射线消灭肿瘤，同时不损害身体的其他器官。这个问题被广泛用于研究在问题解决过程中类比的作用。（12）

深加工（deep processing） 加工过程中包含对项目意义的关注，以及项目与其他项目的关系。深加工通常与精细复述有关。参见加工深度；浅加工。（7）

神经表征原理（principle of neural representation） 个体所经历的每一件事情都是基于其自身神经系统的表征。（2）

神经冲动（nerve impulse） 也称动作电位，指沿轴突（神经纤维）向下传播的一种电位变化。（2）

神经递质（neurotransmitter） 突触对动作电位进行响应时所释放的一种化学物质。（2）

神经回路（neural circuits） 负责神经加工的一组相互连接的神经元。（2）

神经经济学（neuroeconomics） 结合心理学、神经科学和经济学来研究决策的方法。（13）

神经网（nerve net） 神经纤维间通过直接接触组成相互联通的网络（不同于神经网络，神经网络中神经纤维间由突触进行连接）。（2）

神经网络（neural networks） 连接在一起的神经元或结构的群组。（2）

神经纤维（nerve fibers） 见轴突。（2）

神经心理学（neuropsychology） 考察大脑损伤对人类行为影响的学科。（1，2）

神经元（neurons） 专门接收和传输神经系统信息的细胞。（2）

神经元学说（neuron doctrine） 该观点认为，神经系统中独立的细胞可以向神经元传递信号，并且这些独立的细胞并不与其他细胞连续不断，这与神经网理论的观点不同。（2）

生成效应（generation effect） 相对于被动地接受材料，个体在主动生成记忆材料时的记忆效果更好。（7）

生动问题解决研究（in vivo problem-solving research） 观察人们在现实生活情境中是如何解决问题的。这种技术已被用来研究类比在不同情境中的使用，包括大学研究小组中的实验室会议和工业研发部门的头脑风暴会议。（12）

声像记忆（echoic memory） 对听觉刺激的短暂感觉记忆，能够在刺激消失后持续几秒。（5）

时间序列响应（time-series response） 功能性磁共振响应随时间变化的方式。（2）

似动（apparent movement） 指当不同位置上的刺激很快地相继闪过而产生的一种错觉性的运动知觉。（3）

似然原则（likelihood principle） 赫尔姆霍兹无意识推理理论的一部分，认为对物体的知觉会受到先前刺激模式的影响。（3）

事件后误导信息（misleading postevent information，MPI） 导致误导信息效应的误导性信息。（8）

事件相关电位（event-related potential，ERP） 通过头皮表面圆电极记录其附近神经元的激活反应得到的电位。事件相关电位由刺激诱发的大量脑电波组成，这些脑电波具有不同的时间延迟，且与不同的功能相关。例如，与句子语义不匹配的词会诱发 N400。（5）

视角不变性（viewpoint invariance） 指人们即使从不同的角度观察也能识别这个物体的能力。（3）

视觉表象（visual imagery） 一种涉及视觉的心理表象，即个体在没有视觉刺激的情况下"看到"某种事物的形象。（5,10）

视觉表象生动性问卷（vividness of visual imagery questionnaire，VVIQ） 一种旨在测量客体表象能力的问卷测试，被试需要创建心理表象，并对它们的生动性进行评分。（10）

视觉浏览（visual scanning） 从一个位置或客体到另一个位置或客体的眼动。（4）

视觉皮层（visual cortex） 枕叶中接收来自眼睛传递的视觉信号的区域。（2）

视觉情境范式（visual world paradigm） 在语言加工的实验中探讨场景中客体设置对句子理解的作用，也就是场景中的信息是如何影响句子加工的。（11）

视觉搜索（visual search） 在许多刺激或客体中寻找一个特定的刺激或客体。（4）

视觉图像（visual icon） 参见图像记忆。（5）

视觉滞留（persistence of vision） 在初始的闪光刺激消失几秒后，仍然持续存在对闪光的知觉。视觉滞留使我们能够从移动的火光中知觉出光的轨迹。参见图像记忆。（5）

视空画板（visuospatial sketch pad） 工作记忆的一部分，用于储存和加工视觉和空间信息。参见中央执行系统；语音回路；工作记忆。（5）

适当传输加工（transfer-appropriate processing） 记忆编码的任务类型和记忆提取的任务类型匹配时的加工，这种加工可以提高记忆成绩。（7）

手段—目的分析（means-end analysis） 一种试图减少初始状态和目标状态之间差异的问题解决策略，这是通过创建更接近于目标的子目标和中间状态来实现的。（12）

首因效应（primacy effect） 在记忆实验中呈现一列单词，呈现在开头的单词记忆效果较好。参见近因效应。（6）

输出单元（output units） 联结主义网络中负责最终输出的单元。参见联结主义网络；隐藏单元；输入单元。（9）

输入单元（input units） 联结主义网络中被环境刺激所激活的单元。参见联结主义网络；隐藏单元；输出单元。（9）

树突（dendrites） 由胞体向外伸出的分支结构，可以接收来自其他神经元的电信号。（2）

数字广度（digit span） 一个人能记住的数字数量。数字广度被用来测量短时记忆的容量。（5）

衰减器（attenuator） 在Treisman的选择性注意模型中，衰减器根据物理特征、语言和意义等来分析输入的信息。被注意的信息完全通过衰减器，非注意信息则在通过衰减器时衰减。（4）

双耳分听（dichotic listening） 向左耳呈现一种信息的同时向右耳呈现另一种不同的信息。（4）

双分离（double dissociation） 在一种条件下，某一个体表现出一种单分离；而在另一种条件下，另一个体表现出相反的单分离情况（即甲个体A功能完好，B功能受损；乙个体A功能受损，B功能完好，A、B两功能相互独立）。（2）

双绳问题（two-string problem） 由Maier最先提出的一个问题，任务是让被试将相隔很远且不能同时够到的绳子系在一起。这个问题被用来研究功能固着。（12）

双系统理论（dual systems approach） 认为存在一快一慢两个心理系统，两个系统有不同的特点和功能。（13）

水壶问题（water jug problem） 由Luchins最先提出的一个问题，用来说明心理定势是如何影响人们的问题解决策略的。（12）

似然性（likelihood） 指在贝叶斯推理中，现有证据与结果相一致的程度。（3）

算子（operators） 在问题解决的过程中，为解决问题而采取的行动。（12）

梭状回面孔区（fusiform face area，FFA） 颞叶中的一个区域，包含许多能够对面部进行选择性反应的神经元。（2）

T

探测器（detector） 在 Broadbent 的注意模型中，检测器加工来自被注意的信息并且对信息的高级特征进行分析，比如意义。（4）

特异性编码（specificity coding） 通过神经元只对一种特定刺激进行表征，即这种神经元只对该刺激产生反应。例如，对于人脸的神经信号是由一类只对人脸做出反应的神经元发出的。（2）

特征觉察器（feature detectors） 对环境中特定视觉特征（如方向、大小或更复杂的特征）做出反应的神经元。（2）

特征搜索（feature search） 在干扰项中搜索检测具有某种特征的目标项，如水平方向特征。（4）

特征整合理论（feature integration theory） Treisman 提出的一种客体知觉理论，认为客体知觉包括一系列阶段。首先分析加工客体的特征，然后将特征加工的结果整合起来形成对客体的知觉。（4）

提取（retrieval） 回忆储存在长时记忆中的信息的过程。（7）

提取线索（retrieval cue） 能够帮助人们回忆起储存在记忆中的信息的线索。（7）

体素（voxels） 在分析脑扫描实验数据时，将大脑划分成的若干个小立方体区域。（2）

条件三段论（conditional syllogism） 与直言三段论一样，有两个前提句和一个结论句。但第一个前提句的句式为"如果……，那么……"。（13）

同步化（synchronization） 神经反应在时间上的同步性，即正性和负性的反应在时间上同步，并且具有相似的幅值。同步化被认为是增强有效连接性的机制，其可以增强注意转移涉及的大脑的两个区域之间的连接性。（4）

统计学习（statistical learning） 指学习转换概率和语言其他特征的过程。视觉也存在基于对环境中经常出现的刺激的统计学习。（3）

凸显性地图（saliency map） 场景地图能够表明场景中区域和客体的刺激凸显性。（4）

突触（synapse） 一个神经元的轴突末端和下一个神经元轴突、细胞体或树突之间的结构。（2）

突触巩固（synaptic consolidation） 包括突触结构迅速变化的巩固过程，一般发生在几分钟之内。参见巩固；系统巩固。（7）

图式（schema） 个体对于某一特定经历所掌握的相关知识。本章着重于记忆，因此强调的是一种对自己经历的事件的认识。参见脚本。（8）

图像记忆（iconic memory） 对视觉刺激短暂的感觉记忆，在刺激消失后能够持续几秒。符合多重记忆模型的感觉记忆阶段。（5）

推理（reasoning） 人们根据一些信息得出高于这些信息的结论的认知加工过程。参见演绎推理；归纳推理。（13）

推理（inference） 在语言中，读者创造在文本中没有明确说明的信息过程。（11）

拓扑地形图（topographic map） 视觉刺激上的每个点都会导致大脑结构中一个特定位置的活动，以视觉皮层为例，视觉刺激上的特定位置会引起视觉皮层特定位置的活动，同一刺激上相邻的两点会引起视觉皮层相邻两点的神经活动。（10）

W

外显记忆（explicit memory） 对过去学习过的事件或事实的有意识回忆的记忆。（6）

外显注意（overt attention） 通过眼动来转移注意。与内隐注意相对。（4）

完形心理学家（Gestalt psychologists） 提出知觉组织法则的心理学家，知觉组织法则包括组织法则、问题解决（包括重构）的知觉方法等。（3）

晚封闭（late closure） 当个体在句子解析中遇到一个新单词时，他的句法解析机会尽量地将新单词归纳到

当前加工的短语中,直到所遇新单词再也不适用于已有的短语内容为止。(11)

晚期选择模型(late selection model) 选择性注意的一种模型,认为注意的选择发生在对刺激的意义分析之后的加工阶段。(4)

威尔尼克区(Wernicke's area) 颞叶中与理解语言相关的区域。该区受损会导致威尔尼克失语症。(2)

威尔尼克失语症(Wernicke's aphasia) 威尔尼克区受损所致的障碍,表现为难以理解语言,虽然语言流利,语法正确,但语序不连贯。(2)

微电极(microelectrodes) 用于记录单个神经元的电信号的小电极。(2)

位置记忆法(method of location) 一种记忆方法——创建一个具有空间布局的心理表象,并将需要记忆的事物放在不同的位置上。参见字钩法。(10)

文化生活脚本(multural life script) 通常发生在特定文化中的生活事件。(8)

文化生活脚本假设(cultural life script hypothesis) 当一个人的生活中发生的事件符合他的文化生活脚本时,就更容易回忆。这被用来解释记忆高峰。(8)

纹外身体区(extrastriate body area, EBA) 外侧颞枕叶皮层的一个区域,可以被身体或部分身体的图片激活,不受面部或其他刺激的影响。(2)

问题(problem) 当前状态和目标状态之间存在障碍,且不能立即发现该如何克服该障碍的情况。(12)

问题空间(problem space) 某一问题的初始状态、目标状态和所有可能的中间状态。(12)

无意识推理(unconscious inference) 由赫尔姆霍兹提出的理论,认为知觉是个体对环境进行无意识推理的结果。参见似然原则。(3)

无意象思维争论(imageless thought debate) 关于在没有意象的情况下能否进行思考的争论。(10)

武器焦点(weapons focus) 指目击者将注意集中在武器上,因而导致其对正在发生的其他事情的记忆变差。(8)

物理规律(physical law) 规律性发生的环境物理特征。例如:在周围环境中,水平和竖直方向比其他倾斜方向更常见。(3)

误导信息效应(misinformation effect) 在个体目击某个事件后,向其呈现误导性信息,会改变个体之后对于该事件的描述。(8)

X

稀疏编码(sparse coding) 基于小群体神经元活动模式的神经编码。(2)

系列位置曲线(serial position curve) 在记忆实验中要求被试回忆一列词语,然后将每个单词的回忆率与其在词表中的位置对应起来作图所得到的一条曲线。参见首因效应;近因效应。(6)

系统巩固(systems consolidation) 在脑区中逐渐重组回路的巩固过程,发生在较长的时间尺度上,会持续几周、几个月或者几年。参见巩固;突触巩固。(7)

细胞体(cell body) 细胞的一部分,负责维持细胞的存活。在一些神经元中,胞体及其树突均可以接收来自其他神经元的信息。(2)

先天性失歌症(congenital amusia) 先天存在音乐感知问题的人,在辨别简单的旋律或识别普通的曲调等任务上存在严重问题。(11)

先验(prior) 指人们对结果概率的初始估计。(3)

先验概率(prior probability) 参见先验。(3)

现状偏向(status quo bias) 在面临决策时倾向于什么也不做的偏向。(13)

线索性回忆(cued recall) 一种记忆测试程序,在测试中向被试呈现线索,例如单词或短语,以辅助回忆前面出现过的刺激,参见自由回忆。(7)

相似性原则(principle of similarity) 一种知觉组织法则,人们通常会将相似的客体知觉为一个整体。(3)

相同客体优势(same-object advantage) 注意的增强效应会扩散到整个客体,所以对客体某个部分的注意会导致对此客体其他部分的加工得到促进。(4)

想象力网络（imagination network） Kaufman 和 Gregoire（2015）所讲的默认模式网络。（12）

（记忆）消退（decay） 由于时间流逝，记忆中的信息不断消失的过程。（5）

小组头脑风暴（group brainstorming） 鼓励处在问题解决小组中的成员表达自己头脑中的任何想法，并且不会遭受批评。（12）

效用（utility） 达成一个目标后的结果，在经济学术语中指最大化的经济报酬。（13）

心理表象（mental imagery） 个体在没有感觉输入的情况下体验到的一种感觉印象。（10）

心理测时法（mental chronometry） 确定执行认知任务所需要的时间量。（10）

心理定势（mental set） 关于如何处理问题的先入观念，这种观念基于个体的经验或者先前奏效的方法。（12）

心理行走任务（mental walk task） 表象实验中使用的一种任务，在这种任务中，被试需要在脑海中想象一个客体的图像，并想象自己正走近想象中的客体。（10）

心理理论（theory of mind） 理解他人想法、感觉或信仰的能力。（11）

心理模型（mental model） 具体情形在个体心理中的表征。（13）

心理模型法（mental model approach） 在演绎推理中，根据三段论的前提创建表征情境的心理模型，根据此模型判断三段论是否有效。（13）

心理扫描（mental scanning） 个体对其头脑中的心理表象进行扫描的过程。（10）

心理时间旅行（mental time travel） 根据 Tulving 的观点，心理时间旅行属于情景记忆体验的典型特征。在心理时间旅行中，个体在脑海中回到过去，再次体验发生在过去的事件。（6）

心理旋转（mental rotation） 在头脑中对客体图像进行旋转。（5）

心理旋转任务（mental rotation task） 一种图片判断任务，需要个体判断两幅图片中的三维几何物体是不同角度的同一物体，还是呈镜像关系的两个不同物体。（10）

心理语言学（psycholinguistics） 对语言进行心理学研究的学科。（11）

心智（mind） 构建关于世界的心理表征和控制心理机能（如知觉、注意、记忆、情绪、语言、决策、思维和推理）的系统。（1）

心智游移（mind wandering） 思想源自人的内心，通常是无意识的。在早期的研究中，这被称为白日梦。（4）

信息加工观（information-processing approach） 始于 20 世纪 50 年代的心理学研究取向，把心理过程看成一系列信息加工阶段。（1）

杏仁核（amygdala） 大脑皮层下结构，涉及对情绪方面的加工，包括对情感事件的记忆。（8）

行为主义（behaviorism） 华生创立的心理学派，认为可观察的行为是唯一有效的心理学研究数据。因此，该学派认为意识不到的和不可观察的心理过程不值得心理学家研究。（1）

虚假相关（illusory correlation） 两个事件之间看似存在相关，但实际上并不存在相关或者相关性远小于看起来的样子。（13）

虚假真实效应（illusory truth effect） 为什么重复呈现的陈述会增加人们将其判断为正确的可能性。（8）

许可图式（permission schema） 是一种实用的推理图示：如果一个人满足条件 A，那就可以进行行为 B。许可图示被用于解释 Wason 四卡片问题的结果。（13）

叙述（narrative） 故事从一个事件发展到另一个事件。（11）

叙述排演假设（narrative rehearsal hypothesis） 人们之所以能够更好地记住生活中发生的一些事件，是因为他们对这些事件进行了重新排演。Neisser 提出这个观点是为了解释闪光灯记忆。（8）

宣传效应（propaganda effect） 人们仅仅因为事先接触过某些信息，就更可能把这些事先看过或通过的陈述当成正确的。（6）

选择反应时（choice reaction time） 对两个或两个以上刺激中的一个进行反应。例如，在 Donders 的实验中（见第 1 章），被试必须对一个刺激进行一种反应，而对另一个刺激进行另一种反应。（1）

选择性加入程序（opt-in procedure） 人们需要采取一定的积极行为才能选择加入的程序。比如选择成为一个器官捐献者。（13）

选择性退出程序（opt-out procedure） 人们需要采取一定的积极行为才能避免加入的程序。例如选择不要成为器官捐献者。（13）

选择性注意（selective attention） 聚焦于一种信息并且忽视其他信息的能力。（4）

Y

延迟部分报告法（delayed partial report method） Sperling 的视觉图像实验中所采用的程序，实验中先向被试快速呈现视觉图像，然后要求其报告其中的部分刺激。在视觉图像消失数秒后通过一个线索提示音来提示被试要报告视觉图像中的哪部分。参见部分报告法；全部报告法。（5）

延迟反应任务（delayed-response task） 先提供信息，经过一段延迟后再进行记忆测试的一种任务。延迟反应任务可用于研究猴子的短时记忆能力，在任务中测量猴子在延迟阶段后仍然保持食物位置信息的能力。（5）

演绎推理（deductive reasoning） 含有三段论的推理，根据前提逻辑推演出结论的推理。参见归纳推理。（13）

已知–未知协定（given–new contract） 在对话中，说话者构造的句子应该包含两种信息，一种是已知信息（听者已经知道的信息），另一种是未知信息（听者第一次听到的信息）。（11）

抑制控制（inhibitory control） 一种参与加工冲突刺激的机制。与执行功能、认知控制和意志力有关。（4）

意志白日梦（volitional daydreaming） 有意识地选择从外部任务中解脱，以追求可能产生积极结果的内部思想的行为。（12）

意志力（willpower） 处理冲突刺激的机制。与执行功能、反应抑制和认知控制相关。（4）

因果推理（causal inference） 一种推论，将当前句子中发生的事件与先前句子中的原因联结起来的过程。参见回指推理；工具性推理。（11）

音乐强化自传体记忆（music-enhanced autobiographical memories，MEAMS） 由音乐唤起的自传体记忆。（8）

隐藏单元（hidden units） 联结主义网络模型中位于输入单元和输出单元之间的单元。参见联结主义网络；输入单元；输出单元。（9）

有效性（validity） 在三段论中是指根据前提推导出的结论是否符合逻辑。（13）

有效连接性（effective connectivity） 两个脑区之间如何在特定路径下更为容易产生互动。（4）

语言（language） 是一种由声音或符号组成的，用来表达情感、想法、思维和经历的交流系统。（11）

语言的层级性（hierarchical nature of language） 语言由一系列小单位组成，这些小单位可以组合成更大的单元。例如，单词可以组合成短语，短语又可以组合成句子，句子本身又可以成为篇章的组成成分。（11）

语义（semantics） 单词或句子的含义，区别于句法。（11）

语义规则（semantic regularities） 不同类型场景的功能特征。比如在厨房里准备食物、烹饪或者享用美食。（3）

语义分类理论（semantic category approach） 描述大脑中如何表征语义信息的理论，认为特定类别有特定的神经通路。（9）

语义躯体定位学（semantic somatotopy） 与特定身体部位相关的词与该身体部位活动相关的脑区之间的对应关系。（9）

语义网络模型（semantic network approach） 认为概念以网络方式在头脑中组织的理论观点。（9）

语义性神经认知障碍（semantic neurocognitive disorder） 所有概念知识普遍丧失的状态。(9)

语义优势性（meaning dominance） 单词的某些含义比其他含义出现得更频繁。(11)

语音储存器（phonological store） 工作记忆中语音回路的成分，它能够在几秒内保持有限的言语和听觉信息。(5)

语音回路（phonological loop） 工作记忆的一部分，能够保持和加工言语及听觉信息。参见中央执行系统；视空画板；工作记忆。(5)

语音切分（speech segmentation） 指即使单词之间没有停顿，个体仍能在连续的语音信号流中感知个别单词的过程。(3,11)

语音相似性效应（phonological similarity effect） 由于字母或单词的发音相似所引起的混淆。如，T和P是两个发音相似的字母，因此可能被混淆。(5)

语用推理（pragmatic inference） 当一个人读到或听到一些陈述时会产生一种推理，这种推理会使个体对在陈述中未明确提出或暗含的事物产生预期。(8)

预期情绪（expected emotion） 人们预期自己将会因某一种决策结果而体验到的情绪。(13)

预线索化（precueing） 先向被试呈现一个线索的实验程序，这个线索有助于被试完成后续任务。这种程序被用来研究选择性注意，在实验中先向被试呈现一个线索，通过这一线索告诉被试要将注意定向到哪里。(4)

原型（prototype） 将人们过去遇到过的某一类别的成员进行平均得到的，用于分类的标准参照。(9)

源错误归属（source misattribution） 错误识别记忆的来源。参见源监控错误。(8)

源监控（source monitoring） 个体确定记忆、知识或信仰来源的过程。例如，回忆有关某一事件信息来源于哪个人的过程。(8)

源监控错误（source monitoring error） 错误识别记忆的来源。参见源错误归属。(8)

源问题（source problem） 一个与目标问题类似的问题或故事，因而提供了有助于解决目标问题的信息。参见类比问题解决；目标问题。(12)

远端记忆语义化（semanticization of remote memory） 对远期事件记忆的情景细节的丢失。(6)

阅读广度（reading span） Daneman和Carpenter用来测定工作记忆个体差异的方法。一个人可以在读13~16个单词的句子的同时在记忆中保持每个句子中最后一个单词的最大数量。(5)

阅读广度测验（reading span test） Daneman和Carpenter用来测量阅读广度的测试。(5)

运动通路（action pathway） 指从枕叶延伸至顶叶的通路，与个体采取行动时的神经活动相关，对应where通路。(3)

酝酿（incubation） 在解决一个问题的过程中"暂停"一段时间后获得想法的现象。(12)

韵律（prosody） 口语中语调和节奏的模式。(11)

Z

再巩固（reconsolidation） Nader等人认为当记忆被重演而重新激活时，这一过程就会出现。一旦它出现了，记忆必定再次得到巩固，就像在最初的学习过程中的一样。这种重复巩固就被称为再巩固。(7)

再认记忆（recognition memory） 识别出曾出现过的刺激。在学习阶段先呈现一些刺激，在测试阶段再将这些刺激与其他新刺激一起呈现，要求被试找出学习阶段出现过的刺激。(6)

暂时性歧义（temporary ambiguity） 根据句子开头的几个单词确定句子的含义会出现歧义的情况，因为开头的单词本身就可以有不同的含义，句子的确切含义取决于其后面的展开。如"Cast iron sinks quickly rust"就是一个暂时性歧义句。(11)

早期选择模型（early selection model Model of attention） 通过对非注意信息的过滤来解释选择性注意的注意模型。在Broadbent的早期选择模型中，过滤阶段发生

在对信息进行分析并判断其意义之前。(4)

折纸任务(paper folding task, PFT) 在这个任务中被试会看到一张纸被折叠,然后被铅笔刺穿。被试的任务是从多个选项中判断出将纸张重新展开后铅笔洞的位置。(10)

枕叶(occipital lobe) 位于大脑后部的脑区,主要负责分析传入的视觉信息。(2)

正念(mindfulness) 有意识地关注当下,不带评判地关注每时每刻的体验。(12)

证实偏向(confirmation bias) 人们倾向于选择性地搜集那些能够符合其假设的信息,而忽视与其假设不符的信息。(13)

证伪原则(falsification principle) 检验一项规则的推理原则,是寻找不符合此规则的情况。(13)

知觉(perception) 指刺激感觉器官而产生的体验。(3)

知觉负载(perceptual load) 与任务的难度有关。低负载任务只使用一小部分加工资源,高负载任务需要更多的加工资源。(4)

知觉通路(perception pathway) 从枕叶延伸至颞叶的神经通路,负责知觉或识别物体。与"what"通路相对。(3)

知觉组织原则(principles of perceptual organization) 完形心理学家提出的知觉原则,解释个体是如何将场景中的小元素知觉组合成较大整体的。本书也将这些法则称为启发式。(3)

执行功能(executive functions) 包括控制注意和解决冲突反应的一系列过程。(4)

执行控制网络(executive control network,ECN) 当被试执行任务时与引导注意有关的大脑网络。(12)

直言三段论(categorical syllogism) 前提句和结论句都以"所有""没有"或者"一些"开头,以此来描述两个类别之间关系的三段论。(13)

指示交流任务(referential communication task) 在这个任务中,两个人在对话中交换信息,而这些信息涉及指示,指示是指通过名字或一些描述来识别某物。

(11)

中间状态(intermediate state) 在问题解决中,存在于初始状态和目标状态之间的各种状态。(12)

中央执行系统(central executive) 工作记忆的一部分,负责协调语音回路和视空画板的活动,扮演着工作记忆系统中的"交警"。(5)

种子点(seed location) 与执行特定认知或运动任务相关联的大脑区域,其作为静息态功能连接方法的参考区域。(2)

轴辐模型(hub and spoke model) 一种语义知识模型,认为大脑中与不同功能相关的脑区都与前侧颞叶相连,前侧颞叶整合来自这些脑区的信息。(9)

轴突(axon) 神经元的一部分,它将信号从胞体传递到轴突末端的突触。(2)

逐级失忆症(graded amnesia) 对创伤之前刚刚发生的事件的失忆最严重,离创伤越久远的事件,失忆越轻微。(7)

主音(tonic) 乐曲的调子。主音是音阶中一个特定音阶的第一个音符。(11)

主音回归(return to the tonic) 在音乐作品中,人们常见的预期是一首以主音开始的歌曲会以主音结尾。(11)

主语关系结构(subject-relative construction) 一种句子结构,主句的主语也是嵌入分句的主语,如:He senator who spotted the reporter shouted。(11)

注视点(fixation) 在知觉和注意过程中,个体在观察一个场景时眼睛停留的感兴趣区。(4)

注意(attention) 聚焦特定的特征、客体或者位置,或者关注某种思维或活动。(4)

注意变形(attentional warping) 个体注意视觉场景中的刺激时,为给予搜索的类别刺激更多的空间分布,大脑类别地图产生变化的过程。(4)

注意捕获(attentional capture) 注意的迅速转移,通常由大声噪声、明亮光线或突然运动的刺激所引起。(4)

注意分散(distraction) 当一种刺激干扰对另一种刺激

的注意或加工时就会产生。（4）

注意的负载理论（load theory of attention） 该理论认为忽视与任务无关的刺激的能力取决于这个人正在执行的任务的负载。高负载的任务会减少分心。（4）

注意过滤器模型（filter model of attention） 注意模型提出一种过滤器装置，这种装置能够让被注意到的刺激通过，并阻止没有注意到的刺激。（4）

注意衰减模型（attenuation model of attention） Ann Treisman 的选择性注意模型认为，注意的选择发生在两个阶段。在第一个阶段，外界输入的信息通过过滤装置。被注意或被追随的信息能完全通过，非注意或非追随的信息也能通过，但在强度上出现衰减。（4）

专家（expert） 投入大量时间学习某个领域的知识，并且对所学进行练习和应用，成为在该领域公认的学识渊博或技艺精湛的人。（12）

专家诱发的失忆（expert-induced amnesia） 失忆症发生的原因是已经习得的程序性记忆不再需要注意。（6）

转换概率（transitional probabilities） 指一个单词内某个语音跟随另一个语音的可能性。（3）

状态依存学习（state-dependent learning） 如果个体在编码和提取时处于相同状态，则记忆成绩最好，这与编码的特异性有关。（7）

追随（shadowing） 听到信息时大声重复的程序。追随通常被用于采用双耳分听范式的选择性注意研究。（4）

追踪加权成像（track-weighted imaging，TWI） 一种检测技术，该方法通过探测水在神经纤维中的弥散来确定大脑的连接性。（2）

子目标（subgoals） 在利用手段—目的分析法以达到问题解决的过程中，逐渐接近目标状态的中间状态。（12）

自传体记忆（autobiographical memory） 对个体生活中特定事件的记忆，包括情景记忆和语义记忆。（6，8）

自动化加工（automatic processing） 自动发生的加工过程，无须意志努力，无须较多的认知资源。自动化加工通常与简单任务或熟练任务有关。（4）

自前摄抑制释放（release from proactive interference） 消除或者减少由前摄干扰引起的成绩下降。参见第 6 章中 Wickens 的实验。（6）

自然选择理论（theory of natural selection） 达尔文最先提出该理论，认为能够提高动物生存能力的遗传特征会通过繁殖传递给下一代。（3）

自上而下加工（top-down processing） 涉及个体知识经验或者期望的加工过程，也被称为基于经验的加工。（3）

自我参照效应（self-reference effect） 通过把单词和自我相联系，可以提高对单词的记忆。（7）

自我偏向（myside bias） 一种证实偏向，是指人们以偏向自己观点和态度的方式形成和检验假设。（13）

自我形象假设（self-image hypothesis） 一种观点认为，当事件发生在一个人的自我形象或生活身份正在形成的时期，个体对于这种事件的记忆就会得到增强。这是对记忆高峰的一种解释。（8）

自下而上加工（bottom-up processing） 指始于感受器接收信息的加工过程，也称为数据驱动的加工过程。（3）

自由回忆（free recall） 一种测试记忆的程序，要求被试回忆之前呈现过的刺激。参见线索性回忆。（7）

字典单元（dictionary unit） Treisman 的注意衰减模型中的成分。这种成分中储存着一些单词以及激活这些单词的阈限。字典单元有助于解释为什么我们有时能够听到非注意信息中熟悉的词，比如名字。参见注意衰减理论。（4）

字钩法（pegword technique） 一种将需要记忆的事物与具体的词语相联系的记忆方法。参见位置记忆法。（10）

总体水平（global level） Rosch 类别图示中的最高水平（比如"家具"或"汽车"）。参见基本水平；具体水平。（9）

组块（chunk） 采用组块的记忆方式让记忆内容之间产生联系，组块将由较强关联的元素集合起来，但不同组块间的元素之间关联较弱。（5）

组块（chunking） 将较小单元结合起来形成较大单元，如将一些词语结合起来形成一个有意义的句子，形成组块可以增加记忆的容量。(5)

最后通牒游戏（ultimatum game） 在游戏中先交给提议者一定数额的钱，再由提议者向回应者提出在他们之间分配这笔钱的方案。回应者要选择接受或者拒绝这一方案。研究者通过这一游戏来研究人们的决策策略。(13)

Stroop 效应（Stroop effect） Stroop 研究中最先发现的一种效应。在研究中，要求被试对刺激的某一属性进行反应（如呈现单词的颜色），并且忽视其他方面（如单词的意义）。Stroop 效应是指当单词颜色与单词意义不一致时，任务较难，例如蓝色墨水书写的"红色"。(4)

Wason 四卡片问题（Wason four-card problem） 由 Wason 发明的一种通过四张卡片进行的条件推理任务。研究者采用不同形式的四卡片问题来考察条件推理背后的机制。(13)

what 通路（what pathway） 从枕叶延伸至颞叶的神经通路，负责知觉和识别客体。对应于知觉通路。(3)

where 通路（where pathway） 从枕叶延伸至顶叶的神经通路，负责客体的空间定位。大体上对应于运动通路。(3)

参考文献

Adamson, R. E. (1952). Functional fixedness as related to problem solving. *Journal of Experimental Psychology*, 44, 288–291.

Addis, D. R., Pan, L., Vu, M-A., Laiser, N., & Schacter, D. L. (2009). Constructive episodic simulation of the future and the past: Distinct subsystems of a core brain network mediate imagining and remembering. *Neuropsychologia*, 47, 2222–2238.

Addis, D. R., Wong, A. T., & Schacter, D. L. (2007). Remembering the past and imagining the future: Common and distinct neural substrates during event construction and elaboration. *Neuropsychologia*, 45, 1363–1377.

Addis, D. R., Wong, A. T., & Schacter, D. L. (2008). Age-related changes in the episodic simulation of future events. *Psychological Science*, 19, 33–41.

Adrian, E. D. (1928). *The basis of sensation*. New York: Norton.

Adrian, E. D. (1932). *The mechanism of nervous action*. Philadelphia, PA: University of Pennsylvania Press.

Aguirre, G. K., Zarahn, E., & D'Esposito, M. (1998). An area within human ventral cortex sensitive to "building" stimuli: Evidence and implications. *Neuron*, 21, 373–383.

Albers, A. M., Kok, P., Toni, I, Dijkerman, H. C., & de Lange, F. P. (2013). Shared representations for working memory and mental imagery in early visual cortex. *Current Biology*, 22, 1427–1431.

Almeida, J., Fintzi, A. R., & Mahon, B. Z. (2014). Tool manipulation knowledge is retrieved by way of the ventral visual object processing pathway. *Cortex*, 49, 2334–2344.

Altmann, G. T. M., Garnham, A., & Dennis, Y. (1992). Avoiding the garden path: Eye movements in context. *Journal of Memory and Language*, 31, 685–712.

Altmann, G. T. M., & Kamide, Y. (1999). Incremental interpretation at verbs: restricting the domain of subsequent reference. *Cognition*, 73, 247–264.

Alvarez, G. A., & Cavanagh, P. (2004). The capacity of visual short-term memory is set both by visual information load and by number of objects. *Psychological Science*, 15, 106–111.

Amedi, A., Malach, R., & PascualLeone, A. (2005). Negative BOLD differentiates visual imagery and perception. *Neuron*, 48, 859–872.

Anderson, J. R., & Schooler, L. J. (1991). Reflections of the environment in memory. *Psychological Science*, 2, 396–408.

Anton-Erxeleben, K., Stephan, V. M, & Treue, S. (2009). Attention reshapes center-surround receptive field structure in Macaque cortical area MT. *Cerebral Cortex*, 19, 2466–2478.

Appelle, S. (1972). Perception and discrimination as a function of stimulus orientation: The "oblique effect" in man and animals. *Psychological Bulletin*, 78, 266–278.

Arkes, H. R., & Freedman, M. R. (1984). A demonstration of the costs and benefits of expertise in recognition memory. *Memory & Cognition*, 12, 84–89.

Atkinson, R. C., & Shiffrin, R. M. (1968). Human memory: A proposed system and its control processes. In K. W. Spence & J. T. Spence (Eds.), *The psychology of learning and motivation* (Vol. 2, pp. 89–195). New York: Academic Press.

Awh, E., Barton, B., & Vogel, E. K. (2007). Visual working memory represents a fixed number of items regardless of complexity. *Psychological Science*, 18, 622–628.

Baddeley, A. D. (1996). Exploring the central executive. *Quarterly Journal of Experimental Psychology*, 49A, 5–28.

Baddeley, A. D. (2000). Short-term and working memory. In E. Tulving & F. I. M. Craik (Eds.), *The Oxford handbook of memory* (pp. 77–92). New York: Oxford University Press.

Baddeley, A. D., Eysenck, M., & Anderson, M. C. (2009). *Memory*. New York: Psychology Press.

Baddeley, A. D., & Hitch, G. J. (1974). Working memory. In G. A. Bower (Ed.), *The psychology of learning and motivation* (pp. 47–89). New York: Academic Press.

Baddeley, A. D., Lewis, V. F. J., & Vallar, G. (1984). Exploring the articulatory loop. *Quarterly Journal of Experimental Psychology*, 36, 233–252.

Baddeley, A. D., Thomson, N., & Buchanan, M. (1975). Word length and the structure of short-term memory. *Journal of Verbal Learning and Verbal Behavior*, 14, 575–589.

Bailey, M. R., & Balsam, P. D. (2013). Memory reconsolidation: Time to change your mind. *Current Biology*, 23, R243–R245.

Baird, B., Smallwood, J., Mrazek, M. D., Kam, J. W. Y., Franklin, M. S., & Schooler, J. W. (2012). Inspired by distraction Mind wandering facilitates creative incubation. *Psychological Science*, 23, 1117–1122.

Baird, B., Smallwood, J., & Schooler, J. W. (2011). Back to the future: Autobiographical planning and the functionality of mind wandering. *Consciousness and Cognition*, 20, 1604–1611.

Banziger, T., & Scherer, K. R. (2005). The role of intonation in emotional expressions. *Speech Communication*, 46, 252–267.

Barch, D. M. (2013). Brain network interactions in health and disease. *Trends in Cognitive Sciences*, 17, 603–605.

Barks, A., Searight, H. R., & Ratwik, S. (2011). Effect of text messaging on academic performance. *Signum Temporis* 4, 4–9.

Baronchelli, A., Ferrer-i-Cancho, R., Pastor-Satorras, R., Chater, N., & Christiansen, M. H. (2013). Networks in cognitive science. *Trends in Cognitive Sciences*, 17, 348–359.

Barrett, F. S., Grimm, K. J., Robins, R. W., Wildschut, T., Sedikides, C., & Janata, P. (2010). Music-evoked nostalgia: Affect, memory, and personality. *Emotion*, 10(3), 390–403.

Barsalou, L. W. (2005). Continuity of the conceptual system across species. *Trends in Cognitive Sciences*, 9, 309–311.

Barsalou, L. W. (2008). Grounded cognition. *Annual Review of Psychology*, 59, 617–645.

Barsalou, L. W. (2009). Simulation, situated conceptualization and prediction. *Philosophical Transactions of the Royal Society B*, 364, 1281–1289.

Bartlett, F. C. (1932). *Remembering: A study in experimental and social psychology*. Cambridge, UK: Cambridge University Press.

Basadur, M., Runco, M., & Vega, L. A. (2000). Understanding how creative thinking skills, attitudes and behaviors work together: A causal process model. *Journal of Creative Behavior*, 34, 77–100.

Bassett, D. S., & Sporns, O. (2017). Network neuroscience. *Nature Neuroscience*, 20, 353–364.

Baylis, G. C., & Driver, J. (1993). Visual attention and objects: Evidence for hierarchical coding of location. *Journal of Experimental Psychology: Human Perception and Performance*, 19, 451–470.

Bays, P. M., & Husain, M. (2008). Dynamic shifts of limited working memory resources in human vision. *Science*, 321, 851–854.

Beaty, R. E., Benedek, M., Wilkins, R. W., Jauk, E., Fink, A., Silvia, P. J., ... Neubauer, A. C. (2014) .Creativity and the default network: A functional connectivity analysis of the creative brain at rest. *Neuropsychologia*, 64, 92–98.

Bechtel, W., Abrahamsen, A., & Graham, G. (1998). The life of cognitive science. In W. Bechtel & G. Graham (Eds.), *A companion to cognitive science* (pp. 2–104). Oxford, UK: Blackwell.

Bedard, J., & Chi, M. T. H. (1992). Expertise. *Current Directions in Psychological Science*, 1, 135–139.

Beecher, H. K. (1959). *Measurement of subjective responses*. New York: Oxford University Press.

Begg, I. M., Anas, A., & Farinacci, S. (1992). Dissociation of processes in belief: Source recollection, statement familiarity, and the illusion of truth. *Journal of Experimental Psychology: General*, 121, 446–458.

Behrmann, M., Moscovitch, M., & Winocur, G. (1994). Intact visual imagery and impaired visual perception in a patient with visual agnosia. *Journal of Experimental Psychology: Human Perception and Performance*, 30, 1068–1087.

Belfi, A. M., Karlan, B., & Tranel, D. (2016). Music evokes vivid autobiographical memories. *Memory*, 24(7), 979–989.

Bell, K. E., & Limber, J. E. (2010). Reading skill, textbook marking, and course performance. *Literacy Research and Instruction*, 49, 56–67.

Belz, A. (2010, July 16). Lifeguards, camp staff abound as 2 drown in Pella pool. *Des Moines Register*.

Benton, T. R., Ross, D F, Bradshaw, E., Thomas, W. N., & Bradshaw, G. S. (2006). Eyewitness memory is still not common sense: Comparing jurors, judges and law enforcement to eyewitness experts. *Applied Cognitive Psychology*, 20, 115–129.

Berntsen, D. (2009). Flashbulb memory and social identity. In O. Luminet & A. Curci (Eds.), *Flashbulb memories*: New issues and new perspectives (pp. 187–205). Hove, UK: Psychology Press.

Berntsen, D., & Rubin, C. (2004). Cultural life scripts structure recall from autobiographical memory. *Memory & Cognition*, 32, 427–442.

Best, J. R., & Miller, P. H. (2010). A developmental perspective on executive function. *Child Development*, 81, 1641–1660.

Best, J. R., Miller, P. H., & Naglieri, J. A. (2011). Relations between executive function and academic achievement from ages 5 to 17 in a large, representative national sample. *Learning and Individual Differences*, 21, 327–336.

Bever, T. G. (1970). The cognitive basis for linguistic structures. In J. R. Hayes (Ed.), *Cognition and the development of language* (pp. 279–362). New York: Wiley.

Bisiach, E., & Luzzatti, G. (1978). Unilateral neglect of representational space. *Cortex*, 14, 129–133.

Biswal, B., Yetkin, F. Z., Haughton, V. M., & Hyde, J. S. (1995). Functional connectivity in the motor cortex of resting human brain using echoplanar MRI. *Magnetic Resonance Medicine*, 34, 537–541.

Blakemore, C., & Cooper, G. G. (1970). Development of the brain depends on the visual environment. *Nature*, 228, 477–478.

Blank, I., Balewski, Z., Mahowald, K., & Fedorenko, E. (2016). Syntactic processing is distributed across the language system. *Neuroimage*, 127, 307–323.

Bliss, T. V. P., & Lomo, T. (1973). Long-lasting potentiation of synaptic transmission in the dentate area of the anaesthetized rabbit following stimulation of the perforant path. *Journal of Physiology* (London), 232, 331–336.

Bliss, T. V. P., Collingridge, G. L., & Morris, R. G. M. (2003). Introduction. *Philosophical Transactions of the Royal Society*, Series B: Biological Sciences, 358, 607–611.

Bock, K. (1990). Structure in language. *American Psychologist*, 45, 1221–1236.